Pfeil und Bogen in der Römischen Kaiserzeit

Holger Riesch

Pfeil und Bogen in der Römischen Kaiserzeit

Originäre und überkulturelle Aspekte der Bogenwaffe

während der Antike und Spätantike

VERLAG ANGELIKA HÖRNIG

PFEIL UND BOGEN IN DER RÖMISCHEN KAISERZEIT

HOLGER RIESCH

Illustration des Buchcovers Roland Warzecha
Gesamtgestaltung Angelika Alles-Hörnig

8. Auflage 2026

ISBN 978-3-938921-50-0

Verlag Angelika Hörnig
Siebenpfeifferstr. 16
67071 Ludwigshafen | Germany
office@bogenschiessen.de
www.bogenschiessen.de

„Die klügste Kunde tadelst Du, die Bogenkunst: Auf meine Rede höre nun und werde klug!
... Doch wer mit wohlgeübtem Arm den Bogen führt, erkor das Beste, rettet sich aus Todesnot,
nachdem er tausend Pfeile schoss auf andere.
Denn ferne stehend, wehrt er ab des Feindes Macht und trifft mit unsichtbarem Pfeil die
Sehenden. Den eignen Körper gibt er nicht dem Gegner preis, nein, wohlgesichert steht er da.
Das ist im Kampf das Klügste ja, dem Feinde wehzutun
und sich zugleich zu wahren, nicht dem Zufall bloßgestellt.“

(Euripides: *Herakles*. 195ff.; ca. 421–416 v. Chr.)

„Alle jüngeren Romäer unter vierzig Jahren ohne die Barbaren muss man zwingen,
ob sie nach der Vorschrift oder nur mittelmäßig Bogenschießen können,
in jedem Fall Bogen und Köcher zu tragen. Sie müssen aber auch zwei Lanzen besitzen,
damit, wenn eine womöglich ihr Ziel verfehlt, die andere benutzt werden kann.
Die weniger Erfahrenen sollen schwächere Bogen verwenden.
Und wenn sie nicht (Bogenschießen) können, versuchen sie,
mit der Zeit zu lernen, was notwendig ist.“

(Maurikios: *Strategikon.* 1,2, 28–34; ca. 573–628 n. Chr.)

Einleitendes Vorwort

Zur Eröffnung seien einige erläuternde Gedanken über die Gründe aufgeführt, warum Pfeil und Bogen in römischer Zeit in einer eigenen Monographie dargelegt werden. Zum Spektrum des Bogenschießens in Antike und Spätantike bestehen im Hinblick auf übergreifende Studien beträchtliche Dokumentations- und Informationslücken im gesamten deutschen Sprachraum. Wir verfügen zwar über sehr gute Detailanalysen und Fundbeobachtungen, selbst praktische Projekte im Rahmen ernsthaft rekonstruierender Nachbildungen sind vorhanden, jedoch fehlte bis dato eine das Große und Ganze sowie waffen- bzw. bogenhistorische Zusammenhänge überblickende Publikation.

Vor allem im Nachbarland Großbritannien hat man sich solchen Diskursen über traditionelle Pfeile und Bogen seit jeher bedeutend intensiver gewidmet. Es sind herausragende Beiträge im *Journal* der *Society of Archer Antiquaries* (JSAA) zu nennen. Fachkapazitäten wie Wallace McLeod und andere haben dort Aufsätze mit interessanten Erörterungen auch zum Bogenschießen in der griechischen und römischen Epoche vorgelegt.

Bedeutend ist die von Jonathan C. N. Coulston verfasste Dissertation als Konferenzbeitrag mit dem Titel *Roman archery equipment* aus dem Jahr 1985. Sie bildet eine hervorragende Referenz für archäologische und ikonographische Quellen aus der Kaiserzeit. Coulston hat diese Studie durch ein 2016 veröffentlichtes Paper ergänzt. David McAllister aus Kanada erörtert in seiner Masterthesis mit dem Titel *Formidabile genus armorum – the horse archers of the Roman imperial army* von 1993 ausführlich militärische Gesichtspunkte und im Zuge dessen auch die Relevanz des oftmals vernachlässigten menschlichen Faktors: „... Such inquiry is vital, to be sure, but an understanding of the soldiers themselves, why they fought, and especially how they closed with their enemy and killed him, is the most certain way to discover what made the Roman military machine so effective. Politics and strategies do not win battles. What makes groups of armed men so effective in violent battle does...*"

Vom Franzosen Guillaume Renoux stammt eine Dissertation über die Bogenwaffe von der Republik- bis in die Prinzipatszeit. Sie ist zweibändig unter dem Titel *Les archers de César* im Jahr 2010 herausgebracht worden. Ein inhaltlicher Schwerpunkt darin liegt unter anderem auf der Metallographie eiserner Pfeilspitzen.

Darüber hinaus sind zahlreiche im In-/Ausland erschienene Einzelwerke in den Registern von Archäologie und Alter Geschichte in eine Übersicht mit einzubeziehen, die römische Schusswaffen auf die eine oder andere Weise erkunden. Auf einem qualitativ guten Stand befinden sich heutige experimentalarchäologische Arbeiten zum Jagd- und Kriegswesen in der Antike und Spätantike. Pfeil und Bogen können darin vielfältig inbegriffen sein. Alles in allem liegt ein Fundus verschiedener Mosaiksteine zum Thema vor. Sie lassen sich zu einem Gesamtbild zusammenfügen.

Ein zentraler Auftrag besteht für mich in einer sorgfältig angelegten Fachkunde einschließlich neuer und weiterführender Interpretationsvorschläge für beispielgebende dingliche, bildliche und textliche Überlieferungen. Wichtige Vorarbeiten werden in integren Auszügen ins Werk eingebunden. Das Forschungsgebiet bietet wegen seines großen Facettenreichtums einerseits und der leider weiterhin erheblichen Lückenhaftigkeit im antiquarischen Bestand andererseits einen verhältnismäßig offenen Diskussionsraum an. Man sollte bemüht sein, sich durch eine quellenkritische Herangehensweise möglichst Kreuzbelege zu erarbeiten, bevor Deutungen, Lösungsversuche oder Transfers stattfinden. Dennoch muss viel häufiger, als es einem lieb ist, mit hypothetischen Modellen gearbeitet werden.

Vor diesem Gesamthintergrund sei das Buch verstanden: Als eine aktuelle Zusammenstellung unter Einbeziehung thematisch wesentlicher Literatur sowie als eine Handreichung und Initiative mit wissenschaftlich diskutierbaren Angeboten für moderne Betrachtungen. Archäologen und Althistoriker, an der Bogenhistorie wie am Bogenschießen interessierte Leser sollen davon profitieren.

Holger Riesch,
Roxheim im Februar 2017

* McAllister, S. 58

Gliederung

IX Römerzeitliche Pfeilschäfte – Provenienzen, Typen, Nachbildungen

X Effizienzaspekte des Bogengebrauchs in kritischer Diskussion

XI Experimentelle Forschungen zur Wirkungsweise von Bogenpfeilen

I Einführung ins Thema und Methoden der Vorgehensweise

1.1 Allgemeines zur Bogenwaffe im griechisch-römischen Raum

1.1.1 Quellenbelege für Reflexbogen in Italien seit etruskischer Zeit

Man geht heute davon aus, dass der technische Fortschritt im antiken Italien zu einer Nutzung zusammengesetzter Bogen (Kompositbogen) führte. Auslöser waren seit der Kolonisierung durch die Griechen stattfindende Waffentransfers aus dem östlichen Mittelmeerraum. Hinzu gesellten sich wahrscheinlich auch Handwerksbräuche in florierenden Städtegründungen. Als Orte dafür kämen unter anderem *Syrakus*, *Rhegion* oder *Neápolis* in Frage. So konnten in Sizilien und Kampanien attraktive Waffenvorbilder für die Nachbarn in Latium und Etrurien entstehen.

„... Wegen der Weite seiner landwirtschaftlich gut nutzbaren Flächen erhielt der von Griechen besiedelte Teil Italiens den treffenden Namen ‚Magna Graecia' (Großgriechenland) ... Die historische Bedeutung der großen Kolonisierungsbewegung ist daran zu ermessen, dass sie die von ihr berührten Territorien aus einem prähistorischen ... in ein den Zentren der griechischen Welt ebenbürtiges Stadium versetzte, mit all den Errungenschaften der immer reifer werdenden archaischen Kultur...[1]"

Über die Situation im ägäischen Raum informiert die Archäologin Renate Tölle-Kastenbein in ihrem Standardwerk *Pfeil und Bogen im antiken Griechenland.* Darin werden Bogen akademisch auf der Basis von Bildquellen erörtert. Sie liegen meist als Malereien auf Töpferwaren vor. Leider sind keine Bogen aus dem alten Griechenland materiell überkommen. Überlieferungsbedingt gibt es auch aus der Zeit der Königsherrschaft und Republik in Rom nicht ein einziges Artefakt eines zusammengesetzten Bogens. Wir können aber auf authentisch wirkende Kompositbogen auf antiken Keramiken oder auf Fresken in Gräbern der Etrusker blicken.

Im Stirnbereich eines Korinthischen Helms aus *Vulci* in Latium ist ein Kampf zwischen dem Gott Apollon mit Kompositbogen und dem keulenschwingenden Heroen Herakles zu sehen (Abb. 1). Darunter liegt die Keryneische Hindin. Als materielle Vorlage hat der Bogen offensichtlich über eine doppelt geschwungene Gestalt verfügt. Man kann kritisch einwenden, dass, neben möglichen Importen solcher Waffen aus Griechenland, etruskische Künstler aus schieren Konventionsgründen auf bei den Griechen gängige Bogen zurückgriffen. Wie umfänglich dies mit Aneignungen zusammengesetzter Bogen durch die Nachfolger der Villanova-Kultur in Italien de facto einherging, bleibt letztlich spekulativ. In Etrurien gibt es darüber hinaus ikonographische Beispiele für einfache Stabbogen. Es wäre denkbar, dass auch in Roms Frühgeschichte eine gewisse Vielfalt bestand und technologisch verschiedene Bogenformen in ihren jeweiligen Gebrauchskontexten nebeneinander akzeptiert wurden.

Wie waren Kompositbogen strukturell aufgebaut? Sie hatten einen hölzernen Kern, konnten am Bauch passgenaue Streifen aus zähem Horn besitzen und waren auf dem Rücken mit Tiersehnenfasern belegt. Dadurch erhielt der Materialverbund eine adäquate Biegsamkeit. Konstruktiv stabilisierend und zugunsten eines Außenschutzes der mit wasserlöslichen Leimen aus Haut oder Hausenblasen geklebten Verbünde, verwendete man Sehnengarne, Textilfasern oder Birkenleder als Wicklungen[2].

Etwa seit dem späten 1. Jh. v. Chr. gewannen archäologischen Funden nach auch Beschläge aus Knochen oder Geweih für Kompositbogen im Römereich an Bedeutung. Diese verhältnismäßig unauffälligen Bauteile verstärkten, seitlich gedoppelt, die Enden mit den Sehnenkerben (Nocken) und unterstützen, je nach ihrer Geometrie und der Winkelstellung an den Armen, eine mechanische Funktion als starre Hebel beim Pfeilauszug. Entsprechende Artefakte als eindeutige Fundbelege für Kompositbogen treten im Imperium Romanum dem aktuellen Forschungsstand nach allerdings nicht vor dem Prinzipat des Augustus auf. Sie sind meist auch das einzige, was von kaiserzeitlichen Bogen als noch mehr oder weniger intakt erhaltene Bruchstücke überkommen ist.

Abb. 1: Herakles und Apollon bei einem mythologischen Zweikampf. Bogen und Köcher. Von einem Korinthischen Helm aus *Vulci*. Latium, Italien. Bronze. Um 500 v. Chr. Ohne Maßstab.

1.1.2 Konstruktionsvarianten und potentieller Bogenformenreichtum

In der ballistischen Wissenschaft werden alle Bogen als „Federwaffen“ bezeichnet. Ihre Wirkweise entspricht physikalisch derjenigen einer Feder. Mit variierenden Funktionsdesigns (Konstruktionen) und werkstofflichen Ausprägungen waren Kompositbogen ohne ihren Nerv gegen die Schussrichtung gekrümmt. Sie werden, darauf abstellend, unbespannt auch als Reflexbogen und bespannt als Recurvebogen bezeichnet. Letzteres hängt davon ab, ob die Bogenenden mit den Nocken eine zusätzliche Gegenkrümmung beschreiben. Das musste technisch nicht zwangsläufig der Fall sein.

Im Alten Ägypten, Assyrien oder dem Reich der Hethither waren zusammengesetzte Angularbogen in Gebrauch, die im unbespannten Zustand halbreflex waren, ruhend eine in etwa dreieckige und im Vollauszug eine halbkreisförmige Silhouette besaßen (s.u. Abb. 188). In der Römischen Kaiserzeit spielten sie zwar keine Rolle mehr, genauso wenig, wie sie im antiken Griechenland übernommen wurden, doch kann ihre Formgebung als ein Relikt aus der orientalischen Kunst für ikonographisch spätere Tatbestände im Mittelmeerraum noch von Relevanz sein. Das physische Überwinden der Gegenkrümmung kraft des zum Aufzug der Sehne erforderlichen Energieinputs erbrachte für Reflexbogen im Vergleich zu einfachen Stabbogen immanent höhere Vorspannungen. Die damit einhergehende Energiespeicherkapazität trug zu einer beschleunigten Akzeleration der Wurfarme nach dem Pfeilablass bei[3]. Der optimierte Wirkungsgrad im Zusammenspiel mit einer hervorragenden Führigkeit der Waffen erbrachte variable Einsatzmöglichkeiten. Insbesondere zu Pferd waren die ergonomischen Vorteile von Kompositbogen unvergleichlich.

Neben Horn-Holz-Sehnen-Bauweisen lassen sich Nachweise dafür erbringen, dass rekurve Bogen in der Antike aus Kombinationen von zwei oder mehr Holzsorten ohne Horn bestehen konnten[4]. Aus der älteren Eisenzeit in Eurasien bis ungefähr 200 v. Chr. sind als Grabbeigaben im skythosakischen Raum einige physisch leichte Bogen vorhanden, die aus mehreren Hölzern – mit oder ohne oberseitige Sehnenbeläge – verleimt wurden. Laminatbogen bewährten sich, wie dies aus der Ethnologie bekannt ist, auch später bei Jäger- und Hirtenvölkern in Skandinavien und Sibirien[5]. Manche dieser Bogen besaßen Hebelenden aus Holz. „... According to Linné, the Lapp bow had a plane back of fir ... and a rounded belly of birch, while Lindenbaum states that these were in reverse order, which is also the opinion of Alm... The wooden splints were joined with glue cooked from perch skin, the preparation of which is described by Linné ... The double splint bow survived for a long time as a hunting weapon in Northern Scandinavia ... The bow was sometimes made of birch on the outside and willow on the inside; the ends carved so that they are bent evenly. They were joined with thin wound birch-bark – not thread – pitch was placed between these to keep them in place...[7]“

Ragnar Insulander sortiert diesbezüglich in entsprechende Zweiholzbogen der Sámi und in Laminatbogen mit einem Sehnenbelag bei Völkern im Norden Asiens[8]. Als interessantes Artefakt aus der Antike kann ein proto-sámischer Zweiholzbogen mit einer Umwicklung aus Birkenleder als Moorfund im Kirchspiel Paltamos in Finnland genannt werden. Er datiert gemäß Pollenanalyse zwischen ungefähr 280 bis 100 v. Chr., also parallel zur römischen Republikzeit und befindet sich im Finnischen Nationalmuseum (Iv.-Nr. 20253). Der römische Historiker Publius Cornelius Tacitus (ca. 58 bis 120 n. Chr.) nannte jene Nordeuropäer ethnonymisch Fenni und wusste bemerkenswert gut über die existentielle Wichtigkeit der Bogenwaffe im weit entfernten Barbarikum Bescheid[9]. Obwohl Schichtholzbogen mehr am Rande mediterraner Kulturen und in kalten Klimazonen auftraten, bedeutet dies nicht, dass sie für Zivilisationen weiter im Süden keine Rolle gespielt hätten. Notwendigkeiten dafür mochten sich ergeben, wenn Hornträger (*Bovidae*) zeitweilig oder regional nicht zur Verfügung standen.

Vor allem aber könnten skythische Reflexbogen in Horn- wie in Holzlaminatbauweise von griechischen Siedlern am Schwarzen Meer auf die eine oder andere Weise weitergereicht worden sein. Auf Fundbeispiele in Osteuropa werde ich weiter unten noch eingehen. Bedauerlicherweise fehlen aber archäologische Belege für solche oder auch andere bogenbauerische Speziallösungen in Griechenland und Italien. Das hat sicherlich auch erhaltungsbedingte Ursachen.

Konzeptideen für militärische oder zivile Bedarfe abdeckende Kompositbogen etwa in den aufstrebenden Diadochenreichen oder dem expandierenden römischen Stadtstaat könnten facettenreicher ausgefallen sein, als es unsere lückenhaften Quellen heute vorzustellen vermögen. Ohne ausufernden historischen Spekulationen einen Vorschub leisten zu wollen, wäre es methodisch genauso falsch, bei der Möglichkeit technisch verschiedenartiger Bogen in dem von Rom sukzessive beherrschten Territorium rund ums Mittelmeer lediglich dem engen Fokus der „Spatenforschung“ zu folgen. In Anschauung aller einschlägigen Geschichtszeugnisse muss man für die römische Welt ohnehin immense Kodifierungs- und Überlieferungsdefizite verzeichnen, was die Bogenwaffe anbelangt.

So finden wir etwa ganz im Gegensatz zum frühgeschichtlichen China kaum Schrifttum betreffs lehrreicher Unterweisungen im Bogenschießen und überhaupt nichts über Praxisverfahren der Bogenfertigung. Was theoretisch und praktisch rückerschließbar ist, basiert auf akademischen Vergleichen von Fundstücken und auf Experimentalarchäologie. Wenn also im Verlauf dieses Buches intensiv nach beispielgebenden Realien gefahndet wird oder Artefakte erörtert werden, indem typenkundliche Diskurse stattfinden, bleibt ein nicht zu unterschätzendes Bedenken übrig, dass die Sachlage wichtige Alternativen und vielleicht erst zukünftig sich offenbarende Details römischer Bogenmanufaktur vor uns verbirgt.

1.2 Kompositbogen aus der Militärwelt als Untersuchungsobjekte

1.2.1 Forschungslage und Lehrmeinungen zum kaiserzeitlichen Bogenschießen

Es liegt auf der Hand, bei wissenschaftlichen Untersuchungen spezifischer Waffenformen in römischen Kontexten zuerst auf Artefakte als Teile von Militärausrüstungen zu fokussieren. Im Falle der aus organischen Werkstoffen bestehenden Bogen verrotten beinerne Beschläge naturgemäß am schlechtesten. Als Bodenfunde sind aber materielle Substanzverluste selbst bei diesen stabilen Bauteilen üblicherweise beträchtlich. Nur selten sind von den tausenden Kompositbogen, die während der Kaiserzeit gebaut wurden, Ensembles von Beschlägen überkommen. Stattdessen werden entsprechende Leisten als Beschläge zur Verstärkung von Kompositbogen bei Grabungen in Militär- und Siedlungsarealen in der Regel außerhalb ihres Funktionsverbunds entdeckt. Übersichten dazu haben Coulston und Werner Zanier jeweils 1985 und 1988 erstellt. Einen komplett aktualisierten Materialkatalog kann und will die vorliegende Arbeit wegen des verstreuten Fundguts mit einer teils nur unzureichenden Dokumentation technischer Details nicht liefern. Selbstverständlich werden waffenkundlich wichtige Novitäten, sofern publiziert, in die Erläuterungen eingepflegt. Lohnender ist es nach meinem Ermessen, in archäologischen Veröffentlichungen enthaltene und aufgrund ihrer Relevanz für dieses Buch ausgewählte Artefakte einmal aus bogenkundlichem Blickwinkel zu analysieren. Jene Herangehensweise erlaubt übergreifende Reflexionen und typologisch differenzierte Einstiege ins Thema. Zur Vermehrung unseres Wissens für praktische Simulationen sorgen darüber hinaus, auf einer gut verständlichen Basis formuliert, grundlegende bogenbauerische Erläuterungen. Damit ist der Rahmen für die anstehenden Untersuchungen in seinen wesentlichen Kernpunkten abgesteckt.

Auf was für Probleme muss man sich generell bei der Betrachtung von Pfeil und Bogen in der Römischen Kaiserzeit einstellen? Wie wirkt sich vor allem die in den gegenständlichen und flankierenden Quellen verhältnismäßig dürftige Ist-Situation aus? Waffenkundlich hat man sich damit auseinanderzusetzen, dass römische Hand-

Abb. 2: Galeere mit Bogenschützen auf Plattformen vorne und achtern. Links Steuermann. Mittschiffs Schwerbewaffnete. Vasenbild (Umzeichnung.) Latium, Italien. Nach Massimo Pallottino. Spätes 6. Jh. v. Chr. Ohne Maßstab.

bogen mit Bogen im Orient, Eurasien und Mitteleuropa korrespondieren konnten. Den Römern kam dabei scheinbar die Rolle des nehmenden und lernenden Parts zu. Sie waren in vordergründiger Betrachtung Rezipienten und Nutznießer. Das wirkte sich auch auf militärischer Ebene aus.

„... Seit den Bürgerkriegen Caesars hören wir regelmäßig von Bogenschützenkontingenten befreundeter Könige oder Stämme bei den römischen Armeen. Es entstanden spätestens in augusteischer Zeit auch stehende Hilfstruppen, die durch mehrere Grabsteine in Mainz belegt sind ... Während im Osten des Reiches verständlicherweise mehrere dieser Einheiten standen, hatten die größeren Provinzialheere des Westens jeweils nur höchstens eine Bogenschützentruppe zur Verfügung. So stand zur Limeszeit in Raetien die *Cohors I Canathenorum milliaria sagittaria equitata* in Straubing, in Obergermanien die *Cohors I Flavia Damascenorum milliaria sagittaria equitata* in Friedberg/Hessen und die *Cohors I Hamiorum* am Hadrianswall in Britannien. Alle diese Einheiten hatten eines gemeinsam: Aus ihrem Namen geht eindeutig ihr östliches Rekrutierungsgebiet hervor. So stammte die raetische Einheit aus dem Stadtgebiet der Stadt Canatha, die obergermanische aus dem Stadtgebiet von Damascus und die britannische aus dem Stadtgebiet von Hama. Alle drei Städte lagen in der Provinz Syrien. Diese Gemeinsamkeiten teilen sie mit fast allen Bogenschützeneinheiten. Lediglich aus Thrakien, einem Gebiet mit ebenfalls steppennomadischer Tradition am Schwarzen Meer, stammten einige weitere Bogenschützeneinheiten...[10]“

Bedeutet dies aber tatsächlich, dass Rom auf Bogenschützen von anderswoher weitgehend verzichtete oder während der Geschichte der Stadt im Hinblick auf die Entwicklung von Bogen ein passiver Opportunismus bestand?

Pfeil und Bogen besaßen, wenn wir von der Jagd absehen, im alten Italien zwar keine originäre Qualität, die es dem römischen Staat irgendwann einmal ermöglicht hätte, seine Kriegskonflikte durch den Masseneinsatz entsprechend ausgerüsteter (eigener) Kombattanten für sich zu entscheiden, zumindest aber auf den wichtigen Feldern des Belagerungwesens und im Kampf zu See mit schnellen Rudergaleeren dürften Bogen eine signifikante Rolle gespielt haben. Dies würde mit der militärhistorisch nachweisbaren Bedeutung entsprechender Supplementärwaffen in der griechischen Welt einhergehen.

„... Nach Aischylos, *Perser* 450 und Plutarch, *Themistokles* 14 befanden sich in der Seeschlacht von Salamis je vier Bogenschützen auf jedem der 180 athenischen Schiffe, also ein Corps von 720 Mann, das sich aus der untersten Bürgerklasse, den *Theten*, zusammensetzte. In der Schlacht von Plataiai traten dann die τοξόται als geschlossene Einheit auf...[11]“

Auf einer Vase aus Etrurien des Micali-Malers, der Ende des 6. Jh. v. Chr. in *Vulci* tätig war, erblickt man mehrere Schützen, zwei davon mit skythischen Mützen, auf einer Galeere. Die „Skythen“ befinden sich auf einem Plateau im Vorschiff. Sie tragen Köcher, die halbhoch am Torso platziert sind. Ein Bogenschütze in „mediterraner“ Tracht steht im Heck. Dargestellt ist ein Pfeilhagel von oben offenbar aus relativ naher Distanz. (Abb. 2) Wir wissen, dass auch bei Einsätzen der römischen Flotte im 3. Jh. v. Chr. Bogenschützen auf Schiffen agierten. Daran darf erinnert werden, selbst wenn schwerbewaffnete Soldaten an Bord sich in erster Linie auf den Enterkampf konzentrierten. Renoux schreibt dazu: „... Dans la continuité des Greecs, les Romains vont utiliser les archers lors de leurs batailles navales. En 213, les Romains assiègérent Syracuse qui avait rompu avec eux pour prondre le partu de Carthage. Ils arivérent avec une armée et une flotte alors qu'Archimède complétait les défenses de la ville en prévension d'une attaque par mer. D'après Polybe la flotte comprenait soixante pentères avec des soldats armés d'arcs, de frondes et de javelots pour balayer des défenseurs postés aux créneaux...[12]“

1.2.2 Vergessene Aspekte des Gebrauchs von Pfeil und Bogen im alten Italien

Die Belagerung von Städten und der Seekrieg hätten Gründe zur Pflege bogenbauerischer Handwerkertraditionen geboten, die mehr als nur Marginalwaffen für Nebenkriegsschauplätze produzieren mussten.

Der römische Epiker Publius Vergilius Maro erwähnt in seinem Werk *Aeneis* (10, 168-169) die etruskischen Bewohner *Cosas* und *Clusiums* (Chiusi) mit: „*Speeren, Pfeilen, schulterleichten Köchern und tödlichem Bogen*“/*tela, sagittae, corytique leves humeris, et letifer arcus*[13]“.

Auch wenn sich die dichterisch angeführten Waffen der Cosaner und Chiusiner heute nicht mehr konkretisieren lassen, sind Hinweise auf Pfeile in Antikensammlungen vorhanden. Es handelt sich um Bestandteile von Statuen oder um Votivgaben. In Museen in Karlsruhe und Boston werden solche Artefakte aufbewahrt. Ihre werkstoffliche Natur lässt aber mehr an einen künstlerischen als an einen funktionspraktischen Gebrauch denken[14]. Interessant ist der Fund eines Pfeilfragments vom Schlachtfeld am Trasimenischen See. Eiserne Pfeilspitzen gibt es von der römischen Belagerung der keltischen Stadt *Numantia* aus der Circumvallation dort. Sie bieten uns Archetypen aus dem antiken Waffenwesen an. Ich werde auf diese und andere Fundstücke an gegebener Stelle weiter unten noch dezidiert Bezug nehmen.

Bekanntermaßen lag der militärische Hauptfokus Roms auf Legionen. Die schwerbewaffnete Infanterie war anfangs nach Bürgervermögen gegliedert. Man führte in sich wandelnden Zweckformen Speere (lat. *lancea, pilum*), Lanzen (*hasta*), Schwerter (*gladius, spatha*) und Schilde (*scutum*). Hinzu traten Leichtbewaffnete, die man *rorarii, velites* und später *ferentarii* nannte. Das waren sogenannte Plänkler entweder mit Schleudern, Wurfspeeren oder – die Quellenlage ist diesbezüglich leider etwas vage – auch mit Bogen[15]. Professionelle Legionäre wurden erst in Folge der Militärreformen des Augustus von unter römischer Hoheit stehenden Auxiliaren unterstützt: „... Ein äußerst revolutionärer Schritt war die Einrichtung stehender Formationen von *auxilia* (Hilfstruppen) durch Augustus. Sie stellten Spezialisten wie Bogenschützen, Kavalleristen für die Aufklärung und Verfolgung und eine beweglichere Infanterie als die in Reih und Glied operierenden Legionen. Anders als verbündete Truppen (die nach wie vor in Kriegszeiten von Klientelstaaten angefordert wurden) waren diese neuen Auxiliare nun in die römische Armee integriert...[16]"

Zuvor hatten im Bogengebrauch geübte Mannschaften als fremdstaatliche Kombattanten in temporärem Sold gestanden[17]. Nun konnten entsprechende Spezialisten in eroberten Regionen bzw. bei dafür geeigneten Völkern gemustert und an militärischen Brennpunkten garnisoniert werden. Auf irreguläre Kämpfer abhängiger Staaten oder barbarischer Stämme wurde aber weiterhin nicht verzichtet. Bei der Verteidigung befestigter Städte etc. lassen sich als eine Ergänzung für reguläre Truppen sogar römische Lokalmilizen (vielleicht auch mit Bogenschützen) in Betracht ziehen[18].

Vielfältig waren die Erfordernisse, die einen Frontbefehl für Bogentruppen notwendig machten. Kate Gilliver schreibt: „... Onasander gibt zwei Positionen für die Schleuderer und Bogenschützen an: vor der Kampflinie, um direkt auf den Feind zu schießen und an den Flügeln, um Flankenangriffe durchzuführen. Er führt aus, dass ein Schützenangriff auf die Flanke der Armee die feindlichen Reihen zusammentreiben würde und sie bei dem Versuch, den Geschossen auszuweichen, durcheinander geraten würden. Wie man bereits 46 v. Chr. bei Uzitta sah, erwiesen sich die Bogenschützen, die Cäsar an den Flügeln aufstellte, als sehr effektiv gegen Scipios Elefanten ... Auf seinen Afrikafeldzügen jedoch platzierte Cäsar mehrmals Schleuderer und Bogenschützen in den vorderen Reihen seiner Schlachtlinie, damit sie ... direkt auf den Feind schießen konnten, bevor sie sich zurückzogen, damit die schwere Infanterie der Legionen angreifen konnte. Unglücklicherweise liefern uns die Historiker der Kaiserzeit keine Einzelheiten dazu, obwohl es klar ist, dass sowohl Schleuderer als auch Bogenschützen weiterhin eine wichtige Rolle spielten ... Bei der Schlacht von Issos im Bürgerkrieg 194 n. Chr. stellten sich beide römische Armeen mit der schweren Infanterie in der Mitte und der Artillerie und den Bogenschützen in den hinteren Reihen auf. Diese schossen auf über die vor ihnen stehenden Ränge. Unter einem Hagel von Geschossen rückte die Armee von Septimius Severus als Erste vor, geschützt durch die *testudo*-Formation...[19]"

Darüber hinaus gab es im Heer der Kaiserzeit Bogenschützen zu Pferd. Marcus Junkelmann erläutert dies: „... Vom 1. bis zum 3. Jh. n. Chr. sind 11 *alae sagittariorum* und 17 *cohortes equitatae sagittariorum* (davon 8 *miliariae*) nachzuweisen, das heißt, 60 % der 46 bekannten Bogenschützeneinheiten der Auxiliartruppen waren beritten oder teilberitten, etwa jeder fünfte Reiter gehörte zu einem Verband von Bogenschützen...[20]"

Für Legionäre stellten Pfeil und Bogen bedarfsweise Waffen dar. Ein epigraphisches Zeugnis für einen *sagittarius legionis* datiert in die Severerzeit[21]. Die Infanterie besaß demnach Experten im Bogengebrauch. Dafür spricht auch eine Anekdote aus dem 1. Jüdischen Krieg:

„... Flavius Josephus schildert, wie bei der Belagerung Jerusalems [70 n. Chr.] ein Centurio den Siegestanz eines Gegners durch einen gezielten Pfeilschuss beendete. Das zeigt, dass die Kenntnis im Bogenschießen auch bei den Legionssoldaten vorhanden war...[22]"

Das Flechtwerk an Provenienzen für solche Bogen scheint beträchtlich zu sein. Auch ein Statement des Flavius Arrianus berechtigt zu dieser Annahme:

> „... *Man muss die Römer bewundern, denn obwohl sie ihre eigenen Einrichtungen lieben, sind sie bereit, nützliche Dinge ihrem persönlichen Gebrauch anzupassen, wo immer sie sie finden. Daher kommt es, dass sie bestimmte Waffen von anderen Völkern übernahmen, die man nun römisch nennt, da die Römer sie sehr geschickt einsetzten; darüber hinaus ünbernahmen sie auch militärische Übungen von anderen...*[23]"

Ich möchte zunächst einige exemplarische Funde aus der frühen bis mittleren Kaiserzeit erörtern. Sie geben uns eine erste Auskunft darüber, was für elementare Daten ermittelbar sind. Ferner wird daran ersichtlich, welche Fragen entstehen, wenn Artefakte ambivalente Charakteristika aufweisen.

II MATERIELLE BELEGE FÜR REFLEXBOGEN AUF RÖMISCHEM REICHSGEBIET

2.1 Beinerne Beschläge der Bogenenden als Interpretationsgrundlage

Zu den ältesten Nachweisen für Kompositbogen in Deutschland gehören beinerne Hebelenden vom augusteischen Stützpunkt Dangstetten, Lkr. Waldshut, und dem Römerlager Oberaden, Lkr. Unna. Artefakte gibt es auch von Legionsorten wie Mainz am Rhein oder Windisch in der Schweiz. Es handelt sich seit der frühen Kaiserzeit meistens um Bruchstücke mit der Nocke. In Fundberichten begnügt man sich hierzu üblicherweise mit allgemeinen Aussagen wie etwa „Endbeschlag eines Reflexbogens", ohne den Bogentypus zu konkretisieren. Manchmal liegen auch Angaben vor, ob die Armierungen aus Skelettknochen oder aus Geweih bestehen. Es ist aber nicht immer klar erkennbar, ob solche Daten bloß auf dem Augenschein oder einer genauen werkstofflichen Analyse beruhen. Häufig begegnet man dem Umstand, dass Endbeschläge über Parallelschraffuren an der Außenseite oder sich kreuzende Ritzlinien an der Innenseite verfügen. Beides war baulich relevant. Da bei zusammengesetzten Bogen verleimte Strukturen vorlagen, dienten solche Ritzarbeiten der besseren Adhäsion nach dem Aufbringen klebender Substanzen. Technisch auffallend ist, dass es Endbeschläge entweder mit schrägen Furchen über die komplette Außenseite gibt, während bei anderen nur im oberen Drittel bis maximal zur Hälfte des Bauteils solche Ritzarbeiten vorkommen. (Abb. 3) Man darf annehmen, dass dies mit handwerklich unterschiedlichen Verfahren beim Auftragen kompakter Wicklungen oder von Belägen aus Sehnenbündeln einherging. Ich werde weiter unten noch näher auf solche bogenbauliche Details Bezug nehmen.

Eine wichtige Frage, die in der Fundliteratur oftmals gar nicht oder nur indirekt beantwortet wird, besteht darin, woraus die Kernstrukturen bestanden und wie die kompletten Reflexbogen aussahen, für welche die beinernen Beschläge dereinst dienten?

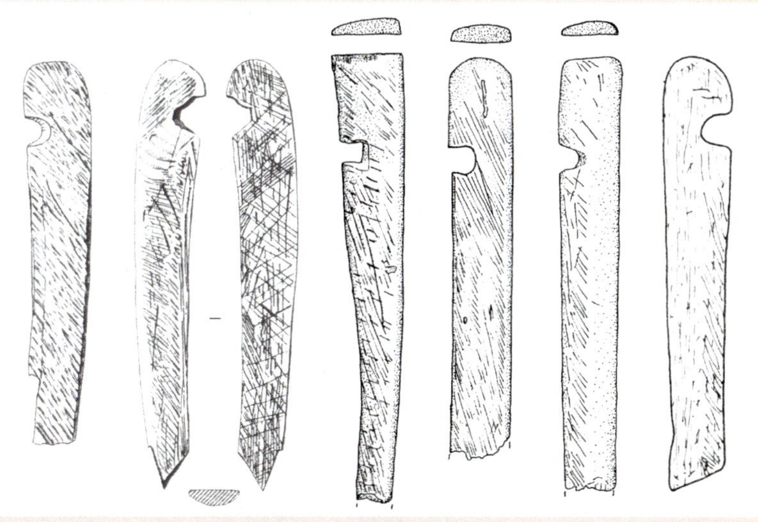

Abb. 3: Survey beinerner Endbeschläge mit unterschiedlichen Ritzarbeiten für römische Bogen. FO Dangstetten (I), Oberaden (II), Windisch (III-V) und Straubing (VI). Prinzipatszeit. Ohne Maßstab.

Das diesbezüglich von seiner forschungsgeschichtlichen Bedeutung für lange Zeit am besten erhaltene Relikt eines Kompositbogens auf dem Gebiet des Imperium Romanum kommt aus Ägypten. Die Literatur kennt es als ein im Jahr 1897 vom Ägyptologen Flinders Petrie an den damaligen Direktor des Pitt Rivers Museums, Henry Balfour, in Oxford übergebenes Artefakt. Der Fundort wird mit dem Ort Belmesa (Al-Bahnasa) als der antiken Stadt *Oxyrhynchus* angegeben. Die historische Stätte liegt in Mittelägypten im heutigen Gouvernement Al-Minya.
Bei dem Stück sind zwei Beschläge mit der Sehnenkerbe, der hölzerne Kern, Leimreste, Hornsubstanz und Sehnenmaterial anschaulich erhalten. Leider ist eine exakte Datierung aufgrund der unklaren Fundumstände nicht gegeben. Balfour glaubte ohne weiteres an eine Herkunft aus der römischen Epoche, so wie Petrie ihm dies mitteilte. Ob das Stück in die beginnende oder die fotgeschrittene Kaiserzeit gehört, ist ungewiss. Allgemeintypologisch betrachtet, möchte man sich bei der Wahl zwischen beiden Optionen wegen der relativen Kürze und Gedrungenheit eher für den ersten Zeitrahmen entscheiden. Auch eine Datierung in frühbyzantinische Zeitläufe erschiene nicht ausgeschlossen. Die Objektanmutung beruht auf einem in der Seitenansicht im Bereich der Nocke relativ hohen und am unteren Ende kurvig einbiegenden Entwurf. Die bisherige Vereinbarung, das Artefakt prinzipiell der Kaiserzeit zuzuschlagen, soll hier weder fundamental angezweifelt noch kann sie weiter ausdifferenziert werden, solange ^{14}C-Analysen ausstehen. In jedem Fall lässt sich das Exemplar als ein beispielhaftes Muster für eine strukturelle Betrachtung eines zusammengesetzten Handbogens bzw. dessen Endpartie heranziehen.

Perspektivische Zeichnungen davon finden sich bei Balfour, Erläuterungen sowie zwei Fotos bei Coulston. In einem aktuellen Aufsatz Andrew Halls werden neun Fotos des Hebelendes gezeigt. Hall macht geltend, dass der Bogen durch einen in Gegenrichtung erzwungenen Druck als Bruch zerstört wurde[24]. Zudem merkt er an, dass eine Abdruckspur des Nervs unterhalb der Nokke zu sehen ist. (Abb. 4)

Die Objektlänge beläuft sich auf 15,5 cm. Die Breite an der Nocke beträgt etwa 1 cm. Gegenüber, man bezeichnet diese Zone fachterminologisch als das Wurfarmknie, beträgt sie 2,2 cm. Dort ist ein Rest der Hornschicht erhalten. Das Material ist dunkelbraun und leicht durchscheinend. Die paarigen Endbeschläge wirken außen wie glattpoliert und besitzen eine elfenbeinartige Farbe. Sie umschließen bis vor die Sehnenkerbe einen einteiligen Holzkern. Er ist von botanisch unbestimmter Art mit Wachstumsringen, die, mechanisch günstig, leicht schräg zum Korpus verlaufen. Die im Profil halbsegment- bis linsenförmigen, beinernen Leisten liegen am Bogenrücken einander an. Zum Wurfarmknie hin spreizen sie sich auf. Somit bildet der Holzkern an der Nocke in etwa ein Dreieck und am Knie ein Trapez. Oben sind die Beinplatten aufeinander geleimt und werden mit einer Sehnenwicklung inklusive eines (nachgedunkelten) Lederbands gehalten. Jene Sicherung ist als ein Sondermerkmal ohne irgendwelche typologische Bedeutung zu bewerten. Weitere, womöglich zur Stabilisierung angebrachte und über die komplette Länge von der Nocke abwärts reichende Wicklungen lassen sich angesichts der geglätteten Oberflächen nicht rekonstruieren. Gleichwohl erkennt man am Wurfarmknie einige querende Schraffuren, die der Adhäsion einer bereichsweise angelegten Bandage des beim Pfeilauszug zwangsläufig stark belasteten Übergangsbereichs mit Sehnengarn gedient haben könnten. Coulston erläutert das aufgrund seiner Anschauung des Objekts: „... The Belmesa ear has traces of oozed glue on the back of the laths but the sinew only extended up as far as the point where the laths straighten out, level with the termination of the horn. On boths laths knife scorings appear on the convex face suggesting a trimming or tidying up of the sinew at that level. This explains the lack of back edge scoring. Traces of sinew overlaying the edges of the horn on the belly and at the lower end of the laths confirm that sinew was applied to the sides as well as the back of the ear...[25]"

Das unten noch zu erläuternde Fundbeispiel eines parthischen Bogens vom Platz Baghouz am mittleren Euphrat besitzt eine Wicklung annähernd von Nocke zu Nocke. Das Belmesa-Fragment stellt in dieser Hinsicht etwas Anderes dar. Da man nie alle technischen Aspekte anhand bloßer Teileanalysen aufschließen kann, sollte das römerzeitliche Hebelende aus Ägypten nicht etwa ohne weiteres Reflexbogen aus Parthien anbeigestellt werden. Es wird erkennbar, wie schwierig kulturhistorisch belastbare Zuordnungen von Endbeschlägen aus der römischen Welt sein können.

Neuerdings bietet die provinzialrömische Archäologie ein kompaktes Bogenende aus der Stadt Astorga, Straße Modesto Lafuente, in Kastillien-León in Spanien. Vor Ort war eine zeitlang die *Legio VII Gemina* stationiert. Das Bogenbruchstück besitzt im unteren Drittel ein massiges und abgerundetes Profil. Die Sehnenkerbe ist in der Kontur u-förmig. Das äußerste Bogenende ist plan. (Abb. 5) Schraffurzonen oder Anzeichen für eine Umwicklung sind nicht gegeben. Wie die spanische Fundliteratur mitteilt, lagen bis dato aber keine materialkundlichen Daten oder Einblicke in den Strukturaufbau vor, so dass die Expertise eine vorläufige ist[26].

Nachprüfbar misst das Stück mit zu ergänzendem Wurfarmknie etwa 15 bis 20 cm. Es zeigt eine schwache Krümmung und verfügt über seitliche Armierungen. Waffengeschichtlich ließe sich ein Hornkomposit(bogen) des 1. Jh. n. Chr. im römischen Legionslager von *Asturica Augusta* rekonstruieren. Von welchen Soldaten er im Speziellen verwendet wurde, ist nicht zu ermitteln. Wünschenswert wäre es, dass eine Studie die baulichen Details durch Röntgenbilder und CT-Scans offenlegte.

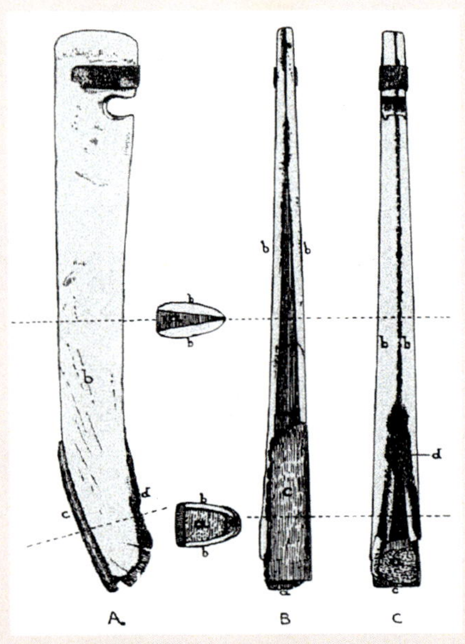

Abb. 4: Bogenbruchstück aus Belmesa (a = Holz, b = Bein, c = Horn, d = Sehnen; Lederband, Leimreste.) Ägypten. Nach Henry Balfour. Römische Kaiser- oder frühbyzantinische Zeit. Ohne Maßstab.

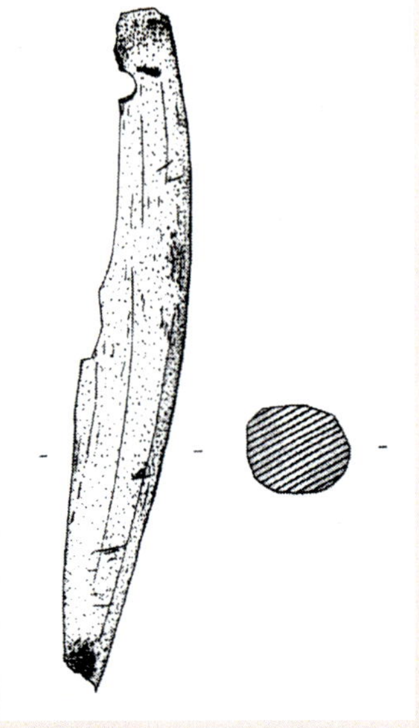

Abb. 5: Endpartie eines Kompositbogens von der Modesto-Lafuente-Str. Nr. 3 in Astorga. Provinz León, Spanien. Nach J. A. Fernández und T. A. Tafalla. 1. Jh. n. Chr. Ohne Maßstab.

2.2 Kombinationsmöglichkeiten mit zeitgenössischen Bildquellen

Die beiden Fragmente aus Belmesa und Astorga weisen alle Bestandteile auf, die zum Bau von Reflexbogen dienen konnten: Holz, Horn, Sehnen, Leim, Bein. Das Problem besteht leider darin, dass wir nicht wissen, wie die kompletten Bogen wirklich aussahen. Es fehlen wichtige Informationen über die Auslegungen der Wurfarme und des Griffs. Man kann anhand der technischen Gestalt aber zumindest einige begründete Mutmaßungen anstellen. Die Bauteile sind recht kurz, was bedeutet, dass die flexiblen Partien in relativer Gesamtproportion deutlich länger ausfielen. Diese zunächst schlichte Erkenntnis ist insofern relevant, weil dann später im Verlauf der Kaiserzeit auch Kompositbogen mit signifikant ausgedehnteren Hebelenden auftreten. Eventuell waren die Bogen von Belmesa und Astorga auch asymmetrisch. Da die Endsektionen jeweils nur schwach rekurv ausgebildet sind, muss es – bei einem im unbespannten Zustand hohen Reflexgrad – ausgeprägte Standhöhen der aufgezogenen Sehnenschnur gegeben haben, um das Risiko eines Umschlagens der Bogen zu minimieren, zumal nichts auf ein etwaiges Vorhandensein von Sehnenbänkchen hindeutet.

Grundsätzlich zeigen die Armierungen an, dass die Schusswaffen verhältnismäßig auszugsstark gewesen sind, weshalb man lediglich hölzernen Hebelenden den scharfen Sehnendruck nicht dauerhaft überlassen mochte. Auch wenn dies wiederum eine schätzende Überlegung ist, kann man Zuggewichte deutlich jenseits 50 lb, das sind rund 22, 8 Kg oder 223,6 N, veranschlagen. Fraglich ist, ob das Holz der Hebelenden und der flexiblen Wurfarme durch Spleißtechnik verbunden war oder vorgeformte Module bildete? Es sind anderswo an Militärplätzen der Römer auch Bogenenden überkommen, die aus einer einzigen massiven, beinernen Leiste bestehen. In jenen, insgesamt aber seltenen Fällen, müssen die Hebelenden und die Arme durch einen Spleiß verbunden gewesen sein. Vom Kastell von Bar Hill am Antoninuswall in Schottland gibt es ein solches Artefakt[27]. Offenbar haben spezialisierten Handwerkern selbst in nördlichen Provinzen bogenbauerische Alternativen zur Verfügung gestanden[28].

Für wissenschaftlich ernstzunehmende Rekonstruktionen römischer Kompositbogen aus der frühen bis mittleren Kaiserzeit können zeitgenössische Bildbeispiele hilfreich sein. Dabei sind aber im Vorfeld einige Einschränkungen bzw. Negativbeispiele quellenkritisch zu beachten. Darstellungen von Bogen in der römischen Kunst tendieren in waffenhistorischer Hinsicht zu einer beträchtlichen Unzuverlässigkeit. Glaubhafte Wiedergaben bleiben deshalb rar, weil man häufig auf den Topos des sogenannten *Scythicus arcus* (lat). Bezug nahm. Jene Reflexbogen der alten Kimmerier und Skythen aus Eurasien hatten seit dem 8./7. Jh. v. Chr. auch in Südeuropa eine weite Verbreitung gefunden. Aufkommen in Großgriechenland und Etrurien sind rekonstruierbar. Charakteristische Marker für ihr Funktionsdesign waren rundlich eingebogene Enden und ein abrupt zurückgesetzter Griff. Das lässt sich unter anderem auf einem Fresko in einem etruskischen Grab in *Caere* (Cerveteri) aufzeigen. (Abb. 6) Auch die Reflexbogen oben auf Abb. 1 und 2 basieren auf dem *Scythicus arcus.* Um die Zeitenwende allerdings handelte es sich um einen technisch in die Jahre gekommenen Bogentyp. Vermutlich sind skythische Reiterbogen mit ihrer typisch doppelt-rekurven Kontur bei sarmatischen Völkern noch etwas länger Gebrauch geblieben. Für den Vorderen Orient unter Roms Herrschaft fehlen aber valide Belege für ein mögliches Nachleben.

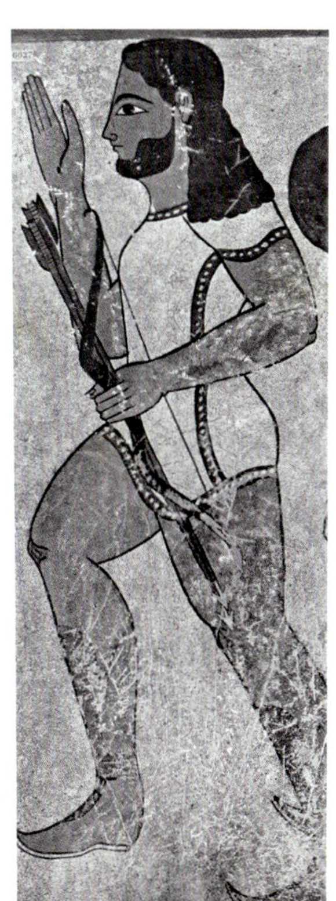

Abb. 6: Apollon mit *Scythicus arcus*. Etruskisches Grabfresko. Cerveteri, Italien. Ende 6. Jh. v. Chr. Diana mit *Scythicus arcus*. Römisches Hochrelief. FO bei Serrig, Saargau. 2./3. Jh. n. Chr. Ohne Maßstab.

Reflexbogen der skythischen Konstruktion wurden überdies von späteren Kunstschaffenden mit einem zunehmenden Unverständnis behandelt und gestalterisch modifiziert. Als ein Beispiel von vielen kann dafür ein Dianarelief aus dem 2./3. Jh. n. Chr. vom römischen Tempelbezirk im Neunhäuserwald bei Serrig im Saargau, das vom Rheinischen Landesmuseum Trier aufbewahrt wird, dienen. Es enthält einen grotesk dargestellten *Scythicus arcus*. Tölle-Kastenbein erkennt verschleiernde Phänomene bereits in der bildenden Kunst hellenistischer Zeit: „... Ähnliches, wenn auch unter anderen Voraussetzungen, gilt auch für die Werke der griechischen Spätzeit. Wenn auf diesen Darstellungen die Bogen so klein, einfach und undifferenziert erscheinen, so ist das darin begründet, dass die Künstler der Spätklassik und des Hellenismus, insbesondere die Maler, ihre Figuren in einem optisch-malerischen oder genrehaften Stil wiedergeben und sich dabei einer immer flüchtiger werdenden Malweise bedienen, es ihnen auf die Genauigkeit der Wiedergabe von Einzelheiten aber nicht ankommt ... Einige Künstler bieten besonders in der Vasenmalerei relativ genaue Wiedergaben; andere hingegen geben sich als wenig gute Kenner des Bogenschießens zu erkennen: sie deuten mehr an, als dass sie exakt abbilden, was durchaus in ihren Kräften lag. Ihnen kommt es auf die Gesamtkomposition, auf die Thematik, auf die Ausdruckskraft, eher auf die Feinheit der Körper- und Gesichtszeichnung als auf die Details eines Bogens an...[29]"

Es bedarf guter Kenntnisse in der Bogenkunde und viel Erfahrung mit historischen Darstellungsvarianten, um innerhalb vorherrschender Kunststile einigermaßen verlässliche Angaben entweder über eine modellgemäße Integrität skythischer Bogen vorlegen oder archaisierende Waffen als anachronistische Darstellungen entlarven zu können. Methodisch sind Kreuzbelege zwischen ikonographischen Quellen und archäologischen Funden gefragt. Ich übergehe deshalb an der Stelle alle mir bekannten Bogenwiedergaben aus der Prinzipatszeit, die für starre Hebelenden nicht in Frage kommen können, weil künstlerische Reprojektionen auf den *Scythicus arcus* vorliegen. Schließlich wissen wir, dass die Bogen der Kimmerier und Skythen keine Beschläge besaßen. Es sei an angebliche Bogenenden erinnert, die als Fundstücke aus Kurganen der älteren Eisenzeit in Eurasien früher als aufsteckbare Sehnenlager aus Knochen angesprochen worden sind[30].
In Wahrheit gehörten diese Artefakte in Vogelkopfform, wie Anja Hellmuth überzeugend darlegt[31], zu skythischen Pfeil- und Bogen-Köchern. Bogenbeschläge aus Bein bleiben als Funde bei den Skythen aus. Armierungen für Bogen an skythischen Nekropolen hier und da können auch auf späteren Nachbestattungen mit Kompositbogen an den sakralen Stätten von der Hunnenzeit bis ins Frühe Mittelalter beruhen. Schließlich hat wegen der speziellen Bauform skythischer Bogen mit ihren kreissegmenthaft ausgeprägten Nockenzonen auch überhaupt keine mechanische Notwendigkeit für Beschläge bestanden.
Man vergleiche Apollons Bogen auf dem Fresko von *Caere* mit seinen rundlichen Enden mit römischen Bogenendverstärkern aus Bein, um zu erkennen, dass hier technische Korrespondenzen auszuschließen sind. Gesucht werden stattdessen glaubwürdige Bilder von Reflexbogen aus der Prinzipatszeit, die im besten Falle gar keine oder wenn, dann nur partielle künstlerische Verbrämungen des *Scythicus arcus* sind. Idealerweise stehen sie, wie viele der frühkaiserzeitliche Bogenartefakte auch, in einem militärischen Kontext.

2.3 Wiedergaben von Reflexbogen aus dem levantischen Raum

2.3.1 Das Ädikula-Grabmal des Auxiliarsoldaten Monimus in Mainz

Eine unter diesen Aspekten verhältnismäßig authentisch wirkende Wiedergabe eines römischen Militärbogens erblickt man auf dem Ädikula-Grabstein des Monimus, Sohn des Ierombal, der ein Angehöriger der 1. Ituraeerkohorte am Legionsstandort Mainz war. Die Ituraeer gelten als arabischer Stamm mit der antiken Hauptstadt Chalkis in der Gegend des heutigen Libanon. Sie stellten Rom längerfristig Auxiliare, was die Geschichte der zuerst hauptsächlich zu Fuß eingesetzten, anschließend auch teilweise berittenen Ituraeerkohorte zeigt. Ovidius Ţentea erläutert: „... The recruiting of Ituraean archers was attested since the first civil war. Caesar frequently used mounted and infantry archers, describing them as: *sagittarios Ityreis, Syris et cuiusque generis*. ... The first Roman auxiliary units recruited from among these populations were most likely constituted during the rule of Augustus. An argument in this respect is a mention of a *Cohors Ituraeorum* (without number) in Syrene, in 39 AD. The earliest epigraphic mentions of *Cohors I Ituraeorum* are those from Germania Superior. Inscriptions belonging to soldiers of this cohort were found in Mongotiacum and in the region. The inscriptions at issue indicate that the unit remained in Germania during the first years of the rule of Tiberius, and it was most likely constituted during the rule of his predecessor...[32]" Monimus hält einen Bogen mit deutlich zurückgesetztem Griff. Es handelt sich dabei aber um keine Waffe des skythischen Designs. In einem solchen Falle besäßen die Arme gleich hinter der Handhabe eine von der Sehne wegführende Maximalausprägung (Deflex) und führten anschließend peitschenartig bis zu den rundlich sich einbiegenden Enden weiter.

Abb. 7: Grabstein des Auxiliars Monimus von der 1. Ituraeer-Kohorte mit Bogen und Pfeilen. 50 Jahre, 16 Dienstjahre. (H. 135 cm.) FO Mainz-Zahlbach. Nach Wolfgang Selzer. Erste Hälfte 1. Jh. n. Chr.

Durch Vergleiche mit authentischen Wiedergaben wie dem Reflexbogen des Dareios auf dem berühmten Alexanderschlacht-Mosaik im sogenannten Haus des Fauns in Pompeji versteht man die voneinander abweichenden Desings. Das Mosaik basierte auf einer hellenistischen Malerei. Anhand zahlreicher Neufunde von Bogen der skythischen Gattung in den vom 5. bis ins 3. Jh. v. Chr. belegten Gräberfeldern Subexi und Yanghai im Turfandistrikt Chinas, lässt sich der Skythenbogen des Dareios typenkundlich eindeutig identifizieren[33]. Eine kongruente Form ist beim Bogen auf dem Mainzer Grabmal nicht vorhanden. Die Hauptbiegezone liegt erst im mittleren Wurfarmdrittel. (Abb. 7) Auch fehlt der für Skythenbogen in der älter antiken Kunst oftmals charakteristische „Wurfarmknick" hinter dem Griff. Leider hat der Steinmetz, was unrealistisch wirkt, keine Verbreiterung des Bogenarms ausgeführt. Zu allem Überfluss ist zu ungewisser Zeit ein kleines Stück des erhabenen Wurfarms genau dort weggebrochen und später konservatorisch übermodelliert worden, wo die Nocke liegen müsste. Davon kann man sich am Original, das im Landesmuseum Mainz ausgestellt wird, vergewissern. Es war vermutlich, wenn auch nur ansatzweise, ein rekurver Abschluss des Wurfarms vorhanden. Eine ähnliche Motivreduktion gibt es übrigens auch in der Kunst der Parther zum Beispiel auf Münzen mit Reflexbogen. Womöglich handelte es sich um eine bildgebende Konvention aus dem Nahen Osten, der auch der Bildhauer des Grabsteins in Mainz folgte[34]. Wenn man stattdessen kurze, beinerne Beschläge hier maßstäblich einfügte, ließe sich die Silhouette der Wurfarme zugunsten einer Simulation zwar spekulativ, ihrer technischen Anmutung nach aber plausibel ergänzen. Es wäre möglich, dass die Ituraeer Bogenbautechnologien aus der Levante an den Rhein brachten. Vielleicht arbeiteten am Mainzer Stützpunkt ituraeische Bogenmacher, auf deren Produkte auch außerhalb des „Auxiliarcorps" zurückgegriffen wurde.

Auf dem Ädikula-Grabstein trägt Monimus mindestens drei Pfeile und bleibt so als ein zu Lebzeiten einsatzwilliger Soldat in Erinnerung. Das Halbportrait vermittelt einen gewissen Stolz auf die Waffen und auf die Fähigkeiten als Bogenschütze. Es wirkt etwas unklar, ob am Griff ein weiterer Pfeil gehalten wird. Eher dürfte es die Bogensehne sein, deren Weg dann aber optisch verzeichnet vorläge. Mithin ist dem Künstler eine realistische Perspektive bis zur Nocke am fehlenden Wurfarmende nicht recht geglückt. Auch der Verlauf des Nervs direkt über dem Griff und das Fassen gemeinsam mit der Bogenhandhabe muten falsch an, es sei denn, dass die Sehne einer unbespannten Waffe das Wiedergabeziel war. Wird hier also ein zusammengesetzer Bogen vorlagenorientiert und bespannt, unbespannt mit herabhängender Sehne oder eine dieser Optionen mit einer künstlerischen Sorglosigkeit wiedergegeben?

Ich möchte den Monimus-Grabstein nichts desto Trotz als eine gute Vorlage für bestimmte Merkmale vorderorientalischer Bogen während der Frühphase der römischen Anwesenheit an der Mainmündung ansehen: Es sind eine kurvige und zurückgesetzte Griffpartie sowie die spezielle Kontur der Wurfarme mit anteilsmäßig kurzen Hebelenden zu nennen.

Strategisch hat man die Ituraeer neben der Unterstützung für Legionäre zu Lande womöglich auch auf Ruderschiffen eingesetzt. Ihre Schusswaffen hätten für andere Rheinanlieger wie etwa feindselige Germanen ein Drohpotential bilden können. Über Soldaten auf Hochsee- und Binnenschiffen schreibt Thomas Fischer: „… Bisher ist auch wenig zu entdecken, was die Bewaffnung und Ausrüstung der Marine-Infanterie von derjenigen der Legions- und Auxiliarinfanterie grundsätzlich unterscheiden würde … Allenfalls könnte man aus Angaben des Vegetius (*Epitoma rei militaris,* 44) schließen, dass Fernwaffen (Geschütze, Armbruste, Pfeil und Bogen, Schleudern, Wurfspeere und Steinkugeln) im Seekrieg eine größere Rolle spielten als bei offenen Feldschlachten…[35]“ Bei leichtgängigen Binnenfahrzeugen ohne Torsionsartillerie, also bei schnellen Liburnen des Typs Oberstimm, später der Typ Mainz A, erschiene es plausibel, dass Bogen wichtig für die Wahrung taktischer Reichweite im Patrouillendienst gewesen sind. Die Bedeutung von Schiffen für die Grenzsicherung während der Kaiserzeit wird erst heute voll erkannt. Vielleicht hat man das Bogenschießen innerhalb der römischen Militärflotten auf Rhein und Donau bisher ebenfalls unterschätzt.

2.3.2 Diskussion der Reflexbogendarstellungen auf der Traianssäule

Gibt es korrespondierende Wiedergaben von Bogen aus der Großregion des Nahen Ostens in der Prinzipatszeit? Hier führt der methodisch nächste Schritt zum typenkundlichen Abgleich mit römischen Waffendarstellungen auf der Traianssäule. Anlass, Entstehung und Ausführung jenes gut dokumentierten Denkmals werden als bekannt vorausgesetzt. Bogenträger gibt es auf der Traianssäule überwiegend zu Fuß, auf römischer Seite sogar ausschließlich.

Danae Richter erinnert in einer monographischen Studie über das 113 n. Chr. eingeweihte Denkmal daran, dass, soweit überliefert, sechs Kohorten und drei Alen von Bogenschützen in Traians Dakerkriegen kämpften[36]. Sie kamen mehrheitlich aus Syrien und teilweise aus Thrakien als „Hauptrekrutierungsorte“ für solche Soldaten. Außerdem verfügte man mit den *Palmyreni sagittarii* über spezialisierte Krieger. Es gibt in Fachkreisen eine alte Diskussion darüber, ob bei bestimmten Bogenhandhabern, welche mit hohen Helmen ausgestattet sind, eventuell sogar mit Sarmaten zu rechnen wäre[37]. Wie in der Kunst der Prinzipatszeit üblich, erfolgt die Darstellung von Reflexbogen auf der Traiansäule insgesamt uneinheitlich, häufig aber mit einem gräzisierten Einschlag. Auf der Szene XXIV („Schlacht von Tapae“) wird ein durch einen Helm und Ringpanzer geschützter römischer Auxiliar mit dem Klischee eines kurzen Skythenbogens abgebildet. Ähnliches findet man übrigens auch auf der Marc-Aurel-Säule (Marcussäule) in Rom vor. Darauf sind die römischen Reflexbogen allesamt vergleichsweise minimalistisch und typenkundlich archaisch als *Scythicus arcus* ausgeführt.

Selbst Bogen, die man auf der Traianssäule Dakern in die Hand legt, sind mit skythischen Waffen typologisch gleichzusetzen. Das wäre für das dakische Königreich insofern plausibel, als sich dessen Staatsvolk aus Geten und Thrakern konglomerierte. Die Geter waren ein indoeuropäischer Stamm. Sie werden bereits vom griechischen Historiker Herodot im

Abb. 8: Auxiliare auf der Traianssäule in Rom. Bespannter Reflexbogen. Rückenköcher. Ausschnitt der Szene CVIII, 17. Windung. Nach Conrad Cichorius. Aufnahme nach Raffaelle D'Amato. Ohne Maßstab.

5. Jh. v. Chr. erwähnt und im nördlichen Balkan verortet. Costel Chiriac schreibt: „... As regards the territory of Dobrudja, we can claim with certidude that the composite bow was known by the Getians, probably took over from Skythians ever since the 5th–4th centuries BC...[38]" Es bleiben aber Fragen übrig, ob und inwieweit kleinformatige Skythenbogen für die Situation in Dakien zur Traianszeit noch verbindlich waren?

Auf dem römischen Siegesmonument von Adamklissi (*Tropaeum Traiani*) in der Dobrudscha in Rumänien wird im Gegensatz dazu ein dakischer Stabbogen dargestellt (s.u. Abb. 67). Bogenschützen aus dem Orient werden auf der Traianssäule mit Helmen und in Schuppen- oder Ringpanzern abgebildet. Manchmal führen sie mittelgroße Segmentbogen mit halbkreisförmigen Enden. Auch das dürfte eine Reminiszenz an ältere Klischees sein. Solche Bogendarstellungen gab es früher auch im antiken Griechenland. In der griechischen Kunst gehen entsprechende Segmentbogen oft mit Persern einher[39]. All diese für die Römische Kaiserzeit schlecht verifizierbaren Beispiele bringen einem waffenhistorisch nur indirekt verwertbare Aufschlüsse. Es ist dennoch wichtig, sie hier kritisch aufzugreifen, nicht zuletzt deshalb, weil sie in mancher Sekundärliteratur ohne weiteres zitiert werden und einem ungeschulten Auge glaubhafte Muster vorgaukeln, wo man es eher mit unreflektierten Stereotypen in der damaligen Kunst zu tun hat.

Ernst Künzl bringt die Problematik auf den Punkt: „... Der Aussagewert der Reliefdarstellungen ist sehr unterschiedlich. Traianssäule und Marcussäule bieten zwei veritable Waffenenzyklopädien, sind künstlerisch überzeugend, bleiben aber antiquarisch manchmal eigenwillig. Die Reliefs des großen Traianstropäums von Adamclisi in Rumänien sind künstlerisch miserabel, antiquarisch aber durchaus ehrlich...[40]"

Standen bis jetzt überwiegend Zweifelsfälle auf der Traiansäule im Fokus, so ist zu würdigen, dass auf den Szenen CVIII und CXV glaubwürdiger gestaltete Kompositbogen in die Hände von Orientalen gelegt werden. (Abb. 8) Es handelt sich auf der Szene CVIII um Bogen in Ruhe und auf der Szene CXV im Vollauszug. Dabei kann, wenn man gewisse artifizielle Verspieltheiten wie hakenförmige Nocken einmal außer Acht lässt, durchaus eine schmale Brücke zu beinernen Bogenbeschlägen aus der frühen und mittleren Kaiserzeit geschlagen werden. Die Wurfarme sind weder scharf von den Griffen separiert, noch heben sich die Enden, wo die Armierungen angebracht waren, stark abgewinkelt ab. Als Resümee vermag die Traianssäule nur bedingt als eine aussagekräftige Bildvorlage für zeitgenössische Bogendesigns aus dem Orient zu dienen. Einiges darauf erlaubt aber eine positive Resonanz. Werner Gauer formuliert: „... Auch wenn den Bildhauern bis in alle Einzelheiten durchgestaltete Bildentwürfe vorgelegen haben, auch wenn sie an ganz präzise Vorschriften betreffend die Reliefhöhe, die Sorgfalt der Detailausführung, Glättung der Oberfläche, Bemalung etc. gebunden waren, war ihre Tätigkeit dennoch kein mechanisches Kopieren – und wieviel bleibt selbst von der Eigenleistung des Kopisten im Werk haften –, sondern eine künstlerische Tägigkeit: die Übertragung von wahrscheinlich gezeichneten Entwürfen auf den Stein. Zum mindesten der plastische Stil des Reliefs ist Eigenanteil der Bildhauer...[41]"

2.3.3 Vorstellung eines idealen Entwurfs für Bogen aus der Levante

Für Nachbildungen orientalischer Reflexbogen der Augustus- bis zur Traianszeit besteht ein erheblicher Interpretationsspielraum. Die Suche nach einer praktischen Referenz gestaltet sich als schwierig. Dennoch ist es möglich, einige typische bauliche Merkmale zu vereinbaren. Es handelte sich um keine Waffen der skythischen Machart.

Die Kompositbogen waren versehen mit starren Enden bzw. Beschlägen um die 15 bis 20 cm Länge. Sie hatten einen leicht zurückgesetzten und kurvigen Griff. Die Wurfarme gelangten in ihrer Auslegung etwas verzögert zum Hauptbiegebereich. Das unterscheidet sie vom prägnanten Deflex-Reflex-Aussehen klassischer Skythenbogen. Die Konstruktionen mögen im bespannten Zustand Sehnenlängen um die 120 cm besessen haben. Anhand einiger der Bildausprägungen wäre zu vermuten, dass die Arme maximal 4 bis 5 cm breit gewesen sein könnten. Anschließend verjüngten sie sich bis zu den Wurfarmknies hin. Jenen Übergangszonen lässt sich eine Breite von ungefähr 2 cm zubilligen. So entstanden lanzettförmige Wurfarme in der Draufsicht. Ein 1981 vorgelegter Entwurf für Reflexbogen aus der Prinzipatszeit von Peter Connolly harmoniert damit[42]. (Abb. 9)

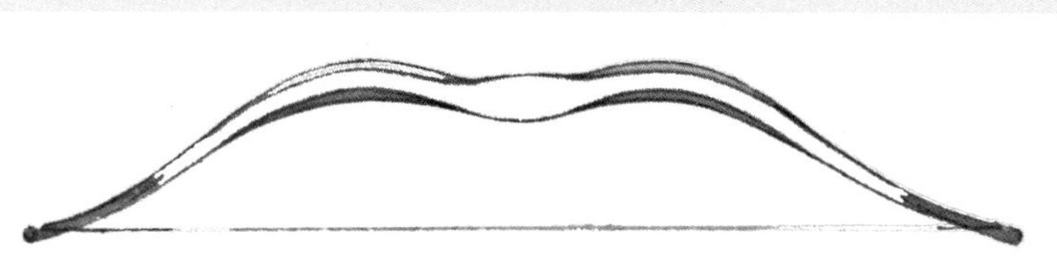

Abb. 9: Ideale Rekonstruktion eines prinzipatszeitlichen Kompositbogens aus der Levante. Zeichnung angelehnt an Peter Connolly. Ohne Maßstab.

Zur weiteren Unterstützung möchte ich ein Mosaik des 2./3. Jh. n. Chr. aus der Stadt *Volubilis* nordöstlich von Moulay Idriss in Marokko heranziehen. Der Ortwar zeitweilig Hauptstadt der Provinz *Mauretania Tingitana*. In einem prächtigen Gebäude, dem sogenanten Haus der Venus, ist ein apartes Bildsujet mit der Göttin Diana vorhanden. Deren Jagdwaffen, ein Reflexbogen mitsamt Pfeilköcher, sind ebenso dargestellt.

Der elegante Bogen könnte ob der zweifarbigen Braun-Weiß-Präsentation im Original einen mehrlagigen Aufbau besessen haben. Die Konzeption mit lanzettförmigen Wurfarmen entspräche, falls es sich nicht um eine künstlerische Variation des *Scythicus arcus* handelt, dem vorgeschlagenen Modell. (Abb. 10)

Wenn wir solche Waffen als eine realistische Option akzeptierten, dann wäre deren Funktionsdesign verhältnismäßig einheitlich gewesen. Strukturelle Informationen geben die Quellen leider nur sporadisch her. Womöglich ist auf der Szene CVIII der Traianssäule eine Verbundformation angedeutet. Es könnte aber auch sein, dass der Steinmetz hier mit dem Meißel zweimal ansetzte, nachdem ihm die erste Bogenkrümmung perspektivisch nicht zusagte.

Zum Bogenkern entweder als einem durchgängigen Modul oder als durch Spleiße ineinander gefügte Bauteile schlägt Coulston einen Monorahmen vor. Als Material für die Endbeschläge werden in der Literatur entweder Knochen oder Bein genannt. Ob es sich um die Skelettknochen bestimmter Spezies oder um Geweih handelt, bleibt in vielen Fällen offen.

Eine seltene Ausnahme kommt Guy D. Stiebel nach aus der Levante: „... The specialization of this region in archery is explicitly demonstrated by a DNA test of a composite bow's ear lath found at Masada, which indicated that it was made of an *Ibex* bone. This animal was endemic to the Judaean Desert, Jordan and Southern Syria alone...[43]"

Mike C. Bishop und Coulston erläutern ein ausgeprägtes Handwerkertum innerhalb der römischen Armee: „... Literary, subliterary, and epigraphic evidence demonstrates that the legionary rank-structure provided all the expertise and manpower necessary for production ... These documents do suggest that soldiers of a unit were assigned to the *fabrica* when specific tasks required work. They would have required guidance and coordination, both perhaps provided by the *immunes* listed by Tarrutienus Paternus in the *Digest*, copper-workers (*aerarii*), smiths (*ferrarii*), sword cutlers (*gladiatores*), arrow (*sagittarii*) and bow (*arcuarii*) makers, who possessed the requisite skils for supervising equipment manufacture...[44]"

Leider verfügen wir in der Geschichte des Nahen Ostens weiterhin nicht über das entscheidende waffenkundliche Missing Link, welches den Übergang von Skythenbogen der Dareioszeit zu beinbeschlagenen Mustern, wie sie uns im Westen erstmals unter Augustus begegnen, greifbar machte. Es wäre denkbar, dass unter den Diadochenkönigen nach neuen technischen Lösungen geforscht wurde. Insofern hätte man das erfolgreiche skythische Design aufgreifen und modifizierend nach einer Form suchen können, um die Nocken mit seitlichen Beschlägen auszustatten. Dies ist aber momentan nicht mehr als eine zwar interessante aber spekulative Idee. Die Parther als Roms Gegenspieler auf dem östlichen Schauplatz gebrauchten noch andere und unter Umständen konkurrierende Reflexbogen. Man fertigte sie mit paarigen Endbeschlägen aus Bein an, die denen aus der Levante verhältnismäßig ähnlich sind. Wir treffen allerdings auf abweichende Konzeptionen für die Auslegung der Wurfarme und der Griffpartie. Diese Unterschiede lassen sich anhand eines berühmten Ausnahmefunds aus dem persisch-römischen Grenzraum im Folgenden aufzeigen.

Abb. 10: Reflexbogen mit lanzettförmigen Armen und zurückgesetztem Griff. Mosaik im „Haus der Venus" in *Volubilis, Mauretania Tingitana*. Marokko. 2. Jh. n. Chr. Ohne Maßstab.

2.4 Forschungsgeschichtliches „Leitfossil“ – der Bogen aus Baghouz

2.4.1 Waffenkundliche Grundlagendaten und übergreifende Rezeption

Geht man systematisch an die weitere Erschließung internationaler Literatur über Reflexbogen in der römischen Epoche heran, drängt sich für die Phase der späten Republik und frühen bis mittleren Kaiserzeit ein materiell relativ einzigartiger, weil verhältnismäßig kompletter Bogen als Beispielgeber in den Vordergrund.

Es handelt sich um eine teilerhaltene Beigabe aus der Nekropole Baghouz am linken Euphratufer. Die Stätte liegt rund vierzig Kilometer südöstlich des historischen Zankapfels zwischen Rom und Persien, der Stadt Dura (Europos). Ein Distrikt des Friedhofs erhielt von einer Grabungsexpedition der Yale University den Namen „Yrzi“. In dem Areal wurde in den 1930er Jahren ein Grab mit einem bronzebeschlagenem Holzsarg geöffnet. Er enthielt Textilien, drei Glasschalen und den Reflexbogen. Den Sarg und die Glaswaren datierte man anhand vergleichbarer Funde in Baghouz und Dura zwischen das erste Jahrhundert vor und das dritte Jahrhundert nach Christus. 1937 unternahm Frank E. Brown die Erstpublikation der Schusswaffe und formulierte dabei den Namen Yrzi-Bogen: „… The bow is generally exceptional as an item of tomb furniture, probably because it was exceptionally valuable and difficult to replace. No other grave either at Baghouz or Dura has been found to contain one. Elsewhere ancient bows have been found in their entirety only in the tombs of Egypt. The presence of a bow here probably denotes its owner as a soldier or huntsman by profession, though it may merely argue his preeminence in archery in a land where the bow was the arm of every free man. In any case the weapon which had served well in life was especially chosen as a talisman in the spirit world…[45]“ (Abb. 11)

Bis heute gibt es keine ausführlichere Beschreibung des Yrzi-Bogens, auch wenn sich James dem Objekt 2004 erneut widmete. Eine Nahaufnahme eines der Hebelenden liegt in Russell Robinsons Buch *The armour of the Roman legions* von 1980 vor. Aus praktischer Sicht muten manche der zeichnerischen Angaben oder das Ausmaß subjektiver Ergänzungen bei Brown zwar diskussionswürdig an, gleichwohl war sein wissenschaftliches Herangehen für damalige Dokumentationstandards mustergültig. Die in wichtigen Teilen gute Funderhaltung sowie die Qualität der zeichnerischen Pläne führten im letzten Jahrhundert auch zum ersten Nachbau eines römerzeitlichen Kompositbogens überhaupt durch den englischen Bogenbauer Edward McEwen. Darüber liegt bedauerlicherweise keine Spezialpublikation vor. Soweit mir dies in der Literatur ersichtlich ist, könnte die Rekonstruktion britischen Reenaktors im Umfeld der *Ermine Street Guard* überlassen worden sein[46].

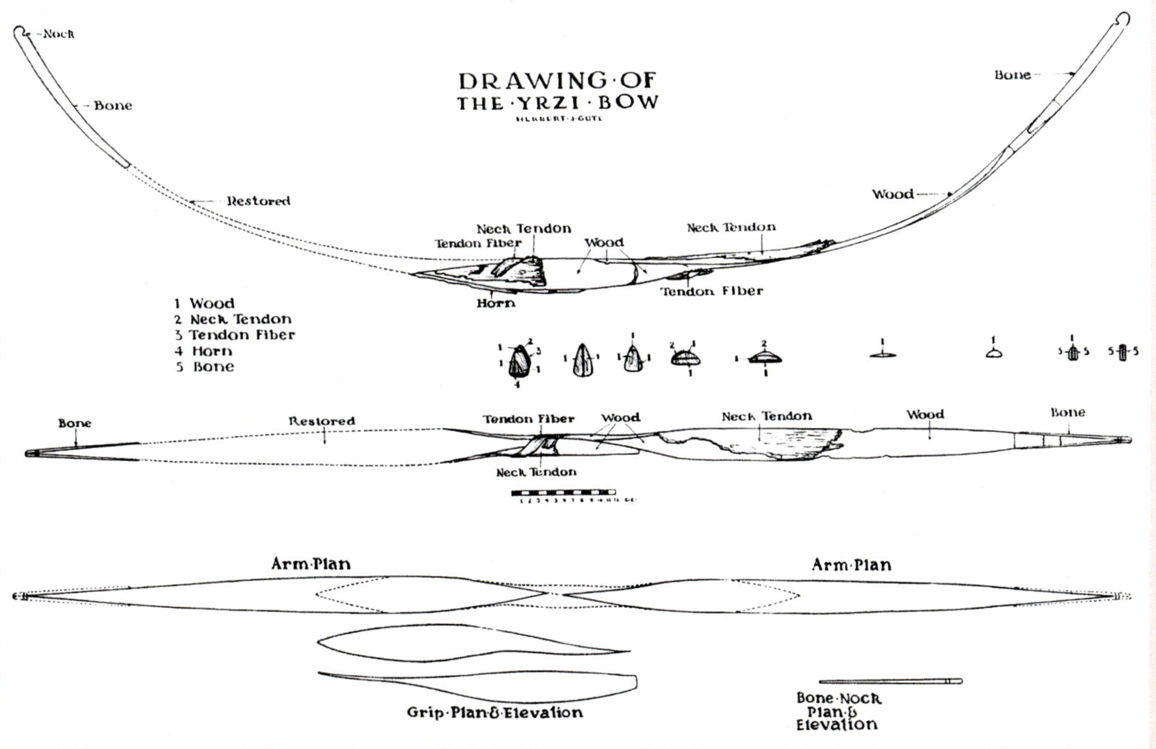

Abb. 11: Der Yrzi-Bogen in Rekonstruktion. Seitenansicht und Draufsichten. Propellerförmiger Grundriss. Angaben zum Aufbau der teilerhaltenen Sektionen. Zeichnungen nach Frank E. Brown.

McEwens Yrzi-Bogen gibt Hinweise zur technischen Gestalt beim Vollauszug. Dies wird auch am Bild eines orientalischen Auxiliars mit Bogen aus der Hand Connollys deutlich, der sich offenbar am Yrzi-Bogen orientierte[47].

In der bogenbauenden Szene der Gegenwart findet der Fund aus Baghouz bisher kaum Resonanz. Die Konstruktion wird vom Archetypus skythischer Reiterbogen sowie von sogenannten Hunnenbogen an Beliebheit übertroffen. Weitere populäre Trends experimentell nachbildender Projekte in Europa und Übersee wählen sich magyarische, osmanische oder moghul-indische Hornkomposits als Vorbilder. Auf eine Idealrekonstruktion, die mir Herr Jerzy Wozny für dieses Buch als Foto zu Verfügung stellt, werde ich unten noch eingehen.

Ausschlaggebend für eine mögliche Verbreitung von Yrzi-Bogen im Römerreich sind mehrere Aspekte. Die Waffe besitzt zierliche Endbeschläge aus Bein, wie sie auch in Europa vorliegen. Sodann lässt der Fund im Grenzgebiet zu Parthien die Möglichkeit zu, dass solche Bogen von dort aus ins Reichsgebiet gelangten.

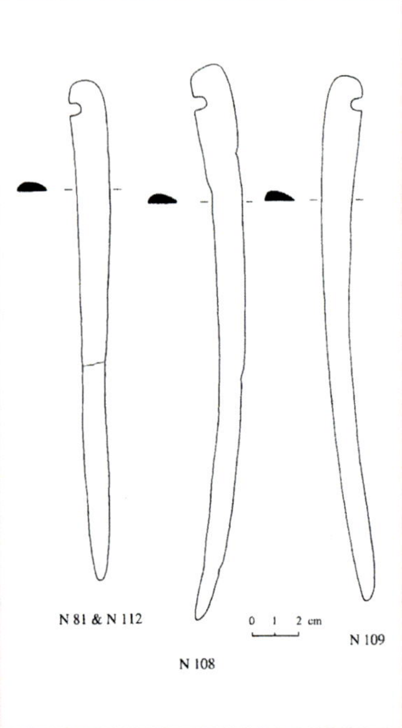

Uwe Ellerbrock und Silvia Winkelmann schreiben: „… Nach den verheerenden Niederlagen gegen die Parther im 1. Jh. v. Chr. war es für das römische Heer wohl eine zwingende Notwendigkeit, sich mit der parthischen Waffentechnik und Angriffstaktik auseinanderzusetzen. Eine Übernahme parthischer Kriegsstrategie in das römische Heer konnte am ehesten gelingen, wenn römische Soldaten durch in dieser Technik erfahrene parthische Reitersoldaten auch trainiert wurden. Dass dies auch geschah, zeigt die Bildung der *Ala Parthorum*, einer römischen Reitereinheit, die am Ende des 1. Jhs. v. Chr. in Dalmatien stationiert war … Die erwähnte *Ala Parthorum* dürfte im Zusammenhang mit den Angriffen der Germanen und der verlorenen Varusschlacht (9 n. Chr.) nach Niedergermanien nach *Novaesium* (heutiges Neuss) versetzt worden sein. Dort fand man als einzigen archäologischen Nachweis einen Siegelring der dem *Decurio* einer *Ala Parthorum Veterana* gewidmet war. Rüger geht ebenso wie Alföldy davon aus, dass das Kavallerieregiment der *Ala Parthorum Veterana* aus parthischen Flüchtlingen zusammengesetzt gewesen sei…[48]“

Die Option einer persischen Provenienz des Yrzi-Boges wird neuerdings durch archäologische Funde formenkundlich korresponierender Beschläge aus Bein für Reflexbogen des 1./2. Jh. n. Chr. aus Grab G.3831, Planum N, des Friedhofs ed-Dur in Umm al-Qaiwain, Vereinigte Arabische Emirate, ganz wesentlich unterstützt. (Abb. 12)

N 81 & N 112

N 108

N 109

0 1 2 cm

Abb. 12: Beinerne Bogenendbeschläge aus ed-Dur, Grab 3831. V.A.E. Zeichnungen von Erik Smekens. Nach An De Waele. 1./2. Jh. n. Chr.

Am Persischen Golf gegenüber dem Iran gelegen, dürften diese Kompositbogen eine parthische Herkunft besessen haben. Die Auslegung der Hebelenden entspricht denen von Baghouz in wesentlichen Belangen[49]. Sonst sind bisher keine Beschläge für Reflexbogen aus dem alten Arabien bekannt. Auch andere Funde in ed-Dur weisen stringent aufs Perserreich hin. Es gibt gute Gründe, den Yrzi-Bogen als eine parthische Waffe anzusprechen.

„… The long swords and trilobate arrowheads attested in the grave of ed-Dur are atypical for the region and are comparable to contemporaneous examples from the Parthian cultural sphere and later Sasanian Empire. … We know that the links between ed-Dur and Characene [Mesene, ein parthischer Vasallenstaat am Persischen Golf, HR] were tight. … Moreover a more general link to the Parthian cultural sphere is also found in the appearance of ring-pommel daggers … and the similarity in some of the iron objects, e.g. the long swords, the trilobate arrowheads, the spear-/lance heads and the appearance of shears in the tombs. The assemblage of these iron objects is somewhat mirrored in Parthian tombs excavated in e.g. Hassani Mahale (Iran), Ghalekuti (Iran), Noruzmahale/Khoramrud (Iran) and Tall Sheikh Hamad/Magdala (Syria). And in any case does not appear to be indigenous to SE-Arabia…[50]”

2.4.2 Technische Besonderheiten des vielteiligen Kompositbogenaufbaus

Vom Reflexbogen aus Baghouz sind die Griffpartie und ein Wurfarm relativ gut erhalten. Die zwei Paar überkommenen Hebelplatten messen etwa 22,5 und 17 cm in der Länge. Sie sind schlank und nur leicht gekrümmt. In der Gesamtrekonstruktion reichen sie geradlinig in das Wurfarmknie hinein. Den ideal vervollständigten Reflexbogen misst Brown mit 147 cm über der Krümmung. Die Ausdehnung des fehlenden Arms mit den längeren Beschlägen ist nicht genau bekannt. Der überkommene Wurfarm hat eine maximale Breite von 3,7 cm. Auf den Bogenbauch wurden drei Hornstreifen, eventuell von der Gazelle, geklebt. Zwei davon unterlegten die Arme und einer die Griffpartie.

Auch der hölzerne Bogenkern ist mehrteilig strukturiert. Brown gemäß dienten zwei lange Module jeweils für die Ausprägungen der Hebelenden, der Arme und der Übergänge zum Griff. Das dafür verwendete Material ist noch unbestimmt. Die Handhabe besteht aus zwei ineinander greifenden Bauteilen, nach Brown eventuell aus Eichen- oder Ulmenholz. Beide Stücke wurden sowohl miteinander als auch in die Arme überleitend verleimt. (Abb. 13) Dies ergab eine ausgedehnt stabilisierte Mitte. Der ergonomisch relevante Griffbereich misst etwa 14 cm. Die hölzernen Überlappungszonen rechts und links dehnen das mechanisch wirksame Zentrum auf rund 25 cm aus.

Zusatzversteifungen einer planerisch dermaßen gut durchdachten Sektion beispielsweise durch Seitenschalen aus Bein wären in praktischer Hinsicht unnötig gewesen. James hält die Mehrteiligkeit stattdessen für eine durch Materialmangel bedingte Notlösung. Ich möchte das aus genannten Gründen bezweifeln. Bedingt durch die Machart wurden die Transitbereiche vom Griff in die flexiblen Arme nur relativ wenig in die Krümmung beim Auszug des Bogens mit einbezogen. Die einfallsreich gebauten Übergangszonnen wirkten dabei imanenter Bruchgefahr entgegen. Das Endergebnis war ein Bogen, der verhältnismäßig wenig störenden Vibrationsübertrag der ohnehin leichten Arme mit ihren zierlichen Endbeschlägen zuließ. Man hat ihn auf ein ruhiges Schussverhalten hin ausgelegt. Die Rekonstruktion McEwens erforderte ungefähr 80 lb an Spannkraft, was dafür spricht, mit diesem unspektakulär und leichtgliedrig wirkenden Design doch ganz beträchtliche Leistungen abrufen zu können. Leider befanden sich keine Pfeile im Grabinventar, die Informationen über die Performance geben könnten. Man darf aufgrund der Ausmaße und Konstruktion auf Schäfte um die 75 cm Länge schließen. Der Bogen war für einen raschen Auszug und Ablass ausgelegt.

Der Bogenrücken ist über dem Griff und den Armen leicht konvex. Der Bauch mit den Hornbelägen präsentiert sich annähernd flach. Die Hornstreifen sind durch Spleiße einander angesetzt. Das Horn ist 2,5 bis 3,0 mm dick. Es wurde mit einer noch gut sichtbaren Leimschicht den zur

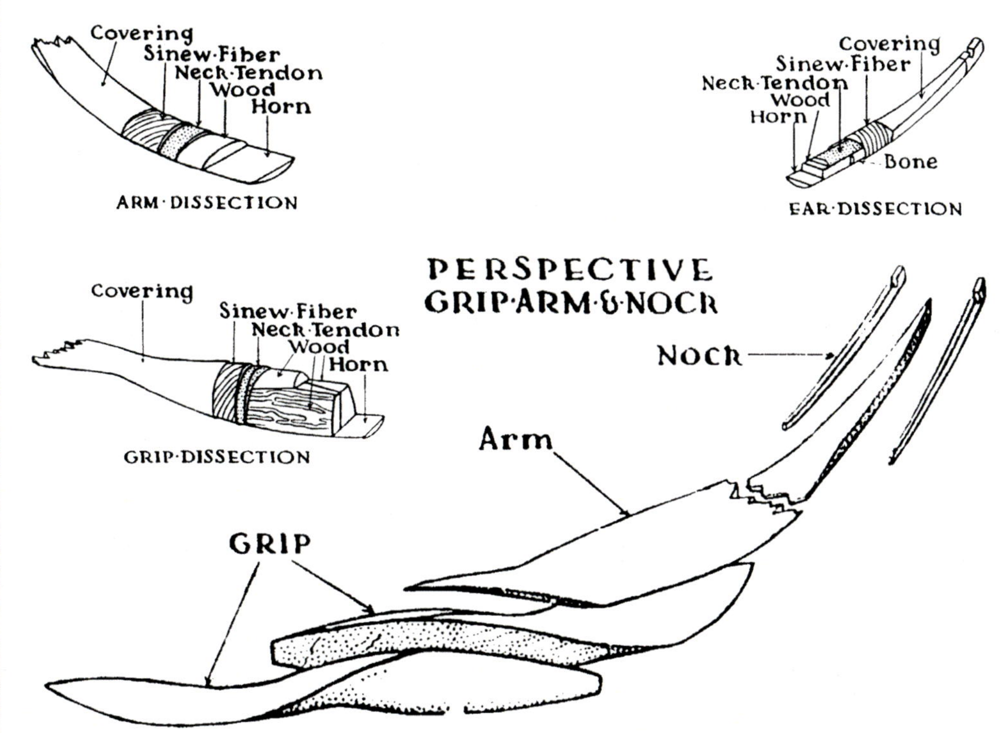

Abb. 13: Details zum Materialverbund des Yrzi-Bogens. Zentrum aus Holzbauteilen. Hornunterbau und Umwicklung aus Sehnengarn über die meiste Länge des Korpus. Nach Brown. Ohne Maßstab.

Verbesserung der Adhäsion eingeritzten Holzoberflächen angeklebt. Die Faserlaminate, Brown spricht von Nackensehnen eines Ochsen oder der Antilope, erstrecken sich in längs aufgetragenen Bündeln sowohl auf dem Rücken wie auch seitlich. Sie können bis zu 4 mm stark sein. Der Rahmen wurde dafür aufgeraut.

Die Sehnenschichten reichen bis vor die Nocken. Dort liegen die Beschläge auf 3 cm Länge einander an. Ihre Innenflächen sind für die Klebeverbindung mittels Ritzlinien strukturiert. Die Nocke des kürzen Beschlags ist rund. Sie zeigt Abnutzungsspuren durch die Bogenschnur. Im Gegensatz dazu ist die Nocke am anderen Bogenende eckiger und die Region weniger beansprucht. Brown nimmt richtig an, dass die Schnur am längeren, oberen Arm durch einen Knoten dauerhaft befestigt war, während am kürzeren eine abnehmbare Schlaufe (Sehnenöhrchen) saß.

Der Yrzi-Bogen war über seine ganze Länge mit Ausnahme der Nocken und der Endpartien kurz davor mit einer Sehnenwicklung versehen. Dies sollte ihm Stabilität und Schutz vor Schadeinwirkungen bieten. Sektorale Wicklungen an den bruchmechanisch kritischen Übergängen in die Arme sind nicht dokumentiert. Offenbar war die Waffe in Form der durchgängigen „Verpackung" adäquat gesichert. Historisch ist dies ein relativ archaisch anmutendes bogenbauliches Prinzip. Auch bei den Bogen des skythischen Designs aus Subexi und Yanghai in Nordchina trifft man dichte Sehnenwicklungen an. Sicherheitsaspekte und Haltbarkeit sind als Gründe für den hohen Bearbeitungssaufwand anzusehen.

Fassen wir als Fazit zusammen, was beim Yrzi-Bogen wichtig ist: Der Bogenkörper hat einen propellerförmigen Grundriss. Die eleganten Wurfarme werden aus einer starken und nicht zurückgesetzten Mitte in den Vollauszug gebracht. Rekonstruierbar sind eine gute Waffenführigkeit und ein hoher Wert für zielgenaues Bogenschießen. Die Grabinventare von Baghouz und ed-Dur lassen die Annahme zu, dass dort zu Lebzeiten ein jagdlicher Gebrauch stattfand. Darüber hinaus konnten auch Krieger aus dem Orient zu Fuß oder zu Pferd von Yrzi-Bogen profitieren.

Abb. 14: Parthischer Bogenschütze. Das Auszugsbild entspricht dem Funktionsdesign des Yrzi-Bogens. Terrakottastatuette (H. 17 cm) aus Syrien oder dem Iran. Vermutlich 1./2. Jh. n. Chr.

Abb. 15: Parther beim Pfeilauszug mit Zeige-, Mittel- und Ringfinger. Parabolische Befiederung. Perlmuttfragment. FO Schami im Südwesten des Iran. 2./1. Jh. v. Chr. Ohne Maßstab.

Abb. 16: Parthischer Reiter. Am Sattel ein Futteral für einen unbespannten Bogen mit rekurvem Hebelende. Vgl. dazu unten Abb. 154. Terrakottastatuette (H. 23 cm) aus Syrien. Etwa 2./3. Jh. n. Chr.

2.5 Auf historischen Spuren von Yrzi-Bogen bei Parthern und Römern

2.5.1 Herrschergestalten, jagdliche Sujets und römische Soldatengrabsteine

Da wir im Falle des Yrzi-Bogens endlich einmal über einen fast vollständig rekonstruierbaren Bogen aus der Römerzeit verfügen, sollte es möglich sein, für dessen Funktionsdesign auch passende ikonographische Quellen aufzutun. Die Einbettung der Griffpartie hebt den Yrzi-Bogen von mutmaßlich levantischen Reflexbogen ab, wie sie auf dem Monimus-Grabstein oder der Traianssäule vorliegen. Ich möchte in einer Übersicht weitere zeitgenössische Positiv- wie auch Negativbeispiele diskutieren, um zu zeigen, worauf bei der Interpretation von Bildern zu achten ist. Auf Münzen im Partherreich werden häufig Kompositbogen dargestellt (s.u. Abb. 185). „... Die parthischen Könige lassen sich auf ihren Münzen mit Pfeil und Bogen abbilden, dieses Motiv als Herrschaftssymbol mit achämenidischer Tradition ist fester Bestandteil der Münzdarstellungen...[51]"
Der Archäologe Boris A. Litvinskij hat sich die Mühe gemacht, Bogen auf Münzen aus Parthien von König Tiridates I. bis Vologaeses II., also vom 3. Jh. v. Chr. bis Ende des 1. Jh. n. Chr., miteinander zu vergleichen[52]. Dabei liegt über Jahrhunderte hinweg ein Grundschema, dasjenige des *Scythicus arcus*, vor. Perser, Meder, Kimmerier und Skythen gelten als ursprünglich iranische Stämme. Skythische und medische Bogen waren einander ähnlich und verwandt[53]. Skythischen Reflexbogen kam aber, als Gebrauchswaffen anachronistisch, schließlich nur noch der Status einer Herrschaftsinsignie zu. „... Der in seiner Form nahezu unverändert dargestellte Bogen fungiert hier als Symbol weltlicher Macht, eine Symbolik, die bereits von den achämenidischen Großkönigen genutzt wurde. Diese Darstellung einer Waffe ist damit themenbedingt: Sie wiederholt eine Form, die bereits in frühparthischer Zeit genutzt wurde und folgt nicht der realen technologischen Entwicklung, nach der ein langer Reflexbogen zu erwarten wäre...[54]"

Historisch spätere Kunstwerke aus dem Partherreich bieten Alternativen an und spiegeln den archäologisch angezeigten Waffenwandel von Skythen- auf Yrzi-Bogen in Grundzügen wieder. In die fortgeschrittene Partherzeit datiert eine Terrakottafigur mit einem agilen persischen Reiter, der sich zum Schuss wendet und währenddessen mehrere Pfeile am Bogen vorhält. (Abb. 14)
Roman Ghirshman zufolge gehörte diese Plastik, heute im Museum für Islamische Kunst (Iv.-Nr. I 3685) in Berlin, früher Sammlung Sarre, zu einer Jagdszene. Beim vorliegenden Reiterbogen handelt es sich um keine skythische Bauform. Wie bereits Coulston erkannte, sind stattdessen Analogien zum Yrzi-Bogen gegeben. Man hat einen verhältnismäßig spät sich hinter dem nicht zurückgesetzten Zentrum krümmenden Wurfarm mit dezentem Hebelende modelliert. Der Pfeil wird auf der rechten Seite des Bogens angelegt. Das könnte, sofern es sich nicht um eine künstlerische Eigenwilligkeit handelt, für einen Daumenauszug sprechen.

Ähnlich in Haartracht und Bekleidung ist das Bild eines Parthers vom Fundplatz Schami im Zagrosgebirge. Der Ort liegt am Fluss Karun bei Izeh in den Provinzen Chuzestan und Bachtiyārī im Südwesten Irans. Das aus Perlmutt bestehende Bruchstück diente einst vermutlich zur Verzierung eines Kästchens. (Abb. 15) Der Bogen ist zwar leider verloren, allerdings sieht man das Pfeilende und die Pfeilhand mit der sogenannten Mediterranen Spannweise[55]. Das Geschoss verfügt über Fahnen parabolischen Zuschnitts. Es wird kein Interpretationsfehler sein, auch diesen Schießstil für Yrzi-Bogen in Betracht zu ziehen. Der Zwei- oder Dreifingerauszug war im Partherreich nicht ungewöhnlich. Eine Statuette mit einem galoppierendem parthischen Reiter im British Museum in London (Iv.-Nr. 1972-2-29,1/135684) belegt dies[56]. Der Schütze könnte erneut einen Yrzi-Bogen bedienen, dessen Gestaltgebung aber leider künstlerisch stark reduziert ist. Zu den diversen Pfeilauszugsweisen erfolgen in den einschlägigen Kapiteln unten noch ergiebigere Angaben.

Das Museum für Islamische Kunst in Berlin besitzt unter der Inventarnummer I 3684 eine zweite Terrakottafigur aus der Sammlung Sarre mit einem Parther zu Pferd. Anders als es in mancher Sekundärliteratur heißt, ist an der rechten Hüfte aber sicherlich kein „Krummschwert in Scheide" sondern eine Transporthülse für einen Bogen im Yrzi-Format zu sehen. Dafür sprechen das Fehlen einer separierten Griffzone und ein kurzes Hebelende. (Abb. 16)
Als schwierig erweist es sich, ikonographische Beispiele für Yrzi-Bogen bei Einheiten der römischen Armee zu ermitteln. Reitergrabsteine vom Mainzer Militärstandort des 1. Jh. n. Chr. zeigen die Soldaten Maris und Flavius Proclus jeweils als Bogenschützen (s.u. Abb. 154, Abb. 170). Maris diente in der Ala, ein Verband von 500 bis 1000 Mann, der Parther und Araber. Flavius Proclus war ein kaiserlicher Gardist (lat. *eques singularis*) und stammte aus *Philadelphia*, heute Amman in Jordanien. Ihrer jeweiligen Herkunft nach wäre es denkbar, dass diese Krieger Yrzi-Bogen hätten bedienen können. Allerdings muten die auf den Grabsteinen dargestellten Schusswaffen eher als künstlerische Wiedergänger des *Scythicus arcus* an. Beim kleinformatigen Reflexbogen des Maris gibt es kurze, rekurve Hebelenden. Der Reitersoldat besitzt darüber hinaus ein Bogenfutteral, das Vergleichsbeispielen nach zu einem Bogen des Yrzi-Typs passen würde (s.u. Abb. 172). Beim Reflexbogen des Flavius Proclus sind toposhaft „skythische" bzw. rundliche Nockenpartien vorhanden. Der Elitesoldat Flavius Proclus verwendet ebenfalls die Mediterrane Spannweise.

2.5.2 Mithras, Herkules und Diana als Handhaber von Kompositbogen

Auf schwankenden Grund begibt man sich bei der Interpretation von Bogen zusammen mit Gottheiten griechisch-römischer Kulte oder auf Denkmälern von Erlösungsreligionen in Roms europäischen Provinzen. So gehören etwa zum reiterlich jagenden Gott Mithras auf dem Bildstein im Museum Schloss Fechenbach, Dieburg in Hessen, zentral verortet oder auf großen Mithrasaltären wie im fränzösischen Metz, Heidelberg-Neuenheim am Neckar, *Nida* (Frankfurt-Heddernheim) und Osterburken am Obergermanisch-Raetischen Limes, jeweils in Randfenstern positioniert, der Gebrauch eines Reflexbogens[57]. Wegen der verhältnismäßig unspezifischen Bogenkonturen sind gute akademische Auswertungen allerdings unmöglich. In den meisten Fällen war den Bildhauern wohl am überkommenen Topos der Skythenbogen gelegen.

Das gilt auch für einen Bogen auf einem Relieffragment des 3. Jh. n. Chr. in Mainz. Darauf wird ein Regenwunder dargestellt, wobei Mithras mit einem Pfeil Wasser für die dürstende Menschheit aus den Wolken hervorbringt. Der Kult des römischen Mithras ist im 1. Jh. n. Chr. in Rom gegründet und bis in entfernte Reichsgegenden getragen worden. Im alten Persien war Mithra eine Gottheit der Ordnung und Schutzes. Die Männern vorbehaltene und bei Soldaten aus dem Orient beliebte Mysterienreligion, erhielt prominenten Zulauf. Den *Sol Invictus Mitras* verehrten die Kaiser Domitian und Commodus, für die vielleicht nicht zufällig auch Betätigungen als geübte Bogenschützen auf eindrucksvolle Weise in den Quellen belegt sind.

In römischen Mithraeen werden mitunter echte Waffen für die Kultausübung gefunden, wozu Pfeilspitzen oder in Stockstadt am Main zur Zeit des Kaisers Septimius Severus (193 bis 211 n. Chr.) beinerne Bogenbeschläge gehören. Konträr wird auf Mithrasaltären auf Reflexbogen mit zurückgesetztem Griff und peitschenähnlichen Wurfarmen beharrt. Manchmal gibt es wie in Dieburg auch nur artifiziell verkürzte Segmentbogen mit rundlichen Enden. Zwei levantische Reflexbogen in einem Mithraeum in Europa könnten auf einem Fresko des 2. Jh. n. Chr. im Grottenheiligtum des italienischen Santa Maria Capua Vetere abgebildet worden sein. Sie werden von den Mythosgestalten Cautes und Cautopates gehalten, die sonst Fackelträger sind. Präsentiert man jene Lichter symbolträchtig einmal mit nach oben und nach unten gerichteter Flamme, sind es hier Pfeile, die mit einer nach oben und nach unten gerichteter Spitze eine besondere Sinngebung vermitteln. Die Kompositbogen besitzen keinen propellerförmigen Grundriss wie in Baghouz, sondern die Arme lassen eine lanzettförmige Kontur hinterm Griff erkennen.

Auch bei Darstellungen des aus der griechischen Mythologie übernommenen Heroen Herkules oder der Göttin Diana (griech. Artemis) jeweils mit Bogenattribut richteten sich römische Künstler nach reglementierenden Topoi. So schultert Diana als göttliche Jägerin, wie früher auch bei Artemis üblich, einen Rückenköcher, aus dem ein Pfeil gezogen wird[58]. Elemente wie ein Jagdgewand und Stiefel, ein Spürhund oder ein Hirsch wirken stereotypisch. Nicht wenige der Reflexbogen auf provinzialrömischen Dianabildern hat man überdies dermaßen vergröbert, dass es heutigen Betrachtern eine beachtliche Vorstellungskraft abverlangt, sie überhaupt noch als Schusswaffen erkennen zu können (s.o. Abb. 6). Solche Abstrahierungen könnten mit gebotener Vorsicht vielleicht auch retrospektiv dafür sprechen, dass skythische Reflexbogen als Realien für die Arbeitswirklichkeiten europäischer Ateliers in der Prinzipatszeit anachronistisch wurden und keine sinnvollen Vorlagen mehr anzubieten imstande waren. So mögen im Laufe der Jahre immer mehr Kopien von Kunstkopien in Umlauf gelangt sein. Skythenbogen blieben als nicht mehr am Objekt nachprüfbare Waffen und auch für ihre Betrachter unverbindlich in bloßen Gestaltrudimenten übrig.

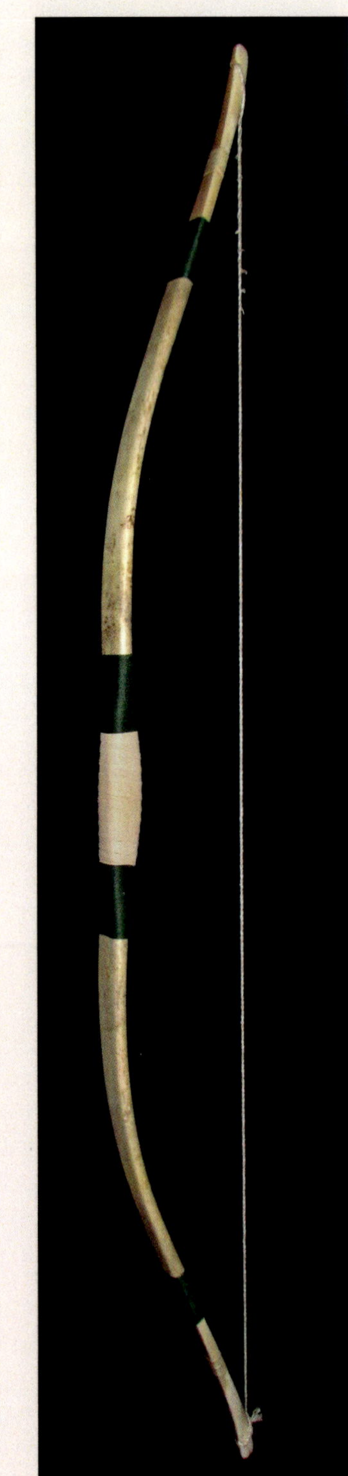

Abb. 17: Ideale Rekonstruktion des Yrzi-Bogens. Sehnenlänge 125 cm, maximale Wurfarmbreite 3,6 cm. Material: Bergahorn, Wasserbüffelhorn, Bein, Hirschrückensehnen, Leder. Nach Jerzy Wozny.

Jerzy Wozny aus Burbach stellt mir zur Veröffentlichung freundlicherweise eine Fotografie seiner Idealrekonstruktion des Yrzi-Bogens zur Verfügung. Sie war bei einer von GPW History Tools & Archery in Kooperation mit dem Römerkastell Saalburg durchgeführten Austellung zum Thema prä-/historischer Pfeile und Bogen vom 01.07. bis 31.10.2016 dort zu sehen[59]. (Abb. 17) Die Sonderausstellung gab einen Überblick über die Entwicklung des Bogenbaus und präsentierte Nachbauten vor- und frühgeschichtlicher Pfeile und Bogen einschließlich römischer Reflexbogen. Mit originalen Fundstücken von Kastellen am Limes, Informationen und Abbildungen wurde das Thema anschaulich aufbereitet.

Woznys Nachbildung ist graduell kürzer als der originale Bogen, hält sich ansonsten aber eng an die oben zitierten Zeichnungen Frank E. Browns zum vorliegenden Befund. Wir können das Aussehen dieser schussfertigen Rekonstruktion des Yrzi-Bogens für weitere Abgleiche mit römischen Quellen heranziehen. Auf einem Relief mit der Diana als Jägerin mit Fundort bei Klüsserath, Lkr. Trier-Saarburg, an der Mosel ist ein bespannter Reflexbogen im Relief zu erkennen. Dessen teils beschädigte Kontur zeigt einen integrierten Griff sowie einen Wurfarm in maßvoller Krümmung ohne rundlich einziehendes Ende. (Abb. 18)

Beides entspricht nicht dem charakteristischen Design skythischer Kompositbogen. Stattdessen kann man sich aber den Yrzi-Bogen dermaßen vorstellen. Insofern ist das Diana-Denkmal aus dem 2./3. Jh. n. Chr. unweit von *Augusta Treverorum* (Trier) bogenkundlich interessant, auch wenn der Grad an Authentizität im Speziellen offen bleiben muss. Es wäre vorstellbar, dass parthische Schusswaffen auch in gallische bzw. belgische Reichsteile gelangten. Wie bei den typenkundlich oft nur wenig belastbaren Bogen auf der Traianssäule oder auf Grabsteinen römischer Soldaten träfe man dann neben überwiegenden Rückgriffen auf älter antike Bildtopoi zumindest hier und da eine zeitgemäßere Glaubwürdigkeit an. Auch die in einem erkennbaren Unterschied zu den vielen Beispielen der mit einer erheblichen Verständnisdistanz dargestellten Reflexbogen akuratere Anmutung auf der Klüsserather Steinmetzarbeit könnte geeignet sein, diese Hypothese zu unterstützen. Kritische Betrachter mögen sich darüber am originalen Denkmal, das im Rheinischen Landesmuseum Trier ausgestellt wird, in eigener Anschauung vergewissern.

Abb. 18: Dianarelief von Klüsserath. In der Silhouette eventuell ein Reflexbogen des Yrzi-Typs. Integrierte Griffsektion und Wurfarm mit kurzem, rekurven Hebelende. (H. 78 cm.) 2./3. Jh. n. Chr.

III Facettenreichtum von Reflexbogen während der Prinzipatszeit

3.1 Überkulturelles Auftreten des propellerförmigen Funktionsdesigns

3.1.1 Kompositbogen aus Miran im Silk-Road-Museum in Seoul Sinadong

Wie geschildert, war der Yrzi-Bogen über viele Jahrzehnte hin der international einzige, für die Römerforschung maßgebliche Kompositbogen mit einem relativ gutem Erhaltungszustand. Er stellt vermutlich keine ostmediterrane Waffe dar, sondern gehört entwicklungsgeschichtlich nach Vorderasien ins Herrschaftsgebiet der Parther. Das Parthische Reich war, aufgrund seiner geographischen Lage von Zöllen profitierend, eingebunden in ein verzweigtes Handelsnetz, das China mit dem römischen Imperium verband und das heute in seiner Ganzheit mit dem Oberbegriff Seidenstraße bezeichnet wird. Insofern muss sich unser Blick neben Fundorten im Vorderen Orient auch auf entferntere Weltgegenden richten. Man geht mittlerweile davon aus, dass römische Handelskontakte wesentlich weiter bis nach Osten hin ausgriffen, als es als es überkommene Schriftquellen und sporadische Funde darstellen können: „... (Spät-)Römische Münzen sind weit außerhalb der Grenzen des Imperium Romanum gefunden worden, in nennenswerter Zahl zum Beispiel in Afrika (Somalia), Skandinavien, Indien, China, Vietnam (Mekongdelta) und in Korea ... In der Wüste Takla-Makan (China) hat sich in einem der zwischen 260 und 330 n. Chr. angelegten Gräber sogar ein römischer Wollstoff mit der Darstellung eines männlichen Kopfes und eines Merkurstabs erhalten...[60]"

Die kulturhistorische Bedeutung der Seidenstraße ging über das merkantile Establishment für Warentransporte, namengebend die Seide, hinaus. Es ist möglich, dass die Routen auch Technologietransfers ermöglichten. Solch eine Option wird zum Beispiel als Alternative zu einer originär römischen Entwicklung für die Armbrust (lat. *arcuballista*) in Europa erwogen. Sie ist zwar kein Hauptthema dieses Buches, bildet aber ein kontextual vergleichbares Diskussionsobjekt[61]. Bogenbauliche Ideen wirkten sich geographisch weit nach Osten und Westen hin aus.

Vor jenem Hintergrund sei auf zwei vorzüglich erhaltene Kompositbogen aus Miran, einer der Handelssiedlungen an der östlichen Seidenstraße, hingewiesen. Sie werden vom Silk Road Museum in Seouls Stadtteil Sinadong ausgestellt. Ihre Machart könnte auch für den römischen Bogenbau interessant sein. Die Bogen besitzen stabile Endpartien, die Hebelenden von Reflexbogen im Imperium Romanum ähneln. Sie wurden von Andrew Hall und Jack Farrell im Silk Road Museum angetroffen und 2008 mit Fotos und Zeichnungen im JSAA vorgestellt[62]. Archäologische Fachpublikationen zu den Stücken existieren scheinbar nicht. Die Autoren Hall und Farrell stellen aber fest, dass die Bogen gemäß Museumsangaben aus antiken Bestattungen bei Miran an der südlichen Route um die Wüste Taklamakan im Tarim-Becken stammen.

Archäologisch bekannt gemacht wurde Miran durch Marc Aurel Stein. Er führte 1906 in den Ruinen Explorationen durch. Seit dem 1. Jh. v. Chr. war der Buddhismus in Miran verbreitet. Viele Altertümer weisen ihrem Kunststil nach bis nach Nordindien. Andere zeigen erstaunlicherweise mediterrane Einflüsse und belegen weitreichende Beziehungen der Einwohner. In Anbetracht der kosmopolitischen Situation wäre die Annahme plausibel, dass auch die Bogen unter Umständen in größeren als bloß lokalen Zusammenhängen verstanden werden dürfen. Wann die beiden Miran-Bogen gefertigt wurden, ist nicht gesichert. Gemäß Vitrinenangabe könnten sie ins 2. Jh. v. Chr. datieren. Es gibt aber, wenn man von einigen chronologisch unempflindlichen Pfeilen absieht, dazu keine Beifunde oder ^{14}C-Analysen. Stark prosperiert hat Miran während der Ära des Prinzipats in Rom. Als eine Arbeitshypothese zur historischen Einordnung ist dies ins Kalkül mit einzubeziehen. Ich möchte die baulichenAspekte gemäß Hall und Farrell aufgreifen und in erweiterte Zusammenhänge stellen.

3.1.2 Darlegung konstruktiver Gemeinsamkeiten und Unterschiede

Wenn man sich an die Ermessenswerte Halls und Farrells hält, haben die Bogen aus Miran Längen von 140 bis 150 cm über der Krümmung gemessen. Die rekonstruierbare Länge des Yrzi-Bogens steht damit in Einklang. Derjenige der beiden Miran-Bogen mit ausgeprägteren Hebelenden (unten im englischsprachigen Text „siyahs" genannt) besaß vermutlich ein höheres Zuggewicht. Seine flexiblen Wurfarme weisen eine größte Dicke von ungefähr 1,6 cm und eine Breite von 5 cm auf.

Der kürzere Miran-Bogen verfügt über Wurfarme von maximal 1,3 cm Dicke und 4,2 cm Breite. „... The heavier of the two bows is in the order of 60 in. round the curves, the other bow is slightly shorter due to shorter siyahs. Mid limb dimensions are about 2 x 5/8 in. for the heavier bow and 1¾ x ½ in. for the lighter. It is likely that the heavy bow was of substantially higher draw weight...[63]" Armierungen aus Holz mit dünnen Hornauflagen stabilisierten jeweils die Hebelenden. Sie sind bis zu 23 cm lang, nur schwach rekurv ausgebildet und etwa 1,3 cm hoch. „... The grip of the heavy bow has patches of sinew missing. The wooden core to the grip can be seen and there is no evidence of any joinery in the core at this point. Also absent is any evidence of bone plates fitted to either the side or belly of the grip. The horn on the limb belly continues into the grip. It is assumed that two limb belly strips met in the grip, but the type and position of the joint is not visible in the photographs...[64]"

Die Grundrisse der Bogen wirken schlank und propellerförmig. Die Griffe sind etwas weniger ausgeprägt als beim Yrzi-Bogen. Die Biegezonen beginnen näher am Zentrum. So hat man Vorteile eines längeren Auszugswegs und einer intensiveren Energieübertragung auf den Pfeil beim Schuss realisiert. Die Bogen aus Miran weisen, damit einhergehend, pointiertere Winkel zwischen den Wurfarmen und den Hebelenden auf. Der Holzrahmen reicht jeweils in die starren Endpartien hinein. Aus Festigkeitsgründen wurden unter die Wurfarmknies zusätzlich Hornstreifen geleimt. Die Bogenrücken tragen in Längsrichtung Schichten aus Sehnenfasern. Außerdem hat man auf ganzer Länge und zueinander überkreuz bis vor die Nocken spiralig anliegende Wicklungen aus Sehnengarn aufgetragen. Auch dieses Merkmal harmoniert mit dem Yrzi-Bogen, selbst wenn dort nur eine Wicklung vorhanden ist. Gegenläufige Strukturen passten zu Schusswaffen mit einem jeweils weiteren Auszugsweg und boten eine Sicherheitsdreingabe.

Bei dem mächtigeren der Miran-Bogen wurde darüber hinaus sogar noch eine dritte Sehnenlage längs angebracht. Papierdünne Bezugreste aus Rindenmaterial haben sich an einem der Griffe erhalten. Auch beim Yrzi-Bogen wird von einer Abdeckung (engl. *covering*) berichtet, die sich über der Sehnenwicklung befindet. Die in der Schauvitrine im Silk Road Museum neben den Reflexbogen hingelegten Holzpfeile mit gebauchtem Querschnitt, gabelähnlichen Nocken sowie blauen und roten Bänderbemalungen sind waffenhistorisch unspektakulär.

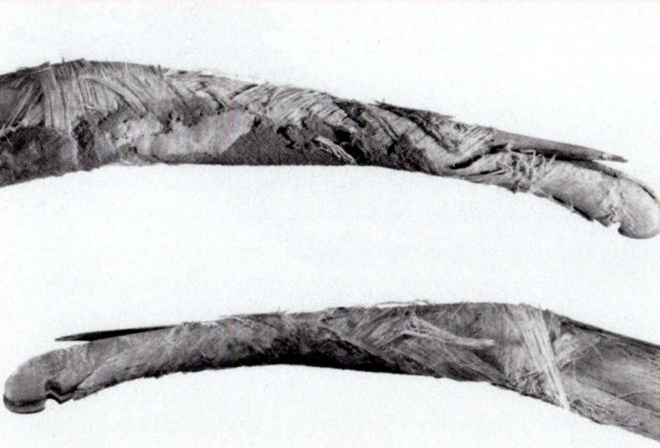

Abb. 19: Hebelenden der Miran-Bogen nach Hall und Farrell und des sogenannten „Zeilinger-Bogens". Vgl. die kompakten Sehnenaufträge bzw. Sehnenwicklungen mit den jeweils auf der Außenseite stark gefurchten, römischen Bogenbeschlägen oben auf Abb. 3 (I-IV). Keine Maßstäblichkeit.

Sie haben laut Hall und Farrell eine Länge von etwa 78 cm. An einem Pfeil ist eine Befiederung aus vier kurzen, ohne Wicklung aufgeklebten Leitwerken erhalten[65]. Es handelt sich um hölzerne und nicht um Pfeile mit einem hohen Rohrschaftanteil. Auch das weist auf eine gewisse ballistische Vehemenz hin.

Ein sowohl mit dem Yrzi- als auch mit den Miran-Bogen vergleichbarer Reflexbogen wurde im April 2016 bei der 72. Auktion des Hauses Hermann Historica aus der Sammlung des Karl Zeilinger (1944–2014) angeboten. Zum Fundort dieser Waffe liegen zwar keine genauen Angaben vor, doch stammt sie wohl ebenfalls aus dem Osten des eurasischen Steppengürtels und datiert in die jüngere Eisenzeit. Wie mir Herr Holger Richter von Hermann Historica in München mitteilt, beträgt die Bogenlänge als Abstand der Endpunkte (Packmaß) in gerader Linie 131 cm voneinander. Die Länge, über den Rücken gemessen, beläuft sich auf 141 cm. „... Die Wurfarme und Ohren werden umfangen von über Kreuz liegenden Tiersehnenlagen, die den Zusammenhalt des kompletten Gebildes verstärken. Zusätzlich befinden sich an wichtigen Stellen wie dem Übergang zu den Ohren Querwicklungen aus Tiersehne auf den Wurfarm-Außenseiten...[66]"
Die Wicklungen mit Sehnengarn bis zu den Nocken hin lassen sich mit denjenigen auf den Miran-Bogen vergleichen. (Abb. 19) Sie stehen auch in Einklang mit ganzseitigen Ritzarbeiten auf römischen Bogenenden aus Bein. Unter jedem Wurfarm befinden sich zwei übereinander verleimte Hornstreifen. Die jeweils äußeren Streifen laufen zum Griff hin spitzwinklig aus. Unter der Handhabe liegt ein weiterer Hornstreifen. Auch bei diesem propellerförmigen Bogen ist also ein Hornunterbau im Zentrum vorhanden. Die Auslegung scheint mir mit den Miran- und dem Yrzi-Bogen relativ eng verwandt zu sein.
Der „Zeilinger-Bogen" (als ein abstrahierter Zitiertitel) wird hier mit Herkunftsnachweis Hermann Historica oHG, Auktion 72 vom 21. April 2016, Los 3002 angegeben. Ich möchte dem Auktionshaus für die Überlassung der typenkundlich aussagekräftigen Fotos von der Waffe (s.a Abb. 26) zur Veröffentlichung in diesem Buch danken. Der Katalog zeigt darüber hinaus eine komplette Seitenansicht des Reflexbogens, die Hebelenden und den Teil eines der Wurfarme.

3.1.3 Mögliche Konsequenzen für den Bogenbau im Römischen Reich

Die Kombination der Propellerform und eines durchgängigem Hornbelags liefert Indizien für eine spezielle Bogengattung. Die Winkel der Hebelenden sind bei den Miran- und dem „Zeilinger-Bogen" etwas effizienter angestellt als beim ideal rekonstruierten Yrzi-Bogen. Die Arme sind breiter. Hall und Farrell nehmen dies zum Anlass, Vorbilder dafür im hunnischen Raum zu suchen. Die Miran-Bogen bieten meiner Ansicht nach aber bessere konstruktive Vergleichspunkte zum Yrzi- und zum „Zeilinger-Bogen" an.

Mit einer persischen Provenienz des Yrzi-Bogens sowie einer relativen zeitlichen Nähe aller vier Fundstücke zueinander bräuchte eine historische Verbindung nicht mühsam konstruiert zu werden. Zwischen dem Reich der Parther und den östlichen Karawanenrouten ums Tarimbecken lag damals das handelsdurchgängige Gebiet der Kuschan. Die Kuschan (chin. *Yuèzhī*) waren im 2. Jh. v. Chr. als ein kriegerisches Reitervolk aus den nördlichen Steppen eingewandert und erhielten ein sich bis zum Indus erstreckendes Staatsgebilde. Zwar ist es quellenkundlich gesichert, dass sie auch sogenannte Hunnenbogen besaßen, allerdings sind aus ihrem Herrschaftsgebiet, etwa als Weihegaben im Oxos-Tempel in Baktrien, ebenso Bogenbeschläge aus Bein etwa im Yrzi-Format überliefert. Wichtige Artefakte, wie ein Bogenfund unklarer Erhaltung in den Gräbern von Tillya-Tepe im Norden Afghanistans zur Kuschanzeit, sind leider in der archäologischen Literatur dermaßen lakonisch beschrieben, dass sich einem keine Informationen über den Bogentyp offenbaren[67].

Da zwischen den propellerförmigen Kompositbogen aus dem Vorderen Orient und dem Osten Eurasiens konstruktive Übereinstimmungen bestehen, bietet das bogenbauerische Optionen für vergleichbare Schusswaffen auch bei den Römern. Falls die besagten Reflexbogen jeweils Varianten eines überkulturell verbreiteten Funktionsdesigns repräsentieren, wovon ich stark ausgehe, dann könnten andere Abkömmlinge in den Westen gelangt sein. (Abb. 20)
Ich nehme dabei auf etwa 20 bis 25 cm lange, mit ganzseitigen Schraffuren für Wicklungen versehene und schwach rekurve Endbeschläge Bezug. Passende Beispiele dafür lassen sich als Funde vom römischen Legionsort *Vindonissa* (Windisch) in der Schweiz angeben[68]. Unbestimmt ist, wann armierte Reflexbogen im Römerreich zuerst eintrafen[69]? Der Autor Athenaeus aus der Stadt *Naukratis* in Ägypten lobt um 200 n. Chr. in seinem Werk *Deipnosophistai* (6,273) Roms strategische Flexibilität bei der Beschaffung von Rüstungsgütern. Von den Samnitern habe man dereinst hohe Schilde, von den Iberern Wurfspeere und so fort Erfindungen von Fremden übernommen und vervollkommnet. Ähnlich hatten sich früher auch schon Polybios und Arrian geäußert.

Dennoch meint Marianne Mödlinger: „... Römische Bögen per se gab es nicht, da diese stets Ausrüstungsteile verschiedener Auxiliartruppen waren, etwa aus der Levante oder aus zentralasiatisch beeinflussten Gebieten...[70]" Ließe man sich auf jene Striktheit ein, dann stünde das Problem an, wie sinnvoll es wäre, Reflexbogen im Imperium als „nicht-römisch" zu bezeichnen? Konsequenterweise müsste man dies auch auf alle anderen Waffen anwenden, die von den Römern irgendwann einmal angeeignet und ausgebaut worden sind.

Ich möchte als ein Fazit folgende wesentlichen Fachinformationen bereitstellen: In Anbetracht ihrer gemeinsamen Konstruktionsmerkmale öffnen uns der iranische Yrzi-, die Miran- sowie der „Zeilinger-Bogen" ein breites Portal in die technologische Welt eines neuen Bogendesigns post-achaemenidischer und post-skythischer Zeitläufe in Mittelasien. Es kam seit der Integration persischer Hilfstruppen wahrscheinlich auch für die Römer zum tragen. Wir wollen die Gattung propellerförmiger Reflexbogen mit integriertem Griff vorläufig als eine parthische Erfindung bezeichnen. So oder auch anders begründbare Hypothesen sind aber nicht selten regelrecht „ideologisch" geprägt, je nachdem, ob Bearbeiter mehr der Levante, Persien, Reitervölkern in Asien oder gar chinesischen Errungenschaften zuneigen.

Wie erst zur Drucklegung der 3. Aufl. dieses Buches in Erfahrung zu bringen war, ist das Silk-Road-Museum in Seoul mittlerweile aufgelöst. Wichtige Teile des Bestands wurden im genannten Katalog von Hermann Historica oHG mit dem Nachlass von Karl Zeilinger (ohne entsprechende Provenienzangabe) versteigert. Insofern handelt es sich beim "Zeilinger-Bogen" tatsächlich um einen der von Hall und Farrell dokumentierten Kompositbogen aus Miran.

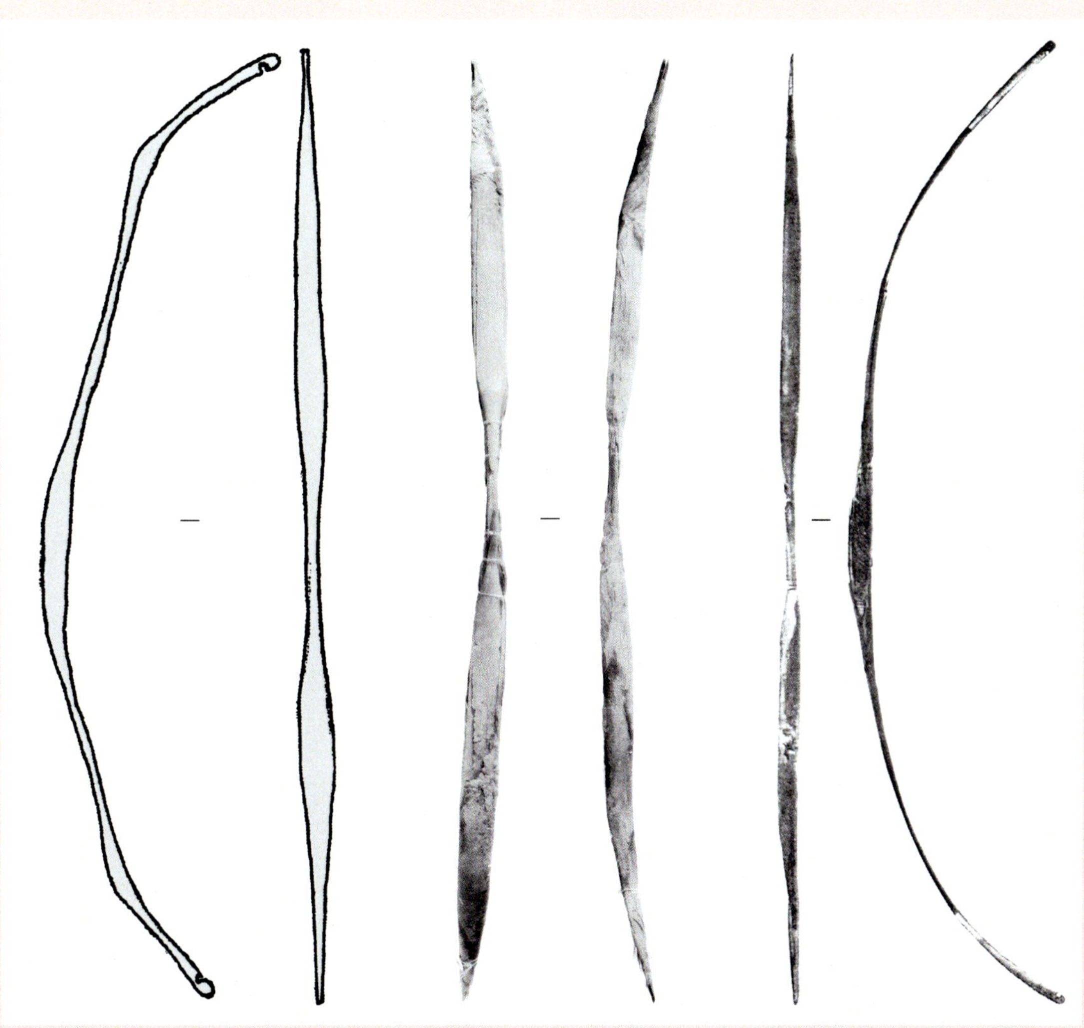

Abb. 20: Faustskizzen der Miran-Bogen nach Hall und Farrell (I). Fotos des "Zeilinger-" (II) und des Yrzi-Bogens (III). Jeweils propellerförmiger Grundriss mit integrierter Griffsektion. Ohne Maßstab.

3.2 Bogenschießen als jagdliche und sportliche Betätigung von Zivilisten

Man würde historisch zu kurz greifen, ausschließlich militärische Erfordernisse als Hauptgrund für die Nutzung aufwändiger Bogentechnologien im Imperium Romanum anzusehen. Praktisch spielten zusammengesetzte Bogen auch fernab rüstungsdienlicher Belange eine Rolle. Importe oder Nachbauten waren für die Jagd, Sport oder Ausbildung zu gebrauchen. So wird vom Geschichtsschreiber Herodian über Kaiser Commodus (180 bis 192 n. Chr.) berichtet, dass dieser sich von Trainern aus Persien unterrichten ließ und seine Künste später in der Arena in Rom zum Besten gab, indem er afrikanischen Laufvögeln auf die Hälse zielte:

> „... *Er hatte als Lehrmeister um sich die treffsichersten parthischen Bogenschützen und die besten maurischen Speerwerfer; doch alle überflügelte er mit der Geschicklichkeit seiner Hand ... Zum Beispiel verwendete er Pfeile, deren Köpfe eine Schneide in Gestalt der Mondsichel trugen, für die Jagd auf maurische Strauße, die ja mit der größten Geschwindigkeit rennen können aufgrund der Schnelligkeit ihrer Beine und des Aufwölbens ihrer Flügelstummel; mit diesen Pfeilen köpfte er sie oben am Hals so, dass sie auch, nachdem sie durch die scharfe Wucht der Geschosse ihre Köpfe verloren hatten, noch weiterliefen, als ob ihnen nichts passiert wäre...*[71]“

Pfeilspitzen als querschneidende Sicheln sind in der römischen Archäologie bisher nicht in Erscheinung getreten. Die einzige, mir bekannte, Darstellung spät-/antiker Sichelpfeilspitzen liegt bezeichnenderweise auf einer Bildschale aus dem Perserreich der Sasaniden mit dem jagenden Prinzen Bahram V. vor. Er schießt als Kamelreiter auf schnell flüchtende Gazellen[72].

Es ist vorstellbar, dass Lehrer im Bogenschießen auch außerhalb des Kaiserhofs aktiv waren. Für Verbringungen asiatischer Handbogen in die provinzialrömische Zivilgesellschaft stellen solche hypothetischen Annahmen wegen des überlieferungsbedingten Mangels einschlägiger Quellen zwar nur in engen Grenzen vermutbare Tatbestände dar, trotzdem könnten Fachleute (lat. *doctores*) ihre Schießkunst erfolgreich vermittelt haben. Schließlich bestand als wichtiges Betätigungsfeld im Römischen Reich die Jagd. „... Um 330 v. Chr., nach den großen Zügen des Alexander, flossen neue Anregungen vorderasiatischer Jagdweise in das Mittelmeergebiet. Die Griechen lernten die orientalischen Großwildjagden kennen, die besonders durch die Wertschätzung des Bogens Auswirkungen bis in die Römerzeit hatten. Man sah in der Jagd neben dem Abenteuer auch die körperliche Ertüchtigung und die paramilitärische Ausbildung für den kriegerischen Ernstfall. Jagdliche und sportliche Veranstaltungen sollten die Soldaten körperlich beanspruchen und taktisches Verhalten schulen...[73]“

Abb. 21: Gallo-römischer Jäger mit Reflexbogen. Köcher in Ringaufhängung. Lockhirsch. Ausschnitt des Mosaïque de la chasse in Lillebonne. Dép. Seine-Maritime, Frankreich. 2./3. Jh. n. Chr. Ohne Maßstab.

Waidmännisch wurden von den Römern Lanzen, Speere und Netze verwendet. Häufig hat man Tiere mit Hunden gehetzt. Andere Quellen bieten die Bogenjagd an. Nachweisbar ist der Einsatz gezähmten Wilds. Mit Schusswaffen ausgestattete Jäger lauerten bei Lockhirschen auf Beute. Eine Szene auf dem großen römischen Mosaikboden von *Iuliobona* (Lillebone) in Nordgallien demonstriert dies: „... Das Kunstwerk, das als eine der wertvollsten Quellen zur Geschichte der Jagd angesehen werden kann, wurde am 8. März 1870 freigelegt. Es besteht aus einem Apollo und Daphne zeigenden Medaillon und vier jagdlichen Stücken im rundherum laufenden Fries ... Im zweiten Bild sehen wir die Jagd selbst. Mit Hilfe eines gezähmten Rothirsches haben die Jäger, von denen der eine sich versteckt hält, der andere, durch das Locktier gedeckt, gerade mit dem Bogen schießt, einen bei den Tieren stehenden Hirsch aus der freien Wildbahn angelockt...[74]" (Abb. 21)

In *Iuliobona* war der Mosaizist ein Titus Sennius Felix aus der Hafenstadt *Puteoli* (Pozzuoli) in Kampanien. Im Gegensatz zum Mittelalter war die Jagd nach römischem Recht weniger reglementiert. Hier wie da fiel allerdings die Bedeutung als Nahrungslieferant kaum mehr ins Gewicht: „... Das Wild hatte keinen Namen und galt deshalb als herrenlos (*res nullius*), so dass jeder freie Bürger ein Recht auf Jagd und Fischfang hatte (Gaius Inst. 66–67). Die Jagd auf Elch, Hirsch, Reh, Bär und Wolf, Wildschwein, Biber und Fischotter spielte für den täglichen Speisezettel nur eine untergeordnete Rolle. Netz, Falle, Bogen oder die Beize hatten mehr den Charakter einer sportlichen Vergnügung...[75]"

Es gab einen zur Schau gestellten Luxus wohlhabender Römer auf dem Gebiet der Jagd[76]. Dazu könnte auch der Gebrauch „exotischer" Kompositbogen gehört haben. „... Zusammenfassend lässt sich festhalten, dass vor allem Speere, Lanzen sowie Pfeil und Bogen die ‚typischen' Waffen in den Gutshöfen des Hinterlandes waren. ... Die Möglichkeit des freien Jagens ist für die Häufigkeit von Jagdwaffen in den *villae rusticae* nicht ohne Bedeutung, wobei auch die zahlreichen Denkmäler des Diana-Kultes im Limeshinterland für eine weite Verbreitung der Jagd sprechen...[77]"

Der Bogenschütze auf dem Mosaik von Lillebonne hält einen relativ langen Pfeil mit einer lanzettförmigen Spitze in Anschlag. Ähnliche Pfeilbewehrungen sind als Weihegaben bei einem kleinen Dianatempel auf dem Dollberg bei Otzenhausen im Nordsaarland oder auch auf dem Martberg bei Treis-Karden an der Untermosel in den Boden gekommen. Auf dem Dollberg liegen sehr wahrscheinlich für die Jagd verwendete Waffen vor. Zum Beutemachen trugen außerdem Wurfspeere bei. (Abb. 22)

Saxton T. Pope schreibt über die Bogenjagd folgendes: „... Der Warnbereich eines Bogenschützen liegt zwischen zehn und hundert Yards [etwa 90 Meter, HR]. Bei Kleinwild liegt er zwischen zehn und vierzig, bei größerem Wild von vierzig bis achtzig oder hundert ... Wachteln oder Kaninchen lassen einen Menschen gewöhnlich auf zwanzig oder dreißig Yards an sich herankommen. Das ist, so haben sie gelernt, der Sicherheitsabstand gegenüber einem Fuchs oder einer Wildkatze ... Während kleines Wild noch mit Taktiken gejagt werden kann, die mäßiges Können voraussetzen, so erfordert die Jagd auf größere Tiere geschickteres Vorgehen...[78]"

In *Iuliobona* verschießt der Jäger zu Fuß mit einem Kompositbogen „östlicher" Anmutung einen Pfeil, dessen Spitze wenig mit den seinerzeit üblichen, kleinen dreiflügeligen Pfeilspitzen aus dem Orient oder Eurasien gemeinsam zu haben scheint. Gab es etwa Synergien im römischen Gallien, was originäre und überkulturelle Elemente bei der Auswahl von Pfeilen, Spitzen und Bogen für die Jagdausübung anbelangte?

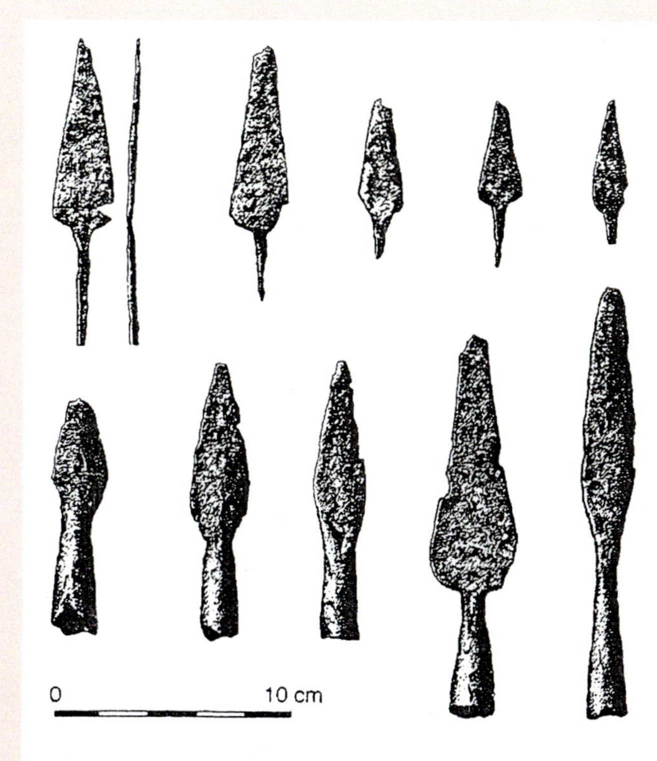

Abb. 22: Eiserne Spitzen von Pfeilen und Wurfspeeren für die Jagd. Gallo-römische Waffen als Weihegaben beim Diana-Tempelchen auf dem Dollberg im Hunsrück. Nordsaarland. 2./3. Jh. n. Chr.

3.3 Ausprägungen skytho-sarmatischer Reflexbogen in kritischer Diskussion

Die Überlegungen zum Facettenreichtum von Bogen in der frühen und mittleren Kaiserzeit abrundend, müssen wir uns erneut skythischen Schusswaffen widmen. Unbestritten hat der *Scythicus arcus* in der Antike eine immense Rolle gespielt. Wie lange allerdings innerhalb unseres Untersuchungsfensters solche Bogen als eine handfeste Option für die Römer nützlich gewesen sein könnten, ist schwierig zu ermitteln, denn waffenhistorisch handelte es sich um Auslaufmodelle. Die Entwicklung ging ganz eindeutig hin zu Hornkomposits mit starren bzw. armierten Hebelenden. Für den orientalischen Großraum galt dies, soweit man alle fassbaren Daten im Quellenhorizont überblicken kann, zeitlich früher und insgesamt zwingender als in den sarmatischen Steppen jenseits des Schwarzen Meers.

An der Stelle ist eine Aussage zur Frage des Leistungsvermögens der Bogen angebracht, da dies oft kontrovers diskutiert wird. Es ist mir wichtig, festzuhalten, dass sich mit den bis jetzt erläuterten Reflexbogen keine fundamentalen Unterschiede im Hinblick auf grundlegenden Kapazitäten verbanden. Insgesamt gab es zwar eine gewisse Tendenz hin zum Verschießen massiver werdender Pfeile bis zum Ende der Antike, doch machte dies ältere Bogentypen nicht minderwertig. Leider wird die Forschung dadurch erschwert, dass in Südosteuropa bisher keine sarmatischen Reiterbogen des skythischen Funktionsdesigns als archäologische Funde vorliegen.

Inwieweit könnte die Gattung des *Scythicus arcus*, wenn wir darunter alle Bogen mit einer doppelten Rekurve verstehen, in den ersten nachchristlichen Jahrhunderten bei den Römern noch in Gebrauch gewesen sein? Analysieren wir für eine wissenschaftliche Annäherung an diese wichtige Frage und mit dem bis jetzt erarbeiteten, fachkundlichen Rüstzeug die in Grundzügen authentisch ausgeführten Bogen als Reliefs auf dem Sockel der Traianssäule. Sie werden dort mit weiteren Beutewaffen abgebildet, die man als dakisch oder als sarmatisch bezeichnen könnte. Die Darstellungen wirken authentisch in der Wiedergabe und besser als viele Bogen auf dem Säulenfries selbst. Detailgenau sind eine gewundene Sehnenschnur, sich konstruktiv sauber verjüngende Wurfarme sowie ein schlanker Griff ausmodelliert. (Abb. 23)

Als Merkmal liegt oberseitig kein planer Griff-Wurfarm-Transit wie bei propellerförmigen Reflexbogen vor. Ein *Scythicus arcus* mit einem doppelt-rekurven Design würde dazu technisch besser passen. Auch eine Nähe zum Reflexbogen auf dem Jagdmosaik von Lillebonne ist gegeben. All diese in Frage kommenden Ressourcen lassen sich aber leider nicht mehr verifizieren. In der Konsequenz können wir keine definitive Entscheidung fällen. Man vermag nicht zu klären, ob den Kunstschaffenden bloß an einem Topos oder pragmatisch an einem echten Gebrauchsbogen lag. Eine gestalterische Unschärfe zeigen die Wurfarmpositionen. Sie erinnern an eine

Abb. 23: Skytho-sarmatischer Reflexbogen. Pfeil mit kurzen Fahnen. Röhrenköcher. Ovalschild. Detailbild vom Sockel der Traianssäule (Nordostseite). Rom. Nach Ortwin Gamber. Ohne Maßstab.

bespannte Waffe, während die Sehne lose ist. Beides zusammen bildet ein Paradoxon. Ein unbespannter Reflexbogen besäße eine signifikante Gegenkrümmung. Die methodische Herangehensweise bietet zwar einen Diskussionsrahmen, stößt hier aber auch auf ihre Grenzen.

Viele Reflexbogen in der Kunst der Prinzipatszeit wirken in der Darstellung ähnlich indifferent oder zwitterhaft. Vielleicht bildet das ja selbst schon ein gewisses Indiz für einen Reichtum an Gebrauchsmustern, was, vor dem Hintergrund des dominanten Motivs des *Scythicus arcus*, qualifizierte Wiedergaben zusätzlich erschwerte. Wenn etwa Sueton über Kaiser Domitian (81 bis 96 n. Chr.) schreibt, jener habe beim Schießsport Pfeile akurat ins Ziel gebracht, dann könnten levantische, parthische oder skytho-sarmatische Reflexbogen verwendet worden sein:

„... *Waffenübungen liebte er gar nicht, dagegen war er ein überaus eifriger Bogenschütze. Es gibt noch viele, welche zugeschaut haben, wie er oft Hunderte von wilden Tieren aller Art auf seinem Landsitz in den Albanerbergen erlegte und zuweilen absichtlich die Köpfe von einigen so traf, dass die zwei Pfeilschüsse wie zwei Hörner in denselben feststaken. Zuweilen schoss er einem in der Ferne stehenden Knaben, der als Ziel seine rechte ausgespreizte Hand bieten musste, mit solcher Geschicklichkeit durch die Zwischenräume der Finger, dass alle Pfeile, ohne in zu verletzen, hindurchgingen...*[79]"

Historisch anschließend veränderte sich die Sachlage mit der römischen Aneignung sogenannter hunnischer Bogen erneut. Über damals auch anderweitig modifizierte Waffen in Roms Armee referiert Fischer: „... Diese Epoche von der Regierungszeit Hadrians bis in die severische Zeit ist zum Teil durch erhebliche Entwicklungssprünge und Veränderungen bei Waffen und Ausrüstung charakterisiert. Bishop und Coulston sprechen gar von der *Antonine Revolution*. Diese auffallenden Veränderungen hatten zu tun mit zwei großen, verlustreichen Perioden der Kriegsführung: den Dakerkriegen und den Feldzügen in Mesopotamien unter Traian sowie den Markomannenkriegen unter Marc Aurel. Dakerkriege und Markommenkriege hatten ihre Schwerpunkte im mittleren Donauraum, an beiden waren Gegner beteiligt, deren Ausrüstung vom pontisch-zentralasiatischen Raum her beeinflusst waren, ja es lassen sich Einflüsse in der Bewaffnung bis nach China feststellen! Diese Einflüsse wiederum strahlten auch auf die römische Bewaffnung aus...[80]"

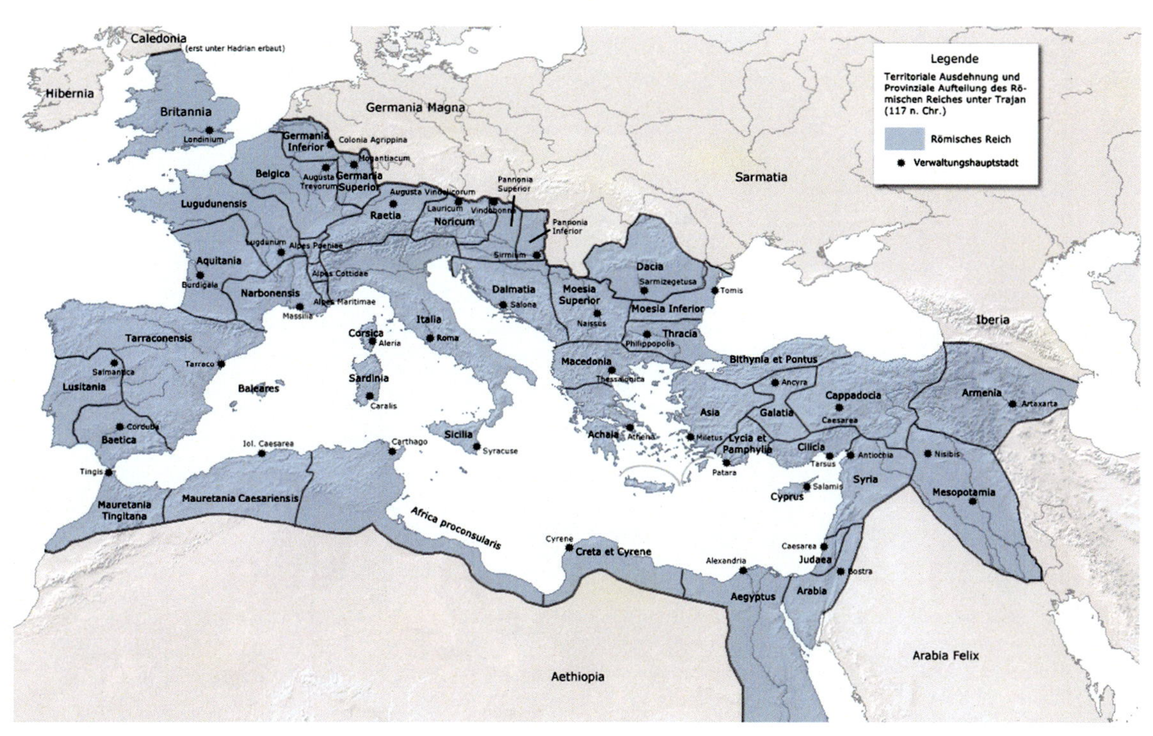

IV Rezeption hunnischer Reflexbogen und Vereinheitlichungstendenzen

4.1 Ein Bogen als Brunnenfund im römischen Kastelldorf bei Rainau-Buch

4.1.1 Beschreibung, technische Interpretation und gegenständliche Vergleiche

Die geschilderte Situation verleitet einen zur Annahme, dass sich am Vorabend der Spätantike eine Vielfalt von Reflexbogen ergänzt haben könnte. Die Gesamtlage ist aber zu ungeordnet, um Aussagen darüber treffen zu können, in welchen Relationen die erläuterten Bogentypen in Europa, Afrika und dem Orient zueinander standen. Irgendwann während des 2. Jh. n. Chr. scheinen neue technische Maßgaben für römische Bogenbauer relevant geworden zu sein. Man hat sich der Machart für sogenannte hunnische Bogen bedient. Ich möchte Beispiele für jene Neuerung angeben. Dabei ist im Vorfeld zu bedenken, dass auch Funde hunnischer Bogen im Imperium Romanum sporadischer Natur sind. Wie bei der Yrzi-Bogengattung wissen wir deshalb leider nicht genau, wann und wo Vorbilder zuerst vereinzelt und dann in größerem Umfang östliche Reichsgrenzen passierten. Wie lange verließ man sich auf Importe und produzierte schließlich solche Waffen selbstständig? Wissenschaftlich sind ohnehin zuerst einmal alle Merkmale zu erfassen, vermittels derer sich sogenannte Hunnenbogen im Fundgut sowie als Ausprägungen in der Ikonographie zweifelsfrei nachweisen lassen.

Im zivilen Lagerdorf (lat. *vicus*) des Kohortenkastells am Raetischen Limes in der Gemarkung Buch, Ortsteil von Rainau im Ostalbkreis in Württemberg, wurden in den 1970er Jahren archäologische Ausgrabungen durchgeführt. Sie brachten Beschläge eines zuerst kompletten, später in Folge mangelnder Archivierung aufgelassenen Sets eines Kompositbogens zu Tage. Die beinernen Bauteile fand man in Brunnen 1, wo die Waffe nebst einer Lanze, Schwert und Schild sowie Brandschutt versenkt worden war. Sie gelangte auf der Sohle stehend in die Fundposition[81]. Als spätestes Datum der Deponierung wird das Krisenjahr 254 n. Chr. angenommen. Damals wurde der Grenzposten wegen übermächtiger alamannischer Attacken aufgegeben. Es sind drei der Hebelbeschläge erhalten. Dabei handelt sich um zwei kongruente Fragmente mit Nocke sowie um ein Bruchstück von

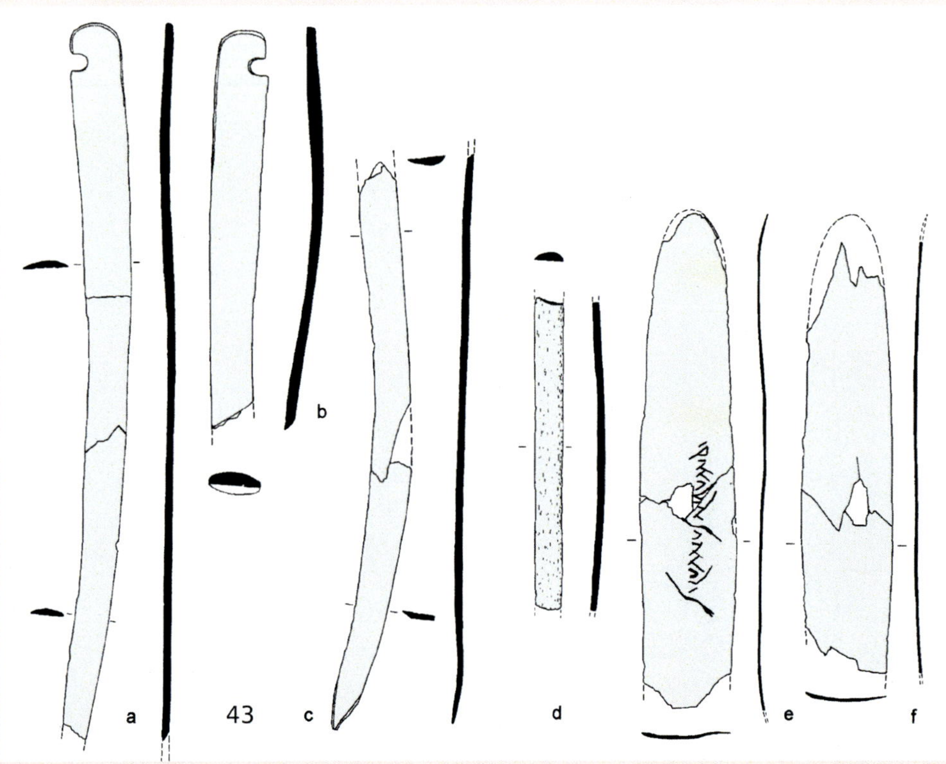

Abb. 24: Beinbeschläge für die Hebelenden (a–c) und den Griff (d–f) eines Kompositbogens. Funde aus dem *vicus*-Brunnen 1 von Rainau-Buch. Nach Bernhard A. Greiner. Mitte 3. Jh. n. Chr. Ohne Maßstab.

der Armierung gegenüber mit kurvigem Wurfarmknie. Die Literatur rekonstruiert die originalen Längen der Bauteile mit jeweils etwa 31 cm. Partiell greift dies vielleicht etwas hoch. Die Exemplare mit der Nocke mögen ursprünglich um die 25 cm und nicht wesentlich länger gewesen sein. Für ihre Pendants ist eine Ausdehnung über 30 cm aber realistisch. Dann wäre der Kompositbogen asymmetrisch gewesen. In diesem Fall ähnelten die Längen der Endbeschläge denen des unten noch zu erläuternden Qum-Darya-Bogens, der vom Asienforscher Sven Hedin (1865–1952) in Nordwestchina gefunden wurde.

Als in römischen Kontexten neu muss bei den Bogenplatten aus Rainau-Buch hervorgehoben werden, dass die Waffe über zwei Griffseitenschalen aus Bein verfügte. Eine langrechteckige Leiste stammt ebenfalls vom Griff und zwar von dessen Unterseite[82]. (Abb. 24) Das ist von einer immensen Bedeutung für die typenkundliche Ansprache. Daran lässt sich erkennen, dass die Konstruktion des Bogens von Rainau-Buch wenig mit derjenigen des Yrzi-Bogentyps gemein hatte. Die im archäologischen Schrifttum bisweilen vorgeschlagene Nähe dazu ist, so verführerisch die Idee wegen des ähnlichen Aussehens der beinernen Endverstärker auch sein mag, bogenkundlich irrelevant. Eine die Unterseite des Griffs bedeckende Beinleiste bedeutet zwangsläufig, dass die Handhabe vom Hornbelag komplett freigestellt gewesen sein muss. Demgegenüber funktionierte bei Reflexbogen mit propellerförmigem Grundriss das Zentrum mit einer Inklusion des Hornunterbaus bzw. ohne Beschlag. Außerdem waren die Hebelenden propellerförmiger Reflexbogen kürzer. Das entspringt in der Gesamtkombination einer ganz anderen bogenbaulichen Philosophie, als sie bei der Waffe aus dem Brunnen vorliegt.

Eine der seitlichen Griffplatten des Rainauer Reflexbogens besitzt eine Einritzung. Dort steht der Männername *Silvanus Aliquandi.* Nach Greiner könnte ein Silvanus, Sohn des Aliquandus, der Besitzer des Bogens gewesen sein: „... Es ist vielmehr der eindeutige Hinweis darauf, dass auch aus den Westprovinzen stammende Provinziale als Soldaten im Gebrauch dieser Waffe ausgebildet worden sind und bestätigt damit eine Textstelle bei Vegetius, wonach ein Drittel bis ein Viertel aller Soldaten einer Einheit das Bogenschießen sorgfältig erlernen und täglich üben sollten. Somit zeigt der Bogenschütze Silvanus auch, dass aus dem Vorkommen beinerner Bogenendversteifungen keinesfalls a priori auf die Anwesenheit von Einheiten östlicher Bogenschützen geschlossen werden darf...[83]"

In Europa ethnisch fremde Auxiliare könnten auch Einheimische an Reflexbogen ausgebildet haben. Elisabeth Erdmann schreibt über diese Möglichkeit: „... In der älteren Literatur wird öfters die Meinung vertreten, nur Orientalen seien fähig gewesen, mit Pfeil und Bogen umzugehen und hätten folglich die Bogenschützenabteilungen gebildet; diese seien auch nur aus dem Orient ergänzt worden. Liegen Pfeilspitzenfunde vor, so wird sogleich auf orientalische Herkunft der Soldaten geschlossen ... Neben orientalischen Ergänzungen rekrutierten sich die Angehörigen dieser Spezialeinheiten aber auch aus dem Lagernachwuchs und aus dem engeren oder weiteren Hinterland. Das zeigt sich, um nur ein Beispiel zu nennen, an der *Ala I Augusta Ituraeorum sagittariorum*, in der neben Orientalen auch Spanier, Kelten und Thraker dienten...[84]"

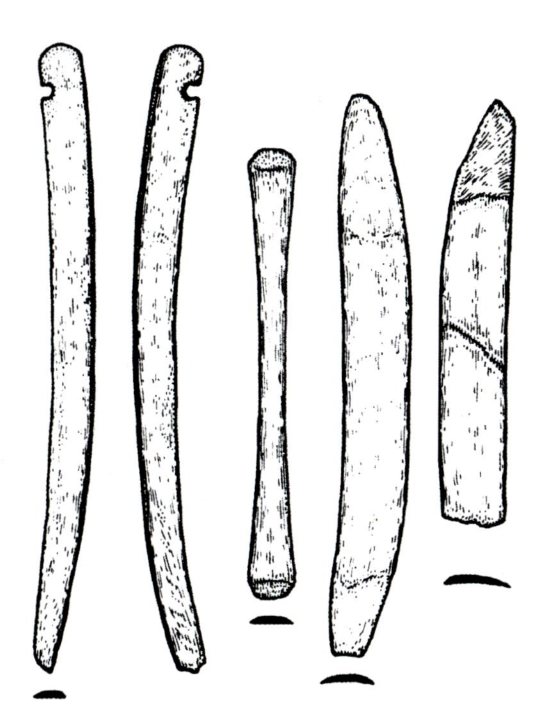

Abb. 25: Zwei erhaltene Beinbeschläge für die Hebelenden und drei für den Griff eines Bogens der Tschaaty-Kultur in Südsibirien. Nach Julij S. Chudjakov. Jüngere Eisenzeit. Ohne Maßstab.

Man kann sich dem Problem auch hypothetisch annähern, als hier und da in Großwerkstätten nach Vorbildern produziert worden sein könnte. In der Spätantike existierte in der Stadt *Ticinum* (heute Pavia) in Italien eine zentrale *arcuaria*, die sich dem Bogenbau industriell widmete (*Notitia Dignitatum*. Oc. IX, 28). Leider schweigen sich prinzipatszeitliche Quellen aus, ob überregionale Manufakturen schon früher im Herzen des Imperiums eingerichtet waren. In der Rückschau ist es ebenfalls fraglich, ob Kompositbogen freie Handelsgüter waren oder dies blieben. Es könnten staatlicherseits Beschränkungen etwa zum Weiterverkauf außerhalb der Reichsgrenzen bestanden haben. Hinzuweisen ist auf ein späteres Verbot der Fertigung und des Verkaufs von Kompositbogen durch Privatleute in einer Novelle Kaiser Justinians (527 bis 565 n. Chr.) über das Waffenmonopol. Es hat demnach im Machtbereich von Konstantinopel einen von der Obrigkeit reglementierten Vertrieb von Reflexbogen gegeben. Mit deren Verkauf war ein Gewinn zu erzielen, den sich der Fiskus zu Eigen machen und die Absatzwege kontrollieren wollte. Kolias schreibt: „... Da für die Anfertigung der Bogen kein besonders teures Material wie z.B. Metall notwendig war, galten sie trotz ihrer langwierigen Herstellung als leicht und billig zu erzeugen. Leon [Kaiser 886 bis 912 n. Chr.] ... empfiehlt seinen Generälen, sie sollten Sorge tragen, dass womöglich jeder Mann solch eine Waffe bei sich zu Hause habe...[85]"

Die Bogen konnten einen hohen Wert für Milizionäre besitzen. Das ist eventuell von frühbyzantinischen auf kaiserzeitliche Kontexte reübertragbar, womit wir erneut bei der Einritzung eines gallischen Namens auf dem Reflexbogen wären.

4.1.2 Graffiti, Schaubilder und Buchstaben auf Bogenhandhaben aus Bein

Der besagte Namenszug weist mittelbar auf die Konstruktion hin. Da er außenseitig lesbar war, hat man den Griff nicht mit einer Sehnenwicklung umgeben, welche die Buchstaben sonst ja verdeckt hätte. Das schließt eine etwaige Nähe zu propellerförmigen Bogen erneut aus. Wenn das Zentrum einer mit Beinplatten umfänglich versteiften Schusswaffe sichtbar blieb, mussten stabilisierende Wicklungen an den bruchgefährdeten Transits in die Wurfarme erfolgen. Auch dieses relativ spezielle Merkmal führt uns direkt zu Bogen der hunnischen Machart.

Zum Vergleich sei ein archäologisches Fundensemble beinerner Bogenbeschläge der zeitgenössischen Tschaaty-Kultur in Südsibirien zitiert[86]. Gemeinsamkeiten mit den Bogenbeschlägen aus Rainau-Buch sind evident. Insofern liegen hier Kongruenzen vor, die auf den ersten Blick verblüffen. (Abb. 25)

Ebenfalls aus Mittelasien kommt ein hunnenzeitlicher Bogengriffbeschlag aus Bein aus dem Hügelgrab 1 des Platzes Taž-Tjube mit einer illustrierenden Ritzzeichnung, über welche uns Litvinskij folgendermaßen informiert: „... Längs des Rands verläuft eine eingravierte Zickzack-Linie, ausgefüllt mit schwarzer Paste; darunter befindet sich das Bild eines Jägers, der auf zwei Gazellen schießt...[87]" Julij S. Chudjakov macht auf weitere Einritzungen auf Griffschalen von Reflexbogen der jüngeren Eisenzeit mit Linien-/Fischgrätenmustern, Tamga-Zeichen, Reitern oder Jägern nebst Beutetieren in bisweilen lebensnaher Gegenständlichkeit bei Artefakten aus Tuva in Südsibirien aufmerksam[88]. Die seitlichen Beschläge hunnischer Bogenhandhaben konnten also regelrecht Schauflächen sein. Das römische Fundbeispiel stellt diesbezüglich kein Unikat dar. Im Speziellen ist die Namenseinritzung aber bis dato verhältnismäßig einzigartig.

Eine an Runenschrift erinnernde Zeichenfolge ist aus dem 6. Jh. n. Chr. vom awarischen Gräberfeld Környe, Distrikt Komárom-Esztergom, in Ungarn bekannt.

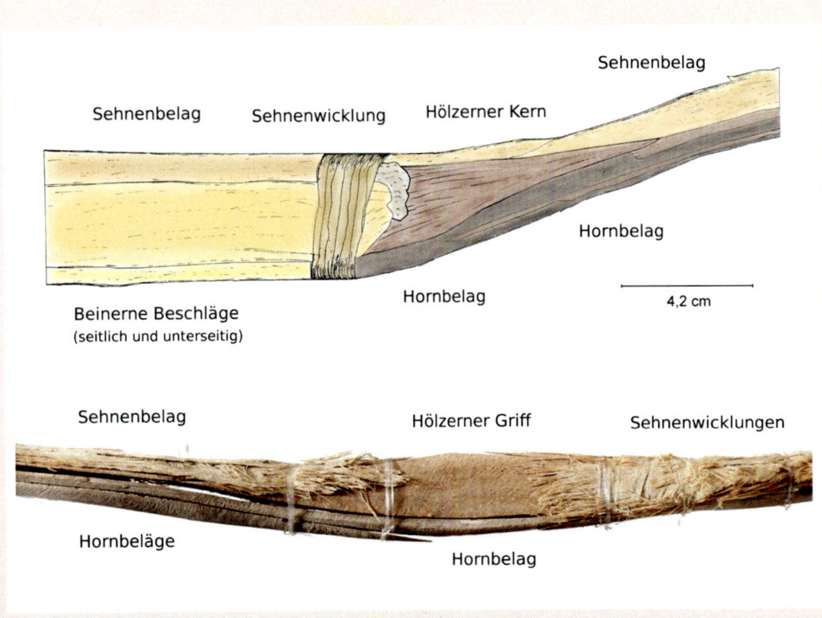

Abb. 26: Teilansicht des Griffs mit Transit in den Wurfarm beim „Khotan-Bogen". 2./3. Jh. n. Chr. Computergraphische Wiedergabe. Unten das Zentrum des „Zeilinger-Bogens" mit Hornunterbau. Keine Maßstäblichkeit.

Im Grab Nr. 60 lag ein Beschlag für einen Bogengriff mit Buchstaben, die von einem Tamgazeichen beschlossen werden[89].
Die Bogenbruchstücke aus Rainau-Buch bringen für sich alleine noch keine Hinweise zum Aufbau der Waffe. Wie können wir uns die Machart realiter vorstellen? In typenkundliche Korrespondenz lässt sich der sogenannte Khotan-Bogen bringen. Im Besitz des Sinologen Stephen Selby ist dieser Kompositbogen aus dem 2./3. Jh. n. Chr. im *Journal of Chinese Martial Studies* dokumentiert[90]. Zwei lange Seitenschalen und ein schmales Plättchen aus Bein dienen zur Abdeckung der hölzernen Handhabe. Sie sind etwas stumpfer endgeformt als in Rainau-Buch, was typologisch jedoch vernachlässigbar ist. Der Khotan-Bogen liefert uns ein geeignetes Muster für die Machart des römischen Bogengriffs. (Abb. 26) Er ist anders als bei propellerförmigen Bogen gestaltet. Hier bietet sich das Zentrum des „Zeilinger-Bogens“ zum Vergleich an. Hunnische Bogen besaßen im Gegensatz dazu einen separierten Griff. Wir haben eine Innovation mit gravierenden Auswirkungen vor uns. Der Grund fürs Separieren vom Hornbelag bestand darin, den Griff vor unerwünschten Schwingungen abzuschirmen. Dafür war ein Bereich von 20 bis 25 cm Länge beim Rainau-Bucher Bogen bestimmt. Ergänzt man starre Hebelenden von mindestens 25 bis 30 cm Länge, dann waren rund 70 bis 80 cm des Bogens statisch, gehörten also nicht zu den arbeitenden, die Kraft speichernden Sektionen. Es bleiben für die flexiblen Arme insgesamt nur etwa 60 bis 80 cm an Länge übrig.

Mechanisch sind dermaßen kurze, flexible Segmente für einen schußstarken Bogen relativ breit auszulegen. Zur Gewährleistung von Bruchsicherheit und Leistungsfähigkeit dürfte der Bogen aus Rainau-Buch mindestens 6 cm breite Wurfarme besessen haben. Beim Khotan-Bogen messen sie sogar bis 8,3 cm. In der Draufsicht ergab das paddelförmige Grundrisse. Sie waren ein Charakteristikum hunnischer Reflexbogen. Anschauungsmaterial bietet ein Reiterbogen auf einer Silberschale des 5./6. Jh. n. Chr. aus Baktrien. (Abb. 27) Die dreistreifige Darstellung der breiten Wurfarme könnte hier auf Hornlamellenbau hindeuten.

Eine weitere Empfehlung gibt ein Fresko aus der der ersten Hälfte des 3. Jh. n. Chr. im Mithraeum von Dura Europos mit einer Reiterjagd[91]. Winkelmann erläutert: „... Der stiertötende Mithras trägt parthische Bekleidung, der jagenden Mithras auf der Wandmalerei des Mithräums wird mit parthischem Reflexbogen und Pfeilköcher, sein schweres Pferd mit runden Phaleren versehen dargestellt...[92]“
Bei jenem Bogen gibt es ebenfalls ein langes Hebelende. Es schließt sich ein sonderbar schlauchartiger Wurfarm an, wie er auch auf der Schale aus Baktrien vorliegt. Die Handhabe wirkt separiert und gerade. Das verdeutlicht die besondere Konstruktion. Bei den schlauchartigen Wurfarmen hatten die Künstler keine entsprechende Dicke, denn dann hätte keinerlei Auszugsfähigkeit bestanden, sondern eine große Breite vor Augen. Die Bogenbeschläge aus Rainau-Buch sind ein wichtiger Beleg fürs besagte Technikkonzept im Römischen Reich.

Abb. 27: Hunnische Reflexbogen mit geraden Hebelenden, breiten Armen und separiertem Griff. Fresko im Mithraeum von Dura Europos. Erste Hälfte 3. Jh. n. Chr. Daneben zum Vergleich der Ausschnitt einer indo-baktrischen Silberschale. 5./6. Jh. n. Chr. Ohne Maßstab

4.1.3 Waffenbesitzer und Bogenschütze – Wer war Silvanus Aliquandi?

Wer könnte Silvanus Aliquandi gewesen sein? War er ein römischer Auxiliarsoldat oder ein Bewohner des kastellnahen Dorfs? Welche möglichen Schlussfolgerungen können insbesondere daraus gezogen werden, dass ein gallischer Männername auf dem Kompositbogengriff steht?

Das Kohortenkastell wurde zur Sicherung des Jagsttals vor 150 n. Chr. errichtet. Als Truppe wird die *Cohors III Thracum veterana* erwogen, eine Einheit, die im Kern aus Thrakern aus dem westlichen Schwarzmeerraum bestand. Für deren Bogenwaffe sind als Funde vor Ort vierkantige Schaftdornpfeilspitzen aus Eisen belegt. Die Anwesenheit von Reitern zeigt sich durch Bestandteile von Pferdegeschirr. Ob Silvanus Aliquandi ein Zivilist war, ein potentieller Kombattant bzw. Milizionär, ein regulärer Fußsoldat oder ein spezialisierter Kämpfer, der den Bogen vom Pferderücken aus zu führen verstand, lässt sich nur mutmaßen. All jene Optionen kommen für die während des 3. Jh. n. Chr. kritisch werdende Situation am Raetischen Limes in Betracht. In der Ereignisgeschichte traten damals, wie eine Inschrift auf einem römischen Siegesaltar in Augsburg mitteilt, in Notsituationen auch bewaffnete Zivilisten neben regulären Truppen gegen zurückkehrende germanische Plünderer an.

Hinweisen möchte ich auf eine zweischneidige Eisenpfeilspitze mit Widerhaken in Rainau-Buch. Solche Formen waren für Waidzwecke gut geeignet. Sie sind in Militärkontexten der mittleren Kaiserzeit eher selten. Sofern ihr Vorhandensein im *vicus* nicht auf irgendwelche Fremden wie die Anwesenheit von Germanen zurückzuführen ist, könnte man überlegen, ob Romanen über Pfeile mit solchen Spitzen verfügten und damit, wie auch Greiner vermutet, auf die Jagd gingen? Silvanus hätte solch ein Provinziale sein können, der sich eines für gallische Verhältnisse fremden Bogens bediente, dies aber, sofern man die nicht unmittelbar vergesellschaftete Widerhakenspitze als Option dafür gelten lässt, mit in möglicherweise keltischer Tradition stehenden Pfeilen tat[93].

Eine zur Begleitung dieser Hypothese stimmig anmutende Bildquelle bietet das aus Gallien stammende Statuenfragment eines Mannes, bekleidet mit einem typisch keltischen Kapuzenmantel und mit einem Reflexbogen ausgestattet. Die provinzialrömische Bildhauerarbeit aus dem 2./3. Jh. n. Chr. wird von Renoux aus dem Werk *Recueil général des bas-reliefs, statues et bustes de la Gaule Romaine* des Émile Espérandieu zitiert. Die Statue kommt aus der Gemarkung von La Celle-Mont-Saint-Jean im Département de la Sarthe in Nordfrankreich. (Abb. 28) Eine Hippe diente dazu, störendes Unterholz zu beseitigen, um die Jagdausübung zu erleichtern. Obwohl die Figur in mancher Literatur auch als ein keltischer „Waldgeist“ oder als „Waldgott“ betitelt wird, lässt sie sich profanisieren. Womöglich dürfen wir uns den Silvanus Aliquandi ähnlich vorstellen. Über Waffen außerhalb des Militärs meint Fischer: „... In der römischen Kaiserzeit war es Zivilpersonen nur in Ausnahmefällen erlaubt, in der Öffentlichkeit Waffen zu tragen: Solche Ausnahmefälle waren Reisen (wegen der allgegenwärtigen Räubergefahr) und die Jagd...[94]“

Abb. 28: Statue eines Jägers in gallischer Tracht. Teilerhaltener Reflexbogen mit abgesetztem Griff. Hippe. FO La Celle-Mont-Saint-Jean. Dép. Sarthe, Frankreich. Nach G. Renoux. 2./3. Jh. n. Chr. Ohne Maßstab.

Leider kursieren in der Sekundärliteratur langlebige Kolportagen dergestalt, dass bestimmte Sorten historischer Pfeilspitzen technisch strikt an Reflexbogen gebunden gewesen seien, sie also nur mit solchen Waffen verschossen werden konnten[95]. In der Antike und Spätantike wurden mit Kompositbogen zwar häufig Pfeile mit dreiflügeligen Spitzen bedient, doch hat man andere Spitzen für jagdlichen oder sportiven Gebrauch durchaus einpassen können. Auch im Frühmittelalter gab es eine Nutzung von Reflexbogen durch einheimische

Europäer. Dies ist im merowingischen und langobardischen Raum angezeigt[96]. Dabei können zweischeidige Tüllenpfeilspitzen auftreten. Nicht selten sind auch dreiflügelige Schaftdornspitzen vorhanden.
Eine siedlungsarchäologische Ähnlichkeit zu den erörterten Funden aus Rainau-Buch bietet sich in *Iustiniana Prima* (Caričin Grad), einer Stadt mit Akropolis aus frühbyzantinischer Zeit in Serbien, Bezirk Lebane. Dort wurden unter anderem das Fragment eines Endbeschlags mit Nocke für einen oströmischen Reflexbogen sowie zweischneidige Widerhakenpfeilspitzen entdeckt[97]. Mit über 2,5 cm maximalem Klingenabstand waren diese Spitzen wahrscheinlich Jagdwaffen. Man hat sie mit Tülle oder mit Schaftdorn geschmiedet. Auch für Caričin Grad wäre die Annahme plausibel, dass, sofern nicht Angehörige regulärer Garnisonstruppen dafür in Frage kommen, manch ein Bürger mit Reflexbogen ausgerüstet war. „… Jeder Mann, auch der Zivilist, solle zu Hause einen Bogen haben, um sich in seinem Gebrauch ausreichend üben zu können. So konnte man jederzeit bereit sein, in den Krieg zu ziehen, aber auch, als Zivilist, seinen Heimatort zu verteidigen. Die Bogen dürften die Zivilisten auch für die Jagd benutzt haben, die in der Kriegsliteratur [aus frühbyzantinischer Zeit, HR] als gute Übung und Vorbereitung für Kampfzwecke Erwähnung findet…[98]"
Nach den germanischen Migrationen in der Spätantike stehen die großformatigen Pfeilspitzen auf dem Balkan wohl nicht zufällig mit Mustern in Einklang, die nördlich der Donau bereits in der jüngeren Kaiserzeit beliebt waren. Sie könnten aufgrund ihres Werts übernommen worden sein. Hornkomposits verbanden sich schusstechnisch nicht zwangsläufig mit Pfeilen, die dreiflügelige Spitzen besaßen oder vice versa. Es ist auf dieses Thema im weiteren Verlauf noch mehrfach einzugehen.

4.2 Antike Verbreitungsgeschichte und überkulturelle Aneignungen

4.2.1 Spezifisch auftretende Merkmale der neuartigen Bogenkonstruktion

4.2.1.1 Vom Hornbelag separierte Handhabe als technisch wichtiges Kriterium

Die Rainau-Bucher Bogenartefakte leiten beispielhaft in ein typenkundlich komplexes Gebiet vergleichbarer Waffen über, deren Design von potentiell levantischen und parthischen Bogen der vorherigen Kaiserzeit abgrenzbar ist. Wie wir sahen, bereitet jene formale Differenzierung der provinzialrömischen Archäologie aber erhebliche Probleme. Dies kann nicht verwundern, denn wenn man prinzipatszeitliche Bogenartefakte in Übersicht betrachtet, dann gibt es neben Endbeschlägen um die 20 bis 25 cm auch deutlich längere Exemplare, die Maße über 30 cm erreichen können. Da sie den erstgenannten ansonsten relativ ähnlich sind, muss das bei der Ansprache zu Unsicherheiten führen. Kritisch wird es immer dann, wenn Bogenbeschläge nur noch fragmentarisch zu Tage treten. Eine ehemals intakte Endleiste kann rezent sehr stark verkürzt vorliegen oder ein Bruchstück gehörte eventuell zu einem asymmetrischen Bogen mit abweichend dimensioniertem Pendant. Wie beurteilt man römische Endbeschläge, für die aufgrund eines verwitterungs- oder zerstörungsbedingt schlechten Erhaltungszustands eine Interpretation zugunsten potentiell levantischer, parthischer oder hunnischer Bogendesigns schwierig ist? Es handelt sich um kein triviales Problem, denn Identifikationsversuche sind auf Fachkenntnisse angewiesen, ohne die brauchbare Resultate ausbleiben müssen.

So kennt man beispielsweise als einen Fund aus dem mittelkaiserzeitlichen Kastellkomplex von *Sorviodurum* (Straubing) an der Donau im Regierungsbezirk Niederbayern einen schlanken Endbeschlag von 28,5 cm Länge aus Bein. Typologisch würde dazu ein Hunnenbogen passen, keine Waffe der Yrzi-Gattung. Darüber hinaus gibt es in Straubing allerdings auch kurze Bruchstücke von Hebelenden, die gedrungener geschnitzt sind[99]. Für diese massigeren Bauteile kommen Hunnenbogen meiner Ansicht nach nicht prioritär in Betracht. Extrapoliert man die Größe jener Beschläge auf starre Enden von über 25 cm Länge, dann erbrächte das in mechanischer Hinsicht für Bogen der hunnischen Gattung ungünstig schwere, statische Zonen. Man könnte sich überlegen, ob hierfür Hornkomposits mit propellerförmigem Grundriss und kürzeren Hebelenden besser geeignet wären. Ähnlich differierende Größen treten auch bei beinernen Bogenbauteilen aus dem 2./3. Jh. n. Chr. in Kastellen in Rumänien auf. Vass Lóránt schildert dies wie folgt: „… The width of the ear laths attached to the bow tips differs considerably from one to another, a fact which could indicate that in *Porolissum* a set of different sized bows were in used at the same time or in different periods. Hypothetically, according to the dimensions of laths belonging to type 1 and 2, four bow types of different dimensions can be defined: 1) bows with 15–17 mm tip width …, 2) bows with 18–20 mm tip width …, 3) bows with tips measuring between 21–23 mm and 4) bows with 23–24 mm wide tips…[100]"
Waren die Hebelenden eines Bogens sehr lang, ging damit eine Verkürzung und Verbreiterung der biegsamen Sektionen einher.

Zur Stabiliät trug der massive Griff bei. Dadurch reduzierte man von den Wurfarmen herrührende Schwingungsüberträge. Beschläge für Griffböden vermögen eindeutige Beweise fürs Vorhandensein von Bogen der sogenannten hunnischen Machart zu liefern. Nun sollte man meinen, dass die Lage im Imperium Romanum durch zahlreiche Funde solcher beinernen Bauteile realienkundlich gut ausdifferenzierbar wäre, jedoch bleiben sie in der Archäologie insgesamt verhältnismäßig rar. Den Rainau-Bucher Artefakten kommt sogar Unikatcharakter in Deutschland zu. Andererseits sind Griffbodenbeschläge klein und können in situ schnell übersehen werden oder verrottet sein. Folgende weitere Funde sind in Europa gesichert: Stücke beinerner Griffböden datieren in die Zeit Markomannenkriege und wurden im 179 n. Chr. zerstörten Kastell *Celamantia* (Iža-Leányvár) bei Komárno in der Slovakei geborgen. (Abb. 29) Dort dienten Abordnungen der *Legio prima Adiutrix* sowie Reiter der *Ala prima Hispanorum Aravacorum* am Brückenkopf auf dem Nordufer der Donau. Römische Griffplatten aus Bein für Reflexbogen kommen als Funde auch in Rumänien vor. Ein schmales Bogenbruchstück aus Bein aus *Tilurium* (Gardun) in Kroatien wird ebenfalls als Griffleiste diskutiert. Eine genaue Datierung steht dafür aber aus. Ivan Radman Livaja erläutert: "... I believe the third piece (Pl. 1; 4) to be a grip lath. It is damaged on both ends, its length is 10,4 cm and width 1,5 cm. Similar laths were found in Caerleon. Although their dimensions correspond to those of the Gardun example, British pieces are slightly widening on their extremities, which is not the case of our lath (it is even getting narrower on one end). But because of its straight edges I presume that it was not fixed on the bow ears but on its handle ... Dating such artefacts is not easy since their shape did not change during the Imperial period. It is even more complicated considering the fact that Hunnic bone laths do not differ remarkably from those used by Romans ... In the case of Gardun, we can exclude Hunnic presence, which implies that those three laths are almost certainly Roman...[101]"

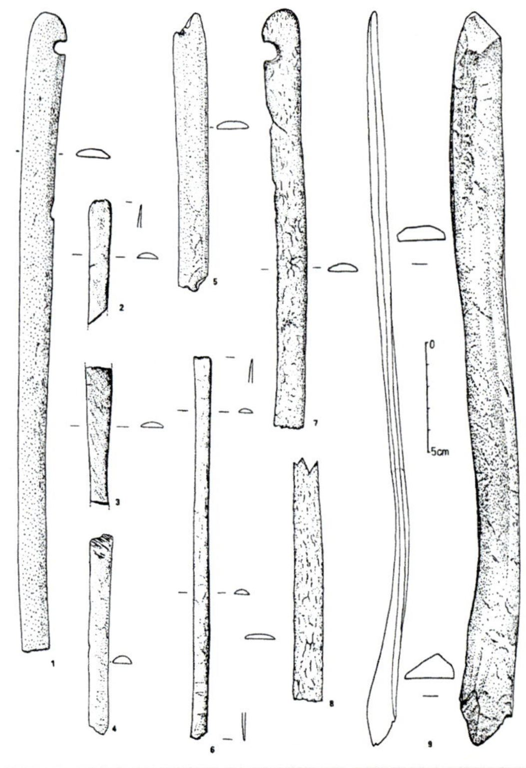

Abb. 29: Lange Endbeschläge, Bodenleisten und ein Rohling aus Geweih (1-9) für Reflexbogen des hunnischen Designs. Funde vom Kastell *Celamantia*. Slowakei. Nach Ján Rajtár. Spätes 2. Jh. n. Chr.

Beinerne Beschläge für die Griffunterseiten sogenannter Hunnenbogen aus dem Kastell *Isca Silurum* (Caerleon) in Wales gehören ins 3. Jh. n. Chr. Sie messen maximal 12 bis 18 mm in der Breite und bis zu 16,5 cm in der Länge. Manche wurden als Fehlstücke aussortiert und zum Abfall eines Handwerksbetriebes getan, der sich in einem Gebäude am Lagerrand befand. Insgesamt barg man über zweihundert Beschläge, aber kein geschlossenes Ensemble von Griff- und Wurfarmplatten. Der Ort war Quartier der *Legio II Augusta*. Viele der Griffböden in Caerleon sind wie diejenigen aus dem Brunnen von Rainau-Buch oder Iža-Leányvár langrechteckig geschnitzt. Funktionsanaloge Bauteile hunnischer Kompositbogen in Eurasien haben öfters meißelartig verbreiterte Enden. Bei römischen Fundstücken verhält es sich tendenziell umgekehrt, ohne dass man verbindlich klarstellen könnte, warum dies so ist.

Griffbodenleisten mit signifkanten Endbreiten gibt es auch in Caerleon, sie bilden aber wohl keine Mehrheit[102]. Praktisch boten sie einer darüber befindlichen Sehnenwicklung mehr Anpressfläche und gaben schmalere Griffe vor. Es kommen darüber hinaus vielleicht auch noch ganz andere Aspekte in Betracht wie eine Produktion leichter zurichtenbarer Rechteckleisten in Kastellmanufakturen. Solche Betriebe des Militärs konnten arbeitsteilig als Zulieferer auf das Schnitzen von Halbzeugen und Kleinbauteilen oder auf Bogenbau selbst ausgerichtet gewesen sein. In Gebäude 3 des Kastells *Intercisa* in Ungarn barg man Anfang des 20. Jahrhunderts Geweihrosen und -sprossen solch einer Beinschnitzerwerkstatt. Zum Fundgut gehörten Armierungen für Reflexbogen. Darunter befanden sich neben den Fragmenten unterschiedlich dimensionierter Endbeschläge auch langrechteckige Griffböden, die zu Hunnenbogen gehört haben müssen[103].

Bauliche Varianten gab es auch bei den seitlich an den Bogen befestigten Griffschalen. Man fertigte Beschläge mit einer kreissegmenthaften Unterseite und einer geraden oder schwach konvexen Oberseite an. Im Osten des Steppengürtels treten solche bootsförmigen Schalen seit dem Beginn der jüngeren Eisenzeit auf. Vergleichbare Bauteile wurden in den Palastruinen von *Dedoplis Gora* im Königtum Iberien in Georgien entdeckt. Sie datieren in die zweite Hälfte des 1. Jh. n. Chr. (Abb. 30)
Iulon Gagoshidze referiert dazu: „... On the floor of Room 11 of the Palace at Dedoplis Gora, two thin bone plates were found together with bone laths of the bows. They are 1,7 cm wide in the middle part and are equaly thinning to the ends; their ends are just 0,3 cm wide and rounded. At present, the plates are coiled as spirals and broken from heat but, originally, they should have had a shape of a long semi-oval. We think they must be laths of the middle part of a composite bow. We did not find analogies in Europe or Asia Minor in Roman times, but exactly the same kind of laths covered the composite bows used by the Huns as well as by the nomads of Siberia and Central Asia from the 3rd century B. C. to the end of the 1st millennium A.D. ... Such an early penetration of the progressive construction of a bow in Georgia should be considered the result of tight contacts between Iberia and the Nomads of the Steppe...[104]"

Das unter Römern und Persern lange umstrittene Regionalreich *Iberia* trat mitunter als Koalitionär der Caesaren auf. Kombattanten aus Iberien standen dabei rüstungstechnisch auf der Höhe der Zeit[105]. In der Schlacht von Adrianopel 378 n. Chr. diente Bacurius, König Iberiens, als Tribun der berittenen Bogenschützen Roms. Er war auch im Jahr 394 n. Chr. ein wichtiger Handlungsträger in der epochalen Konfrontation am *Frigidus* (Hubelj) im Vipava-Tal im heutigen Slowenien zwischen Kaiser Theodosius I. (379 bis 395 n. Chr.) und dem Heiden Eugenius. Für die hunnischen Bogen in *Iberia* im 1. Jh. n. Chr. werden Importe diskutiert. In Frage käme eine Herkunft aus Sarmatien. Das Königtum *Iberia* lag zwischen Roms Provinz *Armenia* und den Steppen der *Sarmatia*.

Ein historisch jüngeres Leitmuster bilden Bogengriffschalen, die trapezoidisch anmuten und mit jeweils spitzen Enden in die Wurfarme überleiten. Die beiden Formen bootsförmig und trapezoidisch standen in Beziehung zueinander. Das deuten Bauausführungen im Gräberfeld Shombuuziin-belchir (SBR) im alten Xiōngnú-Reich in der Mongolei an: Bei Stücken in Grab SBR-13 sind als eine Mischform die Konturen bootsförmig und trapezoidisch kombiniert. In SBR-12 gibt es bootsförmige, in SBR-16 trapezoidische Beschläge[106]. Letztere haben sich als elaboriertere Artefakte aus den bootsförmigen heraus entwickelt. Die langen Endfortsätze bewirkten fürs Bogenzentrum einen zusätzlich stabilisierenden Effekt. Anschaulich macht das Resultat dieser technischen Evolution ein Bogengriff aus einem späthunnischen Höhlengrab beim Fluss Kam-Tytugem, Bezirk Kosh-Agach, in der russischen Republik Altai, das von Chudjakov et al. beschrieben wird. Die handwerklich aufwändigeren Schalen erlaubten eine schmalere Konturbildung langer Bogengriffe, so dass Pfeile mittiger angelegt werden konnten.

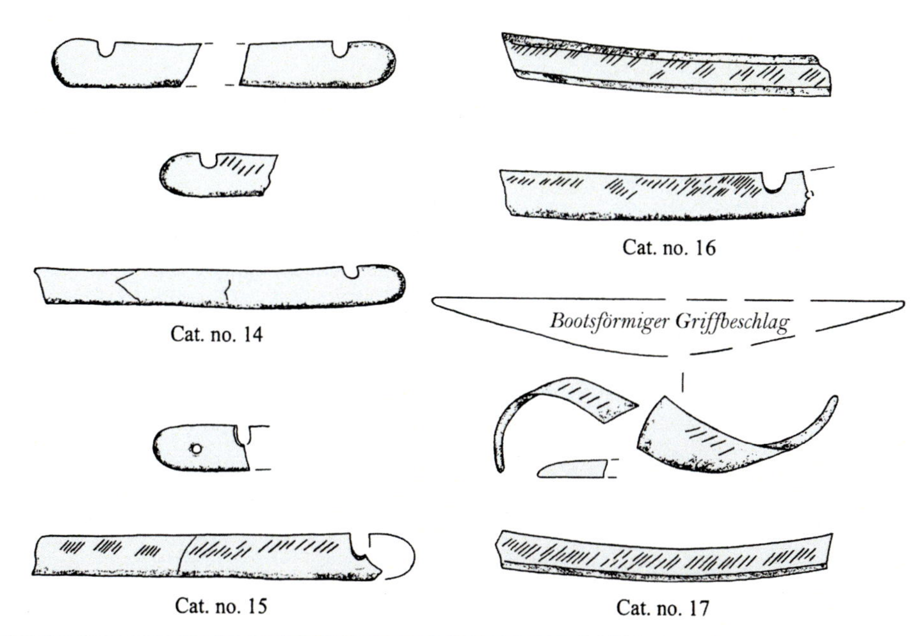

Abb. 30: Beinerne Bogenbeschläge aus *Dedoplis Gora.* Georgien. Die bootsförmige Griffplatte (Kat.-Nr. 17) ist durch ein antikes Schadfeuer verwunden und zerborsten. 1. Jh. n. Chr. Ohne Maßstab.

Zugunsten des Schusserfolgs unterstützten trapezoidische Beschläge so einen noch zielsicheren Pfeilflug. Während der Völkerwanderungszeit sind sie bei Funden hunnischer Kompositbogen in Europa und dem Steppenraum dann, soweit archäologisch erhalten, die Regel (s.u. Abb. 52).

Als Drittes gab es langovale Griffschalen wie beim Rainau-Bucher oder dem Khotan-Bogen. Röntgenbilder davon zeigen komposite Strukturen des Wurfarms mit fünf Hornlamellen und des Griffs[107]. Ähnliche Griffbeschläge aus Bein wurden in den Auxiliarkastellen *Micia* und *Tibiscum* in Dakien, gelegen in den rumänischen Kreisen Hunedoara und Caras-Severin, geborgen. Aus *Micia* kommt eine Platte in Mischform zwischen bootsförmiger und langovaler Ausführung. (Abb. 31) Zudem fand man Griffbodenleisten. Dabei ist interessant, dass sie jeweils auch auf den Außenseiten über parallele Schraffuren für Sehnenwicklungen verfügen. Lóránt fasst den Sachstand zusammen: „... In the auxiliary fort from *Micia*, 35 bone laths covering the tips and the grip of the bow were discovered. The artefacts, manufactured from red deer antler, with the exception for two items, belonged, besides other unfinished antler objects, to a store inside the fort dated to 106–107 A.D. The group of finds, consisting of finished antler laths, semi-finished or rejected examples, indicate a manufacture in progress that could have functioned in a specialized workshop inside this fort. The width of the laths from *Micia* varies significantly, suggesting that the same military troop has simultaneously used bows of different type and size. Another workshop, specialized, among others, in antler bow lath production, was identified in a timber construction from the small auxiliary fort at *Tibiscum*, dated between 106 and 165 A.D. The lath fragments from *Tibiscum*, many of them still unfinished, are all elongated and rectangular laths without nock that were mounted in the central, grip part of the bow. Other ear-lath fragments with nock were also recovered from the principia of the big auxiliary fort at *Tibiscum*, but one cannot establish if there is any connection between them and the workshop from the small auxiliary fort ... Although it is impossible to prove this presumption, the existence of two workshops with the same production line and profile in the same period and in two forts where eastern archers were stationed (*Micia, Tibiscum*), should be more than coincidental...[108]"

Leider haben wir im Gegensatz zu vielen anderen Handwerksberufen im Römerreich keine persönlichen Angaben über Bogenbauer. Woher jene auch stammten, sie nutzten Technologien, die bis nach Nordchina hin existierten.

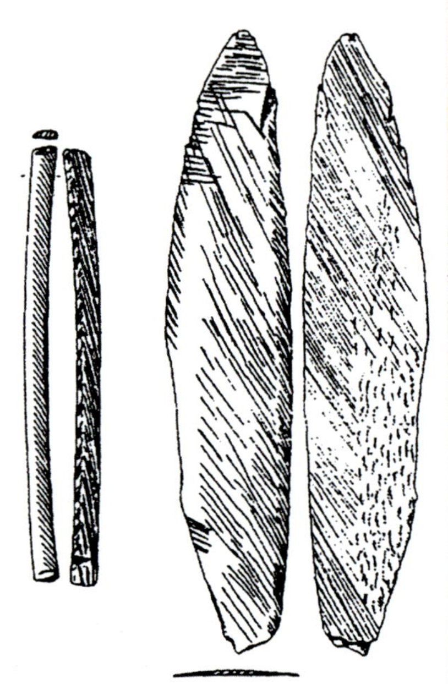

Abb. 31: Beschläge für Griffe von Bogen des hunnischen Designs. Schraffuren außen- und innenseitig. Vom Auxiliarkastell *Micia* in Rumänien. Bein. 2. Jh. n. Chr. Ohne Maßstab.

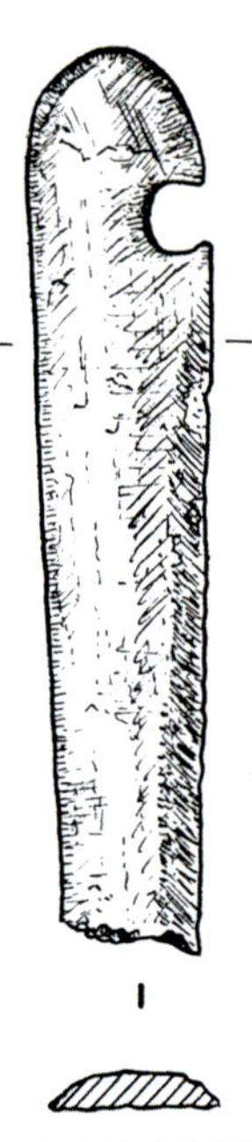

Abb. 32: Überrest eines Bogenendbeschlags mit Spuren komplexer Ritzarbeiten. Vom Auxiliarkastell Osterburken, Neckar-Odenwald-Kreis. Bein. (Länge 8,9 cm.) 2./3. Jh. n. Chr.

Auf vielen Endbeschlägen von Bogen des hunnischen Designs erkennt man Schraffuren zur Verbesserung der Klebeadhäsion randseitig überlappend angebrachter Sehnenbeläge. Dann reichen die Linien von oben her maximal bis auf halbe Höhe. Oder aber es sind Ritzarbeiten zugunsten einer Wicklung rundum vorhanden. Dann befinden sie sich auf der kompletten Außenseite. Außerdem trifft man auf Zwischenformen wie bei einem Altfund aus dem Kastell am Obergermanischen Limes von Osterburken im Bestand des Hällisch-Fränkischen Museums (Iv.-Nr. 186). Dort ziehen, von oben her kommend, parallele Furchen nach unten und stoßen auf gegenläufige Strukturen, so dass sich die beiden Zonen etwa auf einem Viertel der Höhe des Bauteils fischgrätenartig treffen. Am unteren Rand gibt es weitere, sehr kurze Ritzungen, hier senkrecht zur Leiste aufgetragen[109]. (Abb. 32) Bei diesem römischen Hebelende wurden vermutlich auf dem Rücken Sehnenbündel bis zu den Nocken angebracht und randseitig überlappend aufgeklebt. Anschließend hat man das starre Ende zur Stabilisierung mit einer Wicklung aus reißfestem Sehnengarn versehen. Bedauerlicherweise handelt es sich aber wie so oft in der römischen Archäologie um ein relativ früh unterhalb der Nocke abgebrochenes Artefakt, für das eine Bogentypenzuordnung nicht mit letzter Sicherheit möglich ist.

Technisch damit vergleichbare Ritzarbeiten findet man aber auch auf Bogenenden der Hunnen in Eurasien wie bei einem beinernen Hebelende aus Grab SBR-13 von Schombuuziin-belchir. Hier sind, von oben schräg in Richtung des Arms verlaufend, parallele Furchen erkennbar. Sie treffen mittig auf senkrecht eingeritzte Kerbstriche, die ähnlich wie beim Osterburkener Exemplar direkt am Bogenbauch ansetzen[110]. Die äußersten Enden können rundlich oder plan ausgeschnitzt sein. Bei solchen Formmerkmalen gibt es, dem aktuellen Dokumentationsstand folgend, aber keine unter Umständen regionale oder kulturgeographische Regelmäßgkeit im Römischen Reich. Bisweilen besitzen kaiserzeitliche Endbeschläge auch Nietnägel jenseits der Nocken, die dazu dienten, einen kurzen Faden als Sehnenhalter aufzunehmen. Er wurde sowohl an den Metallspornen fixiert als auch mit dem Sehnenöhrchen verknotet. So glitt der Nerv bei einem unbespannten Reflexbogen nicht weit am Wurfarm hinab. Im handfesten Gebrauch wäre das eine unnötige Störung gewesen. Sie hätte die empfindliche Struktur potentieller Schadwirkung durch ein unkontrolliertes Schwingen und dem Einfädeln von Gegenständen aussetzen können. Eine früher gemutmaßte Funktion für solche kleinen Stifte zugunsten eines lagernden Aufhängens der Kompositbogen muss demgegenüber als einigermaßen abwegig gelten. Sinnvoller wäre es, wenn man die Waffen unbespannt in sicherer Position in Regalen oder auf Wandhalterungen innerhalb von Gebäuden aufbewahrt hätte. Ein Löchlein über der Sehnenkerbe bildet bei anderen Fundstücken eine alternative Möglichkeit zur Befestigung des Sehnenhaltefadens (s.o Abb. 30). Der englische Fachterminus dafür lautet *string-keeper.* Solche Detailausprägungen waren vielleicht für Handwerkertraditionen oder bei persönlichen Wünschen der Waffenträger von Bedeutung. Sie sind typenkundlich irrelevant.

Funden nach ist selbst in nur mittelgroßen Grenzkastellen für Auxiliare mit Bogenbau oder Reparaturen zu rechnen: Ján Rajtár schreibt: „... Ähnlich wie diese (dreiflügeligen) Pfeilspitzen kamen in mehreren Bauten [des Kastells Iža, HR] auch Fragmente beinerner Versteifungen von Kompositbogen zum Vorschein. Sehr interessant ist in diesem Zusammenhang der Fund eines 33,3 cm langen Geweihstückes, das zu einem flachen Plättchen zugeschnitten ist. Zweifellos sollte es zur Anfertigung der Endversteifung eines Bogens dienen. Dies ist ein Beleg für die örtliche Bearbeitung von Geweih entweder zur Reparatur eines beschädigten Bogens oder zur Anfertigung neuer Waffen ... Auf dem benachbarten Abschnitt des oberpannonischen Limes lag damals die *Ala III Augusta Thracum sagittaria* im Kastell *Odiavum*, das nur einige Kilometer östlich von *Brigetio* liegt...[111]" Ansichtsmaterial zum Vergleich bieten die Kompendien Chudjakovs, der als Archäologe hunderte Bogenbeschläge hunnosarmatischer Hirtenkulturen analysierte[112]. Seine Übersichten sind zwar mitunter etwas formalistisch, sofern ohne Rücksicht auf den Erhaltungszustand in situ vermeintlich schlüssige Kategorisierungen erfolgen, sie besitzen aber mit Herkunfts- und Datierungsangaben einen hohen Wert.

Vergewissern wir uns der überkulturell auftretenden Merkmale, liegen bei Beschlägen für Bogen der hunnischen Machart bis zur Spätantike folgende Ausprägungen vor:

- die Hebelenden sind lang und relativ schlank mit zum Wurfarmknie hin abnehmender Höhe;
- diese Beschläge aus Bein gehörten zu symmetrischen und zu asymmetrischen Reflexbogen;
- Variationen bei den Nocken (rund, eckig) sind möglich, mitunter gibt es einen Sehnenhalter;
- die Endabschlüsse der Hebelbeschläge hat man rundlich oder zweieckig schmal ausgeformt;
- die Griffschalen liegen in den drei Varianten bootsförmig, trapezoidisch oder langoval vor;
- ein gerades Plättchen mit dünnen oder mit verbreiterten Enden bildete den Griffboden.

4.2.2 Heterogene Herkunftsmodelle für Hunnenbogen bei den Römern

4.2.2.1 Mögliche Vorbildergeber an den Grenzen zum Steppengürtel in Europa

Mit besagten Merkmalen ausgestattet, existierte ein mehr oder weniger einheitlicher Entwurf in der geographischen Zone von China über Zentralasien bis zum Kaukasus und Europa. Es lässt sich dafür eine größere Internationalität bzw. überkulturelle Verbreitung konstatieren, als sie, wenn wir zusammengesetzte Bogen des skythischen Designs einmal außen vor lassen, für römische Reflexbogen der frühen bis mittleren Kaiserzeit gegeben zu sein scheint. Auf die weite Verbreitung hat der Steppengürtel, der sich von der Mandschurei bis in seine westlichen Ausläufer, die ungarische Puszta, erstreckt, vermutlich katalysatorisch gewirkt. Neuerungen im Bogenbau innerhalb reiternomadischer Milieus folgten Rückkoppellungen mit sesshaften Hochkulturen. Sie zeichnen sich für parthische Schusswaffen wie diejenige aus Baghouz nicht vergleichbar ab. Es gibt keine schlüssigen Informationen für eine etwaige Nutzung solcher propellerförmiger Bogen bei Reitervölkern in Südrussland. Entlang der Seidenstraße war dies anders, wenn man an die Miran- und den „Zeilinger-Bogen" oder an die Bogenbeschläge vom Oxos-Tempel im Graeco-Baktrischen Reich, denkt[113]. Auch für die anmutig geschwungenen Bogen levantischer Auxiliare kenne ich keine Vergleiche in der Ikonographie der Steppe. Sie scheinen in ihren bildhaften Ausprägungen dem Regionalraum erwachsen zu sein.

Fürs Vorhandensein hunnischer Bogen mit paddelförmigem Grundriss bei römischen Truppen etwa seit dem 2. Jh. n. Chr. kommen mehrere Übernahmemodelle in Frage. Ein erstes stellt auf die Ereignisgeschichte im donauländischen Osten ab. Nach der Zeitenwende waren sarmatische Völker wie die Jazygen und die Roxolanen in für Weidewirtschaft gut geeignete Gebiete im heutigen Ungarn und Rumänien gezogen[114]. Sie verbündeten sich mit Dakern und Germanen. Nach Niederlagen gegen Rom mussten jazygische Krieger in kaiserliche Dienste eintreten. Die Markomannenkriege bilden hierfür eine gut bezeugte historische Phase. Man rekrutierte damals Angehörige sarmatischer Völker, dem römischen Ethnonym nach „Skythen", in einer bis dahin ungekannten numerischen Stärke: „... As early as AD 69 several princes of the Iazyges had been taken into Roman pay in the hope of stabilising the frontier in Moesia, though the Romans declined the services of their mounted retinues, as being too bribable to be trustworthy (Tacitus, *Hist.* 3.5) ... Of the 8.000 Iazyges horsemen exiled from their lands by Marcus Aurelius in AD 175, some 5.500 were posted in Britain, where they served in the Roman army (Dio Cass. 72.16). More than a century later a *Numerus* – a term generally understood as a small unit identified by ethnicity – of about 500 Sarmatian horsemen was still stationed at *Bremetennacum*, modern Ribchester near Lancaster. A marble tombstone believed to identify a Sarmation *draconarius* standard-bearer was found at Chester; and traces of Sarmatians in Britain remain until a least AD 400...[115]"

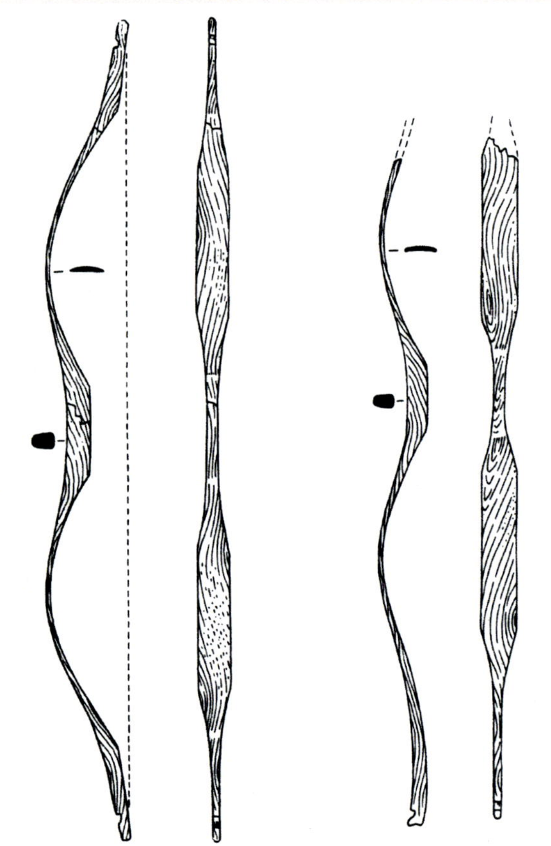

Abb. 33: Zwei hunno-sarmatische Funeralbogen als Attrappen. Paddelförmige Grundrisse. Beigaben aus Großkurgan (Grkg.) 39 von Kokél' in Tuva. Russland. Jüngere Eisenzeit. Ohne Maßstab.

Anhaltspunkte fürs Aussehen von Bogen in mittel- bis spätsarmatischer Zeit liefern einige zum funeralen Gebrauch angefertigte Attrappen der hunno-sarmatischen Schurmak-Kultur am Platz Kokél' im sibirischen Tuva. Auch als nicht schussfähige Holzmodelle verfügen sie alle über eine paddelförmige Auslegung[116]. (Abb. 33) Es wäre möglich, dass Sarmaten in Europa typenkundlich vergleichbare Bogen nutzten, als sie durch Mark Aurel veranlasst wurden, achttausend Auxiliare zu stellen. Man muss solche Thesen natürlich zunächst vorsichtig formulieren, denn von Archäologen als sarmatisch verifizierbare Bogenfunde bei den Römern gibt es bis jetzt keine. Daran ist aber die schlechte Quellenlage im Imperium schuld. Auf einer römischen Töpferform mit einer Datierung ans Ende der Markommanenkriege etwa um 180 n. Chr. aus *Aquincum* (Budapest), ist neben anderen Beutewaffen wie Speeren, Rund- und Sechseckschilden auch ein hunnischer Reflexbogen mit separiertem Griff, breiten Wurfarmen sowie geradem Hebelende zu erkennen. Daneben befinden sich ein Bogenholster und ein Röhrenköcher[117]. Eine vergleichbare Bogendarstellung gibt es darüber hinaus in *Intercisa*.

Prinzipiell wird man die Reflexbogen von Sarmaten nordwestlich des Schwarzen Meeres auch einflussgebend auf Pfeile und Bogen thrakischer Nachbarn diskutieren dürfen. Auf die *Ala III Augusta Thracum sagittaria* wurde angesichts der Beschläge für hunnische Bogen aus Iža bereits hingewiesen. Die geographische Grenznachbarschaft von Sarmaten und Thrakern in Südosteuropa könnte nach meinem Dafürhalten auch für die Provenienz des Rainau-Bucher Bogens hunnischer Konstruktion eine interessante Alternative bedeuten. All dies setzte dem der Bogenwaffe Roms gerne angehängten Attribut „orientalisch" gewisse Schranken. Der rumänische Archäologe Costel Chiriac glaubt ebenfalls an vorbildhafte Technologien bei den Sarmaten: „... Although its origin is a Central Asian one, the composite bow could have entered Europe not only through the Orientals of the Roman army, or by assuming it from the Parthians ... but also through the early contacts of the Roman and Sarmato-Alanic troops around the Black Sea, ever since the early imperial epoque, the troops, at their turn, assuming it in the 1st – 2nd centuries AD from the Hunnish elements arrived from the East...[118]"

Zum Bestand von Reflexbogen bei sarmatischen Stämmen wie den Jazygen, Roxolanen, Aorsen und Alanen erfolgen weiter unten noch weitere Erläuterungen mit detaillierten Fundortangaben.

4.2.2.2 Römische Aneignungen aus dem Waffenwesen des Mittleren Ostens

Waffenhistorisch betrachtet, verkompliziert sich die Lage dadurch, dass eben auch Orientalen Reflexbogen des hunnischen Funktionsdesigns verwendeten. Kulturgeographisch schließt dies die Levante, Kleinasien, Armenien, Iberien und den Iran ein. Lexikalisch gehört Persien zum Mittleren Osten, Gebiete westlich zum Nahen Osten oder synonym dem Vorderen Orient. Ein wichtiges „Verteilerrelais" für Rüstungstechnik war der Iran. Provenienzfragen stellen sich nicht nur im Speziellen wie in Iža, Rainau oder Caerleon sondern auch im Allgemeinen: Wann sind Kompositbogen mit paddelförmigem Grundriss bei den Römern ihrem Verbreitungsweg nach als „eurasisch" und wann als „orientalisch" zu begreifen? Gibt es dafür Kriterien? Als ein Ergebnis von Modernisierungen der römischen Bogenwaffe im Rahmen eines allgemeinen Bedarfes lassen sich beinerne Bogenbauteile dahingehend kaum spezifizieren. Besser sind Bogen orientalischer Auxiliare anhand von Truppenangaben wie in Rumänien, Ungarn oder Deutschland konkretisierbar. Neuerdings gibt es auch Überlegungen, dass kurze Endbeschläge mit Reflexbogen für Reiter und längere Beschläge mit größeren Bogen für Fußsoldaten einhergingen: „... Long, wide and less arched stiffeners belonged to bows with a very large span between the limbs alike to those described by sources as belonging to foot archers, while the smaller more arched ones belonged to much smaller bows, as those described in the case of mounted archers and as depicted by sculptural representations or mosaics from Apamea...[119]" Einiges davon ist aus technischer Sicht allerdings nicht haltbar. Wir gehen zwar davon aus, dass römische Reflexbogen in der Größe variieren konnten, eine Zuordnung zu Infanterie oder zu Kavallerie auf der Basis von Länge oder Krümmung der Hebelenden alleine stellt aber eine akademische Fiktion dar. Auch später in der Geschichte östlicher Reflexbogen sind beide Alternativen (beritten, unberitten) bei unterschiedlich ausgeprägten Abmessungen von Reflexbogen gang und gebe gewesen. Interessante Informationen liegen zum Bogengebrauch im Osmanischen Reich vor, wo längere Auslegungen für Kriegszwecke und kürzere für die dort beliebten Weitschusswettkämpfe mit leichten Pfeilen bevorzugt wurden.

Bemerkenswert ist das Relief eines anonymen römischen Kombattanten in Britannien, den manche Bearbeiter der *Cohors I Hamiorum* zuschreiben, eventuell detachiert ins Kastell *Vercovicium* (Housesteads) am Hadrianswall. Das Denkmal, gefunden im 18. Jh., wird in die mittlere Kaiserzeit datiert. Es zeigt einen asymmetrischen Hunnenbogen mit trapezoidem Griff, einen Rückenköcher mit Deckel, ein kurzes Schwert und möglicherweise eine Axt. (Abb. 34) Die gekrümmten Wurfarme verfügen über eine ähnliche Länge wie die separierte Bogenmitte. David J. Marchant hat die Maße in Autopsie am Orignal abgenommen. Sie entsprechen zwar sicherlich nicht der echten Waffengröße, könnten aber die Proportionen der einzelnen Funktionsbereiche zueinander wiederpiegeln: „... The bow is around 52cm long, of which the upper limp forms 22cm, the grip 13cm and the lower limb c17cm ... It is surely no accident that the bow is shown with a longer upper limb – a feature of bows of several other peoples...[120]" Die asymmetrischen Arme müssen, bedingt durch die Konstruktion, relativ flach ausgelegt gewesen sein. Die Bogenenden verwischen leider ein wenig im künstlerischen Ausdruck. Coulston macht außerdem auf das römische Relief eines Bogens des hunnischen Designs mitsamt einem Röhrenköcher in *Intercisa* an der Donau aufmerksam[121].

Da der Zugriff auf solche Waffen durch Auxiliare aus dem Orient nicht erst am jeweiligen Standort in Europa nach der Abordnung dorthin stattfand, ist im Nahen Osten mit Alternativen für Yrzi-Bogen zu rechnen. Älter etablierte Bogentypen hat man indessen kaum von einem Tag auf den anderen komplett aussortiert. James schreibt über eine daraus resultierende Gemengelage an der Euphratgrenze: „... The variety of types may well be due to the variety of dates and of cultural influences at work in the city (Parthian, Roman, Sasanian, Hellenistic, Syrian, Palmyrene, etc.). There is, of course no reason why a range of types should not have been in simultaneous use in Dura...[122]" Letztlich setzten sich die Bogen mit maximal sieben Beschlägen aus Bein aber durch. Litvinskij meint: „... Probably this development was a result of the impact of nomads, in particular Yüeh-chih [die Kuschan, HR], who were familiar with bows of the Hsiung-nu type...[123]" Bogen der Yrzi-Gattung geraten auf Bildquellen im Orient ins Hintertreffen. Man sollte übrigens Auxiliare Roms aus der Levante und aus Parthien nicht gegen die Jazygen oder Roxolanen ausspielen. „... Coulston argues that the evidence suggests the Romans were not as impressed by Danube Sarmatian horse archers, who were apparently not as effective as their Parthian equivalents, perhaps in part due to inferior bows...[124]" Angebliche Superioritäten in Technik oder Training lassen sich nicht auf Beweise stützen. Als Funde westlich des Kaspischen Meers tauchen die ersten gesicherten Bogen des hunnischen Designs im 1. Jh. n. Chr. in Sarmatien und nicht in der Levante auf. Es schließen sich die Funde in Georgien und Rumänien an. Um das in Wahrheit ungemein breite Phänomen der Akzeptanz hunnischer Bogen auf der Basis besser konservierter Realien zu erfassen, richtet sich die folgende Übersicht bis nach Zentralasien in die Hemisphäre hunno-sarmatischer Reiternomaden und deren Nachbarzivilisationen China und Persien selbst. Wir verlassen für längere Zeit die römische Archäologie, stellen aber immer wieder Querverweise her.

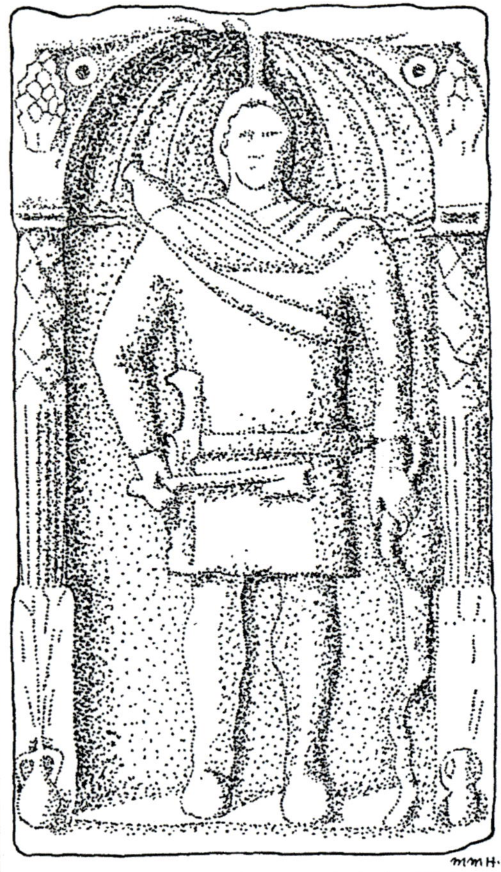

Abb. 34: Römisches Denkmal des *Housesteads-archers.* Griffverstärkter Reflexbogen. FO Kastell *Vercovicium,* Hadrianswall. Bardon Mill. Northumberland, England. Umzeichnung Mary M. Hurrell.

4.3 Archäologisches Panorama exzellent erhaltener Bogenartefakte

4.3.1 Sternstunde der Bogenhistorie: Sven Hedins Qum-Darya-Bogen

Ungefähr zweihundert Kilometer nordwestlich von Miran liegt ein Ort, der neben Belmesa und Baghouz respektive den Bogenfunden von dort über Jahrzehnte auch das Bild der Bogenwaffe Roms mitbestimmt hat. Deshalb soll er hier als Erstes erörtert werden, selbst wenn mittlerweile komplettere Bogenfunde aus der jüngeren Eisenzeit in der Region vorliegen. Das Tarimbecken befand sich im Spannungsfeld chinesischer Kontrollbestrebungen und Vorstößen barbarischer Reitervölker. Armin Selbitschka erörtert dazu: „… Grundsätzlich gegensätzliche Interessen vor allem im strategisch wichtigen Tarimbecken, dem innerasiatischen ‚Knotenpunkt' der Verkehrswege, konzentrierten die Spannungen besonders auf diese Region. Während sich die Reiternomaden mit Lebensmitteln, Waffen, zusätzlichen Truppen und Steuereinnahmen aus den Oasenstaaten versorgten, versuchten die Kaiser der Westlichen Han-Dynastie, vorwiegend die Handelsrouten in den Westen zu sichern und dem Ein- bzw. Vordringen der auf diese Weise zunehmend mächtigeren Widersacher in die chinesischen Kerngebiete Einhalt zu Gebieten … Die ab 101 v. Chr. oft nach erfolgreichen Aktionen gegen die *Xiongnu* und/oder einzelne Oasenstaaten an strategisch günstigen Lagen errichteten ‚landwirtschaftlichen Militärkolonien' (chin. *tuntian*) verbanden mehrere dieser Aspekte. Sie wurden geschaffen, um einerseits durchreisende Gesandtschaften des Kaiserhauses, andererseits die im Tarimbecken stationierten Armeen der Han, d.h. sich selbst zu versorgen…[125]"

Als Grabbeigabe entweder für Angehörige lokaler Bevölkerung oder chinesischer Soldaten beim rezent versandeten Qum-Darya entdeckte der Asienforscher Hedin im Mai 1934 einen Bogen mit Armierungen. Der Qum-Darya (Sandfluss) war ein Seitenarm im Delta des Konqi bzw. Pfauenfluss. Dieser verlief am Nordostrand der Taklamakanwüste und mündete weiter westlich in den ebenfalls trockengefallenen See Lop Noor.

„… In relativ weiter Entfernung sowohl zu den nächsten Siedlungsspuren als auch zum Nordwestufer des südöstlich gelegenen ehemaligen Lopnor-Sees verteilten sich drei einzelne Gräber auf drei verhältnismäßig eng positionierten Plateaus (‚Mesas') am Südufer des heute ausgetrockneten Kongque-Flusses … In unmittelbarer Nähe dazu stießen Mitarbeiter Sven Hedins zuvor bereits auf das ‚Massengrab I', das Folke Bergman später in ‚Grab 34' umtaufte. Unterhalb des höchsten Niveaus der ‚Mesa' markierten vereinzelte senkrechte Holzpfosten den Grundriß des entsprechenden Grabschachts. In seinem Inneren kamen die Überreste von mindestens 15 Individuen und seltenen Resten derer Bekleiung … zum Vorschein … Letztlich datierte Folke Bergman das Grab zwischen 100 v. bis 300 n. Chr…[126]" Auch der Aufbau des Bogens wurde vom Expeditionsteilnehmer Folke Bergman analysiert, was aber leider erst erfolgen konnte, nachdem das Stück beim Kameltransport und Umpacken zu zwei Dritteln verloren gegangen war[127].

Gad Rausing gab dem vorliegenden Bogentyp im Jahr 1967 den Namen Qum-Darya-Bogen. Diese Bezeichnung hat sich synonym zum Terminus Hunnenbogen in der Fachwelt etabliert. Ich verwende Qum-Darya-Bogen oder hunnische bzw. Hunnenbogen wahlweise und identisch als Oberbegriffe, wie ja auch skythische oder Skythenbogen pauschale Termini für eine Bogengattung sind und keinesfalls bestimmte Ethnien (Skythen) stets mit implizieren. Auch in der internationalen Literatur ist alternativ von „Qum-Darya (style) bows" oder „Hun/Hun(n)ish bows" die Rede. Auf einem Foto vom Ufer des Qum-Darya in Hedins Reisebericht *Der wandernde See* erkennt man, wenn auch unscharf, den Bogen. Es gibt einen separierten Griff, breite Wurfarme und schlanke Hebelenden. (Abb. 35)

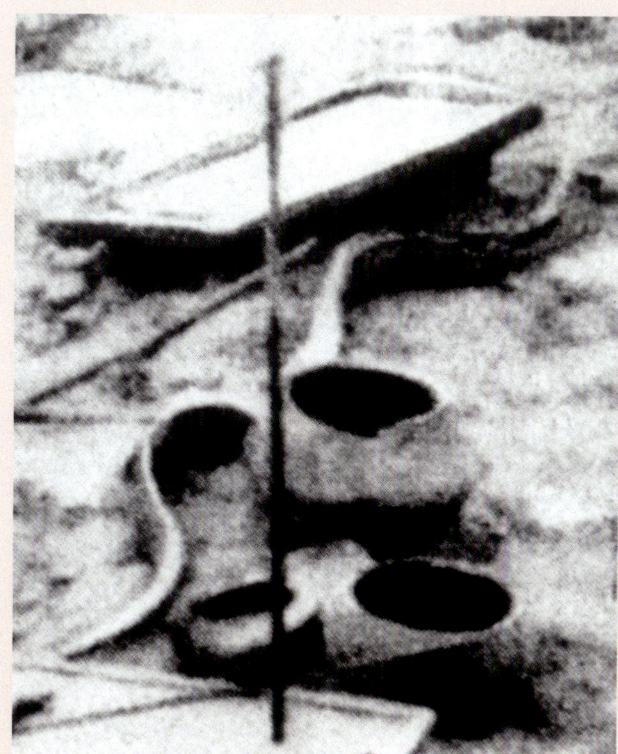

Abb. 35: Reflexbogenfund am Ufer des Qum-Darya. Die Beigaben (Keramik etc.) kamen aus einer Mehrfachbestattung. Xinjiang, China. Fotoausschnitt. Nach Sven Hedin. Etwa 2./3. Jh. n. Chr.

Eine ideale Gegenüberstellung mit dem Kompositbogen auf dem römischen Relief von *Vercovicium* legt trotz der räumlichen Distanz ein miteinander verwandtes Funktionsdesign nahe. Bei Fragment A von 25,5 cm Länge reichen der Holzkern und die Hornplatten bis vor die Sehnenkerbe. Sie setzt etwa 2 cm vor dem Ende an. Der Kern ist aus zwei Holzleisten mit Faserverläufen quer zueinander aufgebaut. Einen technischen Mehrwert stellt auch der dichte Sehnenauftrag bis auf die Höhe der Nocke dar. Man darf das jeweils als Zusatzverstärkung der langschmalen Hebelenden gegen Materialermüdung bewerten. Im Detail interessant sind die oben direkt miteinander verleimten Beinplatten. Das stärker beschädigte Fragment B mit ursprünglich über 30 cm Länge besitzt noch Überreste der Sehnenwicklung am Wurfarmknie. Dort überlappen sich zwei Hornlamellen[128]. Auch beim Khotan- und den Miran-Bogen ist ein Unterbau an den Wurfarmknies vorhanden. Wie A besteht auch Fragment B aus gegenläufigen Zweiholzleisten und Hornstreifen. (Abb. 36) In der Draufsicht gilt es festzuhalten, dass sich die Endbeschläge an den Wurfarmknies nicht nach außen hin aufbiegen. Beim Khotan-Bogen liegen jeweils zwei kurze und gekrümmte Leisten aus Bein separat als seitliche Zusatzarmierungen am Wurfarmknie vor. Auch das diente zur Verstärkung dieser bruchmechanisch a priori gefährdeten Zone.

Schlanke Hebelenden waren zwar wenig massereich, was für den Wirkungsgrad eines Bogens vorteilhaft ist, doch kann der Gebrauch dünner und langer Leisten alleine wenig dauerhaft gewesen sein, weshalb man Holz, Horn, Sehnen und Bein in den vorliegenden Formen recht aufwändig kombinierte. Römische Bogenbauwerkstätten könnten bei gleicher Realisierbarkeit des Arbeitsaufkommens prinzipiell analog gearbeitet haben. Es ist dabei technisch ohne Belang, ob die Rezeption solcher Waffen aus sarmatischen, bosporanischen, syrischen oder parthischen Gefilden erfolgte. Man denke etwa an die schmalen Endbeschläge über 35 cm Länge in Caerleon oder an vergleichbar bemaßte Bogenfragmente aus dem Mithraeum II des Kastells der *Cohors III Aquitanorum equitata civium Romanorum* bei Stockstadt, Lkr. Aschaffenburg[129]. Zur Forschungsgeschichte sei erinnert, dass Anfang des letzten Jahrhunderts in archäologischen Berichten dafür sogar Gestaltsvergleiche mit Säbeln bemüht wurden[130]. Unser Wissen reicht heute aber weit über Funde einzelner Endbeschläge hinaus.

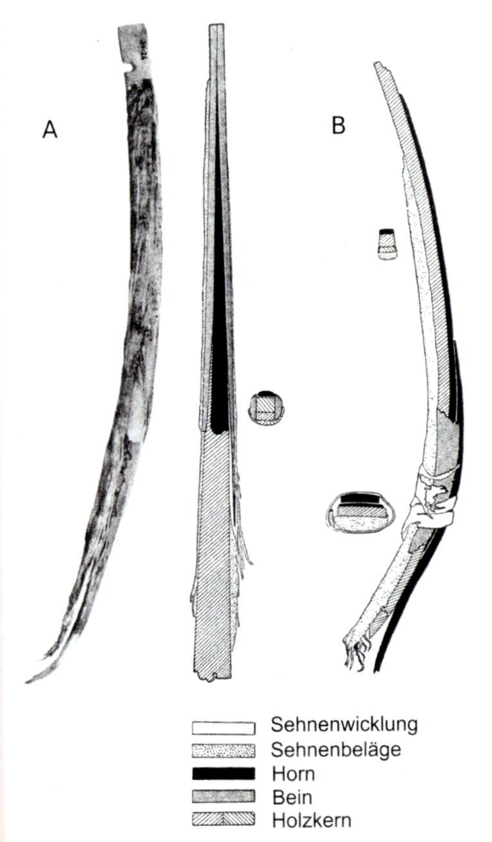

Abb. 36: Fragmente A und B des originalen „Qum-Darya-Bogens". Komplexer Strukturaufbau der Hebelenden innerhalb und oberhalb der Wurfarmknies. Nach Folke Bergman. Ohne Maßstab.

4.3.2 Bogen hunnischer Bauweise aus dem kuschanzeitlichen Fergana-Tal

Historische Leitfunde jüngereisenzeitlicher Bogen gibt es aus der Fergana in Tadschikistan. Sie stammen von der sogenannten Karabulak-Kultur. In der ackerbaulich günstigen Region lebten halbnomadische Nachfahren der Kuschan und zugewanderte Hunnen. Im 4. Jh. n. Chr. herrschten die Perser eine Zeit lang über die Fergana. Sie wurden dann von den hunnischen Chioniten verdrängt. Der russische Archäologe Jurij D. Baruzdin entdeckte in Karabulak in den 1950er Jahren insgesamt vier Reflexbogen als Grabbeigaben. Im Fundbericht heißt es in auszugsweiser Übersetzung: „„… die hölzernen Teile waren mit Knochenplättchen bedeckt … vier mit Einkerbungen für die Bogensehne versehen und paarweise an den Bogenenden und drei in der Mitte gelegen…[131]" Der Strukturaufbau der Waffen wurde von Barudzin in Form einer Explosionszeichnung und als eine teilergänzte Rekonstruktion festgehalten. (Abb. 37)

Demnach waren die Bogen symmetrisch. Über ihren Verbleib ist mir nichts bekannt. Neben der Seitenansicht mit Holzrahmen, Hornunterbau, Beinplatten und Sehnenbelägen erfordert das sektionsweise gegliederte Funktionsdesign unsere Aufmerksamkeit. Die Griffschalen messen beachtliche 35 cm in der Länge und 3 cm in der Höhe. Sie sind trapezoidisch geformt. Die unterseitige Griffleiste hat eine Länge von etwa 20 cm und ist an den Enden maximal 1,4 cm breit. Der Griff misst oben nur etwa 2 cm und ist mit einer Hornleiste verstärkt.

Die flexiblen Arme sind 6 cm breit und mit drei Hornstreifen unterbaut. Interessant dabei ist, dass die mittlere Lamelle weit ins Hebelende reicht. Vermutlich kam dieser bogenbaulichen Maßnahme die Aufgabe zu, das Wurfarmknie zu stabilisieren. Wollte man die biegsamen Arme sehr breit ausdehnen, war Hornlamellenbau angezeigt. Drei Streifen stellten eine gängige Anzahl dar (s.o Abb. 27, s.u. Abb. 40 u. 50). Es gibt auch Exemplare mit einem einzigen sehr breiten Hornstreifen pro Wurfarm sowie wieder andere mit fünf schmalen Lamellen nebeneinander wie beim Khotan-Bogen. Baruzdin erwägt im vorliegenden Fall den Gebrauch von Büffelhorn. In Asien wäre an Wasserbüffel (*Bubalus arnee*) mit schwarzgrauer Hornfarbe zu denken. In den Grasländern Eurasiens standen auch Steppenrinder (Form des *Bos primigenius taurus*) zur Verfügung, wie man sie heute noch als alte Nutztierrasse in Ungarns Puszta kennt und deren Hörner bräunlich sind. Zur technischen Brauchbarkeit des Horns dieser und weiterer Tiere wie Ibex, Mufflon, Dickhornschaf oder Boviden in Südasien für den Relfexbogenbau sei auf die einschlägige Sachliteratur hingewiesen[132].

Exakte dendrologische Analysen liegen für die hölzernen Rahmen der Karabulak-Bogen nicht vor. Es wurden aber Jahrringe beobachtet, die auf relativ junge Bäume schließen lassen. Von einem hunnenzeitlichen Kompositbogen als Fund im Palastareal der Stadt *Toprak-kala* am Unterlauf des Amudarya in Usbekistan heißt es, er habe das Holz einer Ulmenart besessen[133].

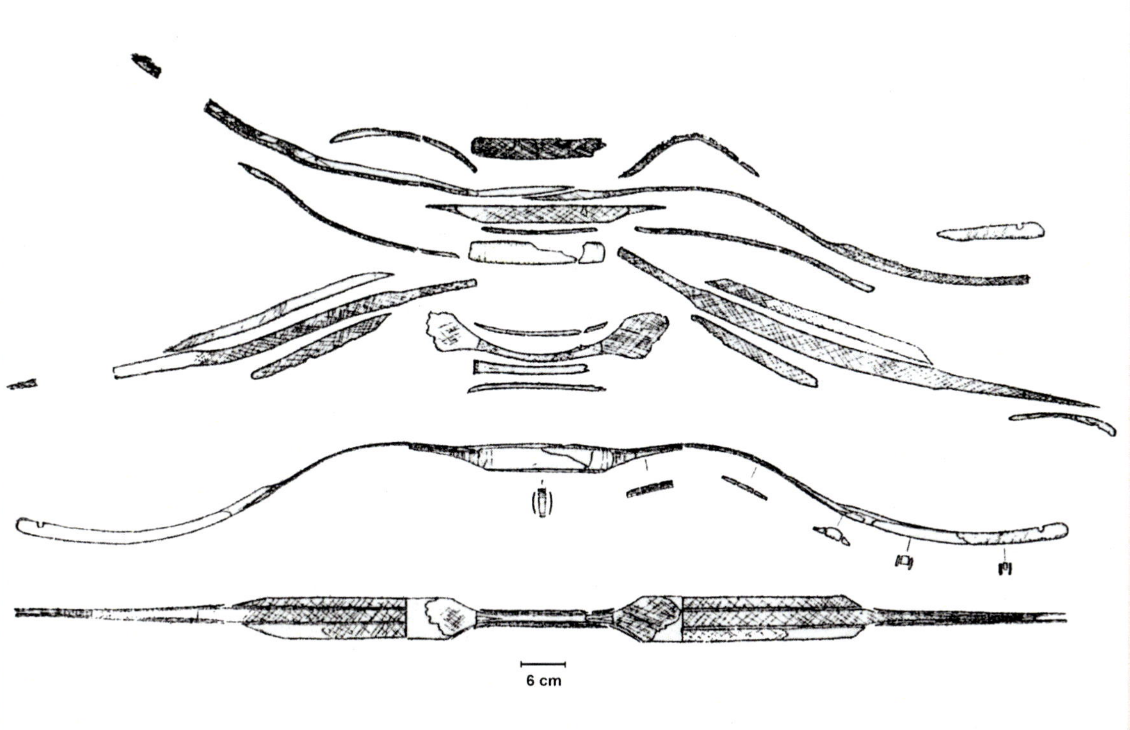

Abb. 37: Explosionszeichnung und Idealrekonstruktion von Reflexbogen des hunnischen Designs aus dem Gräberfeld von Karabulak. Tadschikistan. Illustrationen nach Jurij D. Baruzdin. 2.-4. Jh. n. Chr.

Reflexbogen des Frühen Mittelalters sind mit Pappel-, Weiden-, Pflaumen-, Maulbeer-, Kirsch- oder Tamariskenholz dokumentiert[134]. Bogen in osmanischer Zeit konnten flexible Arme aus Ahornholz besitzen[135]. Wir dürfen auch für zusammengesetzte Bogen im Imperium Romanum von einer gewissen Diversität ausgehen. Das betrifft Werkstoffe innerhalb einer Bogengattung wie die Materialien für einzelne Bogenindividuen selbst. Praktisch wird für die Hebelenden ein zäheres und leichteres Holz benötigt als für die Griffpartie. Der Kern der Wurfarme sollte biegsam und zugleich kraftvoll sein. Für den Aufbau des Griffs sind schwere Hölzer geeignet. Die Auswahl differierte sicherlich auch nach Vegetationszonen. Realistischerweise spielte in Steppen oder Wüsteneien die Verfügbarkeit von Holz neben der Präferenz von Arten und das Finden guter Stämme oder Äste eine kritische Rolle. Sonst wären nicht so verschiedene Hölzer verbaut worden. Die Handwerker mussten aus relativ begrenzten Rohstoffen das Beste machen.

Für Werkstätten im Römischen Reich dürfte die Auswahl deutlich günstiger gewesen sein. Besteht darin womöglich ein Grund, dass in Europa für die Griffe von Qum-Darya-Bogen auf Schalen aus Bein stellenweise auch einmal verzichtet wurde und deswegen eine entsprechende Fundarmut herrscht? Betrachten wir zum Vergleich die Karabulak-Bogen. Ihr Rahmen besteht scheinbar aus nur zwei Modulen. Sie beinhalten die Hebelenden, die flexiblen Wurfarme und die Handhabe. Dort greifen sie längs übereinander und sind auf dem Rücken noch mit einem Hornstreifen belegt. Darunter besteht der Griff aus Vollholz. Vorstellbar wäre, dass römische Bogengriffe ausschließlich aus hölzernen Strukturen aufgebaut gewesen sind. Hierfür müssen experimentelle Forschungen aber erst noch Daten liefern. Technisch wären solche Griffe für hunnische Bogen aus Stabilitätsgründen breiter und höher auszulegen als diejenigen mit Beschlägen aus Geweih oder Skelettknochen. Baruzdins Explosionszeichnung zeigt darüber hinaus eine Struktur mit lappenartigen Enden, womöglich ein Bezugstoff. Die obligatorischen Wicklungen an den vier Übergängen zu den physikalisch arbeitenden Bogensegmenten, d.h. den Wurfarmknies und den Griffenden, scheinen sich nicht erhalten zu haben. Oder sie entgingen dem Verständnis des Zeichners und fehlen deshalb in der Idealrekonstruktion.

4.3.3 Neuentdeckungen von Hunnenbogen in der Region des Tarim-Beckens

4.3.4.1 Überlegungen zur Frage des Vorkommens sogenannter Sehnenbänkchen

Im Jahr 1959 bargen Archäologen einen gut erhaltenen Qum-Darya-Bogen bei Niya im Süden der Taklamakan. Er befand sich in einer Doppelbestattung mit der Bezeichnung 59MNM001. Prägnant an dem symmetrischen Reflexbogen sind die schlanken, sich erst am Übergang in den flexiblen Arm einbiegenden Hebelenden. Das untere Griffplättchen ist in Loslösung begriffen. Die Länge des stark verzogenen Bogens beträgt im Packmaß 123 cm. (Abb. 38) Man bringt die Fundstätte mit dem Oasenstaat Jingjue in Verbindung. Selbitschka informiert uns über den geschichtlichen Kontext: „... Im erweiterten Umfeld Khotans (*Hetian*) begann Sir Aurel Stein 1901 damit, die in der chinesischen Literatur als ‚Ruinen von Niya' (chin. *Niya yizhi*) ... geläufigen Siedlungsbefunde freizulegen. Nach gegenwärtigem Verständnis umschreibt diese Bezeichnung eine Vielzahl unterschiedlichster archäologischer Fundstätten, die sich auch jetzt noch etwa 120 Km nördlich der modernen Kreisstadt Minfeng am Südrand des Tarimbeckens im Wüstensand ausbreiten. Nach zahlreichen Grabungskampagnen vor allem in den letzten beiden Dekaden des 20. Jahrhunderts kennt man nun die mehr oder minder gut erhaltenen Überreste von Wohngebäuden verschiedener Größen, administrativer Büros, Bewässerungssysteme, Werkstätten zur Glas- und Holzverarbeitung, Obstplantagen, Feldern, Verhüttungsschlacken, mehr als 20 Brennöfen, befestigten Wegen, einer Brücke, eines Stupa bzw. eines buddhistischen Klosters und mehreren Gräberfeldern...[136]"

Die Funeralbogen als Grabbeigaben der hunno-sarmatischen Gruppe von Kokėl' haben im Übertragsverhältnis kürzere Hebelenden, weniger breite Wurfarme und gedrungenere Griffe als die bisher aufgeführten Gebrauchsbogen aus der Hunnenzeit. Einige Bearbeiter vermuten hier eine regionalkulturelle Komponente, die das Funktionsdesign in Form eines kompakteren Entwurfs variierte. Mit baulichen Varianten ist im gesamten Verbreitungsraum zu rechnen. Darauf weist auch Chudjakov hin. Die Griffpartie des Bogens auf der gallorömischen Statue von Mont-Saint-Jean ist ebenfalls verhältnismäßig kurz. Als Grabbeigaben in Kokėl' sind darüber hinaus echte Hebelenden und Griffbeschläge aus Bein gefunden worden, deren Länge denen der Bogen vom Qum-Darya, in Karabulak oder Niya ähnelt. Was für alle Bogen der jüngeren Eisenzeit in Eurasien zutrifft, ist der Umstand, dass es an den Wurfarmknies niemals Hinweise auf etwaige Sehnenbänkchen gibt. Das wären dort an der Unterseite befindliche Auflagen aus Holz oder Horn für die Sehne. Alternativ denkbar wären auch Sehnenauflieger aus Leder für eine Dämpfung des Sehnenschlags. Wie bei propellerförmigen Kompositbogen bestand auch bei Qum-Darya-Bogen kein provozierter Druckpunktkontakt der

Sehne auf die Hebelenden. Dies scheint für beinarmierte Hornkomposits zwischen China, Persien und Rom bis zum Mittelalter universell gültig gewesen zu sein. Dieser Umstand weist uns entwicklungsgeschichtlich darauf hin, dass die genannten Bogen in einer technischen Beziehung zueinander standen. Aufgrund ihrer starren Enden waren sie enger miteinander verwandt als mit ihrem Vorgänger, dem *Scythicus arcus* der älteren Eisenzeit in Eurasien. Bei skythischen Bogen waren die Sehnenöhrchen am Ende der Wurfarme nach einer Verlängerung der Schnur in Frontalbespannung eingehängt. Ähnliches galt für die Infanteriebogen der Perser im Achaemenidenreich (s.u. Abb. 169). Auch bei Angularbogen wurde die Sehne an den äußersten Wurfarmenden befestigt[137]. Verglichen damit waren Hebelenden mit einer oberseitigen Sehnenkerbe eine Neuerung. Leider ist es beim aktuellen Forschungsstand unmöglich, den Ursprung für jene epochale Innovation zu lokalisieren. Es kommen hellenistische Staaten vom Mittelmeer bis Baktrien, der Steppengürtel oder auch die Zivilisation der Han in China in Betracht.

Kompositbogen mit Sehnenbänkchen oder -aufliegern gab es erst lange nach der römischen Ära. Quellenbelege dafür setzen im Spätmittelalter ein. Ältere Vorläufer liegen technisch im Bereich des Möglichen. Ein frühmittelalterlicher Reflexbogen mit einem „Holzklötzchen als Spreize" ist aus der Moščevaja Balka im Nordwestkaukasus beschrieben[138]. Eventuell spielten Sehnenbänkchen auch für die Bogen der Awaren eine Rolle. Es gibt Idealrekonstruktionen awarischer Bogen mit und ohne Sehnenbänkchen. Gyula Fábián schreibt über einen in situ-Befund im awarischen Gräberfeld von Szegvár, Komitat Csongrád, in Ungarn: „... Two of the excavated tombs were of warriors or hunters and I was able to see an intact Avar bow. In my opinion, the bow had been laid unbraiced in the grave. It was a large bow, at least 1,5–1,6 m in length ... The angle of the rigid ears in relation to the flexible working limbs is in the order of 60°–65°, which suggested to me the need of string-bridges to be fitted. Though I searched for these, none were found. They may, of course, have been disturbed and lost during the excavations process, and have been made from wood or leather that would have disintegretad in the course of time...[139]"
Als eine Innovation gingen awarische Reiterbogen mit dem Gebrauch massiver Steigbügel einher. Sie waren auf lange Haltephasen und das Zielen in den Reithilfen stehend ausgelegt. Technisch ist das für die Römerzeit noch Zukunftsmusik.

Im Englischsprachigen hat sich für Reflexbogen ohne Druckkontakt der Sehne auch die Phrase: „*non-contact siyah bows*" eingebürgert. Die Bezeichnung „siyah" wurde von anglo-amerikanischen Bogenkundlern im 20. Jh. eingeführt. Jene Fachpioniere übertrugen zusammen mit Orientalisten arabische Texte zur Bogenwaffe aus dem Spätmittelalter[140]. Allerdings gab es im turko-mongolischen und chinesischen Raum andere Spezialtermini für die besagten Bogenenden[141]. Stellenweise ist sogar von Bogenohren oder Hörnern zu lesen. Mein Vorzugsbegriff dafür lautet Hebelenden. Sie waren seit der jüngeren Eisenzeit in Eurasien zuerst einphasig und historisch später auch zweiphasig ausgelegt.
Konstruktive Prototypen für zweiphasige Hebelenden finden sich ebenfalls bereits bei einem Kompositbogen aus der Moščevaja Balka im Eremitage Museum in Sankt Petersburg (Iv.-Nr. Kz6730). Die Enden konnten mit Beschlägen ausgestattet sein. So wird die mechanische Funktion der Bogenbereiche neutral erfasst und man begibt sich nicht in Gefahr, etwa Präferenzen ethnokultureller Art zu setzen.

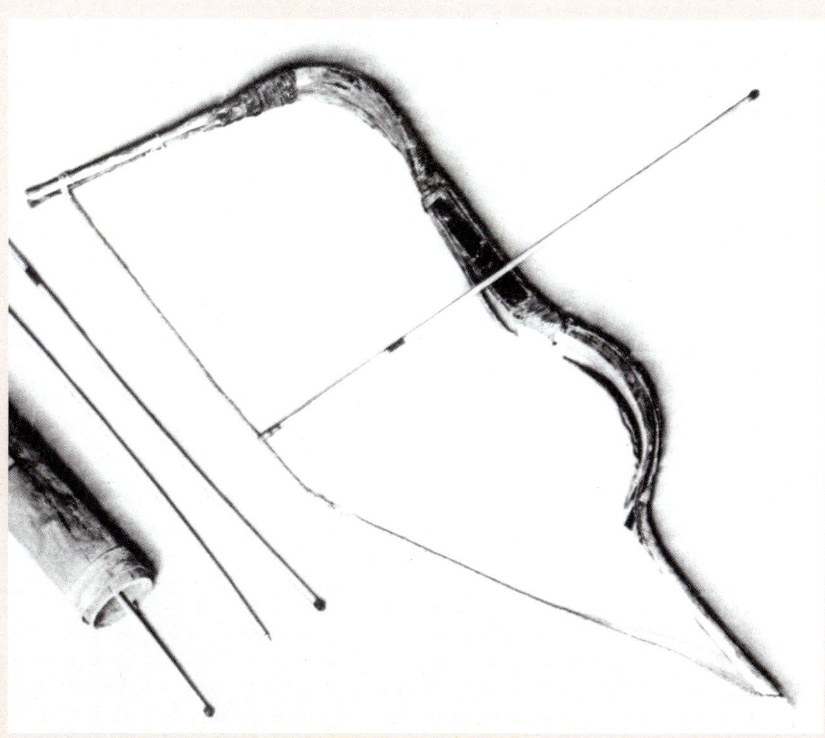

Abb. 38: Stark verformter Qum-Darya-Bogen aus Bestattung 59MNM001 von Niya. Holzpfeile. Röhrenköcher. Xinjiang, China. Nach Needham und Yates. 2./3. Jh. n. Chr. Ohne Maßstab.

Es fragt sich, ob hunnenzeitliche Bogen in Eurasien zuerst symmetrisch ausgelegt waren, ob im Spektrum des Vorkommens asymmetrische Vertreter stets parallel bestanden oder letztere erst nach und nach beliebter wurden? Wann ein Bogen symmetrisch oder asymmetrisch ist, bietet gewisse Spielräume für die fachliche Beurteilung, je nachdem, ob Bearbeiter Varianzen im Millimeterbereich veranschlagen oder erst zu rechnen beginnen, wenn Sektionen wie die Wurfarme in Zentimetern voneinander differieren. Unter schusstechnischen Gesichtspunkten ist eine gewisse Asymmetrie für die Position der günstigsten Pfeilanlage von Bedeutung. Nach meinem Verständnis ist das Problem in archäologischen Kontexten aber ohne bekmesserische Emphasis anzugehen. Bei Rekonstruktionen aufgrund der Lage beinerner Bogenbeschläge in situ ist eine gewisse Vorsicht angebracht. Selbst wenn sich Endbeschläge oder Griffschalen in einer ungestörten Position zu befinden scheinen, ist das für eine Nachbildung der originalen Bogensilhouette selten völlig ausreichend. Schon geringe Dislozierungen durch das sich Verziehen eines Bogens nach andauerndem Verbleib in einem Grab, sukzessiver Zerfall und schließlich Bodendruck können bei oberflächlicher Interpretation zu irrigen Vorstellungen führen. Außerdem sollte davon ausgegangen werden, dass Bogen als Grabbeigaben nicht nur im bespannten Zustand plan neben oder auf einen Bestatteten gelegt wurden. Sie können fallweise auch mit der Sehne nach oben an einer Leichnamsseite auf die Arme gestellt worden sein, wie es Gabor Szőllősy für frühmittelalterliche Gegebenheiten vorschlägt[142]. Ferner gibt es Grund zur Annahme, dass man die Waffen auch einmal unbespannt niederlegte.

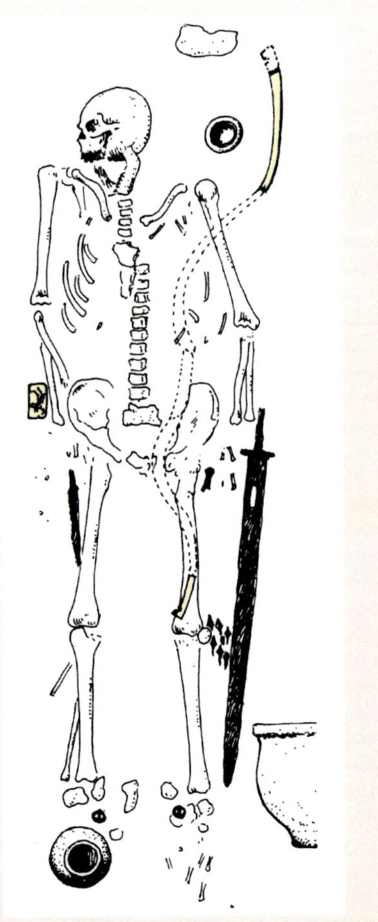

Abb. 39: Hunnisches Kriegergrab mit zeichnerischem Vorschlag (Strichlinien) zur Kontur des Bogens. Żamantogaj Korymy, Kurgan 21. Kasachstan. Nach István Bóna. 4. Jh. n. Chr. Ohne Maßstab.

In allen Fällen verteilen sich die Beschläge von Reflexbogen unterschiedlich, wenn tragende Strukturen des Korpus ihre Konsistenz verlieren. So ist es im Nachhinein schwierig, exakt zu ermitteln, wie die jeweiligen Winkelgrade und Teillängen aussahen. Illustrierende Vorschläge zur Bogenform sind häufig kritisch zu beurteilen. (Abb. 39) Oft hat man es leider mit etwas fragwürdigen Rekonstruktionen zu tun. Glücklicherweise konnten in den letzten Jahrzehnten im Tarim-Becken weitere Kompositbogen des hunnischen Designs in sehr gutem Zustand geborgen werden. Die Aridität der Taklamakan-Wüste konservierte die Waffen exzellent. Es ist das Verdienst Andrew Halls, hierzu eine Übersicht vorgelegt und damit die Situation transparent gemacht zu haben[143].

Ein asymmetrischer Qum-Darya-Bogen wurde in Grab M19 von Yingpan entdeckt, gelegen zwischen den Orten Loulan und Korla. Datierungsvorschläge für den M19-Bogen sowie eines weiteren aus Grab M30 von Yingpan reichen bis zur Jin-Dynastie in China vom 4. bis 5. Jh. n. Chr. „... Inklusive der vier Bestattungen aus Aurel Steins Expedition legte man in dieser Nekropole bislang also 125 meist gestörte Gräber frei, während die Beraubung bzw. Zerstörung zusätzlicher 120 Bestattungen festgehalten wurde. Damit scheinen hingegen längst nicht alle vorhandenen Ruhestätten archäologisch erforscht, da wiederholt von mehr als 300 bekannten Bestattungen zu lesen war ... Als einer der ersten Forscher brachte Aurel Stein den Fundort mit dem schriftlich verbürgten Staat *Moshanguo* bzw. die von ihm entdeckte runde Wallanlage ... mit der Stadt *Zhubin* in Verbindung...[144]“

Auch in vier Gräbern mit den Bezeichnungen 95MN1M1, 95MN1M3, 95MN1M4 und 95MN1M8 von Niya wurden außerordentlich gut erhaltene Hunnen- bzw. Qum-Darya-Bogen angetroffen. „... Dabei steht die Zahl 95 für das Grabungsjahr 1995, die Buchstaben M für den Kreis Minfeng, N für den Fundort *Niya* am Unterlauf des Niya-Flusses und die Ziffer 1 für die sogenannte Nekropole 1 ... Zwischen einigen der insgesamt neun Bestattungsstellen am Friedhof 95MN1/97MN1 stellten die Ausgräber zeitliche Abfolgen fest, wobei die Situation, dass 95MN1M3 den Schacht von M8 schnitt, den Ausgangspunkt ihrer Argumentation darstellt. Demzufolge ist 95MN1M8 fraglos älter als M3 ... Insgesamt kam man zur Überzeugung, dass das Grab 95MN1M3 etwa in der zweiten Hälfte des 2. Jh. n. Chr angelegt worden sei ... Als weiteres wichtiges Datierungskriterium für das Grab 95MN1M8 sind die auf der Mütze (M8:49) und dem Bogen (M8:16) des männlichen Grabherrn entdeckten Kharoshti-Aufschriften aufzuführen ... Unter Berücksichtigung des entsprechenden Radiokarbondatums endete die Analyse der Zeitstellung dieser Bestattung im offiziellen Grabungsbericht letztlich damit, das Grab etwa vom beginnenden 3. bis ins letzte Viertel des 4. Jh. n. Chr. zu datieren...[145]“

Der hunnische Reflexbogen aus Grab M1 ist im Packmaß 134 cm lang. Er besitzt einen schmalen Griff und maximal 6 cm breite Wurfarme. (Abb. 40)

Man Vergleiche die Erhaltung dieses Bogens mit Bogen in hunnischen Gräbern wie auf Abb. 39, um zu verstehen, dass fallweise genau hingeschaut werden muss, da die Waffen individuell verzogen sein können. Auch der Bogen aus Grab M8 wurde aus Holz, Horn, Knochen und Sehnen gebaut. Die Länge beträgt im Packmaß 132 cm. Er ist mit weißen, gelben und roten Bändern aus Seide umgeben. Ein 104 cm langes Holster besteht aus Leder[146]. Der Rand ist 18 cm breit. Das lässt auf die Sehnenstandhöhe schließen (s.u. Abb. 167, I).

Der Qum-Darya-Bogen aus 95MN1M3 besitzt Gebrauchsspuren. Er ist über der Krümmung 157 cm lang (s.u. Abb. 167, II). Die gut erhaltene Sehne misst 136 cm.

Die Reflexbogen aus Nordwestchina präsentieren sich zwar in mehr oder weniger verzogenem oder verwundenem Zustand, ein Verbiegen ist bei lange in extrem trockener Umgebung in einem Sarg befindlichen Hornkomposits jedoch nicht ungewöhnlich. Darüber hinaus spielt es eine Rolle, ob die Bogen vor ihrer Deponierung in einem anhaltenden Praxisgebrauch standen, was ebenfalls Veränderungen der Kontur bewirken konnte (engl. *string-follow*). Frisch gefertigt waren sie homogener gegen die Pfeilrichtung angestellt. Bleibend messbar sind die Winkel, mit denen die Wurfarme von den Griffen abgehen. Hier gilt der technische Grundsatz, dass Reflexbogen mit verhältnismäßig flachen, biegsamen Armen, gleichgültig ob symmetrisch oder asymmetrisch, ihre spätere Schussvehemenz in erster Linie durch die Vorspannung (engl. *preload*) resultierend aus den Winkelgraden im Griff-Wurfarm-Transit schöpfen. Asymmetrie ist mechanisch weniger bedeutend. Vor allem für Reiter bietet sie Vorteile. Beim Sitzen auf dem Pferd ohne Steigbügel lassen sich Schwenkbewegungen leichter vollführen.

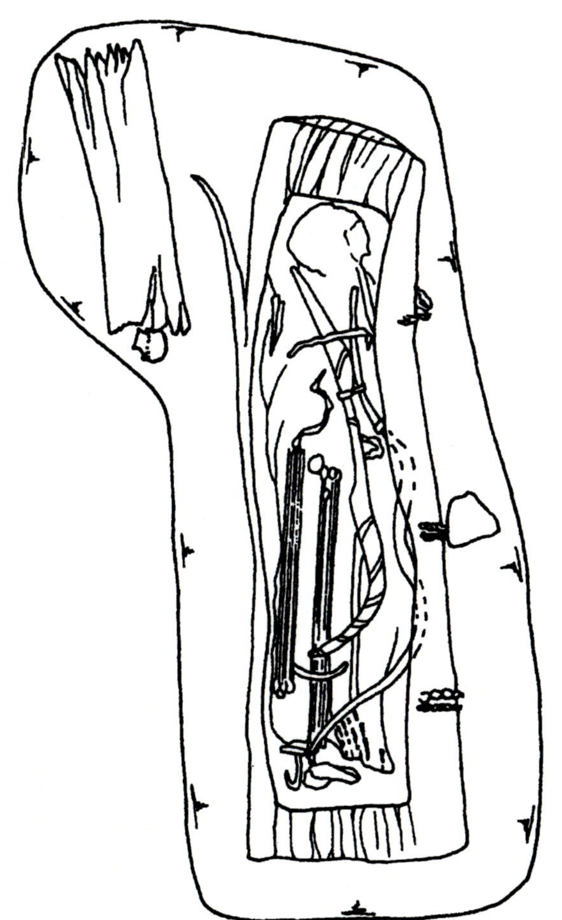

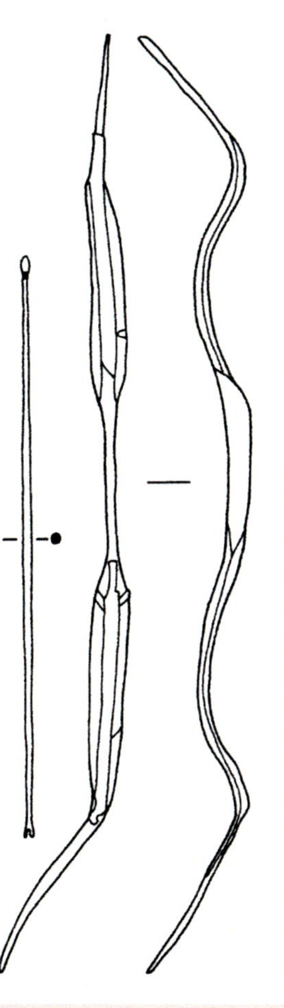

Abb. 40: Plan der Bestattung 95MN1M1 von Niya. Beigabe gebauchter Pfeile. Qum-Darya-Bogen mit Anzeichen von *string-follow*. Xinjiang, China. Nach Armin Selbitschka. 2./3. Jh. n. Chr. Ohne Maßstab.

4.4 Lebenswelten berittener Bogenschützen auf bildlichen Darstellungen

4.4.1 Korrespondierende Zeugnisse im Kunstschaffen östlicher Reitervölker

Qum-Darya-Bogen sind archäologisch nie schussbereit erhalten. Deshalb muss muss ihre Silhouette mit aufgespannter Sehne anhand bildführender Quellen erarbeitet werden. Da wir wissen, dass Qum-Darya-Bogen in der jüngeren Eisenzeit in praktisch ganz Eurasien verbreitet worden sind, trifft man in der Steppenkunst geeignete Wiedergaben. Marek Jan Olbrycht umreißt die auch ikonographisch verschachtelte Situation: „… Den Steppenvölkern gelang es im 2.–1. Jh. v. Chr., das entscheidende militärpolitische Übergewicht über die seßhafte Bevölkerung Westturkestans (vor allem in Sogdien und Baktrien) sowie des iranisch-indischen Grenzraums zu erlangen; aus dieser Konstellation formierte sich das Kušanreich. Zur selben Zeit folgte die Blütezeit der Sarmatenstämme im Südural sowie Wolga-Steppengebiet und ihre allmähliche Ausbreitung nach Westen in den nord-pontischen Raum … Auffallend sind Ähnlichkeiten zwischen Reiterkampfdarstellungen sowie Jagdszenen in der Wandmalerei von Alt-Nisa/Bagir und auf parthischen Reliefs sowie Platten einerseits, der Kunst der nomadischen Tradition Zentralasiens (Chalčajan, Kurgan-tepe/Orlat) und des kaspisch, nord-pontischen Raumes (die entsprechenden Darstellungen aus Pantikapaion, Kosika)…[147]“ Charakteristische Merkmale bei Bilddarstellungen hunnenzeitlicher Reflexbogen sind trotz mancher methodenkritischen Einwände dann substantiell verwertbar, wenn man sich die Mühe macht, auch stilbedingte Eigenwilligkeiten wissenschaftlich aufzudecken und bei Analysen mit zu berücksichtigen.

Insofern ist es als besonderer Glücksfall zu werten, dass zusammen mit Beschlägen für einen Qum-Darya-Bogen im Hügelgrab 2 von Kurgan-tepe bei Orlat im Kreis Kashrabad, nördlich von Samarkand in Usbekistan, eine Knochenscheibe entdeckt wurde, auf der zeitgenössische Reflexbogen als Zeichnungen eingeritzt sind. Der dort bestattete Krieger besaß außerdem Pfeile mit dreiflügeligen Eisenspitzen. Bei den Scheibenmotiven handelt es sich um zwei thematisch jeweils unterschiedliche Kompositionen mit einer Jagd- und einer Kampfszene. Auf der letzteren werden die Bogen wirklichkeitsnäher

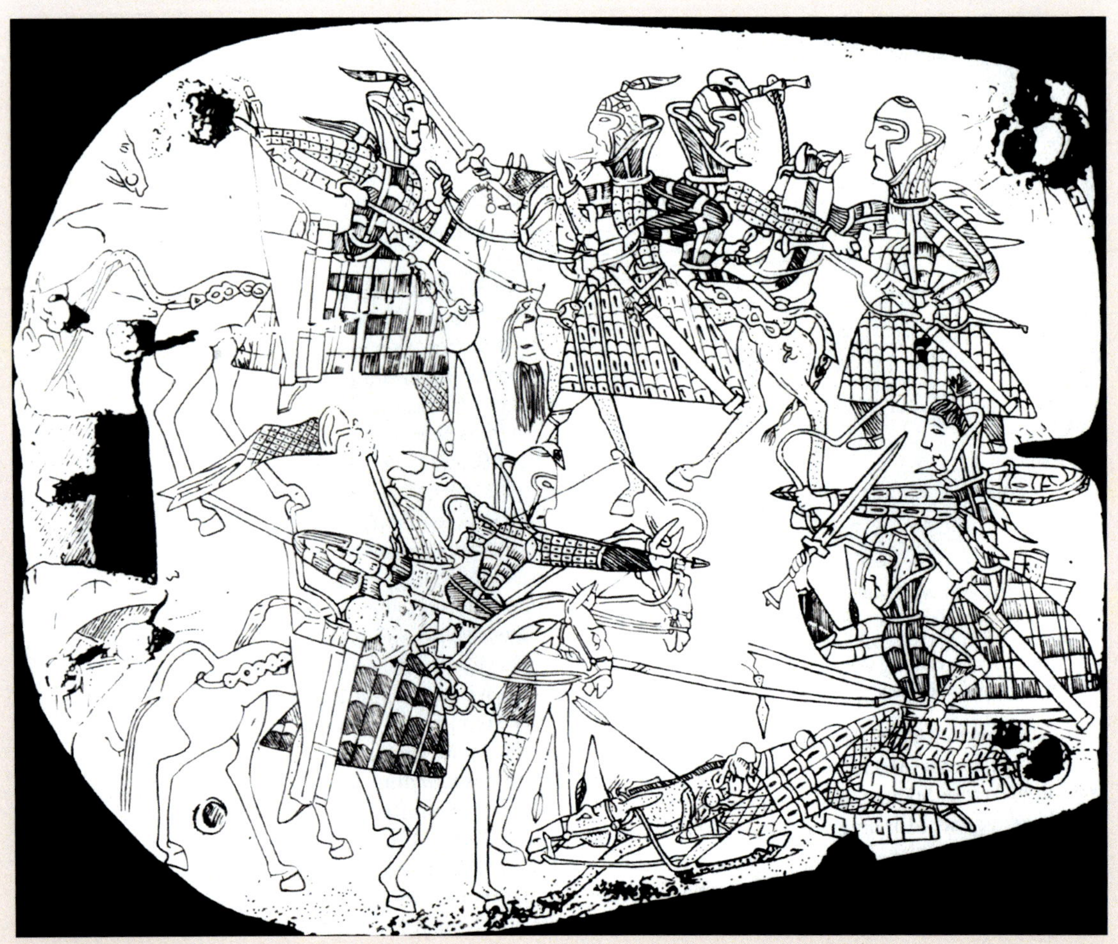

Abb. 41: Kampfszene auf der Bildplatte von Orlat. Darauf drei bespannte Qum-Darya-Bogen, zwei voll ausgezogene Bogen und drei Doppelköcher-Holster-Garnituren. Etwa 1.–4. Jh. n. Chr. Ohne Maßstab.

dargestellt. (Abb. 41) Das Gefecht wird in der Fachliteratur diskutiert: Streiten hier Hunnen gegen Kuschan, Hunnen gegen Hunnen oder Kuschan gegen Kuschan? Die Reflexbogen sind entweder bespannt oder beim Vollauszug dargestellt. Ihre Silhouetten zeigen mit langen und geraden Hebelenden, kurzen biegsamen Armen sowie einem zurückversetztem Griff Bogen der Qum-Darya-Gattung an. Auch Jangar Ya. Ilyasov und Dmitriy V. Rusanov kommen mit Blick auf die Bogenbeschläge im Grabinventar zu einem folgerichtigen Ergebnis: „... Judging from the bone coverings of the end and middle parts of the bow which survived in Barrow No. 2, it is possible to suppose that a bow with seven coverings on it, classified as that of Type 2 according to the Yu. S. Khudyakov's classification of the Hsiung-nu bows, was buried here...[148]" Eine etwa zeitgenössische Darstellung hilft uns, die gewonnenen Erkenntnisse zu bestätigen. Es gibt eine Ritzzeichnung mit zwei reiterlichen Schützen auf einer Kästchenwand aus dem Weihedepot 3 im Tempel von Takhti-Sangīn (Oxos-Tempel) in Tadschikistan. Rechts wird darauf über das Pferd nach vorne gezielt, auf der linken Seite der Partherschuss mit einer Wendung des Körpers nach hinten vollführt. „... Der lange, in der Taille eng gegürtete orientalische Reitermantel, das aus dem Gesicht gekämmte, im Nacken zu einem Zopf gebundene Haar, Schnurrbart und Gesichtsausschnitt, die Art der Bewaffnung sowie die Sitzhaltung der Männer sind mit der Kunst der frühen Kuschan-Zeit zu verbinden...[149]"

Das Bogendesign entspricht dem der Qum-Darya-Bogen. Es wird die Mediterrane Spannweise angewandt. Der Zeigefinger der Bogenhand weist jeweils nach vorne. (Abb. 42) Hierbei könnte es sich um eine ergonomische Konvention im damaligen Steppenraum handeln. Litvinskij spricht die Schusswaffen auch als „kuschan-sassanidische" Bogen an. Das Kuschanvolk hatte den Entwurf von den Xiōngnú übernommen und dann ins Zweistromland an der Seidenstraße verbracht. Aus höherer Warte lassen sich die Bogen auf der Ritzzeichnung vom Oxos-Tempel mit dem Schlüsselfund von Orlat in Beziehung setzen. Sie stehen typenkundlich ebenso im Einklang mit den Karabulak- und den Toprak-kala-Bogen, die als Funde in derselben Großregion vorliegen.

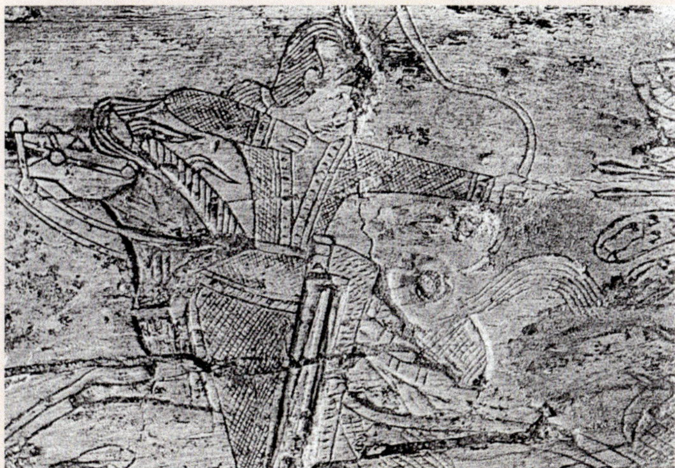

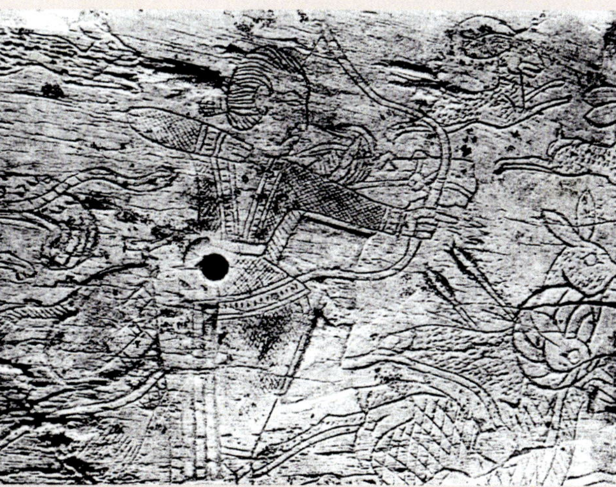

Abb. 42. Umzeichnung der Jagdszene (I) mit Belegfotos zum Originalbefund (II-III) auf der Wand eines Kästchens aus Bein. Oxos-Tempel, Weihedepot 3. (L. 21,3 cm.) Tadschikistan. Datierung ungefähr um die Zeitenwende.

4.4.2 Abwechslung von Bogentypen im nördlichen Schwarzmeerraum

4.4.2.1 Skythische und hunnische Bogen bei den Bosporanern und Sarmaten

Bilder von Reflexbogen findet man auch in der Ikonographie des Bosporanischen Reichs. Es war in archaischer Zeit als Koalition griechischer Siedler auf den Kertschyner und Tamaner Halbinseln mit der Hauptstadt *Pantikapaion* entstanden. Die griechischen Kolonisten hatten sich häufig räuberischer Steppenkrieger zu erwehren, nahmen Teile deren Waffenausrüstung aber schließlich auch in eigene Arsenale auf. Wahrscheinlich haben die antiken Bosporaner zuerst Skythenbogen genutzt: „... During the Hellenistic period the bow overtook the spear to become the most popular weapon in use among the Bosporan Greeks, as it did elsewhere on the northern Black Sea coast. Arrow-heads are now found in the tombs of the *necropolis* of the cities on the Kerch Peninsula exactly as is the case with Scythian burials. Undoubtedly this was due to Scythian influence. The bow and arrow-heads were identical to those used by the Scythians. This is clearly demonstrated by the representations of a bow and arrows on the coins of Panticapaeum dating to the fourth and third centuries BC...[150]"
Als Nachbarn der Bosporaner lebten während der Kaiserzeit sarmatische Roxolanen, Alanen und Aorsen in den nord-pontischen Steppen. Ethnisch von iranischer Abkunft waren jene „skythischen" Völker die alten Herren der Länder zwischen den Karpaten und Kasachstan. Sie unternahmen Wanderungen bis nach Nordchina, bevor im 2. Jh. v. Chr. Remigrationen unter dem Druck von Kuschan und Xiōngnú stattfanden. Es entstand, Vitalie Bârcă folgend, eine komplexe Situation bei der Bogenbewaffnung im nord-pontischen Raum: „... Beginnend mit dem Ende des 1. Jh. v. Chr. und im 1. Jh. n. Chr. wurden ‚skythische' Bogen durch die Sarmaten neben denjenigen mit Beinendverstärkern, den sogenannten ‚hunnischen' Bogen, gleichzeitig benutzt...[151]"
Aleksandr V. Simonenko formuliert: „... Im 1. Jh. n. Chr. treten dann die etwas robusteren Vertreter des sog. Hunnischen Typs auf ... Im untersuchten Gebiet sind zwei Bogen in sarmatischen Gräbern nachgewiesen worden. Der eine stammt aus Kurgan 8 des Gräberfelds Moločanskij, ist aber schlecht erhalten ... Der zweite Bogen wurde 1984 in Grab 1 von Porogi am Dnjestr entdeckt ... Das Grab in Porogi datiert in das letzte Viertel des 1. Jh. n. Chr. ... Der Bogen aus Porogi dürfte allerdings kaum das älteste Exemplar eines Bogen hunnischen Typs repräsentieren, der in einem sarmatischen Grab gefunden werden konnte...[152]" (Abb. 43) Bârcă führt weitere Funde an: „... Was die Sarmaten anbelangt, glauben wir, dass sie diesen Bogentyp von den Hunnen, höchstwahrscheinlich durch die Vermittlung der Träger der Surmak-Kultur, schon am Ende des 1. Jh. v. Chr. oder am Beginn des 1. Jh. n. Chr. übernommen und weiter verbreitet haben ... Im sarmatischen Umfeld wurden ... Beinteile in spätsarmatischen Gräbern (2.-4. Jh. n. Chr.) gefunden, wie in Susly T51, Sajhin T5, Tri Brata T26, Abganery T3, Har'kowka, Schipowa und Pokrowsk, übrigens aus M1 T7, M2 T11 und M1 T36 aus Kalinovka und vom T2 aus Nichnij Baskuntschak. Innerhalb der neueren Fundorte fand man Beingarnituren für Bogen in M8 T16 im sarmatischen Gräberfeld Tschentralnyi VI und in T5 und M11 in der Nekropole von Kobjakowo, die in die zweite Hälfte des 2. Jh. bis Anfang des 3. Jh. n. Chr. datiert wurden. Die einzigen Exemplare, die ins 1. Jh. datiert werden, d.h. in die mittlere sarmatische Periode, stammen aus dem Grabhügel 29 von Ust'-Labinsk. Andere derartige Funde kamen im Grabhügel 2, Grab 1 aus Porodschi [Porogi]... zum Vorschein. Dazu kommen noch diejenigen aus dem Grabhügel 2, Grab 1 aus Ciobruci (Moldawien) am Dnjester...[153]"

Nach allem Ermessen ist die Annahme zulässig, dass die Römer im Laufe des 1. Jh. n. Chr. an der Grenze ihrer Provinz *Moesia inferior* am Schwarzen Meer wie auch die im 3. Jh. n. Chr. einwandernden Goten der Tschernjachow-Kultur Sarmaten mit Bogen des hunnischen Typs angetroffen haben müssen. Die Begegnung mit solchen Waffen geschah also mehrere Jahrhunderte, bevor dann die historischen Hunnen in der Spätantike die Steppen Osteuropas überfielen. Der hispanische Geograph Pomponius Mela schreibt um 43/44 n. Chr. in seinem erdkundlichen Werk *De chorographia libri tres* über die Sarmaten:

> „... *In Tracht und Bewaffnung steht der Stamm dem parthischen am nächsten, doch ist sein Wesen der größeren Rauheit des Klimas entsprechend wilder. Sie halten sich nicht in Städten auf, ja nicht einmal in festen Wohnsitzen. Wie gerade gute Weideplätze sie anlocken oder wie sie ein vor ihnen weichender oder aber ihnen nachsetzender Feind treibt, so führen sie all ihr Hab und Gut mit sich und wohnen stets nur in Lagern. Der Stamm ist kriegerisch, freiheitlich gesinnt und von so leidenschaftlicher Wildheit, dass sogar die Frauen gemeinsam mit den Männern Krieg führen...*[154]"

Zur Frage der Übernahme hunnischer Bogen durch Reiterkrieger der Bosporaner ist der Bildgrabstein des Athenios, Sohn des Menas, seiner Frau Arete und der Söhne Theophilos und Menios ungefähr aus der Mitte des 1. Jh. n. Chr. interessant. (Abb. 44) Darauf sind zweierlei Bogengattungen identifizierbar. Der obere Reiter (Athenios?) trägt in einem Goryt inklusive Pfeiltasche einen kurzen Bogen mit rundlichem Ende. Das entspricht einem skythischen Reflexbogen. Sein darunter dargestellter Sohn wird mit Röhrenköchern und einem Holster einschließlich eines Qum-Darya-Bogens abgebildet. Der Steinmetz könnte aus Unverständnis den Bogen verkehrt herum eingebracht haben. Ein Vergleich mit den Holsterbeschickungen auf der Platte von Orlat zeigt, dass eine Position mit dem Bogengriff nach vorne weisend, besser in Frage käme.
„... Aus literarischen Quellen geht die zeitweilige Präsenz römischer Einheiten

im Gebiet des Bosporanischen Reichs hervor … Diese Mitteilungen beziehen sich auf einzelne militärische Kampagnen, nicht aber auf eine dauerhafte Präsenz. Die Truppen blieben also nicht dauerhaft am [kimmerischen] Bosporus stationiert, sondern kehrten an ihre Standorte in Kleinasien zurück. Eine dauerhafte Präsenz kann erst für die aus den Grabstelen bekannten Auxiliar-einheiten im 2. Jh. n. Chr. angenommen werden. Stehende bosporanische Einheiten in der römischen Armee sind dagegen bereits in der frühen Kaiserzeit nachweisbar, so die *Ala I bosporanorum* und die *coh I bosporanorum sagittariorum…*[155]" Die *Cohors I Bosporanorum* war übrigens auch auf dem Balkan stationiert, was für die dortigen Funde von Qum-Darya-Bogen in der mittleren Kaiserzeit mit berücksichtigt werden sollte[156].

Häufig wird in der Literatur eine für das sarmatische Bogenschießen berühmte Szene auf der Traianssäule vom Ersten Dakerkrieg aufgegriffen. Dabei verfolgen römische Kavalleristen sarmatische Panzerreiter, deren Körper und Pferde völlig mit Schuppenrüstungen bedeckt sind (s.u. Abb. 114). Einer der Fliehenden hält einen kleinformatigen Skythenbogen beim rückwärtigen Zielen, was authentisch sein könnte, sofern nicht das auf dem Umlauffries grassierende Minimalschema für Reflexbogen in gräzisierter Bildsprache zum Tragen kommt. Der Authentizitätsgrad ist schwer zu erhellen. Theoretisch böte die Aussage der Athenios-Grabstele auch für die Bewaffnung von Sarmaten weiter im Westen eine Alternative zugunsten hunnischer Bogen. Es fällt auf, dass der Grabherr an der Tradition skythischer Bogen festhielt, während sein Sohn der Neuerung folgte. Das dürfte es übrigens ausschließen, dass zwischen beiden Bogengattungen erhebliche Leistungsunterschiede bestanden, denn sonst hätten sie kaum einen parallelen Bestand gehabt. Die Athenios-Stele spricht für eine Modernisierung der schusstechnischen Möglichkeiten im 1. Jh. n. Chr. Hunnische traten zunächst an die Seite skythischer Reiterbogen, um sie während des 2./3. Jh. n. Chr. endgültig zu ersetzen.

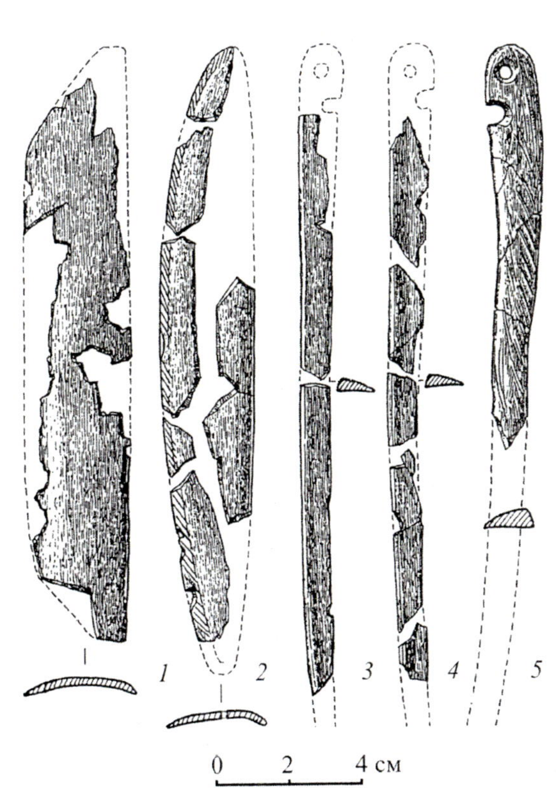

Abb. 43: Teilerhaltene Beschläge eines Bogens des hunnischen Designs. Bootsförmige Griffschalen. Sarmatisches Fürstengrab von Porogi. Ukraine. Nach Aleksandr V. Simonenko. Spätes 1. Jh. n. Chr.

Abb. 44: Grabstein für Athenios, Arete, Theophilos und Menios. Oben ein Reiter mit Skythenbogen und Goryt. Unten ein Reiter mit Hunnenbogen und Doppelköcher. Krim. Mitte 1. Jh. n. Chr. Ohne Maßstab.

Diesem sukzessiven Prozess eines irreversiblen Waffenwandels widerspricht auch nicht die Möglichkeit, dass der eine oder andere bosporanische Auxiliar bei den Römern noch bis in die antoninische Ära hinein einen Reflexbogen des skythischen Designs verwendet haben könnte. Coulston schreibt: “… The Greek cities of this area were heavily Sarmaticised, particularly in weaponery, and it is likely that a Scythicus arcus form was used by Arrian‘s *cohors Bosporanum…*[157]” Flavius Arrianus war römischer Statthalter und Befehlshaber an der Armeniengrenze 131 bis 137 n. Chr. Geboren im kleinasiantischen Bythinien, hatte er in seiner Karriere als römischer Offizier zuvor auch Kriegserfahrungen gegen die Parther gesammelt. Als Arrian dann gegen alanische Raubzüge zu intervenieren hatte, könnten seine bosporanischen Hilfstruppen Skythenbogen geführt haben, was aber insofern ausbaufähig ist, als Qum-Darya- bzw. hunnische Reflexbogen im nord-pontischen Raum längst alternativ in Verbreitung standen[158]. In defensiver Stellung zusammen mit Plänklern und Artilleristen, die Torsionsgeschütze auf markanter Position gegen die Alanen bedienen sollen, finden sich in Arrians Schlachtplan zuerst acht Reihen von Lanzen- und Speerträgern zu Fuß. In der neunten Reihe der Kampfformation stehen Numidier, Kyrenaiker, Bosporaner und Ituraeer mit Bogen[159].

Der Historiker und Geograph Strabo (etwa 63 v. Chr. bis 23 n. Chr.) umschreibt im Zweiten Buch seines Werks *Geographica* die Kontur des Schwarzen Meers einem ruhenden Bogen gleichend:

> „*… Einige finden die Gestalt dieses Umfangs einem gespannten Skythischen Bogen ähnlich, indem sie die sogenannte rechte Seite des Pontus der Sehne vergleichen (das ist aber die Küstenfahrt von der Mündung bis zu dem Winkel bei Dioskurias; denn außer dem Vorgebirge Karambis hat die ganze übrige Küste nur unbedeutende Buchten und Vorsprünge, so dass sie fast eine gerade Linie bildet), das übrige aber dem Horne des Bogens, welches eine doppelte Krümmung hat, die obere gerundet, die untere flacher…*[160]“

Die Metapher wird heute manchmal fälschlicherweise ebenfalls mit Hunnenbogen assoziiert, was daran liegt, dass Ammianus Marcellinus sich im 4. Jh. n. Chr. ähnlich äußerte. Der Autor Ammian, dessen Werk unten noch näher beleuchtet wird, variierte in der Spätantike aber lediglich eine beliebte stilistische Phrase und konnte zu Lebzeiten nicht mehr auf Skythenbogen rekurrieren. Ekaterina Ilyushechkina hat sich mit dieser Problematik intensiv auseinandergesetzt: „... Die erhaltenen Zeugnisse der lateinischen Tradition (Sallust, Pomponius Mela, Plinius d. Ältere, Valerius Flaccus u. a.) prägen ebenfalls den Pontos Euxeinos in die Form des skythischen Bogens ein. Besondere Aufmerksamkeit zieht in diesem Zusammenhang der Exkurs aus dem 22. Buch der

Abb. 45: Ein skythischer Bogen in Händen des Trojaners Dolon. Vasenbild des 4. Jh. v. Chr. Karte der antiken Schwarzmeerküste. Die Krim gedacht als "Bogengriff" und der Norden Kleinasiens als als "Sehne“ eines skythischen Reflexbogens.

Res Gestae des Ammianus Marcellinus auf sich, weil seine Beschreibung aus der gemeinsamen Tradition herausfällt: Er vergleicht die Umrisse des Pontos traditionell mit der Form eines skythischen Bogens, hält dabei aber die ganze asiatische Küste des Meeres vom Bosporos Thrakios bis zum Bosporos Kimmerios für die Bogensehne und platziert dann die Maiotis im Osten des Pontos. Daraus kann man schließen, dass Ammianus Marcellinus, der möglicherweise eine Ahnung von dem skythischen Bogen hatte, sich mit den geographischen Realien des Schwarzmeergebietes kaum auskannte. Sonst ist schwer zu erklären, wie die gesamte gekrümmte Linie der südlichen, östlichen und nordöstlichen Küste des Pontos mit der geraden Bogensehne verglichen werden kann. Anscheinend verwendete Ammianus Marcellinus unter anderem auch die Angaben der dichterischen Tradition bei der Schilderung der pontischen Küstenlinie: Auf den literarischen Charakter seines Exkurses weist der Autor selbst unzweideutig hin (*ut poetae locuntur*, §13)…[161]"

Technisch rekonstruierbar handelte es sich bei den älteren Waffenvorbildern wie bei Strabo um Zugriffe auf das Funktionsdesign damaliger Skythenbogen. Hierbei repräsentierten die Küsten der Halbinsel Krim die Reflex-Deflex-Partien im Bogenzentrum. Sie gingen in die östlichen und westlichen Ufer als die Arme, in manchen Texten auch als „Hörner" bezeichnet, über. Der nördliche Saum *Asia minors* wurde in geradem Verlauf als die Sehne betrachtet. Die Metapher zeigt erneut die erstaunliche Hartlebigkeit überkommener Skythenbogenklischees in der römischen Welt an. Sie lässt sich allerdings nach einer kritischen Analyse nicht mehr mit der Silhouette beinbeschlagener Reflexbogen in Einklang bringen. Einerseits war die Deflex-Reflex-Anmutung im Grifftransit bei Yrzi- und bei Qum-Darya-Bogen weniger signifikant. Darüber hinaus bildeten die relativ geraden Hebelenden sich seitlich jeweils aufspreizende Konturen im bespannten Zustand. Die Arme antiker Skythenbogen wirkten im Gegensatz dazu und aufgrund ihrer rundlichen Enden gedrungener. Anschaulich möchte ich Strabos Vergleich mit Hilfe eines Skythenbogens als Malerei auf einem griechischen Weinmischgefäß machen. (Abb. 45) Sie hat den mythischen Überfall von Odysseus und Diomedes auf den Trojaner Dolon als Thema. So kann sich auch ein moderner Betrachter, dem die Schwarzmeerküste kartographisch zu Verfügung steht, in die Vorstellung der Alten prinzipiell hineinversetzen.

4.4.3 Reiterliche Bogenkünste der Sasaniden und Palmyrener

4.4.3.1 Persische Großkönige als versierte Reflexbogenschützen

Ein althergebrachtes Abgrenzungskonstrukt der mediterranen Zivilisationen von Völkern in Asien entlehnten die Römer den Griechen auf militärischer Ebene. „… Zu Beginn des 3. Jahrhunderts, genauer in die Epoche des Caracalla, setzte Herodian [IV, 10, 3 und 14, 3], inspiriert von der in den *Persern* von Aischylos entwickelten Antithese, den Westen, in diesem Fall die Römer mit Fußsoldaten und Lanzenwerfern, dem Osten gegenüber, in diesem Fall vertreten durch die Parther, mit Reitern und Bogenschützen…[162]"
Er entwarf eine unschlagbare Streitmacht, wären beide Präferenzen jemals verbündet. Aussagekräftige Bilder von Bogen kommen aus dem Sasanidenreich. Könige dieser Dynastie (pers. *Sāsānīyān*) weiteten als Nachfolger der Parther seit 224 n. Chr. die persische Hegemonie aus und installierten den Iran neben Rom und China als ebenbürtige Großmacht. Selbstbewusst wirken die Eigenbewertungen sasanidischer Herrscher. Sie ließen sich häufig als als Jäger oder Krieger portraitieren. Uns beschäftigen zunächst nur Kunstwerke bis ungefähr zum Ende des 5. Jh. n. Chr., was daran liegt, dass Bogen im 6. Jh. n. Chr. technisch verändert wurden. Dies geht aus Funden aus der Archäologie der Steppe aber auch in Form persischer Bildquellen hervor. Jene Veränderungen hatten, wie oben erläutert, mit der Innovation bzw. Verbreitung massiver Steigbügel zu tun. Davor entsprechen sasanidische Bogen mit langen Hebelenden, breiten Wurfarmen und separiertem Griff den Mustern mit paddelförmigem Grundriss. Es gibt symmetrische und asymmetrische Vertreter. Bedauerlicherweise sind keine Gebrauchsbogen aus dem Sasanidenreich erhalten, wie von da überhaupt nur relativ wenige Militaria (Schwerter, Helme etc.) in Museen und Sammlungen übrig sind.
Sasanidische Reflexbogen liegen mit geraden Endpartien und kreissegmenthaft gekrümmten Armen vor, wie wir sie vergleichbar auch von den Bildern aus Orlat oder dem Oxos-Tempel kennen. Auf mancher Darstellung wird die Sehne, ähnlich wie in der Steppenkunst (s.u. Abb. 168), sehr stark überzeichnet ausgezogen. Die Hebelenden verlaufen dann fast parallel zum Pfeilschaft, was für Qum-Darya-Bogen mechanisch unrealistisch ist. Dem Verständnis der Zeit nach könnte dies symbolhaft auf eine große Kraft und Dynamik der Schützen abstellen. (Abb. 46)
Interessant ist auch die spezielle Schieß- bzw. Ablasstechnik der Sasaniden. Wie auf dem Reiterfresko im Mithraeum von Dura Europos sind die Handhaben der Bogen separiert. Außerdem werden die biegsamen Wurfarme in der Regel unverhältnismäßig dick dargestellt, was aber ein stilistischer Ausdrucksversuch für eine erhebliche Breite ist. Authentisch wirken die Proportionen, bei denen die starren Hebelenden ungefähr gleich lang sind wie die biegsamen

Segmente. Manchmal sind Zierden in Form kleiner Dreiecke vorhanden. Bei einigen Bogen gibt es Quasten oder Bommeln am Hebelende oder eine umschließende Hülse an mindestens einem Wurfarmknie. (Abb. 47) Erstere könnten als Zierden oder eventuell als Windweiser gedient und die Hülsen beim Sehnenschlag geräuschdämpfend gewirkt haben.

Die äußersten Enden der sasanidischen Bogen sind stets zweieckig geformt. Das entspricht dem Aussehen von Hebelbeschlägen, wie sie auch in der Archäologie des Römischen Reiches vorkommen. Es wäre aber falsch, damit per se eine persische Provenienz zu assoziieren. Der amerikanische Historiker Otto J. Maenchen-Helfen meint zutreffend: „... Die Bezeichnung ‚sasanidischer' Bogen ist genaugenommen eine Fehlbezeichnung, denn den gleichen Typus, den Bogen mit den langen, im Winkel abgesetzten Ohren, gab es auch außerhalb des sasanidischen Persien und vor den Sasaniden. Der Ausdruck ist aber so allgemein üblich und so bequem, dass ich ihn beibehalte, jedoch mit dem Vermerk, dass der ‚sasanidische' Bogen nicht ausschließlich sasanidisch ist, sondern nur einen spezifischen Typus bezeichnet...[163]" Es sollte darauf hingewiesen werden, dass die Enden von Bogen der Qum-Darya-Gattung bei den Xiōngnú, Kuschan oder den Sarmaten mehrheitlich ovale oder kreisförmig abschließende Konturen besitzen und weniger oft eckige. Inwieweit spezielle Konventionen oder stilistische Vorlieben eine Rolle für die eckigen Enden sasanidischer Bogen spielten, bleibt offen.

Als ein kurzer waffengeschichtlicher Exkurs sei daran erinnert, dass es bei Kompositbogen der Awaren zwischen dem 6. und 9. Jh. n. Chr. signifikante Varianten bei den Hebelenden gibt. Sie gehen mit sich abwechselnden Binnenphasen des Awarenreichs einher. Ich möchte das hier kurz erwähnen, um an die potentielle Wichtigkeit solcher Details zu erinnern. In Ungarn kennt die Forschung früh-, mittel- und spätawarische Bogen, wobei die älteren Muster schmalere und die jüngeren breitere Endbeschläge mit deutlich weiter nach unten versetzter Nocke aufweisen. Diese Phänomene sind kulturhistorisch gut fassbar, weil sich zahlreiche Artefakte im Großraum des Karpatenbeckens konzentrieren.

Abb. 46: Sasanidischer König mit Kompositbogen des hunnischen Designs. Pfeilanlage links am Griff. Silberteller aus Persien. Sari-Schüssel. (D. 28,5 cm.) Nach Roman Ghirshman. 3./4. Jh. n. Chr.

Abb. 47: Jagdmotiv mit Hunnenbogen. Am Wurfarm eine Quaste und Hülse. Pfeilanlage links. Ausschnitt einer vergoldeten Schale aus Persien. (D. 42 cm.) Nach R. Ghirshman. 4./5. Jh. n. Chr.

Ein zentralwichtiger Handelsplatz war die Oase Tadmor in der syrischen Wüste, von den Römern Palmyra genannt. Im 3. Jh. n. Chr. hatte sie zeitweilig den Status einer Titularkolonie mit Steuerprivilegien inne. Eine Hochkonjunktur erlebte die Stadt, als Palmyra zwar unter Roms Hegemonie stand, später aber versuchte wurde, Machtpolitik über die Köpfe der Caesaren hinweg zu betreiben. Die Bedeutung als merkantile Boomtown lässt sich an transkontinentalen Funden aufzeigen: „… Hunderte von chinesischen Seiden, die in palmyrenischen Gräbern gefunden wurden, unterstreichen ihrerseits die Bedeutung Palmyras als Umschlag- und Handelsplatz an der Ost-West-Verbindung. Noch bedeutender sind für die Kenntnis des Warenaustausches in umgekehrter Richtung – von Westen nach Osten – die Forschungen zum *Wei lüe*, einem Bericht über den Handel mit ausländischen Waren. Er wurde von 239 bis 265 n. Chr. in Xi´an geschrieben. Im *Wei lüe* werden u.a. über zwanzig unterschiedliche Sorten von Textilien aufgezählt, die als Importgüter aus *DaQuin* – dem Römischen Reich – nach China gebracht wurden…[164]" Soldaten Palmyras nahmen an der Besetzung Dakiens teil. Aufgebote der Metropole waren nach der Niederlage des Kaisers Valerian in der Schlacht von Edessa im Jahr 260 n. Chr. sogar in der Lage, die siegreichen Perser zu schlagen. Palmyras Macht endete dann aber wenig später nach der Eroberung und Zerstörung durch die Römer.

Auf Kunstwerken der vorangegangenen Blüte sind häufig Bogenschützen zu sehen. Bisweilen hat man profane Sujets wie in Dura vor sich, öfters aber Bilder von Gottheiten oder mythisch verbrämte Herrscher. Aufgrund seiner Mittlerstellung zwischen Rom und Persien und an einer Hauptroute von und nach Innerasien gelegen, haben palmyrenische Wiedergaben von Bogen auch eine Relevanz für die Schusswaffen nach Europa verschickter Hilfstruppen.

„… These mounted archers were specialised in the protection of the caravan trade and the safety of the roads controlled by Palmyra. The efficiency of the first measure taken in AD 117 seems to have forced the emperor [Hadrian], six years later, with the occasion of the visit to Syria, to make a new agreement regarding the dispatch of a new archer unit to Dacia…[165]"

Polnische Archäologen konnten im Jahr 2003 im Westen Palmyras zwei Mosaike freilegen. Eines zeigt die Sagenfigur des Bellerophon auf dem geflügelten Pferd Pegasus mit einer Lanze gegen die Chimaira. Daneben befindet sich ein Mosaik mit einem Reiter im siegreichen Kampf gegen zwei Tiger, hier die zoologische Spezies *Panthera tigris virgata*, also persische Tiger. (Abb. 48) Michail Gawlikowski konstatiert: „… Man wird in den Gestalten Odainath und seinen Sohn Hairan erkennen dürfen. Odainath [...] war Herr über Palmyra zwischen 250 und 267 n. Chr. Er und sein Sohn haben den Titel König der Könige angenommen und dem Perser- bzw. Sasanidenkönig Schapur und seinen Armeen die Stirn geboten. In unseren Bildern ist offenbar der Mythos von Bellerophon adaptiert, um den Persersieg Odainaths darzustellen bzw. zu feiern…[166]" Der Mosaizist hat hier einen Reiterbogen dargestellt, mit dem vermutlich auch palmyrenische Soldaten ausgerüstet waren. Es gibt als helle Zonen lange Hebelenden und eine separierte Griffpartie, was sichtbare Beinbeschläge anzeigt. Die flexiblen Arme sind dunkel ausgelegt. Sie verbreitern sich hinter dem Griff stark. Wahrscheinlich liegt ein Reflexbogen mit Armierungen vor. Man darf dabei sechs bis sieben Beschlagplatten rekonstruieren. Mit Palmyras Nachbarschaft zum Iran und als ein Ankunfts- und Verteilerort für Handelsgüter aus dem fernen Osten dürfte das gleiche Bogenmodell gemeint sein, über das auch die Sasaniden verfügten.

Abb. 48: Palmyras Herrscher Septimius Oidanathus oder Herodianus (Ḥairân) triumphieren über Persische Tiger. Reflexbogen des hunnischen Designs. Palmyra. Nach Michail Gawlikowski. Um 263 n. Chr. Ohne Maßstab.

Damit schlösse sich der Kreis für Qum-Darya-Bogen aus dem Orient bei den Römern, seien diese von persischer oder auch von palmyrenischer Provenienz.

Es wäre ein historisch durchaus naheliegender Gedanke, dass solche Waffen von den Palmyrenern als überkulturell konkurrenzfähige Gebrauchsmuster vereinnahmt und als Multiplikatoren verbreitet wurden. Für einen Instruktor im Bogenschießen aus Palmyra gibt es einen Beleg: „... Evidence of the difficulty in maintaining a high standard of ability in a unit of horse-archers comes from El-Kantara, Numidia, in the form of a tombstone (I.L.S. 9173). A Palmyrene centurion, Agrippa, of the *Cohors III Thracum Syriaca equitata* undertook the training of the Palmyrenean archers (*curam [e]git Palmyr. [s]ag.*). The *Cohors I Chalcidenorum*, with a *Numerus Palmyrenorum*, was in the area long enough to construct and amphitheatre and other public works, and during this perhaps the archery skills of the Numerus had to begun to deteriorate. In any case, a senior soldier from a unit of archers stationed in an area where archery traditions were strong was brought in, and the assumption may reasonably be made that it was to maintain the skills of archers and not simply take care of the soldiers themselves...[167]"

Der Soldatengrabstein in el-Kantara westlich des Salzees Schott el Hodna, Algerien, wird in antoninische bis severische Zeitläufe datiert. Hilfstruppen der Römer aus Palmyra gab es in Nordafrika übrigens schon Jahrzehnte früher. Ihre Tradition könnte bis zu Kaiser Hadrian zurückreichen[168].

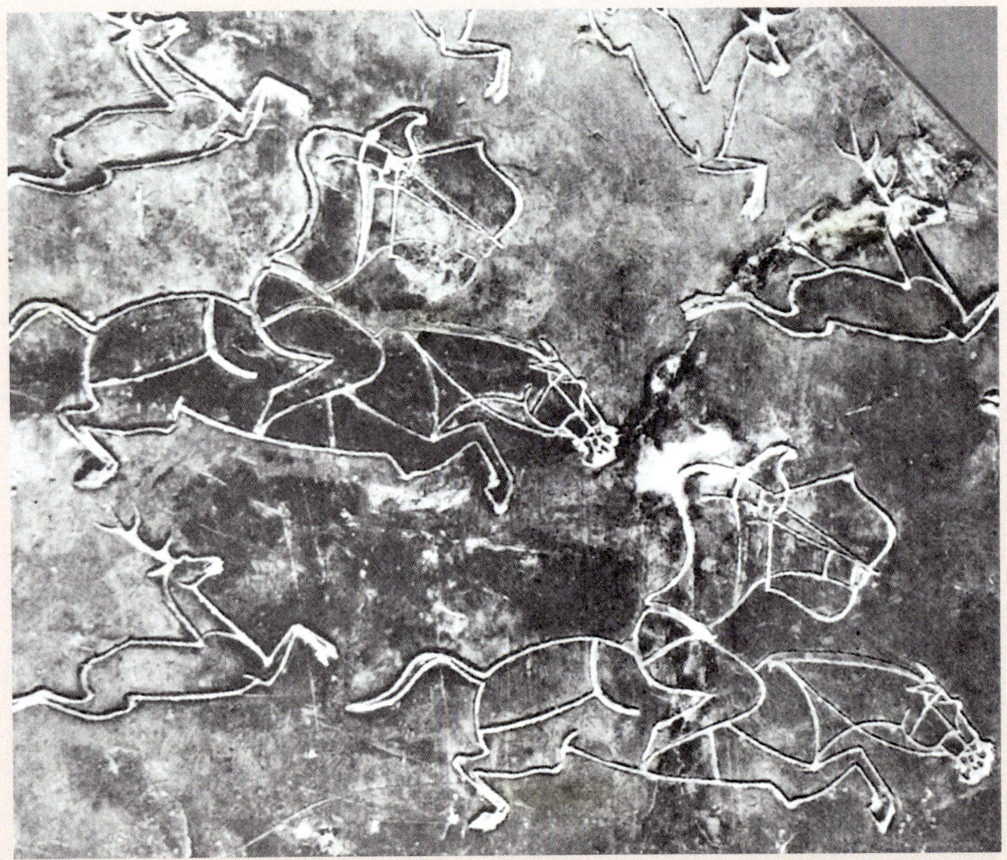

Abb. 49: Han-zeitliche Jäger mit Reflexbogen des skythischen Designs. Ausschnitt einer Platte aus schwarzem Ton von einem Hohlziegelgrab. China. Nach Jaques Gernet. Ohne Maßstab.

4.4.4 Der Bogen spannt sich zwischen China, Persien und Rom

4.4.4.1 Wiedergaben von Reiterbogen im Nordwesten des Han-Reichs

Serica war die lateinische Bezeichnung für den chinesischen Kulturraum, von dem die antike Seidenstraße ihren Ausgang nahm und zu dem Rom seit der Republikzeit Handelskontakte besaß. Im Nordwesten Chinas haben wir die Funde der Qum-Darya-, Khotan-, Yingpan- und Niya-Bogen vermutlich auch als Indizien für die Anwesenheit chinesischen Militärs, um die Transitrouten zu überwachen. Selby erläutert „... From the time of King Wuling of Zhao in the Warring States period, Chinese rulers did not hold back from adopting the weapons and tactics of their enemies if they had proved successful. Over the period following the fall of the Han Dynasty in 220, the northern part of China had essentially been under control of their traditional enemies, the tribes of the northern and western borders, and therefore the style of archery practised and the tactics employed were essentially those of the northern horsemen, supplemented by Chinese techniques in crossbow manufacture and deployment...[169]"

In manchen Fällen stößt man in der Kunst der Han-Zeit auf ein ähnliches Phänomen wie bei den Parthern und Römern: Vor und nach der Zeitenwende überdauern Reflexbogen skythischer Konstruktion ungewöhnlich lange und verschwinden nur zögernd. Archäologisch gibt es, wie erwähnt, mittlerweile zahlreiche Neufunde doppelt-rekurver Bogen des skythischen Designs unter anderem von den Bestattungsplätzen Subexi und Yanghai des 5. bis 3. Jh. v. Chr., gelegen am Rand der Turfan-Senke und unterhalb der Flammenden Berge in Xinjiang. Damit korrespondieren Reiterbogen, die bei der Wiedergabe einer Hirschjagd auf einer Hohlziegelplatte aus der Ära der Westlichen Han-Dynastie in China (207 v. bis 9 n. Chr.) im Museo Naizonale d'Arte Orientale in Rom zu sehen sind. (Abb. 49) Authentisch für das technische Auszugsbild skythischer Bogen verlaufen die beim Zielen stark gekrümmten Wurfarme fast parallel zur Pfeilebene.

Es handelte sich allerdings auch im Reich der Mitte um eine aus der Mode kommende bzw. unter Konkurrenzdruck stehende Bogengattung. Man vergleiche damit zwei Darstellungen auf einem Brokatstoff aus der Bestattung 95MN1M4 von Niya. Die Reiter auf der Stickerei halten größere Bogen vor. Mit ausgeprägten Hebelenden besaßen sie vielleicht sogar

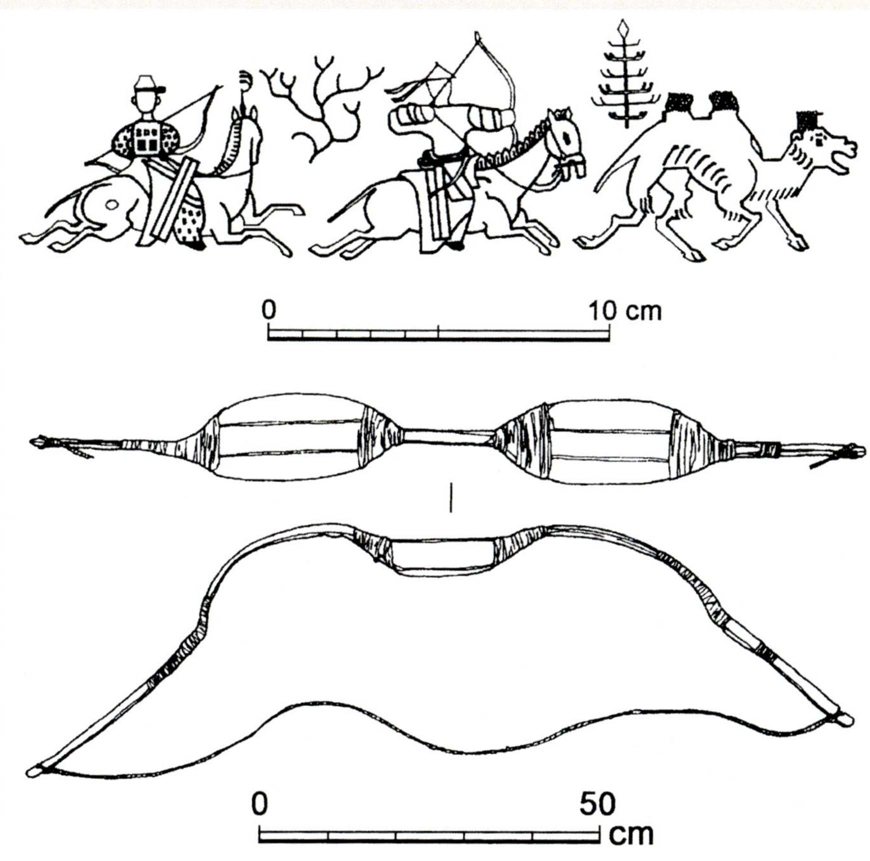

Abb. 50: Reiter auf Trampeltierjagd. Bestickung eines Brokatstoffs aus Grab 95MN1M4 von Niya. Paddelförmiger Reflexbogen ebenfalls aus Grab 95MN1M4. Xinjiang, China. Nach A. Selbitschka.

Vorbilder in den Qum-Darya-Bogen des 2. bis 4. Jh. n. Chr. am Platz Niya selbst. Einer davon just aus derselben Grablege zeichnet sich durch eine extreme Paddelform aus. (Abb. 50)
Die maximale Wurfarmbreite beträgt hier 12,5 cm! Der Bogen besitzt vier Wicklungszonen jeweils an den bruchmechanisch kritischen Übergängen in die flexiblen Segmente. Der separierte Griff ist eingeschalt und dementsprechend schmal. Bei dieser Waffe hat man das paddelförmige Funktionsdesign konstruktiv bis zum Äußersten hin ausgeprägt. Ein Ensemble zweier lederner Röhrenköcher mit Pfeilen und ein Holster, wie sie auch auf dem Brokatstoff zu sehen sind, waren als Zubehör in der Grabausstattung ebenfalls vorhanden. Ausstattungstechnisch lassen sie sich übrigens fast analog auf der sogenannten *battle-plaque* (engl.) von Orlat wiederfinden (s.o. Abb. 41).
Ins Grab 95MN1M4 von Niya wurde, was bemerkenswert ist, zusätzlich noch ein sehnenbespannter Langbogen aus Holz hineingelegt. Allerdings hat man den rechten der beiden Hunnenbogen auf dem Brokatstoff nicht konsequent durchgezeichnet. Die Wiedergabe erinnert mit ihren fließenden Konturen zwischen den fünf Teilbereichen: Griff, Arme und Hebelenden noch an die weicheren Linienführungen skythischer Reflexbogen. Der Künstler bildete eine Waffe hunnischen Typs in einer Weise ab, die sich stilistisch offenbar noch nicht völlig von älteren Vorgängern zu lösen imstande war. Der fundamentale Wechsel von Skythen- auf Qum-Darya-Bogen kann dennoch quellenkritisch herausgearbeitet werden.

4.4.4.2 Reflexbogen berittener Bogenschützen der spätrömischen Armee

Wie unter den Gesichtspunkten von Konflikt und Akkulturation, die für die Hochkulturen in Ost und West: China, Persien und Rom nach Kontakten mit Steppenvölkern so unähnlich nicht waren, Archetypen reiternomadischer Bogen künstlerisch miteinander korrespondieren können, zeigt die Stickerei aus Niya im Vergleich mit einem Bildwerk im Römerreich.
Der betreffende Bogen befindet sich auf einer im Antikenmuseum Turin aufbewahrten, vergoldeten Glasschale. Es handelt sich um einen Fund im Umfeld eines römischen Grabes des 4. Jh. n. Chr. aus Spinetta Marengo, Alessandria, in der Region Piemont in Norditalien[170]. Darauf könnte der von 337 bis 340 n. Chr. regierende Konstantin II. als Reiter beim rückwärtigen Schießen dargestellt sein. (Abb. 51)

Für dieses in der römischen Kunst bis dahin ungewöhnliche Sujet käme einerseits die Ikonographie des Sasanidenreichs als ein Vorbild in Frage. Eindrucksvolle Zeugnisse sasanidischer Herrscherrepräsentation sind hinlänglich bekannt. Häufig wird auch dort der Partherschuss, in der Regel bei der Jagd, vorgeführt. Auf der römischen Glasschale drückt sich vielleicht auch die bereits von Kaiser Gallienus (260 bis 268 n. Chr.) angestoßene strategische Umstrukturierung des römischen Militärs hin zu mobilen Eingreiftruppen motivisch aus. Den neuen Feldheeren gehörte Kavallerie (lat. *Vexillationes comitatenses*) an, die auch über Bogenschützen verfügte. Damit stünde der Herrscher als ein Pfeilabsender hoch zu Ross für eine demgemäße Kapazität im Bewegungskrieg, welcher der gefesselte Barbar zu Fuß, auf den wie bei einer Hinrichtung gezielt wird, hilflos ausgeliefert erscheint.

Der von 360 bis 363 n. Chr. regierende Kaiser Julian schildert noch als Prinz in einer Lobrede (griech. *Enkōmion*) auf Kaiser Constantius II. (337 bis 361 n. Chr.) das Agieren comitatensischer Truppen in der blutigen Schlacht von *Mursa,* Osijek in Kroatien. Hierbei hätten Panzerreiter (griech. *thorakophóroi*) mit ihren Pfeilen dem Feind stark zugesetzt (*Oratio.* 1, 30). Bei dem Treffen wurde 351 n. Chr. der Usurpator Magnus Magnentius geschlagen. Die auf der Glasschale dargestellte Waffe trägt zwar stilistische Gestaltreminiszenzen an Skythenbogen, jedoch spricht die Datierung mit Blick auf die durch Funde aufklärbare Situation im Imperium dafür, dass in Wirklichkeit Qum-Darya-Bogen zur Verfügung standen. Das Motiv bietet uns einen prominenten Passschlüssel fürs strategische Vermögen der Römer im Barbarenkampf, vorgetragen durch spätantike *Hippotoxótai* (griech.), also durch Bogenschützen des mobilen Feldheers.

Der Historiker Ammian (ca. 330 bis 400 n. Chr.) kannte die Bogen „skythischer" Völker in Verallgemeinerung für Alanen, Sarmaten und Hunnen sowie die der Perser („Parther") im Gegensatz zu Stabbogen. Ihr Biegeverhalten mit Hebelenden und einer strukturverstärkten Handhabe war ihm, hier in der Übersetzung nach Kolias, folgender Erläuterung wert:

> „... *Während die Bogen aller Völker sich mit gebogenen Schäften krümmen, zeigen allein die skythischen oder parthischen mit auf beiden Seiten gekrümmten und offenen Hörnern das Bild des abnehmenden Mondes; ihren mittleren Teil unterbricht eine gerade und abgerundete Leiste*...[171]"

Diese Angaben beinhalten einen wichtigen Kreuzbeleg, denn in der Analyse gibt es zwischen hunno-sarmatischen und sasanidischen Reflexbogen keine Unterschiede. Der weitgereiste Offizier und Historiker Ammian, der seine Karriere Mitte des 4. Jh. n. Chr. als ein Gardist (lat. *protector domesticus*) unter dem Heermeister Ursicinus begonnen hatte, sorgt damit immanent für die Bestätigung eines überkulturell homogenen Waffenwerts. Dennoch sorgen die alten Ansichten Rausings in dem zwar als Kompendium guten, in manchen Teilen aber doch überholten Werk *The bow – some notes on ist origins and development* von 1967 bei Historikern weiterhin Fehlannahmen, was die Entwicklung spätantiker Bogen anbelangt. Rausing ging, gestützt auf Bildquellen, davon aus, dass die Reiterbogen der Sasaniden sich konstruktiv unmittelbar aus skythischen entwickelt hätten, was definitiv nicht stimmt. Auch glaubte er, dass relativ lange Endbeschläge als Funde bei den Römern wie etwa im Kastell Carnuntum an der Donau noch während der Völkerwanderungszeit zu Yrzi-Bogen gehörten, obwohl sie viel eher Anzeiger für Qum-Darya-Bogen sind[172].

Ohne die Leistungen Rausings schmälern zu wollen, sind Korrekturen solcher Missverständnisse zur Technikgeschichte von Reflexbogen in der Spätantike unerlässlich. Eine graduelle Neukonzeption von Qum-Darya- bzw. Hunnenbogen zeigt sich bei beinernen Bogenbeschlägen im 4./5. Jh. n. Chr. Der Impetus dafür ist in pastoralnomadischen Milieus zu suchen. Man bekommt nun endlich auch historische Hunnen als reiterliche Bogenschützen im Umfeld des Imperium Romanum in Osteuropa zu fassen, wo sie sich vor ihren Kriegskampagnen aufhielten.

Abb. 51: Ein römischer Kaiser (eventuell Konstantin II.) als berittener Bogenschütze. Umzeichnung der Alessandria-Glasschale. Norditalien. Nach Alain Chauvot. 4. Jh. n. Chr. Ohne Maßstab.

V HUNNISCHE REITERBOGEN DER VÖLKERWANDERUNGSZEIT IN EUROPA

5.1 Forschungsgeschichte des Leitfunds von Wien (1930) Simmering

Ein 1930 im Bezirk Wien XI-Simmering entdecktes Barbarengrab aus der Regierungszeit des Westkaisers Flavius Honorius (395 bis 423 n. Chr.) enthielt die Beschläge eines Bogens. Der Krieger mit mongolidem Schädel war westlich der Donau nahe dem Reiterkastell *Ala Nova* vermutlich im ersten Drittel des 5. Jh. bestattet worden. Es ist anzunehmen, dass er in einem römischen Söldnerdienst stand. Neben sieben beinernen Verstärkungsplatten des ansonsten komplett vergangenen Bogens gehörten zum Inventar elf dreiflügelige Schaftdornpfeilspitzen, ein Kampfmesser und Keramik. Die Realien gelten im Wien Museum heute leider als verschollen.

Der österreichische Ingenieur Johannes von Kalmár hatte nach der Bergung die Dimensionen der Bogenarmierungen erfasst und Skizzen davon angefertigt[173]. Wenig später publizierte er ein Konzept zum möglichen Funktionsdesign der Waffe. Für Vergleiche wurden allerdings asiatische Reflexbogen der Frühen Neuzeit herangezogen. Das war dem damals noch geringen Wissenstand in der historischen Bogenkunde geschuldet. So hatte der Ungar Karl Sebestyén erst kurz zuvor die Idee formuliert, dass es sich bei bis dato rätselhaften Artefakten aus Bein als Grabbeigaben der Awaren um Bogenbauteile handeln müsse und dies auf magyarische und auf hunnische Funde extrapoliert[174]. „... Erst 1930 konnte Károly Sebestyén anhand dieser Versteifungsplatten aus awarischen und ungarischen Grab der Landnahmezeit den archäologischen Nachweis für Reflexbögen erbringen und beendete damit die seit dem Jahr 1871 geführte Diskussion, als erstmals entsprechende Platten aus einem ungarischen Grab der Landnehmezeit geborgen worden waren. Bis dahin war von Köcherteilen, Verzierungen der Kleidung, Sattelbestandteilen, Dolchbesätzen oder Komponenten von Panzern die Rede gewesen...[175]“ Man ging allerdings relativ unbedenklich davon aus, dass die Unterschiede historischer Bogenentwürfe nicht so bedeutend waren, wie sie es in Wahrheit sind.

Andreas Alföldi machte 1932 in seinem Buch *Funde aus der Hunnenzeit und ihre ethnische Sonderung* Von Kalmárs Entwurf in der archäologischen Welt hoffähig[176]. Dieser Sachstand blieb anschließend über Jahrzehnte hin so gut wie unbearbeitet. Hunnische Bogen fristeten in der Wissenschaft ein Randdasein, so dass sie von nicht einschlägig qualifizierten Historikern mitunter auch zum Gegenstand fantastischer Überhöhung ihrer Kapazitäten gemacht wurden. In der Rückschau glaubte man hierzulande an „Wunderwaffen“ von Reiternomaden mit effektiven Reichweiten über 300 oder 400 Meter. Ich bilde mir ein, dass manche solcher Schreibtischüberlegungen[177] im letzten Jahrhundert auch angesichts der entwickelten Technik von Gewehren in den Weltkriegen geboren wurden. Der Osten und Asien galten als Gefahr, Waffen aus jener Hemisphäre als überlegen. Sportliche Weitschussrekorde aus skythischer oder osmanischer Zeit wurden für Normalschussweiten unter Gefechtsbedingungen gehalten[178]. Außerdem verfügte man, was die Leistungsfähigkeit von Holzbogen im historischen Europa anbelangte, noch über wenig gute technische Daten. De facto waren und sind hölzerne Bogen beim Einsatz zu Fuß kompositen Reiterbogen nicht um Welten unterlegen[179].

Lediglich in den posthumen Werkeditionen des Althistorikers Maenchen-Helfen aus den 1970er Jahren liegen seriösere Überlegungen zur späthunnischen Bogenwaffe vor. Informationen bot darüber hinaus der 1956 publizierte Doppelband *Beiträge zur Archäologie des Attila-Reiches* von Joachim Werner (1909–1994) als für deutschsprachige Archäologen und Studierende über Generationen hinweg maßgebliche Referenz. Dem Ungarn István Bóna standen nach dem Fall des sogenannten Eisernen Vorhangs für sein Buch *Das Hunnenreich* neuere Bogenfunde aus der Sowjetunion und China zur Veröffentlichung frei. Doch auch Bónas Rekonstruktion des Simmeringer Reflexbogens offenbart eine gewisse Unkenntnis grundlegender mechanischer Parameter und böte keine Praxistauglichkeit, wollte man sie als einen 1:1-Nachbau erproben. Nichts desto trotz fand Bónas zeichnerischer Bogenentwurf, ähnlich wie seinerzeit derjenige Von Kalmárs, in Ermangelung besserer Alternativen Eingang in die Folgeliteratur[180].
Ein weiterer Vorschlag für eine Nachbildung des Bogens von Wien (1930) Simmering wurde von Joachim Rutschke und mir nach einer intensiven Projektarbeit im Jahr 2012 präsentiert. Das Vorhaben lieferte zentrale Einsichten in die technischen Ideen, denen Hunnenbogen zugrunde liegen und die sich bei einer lediglich theoretischen Bauteilanalyse nicht ergeben.

5.2 Merkmale und Besonderheiten der späthunnischen Bogenkonstruktion

Der kulturhistorische Hintergrund für die Innovation beinarmierter Reflexbogen zu Beginn der jüngeren Eisenzeit in Eurasien ist, wie geschildert, ziemlich unklar. Ich habe zwar anhand diverser Quellen ein breites Panorama gezeichnet, doch bleibt letztlich eine zentrale Frage ohne wissenschaftlich befriedigende Antwort: Waren es wirklich barbarische Xiōngnú, die in einer radikalen Abkehr vom Konzept doppelt rekurver Reiterbogen der Skythen etwas völlig Anderes und grundsätzlich Neues erschufen? Joseph Needham und Robin Yates erwägen stattdessen, dass sich die Innovation im Rahmen eines Rüstungswettlaufs zwischen Nomaden und Han-Chinesen abgespielt haben könnte. Für sie ist es denkbar, dass Bogen mit langgeraden Hebelenden eine Erfindung Chinas waren[181]. Uns dient der Terminus Hunnenbogen als ein Oberbegriff für die archäologisch übergreifende Fundgattung[182]. Unverfänglicher ist synonym auch von Qum-Darya-Bogen die Rede gewesen. Was den Hunnenbogen von Wien-Simmering am chronologisch anderen Ende der Nutzungsskala jener Schusswaffen so interessant macht, ist der Umstand, dass es im Imperium Romanum bisher kein gleichwertiges Fundensemble von Beschlägen gibt. Lediglich der rund einhundertfünzig Jahre ältere Qum-Darya-Bogen aus dem *vicus*-Brunnen bei Rainau-Buch ist als Beschlagsatz ähnlich gut erhalten (s.o. Abb. 24). Vergleichen wir die römischen Bogenplatten aus der Mitte des 3. Jh. n. Chr. mit denen aus der Völkerwanderungszeit, dann sind einige interessante Modifikationen erkennbar.

Es handelte sich in Wien um drei annähernd komplett erhaltene Endverstärkungen sowie ein kürzeres Reststück davon. Der Griff ist mit einer trapezoidischen Seitenschale nebst Pendant und einer Bodenleiste angezeigt. Eine frühe Nachweisfotographie im Aufsatz Von Kalmárs wird durch eine Aufnahme der Bauteile durch das Stadtmuseum Wien im Ausstellungskatalog *Attila und die Hunnen* ergänzt[183]. Wichtig ist, dass die Artefakte auch gezeichnet vorliegen. Das liefert einem in der Draufsicht brauchbare Hinweise auf die Breite an den Wufarmknies. (Abb. 52)

Für die Endplatten schussstarker Bogen bildete Geweih eine in werkstofflicher Hinsicht bessere Wahl als Skelettknochen: „... Geweih zeichnet sich gegenüber Knochen durch eine doppelt so hohe Dämpfung aus. Dadurch eignet es sich für Gegenstände, die einen größeren Druck und Schlag aushalten mussten...[184]" Es wäre denkbar, dass die umfänglichen Ritzarbeiten für Wicklungen auf manchen römischen

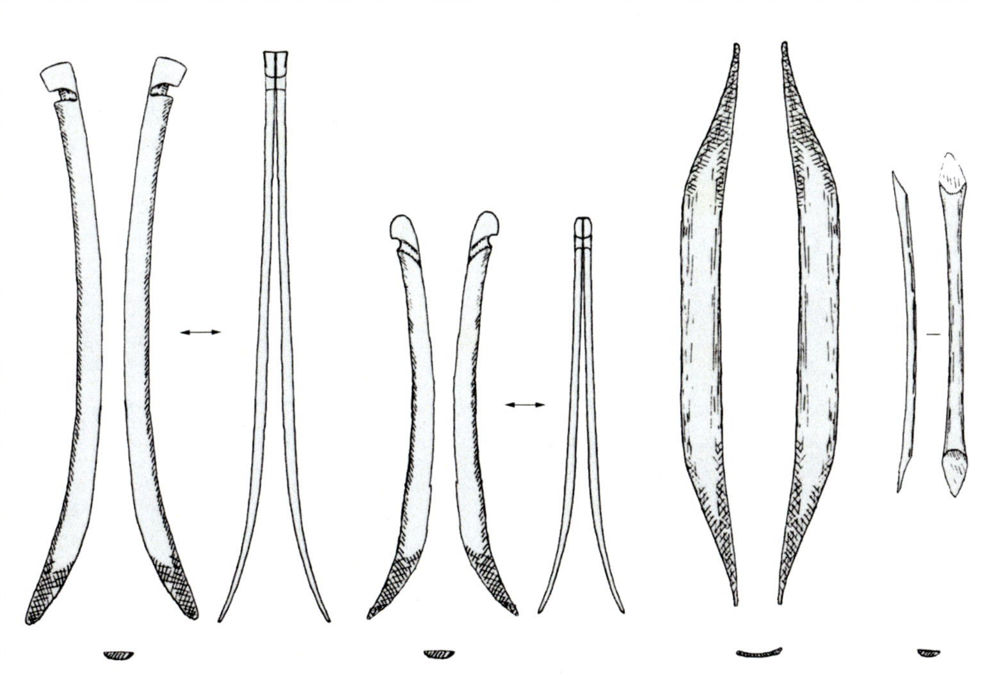

Abb. 52: Die Beschläge des Bogens von Wien (1930) Simmering als komplettierter Satz. Die Griffschalen sind 39 cm lang. Bein. Nach den Zeichnungen Johannes von Kalmárs. Um 400 n. Chr.

Bogenenden auch auf eine Verwendung von Skelettknochen zurückzuführen sind. Dadurch stabilisierte man die im Vergleich zu Geweih fragileren Armierungen. Zwar sind Skelettknochen für den Bogenbau, wie das oben erläuterte Fundstück aus Masada, Israel, zeigt, nicht auszuschließen, dennoch könnte es sich in Wien (1930) Simmering eher um die Geweihsubstanz von Cerviden wie dem Rothirsch oder im mongolischen Raum dem Maral gehandelt haben. Soweit es sich anhand historischer Bogenfunde in Europa generalisieren lässt, ist Geweih für die Endbeschläge überkulturell bevorzugt worden[185]. Eine umfassende Übersicht als aktuelle Veröffentlichung auf breiter Datenbasis steht diesbezüglich aber international leider noch aus. So muss man für römische Bogen weiterhin Coulstons annotierte Materialliste von 1985 konsultieren.

Im Hinblick auf die technische Auslegung der beinernen Bogenbeschläge aus dem Grab von Wien (1930) Simmering (vgl. dazu oben die Liste am Ende von Kapitel 4.2.1.3) können folgende Kennzeichen summarisch festgehalten werden:

- die Hebelplatten sind im mittleren Drittel sehr kräftig ausgebildet und biegen danach ein;
- die Sehnenkerbe (ø 6 mm) des kürzeren Bogenarms ist rund, die des längeren ist eckig;
- der Abschluss des kürzeren Wurfarms liegt abgerundet, der des längeren verbreitert vor;
- die Form der Griffschalen ist trapezoidisch mit Endfortsätzen und oben leicht konkav;
- die langrechteckige Bodenleiste ist aufwärts gekrümmt mit zungenartigen Endbreiten.

5.3. Kompakte Armierungen und schlankere Bogenbaumöglichkeiten

5.3.1 Funktionalität hunnischer Hebelbeschläge im technischen Vergleich

Von Kalmár ging davon aus, dass beim Simmeringer Bogen die Nocken deshalb unterschiedlich ausgebildet waren, weil man unterm kantigen Ende des längeren Arms die Sehne verknotet und am kürzeren Pendant eine abnehmbare Sehnenschlaufe angebracht hatte. Dies verraten eingegrabene Abnutzungsspuren jeweils horizontalen und diagonalen Verlaufs[186]. Tatsächlich lässt sich ein Sehnenöhrchen über ein schmales Halboval leichter hinweg bewegen als über ein breites Trapez. Details wie diese liefern einem Indizien für einen gut durchdachten Entwurf und für bogenbauerische Qualität. Physikalisch betrachtet, handelte es sich bei Reflexbogen mit sehr langen Hebelenden um eine Sonderform statisch-rekurver Bogen. Der Niederländer Bob Kooi konnte mathematisch nachweisen, in welcher Weise die Hebelenden beim Pfeilauszug eine praktische Funktion erfüllen. Wichtig ist erstens die Winkelstellung. Sie sollte groß genug sein, um für den Schützen eine spürbare Erleichterung beim Spannen des Bogens zu schaffen. Sie darf aber nicht falsch eingestellt werden. Verliefe die ruhende Sehne annähernd parallel zu den Enden, dann bestünde bei einem stark reflexen Grad des Bogens ein hohes Gefahrenpotential für ein Umschlagen. Je länger man statisch-rekurve Kompositbogen auslegt, desto schneller verläuft der Rückschnellprozess der Arme. Kooi formuliert: „... Longer static recurve bows have a better static performance and also the greatest speed is obtained with the longest bow ... In bows with longer ears more recoverable energy can be stored in the fully drawn bow. For a good dynamic performance it is essential that the ears are light...[187]" Solche Phänomene sind, mit weitem Auszugsweg einhergehend, wahrscheinlich ein wichtiger Grund für die beachtlichen Dimensionen hunnischer Kompositbogen gewesen.

Die von früheren Forschern (wie Bóna) intensiv geführte Gespensterdiskussion dahingehend, dass die Waffengröße die Leistungsfähigkeit maßgeblich bestimmt hätte, ist allerdings irrig. Schließlich beeinflusste im Gegenzug das energieabsorbierend hohe Gewicht ausgedehnter und armierter Hebelenden den Wirkungsgrad negativ. So zeitigte jede Konstruktionsänderung eine Konsequenz, sei diese zum Besseren oder zum Schlechteren des Leistungsbilds der Kompositbogen im Wechselspiel mit Robustheit und Langlebigkeit im Feld[188]. Wohl wegen solcher komplexen Kausalitäten gingen Weiterentwicklungen jüngereisenzeitlicher Bogen mit paddelförmigem Grundriss in schleichenden Prozessen vonstatten, wobei man bewährte Grundformen lange beibehielt. Fortschritte wurden aber schließlich doch erzielt. Das lässt sich bei Bogen der Völkerwanderungszeit wie dem von Wien (1930) Simmering an der massiven Auslegung der Endbeschläge mit integriertem Übergang in die Wurfarme erkennen. Beides spricht für ein Minimieren von Bruchgefahr durch diese kompakte Auslegung. Der Wiener Bogen ist kein singulärer Vertreter dafür. Hebelplatten eines Bogens aus einem Barbarengrab des 5. Jh. n. Chr. bei *Singidunum* (Belgrad) am Donaulimes sind von ebensolcher Machart[189]. Dort könnte ebenfalls ein Hunne als Söldner bestattet worden sein. Die Stadt fiel 441 in die Hände der Hunnen und wurde 454 n. Chr. von Ostrom zurückerobert. Verwandt ist auch ein Hebelbeschlag als Fund aus der *Civitas Tropaeum* in der Provinz *Moesia inferior* in Rumänien. Auch dieses Bauteil ist am Wurfarmknie besonders stabil ausgelegt. Vergleichbar sind schließlich Beschläge eines zusammengesetzten

Bogens in einem hunnischen Stollengrab bei Kubej im Oblast Odessa. Dort enthielt Kurgan 8 als Teil der Beigaben für einen Krieger in Bestattung 2 einen Reflexbogen mit sage und schreibe über 39 cm langen und an den Übergangszonen in die Arme massiven Hebelplatten[190]. (Abb. 53) Außerdem waren Teile einer Goldblechzier für den Bogen, dreiflügelige Pfeilspitzen und ein eiserner Köcherhaken vorhanden.

Nach meiner Meinung wird anhand besagter Korrespondenzen bei den Artefakten zwischen dem nord-pontischen Raum, dem Balkan und Wiener Becken eine Optimierung fassbar. Im Gegensatz dazu muten einem viele Endbeschläge aus der vorherigen Kaiserzeit, wie etwa die Stücke aus Rainau-Buch, zierlicher an. Hebelenden des 4./5. Jh. n. Chr. wie im Grab Wien (1930) Simmering waren kompakter. Sie festigten sowohl die Nockenzonen als auch durch ihr seitliches nach außen Aufbiegen die Wurfarmknies in einem Zuge. Jenseits der Sehnenkerbe treten keulenartige Bogenenden als ein Stilmerkmal später auch bei Bogen der hunnischen Utiguren und Kutriguren auf. Sie zeigen sich ebenfalls bereits bei den Endbeschlägen eines Kompositbogens als Funde nahe des spätantiken Legionslagers *Aquincum* (Budapest). Die dort rudimentär erhaltenen Platten ähneln denen von Simmering und Kubej. Da sie aus den Schulterknochen eines Rinds angefertigt sind, wurde darüber gemutmaßt, ob es sich bei dem Reflexbogen um eine reine Funeralwaffe handelte. „... Die Parallelen dieser Bogenknochen bekräftigen die Datierung des Grabes von Bésci út [Straße bzw. Fundortname in Budapest, HR] in den Zeitraum Ende 4. bis Anfang 5. Jahrhundert ebenfalls. Das nahezu rechtwinklige Biegen des Endes der Beinplatten ist für hunnenzeitliche Bogen typisch ... J. Tejral hält den Krieger von Wien-Simmering für einen der Barbaren, die in römischen Diensten standen; solch ein Soldat mag auch der an der Bésci út bestattete Bogenschütze gewesen sein...[191]"

Der Budapester Bogenfund lässt sich durch ein Rückenmesser, die Beschläge und den Griff eines Eimers als eventuell gemeinsame Grabbeigaben ergänzen. Solche Eimer gehörten bei wohlhabenden Germanen zwischen Elbe und Loire bis nach England zum Geschirr für Gelage. All dies lässt interessante Überlegungen zur Nutzungsgeschichte der Schusswaffe zu.

Margit Nagy erläutert: „... Der Bogenkrieger jedenfalls konnte seine letzte Reise ausgestattet mit einer römischen Glasflasche, einem eisenbandbewährten Trinkgefäß und anderen Gebrauchsgegenständen aus Eisen antreten. Den Grabbeigaben zufolge stand der Bewaffnete von Bésci út gleichermaßen in Beziehung zur hunnischen, zur germanischen und zur römischen Kultur...[192]"
Ich habe an anderem Ort bereits eine intensive Quellenkunde zum Thema der Aneignung von Reflexbogen durch Germanen erörtert[193]. Der Mischbefund von Bésci út könnte gut geeignet sein, in diese Liste aufgenommen zu werden. Als mittlerweile widerlegt darf die Meinung gelten, dass Hornkomposits bei den Germanen nie eine nennenswerte Rolle spielten[194].

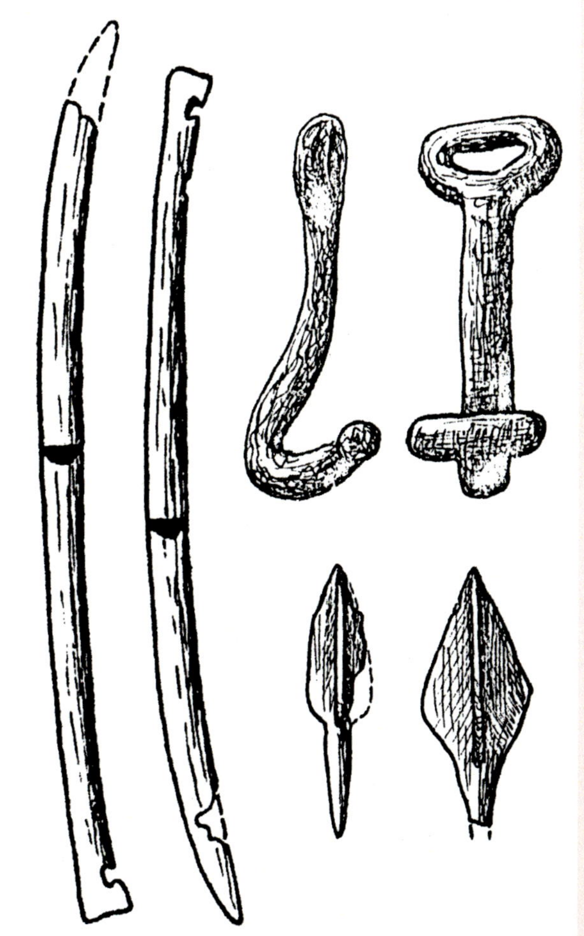

Abb. 53: Kompakte Bogenendbeschläge. Köcherhaken. Dreiflügelige Pfeilspitzen. Aus Grab 2 des Kurgans 8 der Nekropole von Kubej. Ukraine. Nach Bodo Anke. Um 400 n. Chr. Ohne Maßstab

5.3.2 Aneignungsmodelle für die späthunnische Bogentechnologie

Fast unverändert zeigen sich im Vergleich selbst zu deutlich älteren Vorläuferwaffen aus der reiternomadischen Welt, wie zum Beispiel in der Mongolei Shombuuziin-belchir Grab SBR-16, die Griffbeschläge des Simmeringer Bogens. Für Modifikationen trapezoidischer Schalen und einer Bodenleiste mit verbreiterten Enden bestand offenbar wenig Anlass. Veränderungen bei den Griffen lassen sich erst im Frühmittelalter feststellen, als awarische Bogen tendenziell kürzer und mit rekurveren Hebelenden ausgestattet waren. Im Zuge dessen führte man auch die Handhaben etwas gedrungener aus. Ein archäologisches Beispiel für den technischen Übergang hunnischer hin zu, konstruktiv betrachtet, „proto-awarischen" Bogen ist im Kurgan I von Avilovka, Oblast Belgorod in Südwestrussland, gegeben[195]. Die dortige Bestattung eines Kriegers entweder der Utiguren, Kutriguren oder frühen Bulgaren enthielt Griffschalen, die noch stark an jüngereisenzeitliche Formen erinnern. Mit drei (erhaltenen) Beschlagleisten für eines der Wurfarmenden liegen aber bereits Elemente einer kompletten Rundumstabilisierung ähnlich wie bei Awarenbogen vor, wo pro Hebelende vier Leisten und am Griff drei akurat einpasst wurden, was zusammengenommen sicherlich sehr arbeitsintensiv war. (Abb. 54)

Leider lässt es sich quellenkundlich nicht mehr nachvollziehen, ob ein ein ähnlicher Aufwand auch in Bogenmanufakturen des frühmittelalterlichen Byzanz betrieben wurde. Soweit es die wenigen vorhandenen Reflexbogenfunde oströmischer Provenienz wie in Caričin Grad oder der Crypta Balbi in Rom, ergänzt um Wiedergaben in der Ikonographie, anzeigen, wurden bis in justinianische Zeit und vielleicht auch darüber hinaus Reflexbogen des hunnischen

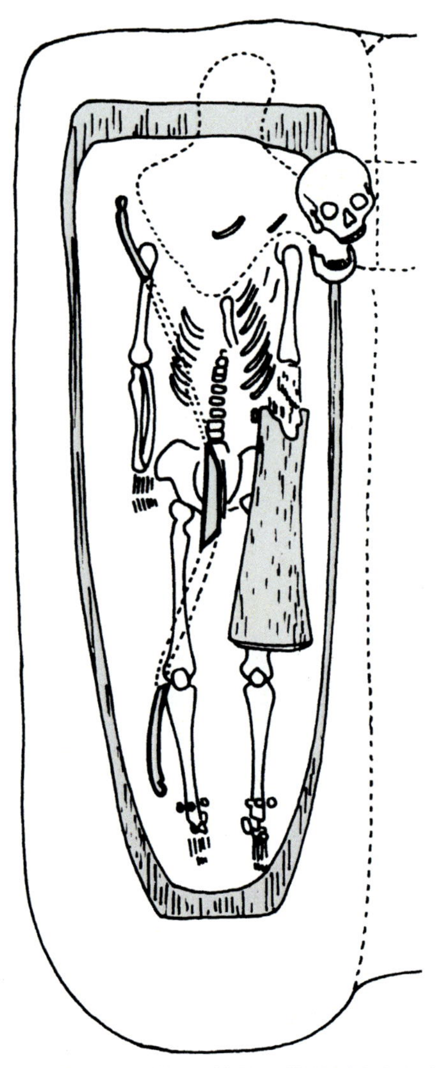

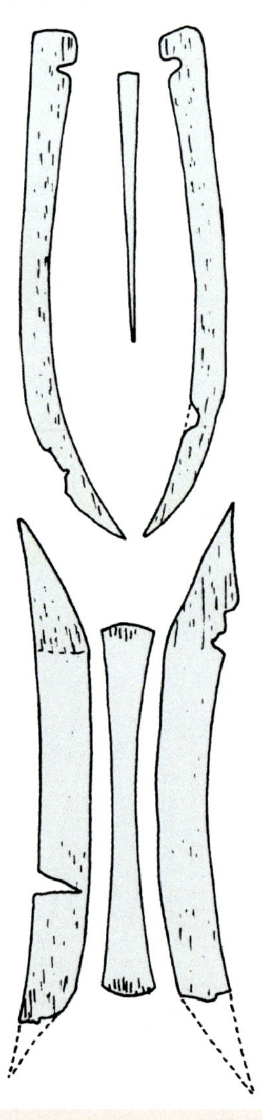

Abb. 54: Kriegergrab von Avilovka. Beinerne Beschläge eines "proto-awarischen" Reflexbogens in Teilerhaltung. Trapezoider Hüftköcher. Region Donezk, Ukraine. Nach Csanád Bálint. 6. Jh. n. Chr. Ohne Maßstab.

Typs gebaut. Ich denke zum Beispiel an das Bild eines solchen Bogens auf einer Silberschale aus dem Zweiten Schatzfund von Lambousa auf Zypern aus der Zeit des Kaisers Heraklios (610 bis 641 n. Chr.)[196]. Ein Kompendium zur frühbyzantinischen Bogenwaffe bietet Paul Westermayers *The development and decline of Romano-Byzantine archery from the fourth to the eleventh centuries* von 1996. Diese Masterarbeit an der Ohio State University ist aber mehr für die mittelalterliche Epoche interessant. Die Diskussion spätantiker Quellen geht darin nicht wesentlich über Coulstons Forschungsstand von 1985 hinaus.

An der mittleren und unteren Donau als Grenze zu von Osten her einfallenden Reitervölkern kommt das Problem eurasischer oder orientalischer Einflüsse für spätrömische Militärbogen verstärkt zum tragen. Der *Limes Pannonicus* wurde in der zweiten Dekade des 5. Jh. n. Chr. von den Römern aufgegeben. Vegetius schreibt um 400 n. Chr., die Waffen der römischen Kavallerie seien nach gotischem, alanischem und hunnischen Vorbild verbessert worden[197]. Bodo Anke meint im Hinblick auf die Beschläge für Qum-Darya-Bogen im Kastell *Intercisa* (Dunaújváros), dass hier „... Anzeichen für die Niederlassung der neuen Zuwanderer [vorliegen], die im Lager selbst noch ihre Bogen fertigten...[198]" Gemeint sind wohl Hunnen. Kritisch äußert sich Bóna. Er wendet ein, dass diese Bogen auch von Soldaten aus der Levante stammen könnten. Für *Intercisa* sind gemäß der *Notitia Dignitatum* (Occ. XXXIII, 38) *Equites sagittarii* gesichert. Früher ist die Anwesenheit einer Einheit aus Syrien, der *Cohors I milliaria Hemesenorum Aurelia Antoniniana sagittaria equitata civium Romanorum*, bezeugt. Lóránt gibt zu bedenken: „... Ágnes Salamon war die Erste, die im Bereich des Intercisaer *castellum*, und vor allem im Gebäude Nr. 3 (Badehaus), auf die Halbfertigerzeugnisse und Abfälle aufmerksam wurde, unter denen sich auch halbfertige Bogenverstärkungen und Kämme befanden. Auf Grund der Fundzusammenhänge hat sie die Werkstatt ins späte 4. bis ins 5. Jahrhundert datiert und von der Waffengattung ausgehend geglaubt, auf die auf Waffenherstellung spezialisierte Werkstatt einer Gruppe der hunnischen und alanischen *foederati* gestoßen zu sein. Ihrer Ansicht nach hat man die Bogenversteifungen wegen einer längeren Militäreinrichtung lokal produziert, und zwar, weil die zentrale Waffenversorgung diese Waffengattung (Bogen) nicht beliefern konnte. Betrachtet man die von ihr erwähnten Bogenversteifungen aus Intercisa im Ungarischen Nationalmuseum oder die im Dunaújvároser Museum, ist zu erkennen, dass sie den auch im römischen Heer benutzten Bogenversteifungen mehr ähneln als denen von hunnischem Typ. Unserer Meinung nach können diese Bogenversteifungen und eine chronologische Phase der Tätigkeit der Beinwerkstatt im Lager mit großer Sicherheit ins 3. Jahrhundert datiert werden, als in der Militärfestung die aus Syrien stammende Bogenschützeneinheit *Cohors Hemesenorum* stationiert war...[199]"

Der erwachsene Provenienzkonflikt ist schwer auflösbar. Man darf annehmen, dass die Spezifika späthunnischer Reflexbogen zuerst in reiternomadischen Milieus eine Verbreitung fanden. Sukzessive Übernahmen bei der Produktion in römischen *fabricae* bzw. *arcuariae* stehen im Raum. Die Geschichte zeigte ja auch bisher, dass sich Innovationen im Bogenbau nur selten auf nur einen Kulturraum beschränkten, wenn sie von Zeitgenossen als vorteilhaft erkannt und übernommen wurden. Heute als gravierend erscheinende Modifikationen mögen schrittweise eingetreten sein. Varianten bestanden geraume Zeit nebeneinander. Werner gibt zu bedenken, dass zu den Besatzungen pannonischer Kastelle auch alanische Reiter gehören konnten: „... die Lieblingsgarden Gratians z.B. bestanden aus Alanen...[200]" Sarmatische Krieger in römischen Militärdiensten sind als Rezipienten und Vermittler hunnischer Bogen in ihrer robusten Endausprägung mit in Betracht zu ziehen: „... On the other hand, it must not be neglected the eventual role of the Sarmatian elements from the auxiliary Roman troops or from those colonized in the Dobrudja as *foederati*. The remains of such Sarmatian ethnic elements were archaeologically traced in the necropoles of some fortresses in Scythia Minor [die antike Region *Mikrá Skythia* südlich der unteren Donau, HR] ... A funerary inscription discovered at *Tomis*, dated by the most reseachers from the 5th–6th centuries, reminds the name of 'Atala, the son of Tzeiuk', personage that was from a *sagittarioi*-unit ... Some researchers consider that they were Christian Huns, others believe that they were Germanics or Turanic Protobulgarians. As far as the *sagittarii*-unit from *Tomis* is concerned, it was identified most often with a *vexillatio comitatensis* separated from *Equites sagittarrii iuniores* mentioned in *Notitia Dignitatum* (Or. 8, 31) as it activated in the Thracia Diocese...[201]"

5.4 Ikonograhische Quellen für Kompositbogen in der Spätantike

5.4.1 Fantastiebogen und Bogenchimären in der spätrömischen Kunst

Versuchen wir, der bisherigen Methode treu bleibend, nach einer Diskussion archäologischer Funde dazu passende Bilder aufzutun, dann ergibt sich eine Schwierigkeit dahingehend, dass es am Ende der Antike in Europa im Vergleich zur vorherigen Kaiserzeit nur relativ wenige Quellen mit Wiedergaben zeitgenössischer Militärausrüstung gibt. Dies hat mehrere Gründe. Grabmäler einer soldatischen Erinnerungskultur wie in der frühen und mittleren Kaiserzeit sind in Phasen großer Reichskrisen kaum mehr aufgestellt worden. Auch die zunehmende Christianisierung trug zum Rückgang solcher Sepulkralkunst bei. Manchmal hat man Bogen mit einer archaischen Gestaltgebung in Luxusgüter wie kostbare Zierteller oder in Metalltabletts einziseliert.

So zeigt die Corbridge Lanx aus dem 4. Jh. n. Chr., die 1735 am Fluss Tyne nicht weit vom Hadrianswall gefunden wurde und vom British Museum aufbewahrt wird, zwei gräzisierte Fantasiebogen mit Vogelkopfenden in Händen der Gottheiten Apollo und Diana. Auf der sogenannten Briseis-Schale, die man im Jahr 1656 aus dem Rhônebett bei Avignon fischte, werden im Rahmen einer Episode aus dem Troja-Mythos neben weiteren anachronistischen Waffen auch skythische Bogen dargestellt. Als eine neue Quellengattung treten an der Schwelle zum Mittelalter illuminierte Codices ins Blickfeld. Angaben zu Pfeil und Bogen bieten der *Vergilius Vaticanus* und der *Vergilius Romanus* in der Apostolischen Vatikansbibliothek. Sie widmen sich mit farbenfrohen Bildern auch von Waffen Vergils Epos über Aeneas.

Im Vatinkanischen Vergil wird ein Reflexbogen im Rahmen eines Gefechts zu Fuß gezeigt[202]. Der Schütze gibt Schild- und Lanzenträgern Flankenschutz, was einen Eindruck vom Gebrauch im Infanteriekampf vermittelt. Die Illustration geht mit ihren Merkmalen zur Waffengattung allerdings nicht über durchschnittliche Qualitätsstandards hinaus. Im Römischen Vergil findet man alle Reflexbogen mit einer separierten Handhabe ausgestattet. Das ist für Qum-Darya-Bogen realistisch. Auch auf zahlreichen Prunktellern der Sasaniden finden wir ja diesen Bogentyp häufig mit einem vergleichbar separierten Griff. Unpassend sind demgegenüber die Wurfarme gezeichnet. Sie scheinen stilistisch mehr dem *Scythicus arcus* mit einer peitschenartigen Form verpflichtet zu sein. Daraus entstehen regelrechte Chimären aus Qum-Darya-Bogen mit der Zugabe eines Merkmals skythischer Bogen. (Abb. 55) Für in der Kunst versierte Angehörige der römischen Welt waren solche, eventuell bewusst antikisierenden Anmutungen vielleicht unproblematisch (s.a. Abb 175). Heute erstaunt der artifzielle Stilmix allerdings. Es wurde ein überliefertes Element aus der antiken Ikonographie mit jüngeren Reflexbogen verflochten. Kunstgeschichtliche Studien haben sich diesem Phänomen bisher kaum gewidmet. Es fand aber eine folgenreiche Mixtur statt. Bogenklischees mit einem separierten Griff, unpassend kombiniert mit skythischen Wurfarmen, lebten bis zur Neuzeit in Europa, siehe etwa die berühmte Statue auf Londons Piccadilly Circus, stereotypisch fort. Wer kennt nicht die vielen pfeilschießenden Amoretten oder Diana-Sujets in der Kunst der Renaissance und des Barock, deren Skythenbogen mit einer Art Pistolengriff nichts anderes sind als modifizierte Varianten römischer Bilder, wie man sie bereits im *Vergilius Romanus* antrifft?

Abb. 55: Turnus und Aeneas im *Vergilius Romanus* (fol. 188v). Fiktiver Reflexbogen in Kombination einer separierten Griffpartie mit Wurfarmen des skythischen Designs. Frühes 5. Jh. n. Ch

In die Ära der Spätantike datiert ein großes Jagdmosaik aus einer römischen Villa in Daphne. Es befindet sich heute im Worcester Art Museum in England[203]. Daphne war ein Erholungsort in den Hügeln oberhalb

Antiochias im frühbyzantinischen Syrien. Einem ganzen Panoptikum von Bestien wird darauf zu Fuß oder zu Pferd nachgestellt: Löwe, Tiger, Leopard, Bär, Schwein, Hase, Hirsch und Steinbock. Meistens agieren die Jäger mit Lanzen, teils auch mit Schild und Schwert, ein anderer mit einem großen Reflexbogen. Dieser reitende Schütze hat eine Hirschkuh getroffen und schickt sich an, mit einem dritten Pfeil einen pfeilverwundeten Löwen zu erlegen. Die Waffe ist mit separiertem Griff und mit breiten Armen dargestellt. Auf Wiedergaben armierter Hebelenden wurde allerdings weitgehend verzichtet, so dass auch dieser Bogen graeco-skythische Wurfarme als quasi konventionelle Fehlattribute aufweist. Erneut muss darauf hingewiesen werden, dass dies nur unauthentisch für Reflexbogen in der Spätantike sein kann. Ein Motivmischmasch aus der hellenisierten Kunst Roms konglomeriert mit sasanidischen Vorbildern scheint dafür verantwortlich gewesen zu sein. Warum aber vor allem Kompositbogen an dermaßen inkorrekter Wiedergabe leiden, während Lanzen, Schilde und Schwerter im Objektwert zeitgenössisch sind, mag neben dem Einfluss klassischen Stilempfindens auch daran liegen, dass Bogen per se verhältnismäßig schwierig abzubilden waren und man künstlerseitige Eigenwilligkeiten in Kauf nahm. Insofern wurde vom Publikum hier wohl auch keine pedantische Darstellungsgenauigkeit erzwungen.

5.4.2 Chinesische, koreanische und persische Bilder von Hunnenbogen

Es gibt Wiedergaben hunnischer Reflexbogen von Reitervölkern oder deren Nachbarn weiter im Osten Eurasiens selbst. Man kann auf Felsbilder sowie auf Skulpturen zurückgreifen[204]. Häufig sind die Bogen dort aber krude dargestellt, was Interpretationen erschwert. Auf dem Territorium der sogenannten Südlichen und Nördlichen Dynastien Chinas (420 bis 581 n. Chr.) sehen Wiedergaben technisch genauer aus. Einen asymmetrischen Hunnenbogen hat man zum Beispiel auf einem Fresko in einem Raum des Weltkulturerbes Dunhuang (Mogao-Grotten) am Ostrand der Taklamakan festgehalten[205]. Buddhistische Mönche zeichneten einen gepanzerten Schützen zu Fuß. Der Qum-Darya-Bogen besitzt einen schrägen Sehnenverlauf nach dem Ablass. (Abb. 56) Datierungen des Malstils schließen das 5./6. Jh. n. Chr. mit ein[206]. Es bietet sich hier übrigens auch ein früher Beleg für einen Hüftköcher mit kragenförmiger Öffnung. Solche sich ähnlich wie eine Sanduhr verbreiternden Köcher, siehe auch den Fund von Avilovka, lösten seinerzeit Röhrenköcher ab. Im Sarg des Kriegers von Wien (1930) Simmering lag ein Pfeilbündel am linken Fuß nach unten weisend. Das spräche dafür, dass eine Röhre niedergelegt wurde, sofern man nicht, ein im Kult von Nomaden hin und wieder geübter Brauch, natürliche Gebrauchsgegenstände verkehrt herum einbrachte, was auf spezielle Jenseits-Vorstellungen zurückging[207]." Hunnische Reflexbogen liegen in Form beinerner Beschläge als Funde bis nach Nordkorea vor: „... Der östlichste Fund ist eine komplette Garnitur Beinplatten aus einem Grabe des 4. Jh. n. Chr. von Pyöngyang in Nordkorea ... Gefunden 1932 auf dem Bahnhofsgelände...[208]" Gute Entsprechungen gibt es auf Fresken in monumentalen Gräbern des Koguryo-Reichs im Norden der

Abb. 56: Schütze mit einem asymmetrischem Hunnenbogen. Trapezoider Hüftköcher. Ausschnitt eines Freskos in den Höhlen von Dunhuang. Provinz Gansu, China. 5./6. Jh. n. Chr. Ohne Maßstab.

Halbinsel. Sie datieren in eine Zeit, als die Koreaner sich von China politisch emanzipierten. Diese Malereien zeigen auch Krieger oder Jäger zu Pferd mit Hunnenbogen. Interessant sind stufige Pfeilspitzen, wie man sie ähnlich aus hunno-sarmatischen Kontexten kennt. Darüber hinaus treten zwei waffentechnische Innovationen im Reich Koguryo sowie auf Bildern der Nördlichen Wei in China in Erscheinung: Es handelt sich um flache, halbhohe Köchertaschen, separat getragen an der Hüfte zum Reihentransport von Pfeilen anstelle einer Bündelung in sperrigen Tuben sowie um die Nutzung massiver Steigbügel. Solche neuen Ausstattungen greifen nach Europa aber erst wesentlich später über. Metallsteigbügel brachten die Awaren mit. Als ein Ursprung dafür scheint der von posthunnischen Reitervölkern besiedelte sinomandschurische Großraum im 4./5. Jh. n. Chr. maßgeblich gewesen zu sein.

Die Silhouette eines unbespannten Bogens der Qum-Darya-Gattung kommt von einem für eine solche Quelle unerwarteten Fundort in Nordhessen. Aus Grab 17 des zweiten Viertels des 7. Jh. n. Chr. vom germanischen Bestattungsplatz bei Niederhone nahe Eschwege sind drei silberne Pressbleche mit Bildmotiven überkommen. Es handelte sich um ein Kriegergrab, das alt beraubt wurde. Ihre handwerkliche Ausarbeitung erfuhren die Phaleren vermutlich im alamannischen Südwestdeutschland. Für das Hauptmotiv sind geographisch entferntere Regionen evident. Die mit 16,5 cm Radius größte Scheibe zeigt eine sitzende Frau mit einem unbespannten Reflexbogen in Händen. (Abb. 57) Das ist ein für germanische Verhältnisse überraschendes Bildangebot. Bei der weiblichen Gestalt könnte es sich ikonographisch um die orientalische Jagd- und Fruchtbarkeitsgöttin als Herrin der Tiere bzw. um die sogenannte *Diana Persica* im Sasanidenreich handeln[209]. Der Qum-Darya-Bogen darauf ist symmetrisch und besitzt gerade Hebelenden, deren Längen etwa denen der flexiblen Wurfarme gleichen. Die Winkel zu den Armen betragen maximal 45 Grad. Die biegsamen Segmente gehen in einem leichten Deflex von der Mitte ab. Die Handhabe bleibt hinter den Knien der Gottheit verborgen. Alle Proportionen des Bogens sind authentisch wiedergegeben. Als Vorlage dafür kommt die Kontur eines spätsasanidischen Kompositbogens in Frage.

Die Phalere von Eschwege-Niederhone ist bogenkundlich äußerst wertvoll, weil sie ein ganz seltenes Bildbeispiel für einen unbespannten Reflexbogen des hunnischen Designs bietet. Im Vergleich mit den zitieren Bogenfunden beispielsweise aus Niya (s.o. Abb. 40, s.u. Abb. 167) zeigen sich praktische Korrespondenzen mit erhaltenen Gebrauchsbogen der Gattung. Die Phalere kann im Hessischen Landesmuseum in Kassel im Original begutachtet werden[210].

Wie solche Waffen beim Vollauszug aussahen, zeigt uns ein Schauteller aus dem Iran mit der Jagd eines sasanidischen Königs des 5./6. Jh. n. Chr. (Abb. 58) Es könnte sein, dass es sich dabei um Chosrau I. (531 bis 579 n. Chr.) handelt. Gut beobachtet hat der Künstler die Griffhaltung, die sich für den Schützen aufgrund der ungleichen Bogenarme ergibt. Interessant sind auch an kurzen Fäden hängende Quasten unmittelbar vor dem von zwei hülsenartigen Dämpfern umschlossenen Wurfarmknie. Am Griff befindet sich eine schräge Wicklung. Man achte ferner auf die routiniert anmutende Ausführung der Sasanidischen Spannweise.

Abb. 57: Silberne Phalere von Eschwege-Niederhone, Grab 17, mit *Diana Persica*. In deren Händen ein unbespannter Qum-Darya-Bogen. Sasanidisches Motiv. Beigabe des 7. Jh. n. Chr. Ohne Maßstab.

Abb. 58: Persischer König beim Vollauszug eines großen Qum-Darya-Bogens. Pfeilanlage links am Griff. Pfeilhand mit Spannhilfe. Sasanidischer Prunkteller aus Persien. (D. 30,5 cm.) 5./6. Jh. n. Chr.

5.5 Rekonstruktion des Reflexbogens von Grab Wien (1930) Simmering

5.5.1 Projektbeschreibung, methodisches Vorgehen und gewonnene Resultate

Das Datum 375 n. Chr. gilt als Schlüsseljahr für den Einbruch reiternomadischer Horden der Hunnen und Alanen in den von Gotenstämmen dominierten Nordschwarzmeerraum. Es folgte die historische Konfrontation des barbarischen Großverbands mit Ost-/Westrom. Metallene Steigbügel oder Pfeiltaschen wie im Fernen Osten nutzten Reiterkrieger hunnischer Despoten wie Bleda und Attila zwar keine, interessant ist aber die Frage, ob die militärisch zuerst sehr erfolgreichen Hunnen den durch industrielle Produktion in zentralen *fabricae* ausgerüsteten Feldheeren Roms eigene Neuentwicklungen an Kriegsgerät entgegensetzten? Berüchtigt ist der Gebrauch von Lassos im Kampf, was ältere Quellen auch für die Sarmaten angeben[211]. Aus der Phase der hunnischen Machtentfaltung in Osteuropa sind mit dünnem Goldblech überzogene „Scheinbogen" bekannt. Sie waren für ihre Besitzer Hoheits-, Macht- und Würdesymbole[212]. Ein goldverzierter Bogen bzw. eine so ausgestattete Holzattrape ohne Schussfähigkeit befand sich übrigens bereits im skythenzeitlien Grab 5 von Aržan 2. Goldene Bogen als Herrschaftsinsignien waren also kein Spezifikum der Hunnen. In der Literatur des 20. Jh. wurden hunnische Bogen gerne als die Überlegenheitswaffen schlechthin tituliert. Das muss insofern verwundern, als wir heute erkennen, über welche lange und überkulturelle Geschichte die Bogengattung verfügte, viele Jahrhunderte bevor die Große Völkerwanderung begann. Technische Entwicklungen führten zwar zu den oben geschilderten Modifikationen, fraglich ist es allerdings, ob jene die Leistung hunnischer Bogen extrem steigernde Effekte bewirkten? Spekulationen über fast schon mythische Kampfmittel der attilazeitlichen Reiterei sollte durch den Nachbau des Simmeringer Reflexbogens begegnet werden.

Als Grundlage des an anderem Ort ausführlich beschriebenen Rekonstruktionsprojekts von Rutschke und Riesch, dienten die auf den Artefakten aus Wien vorliegenden Abmessungen, Winkelgrade und Bearbeitungsspuren[213]. Weitere

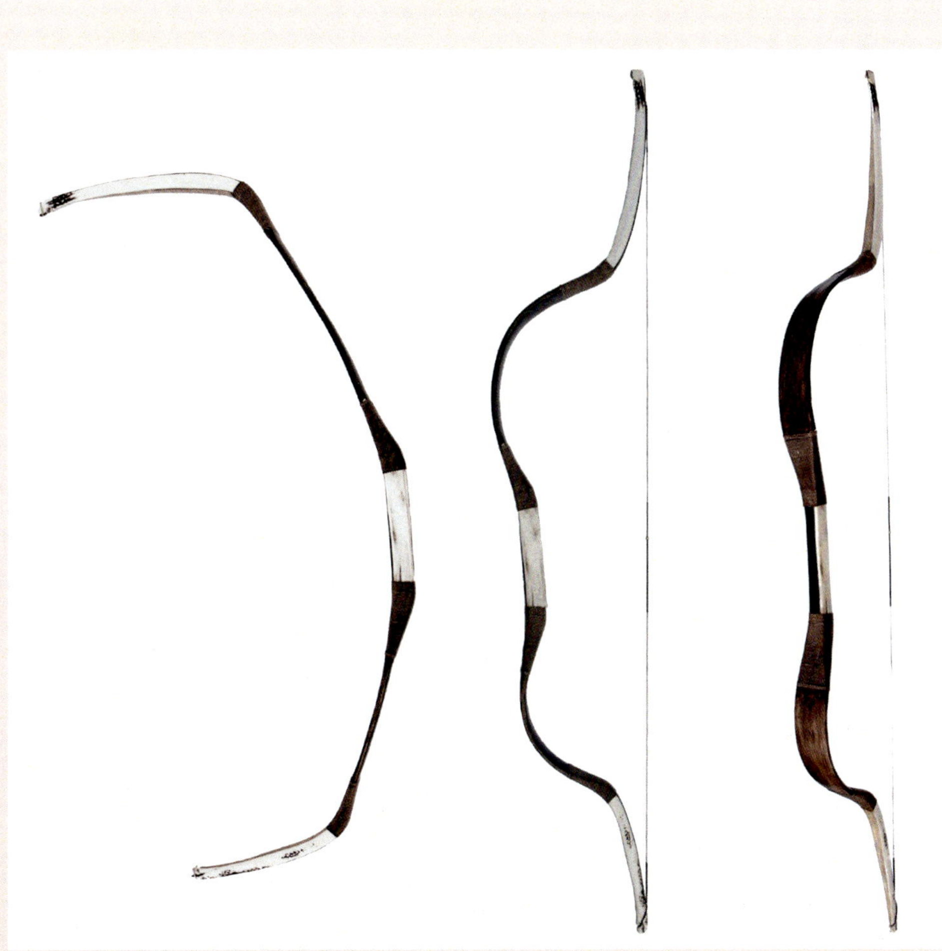

Abb 59: Der Hunnenbogen von Wien-Simmering als Idealrekonstruktion. Materialien: Holz, Horn, Sehnen, Bein, Zwirn, Rohhaut. Sehnenlänge 145 cm. Nach Rutschke und Riesch. Ohne Maßstab.

Details wurden näherungsweise errechnet. Zum Tragen kamen Auswertungen von Bildquellen, Vergleichsfunde sowie Röntgenbilder und Explosionszeichnungen von Bogenfunden. Die fünf Bogensektionen, bestehend aus den Hebelarmen, biegsamen Wurfarmen und Griff, wurden genau analysiert und berücksichtigt. So entstandt ein Prototyp der anzufertigenden Waffe und ein Gesamtkonzept für die Herstellung. In Frage kommendes Material, die Holzarten, den Hornbelag (Büffelhorn) und Sehnen von Cerviden wählten wir historischen Vorgaben gemäß aus. Als geeignete Hölzer benutzten wir folgende Arten: Wildkirsche, Ahorn und Pappel. Wildkirschholz eignete sich wegen seiner elastischen Eigenschaften gut für den biegsamen Rahmenteil. Ahornholz wurde im Griff verbaut. Für den Aufbau der Hebelenden wurde das leichte, aber feste Zitterpappelholz (Aspe) gewählt. Der Rahmen des Hunnenbogens wurde auf dem Rücken mit Tiersehnen (Beinsehnen von Reh und Hirsch) belegt. Die Hebel- und Griffbeschläge bestehen aus Geweih. Das Endergebnis ist ein etwa 160 cm langer und mit rund 940 g recht schwerer Bogen. (Abb. 59) Die Standhöhe der Sehne und der diagonale Verlauf über dem Korpus sind abhängig von den Winkelstellungen und Längen der starren Endpartien bzw. durch technische Vorgaben bedingt.

Angesichts der langen Hebelenden und des beeindruckenden Bogenreflexes ist ein schnelles Aufziehen der Sehne nicht möglich, weder heute, noch kann dies in der Spätantike anders gewesen sein. Deshalb mussten solche Schusswaffen im Einsatz über längere Zeit bespannt bereitgehalten werden. Das erleichtern die 6 cm breiten und eo ipso flachen Wurfarme. Sie verhindern nicht nur ein Verwinden der Konstruktion, sondern weisen anders als schmalere und dickere Arme ein geringeres *string-follow* (engl.) auf. Damit wird das für die Leistung traditioneller Bogen schädliche Erscheinungsbild beschrieben, das nach intensivem Gebrauch oder langer Aufspannphase durch ein Verbiegen der flexiblen Sektionen in Auszugrichtung entsteht. Hier sind Hunnenbogen vergleichsweise unempfindlich. Dickere Wurfarme werden generell mehr gestaucht und behalten dauerhaft mehr unerwünschte Kompression als breite und flache. Die Arme spâthunnischer Reflexbogen fallen dafür relativ massereich aus und übertragen, ideal betrachtet, weniger Energie auf einen Pfeil, als es bei Bogen mit leichteren Armen wie etwa dem Yrzi-Bogen der Fall ist. Unser Hunnenbogen ist dennoch ein effizientes Schießgerät. Die originale Spannstärke konnte naturgemäß nicht mehr exakt nachgebildet werden. Wir wählten dafür Werte von je nach Pfeilauszugsweg zwischen 50 bis 70 lb, wie sie in Anbetracht von Empfehlungen in historischen Quellen und experimenteller Erprobungen fürs reiterliche Bogenschießen in historischer Zeit plausibel nachvollziehbar sind[214]. In der funktionalen Handhabung ließen sich alle praxisrelevanten Aspekte der Konstruktion erkennen. Die folgende Tabelle gibt wichtige Bogendaten und praktische Messergebnisse an:

Bogenlänge (über den Rücken gemessen)	160,5 cm
Bogenlänge bespannt (über alles)	147 cm
Sehnen-Material und Sehnenlänge	Versuche: Fastflight-Sehne aus Polyethylen 16 Strang Rekonstruiert: Rohhaut, 2-Strang. Beide 145 cm
Asymmetrie: Bogenteillängen ab Griffmitte	Verhältnis 9 : 7
Sehnen-Standhöhe über Griff	17 cm
Max. Sehnenstandhöhe über den Wurfarmen	Oberer: 25 cm Unterer: 19 cm
Holzrahmen (ohne Hebelenden): Länge zu Breite zu Tiefe	161 cm zu 6 cm zu 0,4 cm
Hebelenden, Länge bis „Knie" oben unten	34,8 cm 24,8 cm
Dicke der Sehnenschichten am Rücken	3 mm
Hornschicht-Dicke	3–4 mm
Rückspannung zum Aufleimen der Sehnen Rückspannung zum Aufleimen der Hornschichten	40 cm 40 cm
Zuggewicht bei 70 cm Pfeillänge Zuggewicht bei 75 cm Pfeillänge Zuggewicht bei 80 cm Pfeillänge	ca. 22,7 kg (50 lb) ca. 27,2 kg (60 lb) ca. 31,7 kg (70 lb)
Bogengewicht ohne Sehne	940 g
Pfeilgeschwindigkeit Standard-Holzpfeil 33 g (bei Auszug von 70 cm, gemessen an Vorderkante)	48,77 m/sec (160 ft/sec)

Schusstests mit authentisch reproduzierten Pfeilen vermittelten einen guten Eindruck vom beachtlichen Potential der Waffe. Eschenholzpfeile von 75 cm Länge erreichten bei einer Masse von 42 Gramm inklusive dreiflügeliger Spitzen (s.o. Abb. 83) Schussweiten um 150 m. Mit längeren Pfeilen über 80 cm und weiterem Auszugsweg können auch Flugstrecken um die 180 Meter erzielt werden. Dreiflügelige Pfeilspitzen haben eine gute Windschlüpfrigkeit (Strömungswiderstandskoeffizient). Ballistisches Weitschießen war in der Spätantike auf der Jagd oder beim Reiterkampf aber nicht ausschlaggebend für den Erfolg der Bogenschützen. Ich weise in dem Zusammenhang auf eine passende Stelle im *Strategikon* des oströmischen Kaisers Maurikios hin, in der es heißt:

„... *Betreffend die Tiefe der Linien genügt es für jede Schwadron nach dem traditionellen Plan, wie die Alten schrieben, dass sie vier Mann beträgt, weil mehr als dieses Maß keinen Nutzen und Zweck hat ... Es entsteht auch keine Hilfe für die erste Reihe, d.h. für die in der Front aufgestellten Soldaten, aus der größeren Tiefe, seien es Lanzenkämpfer oder Bogenschützen. Die Lanzenkämpfer können nämlich nach dem vierten Mann nicht mehr ihre Vordermänner erreichen, die Bogenschützen aber sind gezwungen, wegen der Vordermänner in die Höhe zu schießen, und ihre Pfeile werden dadurch im Treffen gegen die Feinde wirkungslos. Und wer darüber im Zweifel ist, lasse sich durch die Erfahrung selbst überzeugen. Daher hielt man also eine Tiefe von vier Gliedern für genug...*[215]"

Wenn Reichweite im ballistischen Bogenschießen für Krieger zu Pferd kein zentralwichtiges Kriterium gewesen ist, was machte die Gefährlichkeit späthunnischer Bogen dann aus? Die hohe Vorspannung, als ein gemeinsames Resultat der vorliegenden Winkelgrade der Wurfarme zum Griff und der Hebelenden mit rekurven Übergängen, bewirkt nach dem Ablass einen relativ abrupten Stopp der Sehne. Er fällt stärker aus als bei vergleichbaren Bogen ohne eine solche konstruktive Disposition. Damit bezweckte man vermutlich ein dynamisches Phänomen mit dem Ergebnis einer finalen Zusatzbeschleunigung des Pfeils, nach Rutschke eine Art von Kickeffekt. Es dürfte sich um eine Optimierung des Leistungsbilds von Qum-Darya-Bogen handeln. Der Auszug gestaltet sich aufgrund der mechanischen Vorteile langer Hebelenden relativ weich. Die Asymmetrie erleichtert ein schnelles Bewegen des schweren Kriegsbogens zu Pferd ohne Steigbügel. Der kürzere Arm lässt ein rasches Schwenken trotz der beträchtlichen Bogengröße zu.

5.5.2 Überlegungen zum Status späthunnischer Kompositbogen in Europa

Der Gebrauch physisch massiver Armierungen erbrachte substantiell mehr Robustheit und Haltbarkeit der Bogen. Das leitet zur Frage über, ob jene Eigenschaften als Mehrwert einem Einsatz in den feuchtgemäßigten Klimaten Europas entgegenkamen? Ein bedenkenswerter Nebeneffekt könnte übrigens auch das Phänomen mit einschließen, dass Reiterbogen nun erstmals auch für Germanen attraktiver wurden, wo Fürsten und wohlhabende Krieger sich das Schießen der Hunnen bisweilen zum statusgemäßen Vorbild nahmen. Historisch ältere Qum-Darya-Bogen sind meist aus Steppen und Wüsten Asiens oder im Falle des römischen Militärs aus Kasernen überliefert, wo wettergeschützte Aufbewahrungsorte bestanden. Selbst dort hat man die seinerzeit relativ dünnen Hebelenden aber bisweilen dicht mit Sehnenfasern überklebt oder wie beim Rainau-Bucher Fundbeispiel aus dem 3. Jh. n. Chr., den dort diagonal über die äußeren Flächen der Hebelplatten verlaufenden Ritzschraffuren nach zu schließen, Umwicklungen mit Sehnengarn vorgenommen. Dass die Wiener Bogenbeschläge komplett einbandagiert waren, ist wegen der lediglich randseitigen Parallelschraffuren auf Von Kalmárs Zeichnungen unwahrscheinlich. Immerhin wurden die obligatorischen Sehnenfaserbündel auf dem Bogenrücken bis weit jenseits der flexiblen Zonen zu den Nocken hin aufgeklebt. Auch eine solche Maßnahme ergibt prinzipiell nur als Sicherheitsdreingabe einen praktischen Sinn. Schützende Bezüge aus dünnem Leder oder Pergament, wie sie auf der Rekonstruktion angebracht wurden, mögen sich oberseitig auf den Wurfarmen befunden haben.

Eine der wichtigsten in unserem Projekt gewonnenen Erkenntnisse besteht darin, dass Qum-Darya-Bogen der Attilazeit verglichen mit ihren sarmatischen, orientalischen oder römischen Vorgängern (siehe zum Beispiel die Funde von Porogi, Iža-Leányvár, Rainau-Buch) oder Zeitläufern (Carnuntum) keine sogenannten Wunderwaffen im Hinblick aufs Leistungsvermögen gewesen sein können. Sie besaßen vor allem eine verbesserte Robust- und Kompaktheit. Eine schlankere Produktion darf man dem ebenfalls zuschreiben. Hier werden für die Hunnen echte Benefits bestanden haben, die für hochmobile Gruppen lange strategische Nutzungsphasen und ob der per se relativ komplexen Bogenfertigung auch einen mehr oder weniger raschen Waffenersatz ermöglichten. Der Status einer Kriegsverläufe entscheidenden Ausrüstung, basierend auf Mehrwerten von Reflexbogen, die nur die Hunnen herzustellen oder auszunutzen vermochten, kann den Vertretern in Mittel- und Osteuropa, also der in Wien (1930) Simmering, Belgrad, Budapest oder Odessa vorliegenden Ausprägung, jedoch nicht zukommen.

Historiker wie Ammian oder Jordanes folgten beim Lob des hunnischen Bogenschießens auch stilistischen Topoi. Wesentlicher waren – für unerfahrene oder numerisch unterlegene Gegner desaströse – Angriffs-, Wende- und Einkreisungsmanöver:

> „... *Leichtbewaffnet und plötzlich zum allgemeinen Verderben auftauchend, stieben sie absichtlich auch schnell wieder auseinander und verteilen sich wie in einer ungeordneten Aufstellung. Hin und her sprengend, richten sie ein entsetzliches Blutbad an, und bei ihrer blitzartigen Geschwindigkeit bekommt man sie kaum zu Gesicht, wenn sie in eine Befestigung einbrechen oder ein feindliches Lager ausplündern. Aus folgendem Grund muss man sie wohl für die gefährlichten Kämpfer halten: Sie schießen aus der Ferne mit Pfeilen, die statt der herkömmlichen Spitzen höchst kunstvoll mit scharfen Knochenstücken versehen sind...*[216]"

Solche Strategien waren für den berittenen Kampf mit Bogen aber immer schon charakteristisch. Im *Strategikon* heißt es etwa über die Kriegslisten der Awaren:

> „... *Andere aber stellen einen Teil des Heeres zur Schlacht auf, aber nicht den größeren, sondern den kleineren. Im Treffen wenden sich die Aufgestellten freiwillig zur Flucht, und wenn die Feinde sie ohne Ordnung verfolgen und den Ort des Hinterhalts passiert haben, brechen die Soldaten hervor, die sich verborgen hielten und greifen die Feinde im Rücken an. Dann kehren auch die Fliehenden zur Schlachtaufstellung zurück und nehmen die Feinde in die Mitte. Das machen fast alle skythischen Völker...*[217]"

Im Altertum wurden Reiterbogen nur selten fundamental erneuert. Es gab lange Phasen mit einem Beharren an überkulturell erfolgreichen Mustern. Dies konnte dennoch Modifikationen beinhalten. Die Waffennutzung fand im Spannungsfeld von Tradition und Fortschritt statt. Wichtig waren eine gute Ergonomie, hohe Verlässlichkeit und hervorragende Performance im Feld. Die historische Übersicht führte von skythischen zu levantischen und parthischen Konstruktionen. Aus einer Metaperspektive lässt sich zuerst eine relative Einförmigkeit basierend auf dem *Scythicus arcus* feststellen. Die Prinzipatszeit sah mehr Vielfalt. Skythenbogen wurden durch Reflexbogen mit Endbeschlägen ersetzt.

Ein ideales Konstruktionsmuster bildeten propellerförmige Bogen mit integriertem Griff. Anschließend kam es erneut zu einer Vereinheitlichung mit der weiten Verbreitung von Qum-Darya-Bogen. Bei jener neuen Machart mit paddelförmigem Grundriss und separiertem Griff stellt man zuerst verhältnismäßig schlanke Auslegungen der Endbeschläge fest. Sie wurden in der Spätantike durch massivere Beinplatten ersetzt. Chronologisch jüngere Bogen des awarischen Typs sind mit der Innovation metallener Steigbügel zu verbinden. Man begegnet über die Zeitschiene stets bestimmten Funktionsdesigns. Deren Ausprägungen können aber variieren. Das sind zentrale Erkenntnisse aus der wissenschaftlichen Beschäftigung mit dem Thema. Bei der Interpretation von Bogenfunden ist es wichtig, sich über entsprechende zeitgenössische und gegebenenfalls überkulturell verbreitete Archetypen im Klaren zu sein. Das ermöglicht waffenkundlich weiterführende Analysen und praktische Rekonstruktionen.

VI VOLLHOLZBOGEN BEI KOMBATTANTEN DER RÖMISCHEN STREITKRÄFTE

6.1 Kurze Übersicht zu Vorkommen hölzerner Bogen im alten Italien

Neben zusammengesetzten Bogen gab es im römerzeitlichen Europa auch Holzbogen (engl. *self-bows*). Sie sind realienkundlich archaischer. Man findet sie bei Galliern und Germanen. Hölzerne Bogen sind sowohl leichter zu fertigen als Kompositbogen, für die Jagd zu Fuß mindestens äquivalent, unempfindlicher gegenüber Feuchtigkeit und selbst unter widrigen Witterungsbedingungen in der Leistung beeindruckend. Typenkundlich sortiert man bei prä-/ historischen Holzbogen grob in Langbogen mit verhältnismäßig dicken und in Flachbogen mit relativ breiten Wurfarmen. Zu dem Thema weise ich auf die mittlereile ergiebige Fach- und Sachliteratur hin. Dort lassen sich auch praktische Angaben über den traditionellen Bogenbau erschöpfend nachschlagen[218].

Ein gewisses Vorurteil besteht heute darin, das Bogenschießen im Mittelmeeraum mit einer größeren Finesse und letztlich mit Kompositbogen zu verbinden sowie umgekehrt in Gebieten nördlich der Alpen ausschließlich auf hölzerne Bogen zu fokussieren. Kategorisch sollte man solche Einteilungen aber nicht betreiben. Es gibt etwa als besondere Grabbeigabe für einen der Fürsten beim Glauberg in der hessischen Wetterau Anzeichen dafür, dass Kelten, wenn wir diese Bezeichnung als Ethnonym für die eisenzeitliche Bevölkerung zwischen Pannonien und Atlantik begreifen, Bogen aus Eurasien imitierten[219]. Graeco-skythische Pfeilspitzen kommen hin und wieder als Fundstücke im Europa der Hallstattzeit vor. Ein Weg für ihre Verbreitung ging von der Handelsstadt Marseille aus. Bemerkenswert sind Aufkommen materieller Elemente der Bogenwaffe skythischer Gruppen in- und außerhalb des sogenannten Osthallstattkreises. Dafür liefern skythische Bronzepfeilspitzen und Holster für Skythenbogen bzw. metallene Gorytbeschläge, auf die unten noch einzugehen ist, stichhaltige Anhaltspunkte[220].

Aus dem bronzezeitlichen Italien sind, um an dieser Stelle lediglich einen kurzen Überblick ohne nähere Informationen zu den damit einhergehenden kulturhistorischen Gegebenheiten vorzulegen, etwa neun hölzerne Bogen oder deren Überreste bekannt. Sechs bis sieben Vollholzbogen kommen aus dem Umfeld von Siedlungen am Ledrosee in den oberitalienischen Alpen. Man begegnet dabei konstruktiv bisweilen regelrecht modern wirkenden Bogen mit kurzer, verstärkter Handhabe und mit rekurven Enden. (Abb. 60)

Ein schwerer Langbogen aus Hartriegelholz, datierend in die frühe bis mittlere Bronzezeit, wurde bei Fiavè im Trentino geborgen. Einen Langbogen der späten Bronzezeit aus Feldahorn hat man bei Montale, Provinz Pistoia, in der Toskana ausgegraben[221]. Für die Römische Kaiserzeit liegen all diese Objekte zwar viel zu weit in der Frühgeschichte Italiens verborgen, als dass irgendwelchen Spekulationen über ein eventuelles Weiterleben nachzugehen wäre, dennoch zeigen uns vor allem einige der Ledro-Bogen mit ihrem besonderen Funktionsdesign, mit was für exzellenten Konstruktionsleistungen zu rechnen ist. Holzbogen gerieten als Waffenform im Anschluss an die Bronzezeit in Italien technisch sicherlich nicht in Vergessenheit, selbst wenn dann, wie auch vergleichbar nördlich der Alpen, aus der Eisenzeit dingliche Nachweise dafür archäologisch rar bleiben, ohne dass man, kulturhistorisch zurückblickend, übrigens genau zu erklären vermöchte, warum dies der Fall ist.

Wir müssen daher ein zusätzliches Augenmerk auf ikonographische Quellen richten. Leif Hansen hat unlängst für eine Übersicht bildlicher Darstellungen von Bogen aus dem östlichen Hallstattkreis gesorgt. Die meisten dieser Werke etwa seit dem Ende des 7. Jh. v. Chr. sind zwar künstlerisch nicht sehr detaillgenau, es zeichnet sich aber in einer grundsätzlichen Tendenz eine Nutzung von *self-bows* ab[222]. An der Mündung des Flusses Sele ins tyrrhenische Meer steht im berühmten *Paestum* der dorische Hera-Tempel aus dem 5. Jh. v. Chr. Er besaß Metopen als Einzelbilder mit mythologischen Gestalten. Unter anderem wird darauf Apollon mit einem kurzen Reflexbogen in einem Rückenköcher gezeigt. Andere Bogenschützen bedienen sich Waffen ohne rekurve Elemente[223].

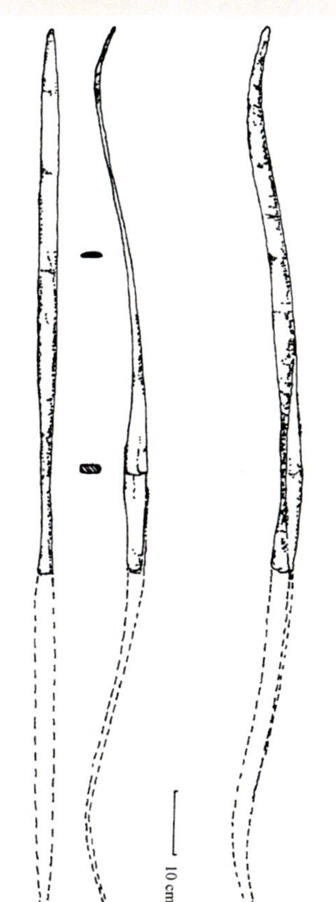

Abb. 60: Zwei Bogen aus Holz mit verstärktem Griff und rekurven Enden. Funde vom Ledrosee. Provinz Trient, Italien. Zeichnungen nach Di Donato. Bronzezeit.

Diese Stabbbogen weisen im Auszug mit fingerbasierter Technik eine halbkreisförmige Kontur auf und stoßen dabei mit dem oberen Wurfarm an den Bildrand. Es handelt sich um künstliche Verkleinerungen hin zu unpraktisch kurzen Bogen in den Maßkasten des Frieskanons. Berücksichtigten die Steinmetze neben graeco-skythischen Bogen womöglich auch Holzbogen, die in Süd-/Italien vorhanden waren, als Vorbilder? Diese Frage lässt sich mit einer hinlänglichen Wahrscheinlichkeit bejahen.

Alessio Cenni macht auf zwei antike Bildbeispiele aus Etrurien aufmerksam, die *self-bows* zeigen. Es handelt sich um einen gerüsteten Krieger mit einem kurzen Handbogen auf einer bronzenen Roßstirn aus Marsiliana di Albegna in der südlichen Toskana: „... The archer of Marsiliana is a fully armed warrior. He carries a bow and arrows, a spear and a round shield...[224]" (Abb. 61) Auf die Holzbogen mit einer ähnlichen Silhouette als Funde vom Ledrosee ist, auch wenn sie weitaus älter sind, zumindest hinzuweisen. Cenni rekonstruiert darüber hinaus ein Relief auf einer Stele von einem etruskischen Grab in der Greppe Sant' Angelo bei Cerveteri mit einem Langbogen: „... The stele of the tomb of Sant' Angelo, made of sandstone, is fragmentary, only the lower half survives. When it was made its height was 370 centimetres and was probably erected on the top of the barrow of the burial of an aristocratic Etruscan family. The figure carved on the stele is a nobleman, probably representing a hunter...[225]" (Abb. 62) In Anbetracht all dessen könnten auch handwerkliche Traditionen zur Fertigung von für Holzbogen in Roms Frühgeschichte *Ab urbe condita* bestanden haben, selbst wenn die schlechte Quellenlage keine unmittelbaren Belege mehr dafür zu liefern imstande ist. Halten wir mit Fokus aufs Pfeilschießen in Italien fest, dass hölzerne Bogen als eine von mehreren Optionen vorhanden waren. Womöglich lassen sie sich, wenn man über die Geographie der Apeninnenhalbinsel hinausblickt, sogar mit Gepflogenheiten anderswo im Mittelmeerraum vergleichen. Bronzezeitliche Statuetten, die von Indigenen auf Sardinien geschaffen wurden oder Beispiele für Bogen aus Kreta legen einen Gebrauch von Langbogen nahe. Auf dieses Phänomen ist im Hinblick auf kretische Hilfstruppen der Römer als nächstes einzugehen.

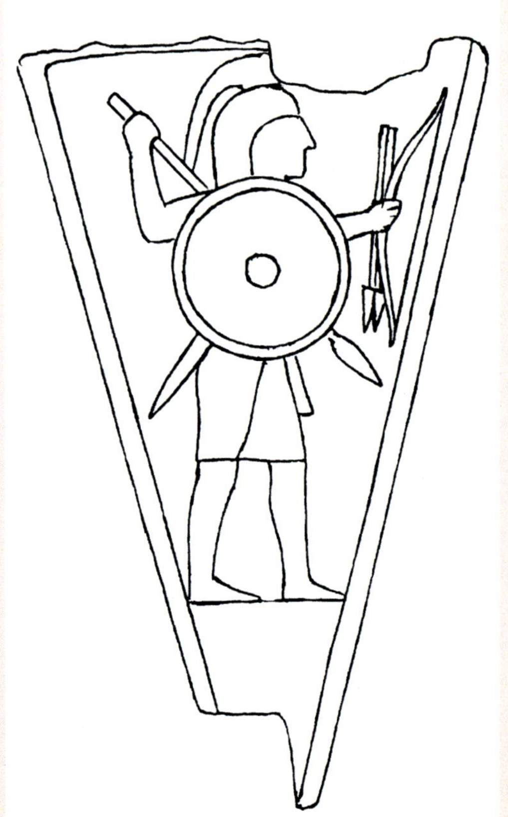

Abb. 61: Italischer Hoplit mit Bogen und Pfeilen. Roßstirn aus Marsiliana d'Albegna. Provinz Grosseto, Italien. Bronze. Umzeichnung nach Alessio Cenni. Ohne Maßstab.

Abb. 62: Langbogen auf einer etruskischen Grabstele. Sant'Angelo a Bibbione. San Casciano in Val di Pesa. Italien. Oberer Bildteil in Rekonstruktion. Nach Alessio Cenni. Ohne Maßstab.

6.2 Der Bogen des frühkaiserzeitlichen Auxiliars Hyperanor aus Kreta

6.2.1 Ausrüstungselemente auf dem Soldatengrabstein in fachlicher Analyse

Wenn die Nutzung von Holzbogen im Mittelmeerraum grundsätzlich bejaht werden kann, ist es dann realistisch, an einen Gebrauch vergleichbarer Waffen auch beim römischen Militär zu denken? Es liegen hierzu einige wenig beachtete Quellen vor, die Holzbogen zumindest bei bestimmten Kombattanten der Römer in den Bereich des Möglichen rücken. An erster Stelle steht der Grabstein des Hyperanor, der im 1. Jh. n. Chr. am Stützpunkt von Bingen am Rhein an der Nahemündung lebte. Das Monument wurde bei Grabungen am Ruppertsberg auf der linken Naheseite im Jahr 1859 entdeckt und befindet sich heute im Museum Römerhalle (Iv.-Nr. 16) in Bad Kreuznach. Die lateinische Inschrift unter der Statue lautet in gängiger Übersetzung:

> „*Hyperanor, Sohn des Hyperanor, Kreter aus Lappa, Soldat der ersten Kohorte der Bogenschützen, 60 Jahre, 18 Dienstjahre, liegt hier begraben.*[226]"

Hyperanor aus Lappa auf Westkreta trägt Standardkleidung mit zwei *cingulae*, einen *gladius* des Typs Pompeji und einen Dolch. Rechts hält er diagonal über dem Brustkorb einen Pfeil mit verwitterter Kontur. In der linken Hand wird ein Bogen getragen. (Abb. 63) Dieser ist künstlerisch sehr stark verkleinert, was in der antiken Ikonographie für gewöhnlich einen kurzen Reflexbogen indiziert. Jedoch zeigt der Bildvortrag keine doppelt-rekurve Form, sondern führt in einfacher geometrischer Krümmung bis zur Nocke hin. In der Draufsicht wird der Bogen mit gleichmäßiger Breite des unteren Drittels und einer Verjüngung erst kurz vor der Sehnenaufhängung dargestellt. Die Schnur setzt ganz am Ende des Wurfarms an. Das wäre sowohl für einen Lang- wie für einen Flachbogen nachvollziehbar. Ich habe die Merkmale am originalen Grabstein in Autopsie genau begutachtet. Wie Hyperanors Zeitgenosse Monimus greift übrigens auch der Kreter die Sehnenschnur des Bogens zusammen mit der Handhabe, was eine unbespannte Waffe nahe legt.

Wenn das Bogenrelief aus Bingerbrück zwar in unnatürlicher Verkleinerung aber dennoch glaubhaft einem echten Waffenvorbild folgte, dann hätte es vorlagengemäß kein Reflexbogen gewesen sein können. Vielleicht diente auch Hyperanor bei Bedarf als ein pfeilschießender Spezialist auf Ruderschiffen. Geübte Scharfschützen konnten den taktischen Wirkradius der Boote erhöhen, unabhängig davon, ob sie mit Reflex- oder mit Langbogen agierten. Es sind noch weitere Grabsteine römischer Auxiliare in Bingerbrück gefunden worden. Zu nennen ist ein Syrer aus Tripolis mit dem nur teilerhaltenen Namen Biddu… sowie Tiberius Julius Abdes Pantera, der im 1. Jh. n. Chr. ebenfalls der 1. Bogenschützenkohorte angehörte. Er stammte aus Sidon im Libanon, wurde etwa sechzig Jahre alt und hatte vierzig Dienstjahre absolviert. Auch sein Grabstein befindet sich im Museum Römerhalle (Iv.-Nr. 17). Auf dem Relief ist ein artifiziell dermaßen stark reduzierter Bogen dargestellt, dass sich nicht erkennen lässt, ob ein Stab- oder ein Reflexbogen gemeint sein könnte. Ferner gibt ein zum linken Nacken hin führendes Band (lat. *balteus*) für einen Rückenköcher. „,… Die in Bingen bzw. Bingerbrück gefundenen Soldatengrabsteine sind Zeugnisse dafür, dass die von ihrem Äußeren und ihrer Kampfesweise her ‚exotischen' Truppen mit der Bewachung des Binger Naheüberganges, der Nahemündung sowie der Rheintalstraße betraut waren … Der Ansicht J. Freudenbergs, dass beide Soldaten einem von Mainz entsandten Truppendetachment zuzuordnen sind, ist eher zuzustimmen als

Abb. 63: Grabstein des Auxiliars Hyperanor aus Lappa. Von der 1. Kohorte der Bogenschützen. Artifiziell verkleinerter Bogenstab mit Sehne. FO Bingerbrück. (H. 203 cm.) Erste Hälfte 1. Jh. n. Chr.

der Annahme einer vormaligen Stationierung in *Germania Inferior* und einem zufälligen Ableben in Bingen. Schließlich erlaubt es auch die Topographie von Bingen, besonders die Zugangswege zum Naheübergang und der Nahemündung in den Rhein auf Pfeilschussweite zu überwachen…[227]" Olaf Höckmann vermutet über den Einsatz römischer Flusskampfeinheiten wie im Lippe-Hafen des Lagers Haltern nach der Zeitenwende: „… Dabei konnten sie als Eskorte für Frachtschiffkonvois fungieren, denen sie die Passage ermöglichten, indem sie die Feinde am Ufer mit Fernwaffen wie Katapultgeschützen, Bogen und Schleudern abwehrten…[228]" Es wäre prinzipiell möglich, dass man in der römischen Armee feuchtigkeitsresistentere Holzbogen und diesbezüglich etwas heiklere Kompositbogen ergänzte. Dies könnte in Konsequenz bedeutet haben, dass der 1. Kohorte der Bogenschützen sowohl Levantiner mit Reflexbogen als auch Kreter mit Langbogen angehörten.

Zur Bogenwaffe in Griechenland, Kleinasien, Mykene, Ägäis plus Homerische Archäologie sei auf einen Aufsatz von Wojciech Konsioreks mit dem Titel *The bow in the Mycenean world* hingewiesen[229]. Grundlegend ist von Hans-Günter Buchholz auch der Teil 3, Kriegswaffen, des mehrbändigen Werks *Archeologica Homerica*. Die Geschichte des kretischen Söldnertums illustriert Stylianos Spyridakis[230]. Ein anerkannter Experte zum Waffenwesen im antiken Griechenland, Anthony Snodgrass, weist darauf hin, dass Kreter zu Lande und als Krieger zur See auftraten: „… Vor Marathon wissen wir, dass die Athener keine Bogenschützen hatten. Aber sehr bald danach wurde diese Lücke – wie Ktesias schreibt – durch das Anwerben von Kretern gefüllt. Diese neue Bogenschützentruppe stellte ihre Kraft bereits gegen die von Xerxes geführten Perser bei Salamis und Plataiai unter Beweis…[231]" Alexander der Große befehligte kretische Schützen. Auch Caesar setzte im Gallischen Krieg kretische Kontingente ein. Kreter soll es als Mannschaften noch unter dem Soldatenkaiser Claudius Gothicus (268 bis 270 n. Chr.) gegeben haben. Mithin existierte auf der Insel eine über Generationen hinweg gepflegte Bogenkultur. Das dürfte es für kretische Söldner und Auxiliare ausschließen, dass sie über weniger effiziente Fähigkeiten und Technologien als etwa Orientalen oder Eurasier verfügten. Vergil schreibt in der *Aeneis* über das gleichermaßen gefährliche Schießen der Perser wie der Kreter:

> „… *Ebenso gleitet, geschnellt von der Sehne, ein Pfeil durch die Wolken, den ein Parther oder Kydone mit tödlichem Gifte tränkte, bevor er ihn abschoss zum Schlagen unheilbarer Wunden; schwirrend durchsaust er, von keinem gesehen, die flüchtigen Schatten…*[232]"

In der Fachliteratur gibt es zur Frage der Erscheinung kretischer Bogen verschiedene Hypothesen. Leider liegen keine archäologischen Artefakte von Gebrauchsbogen vor, die sich als kretisch ansprechen ließen. Die historisch in Betracht zu ziehenden Möglichkeiten werden im Folgenden bogenkundlich begutachtet.

6.2.2 Internationale Forschungsmeinungen zur Thematik kretischer Bogen

Connolly erkennt mutmaßlich kretische Bogen auf griechischen Vasenbildern in klassischer Zeit[233]. Dabei handelt es sich um Stabbogen mit einem wiederkehrenden Funktionsdesign, das man fachterminologisch auch als *whip-ended* (engl.) bezeichnet. Die Enden sind in jenen Fällen beim Pfeilauszug relativ stärker gekrümmt als die arbeitenden Wurfarme selbst. Die Darstellung solcher besonderer Bogen wirkt in der Kunst der Hellenen stereotypisch und verbindet sich oft mit einem Gebrauch durch Olympische Götter (s.u. Abb. 155). Das wird in der Fachwelt auch als ein Indiz für eine originäre Ursprünglichkeit von Holzbogen im antiken Griechenland insgesamt gewertet. *Self-bows* könnten aus auf Kreta heimischen Hölzern wie zum Beispiel denen des Ahorn- oder Maulbeerbaums gefertigt worden sein. Snodgrass glaubt stattdessen, dass die Kreter irgendwelche selbst entwickelten Hornkomposits verwendeten. Er kann hierzu aber keine klare Schlussantwort geben. Caroline Southerland meint: „… It is known that ‚The composite bow was an Asiatic invention, and was doubtles introduced into Bronze Age Crete as a result of her contacts with Syria and Egypt.' (Luce, J.V. *Homer and the Heroic Age* p. 109) … The Egyptian influence is confirmed by W. McLeod who writes the Odysseus' bow was an 'angular composite, of a type best known from Imperial Egypt.' (Greek, Roman and Byzantine Monographs, p. 206)…[234]" Orientalische Angularbogen auf Kreta sind in Ermangelung eindeutiger Belege aber fraglich. Auch Tölle-Kastenbein kommt zu keinem endgültigen Resultat: „… Eine äußerliche Erklärung für die Qualität der kretischen Bogenschützen glaubt Platon (*Nomoi* 625d) in der geologischen Struktur der Insel zu finden:

> ‚*Denn Kreta ist uneben und daher geeignet, sich im Laufen und Gehen zu trainieren. In einem solchen Land muss man sich leichter Waffen bedienen und darf nicht beschwert laufen. Dazu scheint die Leichtigkeit der Bogen und Pfeile passend.*'

Diese dem sonstigen Niveau Platons nicht ganz entsprechende Begründung benötigt er, um die Vorrangstellung kretischer Bogenschützen zu motivieren; denn diesen ging in Griechenland ein so guter Ruf voraus, dass sie im Laufe der Jahrhunderte immer wieder als Söldner angeworben wurden…[235]"
Als kretisch zu bezeichnende Pfeilspitzen in massiver Ausführung aus Bronze sind im

antiken Mittelmeerraum mit einigen Typenvarianten archäologisch dokumentiert (s.u. Abb. 75). Sie sind größer als skythische oder achaemenidische Pfeilspitzen, wie sie von Schlachtfeldern der Perserkriege, zum Beispiel den Thermopylen in Griechenland, überliefert sind. Man darf sie schwereren Geschossen zugesellen. Dazu passten auch die persönlichen Kampferfahrungen des Atheners Xenophon, der auf dem sogenannten Zug der Zehntausend, hier mehrheitlich Hopliten nebst Kretern, durchs Achaemenidenreich 401 v. Chr. erlebte, dass feindliche Perser weiterreichende Schüsse tätigten und mobiler sowie teils beritten waren. Für die Verletzung eines Angehörigen der Königssippe Makedoniens zur Zeit Philipps II. (ca. 382 bis 336 v. Chr.) wurde aufgrund der vorliegenden Schädelläsion erwogen, dass sie eher durch eine kretische anstatt einer leichten Pfeilspitze aus der Typenwelt Persiens oder Skythiens verursacht worden sein könnte[236]. Der römische Politiker und Dichter Silius Italicus nennt im im 1. Jh. n. Chr. im Werk *Punica* kretische Schützen auf Seiten der Römer wie der Karthager.

Alle Indizien deuten darauf hin, dass die Bogenwaffe der Kreter von derjenigen in Ägypten, Persien oder Skythien differierte. Wallace McLeod selbst legt die eindeutigsten Quellenbelege dafür vor: „... Self bows on the other hand are amply attested, even apart from the prehistoric evidence: thus the Praesus plaque (Boardman, *Cretan collection in Oxford* pl. 42/508), the stelae of Sophon and Pyrrhias (*Jahresh. des Oesterr. Archäol. Inst.* 6 [1903] 2-3), coins of Praesus, Aptera and Polyrhenium. But the clincher is provided by fourth century silver staters from Cydonia (Seltman, *Greek coins* pl. 37.8): the Cretan hero Cydon bracing a bow, evidently a *Cretan* bow; and his posture is appropriate only for a self bow...[237]" (Abb. 64) Dem Langbogen Kydons, König eines mythischen Volks, der Kydonen auf Kreta, lässt sich ein vergleichbarer Stabbogen auf chronologisch viel jüngeren, römischen Denaren, die Mitte des 1. Jh. v. Chr. geprägt wurden, zur Seite stellen. Sie zeigen eine *Diana Planciana* mit *petasos*-Hut auf dem Avers. Auf dem Revers als Attribute Kretas einen bespannten Bogen, eine Ziege (lat. *paseng*) und einen Köcher (lat. *pharetra*)[238]. In Form der kretischen Langbogen auf den griechischen und römischen Münzen liegt ein Kreuzbeleg vor. D`Amato interpretiert auch Bogen auf Denaren des Q. Caecilius Metellus Pius Scipio als kretisch. Auf jenen Münzen aus dem Bürgerkrieg gegen Caesar von 49 bis 45 v. Chr. sind ein etwas vager Handbogen – weder ein Langbogen noch ein *Scythicus arcus* – sowie ein Röhrenköcher dargestellt[239]. Zum Tropaeum gehören ferner ein Montefortino-Helm, ein kleiner Rundschild und ein Kurzschwert. Adam Anders weist auf zwei späthellenistische Grabsteine aus der Hafenstadt Demetrias in Magnesia, Thessalien, hin, auf denen jeweils ein Kreter, namentlich Thersagoras und Chaironides, mit Handbogen abgebildet ist[240]. Er nimmt dabei Bezug auf eine Studie von Ruben Post, der sich kretischen Söldnern widmet[241]. Stark verkleinert und schematisiert, insofern ähnlich wie bei Hyperanor, wird bei Thesagoras ein *selfbow* gezeigt, im Falle des Cheironides ist die Malerei leider verblasst. Originäre Pfeilspitzen aus Kreta, sofern sie sich bis dahin gehalten haben, bleiben trotz des Einsatzes insularer Söldner in Armeen der Republikzeit uneindeutig[242]. Als ein vorläufiges Fazit sollte einem der Grabstein des Hyperanor einen gewissen Warnhinweis dergestalt vermitteln, solchen Auxiliaren nicht per se orientalische oder eurasische Reflexbogen in die Hand zu legen. Als Exkurs ist erneut daran zu erinnern, dass Kriegerstatuetten aus der Bronzezeit auf Sardinien, wo bogenbauliches Material in Eiben- und Ahornwäldern im Gebirge wächst, Stabbogen veranschaulichen[243]. Auch im Hinblick darauf hätten Langbogen bei Landsleuten des Hyperanor keine Singularitäten im antiken Mittelmeerraum bedeutet. Die Mehrheit der Quellen spricht für Holzbogen auf bewaldeten Inseln wie Kreta oder Sardinien.

Abb. 64: Kydon beim Bespannen eines Langbogens. Stater aus der Stadt *Cydonia* auf Kreta. 5./4. v. Chr. Köcher, kretischer Bogen und Ziege auf römischem Denar. Mitte 1. Jh. v. Chr. Ohne Maßstab.

6.3 Europäische Hilfsvölker Roms mit traditionellen Vollholzbogen

6.3.1 Übergreifende Betrachtungen zur spätlatènezeitlichen Bogenwaffe

Ein weiteres Reservoir für Hilfstruppen Roms bildeten Aufgebote gallischer und germanischer Stämme. Als irreguläre Einheiten des Germanicus (15 v. bis 19 n. Chr.) sind Raeter und keltische Vindeliker oder germanische Chauken überliefert. Vom Niederrhein kamen in claudisch-neronischer Zeit Kohorten germanischer Canninefaten. Unter Hadrian (117 bis 138 n. Chr.) ist die Leistung des Batavers Suranus überliefert, der vor den Augen des Kaisers in voller Rüstung die Donau durchschwamm, um am anderen Ufer einen Pfeil abzuschnellen und diesen im Flug mit einem zweiten zu Treffen. Ein ähnliches Schießkunststück überliefert, wie unten noch geschildert wird, übrigens auch der Geschichtsschreiber Sextus Iulius Africanus von einem „Skythen", der einen auf ihn losgeschnellten Pfeil mit einem eigenen in eine neue Richtung lenkte. Die Liste in Europa ließe sich ethnohistorisch weiter ergänzen, soll aber hier als pars pro toto genügen. Eiserne Schwerter und Stangenwaffen besaßen im Kriegswesen der latènezeitlichen Kelten ein besonders hohes Renomee. Ignorieren sollte man Bogenschützen allerdings nicht. Strabo schreibt von den Belgern, dass sie über Nah- und über Fernkampfwaffen verfügten:

> „*... Ihre Bewaffnung ist der Größe ihrer Körper angemessen; ein langes, an der rechten Seite herabhängendes Schwert, ein langer Schild, Lanzen nach Verhältnis, und die Mataris, eine Art Wurfspieß. Einige aber bedienen sich auch der Bogen und Schleudern...*[244]"

Julius Caesar bemerkt in seinen *Commentarii de Bello Gallico*, die Gallier seien in der Lage gewesen, zahlreiche Bogenkrieger zusammenzurufen[245]. Er setzte Angehörige des Stammes der Rutēni mit Bogen im Krieg gegen Pompeius in Spanien ein.

Das bisher einzige größere Fragment eines keltischen Holzbogens könnte vom Waffenweihe-/ Trophäenplatz La Tène am östlichen Ufer des Neuenburgersees in der Schweiz stammen. Es handelt sich um einen von Paul Vouga 1923 in dessen Dokumentation der dort gefundenen Waffen erläuterten Stab aus Eibe. Sollte es ein Bogenstück sein, läge ein Fragment mit sich verjüngenden Enden vor. „... Si l'arc eût joué un role considerable dans l`éuipement du Guerrier helvéte, on en eût certes rencontré de nombreux restes; or, nous n'en avons recueilli qu'un seul vestige, et cela presque à la fin de nos recherches. C'est un important fragment en bois d'if (Pl. XV, fig. 1), insuffisant malheureseusement pour reconstituer l'ensemble, mais qui nous permet de reconnaitre que la pointe avait été durcie, et fort probablement courbée au feu...[246]"

Auch in Vougas Konkordanz zur Bildtafel 15.1 heißt es: „Fragment d'arc en bois d'if". Aufgrund des hohen Profils wäre prinzipiell an einen Langbogen zu denken. Als ein Bogenstab selbst wäre das Artefakt aber ungeeignet. Neuere Angaben zu dem etwas obskuren Stück, vielleicht war es auch ein Wurfholz, sind nach meinem Wissen in der Fachliteratur Fehlanzeige.

Abb. 65: Gallo-römischer Jäger mit Langbogen. Szene auf einer Terra Sigillata-Scherbe von Ware aus La Graufesenque in Südfrankkreich. Nach GUILLAUME RENOUX. 1./2. Jh. n. Chr. Ohne Maßstab.

Renoux macht auf zwei Terra-Sigilata-Scherben mit Bogenschützen aus der Prinzipatszeit aufmerksam. Sie stammen von Ware aus *Condatomagus* (La Graufesenque) im Département Aveyron in Frankreich. Der Ort lag im Siedlungsgebiet der Rutēni, was für die Auswahl der Motive mit *sagittarii* unter Umständen eine gewisse Rolle gespielt haben könnte. Man erkennt darauf jeweils knieende Jäger in bewaldetem Terrain, angedeutet durch florales Dekor. Einmal wird ein Geschoss mit Widerhaken abgeschnellt und fliegt auf ein Reh oder eine Hirschkuh zu. (Abb. 65) Ein zweiter Pfeil wird schussbereit gehalten, ein dritter möglicherweise in der Bogenhand gefasst. Man geht wahrscheinlich nicht Annahmefehl, hier Langbogen zu erblicken, die von Gallo-Römern verwendet werden.
Ich möchte der praktischen Anschaulichkeit halber einen baulichen Vorschlag für einen solchen Bogen aus Eibenholz unterbreiten. (Abb. 66) Er ist mit einer Länge von rund 173 cm im bespannten Zustand für Verhältnisse in der Eisenzeit etwa mannshoch. Die Spannstärke beträgt im Vollauszug bei Pfeilen von mindestens 75 cm Länge gut 60 lb. Mit ähnlichen Jagdwerkzeugen könnte seinerzeit operiert worden sein.

Spätlatènezeitliche Pfeilspitzen sind vielfach überkommen. In das 1. Jh. v. Chr. (Latènestufe D2) gehören Eisenspitzen als Weiheobjekte im Kultbezirk K1 der Tempelanlage auf dem Martberg an der unteren Mosel, wo sich ein großes Oppidum befand. Etymologisch wird der Name auf eine römische Konjunktion der Götter Lenus und Mars zurückgeführt. Die dort als Waffen niedergelegten Opfergaben deckten auch jagdliche Zweckformen ab[247]. Pfeilspitzen aus der Latènezeit können mit den jeweils modischen Designs von Speer- und Lanzenblättern harmonieren. In Konsequenz liegt die größte Breite relativ früh hinter dem Schaft. Darüber hinaus trifft man im 1. Jh. v. Chr. Pfeilspitzen mit einem einseitigen Widerhaken an. Solche asymmetrischen Spitzen waren bohrend, schneidend und festhaltend wirkende Waffen. Hier lag wohl eine keltische Eigenentwicklung vor, die einen Bedarf für Kampfeinsätze voraussetzt. Alles in allem kann das spätkeltische Bogenschießen nicht marginal gewesen sein. Martin Luik schreibt: "... Das letzte Fallbeispiel aus der Zeit der Republik führt nach Urso/*Osuna*, Prov. Sevilla, im heutigen Andalusien gelegen. Im *Bellum hispaniense* wird eine ausführliche Schilderung des Bürgerkriegs zwischen Caesar und den Anhängern des Pompeius 46/45 v. Chr. gegeben, der schließlich nach der Schlacht bei *Munda* zur Belagerung und Eroberung der Stadt durch Caesar führte. Während der Ausgrabungen wurden zahlreiche Waffenfunde sowohl im Bereich vor als auch hinter der Befestigung angetroffen (rund 300 Waffen) ... über 70 Pfeilspitzen mit vielfältigen Formen, darunter viele mit Dornkonstruktion, mit pyramidenförmigem Kopf bzw. flachem dreieckigem Kopf, Widerhaken- und Harpunenspitzen, die zum Teil Spuren der Umwicklung tragen und häufig Brandspuren aufweisen. Vermutlich zählten derartige Pfeilspitzen zur Ausrüstung von Hilfstruppen...[248]"

Keltische Gräber mit einer Pfeilbeigabe wurden zwar nur selten angelegt, was aber auch mit Kriterien des Sozialstatus zu tun hatte[249]. Peter F. Stary formuliert: „... Schwerer dürften noch andere Gründe wiegen, nämlich die Rekrutierung von Bogenschützen aus den untersten Gesellschaftsschichten, die wegen ihres weitgehend recht- und besitzlosen Standes wie auch bei anderen Völkern und Kulturen des mediterranen Raumes keine entsprechende Dokumentierung und Würdigung in der Grabausstattung und auch in bildlichen Darstellungen fanden...[250]"

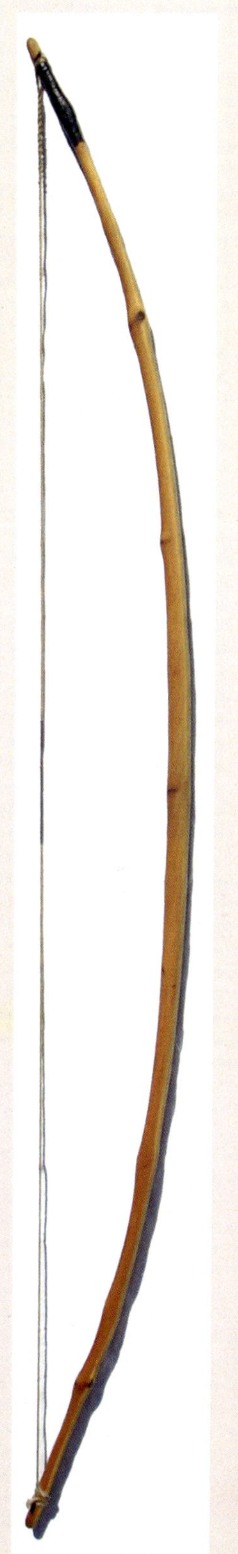

Abb. 66: Idealrekonstruktion eines gallischen Eibenholzbogens. Sehnenlänge 171 cm. Mit Birkenpech aufgeklebte Fadenwicklung. Nach H. Riesch.

Es stellt sich die Frage, wie keltische Krieger mit Bogen überhaupt eingesetzt wurden? Beim Geplänkel in offenen Treffen, aus Hinterhalten oder beim Kampf um feste Plätze? Caesar erweckt den Eindruck, als ob die Gallier Pfeil und Bogen flexibel handhabten. Bei Alesia 52 v. Chr. mischten sich Schützen zusammen mit anderen Fußkämpfern sogar unter die Reiterei. In einer Tendenz hin zu besonderen Aufgaben konkretisierte sich wahrscheinlich auch der Nutzen, den sie als irreguläre Kräfte für die Römer erbringen konnten. Bishop und Coulston schließen aus Funden von Widerhakenpfeilspitzen in Frankreich: „... a number of single-barbed Celtic-style arrowheads from Roman contexts may indicate the use of auxiliary archers...[251]"

Wenn man Kelten auch als Begleitmannschaften im Zuge der Kampagnen gegen die Germanen voraussetzen könnte, dann wäre Barbaren rechts des Rheins sozusagen mit deren eigenen Waffen zu begegnen gewesen.

„... Local allies were a useful source of additional numbers, but were often even more important in providing soldiers whose fighting styles were particularly suited to the conditions of the region...[252]" Im levantischen Raum war das strategische Kalkül Roms während der Prinzipatszeit kein wesentlich anderes: "... Trotz der stehenden Einheiten wurden zu allen Zeiten für großangelegte Expeditionen und Kriege immer zusätzlich noch irreguläre Bogenschützengruppen ausgehoben oder von Verbündeten gestellt. Im 1. Jh. n. Chr. berichtet uns Flavius Josephus von den Untersützungsleistungen der Klientelkönige während des jüdischen Aufstandes. Aus dem gesamten Nahen Osten wurden 4000–5000 Bogenschützen zur regulären Armee beigesteuert...[253]" Schrift- und Bildquellen sowie die moderne Schlachtfeldarchäologie legen es nahe, dass Legionäre in unwegsamem Gelände von Barbaren oftmals aus Deckungen und Dickichten oder von Oben beschossen wurden. (Abb. 67) Schwere Infanterie vermochte darauf nur bedingt effizient zu reagieren. Herbeigerufene Bogenschützen wären eine bessere taktische Antwort gewesen.

Tacitus berichtet, dass im Jahr 16. n. Chr. nach einem Kampferfolg gegen die Germanen unter Arminius beim heute nicht mehr genau lokalisierbaren *Idistaviso* nahe der Weser, römische *pedites sagittarii* (lat.) in einem Waldgelände erfolgreich eingesetzt werden konnten:

> „... *Manche* [der Cherusker], *die in schimpflicher Flucht die Gipfel der Bäume erklimmend, sich unter den Zweigen verbergen wollten, wurden von den herbeigeführten Bogenschützen wie zum Spiel durchbohrt; andere zerschmetterten die niedergeworfenen Bäume...*[254]"

Eine militärische Bedeutung im Masseneinsatz mit weitreichenden Salven blieb in gehölzdichten Terrains aber aus. Herodian berichtet vom darauf Bezug nehmenden Kalkül der Germanen während der Strafexpedition des Kaisers Maximianus Thrax rechts des Rheins im Jahr 235 n. Chr.:

> „... *Die Germanen aber hatten sich aus den offenen Ebenen und aus eventuell unbewaldeten Gebieten zurückgezogen, verbargen sich in den Wäldern und hielten sich in den Sumpfgebieten auf, um dort die Schlachten und Angriffe zu unternehmen, da der in sich verdichtete Bewuchs die Pfeile der Feinde und ihre Wurfspeere abfing, die kaum begehbaren Sümpfe für die Römer wegen ihrer Unkenntnis des Geländes gefährlich waren...*[255]"

Man benötigte demnach im Wildniskampf erfahrene Bogenschützen mit einer angepassten und verlässlichen Ausrüstung. „... Allerdings belegen Textstellen bei Herodian und der *Historia Augusta*, dass die römischen Militärs in der Mitte des 3. Jh. sich der Gefahr, in eine solche schwierige taktische Situation zu geraten, bewusst waren und ihr zu begegnen suchten, indem

Abb. 67: Legionär und dakische Krieger. Pfeilbeschuss aus dem Hinterhalt. Metopenplatte auf dem Siegesmonument von Adamklissi. Rumänien. Nach Florea Florescu. 108/109 n. Chr. Ohne Maßstab.

sie für militärische Offensiven gegen Germanen gezielt leichtbewaffnete Hilfstruppen wie die berittenen oder zu Fuß kämpfenden maurischen Speerschleuderer oder die mit Kompositbogen ausgerüsteten osrhoenischen Bogenschützen einsetzten…[256]" Ohne die Flexibilität verbundener Waffen konnte man gegen planvoll handelnde Barbaren Niederlagen einstecken. Vor der unglücklich verlaufenden Schlacht von Abrittus im Juni 251 n. Chr. zwischen Goten und Römern, die im Donautiefland stattfand, wurden letztere in Sumpfgelände gelockt. Zuvor hatten sich die von einem Raubzug heimkehrenden Germanen unter ihrem König Kniva in mobile Verbände aufgeteilt. Der Kaisersohn Herennius Etruscus starb durch einen gotischen Pfeil, sein Vater Decius wurde später getötet. Er war der erste Kaiser, der im Barbarenkampf fiel.

Schließlich ist auf den berühmten Text des Cassius Dio über die dramatischen Vorgänge bei der Niederlagedes Varus (lat. *clades Variana*) im Jahr 9. n. Chr. einzugehen:

> „… *3. Als der vierte Tag graute, befanden sie sich immer noch auf dem Marsch, und erneut überfielen sie heftiger Regen und starker Wind, die sie weder weitergehen noch festen Stand finden, ja nicht einmal mehr die Waffen gebrauchen ließen. Sie konnten sich nämlich nicht mehr mit Erfolg ihrer Bogen und Speere oder der ganz und gar durchnässten Schilde bedienen. 4. Die Feinde hingegen, großteils nur leicht gerüstet und imstande, ungefährdet anzugreifen und sich zurückzuziehen, hatten weniger unter den Unbilden zu leiden…*[257]"

Der ungefähr zweihundert Jahre später lebende Autor schildert, dass die Soldaten des Varus deshalb ihre Waffen schlecht einzusetzen imstande waren, weil ein starker Regen und weicher Boden die Standfestigkeit für vehemente Speerwürfe und kräftiges Bogenschießen erschwerten. Überdies seien Windböen sowie Niederschlag einem zielgenauen Geschossflug abträglich gewesen. All dies klingt für das Chaos der Defilleeschlacht realistisch genug. Man liest auch von nassen und unhandlich gewordenen Schilden, aber nicht von feuchten Reflexbogen oder deren Sehnen, die ursächlich deshalb an Effizienz eingebüßt hätten. Das *Strategikon* des Maurikios aus dem 6. Jh. n. Chr. gibt an, Nässe, Kälte und ein starker Windkönnten Kompositbogen in der Leistung erheblich beeinträchtigen[258]. Moderne Fachleute sind sich aber unschlüssig darüber, ob Defizite dann mehr bei den Leimbindungen oder den Nerven eintreten[259]. Lässt sich des Maurikios Angabe in einem idealisierten Epochenvergleich auf die Varusschlacht übertragen? Nimmt man den Cassius Dio trotz seines fehlenden Augenzeugenstatus wörtlich, dann scheint es eher so zu sein, dass Wurfspeere und Bogen die Bedrängten im Kampf selbst bei anhaltendem Regen nicht im Stich ließen[260]. Womöglich verfügten die römischen Kompositbogen über einen exzellenten Feuchtigkeitsschutz oder man befehligte eben auch noch Kombattanten mit technisch weiter funktionstüchtigen *self-bows* als Begleitmannschaften im großen Heerzug.

6.4 Informationen über Langbogen im kaiserzeitlichen Germanien

6.4.1 Neue Aspekte kombinierten Waffengebrauchs bei den Germanen

Stellt sich die archäologische Situation für gallische Vollholzbogen ziemlich lückenhaft dar, findet man im Norden Germaniens während der Kaiserzeit einen zunehmend günstigeren antiquarischen Bestand vor. Die historischen Achsen verschieben sich auch angesichts der in den Quellen überlieferten Ereignisgeschichte. „… Die bereits in augusteischer Zeit gefassten Expansionspläne Roms in Germanien endeten de facto mit der Anlage des Obergermanisch-Raetischen Limes des Römischen Reiches ab der Regierungszeit des Kaisers Domitian. Für die Folgezeit ist ein Miteinander von römischer und germanischer Bevölkerung in den Grenzregionen am Rhein zu beobachten. Es fand ein reger wirtschaftlicher Austausch aber auch eine Zuwanderung aus dem germanischen Barbarcium in die römischen Provinzen statt: Germanen trieben Handel mit der provinzial-römischen Bevölkerung, traten als Auxiliare in den römischen Heeresdienst ein und bekamen so das römische Bürgerrecht verliehen…[261]" Seit den Krisen des 3. und 4. Jh. n. Chr., wo Kriegerverbänden der Franken, Alamannen und Goten weiträumige Plünderungszüge auf römischem Territorium gelangen, war das Imperium immer mehr genötigt, Germanen als Foederaten bzw. Bundesgenossen anzumustern. Dies ging am Ende soweit, dass im 5. Jh. n. Chr. germanische Anführer wie der Merowingerkönig Childerich im Generalsrange Roms standen. Die Kaiser und Heermeister griffen so lange auf fremde Kombattanten zurück, bis diese den Kern kampfstarker Aufgebote bildeten.

Die relative Barbarisierung der römischen Armee muss sich auch auf den Gebrauch von Pfeil und Bogen ausgewirkt haben. Beispielhaft seien die in örtlichen Museen gezeigten eisernen Blattspitzen aus Kastellen wie etwa *Alteium* (Alzey) in Rheinhessen mit burgundischer (?) Garnison oder *Gelduba* (Krefeld-Gellep) am Niederrhein genannt. Anders als im Limesraum kamen im Norden auch nadelartige Pfeilspitzen aus Eisen sowie dreikantige aus Bein zum Einsatz. Dies ist nicht nur als eine Anpassung an gepanzerte Feinde zu bewerten. Nadelspitzen stellten per se eine immense Verletzungsgefahr dar. Sie wurden mit Bogen verschossen, die sich in Mooren und Seen in Schleswig und Dänemark erhalten haben. Die Bogen waren etwa mannshoch mit rundlichem, ovalem oder D-förmigem Profil. Es handelte sich um Waffen, die man besiegten Heeren abgenommen hatte. Berühmt ist Nydam bei Øster Sottrup in Süd-Jütland. Dort erbrachten die Altgrabungen 1 und 2 über vierzig Bogen bzw. Reste davon aus Eiben- oder seltener Hasel- und Kiefernholz. Sie datieren ins 3. bis 5. Jh. n. Chr. Darüber hinaus gibt es neue Funde: „… Allein aus den jüngsten Ausgrabungen der 1990er Jahre in Nydam, die ein ‚nur' 45x12 Meter großes Grabungsareal umfassten, stammt ein Bestand von mehr als 60 weitgehend rekonstruierbaren hölzernen Rundschilden, mehreren hundert Schäften von Pfeilen, ca. 60 Bögen und Dutzenden hölzerner Schwertscheiden…[262]"

Zu nennen sind die Bruchstücke dreier Langbogen, zwei aus Eibe und einer aus Haselholz, die im Kesselmoor Kragehul nahe Flemløse im Båg Herred auf Fünen geborgen wurden[263]. Vom Platz Vimose auf Fünen liegen sechzehn Bogen aus dem 2./3. Jh. n. Chr. vor, darunter drei fast komplette Exemplare aus feinem Eibenholz mit wenigen oder keinen Knästen. Das Moor von Illerup Ådal westlich von Aarhus in Jütland konservierte sechs Langbogen, einen vollständig und fünf Fragmente aus hochwertiger Eibe. Als Besonderheiten interessant sind Wicklungen, Verzierungen sowie Abwechslungen bei der Sehnenbefestigung als einseitige Kerben oder als kurvig abgesetzte Enden. In die jüngere Kaiserzeit datieren ein Langbogen sowie mindestens drei Fragmente aus Eibe vom Thorsberger Opferplatz bei Süderbrarup, Lkr. Schleswig-Flensburg. Alles in allem liegt trotz gewisser Varianten eine recht einheitliche Bogengattung vor, die sich da an den Opferstätten fassen lässt. (Abb. 68) Langbogen aus Eibenholz waren auch für Germanen weiter im Süden von Bedeutung. Das zeigen Funde im Uchter Moor bei Nienburg an der Weser sowie nordöstlich von Leeuwarden in Holland. Am ersten Ort wurde ein Bogenrohling als sechseckig konturierter Stab von gut zwei Metern Länge aus vorrömischer Zeit entdeckt[264]. Der Bogen vom Platz Hoogterp (fries. *Heechterp*) wird frühestens ins 1. Jh. v. Chr. und spätestens ins 4. Jh. n. Chr. datiert. Gemäß Jan Lanting wurde er zwischen 50 v. Chr. bis 250 n. Chr. gefertigt[265]. Er war etwa 170 cm lang. Erhalten sind 151 cm ohne abgebrochenes Ende. Über der vorhandenen, seitlich angebrachten Sehnenkerbe befindet sich eine frontale Durchlochung für einen *string-keeper*. Der Hoogterp-Bogen ist aufgrund seines D-förmigen Profils und jenseits der Nocke überstehenden Endes mit dem Konzept der Kriegsbogen im Norden eng verwandt. Falls sich eine Datierung bereits in caesarianischer bis antoninischer Zeit erbringen ließe, hier wären weitere Analysen wichtig, würde dies die Genese von Langbogen in Germanien konkretisieren helfen[266].

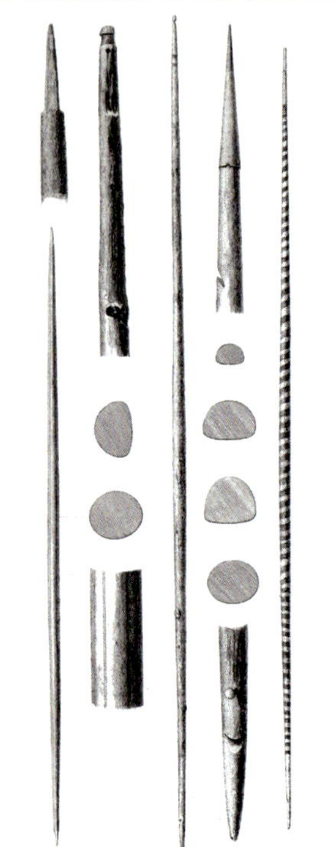

Abb. 68: Germanische Kriegsbogen der jüngeren Kaiserzeit. Funde des 19. Jh. aus dem Nydam-Moor. Nach Helvig Conrad Engelhardt. Nachgebauter Eibenbogen mit Eisentülle. H. Riesch. Ohne Maßstab.

6.4.2 Nordgermanische, fränkische und alamannische Bogentechnologien

6.4.2.1 Hinweise auf die Hochwertigkeit hölzerner Langbogen im Barbarikum

Aus handwerklicher Sicht handelt es sich bei den geschilderten Überständen eigentlich um eine unnötige Verschwendung nutzbarer Biegesubstanz. Es sei aber darauf hingewiesen, dass die Langbogen, wie später auch ein merowingerzeitlicher Funeralbogen aus Altdorf in der Schweiz, bisweilen oberhalb einer der Nocken mit einer Spitztülle aus Eisen oder Horn armiert gewesen sind. Mit den Waffen wurde also nicht nur geschossen. Im unbespannten Zustand waren die Stäbe gerade und fest genug, um als Lanze und Speer oder bei Bedarf als eine Gehhilfe geführt zu werden. Die empfindlichen Nocken blieben dabei konstruktionsbedingt vor Schadeinwirkung geschützt. Die bespannten Kriegsbogen besaßen ein charakteristisches Erscheinungsbild[267]. Auf den germanischen Goldhörnern von Gallehus aus Südjütland, die heute nur noch als Umzeichnungen aus dem 17. und 18 Jh. überliefert sind, waren offenbar Bogen mit und ohne überstehende Enden dargestellt[268]. (Abb. 69) Früher hat man Eisentüllen mit einem kleinen Knopf als archäologische Funde in römischen Kastellen wie Windisch oder Straubing ebenfalls für Hülsen von Langbogen gehalten. Es stand allerdings die Frage im Raum, ob diese Artefakte tatsächlich als Bogenwehren fungierten? Junkelmann rekonstruiert stattdessen Metallschuhe für *iacula*, also kurze Wurfspeere der Römer: „... Es bleibt nur die Erklärung, dass der Knopf als Handhabe diente, um den Speer aus dem Köcher zu ziehen und ihn mit größerer Festigkeit ... zu nehmen, ohne dass er im Schwung zu früh entglitt...[269]"

Auf einem Bogen aus Illerup gibt es Ritzarbeiten[270]. Ähnlich verhält es sich in Thorsberg[271]. Ein aktuelles Bogenartefakt aus Nydam ist mit Punktreihen, Wellenlinien und Strichbündeln versehen[272]. Auf dem Eibenbogen in einem eisenzeitlichen Grab in der mittelnorwegischen Region Namdalen sind Zick-Zack-Muster, Linien und Kreuzschraffuren erhalten[273]. (Abb. 70) Diese Waffen tragen Wertmerkmale. Niemand hätte Jagd- oder Kriegsgerät mit Kunstwerk versehen, wenn es sich um eine marginale Technologie gehandelt hätte. Nicht unrealistisch erschiene es mir, dass germanische Langbogen in spätantiker Zeit in dem für Importe fremder Waffen offenen Römerreich ebenfalls wertgeschätzt worden sind. Insofern könnte man den folgenden Ratschlag des römischen Militärautors Flavius Vegetius Renatus zur Ausbildung von Rekruten im Bogenschießen unter solchem Gesichtspunkt neu betrachten:

> „... *Sed prope tertia uel quarta pars iuniorum, quae aptior potuerit reperiri, arcubus ligneis sagittisque lusoriis illos ipsos exercenda est semper ad palos. Et doctores ad hanc rem artifices eligendi, et maior adhibenda sollertia, ut arcum scienter teneant, ut fortiter inpleant, ut sinistra fixa sit, ut dextra cum ratione ducatur, ut ad illud, quod feriundum est, oculus pariter animusque consentiat, ut, sive in equo sive in terra, rectum sagittare doceantur. Quam artem et disci opus est diligenter et cottidiano usu exercitioque servari*..." *Epitoma rei militaris* (1,15, 3)

Demnach soll ein Drittel oder Viertel der talentierten Jungmannschaft in intensivem Training, angeleitet durch Instruktoren (*doctores*), mit Holzbogen (*arcubus ligneis*) und Übungspfeilen (*sagittis lusoriis*)

Abb. 69: Langbogen auf den spätantiken Goldhörnern von Gallehus in Dänemark. Zeichnungen nach historischen Kupferstichen von Richard J. Pauli (1734) und Ole Worms (1641). Ohne Maßstab.

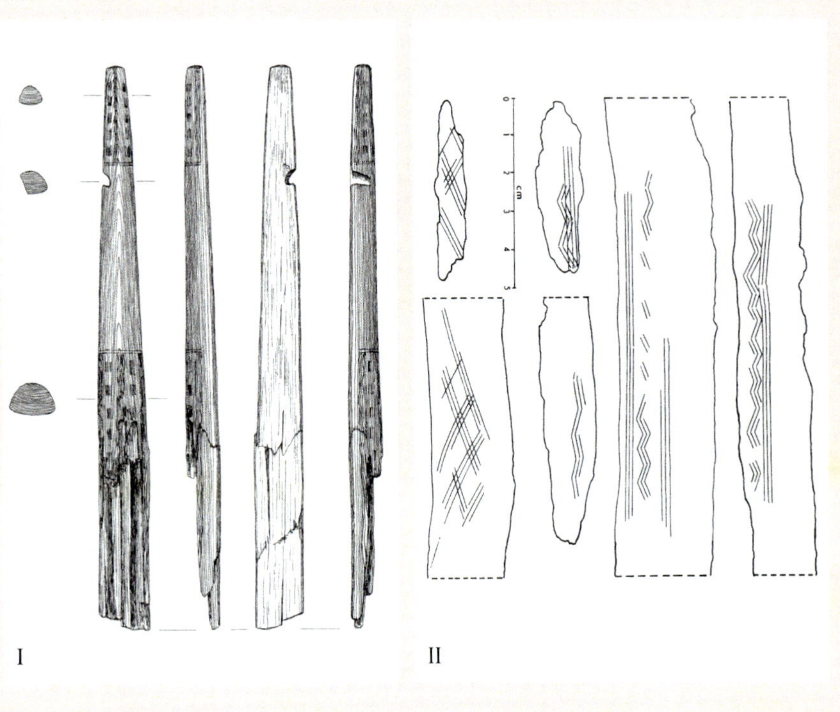

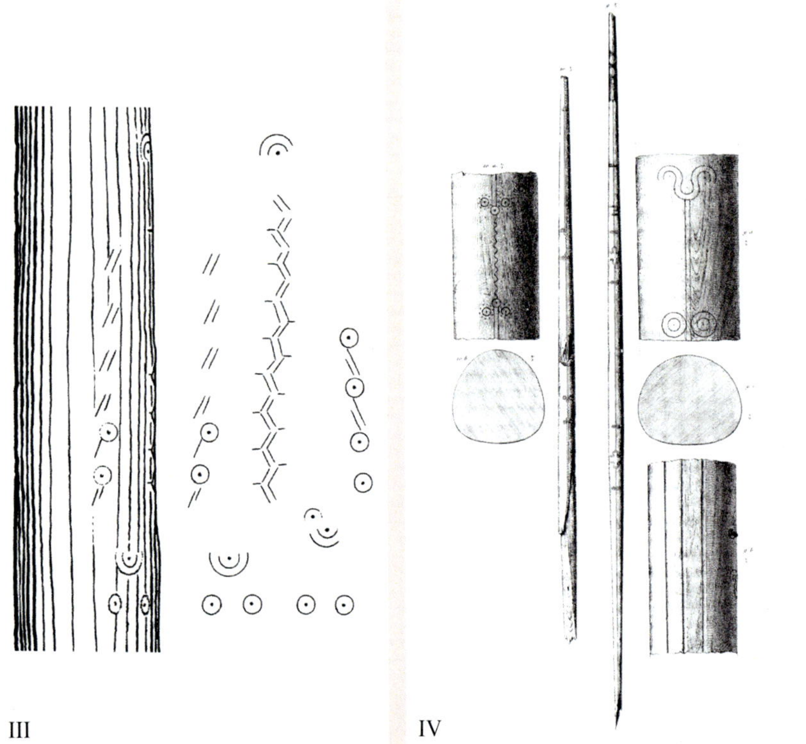

Abb. 70: Unterschiedliche Ritzarbeiten auf Langbogen. Aus Nydam 3, Zeichnung Eva Koch (I), Veiem, nach Farbregd (II), Illerup-Ådal, nach Pauli-Jensen) (III) und Thorsberg, nach H. V. Engelhardt (IV). Keine Maßstäblichkeit.

akurates Schießen üben und praktizieren. In der Vegetius-Übersetzung Friedhelm L. Müllers lesen wir:

> „... *Aber etwa ein Drittel oder Viertel der Jungmannschaft, das man als einigermaßen dafür geeignet befinden kann, soll mit ungefährlichen Holzbogen* [sic] *und Übungspfeilen immerzu gegen eben jene Pfähle üben. Als Lehrer müssen hierfür geschickte Könner ausgesucht werden, und man muss dafür größere Geschicklichkeit aufbringen, dass sie den Bogen richtig halten, dass sie ihn kräftig spannen, dass die Linke festsitzt, dass die Rechte in der richtigen Technik geführt wird, dass Augen und Sinn gleichermaßen auf das gerichtet sind, was getroffen werden soll, dass sie zu Pferde oder zu Fuß die Pfeile geradeaus zu schießen angeleitet werden. Diese Fertigkeit muss sowohl sorgfältig erlernt wie auch in täglicher Praxis und Übung erhalten werden...*[274]"

Bei den Trainingspfeilen könnte es sich um Pfeile ohne wertvolle Kriegsspitzen gehandelt haben. Das mochte der Notwendigkeit geschuldet sein, kein Material durch zwangsläufige Fehlschüsse zu vergeuden. Für die Verwendung hölzerner Bogen gilt dies keineswegs, auch wenn des Vegetius Empfehlung früher als waffentechnisch zweitrangig bewertet wurde.

Man hat, legen wir die Textpassage in diesem Sinne positiv aus, kein im Vergleich zu Kompositbogen niederklassiges Können eingeübt. Es ergäbe auch wenig Sinn, Soldaten, die später überwiegend mit Reflexbogen schießen sollten, zuerst in den Gebrauch von Langbogen einzuweisen. Eher mögen sich solche Kriegsbogen für den um 400 Jh. n. Chr. als Angehöriger des Kaiserhofs in Mailand lebenden Autor als ein Normalfall dargestellt haben. Seinerzeit sind unter dem Heermeister Stilicho zahlreiche germanische Krieger als Foederaten zur Abwehr barbarischer Invasoren in Norditalien stationiert gewesen. Das hätte für Vegetius auch Vorbilder leistungsstarker Holzbogen mit sich bringen können.

Über achthundert eiserne Blattpfeilspitzen wurden in einer spätantiken Waffenkammer des Kastells Housesteads am Hadrianswall gefunden. Diese verhältnismäßig simpel gefertigten Spitzen mit Schaftzunge, Dorn oder Tülle könnten aus militärischer Not bzw. Nachschubmangel produziert worden sein. Oder handelte es sich um Spitzen für Trainingspfeile wie bei Vegetius? Seit dem 3. Jh. n. Chr. war in Housesteads die *Cohors I Tungrorum* stationiert. Vor Ort gab es noch weitere germanische Einheiten, etwa einen *Numerus Hnaudifridi* und *Cuneus Frisiorum*. „... From the 3rd century onwards the fort is known to have been occupied by the Cohors I Tungrorum, a milliary peditate cohort ... This unit was still recorded as being stationed at Housesteads in the *Notitia Dignitatum*, a list of imperial functionaries, commands and regiments compiled c 395 (ND Occ XL 40, *tribunus cohortis primae Tungrorum, Borcovico*) ... However, one piece of primary evidence discovered during the 1974-81 excavations should be highlighted, namely a graffito scratched on a BB2 bowl with triangular-sectioned rim, dated to c 160–210, which records the name of the pot's owner, 'Neuto'. Neuto is a name only attested in the territory of the Tungri and at the shrine of Nehalennia in the East Scheldt estuary. Its presence on a coarseware vessel of this date, along with the evidence of nomenclature attested on other inscriptions from Housesteads, suggests some degree of continued recruitment from the regiment's homeland in Gallia Belgica and from Germany...[275]"

Womöglich kommen Germanen für die „unrömischen" Blattpfeilspitzen in Housesteads in Betracht. Der *Notitia Dignitatum* nach gab es Nervii und Tungrii als kriegstüchtige Schützen unter fränkischen Neusiedlern links des Rheins[276]. Am sächsischen Platz Wurt Fallward in der Wesermarsch, Lkr. Cuxhaven, wurde ein Grab mit einem Langbogen aus Eibenholz und Pfeilen entdeckt. Nach der Landnahme von Angeln, Sachsen und Jüten in Britannien setzte sich der Gebrauch solcher Bogen fort. „... The outlines of decomposed bows over 5ft length contained in pagan Anglo-Saxon inhumations at Bifrons (Kent) and Chessel Down (Isle of Wight) demonstrate the continued use of longbows in post-migration areas of settlement...[277]"

Aus der Großregion der Nervi und Tungri in Belgien und Holland starteten später im 5. Jh. n. Chr. auch König Childerich und sein Sohn Chlodwig die merowingische Reichsbildung. Ihre Erfolge als Kriegsherrn dürften in comitatensischer Tradition stehenden Aufgeboten mit kombinierten Waffen zu verdanken gewesen sein[278]. Die fränkischen Langbogen stellten sich vermutlich den Kriegsbogen aus der Kaiserzeit vergleichbar dar: „... When invading Gaul, the Franks probably used long simple bows of the same type as those found in the Danish bogs. No Frankish bows have been found, and contemporary pictures are few and far between...[279]" Dieser Gedanke Rausings kann insofern ergänzt werden, als ephemere Spuren eines Bogens als Beigabe in der adeligen fränkischen Knabenbestattung aus der ersten Hälfte des 6. Jh. n. Chr. unter dem Kölner Dom entdeckt wurden. Sie ließen aber leider keine Eindeutigkeit mehr zu, ob man hier einen Vollholz- oder einen Kompositbogen niederlegte. Zum Inventar gehörten auch einige dreiflügelige Schaftdornpfeilspitzen aus Eisen.

Angesichts vergleichbarer Gräber mit donauländischen oder oströmischen Waffen in Mittel- und Westeuropa seit der Endphase der Römischen Kaiserzeit scheint es so zu sein, dass sich manch ein wohlhabender Germane einen Reflexbogen erwarb. Es gibt Hinweise, dass sie für die Jagd genutzt wurden. Einsätze bei kriegerischen Konflikten kämen ebenfalls in Betracht. Die in der merowingischen Epoche noch gefolgschaftlich organisierte Reiterei wie auch anschließend die Reitersoldaten karolingischer Könige bevorzugten zwar Lanzen, Schild und Schwert, waren aber ebenso in der Lage, berittene Bogenschützen zu integrieren. Militärorganisatorisch ähnlich hatte sich die Situation am Ausgang der Antike bei den Römern und im frühen Byzanz dargestellt. Realienfunde, Schrift- und Bildzeugnisse im europäischen Raum illustrieren diesen strategischen Mehrwehrt, dem die Fähigkeit zum Kämpfen mit verbundenen Waffen zugrunde lag, bisweilen eindeutig[280]. Natürlich darf man sich mögliche Lebensbilder dabei nicht in Form autarker Verbände fränkischer Bogenreiterei vorstellen, das wäre abwegig, sondern es wurden offenbar, wie dies frühmittelalterliche Bilderhandschriften (*Utrecht-Psalter*, *Stuttgarter Bilderspalter*, *Psalterium Aureum* etc.) verschiedentlich dokumentieren, taktische Supportaufgaben innerhalb der Kavallerie wahrgenommen. Erst später stellte das Kriegswesen auf für sogenannte Schockangriffe mit eingelegter Lanze trainierte Ritterheere um. Sogar noch auf dem Teppich von Bayeux aus der zweiten Hälfte des 11. Jh. tritt in der letzten Szene unter den Normannen ein berittener Bogenschütze auf. Er unterstützt gepanzerte Reiter, die mit Lanze, Schwert und Schild kämpfen, bei der Verfolgung fliehender Engländer nach der Schlacht.

Eine etwas andere Konstruktion als die germanischen Langbogen im Norden mit runden, ovalen oder D-förmigen Profilen besitzen mehrere alamannische Langbogen aus der frühen Merowingerzeit. Man kennt sie als Beigaben aus dem Gräberfeld von Seitingen-Oberflacht am Fuß des Bergs Lupfen im Landkreis Tuttlingen. Dort hat der spezifische Braunjura-Alpha-Boden viele Holzobjekte sehr gut konserviert. Ich konnte die Oberflacht-Bogen in den 1990er Jahren am Landesmuseum Württemberg in Stuttgart eingehend untersuchen. Anschließend wurden Rekonstruktionen angefertigt und Schusstests unternommen[281]. Bei drei Bogen aus Eibe liegen lange trapezoidische Griffe und fünfeckige Wurfarmprofile vor. Mechanisch stellt das eine sehr durchdachte Kombination dar. Sie kann entwicklungsgeschichtlich kaum über Nacht entstanden sein. Die Schießwerkzeuge wirken im Kontext der Gattung germanischer Langbogen einzigartig und besonders. Aus dem 7. Jh. n. Chr. ist in der *Alemannia* auch der rundstabige Eibenbogen von Altdorf bekannt. Ich möchte der Frage nachgehen, ob wie bei jener Bauform auch die Geschichte der Oberflacht-Bogen bis in die Römerzeit zurückreichen könnte? So bislang noch nicht erkannte Anhaltspunkte dafür bieten meiner heutigen Beurteilung nach die dominant ausgeprägten Griffsektionen. Sie erinnern mich konzeptionell an die verstärkten Handhaben römischer, sarmatischer oder hunnischer Qum-Darya-Bogen. (Abb. 71) Damit einhergehend haben die Oberflacht-Bogen einen leicht paddelförmigen Grundriss. Da es sich um prinzipielle Designparallitäten handelt, könnte eine Konstruktionsanleihe alamannischer Bogenbauer bei dem für das Schussverhalten essentiellen Merkmal der Griffmassivität erfolgt sein. Falls eine solche Idee für ein separiertes Zentrum tatsächlich übernommen wurde, dann dürfte dies im Zuge des Landesausbaus der Alamannen im römischen Dekumatland im 3./4. Jh. n. Chr. oder auch nach Begegnungen mit dem hunnischen und ostgermanischen Bogenschießen während und nach der Attilazeit stattgefunden haben.

Es schiene mir eine erstaunlich zufällige Singularität zu sein, wenn die für den Bogenbau in Germanien ausgesprochen innovativen Langbogen auf dem Gebiet der alamannischen Lentienser ganz auf eigenen Technikideen im 6./7. Jh. n. Chr. basiert hätten, obgleich mögliche Vorbilder in der Nachbarschaft früher existierten. Verstärkte Griffzonen lassen weniger Vibrationen zu und bewirken ein ruhigeres Schießen. Werkstofflich spielt es dabei keine Rolle, ob komposite oder hölzerne Strukturen vorliegen. Die fünfeckigen Wurfarme der Oberflacht-Bogen stellten einen den Wirkungsgrad optimierenden Mehrwert dar. Diese Kombination hat übrigens keine bis dato bekannten Nachfolger bei anschließenden *self-bows* im germanischen Raum, wo die „nördlichen" Langbogen mit kompakter Form tradiert wurden. Archäologischen Funden zu Folge endete auch die Ära der Hunnenbogen in Europa nach dem Auftreten awarischer Bogen mit anteilsmäßig reduzierterem Griff. Solche akademisch begründbaren Wechselwirkungen sind zu erwägen, um dem besonderen Funktionsdesign der Oberflacht-Bogen gerecht zu werden. Es muss natürlich betont werden, dass nur eine Aneignung gewisser konstruktiver Merkmale in Frage kommen konnte. Die Werkstoffe Eiben- oder Ulmenholz erlauben keine direkte Kopie von Kompositbogen, denn es liegen zum Verbund von Horn, Holz und Sehnen stark abweichende mechanische Eigenschaften vor. Aus handwerklicher Perspektive hat man die Oberflacht-Bogen quasi um ihre länglichen Handhaben herum ausgeschnitzt.

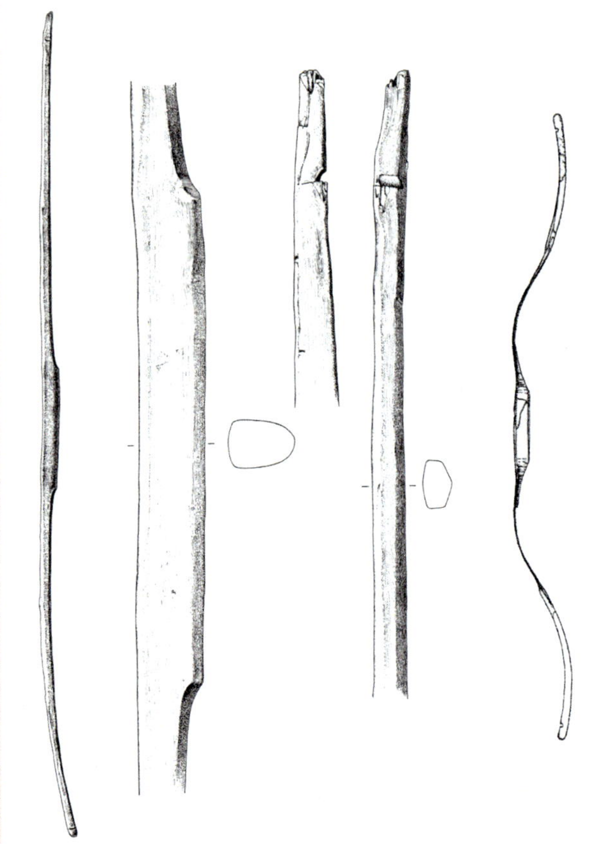

Abb. 71: Alamannischer Langbogen aus Eibenholz. Grab 7 von Oberflacht, Lkr. Tuttlingen. Nach Siegwalt Schieck. Rechts die Rekonstruktion eines Qum-Darya-Bogens nach Baruzdin. Ohne Maßstab.

Nicht unerwähnt bleiben soll, dass die spätrömische Grenzsicherung am Ober- und Hochrhein auch Vertragskämpfer alamannischer Kriegsherren, die sich auf gut zu verteidigenden Bergen Bollwerke und Heerlager schufen, in ihr strategisches Konzept mit einzubinden bemüht war. Es handelte sich dabei um eine räumlich gestaffelte, eigene Kräfte und Ressourcen schonende Vorfeldverteidigung sowie um Wegekontrolle im Hinblick auf weiter von Osten her erwartete Raubscharen. Kerbschnittbronzen für römische Militärgürtel sind von festen Plätzen der Alamannen wie dem Zähringer Burgberg bei Freiburg bekannt. Lanzen- und Pfeilspitzen sowie Streitäxte liegen als Funde vom Geißkopf bei Offenburg in der Ortenau am Ausgang des Kinzigtals als Pendant zur Legionsstadt *Argentorate* (Straßburg) vor[282].

„... Von Valentinian ist bekannt, daß er im Anschluß an den Alamannensieg des Heermeisters Jovin 366 zur weiteren Sicherung Galliens vor den Germanen umfangreiche Neuaushebungen tätigte, die teils die am Rhein ansässigen Barbaren (Germanen), teils die Bauernschaft auf römischem Boden betrafen ... Ähnliches betraf im Jahre 378 die Lentier (Lentienses) im Linzgau, nachdem sie von Gratian besiegt wurden. Schließlich bemerkt Ausonius an der Jahreswende 378/379 ganz allgemein, daß sich die Franken und Sweben ... den Rang abliefen, wie sie unter den römischen Waffen dienen könnten...[283]"

Vorstellbar wäre, dass Eiben- und Ulmenbogen des Typs Oberflacht bei den dortigen Germanen bereits im Einsatz gewesen sind. Die Bauform vereint kontrolliertes Schießen mit raschem Pfeilflug und kurzem Auszugsweg. Diese Schussdynamik kommt speziellen Anforderungen entgegen, die sich auf verhältnismäßig geringe Zieldistanzen, auch und gerade in bewaldeten Terrains als römischer Pufferzone, gestellt haben mögen. So könnten sich die alamannischen Oberflacht-Bogen nicht zuletzt vor dem Hintergrund des römischen Bundesgenossenwesens als das Produkt einer Technikanleihe etabliert haben. Ein Blick auf die politisch-geographische Situation in der Spätantike trägt zum erweiterten Kenntnisgewinn bei. (Abb. 72)

All jene Überlegungen würden eventuell sogar erklären helfen, weshalb das Funktionsdesign der Oberflacht-Bogen bisher lediglich im Südwesten und nicht im Innern der *Germania magna* nachweisbar ist. Es fehlt in den Landschaften, wo Germanen gesiedelt hatten, die sich im 3. Jh. n. Chr. zu den Alamannen formierten. Wahrscheinlich ist die Konzeption während der älteren Kaiserzeit noch nicht existent gewesen. Methodisch muss man in solche Gedanken über eine erst in der merowingischen Epoche fassbare, neue Qualität im germanischen Bogenbau aber auch die gesamtspärliche Quellenlage für Vollholzbogen zwischen Rhein, Donau und Elbe in der Kaiserzeit mit einbeziehen. Hinzuweisen ist auf eine jüngst in der Raum gestellte Annahme, das „Technokonzept" der Oberflacht-Bogen besäße eine Ähnlichkeit mit dem Teilfund eines Eibenbogens aus dem 9. Jh. n. Chr. im Großmährischen Reich vom slawischen Burgwall bei Mikulčice in Tschechien[284]. Der dortige Wurfarm weist in der biegsamen Zone ein rechteckiges und oben konvexes Profil sowie ein abgesetztes Ende ohne einseitige Nocke auf. Direkte technikhistorische Verbindungen zu den alamannischen Bogen muten hier aber ebenso fraglich an wie die hypothetische Annahme, bei dem heute nicht mehr erhaltenen Langbogen von Altdorf in der Schweiz handele es sich in Wahrheit um einen Lanzenschaft[285]. Stattdessen könnten die Oberflacht-Bogen aus dem Frühen Mittelalter auf ihre spezielle Weise Entwicklungen widerspiegeln, die bis in die Spätantike zurückreichen.

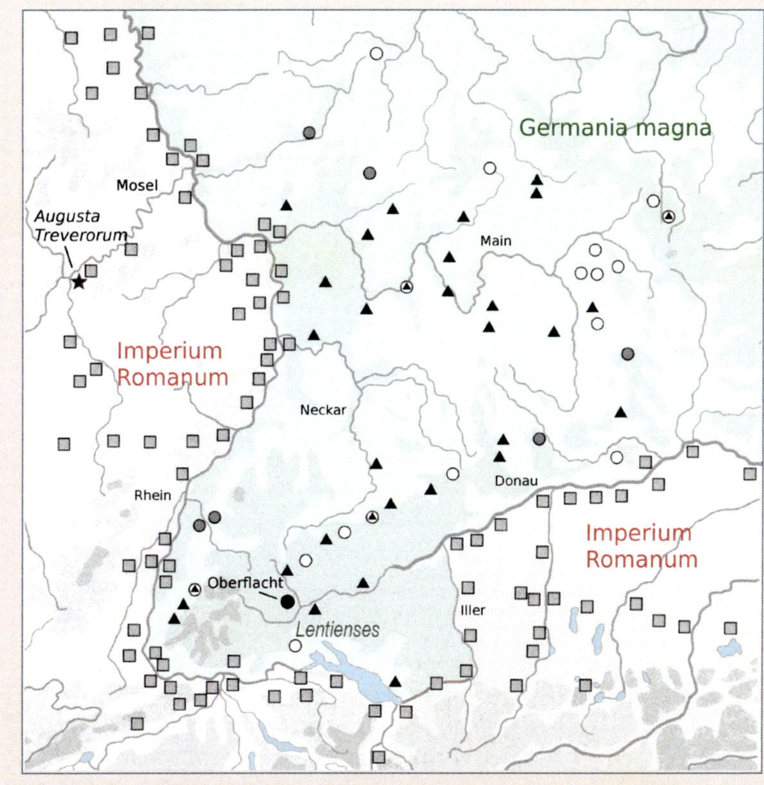

Abb. 72: Römische Kastelle (Quadrate), germanische Höhenstationen und Höhenfunde (Kreise und Dreiecke) im spätantiken Rhein-Donau-Raum. Gräberfeld von Oberflacht. 6./7. Jh. n. Chr. (Punkt).

VII TYPENKUNDE UND FUNKTION KAISERZEITLICHER PFEILSPITZEN

7.1 Internationale Forschungen zum Thema der Pfeilspitzen

7.1.1 Pfeile als aussagekräftige Fundgattung aus der römischen Ära

Im Gegensatz zu den aus organischen Werkstoffen bestehenden Bogen in zusammengesetzter oder hölzerner Bauweise sind metallene Pfeilspitzen archäologisch verhältnismäßig besser überliefert. Ohne diese vielerorts vorhandenen Artefakte wären unsere Kenntnisse über die römische Bogenwaffe, aufs Ganze gesehen, bedeutend bruchstückhafter als ohnehin der Fall. Sie bieten nicht nur materielle Anzeiger sondern erlauben auch weiterführende Aussagen darüber, ob Pfeile als Magazinbestandteile, Köcherinhalte, Grabbeigaben, bei Jagd- oder Kampfhandlungen in den Boden gelangten[286].
Bisweilen sind Pfeilspitzen mit Individuen vergesellschaftet, die davon getroffen wurden. Darüber hinaus ist mit ungewollten Abgängen durch vereinzelte Fehlschüsse bei sportlichen Übungen, Konflikten oder auf der Jagd zu rechnen, die sich als sporadische Funde präsentieren. Zu allen Zeiten sind Pfeile unfreiwillig abhanden gekommen, wenn ein Ziel verfehlt und ein Schaft anschließend in schlecht einsehbarem Gelände oder unter Bewuchs nicht mehr aufgefunden wurde. Bei einem andauernden Verlust bewirken dann Feuchtigkeit und saure Bodenarten Korrosionsprozesse, was zu einer fortschreitenden Substanzreduktion der Spitzen führen kann. Dies ist chemisch für Kupferlegierungen etwas unkritischer als für Eisen. Pfeilspitzen aus militärischen oder zivilen Kontexten der Kaiserzeit bestehen aber meistens aus Eisen bzw. Stahl. Stahl ist per Definition gemäß europäischer Norm ein Werkstoff, bei dem der Massenanteil an Eisen größer ist als der aller anderen Begleitelemente und dessen C-Gehalt unter zwei Prozent liegt. Artefakte aus Kupferlegierungen bzw. Buntmetall, im Folgenden als Bronzepfeilspitzen bezeichnet, bleiben während der Unterschungszeit rar. Zu Ausnahmen im Imperium Romanum gehören die etwa zweihundert Schaftdornpfeilspitzen aus Knochen vom Kastell auf dem Pomet-Hügel (*Porolissum*) im Norden Dakiens. Sie sind ein Ausdruck lokalen Facettenreichtums[287]. (Abb. 73)
Manchmal sind Pfeilschäfte aus Holz- oder Rohrbestandteilen als Bodenfunde überkommen, obwohl sie ansonsten schnell verrotten. Es liegen davon an unterschiedlichen Plätzen im Römischen Reich jeweils Fragmente vor. Pfeilschafttechnologien stellen nichts desto Trotz ein wichtiges eigenes Fachkapitel dar. Meine folgende Übersichtsdarstellung beginnt mit dem Thema antiker Pfeilspitzen. Ihre insgesamt beachtlichen Vorkommen an Militärplätzen, in Zivilsiedlungen, auf Gefechtsfeldern oder an Waffenopferstätten haben forschungshistorisch, beginnend mit zwei Aufsätzen von Elisabeth Erdmann zu Fundstücken vom Auxiliarkastell der Saalburg, zahlreiche, den roten Faden aufgreifende, Arbeiten angeregt. Fasst man die Publikationen zusammen, lassen sich mehrere Schwerpunkte erkennen: Einserseits geht es um das Erstellen von Typologien. Pfeilspitzen werden nach Material, Form, Größe, etc. sortiert und mit vergleichbaren Fundstücken anderswo in Beziehung gesetzt.
Ein weiteres wichtiges Arbeitsgebiet beinhaltet metallographische Analysen und Reproduktionen. Hierfür werden in diffizilen Laborverfahren Schliffbilder ausgewählter Prüflinge hergestellt, um unter dem Elektronenmikroskop deren Strukturen aufschließen zu können. Die Pfeilspitzen lassen sich danach mit Vergleichsmaterial reproduzieren. So wird geprüft, wie hoch in etwa der Aufwand an Rohstoffen, Werkzeug und Know-how für originale Herstellungsprozesse zu veranschlagen ist. Waffentaugliche Repliken bieten den zusätzlichen Vorteil, durch experimentalarchäologische Simula-

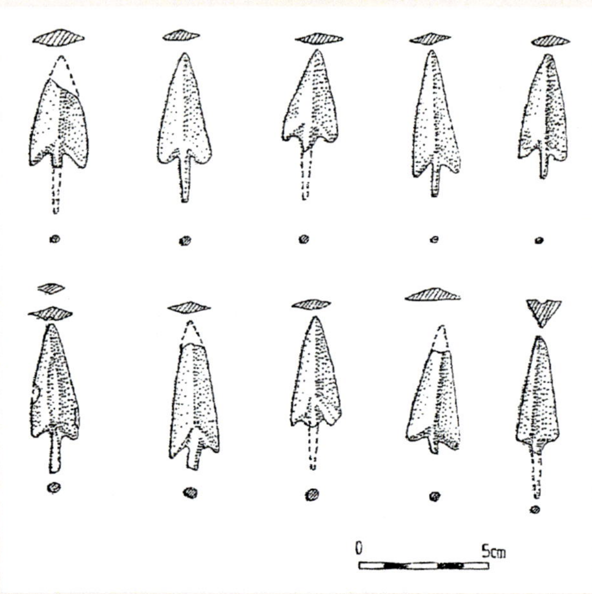

Abb. 73: Neun zweiflügelige und eine dreikantige römische Schaftdornpfeilspitzen aus Knochen. FO Mojgrad-Porolissum. Kreis Sălaj, Rumänien. Nach Nicolae Gudeae. 2./3. Jh. n. Chr.

tionen Angaben über die speziellen Funktionen von Pfeilen ermitteln zu können. Dieser Bereich bildet einen dritten Themenschwerpunkt. Dazu gehören unter anderem Schusstests auf authentisch nachgebildete Rüstungen. Wenn anthropologische Befunde in situ gegeben sind, können Beurteilungen von Tatverläufen unter Pfeileinwirkung erfolgen. In diesem Zusammenhang ist schließlich auch die medizinische Versorgung von Pfeilverletzungen in der römischen Welt von Interesse. Die Effizienz als Jagdwaffen lässt sich ebenfalls untersuchen. Es bieten sich summa summarum bemerkenswerte Lebensbildinformationen beim Thema der Pfeilspitzen, die über rein formale Merkmale weit hinausreichen.

7.1.2 Technische Archetypen und archäologische Fundbeispiele

Von Autoren wie Erdmann, Davies, Zanier, Gichon und Vitale etc. liegen Typenvorschläge für dreiflügelige Pfeilspitzen in Britannien, Kontinentaleuropa und Israel vor. Sie bilden eine gute Grundlage für weitergehende Analysen. Im deutschsprachigen Raum ist ein Sortenschema von Werner Zanier aus dem Jahr 1988 beispielgebend[288]. Auch anderswo hängen solche Schemata von nationalen Schulen oder Sachverständigen ab. International hat sich allerdings bisher kein einziges Kategorisierungsmodell für dreiflügelige Pfeilspitzen übergreifend durchgesetzt. Ich möchte wegen der uneinheitlichen Situation zuerst einige Archetypen vorstellen, auf denen Pfeilbewehrungen im alten Italien beruhen konnten. Wie bei antiken Bogen können Traditionen aus prähistorischer Zeit in Betracht gezogen werden. Etruskische Pfeilspitzen aus Bronze wurden zum Beispiel auf der Höhe von Poggio Civitate bei Murlo, Provinz Siena, gefunden. Sofern sie breite Widerhaken besitzen, dienten sie einer sozialen Oberschicht dort vermutlich als Bewehrungen für Jagdpfeile. (Abb. 74) Die Artefakte wurden mit einer kurzen Tülle oder mit Schaftzunge gegossen. „... Tanged arrowheads with double barbs are common in Italy during the Iron Age. They have antecendents in Urnfield context, in the Late Bronze Age of central Europe...[289]" Eine Kurzübersicht vergleichbarer Fundstücke aus frührömischer Zeit bietet die Sammlung Gorga im Nationalmuseum Rom[290]. Aus Poggio Civitate liegen darüber hinaus auch konische Pfeilspitzen aus Bronze vor. Sie besaßen ein ganz anderes zielballistisches Verhalten als die zweischneidigen Widerhakenspitzen. Es waren wahrscheinlich Kampfwaffen.

Außerdem gab es einen griechischen Einfluss auf dem Gebiet von Pfeil und Bogen. Eine darauf hindeutende Textstelle liegt beim Historiker Livius vor. Er schreibt, dass Hieron II., 269 bis 215 v. Chr. König von Syrakus auf Sizilien, den im 2. Punischen Krieg bedrängten Römern eigene Kontingente mit folgendem Auftrag sandte:

> „... *Er wisse zwar, dass das römische Volk nur römische und latinische Truppen zu Fuß und zu Pferd benütze. Doch habe er auch fremde, leichtbewaffnete Hilfstruppen im römischen Lager gesehen. Deshalb habe er tausend Bogenschützen und Schleuderer, eine gegen die Balearen und Mauren* [Hannibals] *geeignete Truppe, sowie andere zum Kampf mit Wurfwaffen geübte Völkerschaften geschickt...*[291]"

Im Gefecht standen differenziert zu befehligende Teilstreitkräfte auf dem Plan. Glaubt man dem deutschen Militärhistoriker Hans Delbrück, dann könnte das römische Heer vor der Schlacht von Cannae im Jahr 216 v. Chr. ungefähr neuntausend Leichtbewaffnete gezählt haben, darunter ähnlich viele Bogenschützen wie in der punischen Vielvölkerarmee[292]. In die fortgeschrittene Republikzeit fallen die meisten schriftlichen Überlieferungen für kretische Bogensoldaten. Man weiß aufgrund der schlechten Fundsituation aber nicht, bis wann mutmaßlich griechische Pfeilspitzen, dazu könnten zweischneidige Muster mit kurzen Haken und Stoppkante gehören, in Italien verwendet wurden. Manche heutige

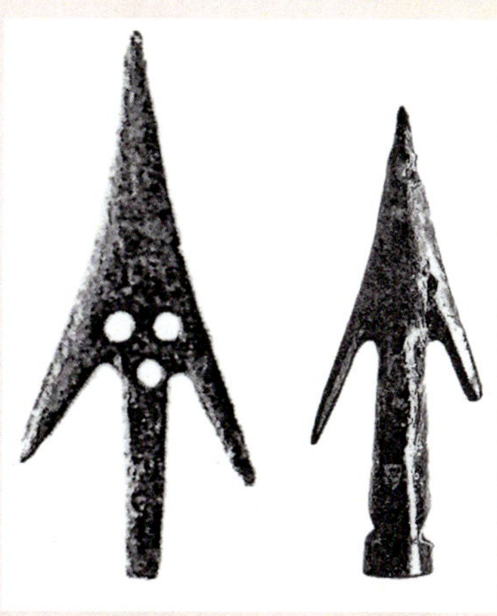

Abb. 74: Etruskische Pfeilspitzen. (Länge 40 mm u. 32 mm.) Schaftdorn und Tülle zur Befestigung im hölzernen Schaft. Vgl. dazu oben Abb. 6 (I). FO Poggio Civitate bei Murlo. Italien.

Bearbeiter des Themas vermuten, dass kretische Pfeilköpfe per se vergleichsweise schwer waren[293]. Holger Baitinger hat basierend auf Artefakten im griechischen *Olympia*, in Süditalien sowie in Frankreich eine Typenkunde antiker Pfeilspitzen erstellt. Ich möchte als Exzerpt daraus einige großformatige Schaftdornspitzen für weitere Betrachtungen zitieren. (Abb. 75) Die französische Forschung spricht Baitingers Typ I A 3 als Typus Olympia an. Solche Bronzepfeilspitzen mit Schaftdorn und getrepptem Blattquerschnitt wurden auch in keltischen Siedlungen im Hinterland der französischen Seeküste aus dem 5./4. Jh. v. Chr. entdeckt[294].

Waffenfunde in Spanien beim 133 v. Chr. eroberten *Numantia*, beinhalten bei den Römern erstmals eiserne Spitzen mit drei Flügeln[295]. Die gebräuchlichsten Eisenpfeilspitzen vor Ort waren allerdings zweiflügelig mit Schaftdorn und einer integrierten Stoppkante. Martin Luik schreibt: „... Unter den Geschoßspitzen mit Dorn stellen die Pfeilspitzen mit Widerhaken eine besonders große Gruppe. Der in den römischen Lagern um Numantia vertretene Normaltyp (22 Ex.) besitzt eine langgezogene, zumeist mit kräftigen Widerhaken versehene Spitze, die am Ansatz des langen Dorns auf der Vorder- und Rückseite auffällig verdickt ist. Die Länge dieser Pfeilspitzen schwankt zwischen 3,6 cm und 6 cm (v.a. 4–5 vm), das Gewicht beträgt zwischen 8 und 20 Gramm (v.a. 12–13 g.)...[296]" (Abb. 76) Ich halte es für denkbar, dass hier Pfeilspitzen kretischer Kombattanten der Römer vorliegen könnten. Ähnlichkeiten zu älteren Pfeilspitzen aus *Olympia*, etwa dem Typ I A 4 nach Baitinger, beim Ansatz des Schaftdorns, mit einer ins Blatt eingebundenen Stoppkante, sind offenkundig. Es sieht so aus, als wäre eine altbewährte Zweckform mit dem Material Eisen weitergeführt worden. In dieses historische Bild passte das relativ hohe Gewicht einiger dieser Pfeilspitzen. Möglich wäre auch, dass solche Spitzen als überkommene Muster im römischen Heer unspezifisch verbreitet waren.

Von wieder anderen Fundplätzen in Europa mit militärischer Präsenz Roms liegen seit dem 1. Jh. v. Chr. auch zweischneidige Tüllenpfeilspitzen aus Eisen vor. Die allgemeine Ausstattung der Armee mit eisernen Pfeilspitzen hat seit augusteischer Zeit dann aber auf ganz andere Vorbilder Bezug genommen. Die Römer trafen sie bei ihrer Expansion in die Levante und in pontische Gebiete an. Pfeile dort waren häufig mit dreiflügeligen Schaftdornspitzen bewehrt. Es sind darüber hinaus technische Wechselwirkungen zwischen solchen Trilobitspitzen (engl. *trilobed* oder *trilobite arrowheads*) aus dem Orient und aus Eurasien zu berücksichtigen. Nach Ansicht des Wiener Museumskustos Ortwin Gamber (1925–2007) bildete Persien eine Art von „Verteilerrelais" für Waffeninnovationen in den und aus dem Steppengürtel. Vieles davon ist früher oder später auch zu den Römern gelangt. Schlüssige Differenzierungen zwischen in ihrem jeweiligen Ursprung aus der Levante, aus Persien oder aus Eurasien stammenden Trilobitspitzen im Imperium Romanum sind vor diesem Hintergrund schwierig. Meistens nimmt die moderne Archäologie auch nur ungern auf ethno-kulturelle sondern lieber neutral auf formale Aspekte von Pfeilspitzen Bezug. Eine jüngere Sichtweise macht geltend, für handgeschmiedete Pfeilbewehrungen mit drei Flügeln auch subjektive Kriterien seitens der produzierenden Handwerker mit zu berücksichtigen. Infolgedessen wird vor akademischer Pedanterie in Form überstrukturierter Klassifikationen für Pfeilspitzen gewarnt[297].

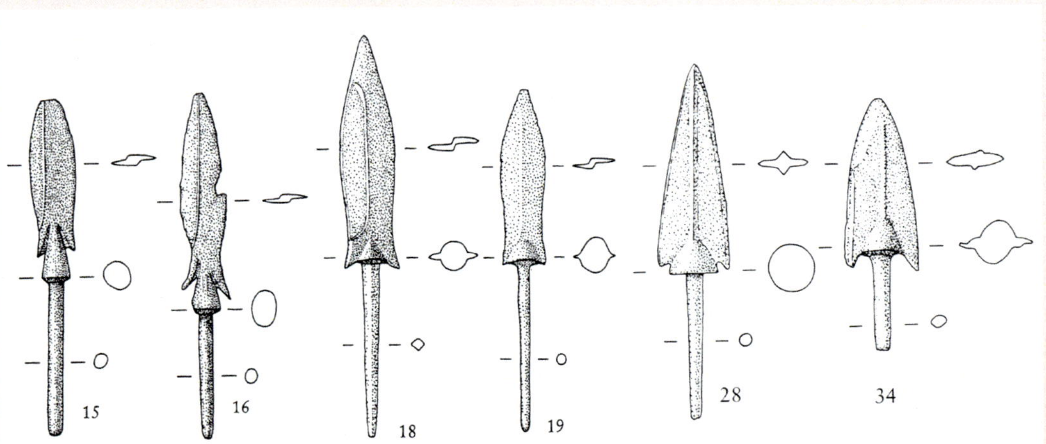

Abb. 75: Zweischneidige Pfeilspitzen mit Stoppkante. Antike Funde aus *Olympia*. Typen I A 3, a (15-16), I A 3, b (18-19) und I A 4, a, b (28, 34). Bronze. Nach Holger Baitinger. Ohne Maßstab.

7.2 Morphologie und Verbreitung dreischneidiger Pfeilspitzen

7.2.1 Exemplare aus Kupferlegierungen als Vorläufer in der Antike

7.2.1.1 Aufkommen dreischneidiger Bronzepfeilspitzen aus dem Osten

Viele Pfeilspitzen hatten im Mittelmeerraum drei Schneiden. Dabei handelte es sich um keine griechische oder römische Erfindung. Anfangsvorkommen solcher Pfeilspitzen aus Bronze in Südrussland, dem Kaukasus- und Nordschwarzmeerraum verbindet die Forschung mit den Kimmeriern und Skythen des 8./7. Jh. v. Chr. Darüber hinaus besaßen die frühen Reitervölker Pfeile mit zweischneidigen, vierkantigen oder konischen Bewehrungen[298]. Bei den drei- und zweiflügeligen Spitzen ist je nach ihrem chronologischen oder regionalen Aufkommen eine innere oder äußere Schäftungstülle vorhanden. Stets liegt auch eine gewisse Zierlichkeit vor. Charakteristisch sind kleine und leichte Spitzen, die standardisiert gegossen wurden. Hierfür bestanden industrielle Produktionsverfahren[299].

„... Skythische Pfeilspitzen sind weit verbreitet. Sie tauchen im Steppenraum, im Vorderen Orient, in Kleinasien, Ägypten, auf dem Balkan und in Mittel- und Westeuropa auf und gaben lange Zeit Anlass zu übergreifenden Deutungen archäologischer Befunde, indem man sie nicht selten mit Überfällen der Skythen oder Kimmerier auf bestimmte Regionen verband. Mittlerweile wird gemeinhin bezweifelt, dass Pfeilspitzen tatsächlich als Indikator von Steppennomaden dienen können, wenn sie nicht in einem eindeutigen Befund oder in Verbindung mit anderen Gegenständen aus dem nomadischen Milieu auftreten ... Das Aufkommen einiger skythischer Pfeilspitzen muss als Modernisierung des lokalen Waffenrepertoires verstanden werden...[300]" Sortenmodelle für skythische Pfeilspitzen hat Joëlle Pesonen in einer Bachelorarbeit über Funde vom Tell Hallaf in Syrien miteinandner verglichen[301]. Die umfassendste und detaillierteste Typologie bietet Anja Hellmuths Werk *Bogenschützen des Pontischen Raumes in der Ältern Eisenzeit* von 2010.

Pfeilspitzen mit drei Flügeln konnten Ausprägungen sogenannter dreilappiger und dreikantiger Zweckformen vorgeschaltet sein. „... Das von den Skythen dazu verwendete Metall war eine Legierung aus Kupfer mit 3–20% Zinn und 17–28% Zink. Gegenüber einfacher Bronze mit einem alleinigen Zinnanteil erhöhten sie die Festigkeit also durch die Beimengung von Zink. Die Endprodukte zeichneten sich durch einen gold-schimmernden Glanz und erhebliche Kantenschärfe aus...[302]"
Franz Hančar schreibt: „... Von jeglichem Standpunkt gesehen, gibt sich die Bronzepfeilspitze bei den Skythen als Massenartikel zu erkennen, und der Schluss auf örtliche Erzeugung ist zwingend ... Als skythische Metallurgenstadt am Dnepr des 5.–2. Jh., vielleicht auch Führungszentrum des Königs Ateas, gibt Kamenskoe Gorodišče archäologisch wertvolle Aufschlüsse über Erzbeschaffung, Einrichtungen und Einzelheiten der Guß- und Schmiedetechniken, über Metallverschmelzungen, Produktionsstadien und Pfeilausfertigung. Bis ins Detail wird damit dokumentiert, was nach den Massen jener Brackware (Fehlgüsse, Bruchausschuss, ungeschliffene sowie unfertige Exemplare mit noch anhaftenden Gussklumpen, zerbrochene Gussformen) seit langem aus den Siedlungsschichten auf der Insel Berezan (6. Jh.), aus Olbia und der Dünenlandschaft Kučugury (heute Kamenskoe Gorodišče), aus dem Kubangebiet, aus dem Bezirk Dnepropetrovsk, aus den ehemaligen Gouvernements Kiev und Taurien sowie aus dem Schatzfund von Novočerkask bekannt war. Werkstoffbezogen wirkt die andauernde skythische Großerzeugung von Pfeilspitzen aus Bronze gegenüber dem Eisen als Pfeilspitzenmaterial zusammen mit dem anscheinenden Aussetzen paralleler Entwicklungslinien drängend problematisch...[303]"
Typologisch vergleichbare Spitzen kannte man im Neuassyrischen und im Neubabylonischen Reich sowie am Nil. Funde in Syrien, Mesopotamien und Ägypten bezeugen dies[304]. Tadeusz Sulimirski machte bereits 1954 auf jenen Sachverhalt aufmerksam[305]. Der Guss eines gegen den Schuss gerichteten Sporns sollte das Herausziehen aus Wunden erschweren. Solche Seitensporne sind an Originalen erhalten oder an Gussmodeln nachweisbar. Sie bilden ein archaisch wirkendes Merkmal, das nicht nur im Osten sondern auch bei Pfeilspitzen in Europa während der Urnenfelderzeit auftritt. Fundstücke aus dem 9. Jh. v. Chr. kommen von der Heunischenburg, Lkr. Kronach im Frankenwald, wo sie Kampfwaffen waren[306]. Sporne sind tückischerweise sogar bei Widerhakenspitzen gegossen worden. Mit antiken Spitzen gingen oftmals Pfeilgifte einher. Deshalb waren selbst winzige Bewehrungen, die sich vom Schaft lösen konnten, als Toxinträger schon beim Schlagen leichter Wunden gefährlich.
„... Aus Persepolis sind uns sowohl zwei- als auch dreischneidige Pfeilköpfe bekannt, wobei nach Auszählung der Funde Dreischneidigkeit an das Material Bronze, Zweischneidigkeit an das Material Eisen gekoppelt ist. Dreischneidige Köpfe wurden dort weitaus mehr gefunden, so dass der Schluss gezogen werden kann, dass die meistbenutzten Pfeilköpfe der Meder und Perser um 500 v. Chr. noch Bronzepfeilköpfe waren ...[307]" Nachbarn der Achaemeniden in den Steppen im Nordosten waren die pastoralnomadisch lebenden Saken.
„... In Saka burial, two major arrowhead types, socketed and tanged, are found. This specific arrowhead combination is typical in general in the Eastern steppes and in particular, in the Kazakh steppes. The local forms are usually dated to the 7th-6th centuries BC but the types can be traced to the Bronze Age, when in the territories of central and eastern Kazakhstan, two parallel types were used: 1) tanged, bilobed and barbed and 2) socketed trilobed...[308]"

Eiserne Trilobitspitzen traten zuerst in Eurasien auf. „... In der älteren Eisenzeit einsetzend (zweites Viertel des letzten Jt. v. Chr.) haben sie im dritten Viertel dieses Jahrtausends sich allgemein durchgesetzt und im vierten Viertel eine Reihe charakteristischer Typen entstehen lassen...[309]" Schafthülsen wurde dabei aufgegeben und durch Schaftdorne ersetzt. Diese Schäftungsweise blieb im Steppenraum und dem Orient anschließend bis ins Mittelalter hinein dominant.

7.2.1.2 Wertstoffliche Betrachtungen bronzener und eisener Pfeilspitzen

Wann und in welcher Weise in Europa der Paradigmenwechsel von Bronze- hin zu Eisenspitzen erfolgte, ist uneinheitlich. Überdies vermochten sich bronzene und eiserne Pfeilbewehrungen zu ergänzen[310]. Hellmuth referiert: „... Dass immer wieder einmal Pfeilspitzen skythischen Typs nach Italien gelangten, zeigen einige Exemplare, die im letzten Jahrhundert aus den Grabungsaktivitäten Hans-Udo Kuntzes in Cerveteri in das Berliner Museum für Vor- und Frühgeschichte gelangten. Wenn auch ihre Fundumstände im einzelnen leider nicht mehr zu rekonstruieren sind, so lässt sich doch anhand ihrer Form sagen, dass über drei Jahrhunderte (7.–5./4. Jh. v. Chr.) immer wieder Pfeilspitzen skythischen Typs vereinzelt nach Italien gelangten...[311]" Holger Eckhardt meint: „... Warum es lange Zeit zu einer Bevorzugung des Werkstoffes Bronze kommt, ist ungewiss. Der Gedanke an Eisenmangel und technische Probleme schließt sich bei der Betrachtung der hoch entwickelten Herstellungstechnik von Lanzen, Schwertklingen und anderen Geräten aus...[312]" Junkelmann gibt zu bedenken: „... Gegossene Bronze erreicht eine Härte von 100 HV (Vickershärte, kp/mm2), während kalt gehämmerte ... Bronze Werte bis zu etwa 250 HV aufweisen kann. Letztere ist somit nicht nur dem Schmiedeeisen, also reinem Ferrit, das nicht viel über 100 HV besitzt, sondern auch kalt gehämmertem Eisen (um 200 HV) und ungehärtetem ... Stahl (150-250 HV) überlegen ... Das bedeutet, dass an der Wende von der Bronze- zur Eisenzeit das neue Material durchaus noch keine klare Überlegenheit gegenüber ausgereiften Kupferlegierungen besaß, außer dass es billiger war...[313]"

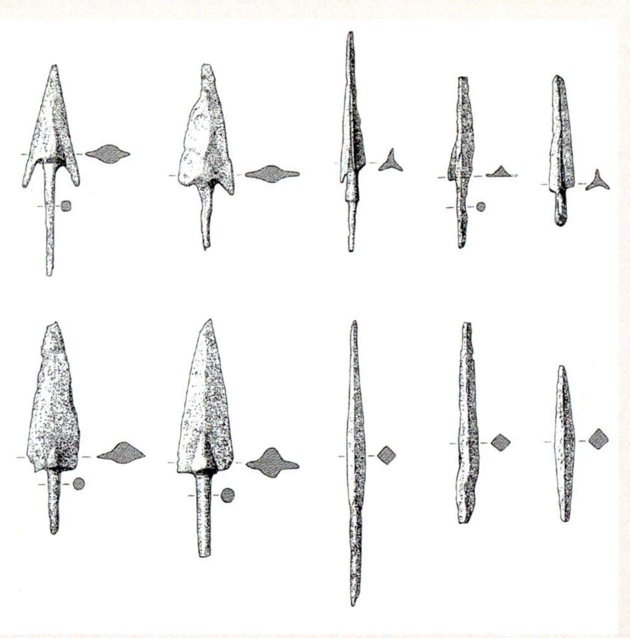

Abb. 76: Zweischneidige, dreiflügelige und vierkantige Pfeilspitzen von der römischen Belagerung *Numantias*. Provinz Soria, Spanien. Eisen. Nach Martin Luik. Um 133 v. Chr. Ohne Maßstab.

Wahrscheinlich lassen sich die antiken Präferenzen auch und gerade mit dem Wertstoffcharakter begründen. Die neumodischen Pfeilspitzen aus Eisen konnte man unter Bedingungen einer preiswerten Arbeitsdelegation bei geringeren Stückkosten auch zu massiveren Zweckformen hin entwickeln. (Abb. 77) Darin scheint mir ein weiterer Schlüssel auf der Funktionsebene zu liegen, denn die meisten Spitzen aus Buntmetall blieben über ihre gesamte Verbreitungszeit, vergleicht man sie mit kaiserzeitlichen Pfeilbewehrungen verschiedener Kaliber aus Eisen, vielerorts recht zierlich. Ich sehe dabei von Spitzen wie etwa dem Typus Olympia oder Unikaten wie zum Beispiel in der Keltiké einer wunderschön gegossenen Blattspitze mit Tülle im späthallstattzeitlichen Fürstengrab von Eberdingen-Hochdorf, Lkr. Ludwigsburg, in Württemberg ab.

Die Umstellung auf Eisen bei den Römern belegen Funde von Spitzen für Artillerie- und für Bogenpfeile aus dem frühen 2. Jh. v. Chr. vom Berg Grad bei Šmihel in Slowenien[314]. Die zitierten Eisenpfeilspitzen aus dem Spanien des Scipio Aemilianus (185 bis 129 n. Chr.) reihen sich in eine Übersicht ein. Für den Nahen und Mittleren Osten kann auf zwei Plätze hingewiesen werden, an denen der Munitionswandel von gegossenen auf geschmiedete Dreischneider generalisiert nachvollziehbar ist. Es handelt sich um den Oxos-Tempel (Takhti-Sangīn) sowie um Dura Europos. Der Oxos-Tempel bestand bis in die Kuschanzeit. Dort sind als Weihegaben achtzig bronzene und über zweitausend eiserne Peilspitzen überkommen. Ähnlich aussagekräftig sind die Verhältnisse in Dura. Bronzene Pfeilspitzen stehen dort in der Minderzahl und werden in die Seleukidenzeit datiert. Wie üblich

sind sie von ausgesprochener Kleinheit und wiegen rekonstruiert nur 4 bis 5 Gramm. Ihre Tüllen hat man mit 4 bis 8 mm Querschnitt gegossen. Entsprechend schmal konisch wurden dafür zugespitzte Pfeilschäfte geformt. Deren organische Substanz erhält sich archäologisch allerdings nur selten. Kurze Schaftreste mit bronzenen Pfeilspitzen sind in einer Nekropole der Königsskythen bei der Stadt *Nymphaion* an der Ostküste der Krim geborgen worden[315]. Solche Pfeile waren gewichtsreduziert. Sie passen zu den gut führigen Reiterbogen im damaligen eurasischen Raum.
Hierzu folgt ein kurzer Exkurs: Doppelt gekrümmte Skythenbogen fand man im Osten des Steppengürtels in Grab 5 von Aržan 2 sowie in der Bestattung Olon Kurin Gol 10 im mongolischen Altai[316]. „… [Letzterer] bestätigt unsere Ansicht, dass die Skythen relativ kurze, laminierte oder sehnenbelegte Bogen und nicht ausschließlich Kompositbogen benutzten…[317]" Bei der Stadt Changsha in der Provinz Hunan in Zentralchina wurde ein rekurver Laminatbogen aus dem 3. Jh. v. Chr. entdeckt[318]. Techniken der Verbindung mehrerer Hölzer beim Bogenbau hatten damals in China eine alte Tradition. Ralph D. Sawyer erörtert: „… Idealized descriptions of distinctive bows carried by the king, feudal lords, lesser nobles, and ordinary warriors suggest that several types existed in the Western Chou and perhaps earlier. According to Hsün-tzu, a late Warring States writer, 'That the son of Heaven has an engraved bow, the feudal lords have cinnabar bows, and the high officials have black bows (accords) with the forms of propriety (*li*).' In describing the duties of an official bow maker, the *K'ao-kung Chi* states: 'In making a bow for the son of Heaven, the criteria is for nine layers to be combined; in making bows for the high officials, the criteria call for five layers to be combined; and in making bows for the *shih* [lower members of the nobility or warriors], the criteria call for three layers to be combined…[319]"

Für die westliche Steppenzone interessant ist ein Bogenfragment von 64 cm erhaltener Länge aus dem mittleren der sogenannten Drei-Brüder-Kurgane auf der Halbinsel Krim. Es ist aus drei Holzleisten mit einer Wicklung aus Birkenleder aufgebaut[320]. Zu ergänzen ist ein rekurver Zweiholzbogen aus einem skythischen Grab, den Salomé Feld beschreibt: „… Der vorliegende besterhaltene Fund diesbezüglich stammt aus Simogorja G5 vom mittleren Donec … Der Bogen bestand aus zwei Holzschichten, die mit einer pflanzlichen Faser, vermutlich Birke, umwickelt waren. Seine Länge im gespannten Zustand beträgt 93 cm nach Fundumständen. Der Köcher ahmt die Krümmung einer Hälfte des Bogens nach, über, auf oder um den herum er lag…[321]"

Ein weiterer Laminatbogen scheint sich im skythischen Kurgan von Višnevka auf der Krim befunden zu haben[322]. Die Beispielliste ließe sich bei einer eingehenderen Betrachtung noch fortsetzten[323]. Wie eingangs bereits von mir erwogen wurde, wäre auch für die Mittelmeerzivilisationen die Möglichkeit in Betracht zu ziehen, dass solche Waffen als eine Ergänzung zu Hornkomposits nach einer Vermittlung durch Kolonisten und Händler vom Nordschwarzmeerraum aus verbreitet wurden. Es muss aber noch eine klare Trennung zu für symbolische oder funerale Zwecke angefertigte Bogen erarbeitet werden.

Abb. 77: Praktische Reproduktion einer dreiflügeligen Eisenpfeilspitze der Römischen Kaiserzeit. Für das Schmieden der Schneidblätter ist ein spezielles Gesenk erforderlich. Nach Ulrich Stehli.

7.2.2 Etablierung dreiflügeliger Eisenspitzen bei Parthern und Sarmaten

Im selben Zeithorizont wie die zitierten Grabbeigaben der Königsskythen befinden sich auch Pfeile und Bogen aus dem Bestattungsplatz III von Subexi im chinesischen Turfan-Distrikt in Xinjiang. Die spätestens im 3. Jh. v. Chr. niedergelegte Pfeile von 80 cm Länge verfügten dort entweder über dreiflügelige Spitzen aus Eisen oder über konische Spitzen aus Bein. Bronze spielte keine Rolle mehr. Die vergesellschafteten Reflexbogen des skythischen Designs sind physisch durchaus beeindruckende und hochprofilierte Waffen aus elaboriertem Holz-Horn-Sehnen-Verbünden.

Ging die Entwicklung im Osten in eine solche Richtung, ist für den Westen Vergleichbares zu erwarten. Die Situation stellt sich, Gunvor Lindström nach, für den Oxos-Tempel wie folgt dar: „... So wurde unmittelbar neben der Votivsammlung 4 die Votivsammlung 3 angelegt, die vor allem aus mehr als 2000 eisernen Pfeilspitzen besteht, die so dicht beieinander lagen, das sie ein ‚Konglomerat' bildeten. In Korridor 1 lag ebenfalls in der Nähe eines früheren Depots und ebenfalls auf Fußbodenniveau 4 die Votivsammlung 1 mit 665 eisernen Pfeilspitzen...[324]" Die Ausgräber nehmen an, dass die Eisenspitzen dort erst nach der Eroberung durch die Kuschan im 2. Jh. v. Chr. aufkamen.

Es gibt textliche Hinweise darauf, dass die Parther spätestens im 1. Jh. v. Chr. eiserne Pfeilspitzen besaßen. So liest man zum Beispiel in Lucans Epos *Pharsalia*:

> „... *Auch unsere Wurfspieße fürchten die Parther wenig. Sie wagen es, sich mit uns zu schlagen, nach dem Versuche mit ihren skythischen Pfeilen bei des Crassus Tode. Ihr Geschoss ist nicht allein mit sichertreffendem Eisen bewehrt, sondern auch, wenn es durch die Luft zischt, mit vielem Gifte getränkt. Leichte Wunden sind schon gefährlich, und die Haut nur blutig geritzt ist schon der Tod...*[325]"

Im Rahmen der Auswertung von über fünfhundert dreiflügeligen Pfeilspitzen am Fundplatz ed-Dur in Südostarabien führt Parsival Delrue an: „... Although tanged trilobate iron arrowheads are said to be the main type used by the Parthians and Sasanians they are not widely attested in military contexts. Arrowheads (and weapons in general fort the matter) are rarely found since they compose the basic equipment of soldiers and are not very likely to have been left behind. Some examples are known, however, from the Partho-Sasanian levels at sites in Iran, Iraq and Syria, such as Tepe

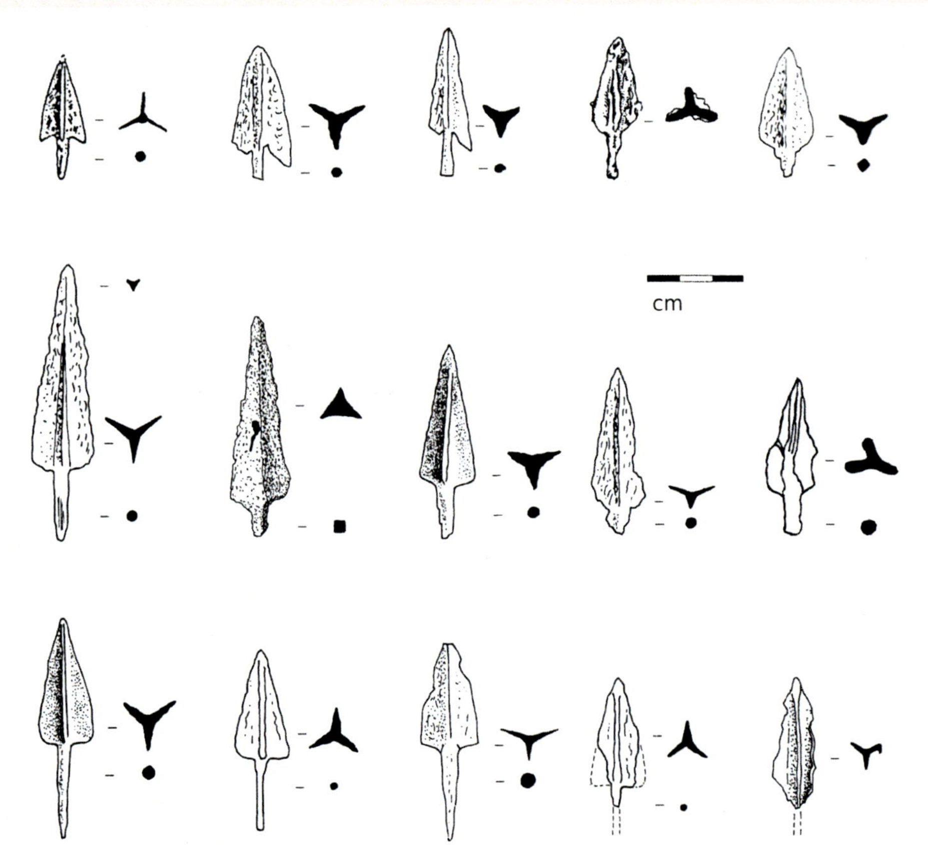

Abb. 78: Auswahl von Schaftdornspitzen vom Platz ed-Dur. Importe aus dem Partherreich in den Südosten der Arabischen Halbinsel. Eisen. Nach Parsival Delrue. 1./2. Jh. n. Chr.

Yahya, Turreng Tepe, Khoramrud, Quasr-i Abu Nasr, Tall Sheikh Hamad, Nineveh and Hatra...[326]" (Abb. 78)
Auch nördlich des Schwarzen Meers kam es zu einem Wechsel von Pfeilspitzen aus Bronze hin zu geschmiedeten. Bârcă schreibt dazu: „... Im 2. Jh. v. Chr., d.h. in der Bildungsphase der mittleren sarmatischen Kultur, fand man auf dem sarmatischen Gebiet sowohl bronzene und eiserne Pfeilspitzen ... In den Gräbern der bosporanischen Nekropolen erschienen Pfeilspitzen mit drei Flügeln und Stiel im 1. Jh. v. Chr. bis 1. Jh. n. Chr., wahrscheinlich von den Sarmaten übernommen...[327]" (Abb. 79)

Typenkundlich stellt man Gemeinsamkeiten zwischen Trilobitspitzen der Parther und Sarmaten fest. Darauf stellt im Rahmen des Projekts *Transfermomente im Bereich des Militärwesens zwischen Nomaden und Sesshaften zur Zeit der Parther und Sasaniden* auch Winkelmann ab. Stefanie Martin-Kilcher postuliert, dass an Kriegsschauplätzen mit römischer Beteiligung in Spanien, Gallien oder auf dem Balkan erst ab etwa den dreißiger Jahren des 1. Jh. v. Chr. dreiflügelige Pfeilspitzen wirklich gesichert vorlägen[328]. Vorher hat man es häufiger mit zweischneidigen Eisenpfeilspitzen zu tun. Bei Roms Angriff auf die jüdische Stadt *Gamla* auf dem Golan 67 n. Chr. überwogen Pfeilspitzen mit drei Flügeln. Zu diesen Trilobitspitzen lassen sich als Funde vor den Stadtmauern allerdings erneut beträchtliche Mengen zweischneidiger und vierkantiger Pfeilspitzen ergänzen: „... In addition to the trilobate head, flat tanged and bodkin heads were found in three different focuses. The excavators suggested to see in them: 'evidence of auxiliary ethnic archer units' some of which may have used 'traditional' arrowheads' alongside the 'standard' Roman issue...[329]"
Gichon und Vitale analysierten rund sechzig dreiflügelige Pfeilspitzen aus Eisen, datierend von späthellenistischer bis in hadrianische Zeit, aus Horvat`Eqed, einer festen Stadt zwischen Jaffa und Jerusalem[330]. Ihre Sortierung in vier Gruppen A und B für relativ kleine und gedrungene sowie C und D für längere und breitere Spitzen, lässt sich in der Folge typologisch weiter vereinfachen.

Ich möchte dieses Schema auf dreiflügelige Pfeilspitzen der römischen Armee in der Kaiserzeit anwenden, wohlwissend, dass eine verbindliche Klassifikation im internationalen Schrifttum aussteht. Von den über lange Zeiträume in der Antike und Spätantike regelrecht standardisiert vorliegenden Grundsorten bzw. Schmiedemustern dreiflügeliger Pfeilspitzen lassen sich Spezialformen sortieren, die sich durch besonders ausgeprägte, qualitative Merkmale wie etwa verhältnismäßig pointierte Widerhaken oder ein gebauchtes Design temporär zu erkennen geben. Auch auf sporadisch auftretende, vierflügelige Pfeilspitzen ist näher einzugehen.

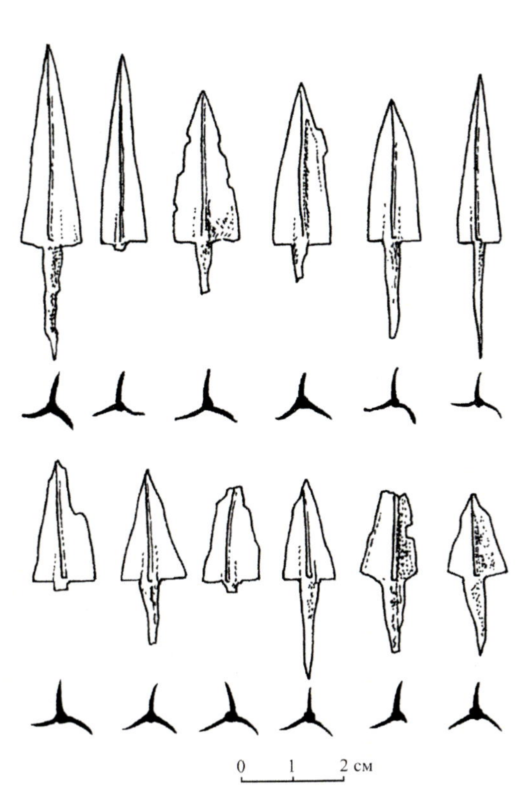

Abb. 79: Dreiflügelige sarmatische Pfeilspitzen von diversen Fundorten im Steppenraum nördlich des Schwarzen Meers. Eisen. Nach A. V. Simonenko. Etwa 1./2. Jh. n. Chr.

7.2.3 Ausprägungen römischer dreiflügeliger Pfeilspitzen der Kaiserzeit

7.2.3.1 Eiserne Trilobitspitzen als standardisierte Massenware für die Armee

Dreiflügelige Schaftdornspitzen aus Eisen waren in der römischen Militärwelt weit verbreitet. Materielle Niederschläge reichen von Fundvorkommen in Auxiliarkastellen[331] bis hin zu Speicherverbünden in Waffenkammern wie zum Beispiel in Räumen des Stabsgebäudes im Legionslager von Xanten am Niederrhein, wo fast zweitausend Exemplare entdeckt wurden. Generalisiert lässt sich ein Format A mit vergleichsweise kurzer und gedrungener und ein Format B mit länger ausgestreckter Spitze bezeichnen. Bei Format A haben die Schneiden eine Länge bis ungefähr 3 cm. Die Schneiden der Gruppe B messen bis 4 cm und manchmal auch darüber. Die Einteilung in nur zwei Gruppen A und B ist pragmatisch. Es treten neben einer Mehrheit von Pfeilspitzen mit geraden Schneiden auch solche mit konkaven Flügeln auf. Zanier geht davon aus, dass Exemplare mit konkaven Schneiden eine höhere Penetrationskraft etwa beim Auftreffen auf Ringpanzer oder ungeschütztes Gewebe besaßen. Römische Spitzen können über kurze Flügelenden oder über Widerhaken verfügen. Andere schließen kantig oder kurvig zum Schaft hin ab. Widerhaken spielen für die Sortierung in Format A oder B keine Rolle, denn sie sind, selbst wenn eine Korrosion fallweise mit berücksichtigt wird, meistens nur auf wenige Millimeter hin ausgebildet. (Abb. 80)

Entsprechend kurze Widerhaken waren auch bei dreiflügeligen Pfeilspitzen im Orient vorhanden (s.o. Abb. 78). Eiserne Trilobitspitzen mit Widerhaken treten im hunno-sarmatischen Raum dagegen seltener auf. Die Durchmesser der Pfeilspitzen A und B betragen, Rostfraß mit einkalkuliert, zwischen weniger als einem bis maximal etwa 2 cm. Die Gewichte belaufen sich nachgeschmiedet auf höchstens 6 bis 12 Gramm. Leichtere Spitzen gehören zwangsläufig zum Format A. Auch im Vergleich zu den sogenannten skythischen Pfeilspitzen aus hellenistischer Zeit waren Vertreter des B-Formats schwerer.

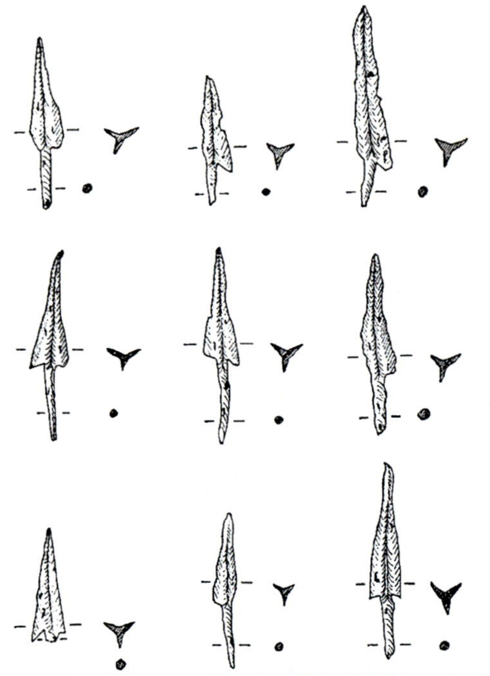

Abb. 80: Dreiflügelige römische „Standardpfeilspitzen". Funde vom Kastell Saalburg im Taunus. Formate A und B. Eisen. Vgl. dazu Abb. 78 und 79. Nach Elisabeth Erdmann. 2./3. Jh. n. Chr. Ohne Maßstab.

Neuerungen bei eisernen Trilobitspitzen in Europa lassen sich erst in der Spätantike aufzeigen. Nun treten auch rautenförmige Pfeilspitzen auf. Sie sind in der Völkerwanderungszeit von Angehörigen des hunnischen Großverbands verbreitet worden. Weiter im Osten hatten sie zuvor eine lange Tradition (s.u. Abb 116). Nach Eingliederungen hunnischer Söldner in römische Aufgebote gelangten rautenförmige Spitzen zu den Grenz- und Feldtruppen. Archäologisch bilden sie sozusagen Leitfossilien für das hunnische Bogenschießen und dessen Nachphasen im Westen. (Abb. 82) Die römischen „Standardpfeilspitzen" standen bis zum 4./5. Jh. n. Chr. in Gebrauch. Die Formate A und B können grundsätzlich nebeneinander auftreten. Setzt man als früheste Vorkommen die Republikzeit mit den Fundvertretern aus *Numantia* an, dann hat sich die technische Basis über viele Jahrhunderte hinweg nicht substantiell verändert. Das römische Beharren macht heutige Analysen aber keineswegs unergiebig oder langweilig. Als ein Negativmerkmal zur typologischen Abgrenzung von Spitzen aus frühbyzantinischer Zeit ist festzuhalten, dass römische Pfeilbewehrungen der Formate A und B in der Regel ohne eine Umlaufkante zwischen dem unteren Ende der Flügel und dem Schaftdorn auskommen. Bei oströmischen Spitzen mit drei Schneiden befindet sich meist eine rechtwinklige Stufe vor dem Schaftdorn (s.u. Abb. 178)[332]. Kaiserzeitliche Spitzen saßen mit ihren Flügeln dagegen direkt auf dem Schaft. Sie wurden bei hartem Zielaufprall zwangsläufig eingedrückt. Exemplare mit einer umlaufenden Stufe wirkten einer tiefgehenden Spaltung des Pfeils entgegen.

Der Verzicht auf die Anlage einer Stoppkante könnte römischer Massenproduktion eiserner Pfeilspitzen für verhältnismäßig große Heeresbedarfe geschuldet sein. Die Umlaufkanten musste ja extra ausgefeilt werden. Überdies waren die „Standardpfeilspitzen" der Armee mit höchsten 6 bis 12 Gramm relativ leicht und verursachten nur geringe Rückprallimpulse. Kleinere Störungen der Verbindungsintegrität konnten in Kauf genommen werden, wollte man Pfeile im Einsatz zügig weiterverwenden. Angesichts solcher Sachverhalte erschließt sich einem auch eine von Ammian überlieferte Kriegsanekdote, dass Bogenpfeile bisweilen gegen ein unerwünschtes Zurückschießen durch Feinde manipuliert werden mussten. Dabei schwächte man die vorne mit Sehnengarn fest umwickelte Zone prophilaktisch durch Messerschnitte. Infolgedessen brach die eiserne Schaftdornspitze bei einem Fehlaufschlag weg und der Pfeil wurde als Waffe ad hoc wertlos. Bei Stellungskämpfen entzog man einem Gegner dadurch, angreiferseitig womöglich auch nur begrenzt vorhandene, Munition. Kolias resümiert dies wie folgt: „... Als die Römer während der gotischen Angriffe gegen Adrianopel sahen, dass die Feinde ihre eigenen Pfeile zurückschossen, schnitten sie die erwähnten Sehnen derartig ein, dass der Pfeil zwar ohne Einschränkung an sein Ziel gelangen konnte, durch den Aufprall der Schaft aber von der Spitze getrennt wurde und der Pfeil nicht mehr zu verwenden war. Für den Anonymus *De obsidione toleranda* [Militärratgeberwerk des 10. Jh. n. Chr.] gehört es zu den Kampfvorbereitungen, dass die Verteidiger ihre Pfeile einschneiden sollen...[333]"

7.2.3.2 Sonderausprägungen dreiflügeliger und vierflügelige Pfeilspitzen

Von der römischen Armee wurden auch Spitzen mit nach außen gewölbten Flügeln verwendet. Obwohl sie den „Standardspitzen" ähneln, sind es relativ spezielle Ausprägungen. Pfeilspitzen mit konvexen Flügeln besitzen darüber hinaus interessante zielballistische Besonderheiten. Deshalb erörtere ich sie außerhalb der vorgeschlagenen Formate A und B. Hierunter fallen Pfeilspitzen vom Opferplatz auf dem Döttenbichl bei Oberammergau in Bayern oder Fundstücke von römischen Lagern wie Haltern, Oberaden, dem Stützpunkt Dangstetten oder in Kalkriese. Auch bei einem römischen Turm aus der Okkupationszeit auf dem Biberlikopf in der Ostschweiz stießen Forscher auf Wölbflügelspitzen mit Widerhaken. Als Lesefunde kennt man sie bereits aus der zweiten Hälfte 1. Jh. v. Chr. vom Berg Grad bei Reka, wo sie ebenfalls bei einem Feldzug gegen indigene (keltische) Stämme eingesetzt wurden[334]. Auch bei einer Höhensiedlung der jüngeren Eisenzeit in La Loma, Provinz Palencia, in Nordspanien, die von den Römern 26/25 v. Chr. angegriffen wurde, fand man über sechshundert Spitzen für Bogen- und Katapultpfeile, darunter solche mit konvenxen Flügeln und Widerhaken. Viele der mehr als vierhundert Trilobitspitzen vom Döttenbichl sind sehr gut erhalten[335]. Bei einer anderen Ausprägung konvexer Pfeilspitzen wie in Oberaden oder Haltern laufen die Blätter ohne lange Haken bis zur Mitte und bilden gebauchte Konturen. (Abb. 81) Auch jene Erscheinungsform ist signifikant. Sie tritt im Orient zwar mitunter ähnlich aber nicht vollends gleichwertig ins archäologische Blickfeld. „... Ob eine Zeiterscheinung dahintersteckt oder ob bestimmte Truppen oder Werkstätten dafür verantwortlich sind, lässt sich heute noch nicht entscheiden...[336]" Vielleicht waren Exzellenzvorgaben zur Beschaffung von möglichst hochwertiger Munition für die Kampagnen bzw. Barbarenkämpfe des Augustus von Bedeutung. Martin-Kilcher erwägt qualitative oder auch truppenspezifische Aspekte: „... Ob dahinter eine Veränderung der Technik oder andere Bogenschützen stehen, bleibt zu untersuchen...[337]"

Es stellt sich die Frage, von wem Pfeilspitzen fürs römische Militär produziert wurden? Von Werkstätten der Armee, von Staats- oder von Privatbetrieben? Für die Standardformate A und B wären Militärschmieden plausibel. Die phasenweise auftretenden Wölbflügelspitzen könnten eventuell auch in staatlichem Auftrag mit einer speziellen waffentechnischen Note fabriziert worden sein. „... Zumindest in der frühen Kaiserzeit scheint es auch größere private Waffenmanufakturen abseits der Hauptstationierungsgebiete der Truppen gegeben zu haben. Ein solches Zentrum der Waffenproduktion von überörtlicher Bedeutung dürfte in der augustaeischen Zeit die Gewerbesiedlung auf dem Magdalensberg in Kärnten gebildet haben, wo unter anderem das im Umfeld gewonnene *ferrum Noricum*, das in der Antike weithin wegen seiner Qualität gerühmte norische Eisen, für Rüstungsgüter aller Art Verwendung fand...[338]" Es fällt auf, dass breite Trilobitspitzen mit konvexen Flügeln später im Römerreich ausbleiben. Erst ins

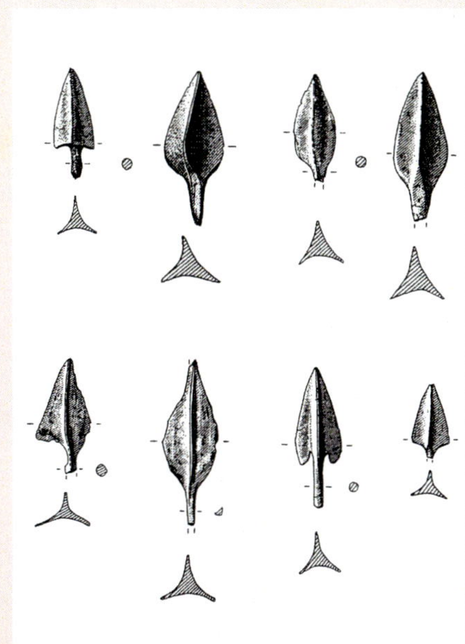

Abb. 81: Dreiflügelige Pfeilspitzen mit konvexen Flügeln. Vom Römerlager Oberaden, Lkr. Unna. Eisen. Nach Johann-Sebastian Kühlborn. Um 10 v. Chr. Ohne Maßstab.

Frühmittelalter datieren wieder dreiflügelige Pfeilspitzen in Europa mit wölbigen, dann aber schmalen Schneiden und ohne Haken wie im baiuwarischen Friedhof von Altenerding, die Gräber 795 und 1343. Sie sind erneut exzeptionell und nun als germanisch umgeformte Aneignungen fremder Vorbilder zu interpretieren.

Bei der Gemeinde Hobersdorf in Niederösterreich wurden 1950 zwei Gräber donauländischer Krieger des 5. Jh. n. Chr. mit schlanken dreischneidigen Schaftdornspitzen geöffnet. Hier deutet sich an, von wem das Pfeilspitzendesign damals übernommen wurde: Es kam aus der hunnischen Welt[339]. Solche Pfeilspitzen sind in der Völkerwanderungszeit bis ins Baltikum gelangt. Dafür werden ein hunnisches Ausgreifen an die Ostsee oder eine Übernahme durch mobile baltische Kriegereliten als ursächlich erwogen[340]. Rautenförmige Eisenpfeilspitzen können bei korrosionsbedingt schlechtem Erhaltungszustand übrigens wie Konvexe anmuten. Halten wir als Resümee fest, dass Pfeilspitzen mit konvexen Flügeln und Schaftdorn während der Kampagnen des Augustus in Europa ihr höchstes Aufkommen bei den Römern hatten. Mit breiten Kalibern sollten klaffende Wunden bei ungepanzerten Gegnern verursacht, mit langen Widerhakenspitzen getroffene Barbaren schnell kampfunfähig gemacht werden. Anschließend besteht eine relative Fundleere. Die spätantiken Auslegungen konvexflügeliger Trilobitpspitzen stehen in keinem Kontakt zu den älteren Ausprägungen mit wölbigen Schneiden.

Als Sondervorkommen gelten auch die von Davies und Coulston für die Kastelle Caerleon oder Corbridge in Northumberland als Funde genannten Pfeilspitzen aus dem 2./3. Jh. n. Chr. mit vier Flügeln: „...Three arrowheads with quadruple fluting to the barbed and tanged heads come from one of the *fabricae* (Workhop III) within the West Compound at Corbridge, found in association with five others with a socket for attachment, and with another nine arrowheads with flat, triangular heads and a socket...[341]" Mit Hohlkehlen und mit kurzen Widerhaken versehen, waren solche Pfeilspitzen handwerkliche Meisterleistungen[342]. Ich möchte darauf hinweisen, dass sich im germanischen Königsgrab von Muschau in Mähren im 2. Jh. n. Chr. ebenfalls eine eiserne Tüllenpfeilspitze mit vier Schneiden auszeichnet.

In der *Germania magna* findet man solche hochwertigen Pfeilspitzen bisweilen auch anderswo. Soweit mir bekannt, treten im Orient vierflügelige Pfeilspitzen nicht in Erscheinung[343]. Könnte es sich in Europa auch um eine technische Alternative für die Produktion dreiflügeliger Spitzen handeln? Was den Bedarf nach dafür notwendigen Schmiedegesenken angeht, war das Ausbilden dreier Flügel exklusiver. Als ballistisch falsch muss die alte Spekulation Joachim Werners verworfen werden, wonach „bolzenartige Dreikantpfeile" an das Schießen mit Reflexbogen gebunden gewesen seien[344]. (Abb. 83)

Wenn vierflügelige Spitzen in Germanien vermutlich mit Langbogen abgeschnellt wurden, dann hätte es für Dreiflügelige dafür erst recht kein Praxishindernis gegeben. Tatsächlich deutet bis zur Völkerwanderung nichts darauf hin, dass im Barbarikum irgendein Interesse an dreiflügeligen Eisenspitzen bestand. Solche Muster mit Schaftdorn treten neben Blattpfeilspitzen mit Tülle erst im 5./6. Jh. n. Chr. bei Stämmen der Ostgermanen wie den gotischen Gepiden in Rumänien in größerer Quantität auf. Römische Vorbilder lassen sich hierfür allerdings ausschließen. „... Die zweischneidigen Pfeilspitzen mit Tülle finden sich auch im gepidischen Fundmaterial aus der Zeit vor 567 nicht gerade in übermäßiger Zahl, da im Gebiet der Gepiden – offensichtlich aufgrund hunnischer Einflüsse – ebenfalls die dreiflügeligen Pfeilspitzen verbreitet waren...[345]" Wahrscheinlich wurden die Trilobitspitzen bei den Gepiden sowohl mit Holzbogen als auch mit Reflexbogen verschossen.

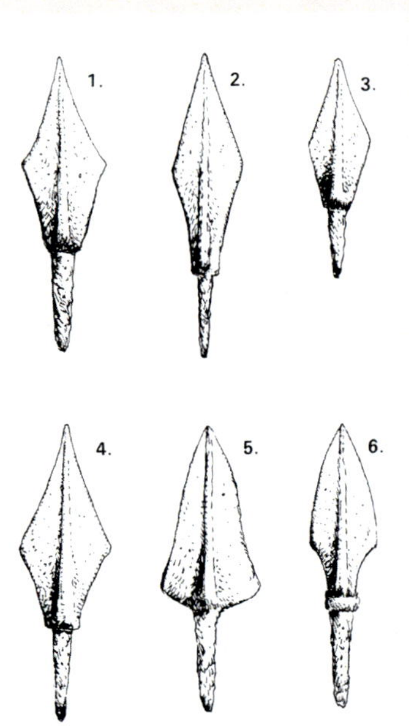

Abb. 82: Hunnische Trilobitpfeilspitzen aus Ungarn (1-4) und Grab Wien (1930) Simmering (5-6). Eisen. Nach I. Bóna. 5. Jh. n. Chr. Ohne Maßstab.

Abb. 83: Dreiflügelige Pfeilspitzen der Spätantike. Geschmiedete Reproduktionen mit Schaftdorn. Holzschäfte. Sehnenwicklungen. Nach Riesch und Rutschke. Ohne Maßstab.

7.3 Konische und vierkantige Pfeilspitzen als taktische Kampfmittel

7.3.1 Auftreten typischer Zweckformen bei Römern und bei Barbaren

Eine zweite wichtige Gattung eiserner Pfeilbewehrungen des römischen Militärs stellten spitz zulaufende Formen ohne Schneiden entweder mit Schaftdorn oder mit Tülle dar. Ich möchte sie im Folgenden auch als taktische Pfeilspitzen bezeichnen. In der Römischen Kaiserzeit hatten solche Spitzen in der Regel eine vierkantige Vorderpartie. Archaische Vorläufer in Europa verfügten häufig über ein rundes Profil. Solche Spitzen liefen bis zu ihrem kegelstumpfförmigen Ende hin durch. Entsprechende Funde aus der Urnenfelder- und Hallstattzeit hat Wegner zusammengetragen[346]. Auf Exemplare aus Poggio Civitate in Etrurien wurde oben bereits hingewiesen. Eine konische Spitze der Latènezeit aus Eisen wird vom Kurpfälzischen Museum in Heidelberg ausgestellt[347]. Kelten siedelten auch weiter südlich am Rheinknie mit dem Rauriker-Stamm. Als Waffenfunde im frührömischen *Augusta Raurica* (Kaiseraugst) gibt es eiserne Tüllenpfeilspitzen von 6 bis 7 cm Länge inklusive eines übergangslos angesetzten, vierkantigen Teils[348]. Schmiedetechnisch war dies unaufwändig und trägt den Charakter von Massenware. Der Transit zur Vorderpartie konnte auch mit einer schrägen Stufe ausgestattet sein. Hierfür spielten zielballistische Eigenschaften eine Rolle. Taktische Pfeilspitzen der Römer waren ohne Tülle oder Schaftdorn für gewöhnlich um die 4 bis 5 cm lang. Belaufen sich die Maße deutlich darüber, liegen in der Regel Geschützpfeilspitzen vor. Aus Stabilitätsgründen sind dann nicht selten auch die Tüllen relativ länger als bei Bogenpfeilen ausgeschmiedet.

Taktische Pfeilspitzen fürs Bogenschießen konnten mit Schaftdorn ähnlich leichtgewichtig sein wie die römischen „Standardpfeilspitzen" des Formats A. Fundbeispiele dafür datieren als Militaria am Niederrhein ins 1. Jh. n. Chr.: „... Jedenfalls sind heute nur noch sechs kleine Pfeilspitzen [vom Fürstenberg, neronisches Lager *Vetera* I bei Xanten] vorhanden, die eine massive, vierkantig-pyramidale Spitze aufweisen, der sich nach unten ein kurzer, vierkantiger Dorn anschließt. Bei einer einheitlichen Form variieren die Längen zwischen 4,1 und 6,1 cm, die Gewichte zwischen 3,5 und 4 g...[349]" Erdmann schreibt: „... Die vierkantige Spitze mit Dorn hat seit dem 14. Jahrhundert v. Chr. Vorläufer in Kleinasien ... Bis in hellenistische Zeit waren gleichzeitig bronzene und eiserne Exemplare in Gebrauch, wobei die Eisenspitzen nach dem vorliegenden Vergleichsmaterial überwiegen. Doch dann verschwinden die bronzenen Exemplare...[350]" Taktische Pfeilspitzen fallen bei den Sarmaten oder Hunnnen weniger ins Gewicht. Die römischen Pfeilspitzen könnten auch ein Abbild des Spezialisierungsgrads von Soldaten sein. Sie weisen vielleicht sogar auf Einsatzvorschriften für die Schützen hin. Da wir davon ausgehen, dass Vierkante nicht wie Dreischneider dem Ursprung nach fremde Formen aus entfernten Regionen Asiens gewesen sind, mag sich nüchternes Kalkül für militärische Auftragserledigung darin spiegeln. (Abb. 84)

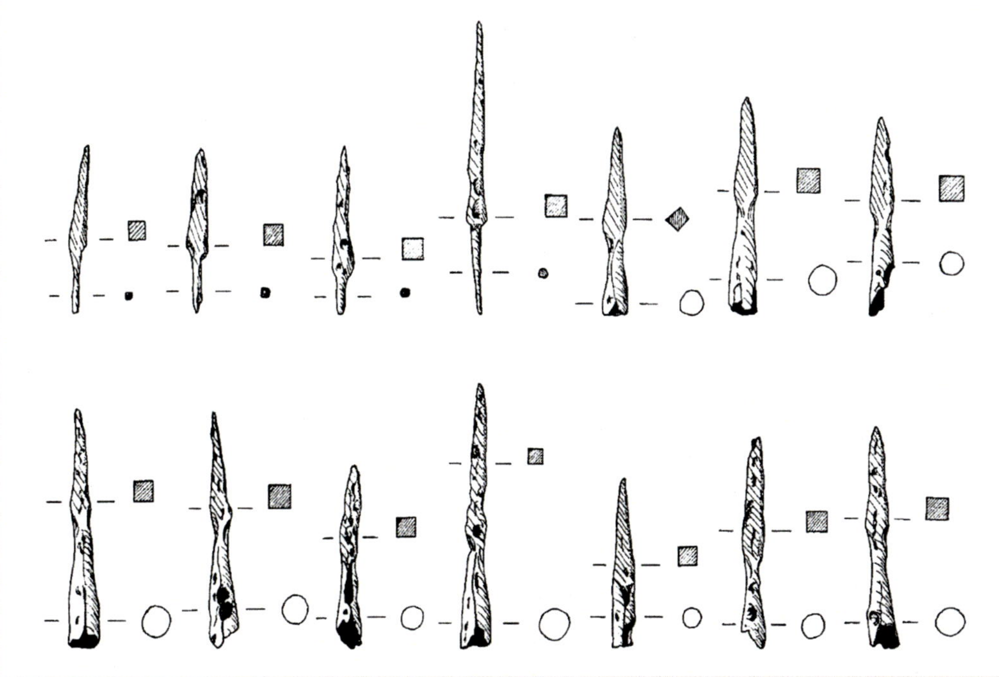

Abb. 84: Taktische Pfeilspitzen der römischen Armee. Funde vom Saalburg-Kastell. Lang-pyramidale Formen mit Schaftdorn oder Tülle. Eisen. Nach E. Erdmann. 2./3. Jh. n. Chr. Ohne Maßstab.

Typenkundlich von den römischen Spitzen zu trennen sind lange, nadelartige Spitzen aus Eisen mit knubbelartigen Verdickungen, wie sie an germanischen Opferplätzen in Norddeutschland und Südskandinavien als Kriegsspitzen bzw. als Beutewaffen häufig auftreten (s.u. Abb. 123).

In der deutschsprachigen Fachliteratur hat sich für vierkantige Pfeilspitzen auch der Begriff „panzerbrechend" etabliert. Es wohnte den Geschossen aber keine zielballistische Eigenschaft inne, die bei allen antiken Rüstungen gleichermaßen erfolgreich gewesen wäre. Man konnte sie ebenfalls gegen ungeschützte Weichziele einsetzen. Bei vierkantigen Pfeilspitzen im Römischen Reich lohnt sich ein Blick auf die Häufigkeit des Vorkommens eines Schaftdorns oder einer Tülle. Man fragt sich, ob beide Verbindungsarten gleichwertig gewesen sind? Eine Synopse entsprechender Fundstücke zeigt, dass dem nicht so war. Es gibt Plätze, an denen aussagekräftige Quantitäten von Pfeilspitzen mit beiden Schäftungen parallel auftreten. Dazu gehören unter anderem der Grad bei Šmihel, das Kastell der Saalburg, die spätrömische Festung auf dem Kathreinkogel in Kärnten oder zum Typenvergleich aus dem Mittelalter taktische Pfeilspitzen aus *Starigard* (Oldenburg) in Holstein. Es überwiegt jeweils der Sachverhalt, dass Pfeilspitzen mit Tülle gegenüber solchen mit Schaftdorn eine relative Mehrheit bilden. Sind das überlieferungsbedingte Zufälle oder könnten andere Gründe dafür vorliegen, dass sich hier ein differenzierteres Bild zeichnen lässt als für dreiflügelige Pfeilspitzen aus Eisen, wo ja Schaftdorne im Imperium Romanum allenthalben bevorzugt wurden?

Schnellt man eine konisch oder pyramidal ausgelegte Pfeilspitze auf ein stabiles Ziel ab, wird der Aufprall erheblich konzentriert. Außerdem schlagen Pfeile selten im rechten Winkel sondern etwas schräg auf. Hier haben Tüllen technische Vorteile gegenüber kurzen Schaftdornen, weil sie weniger zum Ausbrechen neigen und Geschosse besser im Ziel halten. Wenn ein Splitterbruch von Pfeilen mit Tülle bei einem Abpraller stattfindet, dann für gewöhnlich unmittelbar hinter der Hülse. Bei Schaftdornen lassen sich solche Nachteile kompensieren, wenn sie außergewöhnlich lang dimensioniert sind. Das erhöht aber den Aufwand bei der Montage. Bei entsprechender Ambition können Geschosse mit langer Dornspitze sogar stabiler als Pfeile mit Tüllenspitze sein[351].

Lange Schaftdorne über 5,5 cm gibt es im Fundgut vom Grad bei Šmihel und Grad bei Reka als die Regel bestätigende Ausnahmen[352]. Mechanisch wird beim Aufschlag jede Schaftdornspitze mehr oder weniger stark in den Schaft hineingedrückt. Das ist konstruktiv kaum zu verhindern, selbst wenn eine Stoppkante vorliegt. Somit wird ein Teil der Energie vom Pfeil selbst absorbiert. Hier sind Tüllenspitzen effizienter. Der Entscheidung für die eine oder die andere Schäftungsweise kam also ein Qualitätsunterschied zu. Er schlägt sich in einer positiven Tendenz zugunsten von Tüllen nieder. Schaftdorne waren dafür handwerklich schneller auszuschmieden.

7.3.2 Armbrustzain, Ballistenprojektil, Bogenpfeil oder Bolzen?

7.3.1.1 Kontroversen bei der praktischen Identifikation taktischer Spitzen

Notwendige Differenzierungen zwischen taktischen Spitzen für Armbrustzaine, Pfeile von Ballisten oder von Bogen fallen nicht immer ganz leicht. Ich möchte einige beispielhafte Fundstücke erörtern, für die jeweils unterschiedliche Interpretationen vorliegen. Die französische Historikerin Valérie Serdon meint in ihrem Standardwerk *Armes du Diable* von 2005 zu langpyramidalen Spitzen des Bodkin-Typs aus dem frührömischen Auxiliarkastell von Rheingönnheim, Ludwigshafen am Rhein, wie zu vergleichbaren Spitzen von der Saalburg, dass sie zu Armbrustpfeilen gehörten[353]. Neue Funde wie eine Armbrustnuss von der Straße Manuel Gullón in Astorga oder die südgallischen Reliefs von Salignac und Saint Marcel mit Armbrusten öffnen das Nutzungsfenster für die *arcuballista* allerdings erst während der entwickelten Kaiserzeit[354]. Dietwulf Baatz erläutert zur Entwicklungsgeschichte der spät-/antiken Bügelarmbrust: „… Vegetius erwähnt zusammen mit der *manuballista* zweimal eine andere, offenbar verwandte Waffe, die *arcuballista* (‚Bogenballiste') … Vegetius [4,22] betont ausdrücklich, dass es sich um eine Kriegswaffe seiner Epoche handelt, des späten 4. Jh. n. Chr. Wie der Name besagt, spielte der Bogen (*arcus*) in der Konstruktion dieser spätrömischen Waffe eine wesentliche Rolle. So liegt die Vermutung nahe, dass es um eine Weiterentwicklung der kaiserzeitlichen Jagdarmbrust handeln könnte, …[355]" Handliche Ballisten auf dem Torsionsprinzip (lat. *manuballistae*) für Einzelschützen gab es dagegen schon früher. Die Bergung eines kleinformatigen Spannrahmens für eine Torsionswaffe des 1. Jh. n. Chr. aus einer Kiesgrube bei Xanten-Wardt am Niederrhein zeigt dies. Taktische Spitzen wie aus Rheingönnheim oder der Saalburg könnten, soweit sie nicht dem Bogenschießen dienten, eventuell auch dafür verwendet worden sein.

In der Literatur mangelt es nicht an Vorschlägen für die richtige Ansprache von Artefakten. Deschler-Erb weist bei vierkantigen Pfeilspitzen in der römischen Armee auf physische Merkmale hin:

„… Zur Identifikation von Geschossbolzen, die bei Torsionsgeschützen Verwendung fanden, dienen zwei verschiedene Methoden: Zum einen wird eine Zuweisung über das Gewicht versucht, wobei man annimmt, dass Geschossbolzen mindesten 25 g gewogen haben müssen. Zum anderen wird eine Zuweisung über die Länge bzw. die Gesamtform versucht. Nach dieser Zuweisung sind alle Projektile mit vierkantig pyramidalem Kopf und einer Gesamtlänge über 60 mm den Geschützpfeilen zuzuordnen. Beide Methoden haben ihre Probleme...[356]" Erdmann führt aus: „... Üblicherweise wird entweder nach der Form oder der Länge unterschieden, wobei dem Bearbeiter ein gewisser Spielraum zugestanden wird. Die einzige Möglichkeit, aus diesem Dilemma herauszufinden, ist meines Erachtens der Weg, mit Hilfe des Gewichts zu einer Zuordnung zu kommen. Dabei stütze ich mich auf die Untersuchungen von Manfred Korfmann. Danach dürfte das Höchstgewicht einer Pfeilspitze bei 12 g. liegen...[357]" Dieser Maximalwert aus der Dissertation *Schleuder und Bogen in Südwestasien*[358] ist jedoch als veraltet anzusehen. Pfeilspitzen konnten schwerer sein (s.a. Kapitel 7.4.2.2). Über Waffen in römischen Siedlungen rechts des Rheins in Südwestdeutschland referieren Stefan Pfahl und Marcus Reuter: „... Ähnliche Schwierigkeiten bereitet auch die zeitliche Ansprache der Pfeilspitzen, die in verschiedenen Varianten innerhalb der Einzelsiedlungen gefunden wurden. Neben einer dreiflügeligen Pfeilspitze und Exemplaren mit flachem Blatt kommen auch vierkantige Spitzen vor. Letztere wurden in der Literatur gelegentlich als Geschossbolzen angesprochen, doch ist diese Deutung nicht immer wahrscheinlich. D. Baatz bezweifelte schon vor längerem, dass es sich bei diesen Eisenspitzen um Geschosspfeile handelte und betonte deren Verwendungsmöglichkeit auch bei leichten Wurfspeeren. Sehr wahrscheinlich dürften die Vierkantbolzen auch bei der antiken Jagdarmbrust zum Einsatz gekommen sein, obwohl im Arbeitsgebiet ein direkter Nachweis dieser Waffe noch fehlt. Die in der Villenliteratur erwähnten ‚Geschoßbolzen' können demnach sowohl zu Pfeil und Bogen, leichten Wurfspeeren als auch möglicherweise zu einer Armbrust gehört haben...[359]"

An mehreren Fundorten in Britannien liegt ein Spezialtyp vierkantiger Pfeilspitzen mit abgeplatteter Front vor. Im Auxiliarkastell *Vindonlanda* (Chesterholm) am Hadrianswall wurde diese Zweckform gehäuft entdeckt. Ihr Gewicht variiert zwischen 7 bis 31 Gramm. Es gibt Tüllen von 5,5 bis 6 cm Länge und lichter Weite von 7 bis 11 mm. Bei einem Exemplar ist ein Schaftstummel aus Esche erhalten[360]. Die besondere Formgebung hatte zielballistische Gründe. Stehli erklärt dies: „... Trifft ein Projektil mit langpyramidaler Spitze auf eine Holzplatte, so wird es durch die bei der Perforation entstehende Reibung gebremst. Ist die Wucht groß genug, so schlägt es durch, wenn nicht, so bleibt es stecken. Trifft ein Bolzen oder Pfeil mit abgeplatteter ‚Spitze' gleichermaßen auf, so prallt dieser entweder zurück oder er durchschlägt (zerstört) die Holzplatte und bewegt sich dann mit seiner Restenergie ungestört weiter...[361]" Es dürfte sich bei den meisten Fundstücken aus *Vindolanda* um Bewehrungen für Pfeile von Torsionsgeschützen handeln. Bei einem niedrigen Gewicht unter 10 bis 15 Gramm könnte man auch an Armbrustpfeile denken. Aufschlussreiche Vergleichsmöglichkeiten ergeben sich im Hinblick auf Pfeilspitzen für Armbrustzaine aus der Renaissancezeit. (Abb. 85) Manfred Klimpel sieht die „Zwiebelnasen-Spitzen" dagegen eher als Waffen fürs Bogenschießen an. Er hat mit authentisch nachgeschmiedeten Rekonstruktionen experimentelle Schusstests auf Melonen unternommen und die Ergebnisse medizinisch ausgewertet: „... Ihr Wirkungsmaximum dürfte die Zwiebelnasen-Spitze allerdings, in Analogie zur Wirkung einer Pistolenkugel, beim Durchschlagen der Schädeldecke, bzw. beim Eindringen in eine Körperhöhle entwickelt haben. Dabei wird ggf. die gesamte transportierte Energie auf die Weichteile innerhalb der Knochen/-

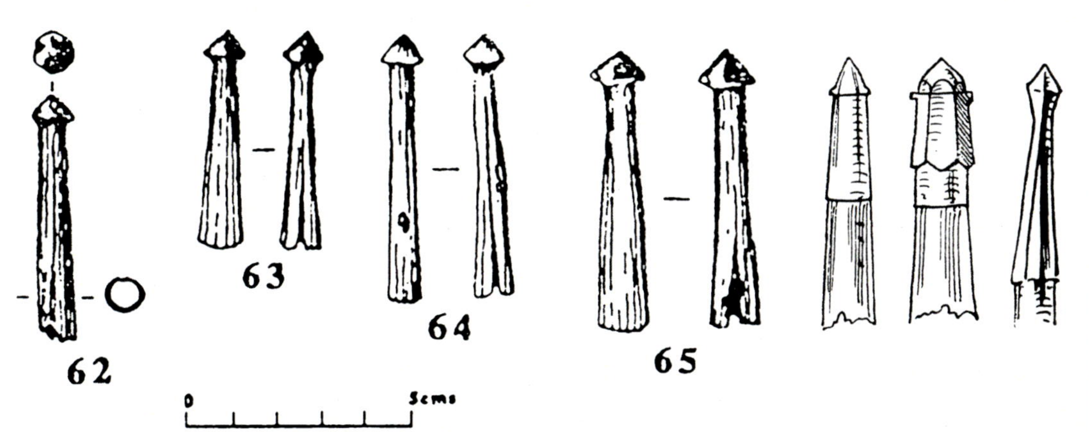

Abb. 85: Pfeilspitzen mit abgeplattet vierkantiger Front vom Kastell *Vindolanda* (62–65) in England. Eisen. Nach Robin Birley. 3./4. Jh. n. Chr. Rechts europäische Armbrustpfeilspitzen des 16. Jh.

Weichteilhülle abgegeben und es kommt zu einem massiven Druckanstieg innerhalb der Körperhöhle, der zu erheblichen Destruktionen der darin liegenden Gewebe führt, insbesondere dann, wenn die Spitze an der Gegenseite nicht wieder austritt...[362]"
Aufgrund zielballistischer Erfordernisse besteht eine allgemeine Faustregel darin, dass je eckiger und kompakter die Front einer spätantiken oder mittelalterlichen Pfeilspitze ausgelegt ist, umso mehr ein Einsatz zusammen mit einer Armbrust oder Balliste in Frage kommt. Dadurch ließ sich die kinetische Energie als ein richtungsgebundener Impuls bei frontalen Treffern, wofür diese Schießmaschinen – im Sinne der erwünschten Waffenwirkung auf schwach oder gar nicht gepanzerte Gegner – in erster Linie ausgelegt waren, besser konzentrieren. Die Massivität sollte einem Verbiegen der Spitzen im Ziel vorbeugen. Ein Konvolut rhomboider Pfeilspitzen des 12. Jh. von der Motte Dockendorf in der Eifel verdeutlicht dies. Die meisten haben eine gedrungene Form[363]. Technisch könnten diese Spitzen in Anbetracht ihrer dünnen Tüllen mit einer lichten Weite von lediglich etwa 9 mm, ähnlich wie die beschriebenen Artefakte aus *Vindolanda*, durchaus auch für Bogenpfeile gedient haben. Zusammen mit den Überresten einer Abzugsstange und einer Sehnenschnur am Platz liegen aber tatsächlich Bolzenspitzen für Zaine einer romanischen Armbrust vor. Von der Siedlung Colletière des 11. Jh. bei Charavines am Lac du Paladu in Südostfrankreich gibt es einen dazu passenden, d.h. relativ schlanken Armbrustpfeil aus Holz. Bruchstücke hölzerner Schäfte von 8 bis 11 mm Profil für Armbruste sind auch von der Deutsch-Ordensburg Montfort des 13. Jh. in Galiläa, Israel, bekannt[364].

7.3.1.2 Gangbare Wege in einem Irrgarten der historischen Waffenkunde

Oft wird im Schrifttum die Bezeichnung Bolzen etwas unreflektiert als ein Sammelwort für taktische Geschoßspitzen insgesamt verwendet. Man zieht es pauschalierend für lang-pyramidale Spitzen mit heran, die zu Bogenpfeilen gehörten. Das kann bei Transferaufgaben missverständlich sein. So ist zum Beispiel die folgende Angabe zu römischen Spitzen vom Kathreinkogel in Kärnten typenkundlich unscharf: „... Einige Objekte waren nicht klar zu datieren. So befinden sich unter den Metallbefunden Armbrustbolzen, die bis in das Mittelalter Verwendung fanden, aber auch schon in der Antike gebräuchlich waren...[365]" Die Etymologie führt „Bolzen" (engl. *bolt*) auf *bheld-* (~ pochen) zurück[366]. Das Fremdwort *bodkin* (engl.) meint Vierkantspitzen ähnlich einer Ahle. Als Terminus technicus hat sich die Bezeichnung Bolzen in der Mittelalterforschung für gedrungen rautenförmige Eisenspitzen etabliert, die auf Armbrustpfeilen, man nennt auch das Gesamtprojektil einen Bolzen oder Bolzenzain, montiert waren[367]. (Abb. 86) Bei lang-pyramidalen Spitzen für Bogenpfeile aus der Kaiserzeit oder dem Mittelalter sollte der Vorzugsbegriff Bolzen besser vermieden werden, um Verwechslungen vorzubeugen. So sind zahlreiche der vermeintlichen „Bolzen" auf dem Kathreinkogel vom Bodkin-Typ. Ihre Tüllen haben unterschiedliche Maximaldurchmesser. Bei weniger als 12 mm lichter Weite handelte es sich wahrscheinlich um Spitzen für Bogenpfeile[368]. Größere Stücke dienten der Artillerie. Als Funde vom römisch-germanischen Kampfplatz am Harzhorn separierten die Ausgräber von einer Mehrheit lang-pyramidaler Geschützpfeilspitzen zwei gedrungene Rautenspitzen (Bolzen) mit Tülle zunächst als Bewehrungen von Armbrustpfeilen aus dem Mittelalter. Selbst wenn eingewandt wurde, dass es solche Muster auch in Roms Militärwelt gab, wobei man sie Torsionsgeschützen zuordnet, wäre eine Verwendung für Armbrustpfeile prüfenswert. James stellt folgende Überlegungen an: „... The unusual leaf-shaped bolt-heads strongly resemble medieval crossbow projectiles. This may not be coincidental. It is entirely possible that conventional crossbows, drawing their power from a stiff, conventional bow rather than torsion power were in use at Dura ... Baatz has suggested that in early imperial times they were hunting weapons not put to military use, but his grounds are unclear. However, in later Roman times crossbows certainly were used for military purposes...[369]"

Unser Wissen über römische Armbruste ist leider noch nicht so weit gediehen, um technische Daten generalisieren zu können. Es müssen aber Spezifika bestanden haben. Aufschlussreich sind Pfeile aus dem Frühen Mittelalter, die aus der Region der mittelnorwegischen Stadt Oppdal als Gletscherfunde vorliegen. Darunter befinden sich nach vorne leicht konisch zulaufende Birkenholzstäbe von zirka 55 bis 60 cm Länge. Sie haben einen Querschnitt von durchschnittlich 12 bis 13 mm. Im ersten Eindruck hätten diese Pfeile auch zum Schießen mit Handbogen dienen können, denn sie sind nur wenig kürzer und dicker als dort ebenfalls geborgene Bogenpfeile mit Nocke. Allerdings besitzen sie als Schäfte für Armbruste alle eine hochrechteckig geschnitzte Anlage am Hinterende[370]. Sie half dabei, das von der Sehne erfasste Geschoss auf einer gekehlten Armbrustsäule vor zu katapultieren. Dieses Merkmal wird kongruent für römische *arcuballista*-Pfeile erwogen[371].

Die Armbrust auf dem Bildstein von Salignac-sur-Loire im Musée Crozatier in Le Puy-en-Velay in der Auvergne enthält eine sogenannte Nuss als Halte-/Lösemechanismus mit einer Vertiefung für ein verschmälertes Pfeilende darin (s.u. Abb. 200). Unlängst hat John Conyard einen praktischen Rekonstruktionsversuch für eine römische Armbrust in der Fachliteratur präsentiert. Er schildert den Wert als Jagd- und Kriegsgerät[372]. Eine einfache Armbrust des

11. Jh. aus Colletière mit einem Eibenbogen wurde von Gilles Bongrain nachempfunden und ausprobiert[373].
Fortschritte im Armbrustbau in Europa führten im späteren Mittelalter zu technischen Neuerungen. Sie bewirkten eine Verkürzung der Zaine. Zugehörige Bolzenpfeilspitzen für die Jagd oder den Krieg konnte Tüllen über 13 mm Weite besitzen[374]. Im Hinblick auf die Kaliber römischer Armbrustpfeile repräsentierte das eine höhere ballistische Kategorie. Bei Armbrusten des 14./15. Jh. kamen erhebliche Leistungssteigerungen zum Anschlag, da die Macharten der Bügel im Gegensatz zu traditionellen Hornkomposits oder Holzbogen modifiziert waren. Es wurden Wurfarme mit Hornlamellen senkrecht zur Biegerichtung produziert. In der Renaissancezeit stellte man sie auch komplett aus Stahl her[375]. Enorme Spannstärken bis 300 lb oder mehr waren die Folge. Man verschoss am Ende des Mittelalters mit Armbrusten schwere und kurze Zaine, die im generalisierten Vergleich bei den Römern einen Einsatz mit Ballisten gefunden hätten. Viele römische Geschützpfeile aus Dura Europos haben ein Profil von über 13 mm vor der Spitze[376].

Zu interessanten Grabbeigaben für den wohlhabenden Bewohner eines römischen Landgutes (lat. *villa rustica*) in der ersten Hälfte des 4. Jh. n. Chr. bei Voerendaal, Provinz Limburg in den Niederlanden, gehörten elf vierkantige Schaftdornspitzen von rhomboider Gestalt[377]. Mikael Dahlgren sieht darin Bewehrungen für Armbrustpfeile vorliegen[378]. Die Stückgewichte von 32 bis 57 Gramm sowie die Massivität der Schäftungen sprechen indessen dafür, dass Ballistenpfeile damit ausgestattet wurden. Das Brandgrab enthielt ferner ein Messer, eine breite Lanzen- und als Pars pro Toto eine zweischneidige Tüllenpfeilspitze. All dies weist den Grabherrn als Besitzer einer Balliste, als Jäger und Bogenschützen aus. Hierbei verdient es, festgehalten zu werden, dass die Blattpfeilspitze eine Form besitzt, die in der jüngeren Kaiserzeit bei Germanen beliebt war.

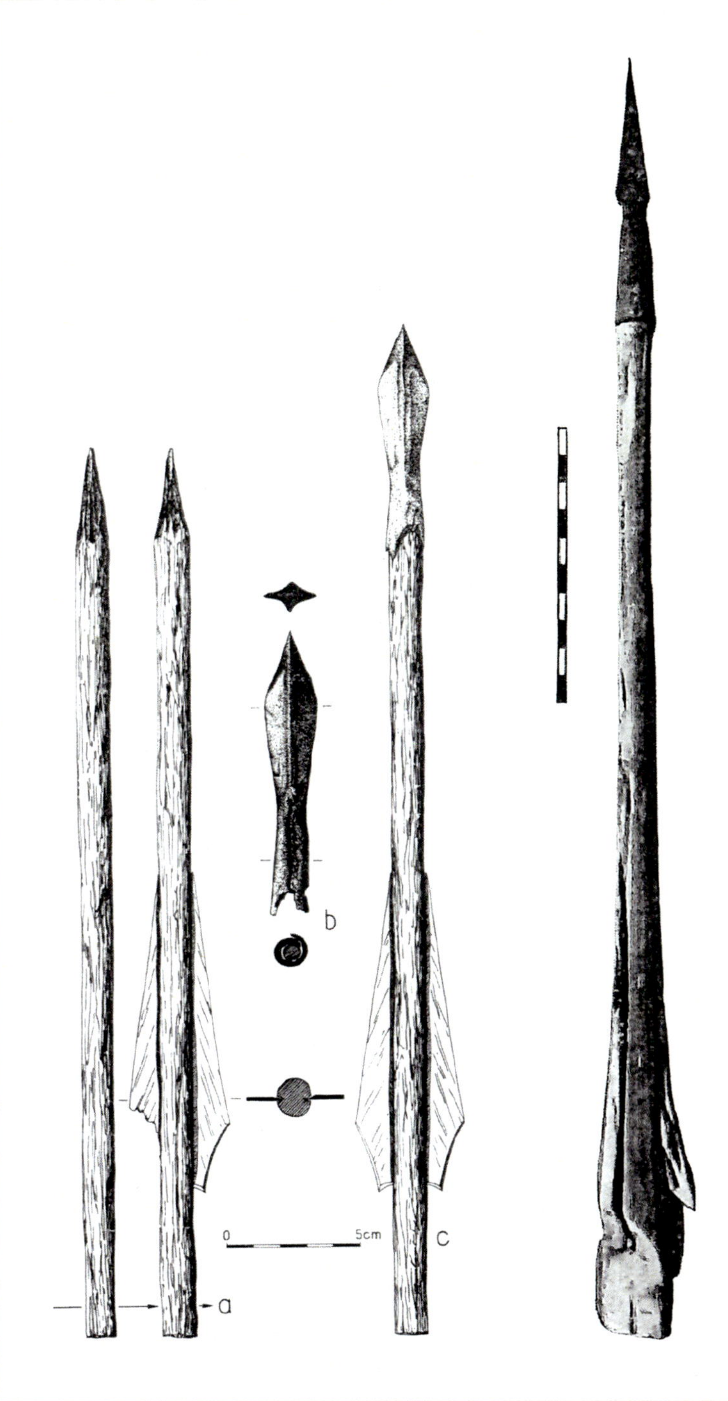

Abb. 86: Massive Zaine (a, c) und Bolzenspitze (b) für Handarmbruste. Legnica. Polen. Spätes Mittelalter. Römischer Geschützpfeil mit lang-pyramidaler Eisenspitze aus Dura Europos. Syrien. 3. Jh. n. Chr.

7.4 Archäologische Aussagekraft zweiflügeliger Eisenpfeilspitzen

7.4.1 Phasen mit besonderen Vorkommen zweischneidiger Exemplare

7.4.1.1 Pfeilspitzen als Fundstücke aus der frühen bis mittleren Kaiserzeit

In den Kapiteln über hölzerne Langbogen keltischer und germanischer Kombattanten bei den Römern wurde bereits kurz auf zweischneidige Pfeilspitzen aus Eisen eingegangen. Unter den Prämissen einer sichtbar gewordenen Aneignung bis hin zu längerfristiger Nutzung jeweils zeitgenössischer Technologien von Barbaren öffnen sich archäologisch zwischen dem 1. und 5. Jh. n. Chr. mehrere Fenster. Die diesbezügliche Rückschau ist zwar etwas europazentriert, aber eine detaillierte Vorstellung von Funden aus dem Mittelmeerraum und dem Orient würde den Rahmen sprengen, zumal der Katalog an zweischneidigen Pfeilspitzen aus der Kaiserzeit dort weniger reich ist. Ich möchte ohne Anspruch auf eine systematische Vollständigkeit eine kurze Auswahl typenkundlich aussagekräftiger Beispiele vorlegen. In die frühe Kaiserzeit gehören eiserne Pfeilspitzen mit Tülle in Roms Provinzen im Norden. Sie gehen auf keltische Vorbilder zurück. In Kaiseraugst wurden solche Spitzen in den römischen Häuserblocks 23 und 52 entdeckt. Deschler-Erb nimmt an, dass sie mit 12 bis 15 mm Blattbreite für die Jagd dienten[379]. Spätlatènzeitliche Pfeilspitzen waren ähnlich klein- bis mittelformatig und oft mit einem oder zwei Widerhaken ausgestattet. (Abb. 87) Spitzen mit nur einem Haken kennt man als Artefakte westlich des Rheins bis in den Alpenraum wie in relativ großer Zahl etwa vom Döttenbichl oder auch auf dem Balkan als Waffenfunde vom Grad bei Reka. Martin-Kilcher bemerkt: „... Welche Bogenschützen die zahlreichen Pfeilspitzen mit einem Widerhaken verwendeten, ist nicht ganz klar. Man findet sie aber in Gallien vor allem in Kontexten des gallischen Krieges, vereinzelt vielleicht schon früher; danach kommen nur noch seltene Beispiele aus frühaugusteischer Zeit hinzu, darunter zwei Exemplare aus Dangstetten...[380]"

Zahlreiche eiserne Spitzen mit zwei Widerhaken und Tülle sind als Fundstücke an römischen Truppenstandorten wie in Windisch oder Mainz sowie aus dem Rhein bei Bonn dokumentiert. Zu Hunderten lagen sie auch auf dem Xantener Fürstenberg im 1. Jh. n. Chr. vor: „... Der Typ 2 der Pfeilspitzen aus Vetera war ehemals mit 426 Exemplaren belegt, von denen heute nur noch 31 erhalten sind. Hauptmerkmale dieser Gruppe sind die flach geschmiedete Spitze mit zwei Flügeln, die ebenfalls wieder in Widerhaken enden, sowie die in der Regel geschlitzte Rundtülle. Die abgebildeten Stücke verdeutlichen die Spielbreite des Typs, so daß man wie schon bei Typ 1 [dreiflügelige Pfeilspitzen, HR] geneigt ist, mehrere Varianten zu trennnen. Dementsprechend liegen die Längen zwischen 3,5 cm und 5,2 cm; ihr Gewicht ist größer als das der dreiflügeligen Spitzen und erreicht 3 bis 5,7 g...[381]"
Vergleichbare Pfeilspitzen wurden aus dem Rheinkies bei Xanten geborgen[382]. Wer wollte diese frühkaiserzeitlichen Artefakte mit zwei Widerhaken und Tülle in der Nordschweiz, am Mittel- und Niederrhein mit römischen Auxiliaren aus dem Orient verbinden, wo solche Funde nicht auftreten? Eine Pfeilspitze mit zwei Haken und Tülle liegt auch vom Grad bei Šmihel in Slowenien vor[383]. Radman Livaja weist auf weitere korrespondierende Spitzen auf dem Balkan im 1. Jh. n. Chr. hin. Die Qualität ihrer schmiedetechnischen Ausführung kann allerdings variieren:
„... Two arrow-heads from Sisak ... look like forms used in the lst century AD ... Other arrowheads of that type from the collection are extremely interesting ... They were ali found in Sisak and their sockets are shaped exactly the same. A straight piece of tin below the already formed head was simply rolled so that both sides would touch in their entire length thus forming the socket.

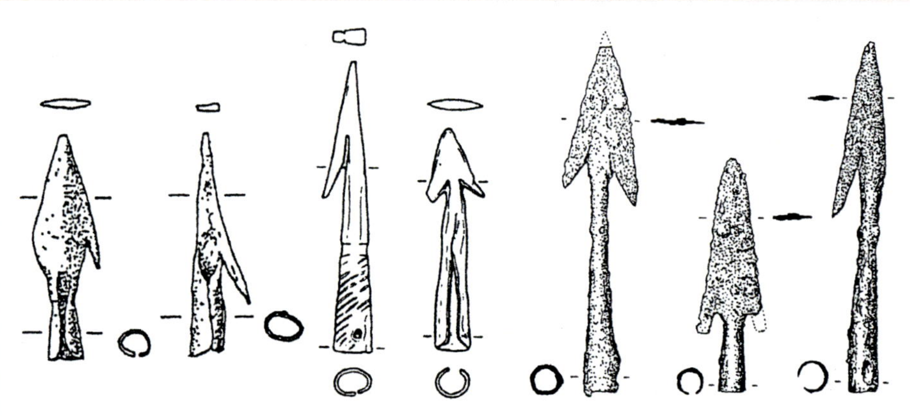

Abb. 87: Spätlatènezeitliche Pfeilspitzen. FO *Alesia* / Mont Auxois, Burgund (I-II), Döttenbichl bei Oberammergau (III-IV), Goldegg Pass im Salzburger Land (V-VII). Eisen. Ohne Maßstab.

… Very similar arrows were found in Alesia, which seems to support the assumption that the weapons were made in times of military campaigns. Although most of the weapons found there were attributed to the Gauls, several pieces are considered Roman. Among them is the type that matches the Sisak examples…[384]" (Abb. 88)

Hinzuweisen ist auf verwandte Pfeilspitzen, die Renoux aus gallo-römischen Villenanlagen wie La Guyomerais, Châttilon-sur-Seiche in Frankreich und Porrentruy in der Nordschweiz anführt. Bei manchen trifft man wie auf dem Balkan eine verstärkte Frontpartie an. Jenes hochinteressante Merkmal hatte eine höhere Stabilität zur Folge. Die Pfeilspitzen könnten Villenbewohnern zum Erlegen von Wild gedient haben. Auch Renoux sieht hier Jagdwaffen vorliegen[385]. (Abb. 89) Das Relief der Diana von Klüsserath zeigt übereinstimmend damit einen Pfeil mit Widerhaken für die Hirschjagd. Oft wird in der Literatur in geschlitzte oder in geschlossene Pfeilspitzentüllen sortiert. Es handelte sich dabei aber nicht um einen bedeutend voneinander abweichenden Schmiedeaufwand. Helga-Schach Dörges formuliert: „… die dadurch erzielte Federung [Klemmwirkung, HR] machte häufig eine zusätzliche Sicherung durch einen Nagel überflüssig…[386]" Richtig ist, dass Tüllen möglichst durch Klebstoffe, Stifte oder Wicklungen zu fixieren waren. Ein bloßes Aufstecken ist bei einer akuraten Anpassung zwar zweckdienlich, aber selbst fest sitzende Spitzen tendieren bei rüttelnden Schlägen während des Transports, Temperatur- oder Feuchteschwankungen im Feld dazu, an Kraftschlüssigkeit einzubüßen. Im Vergleich zu Trilobitspitzen bilden kleine bis mittelgroße Tüllenspitzen mit Blatt oder Haken zwar Minderheiten in der frühen und mittleren Kaiserzeit, die Vorkommen, auch der frontverstärkten Exemplare, sind aber bemerkenswert.

Bei anderen Pfeilspitzen in Europa mit weiden- oder lorbeerblattförmiger Klinge und einer ausgeprägten Tülle haben wir Anlass, an Germanen zu denken. Prototypen treten am Ende der keltischen Selbstständigkeit bereits bei den Treverern auf. Hierfür kann eine Pfeilbewehrung mit schlanker Blattform im Nationalmuseum Luxemburg (Iv.-Nr. 1974-27/117) als Beispiel dienen[387]. Auch am mutmaßlichen Schlachtfeld bei Riol an der Mosel, wo im Jahr 70 n. Chr. aufständische Treverer, Germanen und Römer kämpften, kam eine weidenblattförmige Eisenpfeilspitze mit Tüllenschäftung ans Licht. Sie wurde 2016 bei der Ausstellung „Nero" im Rheinischen Landesmuseum Trier zusammen mit anderen Waffenfunden von dort gezeigt. Im Schrifttum heißt es zum Aufkommen weidenblattförmiger Pfeilspitzen im Norden, sie seien eine germanische Erfindung gewesen. Interessant wäre das für Transfers auch insofern, weil der römische Historiker Tacitus bekanntlich berichtet, Angehörige der Treverer würden germanische Wurzeln für sich postulieren. Selbstverständlich tun sich hier gravierende Fragen auf, inwieweit das Design römerzeitlicher Pfeilspitzen überhaupt geeignet sein kann, in so komplexe Prozesse wie Stammesgeschichte überzuleiten? Eine systematische Erforschung früher Vorkommen weiden- und lorbeerblattförmiger Tüllenpfeilspitzen im keltischen und germanischen Raum könnte dennoch eine lohnende Zukunftsaufgabe sein.

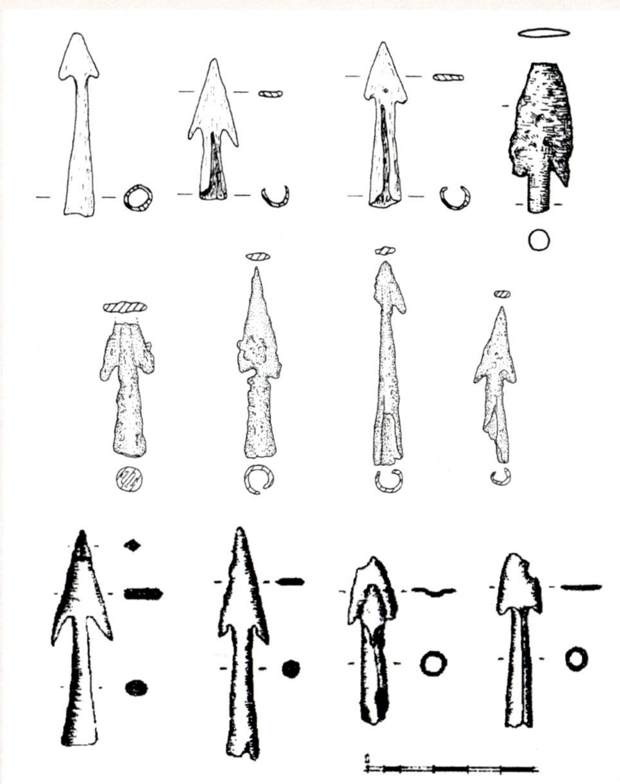

Abb. 88: "Keltisch-römische" Pfeilspitzen. FO *Vetera I* (I-III), Xanten (IV), zweite Reihe Windisch (V-VIII). Unten Fundstücke im Archäologischen Museum Zagreb (IX-XII). Eisen. 1. Jh. n. Chr.

Bei der 67 n. Chr. von den Römern belagerten Stadt *Gamla* in Israel wurden zweischneidige Spitzen aus Eisen, dort alle mit Schaftdorn versehen, entdeckt. In der Fundverteilung mischen sie sich nicht mit den Trilobitspitzen der Römer am Kampfplatz. Eine rhombische Pfeilspitze mit Schaftdorn wurde auch in Dura geborgen.

Zweischneidige Schaftdornspitzen mit einer blatt- oder auch rautenförmigen Klinge kennt man ebenfalls von einigen Auxiliarkastellen in Deutschland. In Straubing-*Sorviodurum* liegt unikat sogar ein bronzenes Exemplar vor. Die zeitgenössischen Jagdpfeilspitzen mit langdreieckigem Blatt und Schaftdorn als Funde vom Dollberg im Hunsrück wurden oben bereits zitiert. Mir stellt sich die Frage, ob solche prinzipatszeitlichen Pfeilspitzen mit Schaftdorn ihrem Ursprung nach auf Vorbilder aus dem östlichen Mittelmeer- oder Levanteraum zurückgehen? Ich möchte als Resümee die Einschätzung vertreten, dass je nach Fallbeispiel der kulturhistorische Aussagewert zweischneidiger Pfeilspitzen in der frühen und mittleren Kaiserzeit beträchtlicher sein könnte, als bisher erkannt.

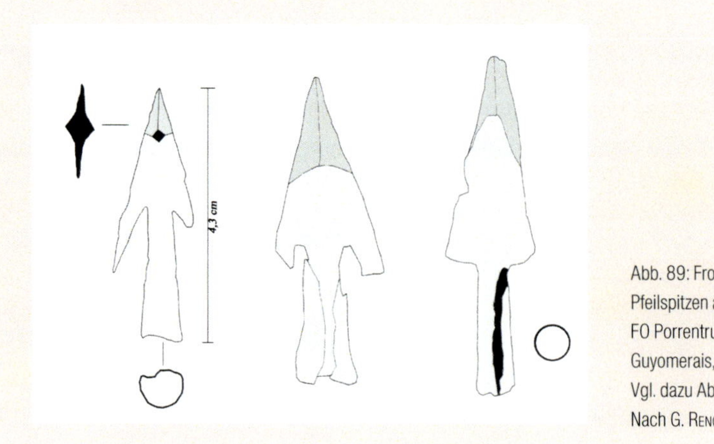

Abb. 89: Frontverstärkte Pfeilspitzen aus Villenanlagen. FO Porrentruy, Schweiz und La Guyomerais, Frankreich. Vgl. dazu Abb. 88 (IX). Eisen. Nach G. Renoux. Prinzipatszeit.

7.4.1.2 Germanische Pfeilspitzen außerhalb und innerhalb des Römischen Reichs

Eine signifikante Zunahme eiserner Tüllenpfeilspitzen als Funde im Barbarikum spiegelt den Aufstieg der germanischen Bogenwaffe wieder. Exemplarisch bieten sich dafür die Beigaben in der königlichen Bestattung von Mušov in Tschechien aus dem zweiten Drittel des 2. Jh. n. Chr. an:

„... Die Waffenkombination Schwert-Lanze-Schild-Pfeil finden wir bei den Germanen an keinem anderen Fundort in der älteren römischen Kaiserzeit ... In erster Linie repräsentiert das Königsgrab von Mušov mit der Gesamtzahl der Waffen – 28 Stücke – einen ganz einmaligen Satz für ein Grab in den ersten beiden Jahrhunderten n. Chr. Die häufigsten Waffen waren hier Pfeile bzw. Pfeilspitzen ... Der bestattete Mann im Grab von Mušov könnte an der Seite Roms gekämpft haben, aber nicht als regulärer Soldat, sondern als einer der höchsten germanischen Befehlshaber der Hilfseinheiten...[388]" Es handelt sich in Mušov mehrheitlich um Exemplare mit blattförmiger Spitze oder mit Widerhaken. Man kann annehmen, dass ihnen jeweils ein kriegerischer oder jagdlicher Wert zukam. Vergleichbare Zweckformen wurden auch von weniger wohlhabenden Germanen verwendet[389]. In einigen Männergräbern aus dem 2./3. Jh. n. Chr. in Mähren sind schlanke Blattspitzen als Beigaben mit vierkantigen kombiniert. Das spricht für einen Gebrauch als Kampfwaffen. Die Krieger könnten zu den Germanenstämmen der Markomannen und Quaden gehört haben.

„... Aus Schriftquellen lässt sich entnehmen, dass es insbesondere die Kaiser des Gallischen Sonderreichs (260-274) waren, die auf germanische Söldner zurückgriffen. Auch für die Kaiser Aurelian (270-275) und Probus (276-281) ist die Rekrutierung germanischer Auxiliareinheiten (RE V –1905-1412 s. v. Domitius 36) und die massenhafte Übernahme von Kriegsgefangenen in den Militärdienst überliefert (SHA *Vita Probi* 13,7). In diesem Zusammenhang ist auf die reich ausgestatteten Gräber der Gruppe Hassleben-Leuna aus Mitteldeutschland hinzuweisen, die auch Goldmünzen des Gallischen Sonderreichs beinhalten, so dass die Bestatteten als dessen mögliche Verbündete identifiziert werden...[390]" In Grab 1 von Halberstadt-Emersleben, Lkr. Halberstadt, waren vier Blattpfeilspitzen aus Silber und vergoldeter Bronze wahrscheinlich Statussymbole. Der im 3. Jh. n. Chr. Bestattete könnte vergleichbare Spitzen aus Eisen als Soldkämpfer bei den Römern verwendet haben. Als Obulus für die Fahrt ins Jenseits wurde dem Verstorbenen ein *aureus* (Goldmünze) des Kaisers Alexander Severus in den Mund gelegt. Dies weist auf Kontakte mit dem römischen Kulturraum hin. Man nimmt an, dass zum Arsenal auch Blank- und Stangenwaffen gehörten, die als Beigaben, hier wie auch anderswo, jedoch unberücksichtigt blieben. Jan Bemmann erläutert: „... Hervorzuheben ist weiterhin, dass die für die reich ausgestatteten Körpergräber von Leuna typische Kombination von Pfeilspitzen und Sporen ohne weitere militärische Ausstattung auch in Brandgräbern anzutreffen ist. Zu nennen sind hier Bennungen, Lkr. Sangerhausen, Grab 14 ... und Camburg, Saale-Holzland-Kreis...[391]"

An besagten Plätzen sind weiden- oder lorbeerblattförmige sowie in Bennungen auch vierkantige Spitzen zu Tage getreten. Das legt eine Verwendung wahrscheinlich als Kriegsgeräte nahe. (Abb. 90)
Vergleichbare Pfeilspitzen aus dem 3. Jh. n. Chr. kommen in großer Zahl vom Kastellbereich Osterburken am Obergermanischen Limes. Dort waren die *Cohors III Aquitanorum equitata civium Romanorum* und ein *Numerus Brittonum Elantiensium* stationiert. Die Pfeilspitzen germanischer Provenienz lagen im Wehrgraben des Annexkastells. Bereits 1896 schrieb der Ausgräber Karl Schumacher in der *Westdeutschen Zeitschrift* (Jg. 15, S. 65-67) darüber: „... Wohl sind in den Kastellen am Limes grosse Mengen von Lanzen- und Pfeilspitzen gefunden worden, welche ohne Zweifel zum Teile auch den belagernden Germanen zugeschrieben werden müssen, aber römische und germanische Typen zu scheiden, fällt schwer. Zwar können wir von einigen Formen mit Sicherheit sagen, dass sie römischer Herkunft sind, nicht aber vermögen wir von anderen ohne weiteres festzustellen, dass sie von Germanen herrühren. Denn wenn auch einige Formen als unrömisch auffallen, so bleibt doch immer das Bedenken, dass in diesen Kastellen keine eigentlichen Römer, sondern Hülfsvölker aus allen Weltgegenden liegen, welche neben der römischen Ausrüstung Reste ihrer nationalen Bewaffnung beibehalten haben können ... Die meisten derselben sind nun an der Spitze abgeplattet oder ganz umgebogen, so dass sie augenscheinlich von aussen gegen die Mauer geschleudert wurden, hier abprallten und in den Graben fielen. Über ihren germanischen Ursprung kann also kaum ein Zweifel bestehen. Vergleicht man diese Formen mit den in norddeutschen Gräbern (und Moorfunden) dieser Zeit zum Vorschein gekommenen, so zeigt sich fast vollständige Übereinstimmung, denn auch hier liegt neben dem römischen Einfluss die Weiterentwicklung aus La Tènetypen deutlich vor Augen..."

Im Mischmasch verschiedenartiger Sorten stehen Pfeilspitzen als Funde vom Auxiliarkastell *Castra Vetoniana* bei Pfünz am Raetischen Limes, bemannt von der *Cohors I Breucorum equitata civium Romanorum*. Das Spektrum bei der Zerstörung im zweiten Drittel des 3. Jh. n. Chr. ist dem von Osterburken ähnlich. Allerdings sind schlanke Blattpfeilspitzen mit Tülle weniger gehäuft und auch in Turmruinen aufgetreten[392]. Bei einem kämpfenden Ende wäre es durchaus möglich, dass sich die Geschosse von Römern und von Barbaren entweder in oder nahe bei einem römischen Wehrbau befinden. „... Über den genauen Ablauf der Kämpfe [in Osterburken, HR] kann man nur spekulieren. Die Angreifer suchten sich den schwächsten Punkt des Kastells: Die Südostecke ist der höchste Punkt der Umwehrung, hier kann man sich dem Eckturm näheren, ohne wirksamen Beschuss von benachbarten Türmen befürchten zu müssen. Offenbar beschossen die Angreifer den Eckturm des Kastells mit ihren Waffen, um die Verteidiger zu vertreiben...[393]"
Neben schweren Rückenmessern (lat. *cultri*) und einer im Ursprung ebenfalls aus der germanischen Waffenwelt kommenden Pfeil- oder Speerspitze mit zurückgesetzten Widerhaken, besteht auch für eine lorbeerblattförmige Tüllenpfeilspitze des 3. oder 4. Jh. n. Chr. von der Höhensiedlung auf dem Plateau des Bergs Krüppel ob Schaan im Fürstentum Liechtenstein ein Interpretationsbedarf[394]. Solche germanischen Blattpfeilspitzen könnten zur Soldatenkaiserzeit auch „Reisläufer" anzeigen. „... Wer die Angreifer waren, die in der Mitte des 3. Jh. n. Chr. das Kastell Osterburken beschossen, erstürmten und vermutlich zerstörten, muss offen bleiben. Infrage kommen germanische Plünderer ebenso wie römische Bürgerkriegstruppen jeder Partei. Germanische Söldner kämpften auf beiden Seiten! ...[395]" Gerhard Fingerlin schreibt: „... Die ältere Forschung nun hat mit Hilfe unterschiedlicher Indizien den ‚Limesfall' auf 260 datiert. Nach heutigem Kenntnisstand ist es jedoch unwahrscheinlich, dass man die befestigte Grenze, die allerdings nicht mehr intakt war, schon zu diesem Zeitpunkt aufgegeben hat ... Es gab offenbar kein einheitliches Ende des Limes, was auch die Befunde aus Kleinkastellen und Wachtürmen erkennen lassen...[396]" In anderen Fällen ist es hin und wieder auch möglich, dass später zur Merowingerzeit Gräber mit Waffen in ruinösen römischen Wehranlagen angelegt wurden, wobei die Gefahr besteht, dass von jüngeren germanischen Pfeilspitzen nur schwer zu sortierende Stücke bei einer amateurhaften Bergung im 19./20. Jh. ohne besseren Rat auf die römische Epoche fehlübertragen wurden.

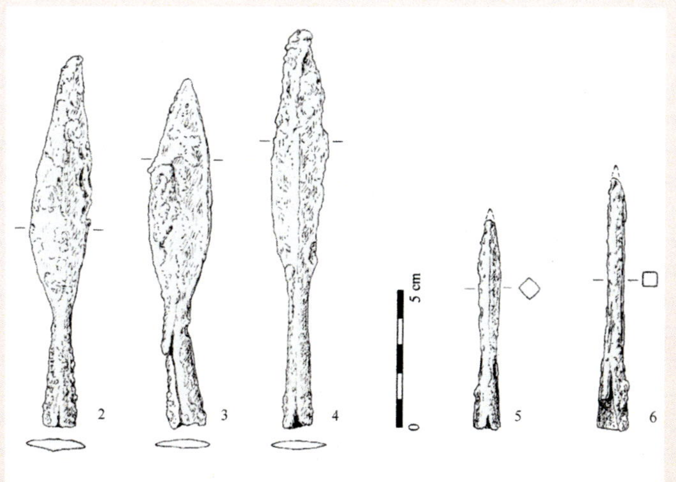

Abb. 90: Schlanke lorbeer-, weidenblattförmige und vierkantige Pfeilspitzen. Beigaben im germanischen Grab 14 von Bennungen in Sachsen-Anhalt (2-6). Eisen. 3. Jh. n. Chr.

Pfeilspitzen germanischer Kennung gibt es als Funde im Imperium auch aus der Spätantike. Den Reformen der Kaiser Diokletian und Konstantin folgten im 4. Jh. n. Chr. verlustreiche interne Kriege, wodurch die Kapazitäten der Armee auf lange Sicht überbeansprucht wurden. Lücken mussten durch Foederatenverträge geschlossen werden, um römische Haupt- und Rückzugsorte zu verteidigen. Auf die germanischen Pfeilspitzen in *Gelduba* und *Alteium* wurde bereits hingewiesen. Der Ausgräber Maximilian von Groller Mildensee barg 1899 im sogenannten Waffenmagazin des Kastells Carnuntum fast zweihundert blattförmige, aber nur zehn Trilobitpfeilspitzen[397].

„... Auch die archäologischen Funde zeigen inzwischen deutlich an, dass viele römische Befestigungen des Donau-Iller-Rhein-Limes noch weit bis in das 5. Jahrhundert hinein mit Militär belegt waren. Unter diesen Funden befinden sich zahlreiche Tracht- und Ausrüstungsbestandteile, die von der Form her germanisch sind. Da aber in der Spätantike das römische Militär auch am raetisch-norischen Limes sich überwiegend aus Germanen rekrutierte, fällt die Entscheidung schwer, ob diese letzten römischen Truppen noch reguläre Grenzeinheiten waren oder germanische Föderaten...[398]"

Im Areal des Kastells *Castra Batava* in der Altstadt Passaus wurden im Bereich des Klosters Niedernburg nicht originär römische Waffen gefunden, unter anderem Blattpfeilspitzen mit Tülle. Die Stadt verfügte noch lange über eine Garnison. „... Spätestens 476 aber endeten die Soldzahlungen Roms an die Grenztruppen, und diese lösten sich alsbald auf. Einige Einheiten dürften wohl weggezogen sein, die meisten Foederaten aber blieben im Inneren oder in der Umgebung ihrer ehemaligen Garnisonsorte und übernahmen sie in eigener Regie, bis sich neue politische Strukturen herausbildeten...[399]" In der Nähe des Kastells *Vemania* am Iller-Limes in der heutigen Germarkung von Isny im Allgäu wurde Anfang des 5. Jh. n. Chr. ein Alamanne bestattet, dem man in elbgermanischer Tradition drei Tüllenpfeilspitzen aus dünner Bronze als Statusattribute beigab[400]. (Abb. 91) Sie haben ein lanzettförmiges Blatt. Eine Bügelknopffibel für einen Soldatenmantel und ein Gürtelbeschlag mit Pferdekopfzierden waren charakteristische Elemente der spätrömischen Militärtracht. Zu Beigaben im spätantiken Friedhof von Neuburg an der Donau gehört ebenfalls eine (hier aber eiserne) Tüllenpfeilspitze mit lanzettförmigem Blatt. Auch vom Kastell *Pinianis* bei Gundremmingen liegt eine solche Kriegspfeilspitze vor. Keramikfunde machen dort Ostgermanen als Besatzung plausibel. Lanzettförmig schlanke Spitzen wurden als erfolgreiche Zweckformen anschließend bis in die Merowingerzeit weiter tradiert.

Abb. 91: Bronzene Bügelknopffibel, Gürtelbeschlag und lanzettförmige Pfeilspitzen aus Bronzeblech (1-5). Alamannischer Grabfund von Leutkirch im Allgäu. Um 400. Jh. n. Chr. Ohne Maßstab.

Das im Landkreis Günzburg an der Donau liegende *Pinianis* entspricht einem durch hohe Mauern begrenzten *burgus* (lat.) und nicht mehr einer befestigten Kaserne wie in der frühen und mittleren Kaiserzeit üblich. Angelika Hunold erörtert: „... Für die jüngeren Phasen der Stadtbefestigung in Rom konnte schon früh eine Tendenz zur Verengung der Zinnenabstände beobachtet werden; an der Stadtmauer von Verona, errichtet um 265 n. Chr., betrugen die Abstände zwischen den 1,80 m breiten Zinnen nur noch 1,20 m. Als Ursache für die enger stehenden Zinnen der Spätantike gilt eine Kampfweise, die stärker als zuvor durch Fernwaffen wie Bogen und *manuballista* geprägt war. Um dem Rechnung zu tragen, zeigen Rekonstruktionen spätantiker Wehrbauten häufig Zinnen und Zwischenräume in gleicher Breite – eine Lösung, die auch am Katzenberg [spätrömische Anlage bei Mayen in der Eifel, HR] übernommen wurde...[401]" Der Autor Quintus Aurelius Symmachus (342 bis 403 n. Chr.) lobt eine befestigte Schiffsslände an der Rhein-Neckarmündung auch deshalb, weil sich: „... die Kurtine der dortigen zum Rhein führenden Mauern dadurch aus(zeichnet), dass man durch die Schießscharten, selbst verborgen, den Gegner mit Pfeilen – wohl von Bogen abgeschossen – bestreichen konnte: *pandit exitum clandestinis iactibus saggitarum = (andererseits) gibt das durch zahlreiche Öffnungen unterbrochene Verbindungsstück den Weg frei für unbemerktes Pfeilschießen…*[402]“ Die Abstände der Rundtürme spätantiker Wehrbauten wie in Bitburg, Neumagen oder Jünkerath in der Eifel betragen 25 bis 30 Meter voneinander. (Abb. 92) Das liefert Indizien auf die gewünschten Entfernungen beim Werfen von Steinen und Speeren oder dem Schießen mit Bogen oder Armbrusten. Weitere Strecken zwischen den Türmen wurden vermieden, nähere Distanzen waren für die militärischen Bauplaner unnötig.

Über die Panoplie (Vollbewaffnung) von Germanen ist man durch Grabbeigaben informiert. Zwischen Neckar und Oberer Elbe ist eine Kombination von Axt und Pfeilspitzen evident[403]. Es handelte sich um eine Ausstattung für den Nah- und Fernkampf[404]. Mitunter wurde auch ein Messer beigegeben. (Abb. 93) „… Spätrömische Waffen sind in den Donauprovinzen und im Balkangebiet sehr viel seltener als im linksrheinischen Raum. Hier wie dort gilt die Beigabe von Waffen als Indiz für die germanische Herkunft der Bestatteten. Ein wesentlicher Unterschied zwischen beiden Gebieten besteht darin, dass in den Waffengräbern der östlichen Provenienzen die Schwerter fehlen. Beigegeben wurden Lanzen, Pfeile und Äxte…[405]“ Der Schütze auf dem römischen Denkmal von Housesteads in Britannien, über dessen Ethnie nichts Genaues bekannt ist, hält einen Qum-Darya-Bogen, wie ihn im 3. Jh. n. Chr. übrigens auch der Silvanus Aliquandi besaß, trägt ein Langmesser oder ein Kurzschwert sowie eine Axt. Coulston schlägt alternativ dafür eine Hippe vor. D. J. Smith meint: „… This object has been drawn and described as an axe, but its head is not the unmistakable head of the Roman axe and it seems more probably to be some unrecognised accessory peculiar to the archer's equipment … But there is nothing about the uniform of our archer that can be compared with the romantic national dress – conical helmet and a short tunic with scalloped hem over a flowing robe – of the oriental archers portrayed on Trajan's Column … The archer of the tombstone from Housesteads may have been, therefore, in a non-oriental regiment hitherto unindentified in Britain; … His bow is not indicative one way or the other; the composite type was widely used by orientals and non-orientals alike …[406]" Der Mann trägt übrigens keinen konischen Helm, wie oft behauptet, sondern ist barhäuptig. Bedenkt man die Einheiten vor Ort, dann könnte das Vorbild für den *Housesteads-archer* durchaus ein Germane gewesen sein[407]. Die Panoplie mit Bogen, Axt und Seitenwaffe weist eine prinzipielle Ähnlichkeit mit Ausrüstungen von Bogenschützen in Germanien in der jüngeren Kaiserzeit auf. Diskutiert wird neuerdings auch über eine eventuell kultische Statuenbedeutung als Wald- oder Jagdgottheit[408].

Abb. 92. Plan des Kastells *Icorigium*. Jünkerath, Lkr. Vulkaneifel. Zeichnung nach Koch und Schindler. Münze (Argenteus) des Kaisers Diokletian nach 294. n. Chr. mit einem runden Wehrbau und Türmen. Die einzelnen Türme befinden sich im Abstand einer effizienten Pfeilschussweite (lat. *sagittae missio*) voneinander entfernt.

Für spätantike Zeitläufe vermittelt die archäologische Landkarte „... das Bild einer intensiven Besiedlung weiter Landstriche Nordgalliens durch germanische Bevölkerungsgruppen seit der zweiten Hälfte des 4. Jhs., nicht nur in unmittelbarer Nähe der gefährdeten Rheinfront mit ihren Kastellen, sondern dicht gestaffelt im belgischen und nordfranzösischen Hinterland, bei größeren Städten und Befestigungen ebenso wie in ländlichen Gegenden. Wir haben es bei den kartierten Funden mit den archäologischen Hinterlassenschaften von germanischen Kriegern (und ihren Familien) zu tun, die als geworbene Söldner oder Foederaten ... in den Reihen der spätrömischen Elitetruppen (Feldhheer) Militärdienste leisteten...[409]" Eine Liste von Gräbern mit Pfeilspitzen lässt den Schluss zu, dass die römische Armee Germanen als Bogenschützen benötigte: Blattspitzen von 9,8 bis 12,5 cm Länge wurden zum Beispiel in Grab 43 von Krefeld-Gellep aus der zweiten Hälfte des 5. Jh. n. Chr. entdeckt. Interessant sind auch Tüllenpfeilspitzen von 6,5 bis 10,5 cm Länge aus einem Grab bei der Kastellmauer Bonns. Auch am Westrand von Mainz wurde eine Bestattung mit einem Pfeilspitzenbündel angelegt. Im germanischen Friedhof von Vron, Dép. Somme, waren in Grab 143 A drei Pfeile symbolische Beigaben. Fünf Pfeilspitzen von 8,0 bis 10,0 cm Länge kamen in Grab 11 von Haillot, Provinz Namur in Belgien, in den Boden. In die erste Hälfte des 5. Jh. gehören acht große Pfeilspitzen von 14 bis 17 cm aus Grab 11 von Vireux-Molhain, Dép. Ardennes. Etwas früher datiert ein Triplet eiserner Pfeilbewehrungen von 9,0 bis 11,0 cm aus Grab 6 bei Vert-la-Gravelle, Dép. Marne. Manch ein Germane kehrte auch in rechtsrheinische Gebiete zurück. So sind die Fähigkeiten als Bogenschütze bemerkenswert, die ein Mann in der zweiten Hälfte des 4. Jh. besessen haben muss, dessen Waffen in Grab M8/A2 von Liebenau, Lkr. Nienburg, neben Schwert, Lanze und Schild aus Pfeilen mit Spitzen von 16 bis 17 cm Länge bestanden. Auch wenn eine Ansprache der Pfeilspitzen jeweils als Jagd- und/oder als Kriegswaffen noch aussteht, muss man für jene Zeitläufe die Aussage relativieren, Bogenschützen des römischen Heeres wären in Europa hauptsächlich aus dem Orient gekommen[410].

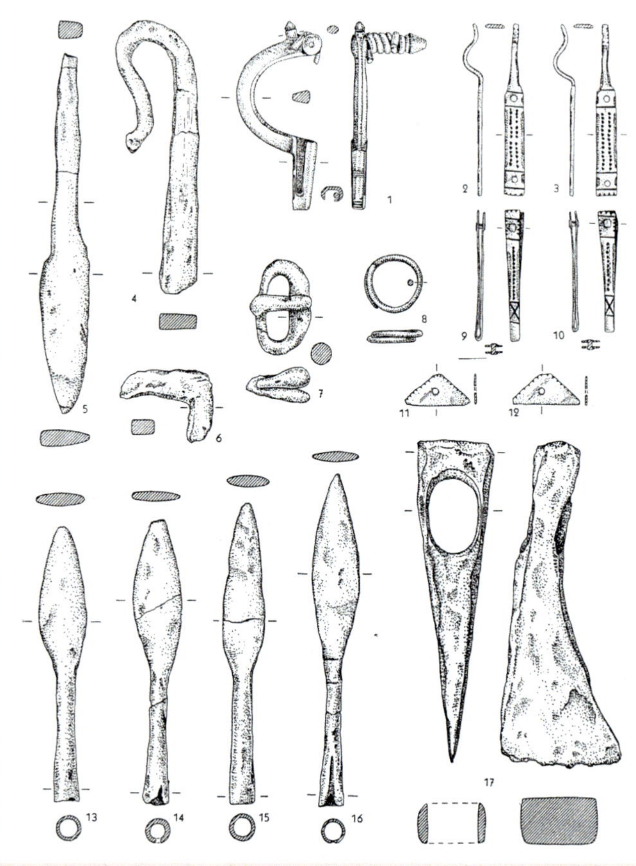

Abb. 93: Pfeilspitzen, Streitaxt, Messer und weitere Metallfunde. Kriegergrab von Scheßlitz-Kohlstatt in Mainfranken (1-17). Bayern. Nach CHRISTIAN PESCHEK. 4. Jh. n. Chr. Ohne Maßstab

Zu germanischen Pfeilspitzen spätantiker Zeit kann eine Ausprägung gehören, die über einen sehr langen Stiel, Widerhaken oder über ein schmales Blatt verfügt. Es gibt sie als einzelne Grabbeigaben bei den Franken oder Alamannen mit einer Mehrheit unspektakulärer Formen wie Weidenblattpfeilspitzen kombiniert. Gürtelbeschläge mit Kerbdekor und Gläser weisen mitunter auf Veteranen der Römerarmee hin. Zu nennen ist das Grab 11 von Vireux-Molhain, Dép. Ardennes, eines Bogenschützen und Axtkämpfers, der im zweiten Drittel des 5. Jh. n. Chr. bestattet wurde. Vergleichbare Spitzen kamen auch in den Gräbern 43 von Krefeld-Gellep und 140 von Jülich, Lkr. Düren, ans Licht. Da man davon ausgeht, dass diese Männer für die Römer militärisch aktiv waren, lassen einen die Langstielpfeilspitzen aufmerken. Sie treten nach meinem Wissen als bisher früheste Fundstücke in einem römisch-germanischen Kontext im 4. Jh. n. Chr. bei Westendorf, Lkr. Augsburg, in Erscheinung (s.u. Abb. 147)[411]. Im Kampf eingesetzte Spitzen liegen vom Kastell *Abusina* am Raetischen Limes vor[412]. (Abb. 94) Dabei handelte es sich vermutlich um Waffen germanischer Verteidiger des Kastells. Auch eine Stielpfeilspitze mit kurzen Haken aus Nydam stand in Kriegsgebrauch. Die Langstielpfeilspitzen waren aufwändiger zu schmieden als „Allerweltsmuster". Ihre Auslegung machte sie zu Bewehrungen für relativ zweckgebundene Pfeile, nicht zuletzt mit einer Auswirkung auf den besonderen Beigabenbrauch in der Einzahl und einer demgemäßen Zurschaustellungsqualität. Für eine hauptsächlich waidgemäße Verwendung muten mir die Widerhaken häufig recht schmal an, wenn man sogenannte *broadheads* (engl.) mit über 30 mm breiten Flügeln aus der Merowingerzeit damit vergleicht, die in Gräbern wohlhabender Personen Jagdgeräte anzeigen. Ich möchte der Frage nachgehen, ob die intensive Stielung mit Haken eventuell auch als eine Spezialform von Anti-Reiterwaffe hätte zweckdienlich gewesen sein können? Dafür sprechen praktische Aspekte, welche vom Jadglichen ins Kriegerische transportierbar sind. Lange Stiele vermochten das Abbrechen, ob zufällig oder beabsichtigt, eines Pfeilschafts weit vorne zu verhindern. Ein Herausziehen kam bei Widerhaken nicht in Frage. Dann blieb der Geschosskopf stecken und verursachte Schmerzen. Man denke an die Basreliefs im Mausoleum des chinesischen Kaisers Taizong (599 bis 649 n. Chr.), bei denen vermutet wird, dass sie den General Qiu Xinggong zeigen, der ein von einem Pfeil in die Brust getroffenes Pferd versorgt[413]. Selbst ohne den Pfeiltyp darauf näher spezifizieren zu können, lässt sich die Authentizität der Szene auf die Hunnenzeit übertragen. Um sich dem durch einen Pfeilschuss versehrten Tier zu widmen, musste abgestiegen werden.

Sofern Berittene durch Bogenpfeile dermaßen außer Gefecht gesetzt werden konnten, was ließe sich daraus für die exzeptionellen Langstielspitzen schlussfolgen? Sie standen als technische Sonderleistung vermehrt zur Verfügung, als der Reiterkampf in Europa historisch bedeutsamer wurde. Das gilt sowohl für das Feldheer der Römer wie die hunnische Koalition. Immerhin entwickelten Germanen in der Spätantike auch noch andere Sonderformen an Waffen wie die Wurfaxt (*Franziska*) oder den Pilenspeer (lat. *ango*). Ich möchte für ein Fazit die langstieligen Pfeilspitzen ebenfalls als eine Innovation bewerten. Ein unspektakulärerer und alternativer Grund für ihre Entstehung vermutlich im 4. Jh. n. Chr. wäre, dass sie doch eine primär waidmännische, sich zuerst auf germanische Binnenverhältnisse beschränkende Modeerscheinung darstellten, die nach Migrationen ins Römische Reich dort weiterlebte. Im Frühmittelalter wurden Widerhakenspitzen oft mit tordiertem Stiel ausgestattet. Bei spätantiken Langstielpfeilspitzen scheint dies noch nicht üblich gewesen zu sein. Als ein Qualitätsmerkmal großer und wertvoller Widerhakenspitzen ging die Torsion dann wahrscheinlich explizit mit einem jagdlichen Gebrauch einher.

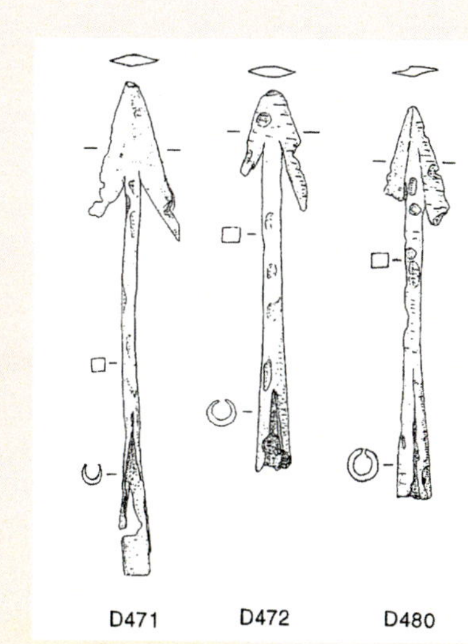

Abb. 94: Eiserne Langstielpfeilspitzen. Vom spätrömischen Kastell *Abusina*. Eining, Lkr. Kelheim. Bayern. D471 misst noch 13,2 cm. Nach Markus Gschwind. 5. Jh. n. Chr.

7.4.2 Unterscheidungskriterien für Pfeilspitzen und Wurfspeerspitzen

7.4.2.1 Uneinheitlichkeit von Deutungsvorschlägen in der Sekundärliteratur

Nicht selten treffen Archäologen auf Funde von Blattspitzen, die für einen Pfeil zu mächtig, für einen Speer aber zu klein anmuten. Wozu gehörten sie letztlich? Oder handelte es sich um für kultische Zwecke angefertige Miniaturlanzenspitzen? Mittlerweile hat dieses Problem zu einem regelrechten Wirrwarr an Interpretationsvorschlägen geführt. Friedrich Behn schrieb 1935 über Tüllenspitzen in Weidenblattform aus dem germanischen Gräberfeld des 4. Jh. n. Chr. von Lampertheim am Rhein: „... die größeren Stücke können natürlich ebenso gut zu kurzen leichten Wurflanzen gehört haben...[414]" Hermann Stoll äußerte sich 1939 zu schlanken Tüllenspitzen der Alamannen in Hailfingen, Lkr. Tübingen, dass jene mit 10 bis 15 cm Länge kaum mehr als Pfeil-, denn als Speerspitze zu gelten hätten. Vergleichbare Artefakte als Grabbeigaben in Mitteldeutschland werden von Schirnig, Wegewitz, Schönberger und Werner hauptsächlich als Speerspitzen begriffen[415]. Über entsprechende Fundstücke am Limes in Deutschland heißt es lakonisch: „... Je nach Erhaltungszustand ist es schwer zu beurteilen, ob einige der sehr kleinen Eisenspitzen dieser Art nicht auch als Pfeilspitzen gedient haben...[416]" Christian Pescheck schreibt über germanische Eisenspitzen in Mainfranken: „... Erst in der späten Kaiserzeit treten uns eiserne Pfeilspitzen bzw. Wurfspeere entgegen ... Alle haben Schlitztüllen; das schlank-ovale Blatt ist selten kantig und besitzt in der Regel einen dachförmigen bis spitzovalen Querschnitt ... Die Waffen besitzen Längen von 6,5–14 cm. Ab 12 cm Länge wird eine Verwendung als Wurfspeer erörtert...[417]" Bemmann stellt auf die Tüllenweite ab: „... Signifikante Unterschiede gibt es im Tüllendurchmesser. Pfeilspitzen sind selten dicker als 1 cm, die Spitzen weisen daher einen entsprechenden größten Tüllendurchmesser auf. Bei Lanzen liegt der größte Tüllendurchmesser jedoch stets über 1,5 cm, was mit der anderen Schäftung der Waffen und der Funktion als Stoß- und

Wurfgerät zusammenhängt...[418]" Frank Siegmund erörtert Grabbeigaben der Franken am Niederrhein in der Merowingerzeit: „... Ein weiterer wesentlicher Unterschied zwischen langen Pfeil- oder Geschoßspitzen einerseits und kleinen Lanzenspitzen andererseits besteht in der Dicke des hölzernen Schaftes der Waffe, die sich in den Tüllendurchmessern bei etwa 14 mm zeigt ... Die fraglichen Grabinventare zeigen, dass Spitzen bis 16 mm Tüllendurchmesser sowohl mit gleich großen Stücken kombiniert vorkommen, als auch mit wesentlich größeren; allein dadurch sind sie als Pfeilspitzen ausgewiesen, die nicht selten zu mehreren gemeinsam mit deutlich größeren Lanzenspitzen zusammen in einem Grab vorkommen. Diesen regelhaften Verhältnissen entsprechend sind daher Spitzen bis 15 cm Länge Pfeilspitzen, solche ab 20 cm Länge Lanzenspitzen. Bei Stücken zwischen 15 und 20 cm Länge gehören solche bis einschließlich 16 mm Tüllendurchmesser zu den Pfeilspitzen, solche ab 17 mm Tüllendurchmesser zu den Lanzenspitzen...[419]"

Schlüssig geklärt ist die Grundfrage bedauerlicherweise weiterhin nicht. Es wird ein klares Schema benötigt, das eine überzeugende Ansprache als Pfeil- oder Speerspitze erlaubt. Dafür stehen die Tüllenweite, das Gewicht, die Spitzenlänge und -breite zur Verfügung. Das wichtigste und eindeutigste Kriterium bildet der Tüllendurchmesser. Dies hat folgende Gründe: Die lichte Tüllenweite bewegt sich bei Pfeilspitzen praktisch nie über einer ballistischen Erfordernissen genügenden Höchstgrenze, die sich für die Römerzeit und das Frühe Mittelalter verbindlich definieren lässt. Die größten Durchmesser von Pfeilen der Germanen haben Funde in Nydam. Dort gibt es einige hölzerne Schäfte von 12 mm vor der für die Tülle zugespitzten Partie[420]. Es schließen sich Pfeilstäbe aus Oberflacht mit 11 mm an[421]. Die zugehörigen Tüllenspitzen haben sich zwar jeweils nicht unmittelbar erhalten, doch zeigt das schiere Vorhandensein, dass mit regelrechten „Wuchtgeschossen" zu rechnen ist. Je nach Material eines Schafts mit spezifischem Gewicht und Zähigkeit in Relation zur Gesamtauslegung des Pfeils stehen ansonsten aber geringere Querschnitte einem distanzorientierten Bogengebrauch näher. Pfeile sollten im Biegeverhalten flexibel genug sein, um nach dem Ablass eine sich stabilisierende Schwingungsamplitude durchlaufen zu können. Sie werden durch den scharfen Sehnenimpuls gestaucht und müssen sich im Flug adäquat ausschwingen können. (Abb. 95) Deshalb sind Profile über 12 mm für Bogenpfeile aus Holz in der Antike und Spätantike irrelevant.

Für zylindrische, gebauchte oder konische Schäfte bevorzugte man um die 10 bis 7 mm Durchmesser. Es gibt Spitzen mit schmaleren Tüllen, die intentionell verkleinert wirken. Fallweise kann man auch über Pfeile für Kinder nachdenken[422]. Beim Schaftmaterial „Rohr" ist die Sachlage zwar etwas komplizierter aber technisch vergleichbar. Römische Rohrpfeile waren mit einem hölzernen Vorschaft versehen. Eiserne Schaftdorne sind bei römischen dreiflügeligen Peilspitzen meistens so gehalten, dass sie zu Vorschäften von mindestens 5 bis 6 mm passen. Rohrschäfte für Bogenpfeile messen bis maximal 11 mm im Profil, archäologischen Funden nach in der Regel aber weniger.

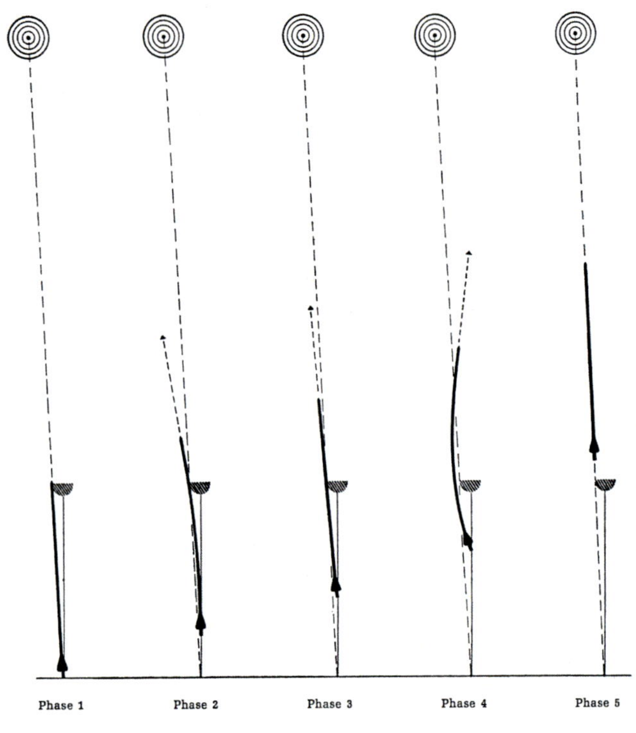

Abb. 95: Schematische Darstellung der Schwingungsamplituden eines Pfeilschafts zu Beginn des Flugs beim Mediterranen Ablass. Zeichnung nach Thomas Marcotty.

7.4.2.2 Gewöhnliche und außergewöhnliche Pfeilgewichtsklassen

Zum Pfeilgewicht als einem ballistischen Kernelement findet man in der Fundliteratur keine einheitlichen Angaben. Oftmals werden aber zu geringe Höchstwerte angesetzt: „... So haben denn auch Versuche mit aus verschiedenen Hölzern rekonstruierten Pfeilschäften von 0,8 bis 1,0 cm sowie mathematische Berechnungen gezeigt, dass der für optimale Treffsicherheit zulässige Grenzwert der Spitze bei 8 Gramm liegt...[423]" Für diese zwar unter heutigen Schießplatzverhältnissen nachvollziehbare, für Erfordernisse unter Feldbedingungen aber problematische Generalisierung sind die Studien des Kurt Beckhoff aus den 1960er Jahren zur Dynamik vor- und frühgeschichtlicher Pfeile verantwortlich. Auf die Römerzeit übertragen, gehören die Trilobitspitzen des Formats A zwar tatsächlich zu jener Kategorie, doch konnten andere schwerer sein. Dreiflügelige Pfeilspitzen des Formats B wiegen nachgeschmiedet bis zu 12 Gramm. Im hunno-sarmatischen Bogenschießen gab es Pfeilspitzen um die 20 Gramm. Große, eiserne Pfeilspitzen der Awaren wogen teils sogar über 30 Gramm[424]. Rausing irrt, wenn er meint: „... generally speaking, anything weighing more than 200 grains (13 g) including the material used to attach it to the shaft, should not be accepted as an arrowhead...[425]"

Heinrich Härke widmet sich Pfeilen und Speeren der Angelsachsen: „... Unzweifelhafte Fälle von Pfeilspitzen liegen in der Regel zwischen etwa 10 bis 20 Gramm, während sicher als Lanzenspitzen anzusprechende Objekte erst bei etwa 40 Gramm einsetzen. Dazwischen liegen aber einige Fälle kleiner Spitzen besonders aus Kindergräbern, für die nicht klar entschieden werden kann, ob es sich um echte Lanzenspitzen, um ‚Kinderspeere' oder um große Pfeilspitzen handelt...[426]" Im Kampf war die zielballistische Wirkung mit dem Zweck einer mannstoppenden Aufhaltekraft mit schwerer Spitze aus der Nähe mächtiger als mit einer leichten Spitze. Junkelmann schreibt: „... Je schwerer ein Pfeil ist, desto mehr kinetische Energie nimmt er in sich auf, desto besser bewahrt er sich diese wegen der größeren Energiedichte und Massenträgheit und mit desto größerer Wucht trifft er das Ziel...[427]" Man konnte zur Abwehr von Angreifern im Kernschussbereich mit kopflastigen Pfeilen besser ausgerüstet sein als mit relativ leichten Flugpfeilen. Der Gebrauch entweder eines Reflex- oder Holzbogens ist, von einigen historisch spezifischen Funktionsdesigns abgesehen, für das Höchstgewicht einer Spitze qualitativ irrelevant. Mit die schwersten Pfeilspitzen wurden zur Kaiserzeit von Germanen mit Langbogen verschossen.

Am römisch-germanischen Kampfplatz des Harzhorns im 3. Jh. n. Chr. „... tritt in einem Fall eine stark korrodierte blattförmige Pfeilspitze mit leichter Mittelrippe auf, die Speerspitzen ähnelt (Fnr. 699) und deren Tüllendurchmesser bei 147 mm Länge nur bei 10 mm liegt ... Uneinheitlich sind die Aussagen zur Funktion der unterschiedlichen Pfeilspitzen-Grundformen. Während Becker mit Bezug auf Riesch für die weidenblattförmigen Pfeilspitzen [im Fürstengrab von Gommern, HR] eine Funktion als Kriegswaffe annimmt, betonen Pauli Jensen und Nørbach mit Verweis auf die Versuche von Nielsen und Paulsen die geringe Durchschlagskraft bei Schilden und aufgrund der breiten Schnittfläche die besondere Eignung als Jagdwaffe. Diese Spitzen treten in den Mooropfern, bei deren Inventar ja von einer militärischen Nutzung ausgegangen werden kann, zwar deutlich seltener als Spitzen mit großer Durchschlagskraft auf, sie sind mit durchschnittlich 20% jedoch so häufig vertreten, dass eine Verwendung auch im Kampf gesichert ist...[428]"

Pfeilspitzen über 25 mm Breite dienten, vor allem wenn sie Widerhaken besaßen, für gewöhnlich zur Jagd. Man kann von Schalenwild ausgehen, das damit erlegt werden sollte. Das Töten von Wild durch Pfeile geschah häufig durch inneres Verbluten, weshalb man die Kaliber auf die Größe der Tiere anpasste. Weitschüsse wurden bei der Pirsch oder Lauer kaum angewandt. Die schlechtere Windstabilität breiter Pfeilspitzen hätte die Treffgenauigkeit auf entfernte Ziele auch gemindert[429]. Was können wir als ein Fazit aus all dem gewinnnen? Das Gewicht spielt anders als die Tüllenweite keine ebenbürtige Rolle zur Sortierung in schwere Pfeil- oder leichte Speerspitzen und ist relativ nachrangig.

7.4.2.3 Referenzen zur Unterscheidung zwischen Pfeilen und Speeren

Spitzen für Pfeile und Wurfspeere wurden über die Jahrhunderte hinweg zwar modifiziert, aufgrund des menschlichen Faktors hatten ergonomische und physikalische Erfordernisse aber Bestand. Ich möchte einige Referenzbeispiele dafür anbieten. Prominent sind drei keltische Wurfspeerspitzen mit Tülle aus Grab 1 des Tumulus 1 beim Glauberg in Hessen. Sie messen 16 bis 22 cm in der Länge und stellen unspezifische Gebrauchsmuster dar[430]. Die Schafthölzer bestanden aus Eschenholz. Ihr kleinster Durchmesser beträgt vorne 13 mm. Die Glauberger Wurfspeere könnten zylindrisch, konisch oder bauchig gewesen sein. Auch bei einigen eisernen Blattspitzen der römischen Armee als Funde in Kaiseraugst aus dem 1. Jh. n. Chr. liegt bei nur 19 bis 22 mm Blattbreite eine lichte Tüllenweite von 13 mm vor[431]. Dieser Wert stellte offenbar einen unteren Grenzbereich dar, der für Wurfspeere noch zweckmäßig war. Unterstützende Daten liefert ein Waffendepot aus dem 3. Jh. n. Chr. vom Bleibeskopf im Taunus. Hierbei handelt es sich um eine Lanzenspitze sowie um drei schlanke Eisenspitzen mit 13 mm Tüllendurchmesser[432]. Blickt man daneben auf große Tüllenspitzen, die in Illerup Ådal sicher Pfeilen angehörten, schiene eine Nutzung als Pfeilbewehrungen zunächst auch nicht völlig ausgeschlossen. (Abb. 96) Manche der von Xenia Pauli Jensen erörterten Artefakte aus

Illerup (hier Typ IA2) überragen die dünnen Bleibeskopf-Spitzen sogar. Bei zwei der Spitzen vom Bleibeskopf ist vorne aber ein vierkantig pointiertes Ende erhalten. Spätestens dadurch sind sie typenkundlich eindeutig als zeitgenössische Wurfspeerspitzen ausgewiesen[433]. Wenn man die Fundsücke nebeneinander stellt, lässt sich erahnen, was in der damaligen Waffenwelt alles möglich gewesen ist. Wir sehen, dass die Pfeiltüllen ein lichtes Maß unter 12 mm besitzen, obgleich ihre Klingen breiter sein können als diejnigen der Wurfpeerspitzen. Die zum kleinen Depotfund gehörende Lanze aus dem sogenannten Nordischen Kreis verleitet zur Annahme, germanische Krieger aus dem Norden im Taunus zu lokalisieren[434].

Den experimentellen Studien Junkelmanns folgend, erbringt beim Speerwurf erst ein adäquates Mindestgewicht ausreichend Effizienz für einen realistischen Gebrauch unter Feldbedingungen. Er erläutert dazu:

„… Speere mit einem Gesamtgewicht unter wenigstens 200 g besitzen, von Hand geschleudert, eine zu unbedeutende Durchschlagskraft, um ihren Einsatz sinnvoll zu machen…[435]"

Kate Gilliver führt zum Thema insgesamt folgendes aus: „… Bei den Waffenmodellen wurde in der römischen Armee mit Sicherheit herumexperimentiert, besonders bei *pila* und Speeren. Sowohl Marius als auch Cäsar veränderten das *pilum*, und Sallustius Lucullus, im späten 1. Jahrhhundert n. Chr. der Statthalter von Britannien, benannte eine neue Speerart nach sich selbst (was Sueton als den unwahrscheinlichen Grund für seine Hinrichtung durch Domitian angibt.) Die archäologischen Funde belegen eine große Variationsbreite in Form und Größe von *pilum* und Speer. Solche Veränderungen bedeuteten nicht unbedingt auch eine größere Veränderung der Kampftechniken, und bei Marius und Cäsar handelte es sich fast nur um Verfeinerungen der Form, die keine Anpassung bei ihrem Gebrauch nach sich zog. Man kann die Vermutung belegen, dass im 3. Jahrhundert n. Chr. eine gewisse Spezialisierung der Bewaffnung innerhalb der Legion stattfand, wie beispielsweise die leichten Speerwerfer oder *lancearii* aus der *Legio II Parthica*, die in Apamea in Syrien stationiert war…[436]"

Die frühkaiserzeitlichen Grabsteine der Soldaten Annaius Daverzus, Auxiliar in der *Cohors IIII Delmatarum*, mit Fundort Bingerbrück und Firmus, Sohn des Ecco, aus einer Raeter-Kohorte in Andernach am Rhein, zeigen als Standardbewaffnung etwa übermannshohe Speere mit Blattspitzen. Handlich kurz geschäftete Speere tragen die besagten Legionäre Aurelius Mucianus (*discens lanciarius*), Septimius Viator (*lanciarius*) und Aurelius Zoilus (*miles*) aus dem 3. Jh. n. Chr. in *Apameia* am Orontes[437]. Pfeilschäfte für Bogen waren deutlich kürzer als diese schweren und leichten Wurfspeere der römischen Armee. Im akademischen Übertrag dürfen solche groben Relationen aber keinesfalls auf die Größe kaiserzeitlicher Pfeilspitzen proportional umgeschlagen werden. Praktische Erfahrungen im Bogenschießen belegen, dass verhältnismäßig ‚große Pfeilspitzen nicht zwangsläufig zu besonders langen Schäften gehört haben müssen oder vice versa. Abwegig ist eine jüngst in der Literatur geäußerte Ansicht, lange germanische Tüllenspitzen seien per se mit Langbogen wegen deren angeblich weiteren Auszugs im Unterschied zu Reflexbogen einhergegangen. In Wahrheit konnte bei römischen Hornkomposits ein ausgedehnterer Pfeilauszugsweg vorliegen. Das trifft am meisten für Qum-Darya-Bogen zu. Die Länge einer Pfeilspitze über alles ist für die Frage nach der Bogengattung weniger bedeutsam. Das legen auch Funde relativ langer, römischer Brandpfeilspitzen des Militärs nahe, die wahrscheinlich mit Kompositbogen verschossen wurden.

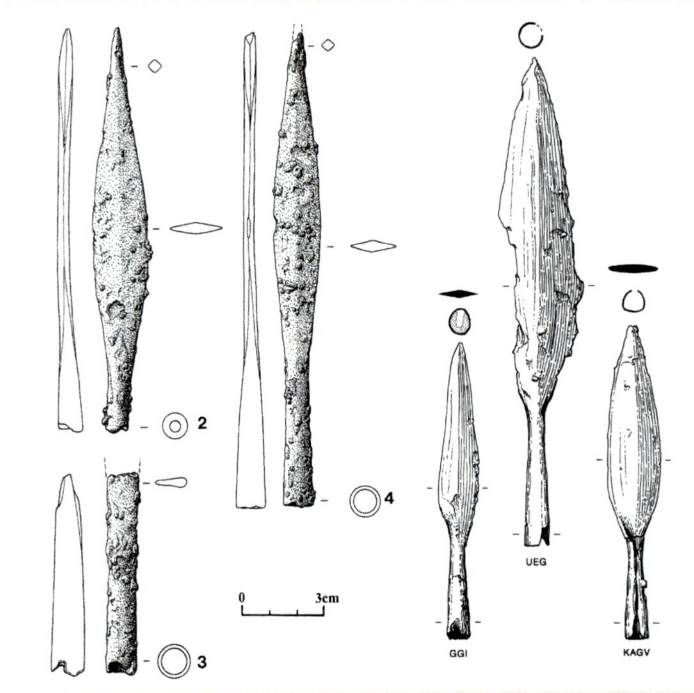

Abb. 96: Wurfspeerspitzen vom Bleibeskopf im Taunus (2-4). Nach Michael Müller-Karpe. Auswahl großformatiger Pfeilspitzen aus Illerup Ådal. Nach Xenia Pauli-Jensen. Eisen. Jüngere Kaiserzeit.

7.5 Funde und Rekonstruktionen römischer Brandpfeile

7.5.1 Realienbelege und Schriftzeugnisse zum Spektrum von Feuerpfeilen

Zu überdurchschnittlich großformatigen Pfeilbewehrungen der Antike und Spätantike gehörten Konstruktionen für Brandgeschosse. Aus Straubing-*Sorviodurum* liegen zwei Brandpfeilspitzen vor. Eine im Zeithorizont der Markommanenkriege aus dem südlichen *vicus*. Sie repräsentiert eine Zweckform mit Korb, die eine hinlängliche Aufnahme von Brandmitteln ermöglichte. Es waren massige Pfeileisen. Sie wogen inklusive des brennbaren Materials deutlich mehr als die dreiflügeligen „Standardpfeilpitzen" der römischen Armee. Da wir nicht davon ausgehen, dass man für solche Geschosse spezielle Bogen benutzte, müssen sie mit gängigen Waffen wie denen der Yrzi- oder Qum-Darya-Gattung bedient worden sein. Regina Franke schreibt: „... Die eiserne Spitze hat eine Gesamtlänge von 9,15 cm, davon entfallen auf die Tülle 4,1 cm und auf die Spitze 2,2 cm; ihr Gewicht beträgt 11,9 g. Die Tülle (größter innerer Dm. 0,8 cm) geht etwa in der Mitte der Pfeilspitze in drei vierkantige, aufgebogene Stäbe unterschiedlicher Stärke (0,2–0,3 cm) über. Am vorderen Ende verbinden sich die Stäbe zu einer vierkantigen, schmal zulaufenden Spitze ... In der Tülle steckt noch ein Rest des hölzernen Schafts...[438]"

Feuer hat eine wichtige Rolle im Kriegswesen der Antike gespielt. Auf der Traians- und Marcussäule sind Soldaten zu sehen, die Hütten anzünden, indem sie Fackeln an Dächer legen. Auch das Abbrennen von Feldern vor der Ernte war eine Maßnahme, die man im Hinterland anwandte, um feindlich gesinnte Barbaren zu schwächen. „... Die römischen Eroberungen erfolgten auf der einen Seite durch große Kriege und entscheidende Schlachten ... Mindestens ebenso häufig verfuhren die Römer jedoch nach der Kriegstaktik des ‚small war'. Dabei wurden die einzelnen Stämme nicht in einer großen Schlacht sondern durch fortwährende Überfälle und systematische Zerstörung ihrer Felder und Dörfer besiegt...[439]"

Mit Brandpfeilen für Bogen oder Ballisten konnte man Punktziele in gewisser Reichweite angreifen, etwa um im Seekrieg Schiffe zu bedrohen oder bei Belagerungen Maschinen zu vernichten und Verteidigungsanlagen zu zerstören. Speere als Brandgeschosse keltiberischer Provenienz wurden *phalarica* genannt. Ihre metallenen Phasen vermochten brennende Stoffe über geraume Zeit ungefährdet aufzunehmen. Zu diesem Zweck mit einer kleinen Rundöse im mittleren Teil geschmiedete Eisenpilen liegen vom Grad bei Šmihel vor[440].

Einer anderen Ausprägung entspricht der bei Livius, Cicero und Vitruv vorkommende Begriff *malleoli*. „... Aus den Angaben von Festus (315 M) und Nonius Marcellus (556 M) ergibt sich, dass die *malleoli* zuerst mit Pech bestrichene Reisigbündel waren, die angezündet und mit der Hand geworfen wurden. Vielleicht deutet der Name „*Hämmerchen*" darauf hin, dass man einen Stock durch das Bündel steckte, um das Werfen zu erleichtern, ähnlich wie den im Ersten Weltkrieg üblichen Stielhandgranaten...[441]" In der Spätantike waren *malleoli* dann aber Brandpfeile. Vegetius weiß, dass ihre Flamme nur schwer ausgeht und man sie mit starker Kraft losschießen muss, was nur Torsionsgeschütze zu bewerkstelligen vermögen[442]. Ammian bedient sich ebenfalls des Begriffs *malleoli* für Pfeile, deren pyrotechnische Stoffe kaum zu löschen waren. In Übertragung Mart Broks lesen wir:

> „... *Was die Hämmerchen (eine Art Geschoss) anlangt, so haben sie folgendes Aussehen: der Pfeil ist aus Rohr, während die Verbindung zwischen Spitze und Schaft von einem in Streifen gespaltenen Eisen gebildet wird. Es erhält eine sanft ansteigende Ausbauchung in der Form eines Spinnrockens, womit die Frauen die Leinenfäden spinnen, mit Öffnungen an vielen Stellen. In den hohlen Raum aber nimmt er Feuer auf, das von einem Brandsatz genährt wird. Entsendet man den Pfeil mit mäßiger Kraft von einem schlaff gespannten Bogen – durch einen zu schnellen Schuss wird die Flamme nämlich gelöscht – und bleibt er irgendwo stecken, so brennt er unablässig weiter. Und wenn man ihn mit Wasser übergießt, lodert er nur noch heftiger auf, und man kann ihn nur löschen, indem man Sand darüber schüttet...*"
>
> (*Res gestae.* 23, 4, 14.)

An anderer Stelle gibt Ammian eine interessante Auskunft zur Herstellung von Brandmitteln in Persien:

> „... *In dieser Gegend bereitet man durch Kunst ein Öl, mit dem man unter anderem auch Pfeile bestreicht, die, von schlaffen Bogen nicht zu rasch abgeschossen, alles, worauf sie fliegen, unwiderstehlich in Brand setzen. Denn wenn man ihre Kraft durch Wasser schwächen will, wird das Feuer nur heftiger, und kein Mittel hilft dagegen, als darauf geworfener Staub. Dieses bereiten Kunstverständige so: Sie nehmen gewöhnliches Öl, versetzten es mit dem Safte eines gewissen Krautes, lassen es bis zur Verdichtung stehen und geben ihm noch mehr Konsistenz durch das Erzeugnis einer Quelle, die ein von der Natur bereitetes, dickes Öl, das Naphta liefert...*" (*Res gestae.* 18, 6, 37-39.)

Brok weist auf eine heute teilweise verlorene Kaisergeschichte des römischen Historikers Eusebios hin: „... Jedenfalls fällt die Benutzung der hier beschriebenen Waffe ins 3. Jh. n. Chr., geraume Zeit vor der Erwähnung bei Ammian. Ich lege den auf den Brandpfeil bezüglichen Abschnitt hier in Übersetzung vor (F. Gr. Hist. 101 S. 481,2-29):

> *... Der Zweck der so hergestellten Spitze war, dass sie in jedem beliebigen Gegenstand, in den sie hineingeschossen wurde, festgespießt stecken blieb ... Die Wirkung des für das Feuer bestimmten Teiles war folgendermaßen*

vorgesehen: Die gekrümmten Streifen bildeten je nach dem gegenseitigen Abstand einen hohlen Raum, genau wie die Spinnrocken der Wolle verarbeitenden Frauen ... In diesen hohlen Raum stopften sie Werg oder dünne Holzspäne, woran Pech geklebt war, oder die sie mit dem sogenannten medischen Öl getränkt hatten. Wenn nun der Pfeil entweder mit einem Pfeilgeschütz oder von einem Bogenschützen abgeschossen wurde, entzündete sich die Brandmasse im Inneren durch die Geschwindigkeit und erzeugte nach der Entzündung eine lodernde Flamme. Derartige Pfeile verwendeten sie gegen Belagerungsgeräte, und wenn viele gleichzeitig abgeschossen wurden, gab es einen erheblichen Erfolg. Wenn man sich aber auf wenige Geschosse beschränkte, war der Erfolg gering oder blieb gänzlich aus. Denn entweder wurden sie durch die Rinderhäute gelöscht oder mit Hilfe verschiedener Feuerlöschgeräte...[443]"

Franke erinnert an eine Anekdote in der Vita des Kaisers Mark Aurel, die von der Begebenheit berichtet, dass eine im Land der Quaden belagerte römische Heereseinheit gerettet worden sei, weil ein Blitz den Belagerungsturm der Barbaren traf[444]. Das Blitzwunder ist auf der Marcussäule dargestellt. Sicherlich war man auf Seiten des Imperiums aber in der Lage, in kritischen Situationen auch mit technischen Mitteln und nicht auf den Zufall hoffend für Überraschungseffekte durch Schadfeuer auf gegnerischer Seite zu sorgen. In Historienfilmen wird freilich der Gebrauch vorne entzündeter Bogenpfeile in antiker und mittelalterlicher Zeit oft allzusehr überstrapaziert. Das betrifft die Häufigkeit solcher Einsätze, die eines höheren cineastischen Schauwerts wegen gerne nachts oder bei Dämmerlicht stattfinden, wie deren mitunter verblüffende Reichweiten, wo Ziele auf inszenierte Distanzen von aberhunderten Metern hin angegriffen werden. Das ist allerdings ballistisch unrealistisch. Voluminöse Brandspitzen erzeugen einen so hohen Luftwiderstand, dass selbst mit starken Reflex- oder Langbogen de facto keine so außerordentlichen Flugstrecken erreichbar sind.

7.5.2 Unterschiedliche Konstruktionen zur Aufnahme entzündlicher Stoffe

Im Anschluss an die zitierten Textpassagen ist eine Übersicht in Frage kommender Funde aus der Kaiserzeit angebracht. Insgesamt liegen an voneinander entfernten Orten im Imperium Romanum funktional vergleichbare Brandspitzen vor. Die eingangs erwähnten *malleoli* aus Straubing können hier als Pars pro Toto dienen. Man stößt auch andernorts auf Artefakte von Korbspitzen, die innerhalb oder bei Kasernen, Grenzposten, Befestigungen oder Siedlungen auftreten. Sie fehlen bisher als Fernwaffen auf offenen Schlachtfeldern. Im Auxiliarkastell von Bar Hill am Antoninuswall in Schottland traten fünf Brandpfeilspitzen zu Tage. Eine weitere kommt vom Legionslager beim römischen *Viroconium* nahe Wroxeter in der westenglischen Grafschaft Shropshire. Es sind konisch zugespitzte Bewehrungen mit Schaftdorn, die in der Mitte einen Korb aus drei Eisensträngen besitzen. Die Pfeilspitze aus Wroxeter misst 7,6 cm. Coulston kennt ein ähnliches Exemplar im Museum von Ptuj in Slowenien. Das Stück ist 12 cm lang und besitzt eine Tülle sowie vier Eisenstränge für den Korb. Die Römerstadt hieß *Colonia Ulpia Traiana Poetovio*. Aus dem Legions-

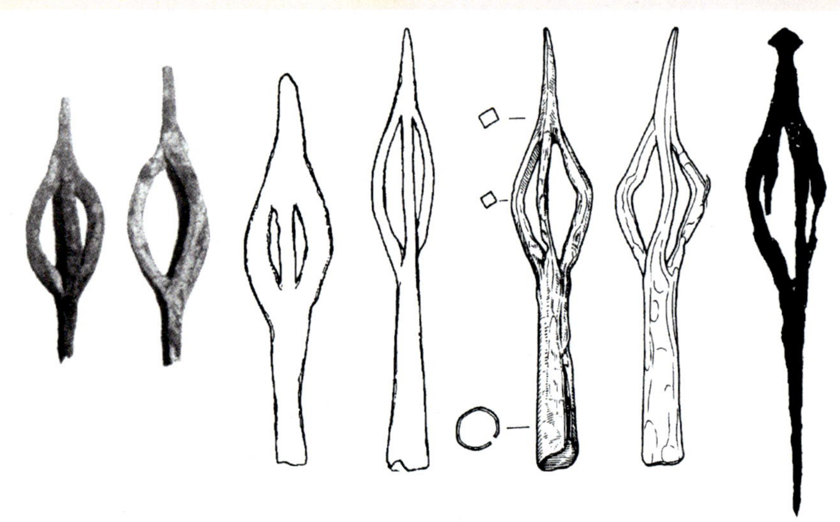

Abb. 97: Korbspitzen römischer Brandpfeile für Bogenschützen.
FO Bar Hill (I-II), Wroxeter (III), Bukarest (IV), Straubing (V) und Oberwinterthur (VI). Eisen. Etwa 2.-4. Jh. n. Chr. Ohne Maßstab.

lager *Tilurium* in Kroatien kommt eine Korbspitze mit sechs Strängen und 11 mm breiter aber unvollständiger Tülle. Sie wird ins 1. Jh. n. Chr. datiert[445]. Das Gewicht von 65 Gramm legt hier ein Artilleriegeschoss nahe. Mit Tülle, asymmetrischem Korb und flachdreieckiger Frontpartie war auch eine Spitze aus Dura Europos für Geschützpfeile konstruiert. Auch vom Grad bei *Šmihel* gibt es eine Korbspitze, bei der aufgrund des Gewichts von 104 Gramm (Länge 18,9 cm) kein Bogenpfeil vorliegen kann. Für die Straubinger Funde steht ein Gebrauch durch die *Cohors I Canathenorum miliaria sagittariorum* im Raum. Auch die *Cohors II Raetorum* käme vor Ort in Betracht.

Aus dem prinzipatszeitlichen Kohortenkastell von Eining an der Donau ist eine konische Eisenpfeilspitze mit Brandkorb teilerhalten[446]. Rudolf Degen schließlich erkennt in einer spätantiken Korbspitze aus Eisen von 13 cm Länge mit vierkantig abgeplatteter Front vom Kastell Oberwinterthur in der Schweiz einen Brandpfeil[447]. (Abb. 97) „… This type [cage-type] was the easiest for the archer to prepare in the field and at the moment of need. A wick of wool, hemp or tow, saturated with a flammable compound, was stuffed into the cage. The wick may already be prepared with the compound or it may be dipped in it in situ. Either way, the archer could travel with the wick and compound in a convenient pouch and have another pouch of push-fit cages to access if required. His quiver, however, would contain regular arrows that could be converted in an instant…[448]" Die jeweilige Anzahl der Korbstränge, das Vorhandensein einer Tülle oder eines Schaftdorns, konische, flachdreieckige oder abgeplattete Spitzen sind als technische Varianten anzusehen. Von Grenzkastellen aus konnten Einheiten mit Brandpfeilen für Handbogen, die flexibel nutzbar waren, beweglicher operieren als es ein Mitführen schwerer Torsionsartillerie erlaubt hätte.

Darüber hinaus kannten die Römer zweischneidige Eisenspitzen für die Aufnahme brennenden Materials. Ein Fund aus Augsburg-Oberhausen, wo 15 v. Chr. am Fluss Wertach ein zentrales römisches Nachschublager angelegt worden war, belegt dies. Dort barg man Anfang des letzten Jahrhunderts eine geschmiedete Pfeilspitze mit dreieckigem Fenster. (Abb. 98) Florian Dörschel hat unlängst eine Reproduktion und Erprobung jenes Altfunds vorgenommen. Mit Hilfe eines in ein Birkenteer-Schwefel-Gemisch getränkten Leinenlappens wurde praktisch überprüft, ob eine Verwendung als Brandpfeilspitze in Frage kommen könnte. Die ausgereifte Konstruktion erwies sich mit ihren winkligen Haken und der Öffnung in der Mitte des Blattes als gut geeignet, um „… die Fetzen, eingeklemmt zwischen Tülle und Haken – besser noch um den jeweiligen Haken gewickelt – zu fixieren…[449]" Eine Bretterwand aus Fichtenholz in dreißig Metern Entfernung konnte experimentell durch einen einzigen Pfeilschuss angezündet werden. Spitzen für Pfeile mit einer rauten- oder ellipsenförmig ausgeschmiedeten Öffnung in der Mitte sind auch im Barbarikum wie in Illerup Ådal oder später im Merowingerreich wie vom fränkischen Gräberfeld Kilianstäder Straße in Hanau-Mittelbuchen, eine Tüllenspitze von 11,5 cm Länge aus Grab 5, bekannt. Eine Spitze mit rautenförmigem Außenkranz und vertikalem Strang in der Mitte ist vom alamannischen Gräberfeld Schretzheim in Bayerisch-Schwaben dokumentiert. Ohne Widerhaken ist es etwas fraglich, ob hier jeweils Brandspitzen vorliegen? Franke diskutiert gleichwohl mögliche Simplifikationen spätantiker Korbspitzen durch germanische Nachahmer: „… Die Pfeilspitzen aus Bülach, Grab 71 und Weilbach II, Grab 22 besitzen jeweils ein durchbrochenes Blatt mit Mittel- und zwei seitlichen Stegen, die nicht dreidimensional zu einem Käfig aufgebogen wurden, sondern flach in einer Ebene liegen. Eine Pfeilspitze aus Mittelbuchen, Grab 5, besitzt ein einfach durchbrochenes Blatt … Ihre Verwendung als Brandpfeil ist denkbar, möglicherweise wurden die römischen Vorbilder nur wegen der einfacheren Herstellung auf diese Weise abgewandelt…[450]"

Auch aus der Wikingerzeit ist von der Handelsstadt Birka auf der Insel Björkö im Mälaren in Ostschweden eine relativ große zweischneidige Eisenpfeilspitze ohne geschlossenes Blatt überkommen. Mit rhombischer Form und Schaftdorn weist sie, wie manche anderen Elemente der Bogenausrüstung in Birka auch, einen starken eurasischen Einschlag auf[451]. Als Fazit insgesamt könnten in der Mitte offene Blattpfeilspitzen durchaus Feuerpfeilen angehört haben. Bei den experimentellen Tests Dörschels ergab es sich allerdings, dass der Umgang mit solchen Brandpfeilen ohne Korb für einen Einzelschützen relativ viel Vorbereitungszeit und planende Umsicht erfordert. Es sind somit keine ad-hoc-Waffen gewesen. In einem Verband kooperierender Soldaten und mit Helfern fürs Vorhalten von Feuer sind Kampfeinsätze vorstellbar. Brandpfeile kamen bei römischen Truppen in der Regel mengenweise zum Einsatz. Als eine Krisenintervention nach einem räuberischen Limesübertritt von Germanen lässt sich beispielsweise folgendes komplexes Szenario erwägen: „… Reiter aus dem nächstgelegenen Kastell folgten den Eindringlingen, beobachteten sie und störten sie beim Plündern, die langsameren Fußsoldaten warteten am Limes auf die Rückkehr der Räuber … Gleichzeitig rückten Truppen aus anderen Kastellen zu einer Strafexpedition aus, überfielen die nächstgelegenen Siedlungen der Germanen und brannten sie nieder…[452]"

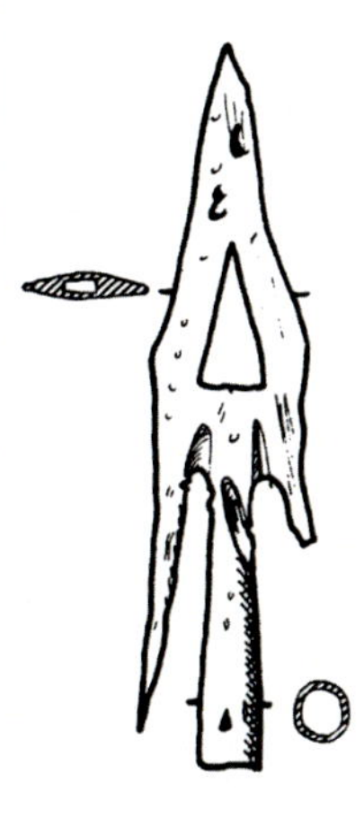

Abb. 98: Zweischneidige römische Brandpfeilspitze. FO Augsburg-Oberhausen. (L. 8,5 cm.) Eisen. Nach Wolfgang Hübener. Frühe Kaiserzeit.

VIII Metallographie und Schmieden unterschiedlicher Pfeilspitzen

8.1 Einführung in verhüttungstechnische und werkstoffliche Grundlagen

Gaius Plinius Secundus Maior, Autor der berühmten *Naturalis historia* als enzyklopädisches Großwerk, war nicht nur ein Universalgelehrter sondern in jungen Jahren aktiver militärischer Truppenführer in Germanien. Er nahm unter anderem an Feldzügen gegen den Stamm der Chauken an der Unterweser teil. Plinius verfügte über ein fundiertes Wissen, als er sich mit der Gewinnung und der Nutzung von Eisen sowie dessen ambivalentem Charakter als einem Ursprung für Ertrag bringende Werkzeuge aber auch für Kriegsgeräte befasste. Dabei rückt er insbesondere Pfeilspitzen als eine Kulmination des Segens wie des Fluchs der Metalle für die Menschheit metaphorisch in den Fokus[453]. Bei Plinius liest man, dass die Römer Eisen als ein überregionales Handelsgut bezogen. Im kaiserzeitlichen Europa waren Lagerstätten im Gebiet der keltischen Noriker sowie, alles andere überragend, die Insel Elba zentralwichtige Orte für den industriellen Erzabbau.

„... Ein Segen für Elba war das Eisenerz, hauptsächlich die zweitreichste Sauerstoffverbindung des Eisens, der Eisenglanz [= Hämatit, HR] mit einem spezifischen Gewicht von 5,10-5,23 bzw. 5,12-5,30 g/cm³ und bis zu 70% Eisengehalt ... Gängiger Abbau Elbas war Anstehendes, Halden, Schürfe, Bergwerke, Tagebaue, Lesesteine ... So sollen die Etrusker bereits im 7. Jahrhundert Eisen abgebaut und in den gesamten Mittelmeerraum geliefert haben ... Berichtet wird auch, dass die Hochöfen der Etrusker Tag und Nacht in Gange gewesen seien, um aus den Eisenmineralien das Eisen zu erschmelzen. Hinterlassenschaften dieser 500-jährigen etruskischen Eisenzeit auf Elba sind u.a. Ruinen ihrer Schmelzöfen wie auch einige Nekropolen...[454]" In randlichen Provinzen wurden Erze zum ständigen Bedarf auch da verwertet, wo sie in ihren Aufkommen leicht zu beschaffen waren. Das zeigen Fundstätten in Südwestdeutschland exemplarisch an: „... Im Umfeld insbesondere der frühkaiserzeitlichen Militärlager konnte mehrheitlich beobachtet werden, dass lokale Erzvorkommen tatsächlich an Ort und Stelle aufgearbeitet worden sind: Im Vicus des Kastells Aislingen wurden vor kurzem über 5 kg schwere Ofensäue und Reste von Rennfeueröfen ausgegraben, in denen man das mit Holzkohle vermischte Erz mit Hilfe von Blasebälgen aufschmolz und zu schmiedefähigem Eisen raffinierte. Nach solchen Beobachtungen zu urteilen, müssen die römischen Eisenschmiede beachtliche technologische Kenntnisse und Erfahrungen gehabt haben, selbst kleinere örtliche Vorkommen von Sumpf- und Raseneinsenerz aufzuarbeiten und für den lokalen Baubedarf wenigstens Nägel, Klammern und Beschläge zu schmieden oder Reparaturen am Eisen von Haus, Landwirtschaft und Wagen durchzuführen. Typische Schmiedewerkzeuge im Fundbestand sind Zangen und Hämmer, auch Feingerät wie Feilen und Nageleisen...[455]"

Die Gewinnung von schmiedbarem Eisen über das sogenannte Rennofenverfahren ging von in Schachtöfen erzeugten Luppen aus. Das Wort Rennofen (engl. *bloomery*) deutet an, dass Gesteinsschlacken über eine Rinne am Boden abfließen konnten. Die Bauformen reichten in römischer Zeit von stationären Hütten, wie sie zur Rohmessingproduktion bestanden, bis hin zu Lehmofenbatterien zur Eisenerzeugung im Freien. Diodorus Siculus erklärt im 1. Jh. v. Chr. in seinem Werk *Bibliotheca historica* die Vorgehensweise:

> „... *Die Insel Aetalia* [Elba] *enthält viel Eisenerz, das sie benutzen, um Eisen daraus zu schmelzen, an welchem Metall sie einen großen Überfluss haben. Diejenigen, welche sich mit der Arbeit beschäftigen, brechen den Stein und brennen die kleingemachten Stücke in künstlichen Öfen, in dem sie durch die heftige Glut des Feuers die Steine schmelzen und solche in mittelgroße Stücke teilen, die ungefähr wie große Schwämme aussehen. Diese erhandeln die Kaufleute oder tauschen sie ein und bringen sie nach Dikaearchia und anderen Handelsstädten*...[456]"

Luppen waren Klumpen („Schwämme") mit Verunreinigungen. Das Material erhielt erst durch Schmieden in wiederholt gefalteten Lagen eine passable Reinheit für Barren oder Halbzeuge. Silicate wurden mit dem Hammer herausgetrieben. Bei diesem anstregenden Arbeitsvorgang ergaben sich graduelle Aufkohlungen, da die Stücke stets neu in der Esse erhitzt werden mussten. Ausonius schreibt im 4. Jh. n. Chr.:

> „... *Es ist, wie wenn die Luft das Schmiedfeuer anfacht und die wollene Ventilklappe im buchenen Kasten vor und zurück schlägt, das Loch dabei öffnet und schließt und die Luft annimmt und einschließt*...[457]"

Durch das ständige Falten bildeten sich bahnartige Eisengefüge. Sie bestanden aus Ferrit und teils auch aus Perlit, einem etwas härteren Phasengemisch aus Ferrit und Cementit. Es waren unlegierte Stähle, was bedeutet, dass Stoffe wie Mangan, Phosphor etc. nur niedrig inkludiert vorlagen.

Schweißeisen hatte als Barrengut einen im Vergleich zu modernen Leistungsstählen zumeist niedrigeren Kohlenstoffgehalt unter 0,3 Prozent. Metallographische Analysen antiker Spitzen ergeben nur ab und zu einmal höhere Werte, so dass eine Härtung durch Abschrecken möglich gewesen wäre. Jedoch wurde darauf wegen solcher

Eisenbegleiter wie Mangan oder Phosphor auch verzichtet. Elemente wie Mangan hätten eine höhere Kaltbrüchigkeit zur Folge gehabt. Ohnehin ging mit einigen chemischen Zusatzstoffen ein immanenter Anstieg der Härte einher. Beim Schmieden von Waffen waren provoziert rasche Abkühlungsprozesse mit einer hohen Temperaturdifferenz in Wasser oder Öl nicht zwangsläufig angezeigt. „… Die Auswahl der Erze muss von den Römern perfekt beherrscht worden sein. Auch müssen sie erkannt haben, dass bestimmte Erze ein härteres Eisen ergaben. Wir wissen heute, dass dies durch einen höheren Mangangehalt im Erz bewirkt wird, welches eine stärkere Aufkohlung des Metalls verursacht…[458]" Durch die Hammerschläge bei der Endfertigung von Werkstücken wie Speer- oder Pfeilspitzen erhielten diese eine höhere Zähigkeit. Man spricht dabei vom Phänomen der Kaltverfestigung. Moderne Materialwissenschaftler können Prüflinge normgerecht mit Hilfe eines Spezialgeräts mit Diamantspitze im Vickers-Verfahren (HV1) analysieren.

Überliefertes Wissen und persönliche Erfahrungen im Hinblick auf Unikate, Massenfabrikate oder Wiederaufbereitungsaufträge bestimmten die Praxis römischer Schmiede. Für sie war Vulcanus der Gott des Feuers und der Metallhandwerker. Der Name stammt aus dem Etruskischen. In der griechischen Mythologie hatte der in Rom identische Olympier Hephaistos auch des Apollons Pfeile hergestellt, die das Ungeheuer Python töteten. Gott Apollon sendet im *Ilias*-Epos sogar Pestgeschosse, also Krankheits- bzw. Unheilspfeile zu den Griechen an Trojas Küste. Bildliche Wiedergaben von Schmieden bei der Arbeit legt Frank Brommer 1978 in seinem Buch *Der Schmiedegott in der antiken Kunst* vor.

Im ein Jahr später entdeckten sogenannten Tempelschatz nahe der Thermenanlage des Auxiliarkastells *Biriciana* im Landkreis Weißenburg-Gunzenhausen in Bayern, ist auf der Attasche eines Krugs der Patron der Schmiede so dargestellt, wie man sich Akteure im Werkstattalltag vorstellen darf. (Abb. 99) Er trägt wegen der Hitze luftige Kleidung. Eine Filzkappe (lat. *pileus*) schützt die Haare vor Funken. Es gibt einen massiven Amboss auf einem hochrechteckigen Sockel. Das Werkstück wird mit einer Zange festgehalten und mit einem Hammer zugerichtet. Man beachte auch die physikalische Ergonomie des rechten Beins auf dem Boden und des linken in etwas erhöhter Position. Dadurch wurde das Arbeiten in vorgebeugter Lage des Oberkörpers erleichtert. Erschließt sich einem in Anschauung solcher Bildquellen eine allgemeine Ausgangslage, ist als nächstes zu ermitteln, wie die Produktionsvorgänge für Pfeilspitzen schmiedetechnisch von statten gingen und was für Resultate dabei erzielt wurden.

Abb. 99: Gott Vulcanus beim Schmieden. Von der Attasche eines Krugs aus dem sogenannten Tempelschatz von Weißenburg in Bayern. Bronze. 2./3. Jh. n. Chr. Ohne Maßstab.

8.2 Wissenschaftliche Analysen eiserner Geschossbewehrungen

Es folgt eine Übersicht von Analysen eiserner Pfeilspitzen aus der römischen Republik- und der Kaiserzeit sowie des Frühen Mittelalters. Als Bestandteile des schon mehrfach zitierten römischen "Hortfunds" aus dem frühen 2. Jh. v. Chr. vom Grad bei Šmihel sind hunderte Pfeilspitzen überkommen. Eine davon ist werkstoffkundlich beschrieben: „... The steel at the tip has a ferrite microstructure, in which there are numerous precipitates, mostly of lamellar form, and partly also globular. Identical precipitates were noted on the catapult bolt P 3659. Tertiary cementite can also be noted along the boundaries of the crystal grains. The surface of the tip is covered with corrosion products ... The transition from the haft to the tooth is of steel with a ferrite pearlite microstructure (0.15%C), in which a distinct difference can be seen in the size of the crystal grains. The shaft has a fine-grained recrystalized microstructure because of the greater deformation caused by forging ... The microhardness of the steel at the tip of the point is 87 HV. The greatest microhardness values, from 110 to 115 HV, were measured in the area with the ferrite pearlite microstructure...[459]" Renoux untersucht in seiner Dissertation zahlreiche spätlatènezeitliche Eisenpfeilspitzen[460]. Elisabeth Schulz und Mitautoren stellen Materialdaten vor, die für eine römische Lanzen- und zwei Pilenspitzen aus *Nida* (Frankfurt-Heddernheim) sowie für eine römische Speerspitze aus Mainz gewonnen wurden. Reed Knox et al. beproben eine eiserne Trilobitspitze aus der Festung Masada in Israel.
Germanische Pfeilspitzen aus Emersleben bei Halberstadt werden von Voss, Lutz und Hammer aufgeschlossen[461]. Hierbei handelt es sich um Nicht-Eisenmetallartefakte, deren Nutzen im Feld unterschiedlich beurteilt wird, so dass ich hier sie nicht weiter in Betracht ziehen möchte. Becker und Riesch analysieren zwei frühmittelalterliche Eisenpfeilspitzen als Funde aus Südwestdeutschland. Sie waren uns vom Landesmuseum Württemberg in Stuttgart dafür zur Verfügung gestellt worden. (Abb. 100) Bei Zanier wird die Korrosionsschicht zweier dreiflügeliger Pfeilspitzen als Funde vom Döttenbichl werkstoffkundlich erläutert[462].

Damit sind mir vorliegende, metallographische Analyseergebnisse für entsprechende römer- oder merowingerzeitliche „Spitzenerzeugnisse“ im Wesentlichen aufgelistet. Es ist möglich, dass weitere Arbeiten im Entstehen begriffen oder anderswo veröffentlicht sind, doch erkennt man auch so, dass dem Thema der Metallographie von Pfeilspitzen bis heute keine gebündelte Aufmerksamkeit zuteil wurde. Dies mutet insofern erstaunlich an, als eigentlich hinlängliche Stückzahlen zum Prüfen bereit stünden, so dass Verluste selbst bei nichtzerstörungsfreiem Vorgehen, aufs Ganze gesehen, gering blieben. Allerdings ist bei demgemäßen Kleinfunden aus Eisen häufig mit gravierenden Rostanteilen zu rechnen, weshalb labortechnisch erstellte Schliffbilder unterm Mikroskop stark verunreinigt aussehen und nur noch stichpunktartige Einblicke in die Gefüge zu gewähren imstande sind. Für weitergehende chemische Analysen sind die Reste an verwertbarem Metall häufig zu gering, als dass Informationen etwa zum Kohlenstoff-Gehalt ermittelbar wären. So muss vom Wenigen aufs Viele geschlossen werden.

Abb. 100: Alamannische Blattpfeilspitze des 5./6. Jh. n. Chr. aus Eisen. Geschmiedete Rekonstruktionen von Ulrich Stehli. Profil mit Holzschaft. Nach Becker und Riesch. Ohne Maßstab.

Bei Renoux treten an Eisenbegleitern neben dem Kohlenstoff das Aluminium, Silicium, Potassium, Calcium und Mangan auf. Die spätkeltischen Pfeilspitzen besitzen in der Regel ferritische oder ferritisch-perlitische Gefüge aus Schweißeisen mit Härtewerten zwischen 110 bis 250 HV1. Einige Prüflinge weisen sogar nur um die 80 bis 100 HV1 auf. Die Varianzen sind auch von den jeweiligen Messpunkten im Innen- oder Randbereich der Spitzen abhängig. Nur selten sind wie bei einer Widerhakenspitze aus *Alesia* beachtliche 250 bis 300 HV1 eingetragen. Der Kohlenstoffanteil liegt insgesamt bei höchstens 0,5 bis unter 0,1 Prozent. Zu ähnlichen Resultaten kamen Ronald F. Tylecote und Brian Gilmour bei werkstoffkundlichen Untersuchungen unterschiedlicher antiker Eisenspitzen in Britannien: „... Von denselben Autoren untersuchte römische Speer- und Pfeilspitzen ... bestanden überwiegend aus mildem Stahl, manchmal sogar aus purem Schmiedeeisen. Die Härten lagen zwischen 83 und 390 HV, Abschrecken muss also gelegentlich erfolgt sein…[463]" Die Härtewerte der Lanzenspitze aus *Nida* (Heddernheim) betragen 187 bis 205 HV1. Die römischen Pilenspitzen von dort besitzen 201 bis 239 HV1 sowie 171 bis 175 HV1. Die vierkantige Pilenspitze aus Mainz weist vorne 140 bis 185 HV1 und im Schaftbereich 140 bis 162 HV1 auf[464]. Über die dreiflügelige Eisenpfeilspitze aus Masada schreiben Knox et al.: „… A trilobate arrowhead with barbs, 3,4 cm long, 1,2 cm at widest point. The arrowhead was found in Locus 9, a vestibule in a smal bath house on the lower terrace of the Northern Palace … The metallurgical structure is a mixture of ferrite and pearlite with an unevenly distributed carbon content. There is no evidence of any special heat treatment, such as quenching or tempering. The arrowhead must have been hot forged from a piece of bloom iron with an uneven carbon content…[465]"

Als Resümee hat man in der Regel sogenannte Weicheisenerzeugnisse vor sich. Das Adjektiv „weich" bedeutet nicht, dass die Spitzen etwa sehr leicht biegsam gewesen wären, sondern es wurden scharfe Klingen mit adäquater Materialzähigkeit benötigt. Andreas Kronz erläutert: „… Die Problematik der Eisentechnologie liegt weniger in der Erzeugung des Metalls selbst begründet, sondern in der Kunst, daraus gebrauchsfähige Werkzeuge herzustellen: hart, aber nicht spröde, verformbar, jedoch nicht zu weich, schweißfähig und möglichst mittels Stein zu schärfen…[466]" Eintragungen in der *Notitia Dignitatum* gemäß gab es in der Spätantike zentrale Pfeilbauwerkstätten (lat. *sagittariae*) im Römischen Reich in *Concordia* (Solin, Kroatien) und *Matisco* (Mâcon, Burgund). Sie werden jeweils über Schmieden verfügt haben.

Selbst unspektakulär anmutende Spitzen können im Aufbau erstaunlich differenziert sein. Eine der von Becker und Riesch untersuchten alamannischen Pfeilspitzen besaß auf ganzer Länge neben einem ferritischen Kern (182 HV1) härteres Zwischenstufengefüge (192 HV1) außen[467]. (Abb. 101) Als Vorstufe des Martensits legt dies ein beschleunigtes Abkühlen beim Schmieden nahe. Eine Härtung wurde trotz des C-Gehalts von 0,4% aber nicht vorgenommen. Es konnte kein Martensit festgestellt werden. Mit ausgeprägten Übergängen zwischen den Schichten war die Schmiedetemperatur relativ niedrig, da sonst Konzentrationsausgleiche durch Diffusion stattgefunden hätten. Die Formation dieser germanischen Eisenpfeilspitze aus weicherem Kernmaterial und graduell härteren Außenlagen entspricht nach modernem Technikverständnis der einer sogenannten Sandwichstruktur. (Abb. 102) Es handelte sich um einen Verbundwerkstoff mit verbesserter Formstabilität und mit Rißstoppeigenschaften. Eine dermaßen hochqualitative Gefügeanordnung für eine verhältnismäßig kleinformatige Tüllenpfeilspitze schließt nach allem rationalen Ermessen einen bloßen „Produktionszufall" aus. Für die Merowingerzeit ist dies ein technisch sehr interessantes, wenn auch bisher noch singuläres Prüfergebnis.

Abb. 101: Metallographisch eingebettete alamannische Pfeilspitze des 5./6. Jh. n. Chr. Mehrlagiger Aufbau des Eisengefüges. Ganz unten Holzschaftreste. Nach Becker und Riesch.

Abb. 102: Gefüge des Prüflings aus Abb. 101 im Bereich der Tülle (l.) und Spitze (r.). Die Bestandteile der technischen Sandwichstruktur treten trotz Korrosion klar hervor. Nach Becker und Riesch.

8.3 Konsequenzen für die moderne Eisenverwendung und Schmiedetechniken

Zugunsten realistischer Nachbildungen eiserner Pfeilspitzen mit authentischen Eigenschaften gelten die Festigkeit und Härte als entscheidend. Um einem Original angenäherte Messwerte zu erhalten, müssen vergleichbare Rohstoffe und traditionelle Fertigungsverfahren vorliegen. Üblich sind beim handwerklichen Schmieden vier Wärmegrade, die sich anhand der Färbung der Werkstücke zu erkennen geben: rotwarm (800–900 Grad Co), orange-gelbwarm (900–1100 Grad Co), weißwarm (1100–1300 Grad Co) und Schweißhitze (über 1300 Grad Co). Durch Kontakt der Schmiedeobjekte mit dem kohlenstoffreichen Brennmaterial in der Esse (ahdt. *asjō*, Herd des Metallarbeiters) finden in den Randbereichen Kohlenstoffanreicherung statt. Solche Basisparameter sind zeitlos. Die Aufgabe des rekonstruierenden Schmiedens besteht im form- und vorlagentreuen Vorgehen. Hierzulande sind in den letzten Jahren zwei gelernte Schmiede mit Reproduktionen römischer Pfeilspitzen in der Fachliteratur in Erscheinung getreten. Zum einen ist es Sigulf Guggenmoos aus dem bayerischen Dösingen, der für Zanier Repliken von Döttenbichl-Spitzen fertigte. Sein Ausgangsmaterial bildete kohlenstoffarmes Eisen der alten Sortenbezeichnung St37-1. Zum anderen handelt es sich um Ulrich Stehli aus Kierspe, der ebenfalls Baustahl (aktuelles Kürzel S235JR) verwendet. (Abb. 103) Wir wollen uns an die maßgeblichen Einschätzungen und Erfahrungen jener Fachleute halten.

Stehli widmet sich ferner der Machart zweischneidiger und vierkantiger Pfeilspitzen. Er stellt für römische Zeitläufe die Produktion einer der oben zitierten Tüllenspitzen mit Blatt aus *Augusta Raurica* vor. Darüber hinaus macht er Vorschläge für eine Pfeilspitze mit drei Schneiden und Stoppkante aus einem Frankengrab im rheinhessischen Sprendlingen[468]. Anschaulich wird der Übergang des Freiformschmiedens zwischen Hammer und Amboss bei zweischneidigen Pfeilspitzen hin zum fortgeschritteneren Formschmieden und dem Einsatz von Spezialgesenken dargelegt, die man für dreiflügelige Exemplare benötigt. Hinzu treten wichtige Arbeiten wie Kalibrieren, Schleifen und Oberflächenfinishing. Man strebt danach, den Stahl blank, imprägniert und die Kanten scharf zu bekommen. Die Ausbildung glühender Rohlinge zur gewünschten Vorform durch Schläge mit Hämmern in unterschiedlichen Gewichtsklassen geht mit wiederholtem Erwärmen einher. Fürs Schmieden einer Blattspitze mit Tülle benötigt Stehli zwölf Wärmen, Aufglühen in der Esse, in rund fünfzehn Minuten. Etwas schneller realisieren lassen sich spitzkonische und vierkantige Tüllenpfeilspitzen, für die zwölf Minuten kalkuliert werden. Länger dauern Spitzen mit Tülle und zwei Widerhaken. Hier kommt die Spaltmethode zum tragen, wobei der Rohling im Glühendzustand mit einem Warmschrotmeißel geteilt wird. Die Haken werden mit Hilfe eines Stahlkeils abgebogen und ausgestreckt. Ein professionell arbeitender Handwerker alleine benötigt hierfür etwa vierzig Minuten, was mit dreiundzwanzig Wärmen plus Finishen viel Aufwand bedeutet.

Da für römische Pfeilspitzen des Typs Döttenbichl zwei Berichte vorliegen, können die Limits verglichen werden. Guggenmoos veranschlagt für die gesamte Herstellung, die Zanier 1995 dokumentiert hat, pro Exemplar etwa sechzig Minuten, Stehli knapp die Hälfte dieser Zeit[469]. Somit verfügen wir über einen gewissen Rahmen für die Ein-Mann-Produktion einer Spitze mit drei konvexen Schneiden und langen Widerhaken. (Abb. 104) Als Waffen mussten die Pfeilspitzen auch endgefertigt werden. Manche der Artefakte vom Döttenbichl sind so gut erhalten, dass daran Bearbeitungsspuren durch Hammer oder Feile

Abb. 103: Arbeiten in der Schmiede. Praktische Reproduktion römischer dreiflügeliger Pfeilspitzen des Typs Döttenbichl mit Hilfe eines Spezialgesenks. Schmied: Ulrich Stehli, Kierspe.

ersichtlich sind. Um solche Fundvorlagen authentisch zu reproduzieren, ist eine ganze Palette an Werkzeugen notwendig. In einer traditionell ausgestatteten Schmiedewerkstatt braucht es folgendes:

- einen Amboss zum Formen des Schaftdorns sowie einer Interims-Vierkantspitze aus einem vordimensionierten Eisentück von 7 bis 8 cm Länge und zirka 8 x 8 mm Profil;
- ein Schlitzgesenk mit einem breiten und einem schmalen V-Schlitz zum Ausbilden der drei Flügel jeweils in rotglühendem Zustand mit Hilfe eines leichten 150 bis 200 g Hammers; der Schmiedehammer verfügt über eine plane Bahn und über eine gerundete Finne;
- ein Dreikantgesenk mit Schlitz und ein dazu gehörender Setzhammer mit winklig passender, V-förmiger Bahn; darin werden die Flügel in regelmäßiger Anordnung (120-Grad-Stellung) durch kräftige Schläge mit einem schweren Hammer (1000 g) ausgerichtet;
- eine Halbrundfeile fürs pointierte Ausbilden der Widerhaken und zur Feinbearbeitung der Flügel sowie des nach unten konisch zulaufenden Schaftdorns.

Das hier vorgestellte Verfahren stellt handwerklich jedoch nicht die einzige Option dar, um dreischneidige Spitzen herzustellen. Fürs Schmieden der frühmittelalterlichen Pfeilspitze aus dem fränkischen Rheinhessen mit einer massigeren Basis erläutert Stehli, dass andere Gesenke verwendet worden sein müssen. Eines besitzt einen breiten, V-förmigem Schlitz, in dem ein rundkonisch vorgeformter Rohling unmittelbar zum Dreikant geschlagen werden konnte: „... Das zweite Gesenk mit eingetieftem Schlitz und runden Seitenkanten ... dient der Ausformung der Blattflügel. Durch jeweils wenige, genau gesetzte Schläge mit der Hammerfinne auf die Flachseiten des glühenden, im Gesenk liegenden Dreikantrohlings entsteht unter ständigem Umlegen im 120°-Rhytmus, unterbrochen durch wiederholtes Wärmen, der charakteristische Querschnitt...[470]“ Solche merowingerzeitlichen Trilobitspitzen sind gegenüber kaiserzeitlichen „Standardspitzen“, die in Spezialgesenken mit eckiger Schlitzbasis entstanden, großkalibriger ausgelegt. Mithin können bei dreiflügeligen Pfeilspitzen verschiedene Schmiedewege zum Ziel führen. Man muss sich darüber hinaus klar machen, dass handwerklich bei dreiflügeligen Widerhakenpfeilspitzen noch etliche Minuten an Feilarbeit für die akuraten Ausprägungen der Schneidenkrümmungen, das Schärfen der Kanten, die dünnen Haken und die spitzkonische Zurichtung langer Schaftdorne zu beherzigen sind. Bei einer hochwertigen Qualitätsvorgabe haben genau jene diffizilen Endbearbeitungsprozesse das Ausstoßminimum innerhalb einer planbaren Zeitspanne wesentlich mitbestimmt. Solche Erfahrungen bestätigen alle versierten Praktiker wie Guggenmoos, Stehli oder Sim verhältnismäßig übereinstimmend.

Auch für römische Brandpfeilspitzen mit Korb gibt es verschiedene Fertigungsweisen. Franke erläutert hierzu: „... Anhand der in Britannien gefundenen Exemplare stellte D. Sim bereits Versuche zur Herstellung von Brandpfeilen mit Dorn an. Es gelang ihm, in 30 Minuten einen Brandpfeil aus drei 14 cm langen und 0,6 cm dicken Eisenstäben herzustellen, indem er sie an den Enden zusammenschmiedete und durch Drehung und Gegendrehung den Käfig in der Mitte öffnete. Für die Straubinger Brandpfeilspitze, die eine Tülle anstatt eines Dorns besitzt, ist jedoch ein anderer Herstellungsprozess erforderlich, der sich dank ihres ausgezeichneten Erhaltungszustands anhand der Bearbeitungsspuren nachvollziehen lässt. Nach S. Guggenmos, der seine praktische Erfahrung bereits bei der Herstellung dreiflügeliger Pfeilspitzen mit großem Erfolg einsetzen konnte, wurde die Brandpfeilspitze aus einem annähernd dreieckigen, etwa 2–3 mm dicken Eisenblech hergestellt, in dessen vordere Hälfte zwei etwa 3 cm lange Schlitze geschlagen wurden. Durch das Formen der Tülle auf einem Amboß mit halbrundem Gesenk wurden die drei Eisenstege in ihre dem Käfig entsprechende Position gebracht und in glühendem Zustand mit Hilfe eines Dorns zum Käfig aufgebogen. Dieser Vorgang läßt sich gut an den entsprechenden Einkerbungen an der Innenseite in der Mitte der Eisenstäbe nachvollziehen. Zum Schluß wurde die Spitze nachgeschmiedet...[471]“

Abb. 104: Technischer Ablauf bei der Herstellung einer Spitze des Typs Döttenbichl. Unten diverse nachgeschmiedete Pfeilspitzen der Kaiserzeit. Rechts Rohlinge. Eisen. Nach U. Stehli.

8.4 Überlegungen zur Problematik kaiserzeitlicher Fertigungskapazitäten

Was für Schmiedegesenke römischen Handwerkern in welchen Ausprägungen tatsächlich zur Verfügung standen und wie Schmiedeteams in der Antike und Spätantike aussahen, ist, von einigen Bildquellen abgesehen, wegen des Fehlens kompletter Werkstatteinrichtungen nur indirekt erschließbar. Auf dem Magdalensberg in Kärnten ist ein römisches Schlitzgesenk unklarer Zweckbestimmung gefunden worden[472].

Gesenke zur Herstellung mehrflügeliger Pfeilspitzen sind archäologisch bisher leider weder im Orient noch im Okzident aufgetreten. Experimentelle Simulationen können römische Lebensbilder insofern konkretisieren, als sie Schlussfolgerungen auf Fertigungszahlen erlauben. Für Verbrauchsgüter wie Pfeilspitzen sind solche Daten auch überregional bedeutsam. Gemäß Zanier hätte eine Mengenproduktion von dreiflügeligen Spitzen neben einem Schmied einen Gehilfen zum Unterhalten des Feuers, dem Zureichen von Rohlingen oder Halbzeugen und fürs Positionieren des Setzhammers benötigt. Darüber hinaus brauchte es noch einen Feiler fürs Ausbilden der Widerhaken etc.

Ein solches Dreimannteam hätte in einer halben Stunde eine Spitze herstellen können[473]. Wenn man die etwas kürzeren Fertigungszeiten bei Stehli darauf abstimmt, wären es rund zwanzig Minuten pro Döttenbichl-Pfeilspitze gewesen. Dies sind ideale Richtwerte. Im Laufe eines Arbeitstags von übers Jahr im Durchschnitt vielleicht zehn Stunden wären dann dreißig bis vierzig derartige Widerhakenspitzen entstanden. Pro Woche hätte man in einer Werkstatt mehr als hundertfünzig dreiflügelige Pfeilspitzen Stück für Stück nacheinander produzieren können. Bei flachen, drei- oder vierkantigen Pfeilspitzen wären Fertigungszahlen von über dreihundert Stück pro Woche möglich gewesen. Der englische Schmied Hector Cole veranschlagt für vierkantige Tüllenpfeilspitzen einen Ausstoß von sechzig bis siebzig Exemplaren pro Tag[474]. Hinzu trat noch die Schaftproduktion, wofür Rutschke praktische Ergebnisse unterbreitet. Er hat drei römische Kriegspfeile nach archäologischen Vorgaben aus Dura Europos und Windisch authentisch realisiert. Die gebrauchsfertigen Pfeilschäfte aus Rohr und Holz haben ein Gewicht von 32 Gramm und eine Länge von 88 bis 90 cm. (Abb. 105)

Interessant sind die Quantitäten, die beim industriell betriebenen Gießen von Pfeilspitzen aus Kupferlegierungen bzw. Bronze zu erzielen waren: „... Experimentelle Arbeiten mit derartigen Gussformen durch L. Underwood zeigten die Leistungsfähigkeit, die versierte Bronzegießer erreichten und unter dem Druck kriegerischer Notwendigkeit sicher noch steigern konnten. Mittels entsprechender Gussformen war ein Handwerker mit qualifizierten Helfern in der Lage, im Laufe einer Woche etwa 10.000 Pfeilspitzen herzustellen...[475]"

Hierbei handelte es sich um Artefakte aus der Typenwelt achaemenidischer und hellenistischer Zeit. Selbst wenn jene Angaben für die vom Briten Leon Underwood (1890 bis 1975) erprobten Gussverfahren außerordentlich hoch wirken, bleibt eine gravierend höhere Gießereikapazität im Vergleich zum Frei- und Formschmieden unbestreitbar. Nun verzichteten die Römer zur Kaiserzeit aber weitgehend auf Bronzepfeilspitzen und somit auf immanent höhere Produktionsraten, die bereits eine einzelne Werkstatt zu schaffen vermochte hätte. Neben der bereits geäußerten Vermutung, dass Eisen der günstigere Werkstoff für massenhafte

Abb. 105: Rekonstruierte Pfeile aus *Arundo donax*, geerntet auf Kreta. Holzvorschäfte, Eisenspitzen, integrierte Nocken und dreifach radiale Befiederung. Nachbau: Joachim Rutschke. Zu technischen Details und zur baulichen Ausführung siehe unten Kapitel 9.2.4.1. Ohne Maßstab.

Verbrauchswaren gewesen ist, der im kaltgehämmerten Zustand graduell größere Klingenhärten ermöglichte, müssen organisatorisch übergreifende Instanzen Roms mit Gewalt über billige Arbeitskräfte und fabrikmäßige Produktionsorte für die beim Militär erforderlichen Quantitäten gesorgt haben.

Die Zahl der in oder für die römische Berufsarmee arbeitenden Metallbetriebe muss in absolut betrachteter Relation im Vergleich zur Herstellung gegossener Pfeilspitzen in der in der Ära des Hellenismus ungleich höher gewesen sein. In Anbetracht der Richtwerte der beim Schmieden durch Profis heute üblicherweise erreichten Mengen, können kleinere Werkstätten nur substituierend für Pfeile mitverantwortlich gewesen sein. Die Aufmunitionierung sollstarker Einheiten war übergeordnet zu planen. Würde man dies negieren, hätte man sich ansonsten vorzustellen, dass römische Soldaten eine für den Kriegsfall ernstzunehmende Ausstattung persönlich Stück für Stück auf dem Markt erwarben. Natürlich ist der Frage nachzugehen, mit welchen Pfeilmengen pro Kopf zu rechnen ist? Setzt man für den Köcherinhalt eines Soldaten als Faustzahl ungefähr zwanzig bis dreißig Pfeile mit Standardspitzen voraus und ergänzt dazu gleichrange Mengen von in einem Kastell vorzuhaltenden Minimalreserven, dann hätten fünfhundert Bogenschützen als Auxiliareinheit mindestens zwanzig- bis dreißigtausend Spitzen benötigt. Abstellend auf die Grundsorten: dreiflügelig, vierkantig oder zweischneidig mag der Leser nun einmal selbst veranschlagen, wie viele Werkstattteams mit potentiell drei Arbeitern hier kontinuierlich hätten aktiv sein müssen, um lediglich den Bedarf einer im friedensmäßigen Soll befindlichen Einsatzfähigkeit der Truppe zu decken. Insofern sind Beschaffungs- und Logistikaufgaben in erweitertem Rahmen zu diskutieren. Es wäre möglich, dass zentrale Betriebe für die Produktion von Pfeilspitzen fortwährend vorhanden waren, wobei man aber über deren Ausstattung und Mitarbeiterzahl nur spekulieren kann. Manche Historiker meinen, dass im Orient Pfeile mehr von privaten als von öffentlich unterhaltenen *fabricae* angefertigt wurden. Eine Zulieferung könnte es auch durch Gewerbetreibende in den Dörfern bei größeren Kastellen gegeben haben, zumal dort mit einer ergänzenden Nachfrage aus dem zivilen Sektor für Jagd oder Sport zu rechnen ist. Näherungsweise entsteht so ein Eindruck vom Aufwand, der für die Versorgung mit Munition erforderlich war.

Verhältnismäßig gut sind wir heute übrigens über Pfeilmengen für Truppenverbände aus früh- und mittelbyzantinischer Zeit informiert. Dies liegt daran, dass von Generälen oder einigen Kaisern selbst, den „Militärschriftstellern", lehrreiche *Strategika* und *Taktika* veröffentlicht wurden, in denen die Heerführer den wehrtechnischen Wissenstand ihrer Zeit festhielten. Prinzipiell nimmt dieses Schrifttum aus Konstantinopel inhaltlich aufeinander Bezug und geht auf spätantike Vorläufer wie des Vegetius richtungsweisendes Ratgeberwerk zurück. Kolias erläutert: „… Genauere Angaben … liefern die *Praeccepta militaria;* jede Einheit von siebenhundert Mann wurde von Lasttieren begleitet, die 15.000 [Pfeile] für die dreihundert Bogenschützen der Einheit zu transportieren hatten; d.h. auf jeden Schützen kamen fünfzig Pfeile, die, in Bündel aufgeteilt, in dazugehörigen Behältern transportiert wurden, um eine schnelle Verteilung zu sichern. Pro Einheit waren acht bis zehn nicht im Kampfeinsatz befindliche Soldaten für die Versorgung der Bogenschützen mit Pfeilen … während des Kampfes zuständig, damit ein reibungsloser Ablauf ohne unnötige Unterbrechungen und Munitionsprobleme gewährleistet werden konnte ... Eine Anzahl von fünfzig Pfeilen, die jedem Verteidiger bei der Belagerung täglich zugeteilt werden sollten, findet man auch im Text *De obsidione toleranda* [s.o.], während andere kriegswissenschaftliche Schriften von dreißig bis vierzig Pfeilen sprechen …[476]" Insgesamt korrelieren diese Angaben mit den für die Kaiserzeit veranschlagten Gegebenheiten. Pfeilvorräten und Industrien kam vor allem im Krieg eine hohe Bedeutung zu. Deshalb bildeten planende Stäbe eine Notwendigkeit fürs Funktionieren von Land- und Seestreitkräften, die mit verbundenen Waffen operieren wollten.

IX Römerzeitliche Pfeilschäfte – Provenienzen, Typen, Nachbildungen

9.1 Kurze Einführung in schusstechnische und realienkundliche Grundlagen

Der Stellenwert von Pfeilschäften wird bei einer rein theoretischen Betrachtung des antiken Bogenschießens oft unterschätzt. Selbst der beste Bogen und die sorgfältigst ausgeführten Stein-, Knochen- oder Metallspitzen wären ohne einen qualitativ sehr guten Schaft nicht adäquat wirkmächtig gewesen. Diese Triade durfte keine Schwachpunkte aufweisen, denn dann wäre die Gesamteffizienz der Bogenwaffe unweigerlich gemindert gewesen. Natürlich galt jene Grundanforderung seit jeher und somit schon zu Beginn des Pfeilschießens, das in die mesolithische wenn nicht gar die jüngerpaläolithische Vorgeschichte zurückführbar ist und blieb auch während der Bronze- und Eisenzeit bis über den mittelalterlichen Gebrauch hinaus vital für alle Protagonisten, die mit dem Bogen auf die Jagd gingen oder ihn in Konflikten einsetzen mussten. Mehr oder weniger gut erhaltene Reste von Schäften liegen aus vielen historischen Epochen in exemplarischer Weise vor. Obwohl wir uns auf Gegebenheiten in der Römischen Kaiserzeit konzentrieren, können Fundbeispiele für Pfeile, die etwas früher oder später zu datieren sind, durchaus wichtige Supportangaben beisteuern, falls Angebote aus dem Imperium Romanum für eine Klärung technischer Details unausreichend sind.

Hierzulande hat Kurt Beckhoff in seinem im Jahr 1965 veröffentlichten Aufsatz *Eignung und Verwendung einheimischer Holzarten für prähistorische Pfeilschäfte* ein ergiebiges Feld zur Diskussion eröffnet. Seine Herangehensweise war keine primär experimentalarchäologische, wie in anschließender Zeit von Fachautoren bevorzugt, sondern beruhte auf mathematischen und ingenieurwissenschaftlichen Berechnungen gegebener Elastizitätsmodule, Raumgewichte und Schwundparameter, die von der holzkundlichen Seite herangezogen wurden. Beckhoffs fundamentale Prämisse lautete im vorweggenommenem Endergebnis wie folgt: „… Das für jeden Pfeilschaft individuelle Elastizitätsmaß, resultierend aus Bogenkraft, Schaftlänge und Eigengewicht, bestimmt die für den jeweils verwendeten Werkstoff erforderliche Schaftstärke automatisch: Wenn demnach die gebräuchlichen Schäfte aus einheimischen Hölzern mit rundem Querschnitt den üblichen Durchmesser von 8 bis 9,5 mm aufweisen, so ist dieses keineswegs Zufall oder Willkür, sondern ein physikalisches Erfordernis, das sich rechnerisch belegen lässt…[477]“ Er ermittelte Eignungskoeffizienten für Hölzer, die von Praktikern durch Rekonstruktionen aus Schösslingen, Ast- oder Stammholz bestätigt werden konnten. Auf die Beckhoffsche Eignungstabelle Bezug nehmend, werden im deutschsprachigen Raum weiterhin Funde begutachtet. Einem breiten Publikum bekannt gewordem sind zum Beispiel die Pfeile aus dem Holz des Wolligen Schneeballs, die im Köcher der kupferzeitlichen Eismumie vom Hauslabjoch (ugs. „Ötzi“) vorhanden waren. Solche Pfeile sind äußerst zäh, verfügen aber dennoch über eine angemessene Biegsamkeit. Sie stehen an erster Stelle der Eignung. Wie Hartriegel besitzt Schneeballholz ein relativ hohes spezifisches Gewicht. Es verleiht einem Geschoss auf diese Weise eine hohe Durchschlagskraft und bewährt sich im Einsatz als zuverlässig und robust. Auf Folgestufen sind Waldkiefer, Hasel, Fichte, Esche, Erle sowie Birke als „sehr gut“, „gut“ bis „mäßig“ brauchbare Pfeilwerkstoffe platziert. (Abb. 106) Dies harmoniert mit Artefakten aus der Römischen Kaiserzeit und dem Frühmittelalter in Europa.

Nach Ausweis überkommener Realien sind darüber hinaus noch weitere, von Beckhoff nicht berücksichtigte Hölzer, wie beispielsweise dasjenige des Gewöhnlichen Spindelstrauchs oder der Weide für Pfeile verwendet worden. In Südeuropa oder im Orient stellte sich die Situation anders dar, wenn kurze Vorschäfte aus Holz mit Rohr kombiniert vorlagen oder Schilfgras- oder Bambusstiele bisweilen das alleinige

Tabelle II

Holzart	δ'	Eigenschaften		Eignung		frühestes Erscheinen in Nordwesteuropa
		Faserverlauf	Spaltbarkeit	δ	Stufe	
1	2	3	4	5	6	7
Schneeball	1,56	1	1	1,56	vorzügl.	Boreal
Waldkiefer	1,09	1	1	1,09	sehr gut	Allerödzeit
Hasel	1,38	0,8	0,9	0,99		Präboreal
Fichte	1,15	0,8	1	0,92		Ausgang Boreal (Fichteninsel in der Lüneburger Heide)
Eberesche	1,29	0,8	0,8	0,83	gut	Beginn Boreal
Schwarzerle	1,00	0,8	1	0,80		Boreal, im EMW-Gefolge
Esche	1,06	0,8	0,9	0,76		Atlantikum
Birke	1,68	0,5	0,8	0,67	mäßig	ältere Dryaszeit
Eibe	1,25	0,5	0,9	0,56		Übergang Atlantikum—Subboreal
Rotbuche	1,08	0,5	1	0,54	schlecht	Beginn Subboreal
Hainbuche	1,11	0,5	0,8	0,44		Ausgang Subboreal („Grenzhorizont")

Abb. 106: Brauchbarkeit mitteleuropäischer Baum- und Straucharten zur Nutzung für Pfeilschäfte aus Holz. Tabellarische Rangfolgeliste nach Kurt Beckhoff. 1965.

Schaftmaterial bildeten. Die mechanischen und ballistischen Eigenschaften von Pfeilen in den möglichen Grundformen: zylindrisch, gebaucht oder konisch stehen mit den Werkstoffen in Korrespondenz. Der Darstellungsraum reicht hier aber nicht aus, um diese komplizierten Wechselwirkungen intensiv zu erläutern. Wie bereits Beckhoff ausführte, haben viele Aspekte Einfluss auf das Verhalten von Pfeilen im Flug. Es sei auf die aktuelle Literatur zum Thema hingewiesen[478]. Die Zone um die Kerbe zur Aufnahme der Sehne, die Pfeilnocke, bildet einen weiteren Forschungsgegenstand. Darin können sich Konventionen, Vorlieben oder Extravaganzen manifestieren. Auch die Dicke des Nervs lässt sich daran ermessen. Schließlich ist Angaben über Pfeilbefiederungen nachzugehen. Aus römischer Zeit liegen auf diesem Gebiet insgesamt mehr ikonographisch als archäologisch verwertbare Quellenbelege vor. Um das bisher angewandte Schema vergleichender Analysen weiterzuführen, wird zuerst in Pfeile aus dem mediterranen, orientalischen und eurasischen sowie anschließend aus dem keltischen und germanischen Kulturraum sortiert, sofern letztere für die Römer nachweislich oder mutmaßlich von Relevanz gewesen sind. Es liegt praktisch gesehen nahe, Pfeilspitzen im Römischen Reich, sofern sie verschiedene Provenienzen spiegeln, mit dazu passenden Schäften zu vergesellschaften. Folglich hat es im Imperium Romanum einen Facettenreichtum gegeben, auf den quellenkundlich einzugehen ist.

9.2 Archäologische Beispiele für Pfeilschäfte in Orient und Okzident

9.2.1 Fragment eines republikzeitlichen Pfeils vom Trasimenischen See

Während des Zweiten Punischen Kriegs fand im Juni 214 v. Chr. am Trasimenischen See in Umbrien eine Schlacht zwischen Römern und Karthagern statt, über die Schriftsteller wie Titus Livius oder Polybios ausführlich berichten. Der Kampf zwischen Einheimischen und Invasoren gestaltete sich in Form eines überfallsartigen Defileegefechts. Dabei wurden die Römer auf dem Marsch attackiert und mussten eine Niederlage einstecken. Realienkundlich weitgehend unbemerkt von bisherigen Fachdiskussionen zur Bewaffnung antiker Armeen hat sich offenbar von jenem Schlachtfeld ein Pfeilschaftfragment erhalten. Es wird in Fritzi Jurgeits Katalog: *Die etruskischen und italischen Bronzen sowie Gegenstände aus Eisen, Blei und Leder im Badischen Landesmuseum Karlsruhe* vorgestellt. Sonst ist das Pfeilartefakt bisher keiner Spezialanalyse unterzogen worden. Altersbestimmungen sollten am Instituto Internationale Ricerce Autenticitàdi Oggerti d'Arte in Mailand durchgeführt werden, blieben aber bis dato aus. Die antiquarische Geschichte des archäologischen Ausnahmefunds lässt sich bis 1896 zurückverfolgen, als der Geheime Hofrat Bißinger aus Pforzheim das Artefakt mit der Anmerkung „... gefunden auf dem Schlachtfeld am Trasimenischen See..." vom befreundeten Dr. Wenzel zum Geschenk erhielt. Der Pfeil besitzt eine dreieckige Eisenspitze mit Schaftdorn und Widerhaken. 26 mm übers Schaftende hinausragend, steckt sie in einem 35 mm weit halbierten Holzstab. Die Verbindung wurde mit einer Fadenwicklung und Klebstoff gesichert. „... Dazu der Textilrestaurator D. Dekker. ‚Faden aus Leinen? (Hanf/Ramie) mit zweifacher S-Drehung'. Unter dem Mikroskop konnte dieser noch eine Verkittung des Dorns (mit Harz) erkennen. In der ausgeschmiedeten Pfeilspitze befindet sich jeweils auf der rechten Seite eine Kerbe, die links vom Dorn keine Entsprechung hat. Sie könnte als ‚Blutrinne' gedient oder im Zusammenhang mit den Flugeigenschaften gestanden haben. Der Pfeilschaft zeigt nach einer Anschwellung zur Mitte eine Verdünnung zum Ende hin...[479]" Die komplette Pfeilspitze ist gut 6 cm lang und 20 mm breit. Es handelt sich, was für die Archäologie im antiken Italien interessant ist, zwar um eine eiserne Spitze, allerdings noch um keine der für das kaiserzeitliche Bogenschießen später so typischen Dreiflügeligen. Der Schaft besitzt eine größte Stärke von 7 mm. Die Länge mit der Spitze beträgt 17,6 cm. Als lose und brüchig wird die Wicklung beschrieben, wobei die Anmutungen von Holz, Faden und Metall „... für eine gleichmäßige Alterung bei Lagerung unter Sauerstoffabschluss in feuchter Umgebung..." sprechen. Der restliche Pfeil mit der Nocke ist abgebrochen und fehlt. So lässt sich keine Aussage dazu treffen, ob von einem Vorschaft oder einem vollhölzernen Pfeil auszugehen ist. Beide Möglichkeiten kommen retrospektiv in Betracht. Jurgeit erläutert die waffenkundliche Bedeutung des Karlsruher Museumsstücks: „... Seit dem Aufsatz von H. Nissen, RhM 22, 1867, 565ff bes. 580-582 wird das Gelände, auf dem die Schlacht am Trasimenischen See zwischen dem karthagischen

Heer unter Hannibal und den Römern unter G. Flaminius im Frühjahr 217 v. Chr. stattfand, am Fuß des Monte Gualandro und des Hügels von Tuoro lokalisiert … Die vom Vorbesitzer angegebene Fundstelle dürfte mit der Gegend um Tuoro gleichzusetzen sein. Eine Datierung des wohl antiken Pfeiles einer seit der frühen Eisenzeit belegten Form mit Dorn (Dizionari terminologice 1980, Taf. 119,1) in das 3. Jh. v. Chr. ist nicht auszuschließen, vergleicht man etwa die Funde aus Numantia, die durch die Belagerung der Stadt durch Scipio Africanus in den Jahren 134–133 v. Chr. datiert sind. Dort finden sich ... vergleichbare Pfeilspitzenformen…[480]" Jurgeit weist darauf hin, dass auch vom Kampfplatz beim Metauro nahe Fano in der Provinz Pesaro und Ubirno unveröffentlichte Pfeilspitzen vorliegen. Dort wurde 207 v. Chr. der Phönizier Hasdrubal geschlagen.

Es lässt sich ohne Vergleichsfunde nur schwer beurteilen, ob das Pfeilrelikt im Landesmuseum Karlsruhe dereinst dem römischen oder punischen Militär angehört haben könnte. Von aktuellen Ausgrabungen am Trasimenischen See liegen mir keine näheren Informationen vor. Man sollte betonen, dass es sich um ein Schaftfragment aus Vollholz handelt. Das lässt sich mit älteren Funden aus der Bronze- und Eisenzeit im Mittelmeerraum vergleichen[481]. Es liegt eine geschmiedete Spitze vor und dies zu einer Phase, als die Umstellung von Bronze- auf Eisenpfeilspitzen im Süden anderswo noch im Gange war. Die Verbindung einer dornartigen Schaftzunge in einen dafür aufgespalteten Holzstab ähnelt handwerklichen Gepflogenheiten im frühgeschichtlichen Europa. Sofern wir hier tatsächlich einen antiken Kriegspfeil vor uns haben, dürfte die funktional universelle Auslegung der Spitze einem breiten Nutzungspektrum im Hinblick auf damals in Italien übliche Schutzausrüstungen entsprochen haben.

9.2.2 Pfeilreste an römischen Militärstützpunkten aus der Prinzipatszeit

9.2.2.1 Hölzerne Vorschäfte aus *Vindonissa* in Kombination mit Rohrschäften

Im römerzeitlichen Schutthügel von Windisch in der Nordschweiz wurden elf Pfeilfragmente entdeckt. Der ausgebaute Standort *Vindonissa* war im 1. Jh. n. Chr. unter anderem ein Lager für die *Legio XIII Gemina*, die *Legio XXI Rapax* und die *Legio XI Claudia*. Es liegen jeweils Vorschäfte aus Kirschholz vor. Sie konnten eine Dornpfeilspitze aufnehmen, sofern man ein Löchlein hinein gebohrt und die Steckverbindung verleimt hatte. Anschließend wurden zonale Wicklungen aus pflanzlichen Materialien (Bast, Flachs, Hanf) oder tierischen Fasern (Sehnen, Darm) aufgeklebt. Das sollte die Heirat von Spitze und Schaft vor einer tiefgehenden Spaltung im Gefecht bewahren. In der vorliegenden Form sind die Holzartefakte ohne Spuren solcher Bearbeitungen unbenutzte Fabrikate. Die Vorderenden sind bei einigen Pfeilen abgeplattet. Zwei Objekte besitzen eingekerbte (Zahl-)Zeichen: V und XXV. Die Länge über alles beträgt beachtliche 24 cm bei einem Einzelstück von 11 mm Profil. Sonst trifft man etwa 15 bis 16 cm Länge bei der Mehrheit der übrigen Vorschäfte an. Sie verjüngen sich von maximal 9 mm auf ungefähr 6 mm vor der Spitze. Gegenüberliegend befindet sich ein rundum abgetreppter Sporn. Erhaltungsbedingt von unterschiedlicher Länge, macht er jeweils etwa ein Viertel bis zu einem Fünftel der Gesamtvorschaftlänge aus. (Abb. 107) Mit den Spornen wurden die Hölzer in Rohrstäbe eingesteckt. Es wäre möglich, dass man die Artefakte seinerzeit in Massen als Standardbauteile und auf Vorrat produzierte. Das können wir uns an einem großen Legionsort innerhalb arbeitsteiliger Prozesse vorstellen, für die nach einer Anleitung sicherlich keine besonderen fachlichen Qualifikationen nötig waren. Ein purer Rohrschaft alleine hätte ohne Ausfütterung die Aufnahme dünner Pfeilspitzendorne und aufgrund der instabileren Option zum Zuspitzen auch Steckverbindungen von Tüllen weniger gut vermocht.

Die Module aus Holz boten eine feste Basis, wenn Pfeile einem harten Aufprall standhalten mussten. Dies bedeutet allerdings nicht, dass es im Altertum keine reinen Hohlschäfte für Pfeile gegeben hätte. Aus Bronze gegossene Spitzen für Armbrustpfeile in China von der Zeit der Streitenden Reiche bis zur Han-Ära haben in der Regel so massive Schaftdorne, dass Rohrstäbe rekonstruierbar sind[482]. Auch manche Schaftdorne griechischer Bronzespitzen des Typus Olympia besitzen vergleichbare Durchmesser, für die nur Rohr unmittelbar in Frage kommt[483]. Bei der Vielzahl dünnerer Dorne römischer Pfeilspitzen aus Eisen steht es fest, dass andere technische Lösungen als eine Kombination von Rohr für den Hauptpfeil und Holz für den Vorschaft oder ausschließlich Holz unpraktikabel gewesen wären. Der Überrest eines Vor- oder Hauptschafts aus Holz ist an einer römischen Schaftdornpfeilspitze erhalten, die beim Harzhorn-Ereignis in den Boden gelangte[484]. Summa summarum wurden von Auxiliaren und Legionären keine puren Rohrpfeilschäfte verschossen. Das lässt sich kategorisieren, selbst wenn Rohr von antiken Schriftstellern häufig suggeriert wird. Geeignetes Schilfgras konnte man als weit verbreitetes Material schafttauglich ernten. Das hatte Vorteile für die Generierung massenhafter Pfeilzahlen. Rutschke schreibt mir dazu: „… Das Aufbohren des Rohrendes zur Aufnahme des Vorschaftes ist in der Regel nicht nötig. Es reicht völlig aus, mit einem harten Gegenstand das Mark gleichmäßig auszukratzen. Der Vorschaft wird zur Aufnahme des Pfeilspitzen-Dorns mit einer handelsüblichen Bohrspitze von 3 mm aufgebohrt. In früheren Zeiten waren sogenannte Löffelbohrer, Ahlen oder auch Brennstäbe in Gebrauch. Die Nockkerbe wird in der Regel an einem Knoten (Nodie) des Rohrschaftes angelegt...[485]"

David J. F. Hill weist auf eine Textstelle bei Plinius dem Älteren hin, die ich wegen der Terminologie gerne als englischsprachiges Zitat bringen möchte:

„... *The peoples of the East employ reeds (calami) in making war. By means of which with a feather (pinna) added to them they hasten the approach of death ... It was outstanding skill in this employment of reed in Crete that made her warriors famous. But in this also, as in all other things, Italy has won the victory, as no reed is more suitable for arrows than that which grows in the river at Bologna, the Rhene* [Reno], *which contains the largest amount of pith and has a good flying weight and a balance that offers a sturdy resistance even to gusts of wind – an attraction which does not belong in the same degree to the shafts grown in Belgium. The reeds of Crete have the same valuable property, although those from India are placed highest of all, some people believing that they belong to a different species, as with the addition of points (cuspides) they also serve the purpose of lances*. (Natural History, 16, 65)..."

Wahrscheinlich ist mit dem Werkstoff, der auch für Lanzen geeignet gewesen ist, Bambus gemeint. Mit welchen Schilfgräsern für den Pfeilbau dürfen wir im Imperium Romanum rechnen? Leider herrscht diesbezüglich eine relative Unbestimmtheit. Das lateinische Wort *calamus* meint Rohrhalm. Im Schrifttum findet man Angaben wie *reed* oder *(river-) cane*. Die botanische Systematik kennt das Gemeine Schilfrohr *Phragmites australis* (alt. *communis*) sowie *Phragmites australis* ssp. *australis, Phragmites australis* ssp. *Humilis, Phragmites australis* ssp. *altissimus* und den Riesenschilf, Pfahlrohr (*Arundo donax*). Die Pflanzen bevorzugen feuchte Standorte und vertragen wie der Riesenschilf auch mittleren Frost. Rutschke erläutert als Biologe: „... Das Pfahlrohr (*Arundo donax*) ist eine Pflanzenart innerhalb der Familie der Süßgräser. Bei Wuchshöhen bis 6 m erreichen die Stengel Durchmesser bis 35 mm. Die natürliche Herkunft ist umstritten, diskutiert werden Ostasien, Indien oder der Mittelmeerraum. Das Pfahlrohr wurde seit der Antike in Asien bis hin zum Mittelmeerraum kultiviert. Neben den verschiedenen Varietäten gibt es auch für den Pfeilbau unterschiedlich geeignete Sorten. Neben solchen mit kantigen Stengeln und aus der Linie wachsenden Knoten (Nodien) sind besonders die im Schatten treibenden, unverzweigten jungen Triebe, die gleich mit 1,5 cm aus dem Boden wachsen, für den Pfeilbau geeignet. Die Wandstärke an den Internodien beträgt dann 1,4–1,8 mm. Das Material ist vergleichbar mit Bambusschäften, allerdings nicht so stabil...[486]"

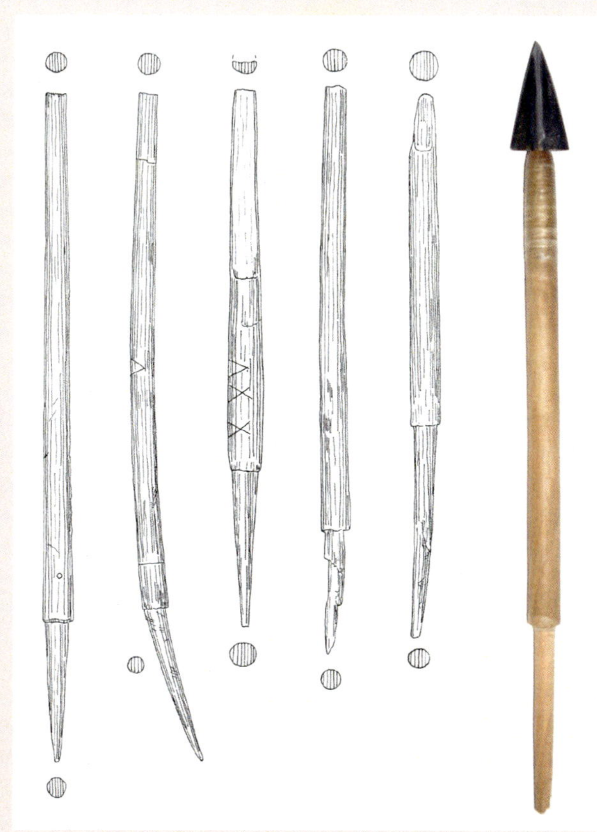

Abb. 107: Vorschäfte aus Kirschholz zum Gebrauch für römische Rohrpfeile. Vom Kastell *Vindonissa* (Windisch). Kt. Aargau, Schweiz. Nach Unz und Deschler-Erb. 1. Jh. n. Chr. Rekonstruierter Vorschaft mit Trilobitspitze. Nach J. Rutschke. Ohne Maßstab.

Wie die Römer mussten sich Jahrhunderte früher bereits die Griechen mit der Beschaffenheit von Pfeilen aus dem Orient auseinandersetzen, was in erster Linie auf Treffen griechischer Hopliten und assoziierter Plänkler mit den Vielvölkerarmeen achaemenidischer Großkönige zu tun hatte. Retrospektiv ist es leider kaum mehr möglich, mit Bestimmtheit zu ermitteln, inwieweit schreibende Historiker beim Material solcher Geschosse aus Medien und Persien zwischen Rohr-, Holz oder deren Kombination sich eindeutig zu unterscheiden verpflichtet sahen, oder, was wahrscheinlicher ist, den überwiegenden Bestandteil von Verbundpfeilen, meist also das Rohr, zugleich fürs Ganze nahmen. Insofern werden Rohrpfeile in Textquellen zwar oft genannt, ihre tatsächliche Machart konnte aber variieren. Bittner referiert:„... Die für die Perser typischen Pfeile sind die langen Rohrpfeile, die Herodot erwähnt: ‚... *sie hatten große Bogen und Rohrpfeile* ...', welche ‚... *mehr als zwei Ellen maßen*...' Diese Pfeile waren um 401 v. Chr. so lang dass Xenophon von ihnen sagt, die Griechen hätten sie als ‚... *Wurfspeere mit der Schlaufe* ...' verwendet ... Terminologisch ist der persische Pfeil ein recht undurchschaubares Objekt: Im Assyrischen finden wir für den Rohrpfeil *quanu*, bei den Persern den Ausdruck *tigris*, Herodot benutzt *Oistos*, kennt aber auch *Toxeuma*. Beide Begriffe werden in der nachfolgenden Literatur anscheinend synonym verwendet...[487]"

Wir wollen im Folgenden auf eine unbestritten versierte Autorität aus römischer Zeit selbst zurückgreifen, deren differenzierende Angaben, Pfeilwerkstoffe betreffend, über historische und rezente Floskeln wie „Rohr" hinausgehen und authentisch Anwendungen beschreiben. Es handelt sich um Pedanios Dioscurides aus Kilikien, der ein griechischer Mediziner war und unter den Kaisern Claudius und Nero als Militärarzt praktizierte. Von ihm stammt das arzneikundliche Standardwerk *De materia medica* (Über die Heilmittel) in fünf Bänden, das in Abschriften in Europa auch im Mittelalter bis zur Renaissancezeit bedeutend blieb. Darin werden aus medizinischer Sicht wichtige Pflanzen mit ihrer botanischen Geographie und einer Aufzählung nutzbringender Eigenschaften aufgeführt. Unter dem Stichworteintrag „*Rohr*" bemerkt Dioscurides:

> „... *Eine Art Rohr wird die massive genannt, aus der die Pfeile gemacht werden, eine andere die weibliche, aus der die Zungen für die Flöten hergestellt werden; eine weitere, das Pfeifenrohr, ist markig, mit vielen Knoten versehen, geeignet zum Schreiben; eine fernere ist fest und hohl, wächst an den Flüssen, wird auch Donax und von Einigen das kyprische genannt.* [Anm. *Arundo Donax* L., Pfeilrohr]. *Noch eine andere Art heißt Phragmites, zart, weisslich*...[488]"

In der aktuellen Dioscurides-Edition von Max Aufmesser liest man die Textstelle zum Vergleich wie folgt:

> „... *85. Kalamos heißt die starke Sorte, aus der Pfeile, die andere Thelys (= die weibliche), aus der die Zungen der Flöten gemacht werden. Eine andere, die Syringie (= Flötenrohr) hat dickes Mark und kräftige Knoten, sie ist zum Bücherschreiben geeignet; wieder andere ist stark und hohl, wächst entlang der Flüsse und wird auch Donax (= Pfeilrohr), von einigen kyprische genannt; eine weitere heißt Phragmites (= in Hecken wachsend), sie ist weißlich, zart und allgemein bekannt*...[489]"

Philip H. Blyth widmet sich Angaben zu Pfeilen beim Naturforscher Theophrastos von Eresos: „... Theophrastus Hist. Plant. IV 11.11 is translated by Hort as follows '*Some distinguish the various kinds* (sc. of reeds) *by different names; commonest perhaps is the pole-reed* (*donax*) ... *Quite distinct again is the 'archer's reed'* (*toxicos*), *which some call the 'Cretan': this has few joints and is fleshier than any of the others; it can also be most freely bent, and in general, when warmed, may be turned about as one pleases*' ... Pitton de Tournefort, the botanist who visited the Levant at the beginning of the 18th found some archery still persisting, and interpreted both Theophrastus and Pliny as referring to the common Phragmites ... However, even if the the Cretans at that time were using the Phragmites, which is somewhat difficult to credit, unless they had a superior variety, the descripttions of Thephrastus and Pliny do not fit it. Pliny's description, with its emphasis on weight, best fits Arundo Plinii, a relative of the very common 'pole reed', Arundo Donax...[490]"

In Metonymie für dasjenige, was aus dem Rohr gemacht wird, bedient sich der römische Dichter Ovid (*Metamorphoseon libri.* 1.471) der Phrase „... *quod fugat obtusum est, et habet sub* arundine *plumbum*...[491]" Hier prahlt Gott Apollo, als er sieht, wie Amor seinen Bogen spannt, er selbst habe mit seinen Schießkünsten schon viele Feinde und Tiere getroffen, einschließlich des Python. Amor repliziert:

> „... *Dein Bogen trifft vielleicht alles, Dich aber trifft meiner*..." (vv. 463–464)

Danach flog er zum Berg Parnaß in Griechenland und setzte sich hin:

> „... *Aus dem Köcher, der die Pfeile trägt, nahm er zwei Geschosse unterschiedlicher Wirkung: Das eine vertreibt, das andere bewirkt die Liebe. Das, das sie bewirkt, ist vergoldet und funkelt mit scharfer Spitze; das, das sie vertreibt, ist stumpf und hat Blei unten am Schaft*..." (vv. 468–472)

Ovid thematisiert den Gegensatz zwischen der strahlenden Spitze eines Liebespfeils als Metapher für die plötzliche und heftige Liebe sowie einem stumpfen Ende aus Blei für den Schaft (arundine *plumbum*) als Bild für eine Existenz ohne die Erfahrung der Liebe. Bei Silius Italicus (*Punica.* 10, 12) heißt es „... *pennaque citatior ibat quae redit in pugnas fugientis* arundine *Parthi*..." Hier geht es um die Schlacht von *Cannae*, in der Konsul Lucius Aemilius Paullus fiel. Dessen Mut wird geschildert, denn er stürzte sich mit Verve ins Kampfgetümmel:

„... *und von hier schneller als der Haemonier Boreas ging er fort; und schneller als die Feder, die mit dem Schaftrohr des fliehenden Parthers zurückkehrt...*"

Beim Epiker Vergil (*Aeneis*. 4, 73) heißt es: „... *haeret lateri letalis* harundo..."

Vergil verwendet ein Bild aus der Welt der Jagd. Seine Beschreibung ist in diesem Falle als Metapher sehr realistisch ausgeführt. Die Phrase steht im Kontext der Liebesaffäre zwischen Dido und Aeneas. Sie verzehrt sich nach ihm. In Folge dessen

„... *streift sie, wie von Sinnen durch die ganze Stadt, vergleichbar einer vom Pfeil getroffenen Hirschkuh, die als unvorsichtige von fern ein in den Wäldern Kretas jagender Hirte mit Pfeilen traf und das fliegende Geschoss unwissend zurückließ: Jene durchbricht auf ihrer Flucht Wälder und Haine des Dictaegebirges; es hängt in ihrer Flanke der tödliche Pfeilschaft...*"

9.2.2.3 Varianten beinerner Stecknocken als Fundstücke in Dakien

Außer Holzvorschäften wie in Windisch etc. gibt es eine zweite Gattung von Pfeilartefakten in der Welt des römischen Militärs, die sich notwendigerweise mit einem Gebrauch von Rohrmaterial verbindet. In den Kastellen *Micia* und *Tibiscum* am dakischen Limes wurden geschnitzte Nockenaufsätze aus Bein archäologisch geborgen, die in Rohrschäfte eingesetzt werden konnten[492]. Die Exemplare in *Micia* stammen aus Fundschichten des 2. Jh., diejenigen von *Tibiscum*, Angaben Liviu Petculescus folgend, aus dem 3. Jh. n. Chr. Im erstgenannten Kastell war unter anderem eine orientalische Einheit, die *Cohors II Flavia Commagenorum*, stationiert. In *Tibiscum* gab es mit der *Cohors I sagittariorum milliaria equitata* und einem *Numerus Palmyrenorum Tibiscensium* Bogenspezialisten. Alle Nocken sind elaboriert und besitzen funktionale Sondermerkmale, wobei keine der anderen gleicht.

Aus *Micia* liegen zwei Stecknocken einmal mit U-förmiger und einmal mit V-förmiger Kerbung vor. Bei der längeren, zylindrischen Nocke wurde die Außenfläche mit diagonalen Parallelschraffuren versehen, was die Handhabung erleichterte. Der untere Part zum Einstecken ins Rohr ist kurz und spitzkonisch ausgeführt. Beim zweiten Exemplar ist der Hauptteil weniger diffizil, dafür hat man den Schaftsporn länger ausgelegt. (Abb. 108) In die Exemplare aus *Tibiscum* sind durch erhabene Ringe voneinander getrennte Umlaufbreiten eingetieft. Es gibt eine Nocke mit drei und die weiteren mit lediglich zwei Greifbahnen. Falls man die Nocken auf die genannten Einheiten zurückführen möchte, besteht für die Varianten ein gewisser Interpretationsbedarf. Es herrschte scheinbar keine strikte Regelhaftigkeit vor. Petculescu weist auf die Funde eines beinernen Nockenaufsatzes aus Samaria in Judäa sowie auf zwei Artefakte von der dakischen Höhenburg bei Poiana Braşov in Rumänien hin. Bei den beiden letzteren steht allerdings die Frage im Raum, ob es sich um römische oder um barbarische Erzeugnisse gehandelt hat.

Auf die Schnitzwerke in *Micia* und *Tibiscum* wurde viel handwerkliche Mühe verwandt. Für den längsten Nockenaufsatz aus *Tibiscum* dürfte es außer Frage stehen, dass er die sogenannte Mediterrane Greifweise beim Sehnenauszug unterstützen sollte. Eventuell kommt bei einer vorderasiatischen Herkunft der Truppen auch die mit Hilfe der mittleren Finger ausgeführte Sasanidische Spanntechnik in Betracht. Ein teilerhaltenes Reiterfresko mit einem Orientalen und Reflexbogen in der Zivilstadt von *Aquincum* (Budapest) aus dem 3. Jh. n. Chr. zeigt die Pfeilhand in einer für einen fingerbasierten Ablass sprechenden Position[493]. Als Primärquelle liegt eine anonyme Anleitung zum Bogenschießen aus dem frühen Byzanz mit dem Titel *Peri toxeias* vor. Sie könnte auf Vorlagen aus dem 2. Jh. n. Chr. beruhen, wie Otmar Schissel von Fleschenberg vermutet. Gemäß Arrian wurden die Übungen parthischer und armenischer Schützen damals ins Exerzierprogramm übernommen. *Peri toxeias* lobt den Daumenauszug, doch spricht der Autor die

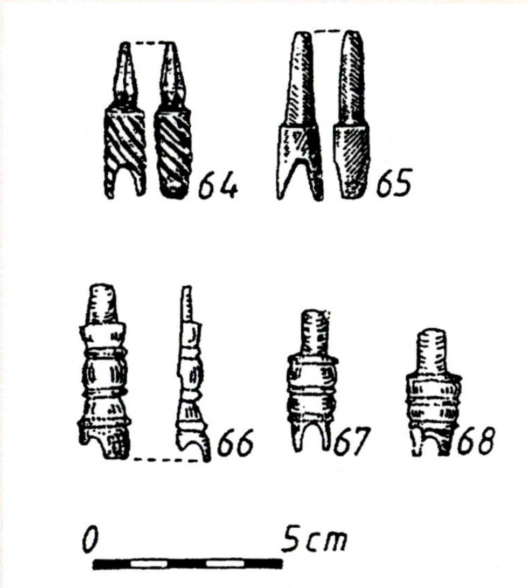

Abb. 108: Stecknocken in diverser Ausführung für Rohrschäfte. FO Kastelle *Micia* (64–65) und *Tibiscum* (66-68) in Rumänien. Bein. Nach Liviu Petculescu. 2./3. Jh. n. Chr.

Empfehlung aus, dass sich für den Kriegseinsatz trainierende Soldaten in mehreren Spanntechniken, also auch fingerbasierten, gleichermaßen intensiv üben sollen. Ich werde mich weiter unten noch eingehender mit dem originalen Wortlaut befassen. So konnten bei anhaltendem Gefechtsschießen die Finger nicht ermüden. Folglich müssen auch die Nockenzonen ost-/römischer Pfeile dermaßen gestaltet worden sein, dass eine solche Abwechslung bestehen konnte. Die Funde aus Dakien korrespondieren damit.

Selbst das Vorhandensein von Stecknocken war kein römischer Standard sondern eine von mehreren Optionen. Es konnten alternativ an den Knotenstellen von Rohrschaftenden stabile Sehnenkerbungen eingearbeitet sein, wie dies bei Artefakten im orientalischen Raum der Fall ist. Nicht unerwähnt bleiben soll eine aus Bronze gegossene Pfeilnocke vom germanischen Waffenopferplatz von Kragehul auf Fünen in Dänemark. Das Fundstück wurde 1867 von Helvig Conrad Engelhardt publiziert. Es handelt sich um eine Tubulinocke mit einem Stift für die Schaftverbindung sowie den Reststummel eines hölzernen Pfeils. Solche Bronzenocken erbrachten schusstechnische sowie optische Mehrwerte. Ob sie von römischen Vorbildern irgendwie abgeleitet worden sein könnten, muss spekulativ bleiben. Bei Pfeilschäften aus Holz sind stabile Stecknocken mechanisch eigentlich optional, es sei denn, man wollte als eine Sicherheitsdreingabe sehr hohe Zuggewichte damit bewältigen. Unbestreitbar bewirkte der Schimmer von Bronze auch eine beträchtliche Zurschaustellungsqualität in einer Köcherfüllung und weist auf einen hohen Prestigewert hin. Nocken aus Buntmetall gibt es im Norden später ebenso bei wikingischen Pfeilen als Funde nahe Haithabu in Schleswig-Holstein[494]. Die Messingnocken dort kommen als Beigaben aus einem Bootskammergrab. Sie standen hier wie da für die Wohlhabenheit von Personen, die sich einen solchen Luxus überhaupt leisten konnten.

9.2.3 Exkurs über Sehnenwerkstoffe im spät-/antiken Bogenschießen

Bevor wir uns weiteren Pfeilschaftfunden aus der Levante und aus Nordafrika zuwenden, soll eine Quellenkunde zur Natur römerzeitlicher Bogensehnen erfolgen. Stecknocken dienten in erster Linie dazu, weniger massive Schäfte vor dem spaltenden Druck des Nervs zu schützen. Es erhebt sich zwangsläufig die Frage, aus welchen Rohstoffen jene Schnüre in der Kaiserzeit eigentlich bestanden? In technischer Hinsicht stellen Fragenkreise um Bogensehnenklassen sozusagen eine Welt für sich dar. Sie kann im Rahmen einer historisch übergreifenden Studie nur punktuell erläutert werden. In den Kapiteln über antike Kompositbogen wurden bereits mehrere gut erhaltene Bogen des skythischen und hunnischen Designs aus ariden Regionen in Eurasien mit noch mehr oder weniger intakten Sehnenschnüren vorgestellt. Wenn man sich die dementsprechende Ist-Situation bei Nomaden und Sesshaften im östlichen Steppengürtel vom Ausgang der älteren Eisenzeit über die hunno-sarmatische Ära bis ins Frühmittelalter vergegenwärtigt, hat man eingedrehte Rohhautstreifen zu Sehnen verarbeitet. (Abb. 109) Dies gilt für Reflexbogen des skythischen Designs des 5. bis 3. Jh. v. Chr. aus Subexi mit rund 4 mm dicken Schnüren ebenso wie später auch noch für einen alt-türkischen oder uigurischen Bogen als Grabbeigabe in den Žargalant-Chajrchan-Bergen in der Mongolei aus dem 8./9. Jh. n. Chr. Rutschke erläutert: „... Zur Herstellung der Sehnenschnur wird aus einem runden Stück Rohhaut (z.B. vom Reh) ein mehrere Meter langer Streifen geschnitten. Dieser Streifen wird gewässert und unter Zugspannung zu einer zweilagigen Bogensehne verdreht...[495]"

Abb. 109: Sehne aus Rohhautstreifen. Nahaufnahme des Bogennervs aus Gräberfeld I, Bestattung 27 von Subexi. Xinjiang, China. Foto: Volker Alles. Ohne Maßstab.

Ein anderer Werkstoff bestand aus den Sehnen von Weidetieren. In seinen Kommentaren zum Werk des Homer nimmt der im 12. Jh. n. Chr. lebende Universalgelehrte Eusthatios von Thessalonike auf die Sehnen von Rindern als im Umfeld Konstantinopels übliches Material für Bogenschnüre Bezug. Er erörtert das Verfahren, indem man die Sehnen zuerst trocknete, dann klopfte, kämmte und sie zu dünnen Stricken spann[496]. Auch beim sogenannten Khotan-Bogen Stephen Selbys wurde der Nerv aus Sehnen hergestellt. Selby zufolge sind um die Öhrchen zwecks Dämpfung zusätzlich noch dünne Streifen aus der Haut eines kleinen Pelztiers gewickelt worden. Bei den zeitgenössischen Qum-Darya-Bogen aus Niya wurden jeweils vier Faserstränge zu Bogensehnen verarbeitet. Die Schnur aus Grab 95MN1M4 hat eine Länge von 132 cm (s.o. Abb. 50). Sie besteht aus Rindersehnen und ist im Bereich, wo die Nocke ansetzte, zum Schutz von einem umlaufenden Lederbändchen zonal umgeben[497].

Eusthatios kennt Werkstoffe, die so bewährt waren, dass er sie metaphorisch beschreibt: „... Auch entsprechend bearbeitete Rinderhaut diente zum Anfertigen von Bogensehnen. Im oben erwähnten Text rühmt sich ein Hirsch seiner Haut, die zu Sehnen und Gürteln verarbeitet werde. Auch tierische Eingeweide hielten für die Sehnenproduktion her, wobei jene der Schafe und Ziegen am geeignetsten waren...[498]" Im Lateinischen meint das Nomen *nervus -ī,* (m) u.a. die Bogensehne. Die Phrase *adducere nervum* beschreibt den Pfeilauszug. Renoux erörtert Textstellen mit dem Gebrauch von Tiersehnen für Bogennerven: „... Sur les matériaux utilisés dans la confection des cordes, les textes nous donnent des renseignements précieux. Ici encore le choix des mots adoptés par les auteurs anciens est explicite. Virgile l'exprime assez bien et écrivant: '*Primaque per caelum neruo stridente sagitta Hyrtacidae iuvenis volucris diuerberat auras, et uenit adversique infigitur arbore mali*'. Le poéte désigne la corde de l'arc par son matériau, le tendon. Le mot de *nervus* est ici pris comme synonyme de la corde ... La littérature latine ne manque pas d'exemples de ce genre... Lucain dans la *Pharsale* parle des cordes des arcs avec les mémes termes. Il décrit les arcs des Parthes en éncrivant: '*Implete pharetras Armeniosque arcus Geticis intendite neruis*'. Plus loin, toujours à propos des Parthes, Lucain précise: '*nec puer aut senior letalis tendere neruos*'. Dans ces deux passages, nous retrouvons les cordes faites de tendons...[499]"

Wenn man für Holzbogen besser dienliche Schnüre aus Hanf- oder Flachsfasern hinzunimmt, dann ist der Rahmen für die Römerzeit abgesteckt. *Nervi* aus so exotischen Materialien wie Seide mag es in Rom als Luxusgüter gegeben haben. Zur seilerischen Bearbeitung verweise ich auf Berichte, einschließlich überlieferter Spleißverfahren für die Sehnenöhrchen, in der Sachliteratur übers traditionelle Bogenschießen in Orient und Okzident[500]. Das Anpassen an römische Militärbogen wird in *arcuariae* erfolgt sein. Immerhin war die Qualität der Sehnen für die Performance der Waffen in gleicher Weise wichtig, wie bei intensivem Bogengebrauch hohem Verschleiß ausgesetzt. Maurikios empfiehlt, dass jeder Soldat ersatzeshalber mehrere Schnüre in einer Tasche mitführen soll. Zu den Eigenschaften unterschiedlicher

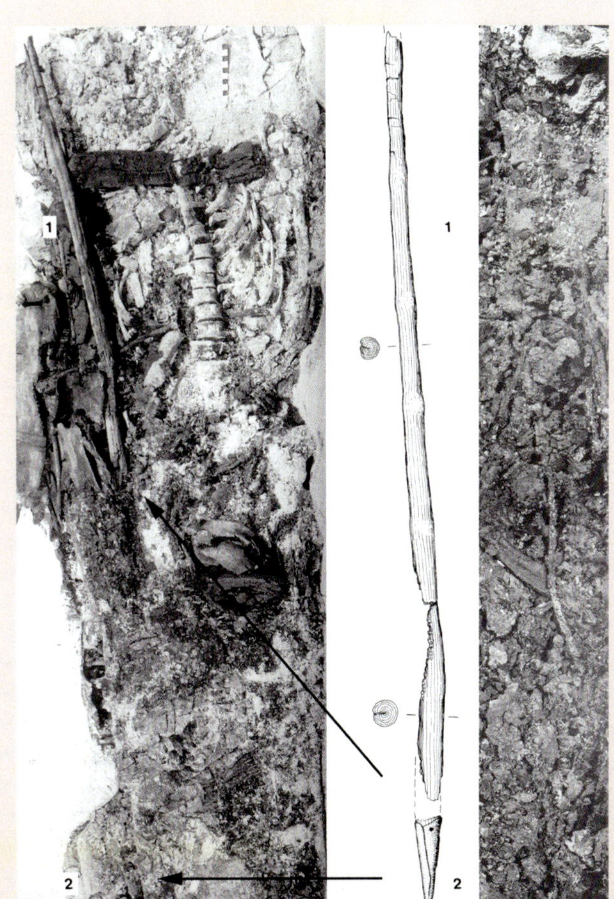

Abb. 110: Alamannisches Grab in der St. Martinskirche von Altdorf in situ. Eibenbogen mit Tülle (1-2). Rechts halbhoch Rest der Sehnenschnur. Nach Reto Marti. Lebensbild um 650. n. Chr. Ohne Maßstab.

Rohstoffe für Sehnen hat ein großer Pionier der experimentellen Bogenkunde, Saxton T. Pope (1875 bis 1926) aus dem Südwesten der Vereinigten Staaten von Amerika, grundlegende Feldversuche angestellt. Sie betreffen Flachs, die Darmsaite von Schafen und Seide: „... A comparative test of bowstrings was made with strands of linen, silk and catgut ... Waxing the threads did not increase their strength. Its use seems to be to keep the fibers from fraying, to reduce the diameter, thus cutting down air friction, and to protect the fibers against moisture ... Catgut soaked in water loses its tensile strength ... It is identical with the sinew of tendons. Sinew strings do not hold their length under tension, but stretch perceptibly and are very susceptible to moisture ... Linen is more durable than silk, and never stretches after once put on the bow. It is by far the best material for bow strings...[501]"
Interessant ist Popes Erfahrung, dass Nerven aus Darm oder Sehnen anfällig gegenüber Feuchtigkeit sind, was vielleicht auch bei den überlieferten Wetterverhältnissen während der Varusschlacht eine Rolle spielte.

Leinen und Hanf sind robuster. Aus der keltischen Hallstattzeit wurde früher ein Schnurfund aus dem Tumulus des Hohmichele im Landkreis Biberach als eine Bogensehne interpretiert, jedoch dürfte die beträchtliche Länge von gut zwei Metern dies ausschließen. Historische Bogensehnen aus Leinen oder Hanf überdauern als Funde in Europa nur ganz selten. Neben dem Bogen in der beigabenführenden Bestattung des Alamannen von Altdorf, Kt. Uri, in der Schweiz wurden 1969 in Höhe des Griffs auf etlichen Zentimetern Länge noch die Überreste einer dreifach gezwirnten Schnur in S-Zwirn beobachtet: „... Nach der Fundlage der Sehne dürften Bogen und Spatha gemeinsam deponiert worden sein, denn der Bogen wurde zwar über, die Sehne aus dreifach gezwirnter, starker Schnur aber unter der Spatha gefunden...[502]" (Abb. 110) Leider konnte man das Stück damals nicht konservieren. Dennoch liegt in Altdorf die nach meinem Wissen bis heute einzige archäologische Manifestation einer Sehnenschnur für einen germanischen Langbogen zwischen Alpen und Ostsee aus der gesamten Eisenzeit, Kaiserzeit und dem Frühen Mittelalter vor. Gut erhaltene Fragmente einer Sehnenschnur aus dem Mittelalter, hier für die Bespannung einer romanischen Armbrust, kommen als Funde von der oben bereits erwähnten Niederungsburg (Motte) Dockendorf im Eifelkreis Bitburg-Prüm. Zugunsten der Geschmeidigkeit und als ein Imprägniermittel für traditionelle Bogensehnen empfiehlt Pope aus seinem großen Wissensschatz als praktizierender Jäger heraus eine Mixtur aus Bienenwachs mit der Zugabe von Harz. Als pastöse Mischung zubereitet, werden vermutlich auch römerzeitliche Bogenschützen ihre Sehnen so oder ähnlich präpariert haben, vor allem bei sehr trockenen, feuchten oder kalten Witterungverhältnissen.

9.2.4 Pfeilschäfte von Fundplätzen in Syrien, Israel und Nordafrika

9.2.4.1 Fragmente römischer Pfeile aus den Ruinen von Dura Europos

In Dura Europos sind bei Ausgrabungen in den 1930er Jahren mehrere Fragmente römischer Pfeile entdeckt worden. Sie stammen aus der Zeit, als die Sasaniden die Stadt 256 n. Chr. angriffen[503]. Die Funde lagern im Magazin der Yale University. James hat sie 2004 letztmalig erörtert. Die Pfeile bestanden als Originale im mittleren und hinteren Bereich aus Rohr mit einer integrierten Nocke. Sie hatten Vorschäfte von 8 bis 13 cm Länge aus Tamariskenholz. Sechs erhaltene Rohrfragmente jeweils mit der Nocke haben Außendurchmesser zwischen 9 bis zu 10,5 mm. Die Vorschäfte wurden mit einem Sporn von 5 bis 6 cm Länge befestigt[504]. Der Übergangsbereich ist außen aufgeraut, um eine sichernde Wicklung haltbar aufzukleben. Die Tamariskenstäbe verjüngen sich leicht und sind vorne noch so dick, dass eine Spitze mit Eisendorn eingebracht werden konnte. Sie sind abgerundet oder abgeplattet. Andere sind zugespitzt. James erwägt das Vorhandensein reiner Holzspitzen als Kampfwaffen. Für den Kriegsgebrauch hat man die Vorschäfte nach der Aufnahme einer Schaftdornspitze fest mit Sehnengarn umwickelt. Es sind Stücke vorhanden, die noch Reste davon besitzen. Schwarze Bemalungen vorne könnten die erwünschte Wicklungslänge angezeigt haben.

Die Nocken sind 9 bis 10 mm tief und trapezförmig. Sie verjüngen sich mit oben kurviger Kontur. Ein Rohrschaft, der im durch feindliche Minierung abgesackten Turm 19 geborgen wurde, hat eine gewisse forschungsgeschichtliche Berühmtheit erlangt, denn er weist noch ein fast komplettes Leitwerk auf. Hierzu referiert James: „... the end of the shaft was first prepared by roughening the glossy surface of the reed cane, perhaps with sand, in order to give purchase to the glue. The reed was apparently cut at a natural joint, so that the nock could be cut where the cane was solid in section. Before the nock was opened, the last few centimeters of the cane were bound around with glued fibre binding. This prevented the cane from splitting when the nock was cut, or when the arrow was placed on the bowstring...[505]" (Abb. 111)
Die Fahnen sind dreifach radial angeordnet und langovalisch zugeschnitten. Sie hatten eine originale Höhe von maximal 12 mm und eine Länge von 15,7 cm[506]. Es wurden weiße Federn (unbekannter ornithologischer Herkunft) ohne Wicklung mit einem Glutinleim auf den Schaft geklebt. Eine Leitfeder steht senkrecht zur Richtung der Nockkerbe. Dies ist aber nicht die Regel.

Es gibt auch Fahnen achsgleich zur Kerbung. Die kürzesten Leitwerke messen 12 cm. Alle wurden parallel zum Schaft und nicht etwa leicht schräg angesetzt. Den Drall im Flug erreichte man durch die Naturwölbungen der Fahnen selbst.

Rutschke erläutert seine Rekonstruktionen: „... Man kann das frisch geschnittene (gelbe) Rohrschaft-Material von *Arundo donax* direkt verwenden oder aber auch trocken lagern und dann mittels Hitze richten. Die fertigen Rohrschäfte haben eine Länge von 69,5, 72,2 und 73 cm und einen Durchmesser von 8–9 mm (Nocke) bzw. 9–10 mm am Vorderende (Funde: 9–10,5 mm). Auf der gesamten Pfeillänge befinden sich 4–5 Nodien. Die Schaftwandstärke beträgt 1,4–1,8 mm. Ersatzweise wurde hartes und zähes Obstbaumholz (Wildkirschen-, Pflaumenholz) für die Vorschäfte verwendet. Ulrich Stehli schmiedete dreiflügelige Spitzen aus Eisen nach Vorlagen aus der Literatur (James 2004, No. 713 u. 717), technisch passend zum Vorschaft No. 731. Daten der Pfeilspitzen: Länge ohne Dorn: 33 mm, Durchmesser: 17 mm; Dorn: 3 mm Querschnitt, 45 mm Länge; Gesamtlänge 78 mm, Gewicht: 7 g. Die Vorschaftlängen belaufen sich auf 13-13,5 cm. Der Durchmesser wurde den Rohrschäften entsprechend eingerichtet und beträgt rund 9,5 mm, wobei sich die Vorschäfte nach vorne leicht verjüngen. Die Bohrung für die Aufnahme des Pfeilspitzendorns beträgt 3 mm. Der Schaftansatz für die Aufnahme im Rohr beträgt 55 mm. Der Durchmesser des Schaftansatzes liegt je nach Rohrwandstärke bei 6-7 mm. Es wurden Graugansfedern nach der Fundvorlage (James 2004, Fig. 124-126, No. 733) geschnitten. Die Länge der Fahnen beträgt 15,5 cm, die Höhe 11 m. Alle Wicklungen wurden mit Sehnenfäden aus den Läufen von Rothirschen durchgeführt und mit Hautleim stabilisiert und verklebt. Dazu wurden Hirschbeinsehnen aufgefasert, bis ein Streifen von mehreren haarfeinen Fäden in einer Breite von rund 1 mm vorlag. Der flache Faserstreifen (Länge bis zu 40 cm) wurde in Wasser eingeweicht, auf die zuvor mit Hautleim bestrichene Stelle gewickelt und mit Leim eingepinselt. Wicklungen befinden sich jeweils unterhalb der Nocke, an der Verbindung mit dem Vorschaft und zur Festigung des Vorschaftendes an der Pfeilspitzenaufnahme...[507]"

Die Schäfte aus Dura sind im Bereich der Fahnen in unterschiedlicher Weise bemalt worden. Es gibt schwarze, rote und helle Umlaufzonen. Bei einem Pfeilende wird hinter der Nocke eine kurze weiße von einer dunklen Phase unterbrochen, die am vorderen Ende des Leitwerks von der hellen Ausgangsfarbe abgelöst wird. Interessant sind auch Augenmotive, die seitlich auf der Nocke vorkommen, indem in einen runden weißen Fleck ein kleiner, roter gesetzt wurde. Auch gibt es rote Punkte zwischen der Radialbefiederung. Die Nocken können innen rot und außen schwarz gestrichen sein[508]. Wozu diese komplizierte Farbigkeit gedient haben mag, ist Interpretationssache. Es wäre an Wiedererkennungsmarken (engl. *cresting*) zu denken. Dafür alleine scheinen die Bemalungen aber sehr aufwändig. Eventuell repräsentierten sie truppenspezifische Kennzeichen. Aufgrund der von Details abgesehen alles in allem recht homogenen Machart der Schäfte halte ich es für wahrscheinlich, dass sie in Werkstätten gefertigt wurden und nicht von den Bogenschützen selbst. Dann könnten Pfeilbaubetriebe durch die Farben angezeigt worden sein. Auch über einen wirkmagischen Aberglauben im Zusammenhang mit der Schaftdekoration lässt sich trefflich spekulieren. Ein zielsicherer Flug könnte dem als Wunsch in transzendenter Anschauung zugrunde gelegen haben.

Unklar sind die Originallängen der Pfeile, da keine Schäfte komplett erhalten sind. Debattiert wird auch darüber, ob die

Abb. 111: Pfeilenden aus Rohr und Vorschäfte aus Tamariskenholz. Römische Artefakte aus Wehrturm 19 der Stadtmauer von Dura Europos. Syrien. Mitte 3. Jh. n. Chr. Ohne Maßstab.

Abb. 112: Wildeseljagd. Nachzeichnung eines Freskos auf dem Mauerabschnitt M7W6 von Dura. Reflexbogen mit breitem Wurfarm, langer Pfeil, Röhrenköcher. 2. Jh. n. Chr. Ohne Maßstab.

marginalen Abstände zwischen den Nocken und den Leitwerken einen daumenbasierten Pfeilauszug erforderten. Ein Wandfresko in Dura aus dem 2. Jh. n. Chr. zeigt einen berittenen Schützen. (Abb. 112) Beruht das Greifen des Pfeils hier auf dem Daumen? Der Einzelfund eines Bogenspannrings im Ruinenareal wurde früher als Beleg für daumenbasiertes Schießen der römischen Garnison angesehen. Die Datierung in die Antike ist aber fraglich. McAllister schreibt dazu: „… James is probably correct that the arrows found at Dura could not be shot using the Meditarrenean release … but James fails to consider the Sassanid release, wherein the arrow is held between the tip of the middle finger and the side of the index finger, which is extended straight anlong the arrow between the fletchings … This grip would avoid crushing the feathers … The thumb ring also found at Dura is interesting but, since little is known of its context, it is difficult to conclude with James that the 'Mongolian Release' was used at Dura Europos during the Roman period…[509]"

9.2.4.2 Bewährte Konstruktionsweisen für Pfeile im römerzeitlichen Israel

Im 1. Jüdischen Krieg der Römer wurde die Höhenfestung Masada am Roten Meer von der *Legio X Fretensis* zusammen mit Auxiliartruppen belagert und 73 n. Chr. eingenommen. Im herodianischen Palast wie auch andernorts in der Anlage hat man hunderte Pfeilspitzen sowie das Fragment einen hölzernen Vorschafts entdeckt. Die Pfeile waren gestapelt und sind später in Brand gesetzt worden. Auf dem erhaltenen Pfeilschaft erkennt man gegenüber der Spitze noch deutliche Spuren des Schadfeuers. „… A fragment of a barbed, trilobate, iron arrow-head with its tang embedded in a wooden shaft was found in L 1273 … The shaft is 14,6 cm long, 0,9 cm wide … Impressions of binding are still visible wound around the the top of the shaft … The tapered end of our shaft indicates that it is a wooden foreshaft similar to others from the time of the Bar Kokchba Revolt found in the caves of the Judean Desert…[510]" Typenkundlich sind jüdische Pfeilspitzen von römischen nicht zu unterscheiden. Gichon und Vitale schreiben: „… This situation is vividly revelaed during the *Bellum Iudaicum* of Vespasian and Titus. To quote Josephus:

‚*A further considerable force of auxiliaries had been mustered by the kings Antiochus, Agrippa and Soaemus, each of whom furnished two thousand unmounted bowmen and a thousand cavalry; the Arab Malchus sent a thousand cavalry and five thousand infantry, mainly bowmen.*' (Josephus, War, III, 4,2 [68]. Consequently, the first- and second-century C.E. arrowheads found in Israel can be attributed to both Roman and Jews…[511]"

Während des Bar-Kochba-Auftands von 132 bis 135 n. Chr. wurden im Nachal Ze'elim (Wadi Seiyal) westlich des Toten Meers römische Kastelle angelegt. In Höhlen jenes Tals kamen Waffen zu Tage. In Höhle 31 (*Cave of the arrows*) sind 1960 elf Pfeilspitzen und Schaftreste aus Holz sowie aus Rohr geborgen worden. Es handelt sich um bruchstückhaft erhaltene Pfeile. Ihre Machart bestand aus einem längeren Rohrschaftanteil und vorne einem kurzen Holzsegment. „… Most interesting was an arsenal of arrows in a corner of the cave. Near eleven triangle-shaped iron arrowheads were a large number of shafts whose upper parts were made of wood, 14-20 cm long, and the lower parts of cane. It was clear from a large number of the cane shafts that these were longer than the wooden ones, but it is difficult to estimate their exact length. The wooden parts are sharpened at the ends and fitted into the cane shafts. The points at which the wooden and cane shafts are joined and the arrow-heads are fitted in, were carefully tied with sinew. The cane is painted red and black at the end and is notched for the bow-string…[512]" Die Ausprägung der Nocken ähnelt denjenigen in Dura Europos. In einem anderen Versteck jüdischer Rebellen in den Wüstengegenden ums Tote Meer, genauer im Eingangsbereich der Höhle der Briefe (*Cave of letters*) im Tal des Nachal Hever, wurden ebenfalls Pfeile gefunden. Es waren kombinierte Holz- und Rohrschäfte. Ein Vorschaft aus Tamariske beinhaltete eine schmale Trilobitspitze. Ihre Breite ist zum Schaftprofil identisch. Dadurch wurde der Pfeil quasi in eine taktische Zweckform überführt. Die Maßnahme wirkt improvisiert, weshalb ich sie hier beim Bildzitat weglasse, um kein falsches Paradigma zu erzeugen. Man könnte sich dennoch fragen, ob dermaßen winzige Trilobitspitzen des Öfteren eine solche spezielle Nutzung fanden? Gegenüber gibt es eine Wicklung aus Catgut, um die Verbindung des Vor- und des Hauptschafts aus Rohr zu sichern. (Abb. 113)

Yigael Yadin fasst zusammen: „… Arrows of this type were most common in Bar Kokhba's army, and many of them have been found in Nahal Se'elim and in Wadi Muraba'at. On the arrows from Nahal Se'elim, it is possible to reconstruct the original form of the arrows before us. The arrowhead was stuck into a wooden shaft. This shaft, which was in turn sharpened to a tang, was stuck into a reed. The joint was bound with gut thread. The reed was notched at its extreme. At a distance of 11-12 cm from the notch, the reed was decorated with a painted band, which served as an aid in finding and identifying the arrow during practice shooting as well as being a measuring stick for insuring proper tension of the bow … Three halved feathers were glued to the shaft close to the notch, to stabilise flight…[513]"

Unweit der bisherigen Plätze im Norden der Oase En Gedi befindet sich die Har-Yishai-Höhle in einem Ausläufer der Yishai Berge. Auch dort stand in bedrohlicher Nähe ein römisches Kastell. In dem Refugium wurden dreiflügelige Eisenspitzen geborgen. „… One arrowhead (No.1) was found still attached to the shaft of the arrow. At the point of connection between the arrow and the shaft, was wound a strap of sinew in order to strengthen the bond…[514]"

Auch in einer Höhle (*Cave of the Pool*) im Nachal David entdeckten Archäologen Reste von Pfeilen[515]. Darunter waren erneut hölzerne Vorschäfte, die Fundstücken wie in Windisch und Dura Europos entsprechen. Technologisch wichen jüdische und römische Kriegspfeile offensichtlich nur wenig voneinander ab. Selbst unter potentiell günstigen ariden Konservierungsbedingungen sind bisher keine ausschließlich aus „Rohr" bestehenden Pfeile im kaiserzeitlichen Orient gefunden worden. Dazu passen auch Spuren eines organischen Materials, das Schaftdornspitzen aus ed-Dur in Südostarabien anhaftete und im Labor analysiert wurde: „… Several tang fragments with mineralised wood remains from ed-Dur were sent off to the Laboratory for Wood Biology and Xylarium (Royal Museum for Wood, Biology, Belgium) but the poor state of preservation precluded any conclusive determination of the wood used for the arrow shafts. It can be said, however, that the remains were not from reeds…[516]"

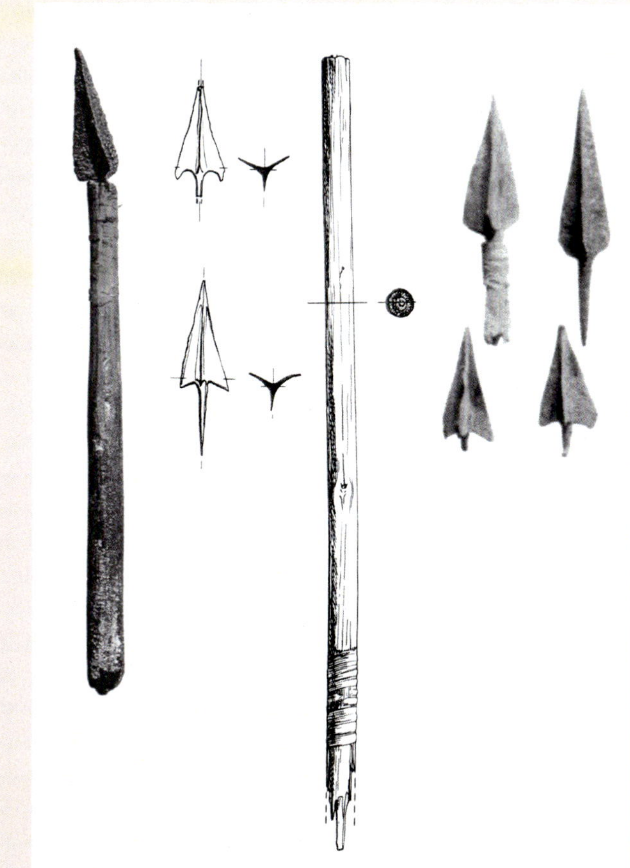

Abb. 113: Holzschaft mit Spitze aus Masada (I). 1. Jh. n. Chr. Trilobitspitzen und Schaftrest (Holz, Rohr) aus dem Nachal Hever (II-IV) und En Gedi (V-VIII). 2. Jh. n. Chr. Israel. Ohne Maßstab.

9.2.4.3 Pfeile aus Qasr Ibrim und Stelen der *Cohors II Cyrrestarum*

Drei kaiserzeitliche Pfeilfragmente aus Oberägypten lassen sich von ihrer Machart her den bisherigen Funden aus dem Orient hinzugesellen. Unter der Inventarnummer EA 71840/1/5 befinden sich die Artefakte vom Platz Qasr Ibrim (lat. *Primis*) im British Museum in London. In Nubien gelegen, wurde die Stadt *Premnis* im Jahr 23 v. Chr. von Truppen des Präfekten Publius Petronius eingenommen und der Provinz *Aegyptus* einverleibt. In den Wallanlagen der Römer sind Ballistenkugeln aus Stein, teils mit Inschriften zum Kaliber oder mit sarkastischen Grüßen an die Empfänger wie beispielsweise: „*Genau das Richtige für Dich, Kandaxe*" – hier die romfeindliche Königin der Äthiopier, Kandake – gefunden worden[517]. Aus Qasr Ibrim liegt außerdem ein römischer Geschützpfeilschaft aus Kirschholz vor. Die Bogenpfeilfragmente werden von Paul Brown auf dem Internetportal der *Roman Military Research Society* ausführlich erläutert[518].

Ein 17,8 cm und ein 39,6 cm langes Schaftende sind aus Rohr. Die Durchmesser betragen 8 und 7 mm. Das dritte Stück ist ein bis zur Spitze dünner werdender Holzschaft von maximal 8 mm Profil. Zur Holzart gibt es keine Angaben. Eine rudimentär erhaltene Dreifachbefiederung misst 11,3 cm in der Länge und wurde wie in Dura Europos ohne Wicklung parallel zum Schaft aufgeklebt. Sie könnte ursprünglich parabolisch geschnitten gewesen sein.
Die Leitfahne steht senkrecht zur Nocke. Etwas versetzt davon wurden die Hohlstäbe mit 4 bis 6 mm langen Sehnenwicklungen versehen. Das diente wahrscheinlich zum Schutz gegen Aufsplittern. Es bestehen 8 bis 12 mm messende Freiräume zwischen der Nocke und den Fahnen. Die Nockkerbe liegt einmal 9 mm und ein andermal nur 4 mm tief eingeschnitten vor. Sie wurde im ersten Fall außen bemalt. Im erhaltenen Vorschaft aus Holz steckt eine zierliche Eisenpfeilspitze mit Dorn.

Die wissenschaftliche Bedeutung der drei Pfeilreste aus Unternubien besteht in der erneuten Bevorzugung einer Kombination von Rohr und Holz. Merkmale wie das Anbringen dreifach radialer Leitwerke sind mit Pfeilen in Syrien vergleichbar. Leicht zu erntende und weiter zu bearbeitende Rohrstiele bildeten die Schaftgrundlage. Daraus ergaben sich a priori niedrige Gewichte, was Reichweitevorteile gewährt haben dürfte. Die Durchschlagskraft solcher Pfeile kann auf entfernte Distanzen aber nicht allzu beträchtlich gewesen sein. Man wird sie, teils mit Gift präpariert, auch als Störfeuer- oder Scharfschützenpfeile bezeichnen dürfen. In größeren Salven wirkten sie wie Schwarmgeschosse. Der Holzanteil sorgte für Zielstabilität und diente zur Aufnahme der Spitze. Die Zuschnitte der Fahnen scheinen oft langovalisch oder parabolisch gewesen zu sein. Ihre Silhouetten waren niedrig. Dafür sprechen sowohl die Artefakte in Syrien und Nubien als auch ikonographische Kreuzbelege, an erster Stelle die Pfeilfahnen auf dem Mainzer Grabstein des Monimus von der 1. Ituraeerkohorte.

Für spätantike Erfordernisse an der Fundstätte Reruše bei Dugopolje in Dalmatien wurden Grabsteine aus der Prinzipatszeit wiederverwertet. Für uns sind die Denkmäler der 2. Kohorte Cyrrestarum interessant. Es handelte sich vor Ort um eine römische Auxiliareinheit aus der Cyrenaica zwischen der *Syrtica* und *Marmarica* im Osten Lybiens. Hauptstadt war das antike *Cyrene*. Insgesamt liegen drei Reliefs mit jeweils toposhaften Darstellungen von Reflexbogen, Köchern und Pfeilen vor[519]. Die Bogen sind mit loser Sehne, rekurven Enden und trapezoidem Griff dargestellt. Die Pfeile hat man als gerade Stäbe mit langdreieckigen Fahnen modelliert. Für die Qualität des Pfeilflugs war die Silhouette einer Befiederung im Gegensatz zur Länge und zur Höhe von untergeordneter Bedeutung. Bei niedriger Kontur flogen Pfeile schneller, bei einem höheren Zuschnitt stabiler. Allen bisherigen Funden nach wurde eine Bestückung mit drei Fahnen als ein technisch rationeller Kompromiss im Orient bevorzugt.

9.2.5 Pfeilschäfte aus der östlichen Hemisphäre antiker Reiternomaden

9.2.5.1 Hintergrundwissen zur Machart von Pfeilen hunno-sarmatischer Völker

Für gewöhnlich fokussiert sich beim Thema der Bogenwaffe von Reiternkriegern während der römischen Epoche der Blick auf die Spätantike und auf die Pfeile der Hunnen. Es wird oft vergessen, dass Rom schon früher Konflikte mit Steppenreitern aus dem Osten wie den Jazygen, Roxolanen und Alanen zu bestehen hatte. „... Demgegenüber wurden in Pannonien bereits im Jahr 175 n. Chr. Auxiliareinheiten aus syrischen Bogenschützen aufgestellt. Sie waren in Pannonia Inferior in den Kastellen von Ulcisia Castra (*Cohors I milliaria Aurelia Antoniniana Surorum sagittaria equitata*) und von Intercisa (*Cohors I milliaria Hemesenorum sagittaria equitata*) stationiert. Diese orientalischen Bogenschützeneinheiten vertraten eine Taktik, die sich als geeignet gegen die Sarmaten erwies. Auch in Pannonia Superior wurden ähnliche Einheiten stationiert, wie z.B. in Ad Flexum die *Cohors Canathenorum et Trachonoitarum*...[520]" Letztlich verliefen die Kriege mit sarmatischen Völkern aber ähnlich zäh wie die fruchtlosen Treffen mit den Germanen am Rhein oder den Persern am Euphrat. Man darf annehmen, dass das römische Militär typischen Kampftaktiken von Steppenkriegern wie Scheinrückzügen oder Schwarmangriffen richtig zu begegnen lernte. Dafür spricht als ein Beispiel der berühmte Reiterkampf gegen Sarmaten als Darstellung auf der Traianssäule. (Abb. 114) Hatte man die sich zwischen Donau und Theiß ansiedelnden Jazygen anfangs noch als mögliche Verbündete angesehen, wurden später auch militärische Niederlagen verzeichnet. Im Jahr 92 n. Chr. waren die Jazygen, Quaden und Markomannen sogar in der Lage, die *Legio XXI Rapax* in *Brigetio* anzugreifen. Die Römer sahen die Gebiete der Jazygen und Roxolanen ferner als eine Pufferzone gegen nördliche und östliche Barbaren an. Ausonius berichtet im 4. Jh. n. Chr. von Sarmaten, die im Hunsrück angesiedelt wurden. Ringknaufschwerter, Spangenhelme und Reiterlanzen der Sarmaten waren Kriegsgeräte, die schon während des 2./3. Jh. n. Chr. übernommen wurden, außerdem sarmatische Reflexbogen. Wahrscheinlich gehörten Pfeile in reiternomadischer Tradition mit hinzu.

Jene Geschosse konnten von den im mediterranen Raum üblichen Pfeilschäften aus Rohr mit einer hölzernen Vorderpartie abweichen. In der Steppe favorisierte man seit skythischer Zeit konturierte Schäfte aus Holz. Seltener werden Rohrpfeile oder Stecknocken in Eurasien angetroffen[521]. Strabo berichtet, dass die Skythen am Don Pfeile aus Tannenholz besaßen. Außerdem hat man Haselholz verwendet. Archäobotanisch sind auch Birken- und Eschenholz dokumentiert. Im Kurgan Aržan 2 in der russischen Republik Tuva waren hölzerne Vorschäfte in Spleißtechnik mit Hauptschäften aus Holz verbunden. Diese aufwändige Machart stellt aber eine Ausnahme dar. Steppenpfeile wurden üblicherweise farblich dekoriert. „... Bemalt wurde vorzugsweise mit schwarzer und hellroter Farbe in Streifen. Besonders schöne Exemplare fanden sich in gut erhaltenen Pazyryk-Gräbern im Altai...[522]" Auch in Tumulus 2, Grab 3, der Drei-Brüder-Kurgane lagen Holzpfeile vor: „... Auf einigen Schaftenden farbige Verzierung bzw. Kennzeichnung; drei verschiedene Farbschemata unterscheidbar, es überwiegt roter Grund mit vertikalen, schwarzen Streifen...[523]" Über die Länge der mit skythischen Reflexbogen abgeschnellten Pfeile heißt es: „... Die Pfeilschäfte der Pamir-Saken hatten eine Länge bis 80 cm. In Tagisken-Süd [in Kasachstan] wurden in Kurgan 53 aus dem 5. Jh. v. Chr. Reste eines Lederköchers mit etwa 50 Pfeilen entdeckt, die ungefähr 70 cm lang waren...[524]"

Abb. 114: Gefecht gegen Sarmaten. Die römischen Soldaten schützen sich mit erhobenen Schilden vor Pfeilen. Traianssäule in Rom. Szene XXXVII, 6. Windung. Nach Conrad Cichorius. Ohne Maßstab.

Originale Pfeillängen erschließen sich auch anhand der Größe skythischer Goryte: „... Nach der Lage des sonstigen Köcherzubehörs kann die Länge des Köchers auf 50 bis 60 cm geschätzt werden (*Repjachovataja Mogila G1* und *2*), wobei die Pfeile noch ein Stück herausgesehen haben müssten. Seine Breite reicht je nach Füllung bis zu ungefähr 25 Zentimeter. Hauptsächlich dürfte er aus Leder bestanden haben, wenn auch Holz, zum Teil mit Lederüberzug, mindestens einmal im Bearbeitungsgebiet belegt ist (*Bobrica K35*)...[525]"

Leider fehlen aus der Kaiserzeit repräsentative Fundmengen vollständiger Pfeilschäfte sarmatischer, alanischer oder hunnischer Provenienz zwischen Südrussland und Ungarn. Aus Asien sind aber Beispiele bekannt. In Karabulak wurden ganze Holzschäfte sowie andere mit einem Vorschaft aus Holz und sonst aus Rohr von 80 cm Länge geborgen[526]. Der Platz Kenkol am Talas-Fluss in Kirgistan lieferte neben Bogenbeschlägen einen Holzschaft mit Eisenspitze von 81 cm Länge[527]. Im Grab eines Reiterkriegers in der Stadt Aktöbe in Kasachstan sind Rohrpfeile mit hölzernen Vorschäften von 75 cm Länge im Bündel entdeckt worden[528]. Vom Kurgan 1 bei Atbaši im Tian-Shan-Gebirge liegt ein Pfeil von 90 cm Länge vor. Die Gräber 95MN1M3 und 95MN1M8 von Niya beinhalteten zwischen 80 und 84 cm lange Holzpfeilschäfte[529]. Auch diejenigen in Grab M1 waren aus Vollholz gefertigt. Im Grab 95MN1M4 lagen Holzpfeile von 86,5 cm Länge und 10 mm größtem Durchmesser. Pigment- und Schnurüberreste vor den Nocken deuten auf festgeklebte und umwickelte Fahnen hin. Die Pfeile aus Grab M3 weisen schwarze und rote Lackspuren am Ende sowie vorne am Schaft auf. Spuren einer dunklen Masse an den Pfeilenden aus Grab M8 dürften Birkenpech als Klebstoff gewesen sein. Die aufgebundenen Fahnen sind aber vergangen. Ein dünner Pfeil aus 89BYYM8 von Yingpan misst nur (noch) 7 bis 3,5 mm im Querschnitt[530]. Pfeile aus Tamariskenholz in der Lop Nor-Region, die Hedin in den 1930er Jahren barg, hatten Längen von etwa 70 cm[531]. Sofern keine Fahnen und Spitzen vorhanden sind, könnte dem ein Funeralritus zugrunde liegen.

In Eurasien hat man Pfeilschäfte meistens ihren beiden Enden zu verjüngt. Die maximalen Durmesser betragen 10 bis 11 mm im Zentrum. Sie können sich auf unter 8 mm vor der Spitze und der Nocke reduzieren. Der englische Fachbegriff dafür lautet *barrelling*. Solche Pfeile in Kokėl' bestehen aus Birken- oder Weidenholz. (Abb. 115) Seltener treten gerade Pfeilstäbe wie im hunnischen Gräberfeld Yaloman II im russischen Altai auf. Stehli erörtert den technischen Vorteil gebauchter Pfeile: „... Durch dieses Design erreicht man ohne gravierende Erhöhung des Schaftgewichts eine höhere Biegesteifigkeit, die sich vor allem bei der Verwendung von massigen Pfeilbewehrungen positiv auf das Flugverhalten auswirkt...[532]" Es ist anzunehmen, dass auch bei den Sarmaten Pfeile häufig aus Brettern geschnitzt und gebaucht waren. Die Längen können variieren. Pfeilschäfte von Reiternomaden messen aber selten weniger als 70 cm im unteren und über 90 cm im oberen Grenzbereich. Das umreißt Pfeilauszugswege bei Bogen unterschiedlicher Konstruktion. Eine pauschale Zuordnung: kurzer Pfeil – skythischer Bogen, langer Pfeil – hunnischer Bogen ist aber ebenso unzulässig wie die Annahme, die in sarmatischer Zeit in Südrussland aufkommenden Pfeilspitzen aus Eisen hätten im Vergleich zu bronzenen Pfeilspitzen automatisch eine Verwendung beinarmierter Hornkomposits erfordert. Waffenfunde aus Subexi oder Yanghai belegen, dass mit großformatigen Reflexbogen des skythischen Typs auch lange Holzpfeile mit eisernen Spitzen verschossen wurden.

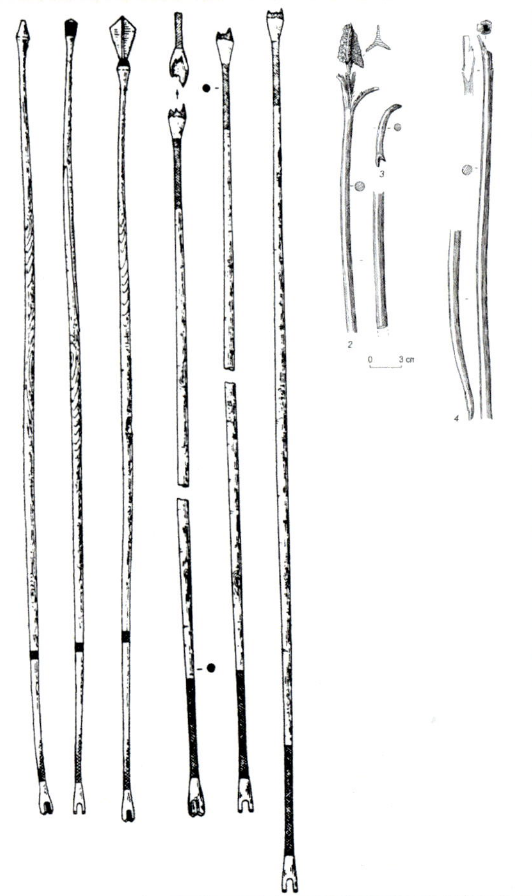

Abb. 115: Vollholzschäfte aus den Kurganen 7, IV und 32 B von Kokėl' in Tuva. Schaftreste und Spitze aus Grab 62 von Yaloman II im Altai (2-4). Russland. Jüngere Eisenzeit.

Für frühmittelalterliche Pfeilschäfte als Grabbeigaben der Awaren in Niederösterreich ist das Holz der Esche dokumentiert[533]. Anderswo sind Umwicklungen der vorderen Schaftpartie mit Sehnengarn erhalten, wie bei einer dreiflügeligen Schaftdornspitze mit Holzfragment am Fundplatz Pitten, Grab 109, im Osten Österreichs aus dem 9. Jh. n. Chr.[534]. Dort gelangte ein Pfeil mit einer awarischen Spitze in eine slawische Bestattung. Beim Befestigen eiserner Schaftdornspitzen werden die Sarmaten und Hunnen handwerklich nicht anders vorgegangen sein. Mit dünnen Bändchen umwickelte Schäfte und Pfeilspitzen sind unter den Funden von Kokėl' in Südsibirien regelmäßig vertreten. Dazu werden keine Materialangaben vorgelegt. Der zeichnerischen Anmutung nach könnte es sich um Sehnengarn, dünne Bast- oder Tierhautstreifen handeln. Auch bei Pfeilen aus Niya sind vorne Sehnenwicklungen vorhanden. (Abb. 116)

Die Nocken wurden in Eurasien gabelartig erhaben vom Schaft abgesetzt (engl. *bulbous nocks*). Man trifft sie seit der Skythenzeit an. Die Ränder sind kurvig und die Innensilhouetten U-förmig oder mit einer Intention zu Klemmnocken hin ausgeschnitzt. Gabelartige Nocken weisen eine beachtliche kulturgeographische Homogenität auf. So erlauben Pfeilfunde bei eisenzeitlichen Reitervölkern auch keine Kategorisierung der Sehnenauszugsweise. Zwischen den Fahnen und der Nocke bestehen nicht selten mehr als fingerbreite Freiräume. Sehnenwicklungen und Überzüge aus feiner Rohhaut oder Rinde gibt es auf den Pfeilnocken aus Žargalant in der Mongolei. Erkennbar durch Pfeilgleitriefen an der rechten Griffseite kam beim dortigen Bogen aus dem 8./9. Jh. n. Chr. der Daumenauszug zum Tragen. Für konstruktiv vergleichbare Pfeile hunno-sarmatischer Zeit dürfen wir, den zitierten Bildquellen wie aus dem Weihedepot 3 des Oxos-Tempels folgend, auch einen fingerbasierten Auszug rekonstruieren.

Ringe aus Buntmetall mit einem zungenförmigen Ansatz für den Daumenauszug treten als Artefakte im Westen Eurasiens erstmals in sarmatischen Gräbern wie dem von Pisarevka und eventuell auch Porogi auf[535]. Sie waren in der zweiten Hälfte des 1. Jh. n. Chr. mit Qum-Darya-Bogen vergesellschaftet. Doch liegen sie nicht flächendeckend vor, sondern bleiben exklusiv. Dass der Spannring aus Dura Europos kompakter ist, repräsentiert eine andere Typologie. Bronzene Spannringe findet man in heutigen Sachbüchern teils auch aus Museumsvitrinen in Europa abfotografiert[536]. Bedenkenlos werden sie als römisch betitelt, obwohl sie frühbyzantinisch sind. Auch der internationale Antikenhandel offeriert solche Spannringe[537]. Hermann Historica hat vor Jahren ein Stück angeblich aus Carnuntum ausgelobt: „... Bogenschützenring römisch, 2.–4. Jhdt. n. Chr. Glatte Bronze mit gewölbtem Daumenlappen. Länge 3,3 cm. Gefunden im Legionslager Carnuntum bei Wien, wo u.a. auch syrische Bogenschützen stationiert waren. 09783...[538]" Die Datierung des Exemplars, zumal da kein Bildbeleg erfolgt, scheint mir aber zweifelhaft zu sein. Es mag auch ein Streufund aus dem Mittelalter in Betracht kommen. Mitunter wird das Attribut „römisch" vorschnell verwendet, um die Wichtigkeit (und den Preis) solcher für die Kaiserzeit seltenen Objekte zu erhöhen. Alles in allem dürfte die Aussage zutreffend sein, dass Auxiliare aus dem Osten Spannringe für den Daumenauszug kannten. Es ist jedoch, kulturhistorisch betrachtet, ungewiss, ob Impulse dafür zuerst aus dem Levanteraum oder aber, was archäologisch näher läge, mehr aus Sarmatien her rührten. In byzantinischer Zeit waren bronzene Spannringe mit Zierkerben gängig[539]. Möglich ist auch, dass man Daumenringe aus Leder fertigte, wie für das Gräberfeld von Yanghai in der Literatur erwähnt[540].

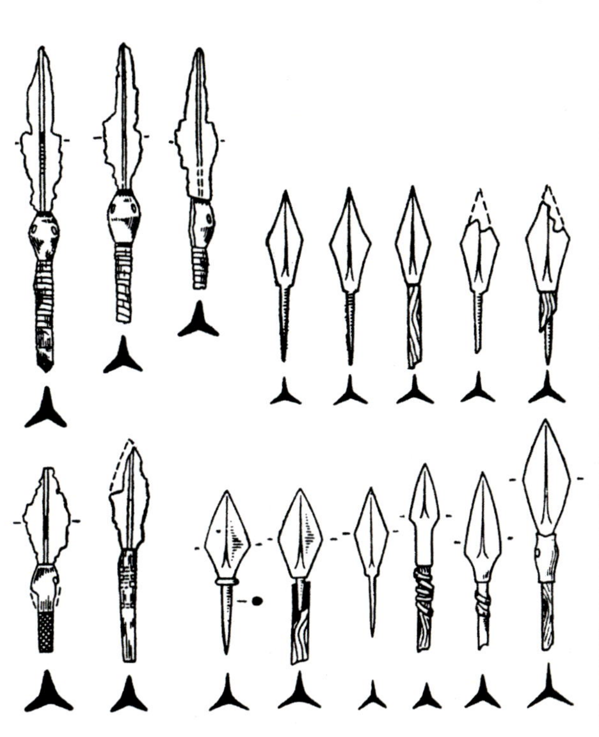

Abb. 116: Eiserne Pfeilspitzen, beinerne Heulkapseln und umwickelte Holzschäfte. Beigaben aus verschiedenen Großkurganen von Kokėl'. Russland. Hunno-sarmatische Zeit. Ohne Maßstab.

Schließlich gilt es auf die Frage einzugehen, ob der Daumenauszug im Westen eventuell mit hunnischen Wanderungen in mittelsarmatischer Zeit in Verbindung zu bringen sein könnte? Schusstechnisch bot die schiere Größe von Qum-Darya-Bogen bzw. deren Sehnenlänge verhältnismäßig weite Greifwinkel an. (Abb. 117) So vermochten finger- und daumenbasierte Schießstile in Sarmatien gleichzeitig zu existieren. Bilder aus der damaligen Steppenkunst spiegeln dies wieder, als sie sich auf keine Methode festlegen. Das historische Auftreten des Daumenauszugs im Nordschwarzmeerraum könnte eine Modeerscheinung gewesen sein, die sich im Steppenraum überkulturell verbreitete und muss sich nicht unmittelbar mit hunnischen Migranten verbunden haben. Passend zu alldem wurden auch Gabelnocken bis ins Mittelalter hinein multifunktional weiter tradiert, und zwar unabhängig davon, ob man historisch zuerst die mittleren Finger oder später auch den Daumen für den Auszug nutzte.

9.2.5.3 Beinerne Heulkapseln als Alleinstellungsmerkmal von Steppenpfeilen

In pastoralnomadischen Milieus waren seit hunnischer Zeit kleine durchlochte Kapseln aus Bein (russ. *svistunki.*) beliebt. Man brachte sie unter der Spitze auf dem Schaftdorn an, um im Flug gellende Pfeiftöne zu erzeugen. Im bogenkundlichen und ethnologischen Schrifttum gibt es darüber einige Spezialstudien, nicht zuletzt auch für pfeifende Pfeile im chinesischen und japanischen Kulturraum. Neben der psychologischen Wirkung im Kampf sind bei der Jagd Heulpfeile eingesetzt worden, um Fluchttiere zu stoppen oder um Raubtiere aufzuscheuchen und sie in solche Richtungen zu treiben, wo weitere Bogenjäger warteten. „... Die Anwendung der pfeifenden Pfeile diente auch im Krieg zu verschiedenen Zwecken ... Die gute Möglichkeit zur Beobachtung der Flugbahn der pfeifenden Pfeile erklärt jene Anwendungsart, über welche die bekannte Episode im *Shih-ki* – dies die älteste historische Nachricht über pfeifende Pfeile – berichtet: Mao-tun, Fürst der Hunnen [234 bis 174 v. Chr.], gibt seinen geübten und verlässlichen Bogenschützen den strengen Befehl, dorthin zu schießen, wohin er seinen pfeifenden Pfeil schießt ... In dieser Episode ist der pfeifende Pfeil – ähnlich wie die Leuchtraketen der heutigen Kriegsführung – ein Mittel der Feuerleitung...[541]"

Abb. 117: Auszugsbild des späthunnischen Reflexbogens von Grab Wien (1930) Simmering in der Rekonstruktion. Verwendung der Mediterranen Spannweise. Reiter: Joachim Rutschke. 2011.

Soweit mir bekannt ist, kommen bei Pfeilfunden mit bronzenen Spitzen aus skythischer Zeit bisher keine Heulkapseln vor. Auch im Mittelalter scheint sich der Gebrauch im Steppengürtel auf turkomongolische Völkerschaften zu konzentrieren. Der russische Asienforscher Sew'jan Weinshtein informiert kenntnisreich über seine persönliche Begegnung mit einem tuvinischen Hirten in der alten Sowjetunion. Jener Mongole bot ihm ein kleines Archaikaensemble wertvoller Pfeile dar: „... Gemächlich wickelt er ein (in morschen Stoff gewickeltes) Päckchen auf und reicht mir dann drei Pfeile. Sie haben von der Zeit gedunkelte eiserne, dreiflügelige Spitzen, an zwei Pfeilen sind unter den Spitzen Knochen angebracht, die an Tönnchen mit zwei seitlichen Öffnungen erinnern … Vor tausend Jahren haben die von den Kriegern der alten Turkvölker verwendeten pfeifenden Pfeile ganze feindliche Heere in Schrecken versetzt. Als Jagdwaffen der Mongolen und Jakuten hat man sie vor mehr als einem Jahrhundert beschrieben … ,Wenn man mit dem Bogen auf Eichhörnchen schoss, war so ein pfeifender Pfeil eine gute Hilfe. Mit dem Bogen schießen ist ja nicht das gleiche, wie mit dem Gewehr zu schießen. Sitzt das Tierchen hoch oben im Bau und wird von Zweigen verdeckt, ist es schwer zu treffen. Schießt man aber einen pfeifenden Pfeil über es hinweg, erschrickt es und klettert herunter. Dann lässt es sich besser treffen. Auch bei der Jagd auf Elch und Maral leistete der Pfeil gute Dienste. Ein laufendes Tier ist schwer zu treffen. Man schießt, ohne zu zielen, einen pfeifenden Pfeil vor den Maral. Der erschrickt, bleibt stehen, und mit einem zweiten Pfeil trifft man ihn' … Als Bogensehne diente gewöhnlich ein zusammengedrehter Streifen Pferde,- Elch- oder Maralhaut … Für Großwild verwendete man scharfe Pfeilspitzen aus Eisen, für die Jagd auf Eichhörnchen aus Knochen oder Holz geschnitzte, die aber stumpf waren, damit das Fell nicht beschädigt wurde…[542]" Auch aus Kokėl' in Tuva kennt man Kolbenpfeile aus Holz, teils mit einem Eisenstift, vermutlich für die Kleintierjagd.

Ich möchte den Abschnitt schließend noch einmal zu Pfeilbemalungen zurückkehren. Eine Übersichtspräsentation gängiger aber auch exzeptioneller Muster farbiger Dekors hat V. G. Kischenko von der Donetsk National University zusammengestellt. Er erörtert artifzielle Schemata und Details auf der Grundlage gut erhaltener Funde aus dem Steppengürtel: „… The investigation has shown that neither the design nor the colouring of the ancient arrows reveal any sign of manufacturer`s improvisation. Every element of the arrow (its length and diameter), the sort of wood, types of arrowheads and whistles (svistunki), the elements of a fastening system, the form and colouring of the shaft and feathering, the form of the lug and other details follow the prototype pattern … As for the arrow colouring and decoration, they pose a special problem for attributing the specific colouring and decorative features to a particular culture, ethnos, tribe or family…[543]" In skythischer Zeit entstanden Archetypen, die anschließend variiert wurden. Als eine Idealrekonstruktion möchte ich Kischenkos Vorschlag für eine sarmatische Pfeilbemalung zitieren, die sich auch bei den Jazygen oder den Roxolanen so oder ähnlich dargestellt haben könnte. (Abb. 118)

In der Steppenkunst sind langovale oder parabolische Zuschnitte der Leitwerke vorherrschend. Man denke zum Beispiel an die Pfeile auf der Kästchenwand vom Oxos-Tempel oder auf der Knochenscheibe von Orlat. Der Römer Ovid sah überdies bunt bemalte Pfeilfahnen bei Schwarzmeeranreinern. In Fundberichten liest man von drei- oder vierfachen Befiederungen für Pfeile der Hunnen. Adlerfedern sind dabei keine Raritäten. Da solche Stücke als Funde aber selten komplett vorliegen, sei nochmals auf den herausragend guten Erhaltungszustand der Pfeile mit parabolisch zugeschnittenen Fahnen aus Žargalant hingewiesen. Dort sind leicht schräg angesetzte, dreifach radiale Anordnungen von etwa 10 bis 13 cm Länge die Regel. Nur in einem Fall liegt auch ein vierfacher Besatz vor. Die rekonstruierbaren Höhen der Leitwerke betragen je nach Pfeilindividuum zwischen etwa 9 bis 12 mm. Alle Federkiele wurden ohne eine Wicklung nur mit Glutinleim befestigt. Das gilt auch für die zitierten Befiederungsreste an einem der antiken Pfeilschäfte aus Miran an der Seidenstraße. In trockenen Klimaten reichte pure Klebetechnik für eine dauerhafte Adhäsion aus. In feuchteren Breiten wie in Europa sind zugunsten der Langlebigkeit auch Wicklungen anzunehmen. Ob Sarmaten als Hilfstrupppen der Römer Heulkapseln einsetzten, ist eine offene Frage.

Abb. 118: Pfeilbemalung aus der sarmatischen Kurgan-Grabstätte von Suslov in der mittleren Wolgaregion. Idealrekonstruktion. Nach V. G. Kischenko. Mittelsarmatische Zeit. Ohne Maßstab.

9.2.6 Pfeilbauweisen eisenzeitlicher Völker in Kontinentaleuropa

9.2.6.1 Schaftüberreste als sporadische Funde im keltischen Kulturraum

Wenden wir uns nach den in orientalischen und eurasischen Regionen üblichen Macharten für Pfeile als nächstes den Kelten und Germanen zu. Falls die potentiell gallischen Pfeilspitzen in frühkaiserzeitlichen Militärkontexten bei der Errichtung der römischen Herrschaft bis an den Rhein auf einheimische Irreguläre oder Auxiliare zurückgehen, könnten im Zuge dessen auch bei indigenen Stämmen übliche Pfeilschäfte benutzt worden sein. Leider gibt es aus keltischer Zeit relativ wenige Pfeilfunde in Mitteleuropa. Es liegen dafür auch nur in Ausnahmefällen Materialanalysen vor. Sie werden vor allem dann durchgeführt, wenn es sich um prominente Ausgrabungsobjekte handelt. So bestanden die Pfeile eines der Fürsten vom Glauberg aus Esche, eventuell Feldahorn und einem Kernobstgehölz. Benno Urborn konnte für Fragmente eines Pfeilschafts aus der jüngeren Hallstattzeit von Tumulus 13, Grab 10, in der Flur Brand bei Böblingen in Württemberg nachweisen, dass dieser aus einem tangential abgespaltenen Span, also einem Bretterstück, gewonnen wurde, wobei auf rund 10 mm Schaftprofil etwa acht Jahrringe kommen[544]. Die Holzart ließ sich nicht mehr bestimmen.

Aus dem großen Grabhügel des Hohmichele, der zur befestigten Heuneburg bei Hundersingen an der Donau gehört, liegen als Taschen- bzw. Köcherinhalt gerade Weidenholzschäfte mit kleinformatigen Widerhakenspitzen aus Eisen vor[545]. (Abb. 119)

Mit vierzehn Pfeilen wohl befüllt war der Röhrenköcher von 7,5 cm Durchmesser des Fürsten von Hochdorf im 6. Jh. v. Chr. Interessant ist die Diversität an Schaftmaterialien, die der Herrscher überwiegend für jagdliche Zwecke zu schätzen wusste. Archäobotanisch belegt sind Schneeballholz, Hasel, Kornelkirsche, Pfaffenhütchen und Weide. „... An dem gut beobachteten Fürstengrabhügel von Eberdingen Hochdorf lassen sich Details ablesen, die dafür sprechen, dass dem Fürsten ganz besonders sorgfältig gefertigte Pfeile ins Jenseits mitgegeben wurden. Ihre Spitzen und Enden waren mit feinen Schnürungselementen umwickelt. Das befiederte Ende weist eine fetthaltige Klebemasse auf, die, um den Holzschaft gestrichen, mit feinen Fäden umwickelt wurde, die gleichzeitig die Federn festhielten. Im Auflichtmikroskop ließ sich feststellen, dass die Fäden der Umwicklung vorwiegend auf Tierhaaren, aber auch aus Hanf, unter jedem Federästchen (Rami) in nur 1-1,5 mm Abstand durchliefen...[546]" Eine sehr dichte Wicklung für die Fahnen konkretisierte sich auch an einer Pfeilabdrucksspur im Köcher in der Glauberger Hauptbestattung[547].

Diese keltischen Funde datieren zwar lange vor die Phase der römischen Okkupation, an der Praktikabilität der Werkstoffe und Herstellungsverfahren kann sich jedoch – sieht man einmal von sehr aufwändigen Handwerkerleistungen und Fertigungsdetails für besonders wertvolle Herrscherpfeile ab – auch in der Spätlatènezeit naturgemäß nichts geändert haben. So lassen sich selbst ohne einschlägige Realien aus der Zeit von Caesars Kampagnen oder der Ära der Romanisierung Galliens gewisse Analogien für Techniken des Pfeilbaus keltischer Völker rekonstruieren, die vermutlich überdauerten.

Obwohl das Fundmaterial, was die organischen Bestandteile angeht, im Gegensatz zur transparenter vorliegenden Bogenwaffe im spätantiken Germanien ziemlich begrenzt ist, legen die mittlerweile doch recht variantenreich aus Gallien vorliegenden Pfeilspitzen den Gedanken nahe, dass dies kaum mit der wahren Relevanz des Bogenschießens vor und nach der Zeitenwende einhergehen kann. Tacitus erwähnt Pfeile in der Schlacht des Gnaeus Iulius Agricola (40 bis 93 n. Chr.) gegen einheimische Kaledonier am *Mons Graupius* in Schottland:

> *„... Beim ersten Anrücken wurde aus der Ferne gestritten. Mit ebensoviel Kaltblütigkeit wie Geschicklichkeit wussten die Britannier mittels ihrer ungeheuren Schwerter und kurzen Schilde den Wurfgeschossen der unsrigen auszuweichen oder sie abzuschlagen, und uns dann selbst mit einem Pfeilregen zu überschütten...*[548]"

Abb. 119: Frühkeltischer Pfeil. Weidenholz mit eingesetzter Flügelspitze aus Eisen. Aus Grab VI des Tumulus Hohmichele, Lkr. Biberach. Teilbild. Nach Konrad Spindler. Ohne Maßstab.

9.2.6.2 Entwicklung von Pfeiltechnologien in der *Germania magna*

Östlich des Rheins könnte sich die Situation als eine Auswirkung der Eroberungsversuche Roms ähnlich entwickelt haben. Einengend scheint die alte Einschätzung zu sein, dass Pfeil und Bogen erst während der mittleren Kaiserzeit „... als ein neues Moment in die germanische Bewaffnung..." eingebracht worden seien. Eher könnte eine in Germanien nicht prioritäre Waffengattung an Bedeutung gewonnen haben und „... in dem Versuch begründet sein, den römischen Bogenschützeneinheiten eine Fernwaffe entgegen zu setzten...[549]" Jene Theorie geht von der Möglichkeit aus, dass römische *sagittarii* und germanische Schützen sich in Gefechten bisweilen direkt gegenüber standen. Ob die den römischen Grenzen am nächsten wohnenden Stämme als erste einen verstärkten Impuls auf das militärische Bogenschießen legten, das hätten Friesen, Brukterer, Cherusker, Chatten, Markomannen oder Quaden sein können, woraufhin deren Nachbarn nachzogen, wäre ein zwar plausibler und irgendwie auch logischer Gedanke, ist auf dem Weg über Bodenfunde aber bisher nicht zu belegen. Klaus Raddatz schreibt: „... Es kann hier nur nochmals ... betont werden, dass schwere Pfeilspitzen einen stärkeren Bogen, aber keineswegs einen Reflexbogen voraussetzten, der zudem nicht von vornherein wirkungsvolller als ein Langbogen sein muss, wie die Angaben Beckhoffs zeigen. Die nordischen Langbogen der jüngeren Kaiser- und Völkerwanderungszeit waren der germanischen Kampfweise angepaßte und durchaus leistungsfähige Waffen. Die Durchsicht der Pfeilspitzen hat zu Ergebnissen geführt, die in Verbindung mit den Resultaten Beckhoffs die Folgerung zulassen, dass in den Langbogen der germanischen Krieger über eine Waffe verfügte, die Auseinandersetzungen mit den Fernwaffen römischer Kontingente zuließ...[550]"

Immerhin zeigt das Vermögen zum Austragen großer Defileegefechte wie in Kalkriese strategische Fähigkeiten an, die sich auch auf effiziente Mitteldistanzwaffen gestützt haben müssen. Es lassen sich Taktiken erwägen, bei denen Gegner nadelstich- bzw. überfallsartig mit Pfeilen bedroht wurden, um sich dann schnell wieder in rückwärtige Terrains zurückzuziehen. Bei solchen Aktionen kann sich der Nutzwert von Langbogen und Reflexbogen unseren heutigen Erkenntnissen nach übrigens nicht fundamental voneinander unterschieden haben.

Bekanntlich schweigen sich die römischen Quellen, allen voran Tacitus ethnologisches Essay, über germanische Pfeile und deren Gebrauch während der frühen und mittleren Kaiserzeit leider aus. Wolfgang Adler resümiert: „... Dolch, Beil, Schleuder, Geschütze sowie Pfeil und Bogen spielen als reguläre Kriegswaffen offenbar nach Ansicht der römischen Autoren keine Rolle; sie werden überhaupt nicht erwähnt. Auch das bestätigt sich in den Bodenfunden weitgehend...[551]" Dagegen ist kritisch einzuwenden, dass in der älteren Kaiserzeit Waffen als Gräberfunde östlich des Rheins generell nur sporadisch auftreten, offenbar in erster Linie deshalb, weil die Beigabensitte im Bestattungsritus sehr stark reduziert war: „... Das Rhein-Weser-germanische Totenritual kennt also – um diese Überlegungen zusammenzufassen – die Waffenbeigabe in immaterieller Form. Das, was in die Gräber gelangte, war mehr oder minder zufällig und ist nicht einmal als pars pro toto-Beigabensitte zu bezeichnen...[552]" Überdies ist mit Pfeilspitzen aus schneller verrottendem Knochenmaterial zu rechnen, wie sie im Norden verbreiteter vorkommen. Schließlich besteht der begründete Verdacht, dass in archäologischen Fundberichten des 19./20 Jh. zahlreiche germanische Spitzen mit Tülle irrig als Speer- statt als Pfeilspitzen interpretiert worden sind. Hier wären rückblickend neue Analysen wichtig.

Die Situation gewinnt erst in Form eisener Spitzen für Pfeile an Aussagekraft, die mit weiden-, lorbeer- oder rautenförmigem Blatt etwa seit dem 2. Jh. n. Chr. vermehrt auftreten. Geschmiedet wurden Blattspitzen mit flachem oder dachartigem Querschnitt, Mittelgrat oder mit versetzten Schneiden. Letzeres bot mechanische Vorteile gegen ein Verbiegen. Außerdem gab es Pfeilspitzen aus dünner Bronze oder aus Silber. Man hat früher überlegt, ob sie Eliten als Sportgeräte dienten. Es handelte sich aber eher um Symbol- oder Statuswaffen. Bei massiven Pfeilspitzen aus Silber wäre ein robuster Einsatz im Feld praktisch möglich gewesen. „... Bei der recht bedeutenden Rolle, die Pfeil und Bogen in der spätkaiserzeitlichen germanischen Bewaffnung erlangten, ist es sehr wohl denkbar, dass der Pfeil zu einem Würdezeichen wurde. Das konnte sowohl selbstständig geschehen sein als auch auf den Einfluss osteuropäischer Nomadenstämme zurückgehen. Bei den Bewohnern der osteuropäisch-asiatischen Steppen und angrenzender Gebiete galten Pfeil und Bogen als Würdezeichen bzw. Machtsymbol...[553]" Was bedeutet dies alles für die Frage nach der Technologie von Pfeilschäften im germanischen Kulturraum? Hier müssen probate Lösungen, auf die sich zurückgreifen ließ, bereits bestanden haben. Schäfte als gut erhaltene Funde bleiben zwischen Rhein, Donau und Elbe aber bislang aus. Manchmal gibt es Holzstummel in Pfeilspitzentüllen. Solches Material aus dem Fürstengrab von Gommern des 3. Jh. n. Chr. wurde naturwissenschaftlich untersucht: „... Es handelt sich in allen drei Fällen um Reste eines ringporigen Holzes und zwar um Fraxinus exelsior ... Wie an der Biegung der Jahresringe zu erkennen ist, wurden die Pfeile nicht aus Zweigholz, sondern aus Kernspaltholz eines Stammes oder großen Astes gearbeitet...[554]"

9.2.7 Pfeile von germanischen Opferplätzen der jüngeren Kaiserzeit

9.2.7.1 Interessante Konstruktionsmerkmale hölzerner Pfeilschäfte aus dem Nydam-Moor

Hunderte von Pfeilen aus der Römischen Kaiserzeit sind in Norddeutschland und Dänemark archäologisch geborgen worden. Exzellente Beispiele bieten die Fundstücke aus Nydam bei Øster Sottrup. Das Nydam-Moor ist ein verlandeter See am Alsensund. Neben Objekten aus Buntmetall und Eisen hat es Holz und Knochen hervorragend konserviert. Leider kann aus Platzgründen hier weder auf die Grabungsgeschichte seit dem 19. Jh. noch auf spezielle Datierungsfragen im Zeitfenster der Spätantike näher eingegangen werden. Ich halte mich in wesentlichen Aspekten an die vorzügliche Darstellung von Harm Paulsen. Er hat Pfeilschäfte aus den älteren Grabungen in Nydam beschrieben, praktische Nachbauten angefertigt und erprobt. Eine Vorbemerkung ist aber angebracht, wenn wir uns quellenkritisch mit der Frage auseinandersetzen, inwieweit die Pfeilfunde im Norden fürs germanische Bogenschießen insgesamt repräsentativ sein können? Man nimmt heute modellhaft an, dass als Provenienzen der Beutewaffen im Nydam-Moor je nach Deponierungsphase Norddeutschland oder Südschweden in Frage kommen könnten. Andere Forscher postulieren eine Herkunft aus Dänemark selbst. Bei vielen der in Nydam oder auch in Illerup, Vimose und Eisbøl gefundenen Geschosse handelt es sich gleichsam um „Dartpfeile“ mit einer dünnen Vierkant- bzw. Kriegsspitze aus Eisen. Solche extrem pointierten Bewehrungen sind mit Spitzen am Limes nicht vergleichbar, worauf auch die dänische Archäologin Pauli Jensen hinweist. Blattförmige Pfeilspitzen mit Tülle wie im Süden hat man im Norden zwar ebenfalls geschmiedet, im Hinblick auf die überörtliche Aussagekraft der Pfeilfunde sollte aber waffenkundlich festgehalten werden, dass schnittige Schäfte für nadelartige Spitzen nicht zwangsläufig genauso elaboriert auch für Pfeile mit zweischneidigen Bewehrungen hergestellt wurden. Eine Übertragung auf pfeilbauerische Gepflogenheiten von Germanen an Rhein und Donau muss also differenzieren.

Abb. 120: Auswahl hölzerner Pfeilschäfte aus dem Nydam-Moor (1-10). Tiefergelegte Endpartien für die Befiederung. Tubulinocken. Nach Klaus Raddatz. 3.-5. Jh. n. Chr. Ohne Maßstab.

Dass Gemeinsamkeiten bei spezifischen Merkmalen wie etwa den Materialien bestanden, ist aber nachweisbar. Pfeile aus Nydam wurden mehrheitlich aus Kiefern- und Eschenholz gebaut. Solche Hölzer hat man auch in der Merowingerzeit zum Beispiel für Pfeile der Franken als Funde im Gräberfeld von Köln-Müngersdorf bevorzugt. Im alamannischen Grab von Altdorf, Kt. Uri, kamen Pfeile aus Esche, Hasel und dem Holz der Heckenkirsche in einem Jagdköcher vor. Vom baiuwarischen Gräberfeld Aubing, Stadt München, sind als Pfeilhölzer Ahorn, Birke und Esche archäobotanisch nachgewiesen. Eschenholz wurde auch für die Pfeile in Gommern verwendet. Es war also ein beliebter Werkstoff. Zur Aufnahme der Tüllen wurden die Stäbe vorne zugespitzt. Häufig hat man sie mit einer Umlaufkante versehen, so dass die Hülse und der Pfeilstab eine Flucht bildeten. Manchmal wurde ein Löchlein in der Nähe des Tüllenrands angebracht, um die metallene Bewehrung mit einem Stift oder

Dorn im Holz zu befestigen. In Nydam wurden die Spitzen mit Birkenpech festgeklebt. Solche auch an anderen Plätzen im Norden gemachten Beobachtungen sind bei späteren Artefakten im merowingischen Raum ebenso gegeben. Ferner zeugt so manch eine schwere Tüllenspitze mit einer Umwicklung aus Wollfaden oder Draht weniger vom Wunsch nach Windschlüpfrigkeit sondern nach großer Verbindungsintegrität. Dem Verlust wertvoller Spitzen sollte vorbeugt werden[555].

Die Pfeilschäfte aus den älteren Grabungen im Nydam-Moor sind maximal 85,4 cm lang. Ihre Kontur ist gebaucht oder zylindrisch. Bei Bauchung liegt der größte Durchmesser entweder zentral in, kurz vor oder hinter der geometrischen Mitte. Bauchung war ein Charakteristikum auch bei Pfeilen in der hunno-sarmatischen Welt. Angesichts der Mobilität germanischer Krieger und basierend auf möglichen Vorbildsituationen im sarmatischen Raum könnte die Idee für gebauchte Schäfte aus der Fremde übernommen worden sein. Oder aber es läge eine ohne Zugang zu Römern oder zu Sarmaten selbständig erbrachte Optimierung vor. Mir erscheinen beide Alternativen kulturhistorisch plausibel. (Abb. 120)

Alle Pfeile wurden aus Bretterholz geschnitzt. Paulsen meint, dass sie von den Schützen eigenhändig hergestellt wurden, worauf qualitativ bisweilen stark voneinander abweichende Fertigungsresultate hindeuten. Man hat offenbar auf Konventionen zurückgegriffen, deren praktische Umsetzung aber subjektiv blieb. Einige der nadelartigen Kriegsspitzen aus Eisen wurden indessen nach einem einheitlichen Muster produziert[556]. Die Kerben für die Nocken verlaufen quer zur Faserrichtung mit sechs bis zu zwanzig Jahrringen. Viele Pfeile erhielten einen excellenten Außenschliff:

„… Möglicherweise wurde dazu Schachtelhalm oder Haut von in Nord- und Ostsee vorkommenden Kleinhaien verwendet. Der Befiederungsbereich ist in den meisten Fällen mit einer kleinen Stufe gegen den Schaft abgesetzt. Dieser tiefer gelegte Befiederungsbereich wird durch die aufgetragene Teerschicht zur Befestigung der Federn und des Bindematerials wieder dem Niveau des Pfeilschafts angeglichen … Es ist auffällig, dass gerade Pfeilschäfte ohne Befiederungsabsatz überwiegend mit Tüllenpfeilspitzen ausgerüstet sind…[557]"

Das Einbetten der Fahnen ist ein Qualitätsmerkmal, um den Luftwiderstand zu verringern, was die Rasanz schlanker Pfeile im Kampf zusätzlich erhöhte. Wenn man einem solchen Arbeitsaufwand für Projektile mit breiten und schweren Blattspitzen keine gleichrangige Bedeutung zumaß, würde dies die Annahme unterstützen, dass massige Pfeile mit einer hohen Aufhaltekraft handwerklich durchaus auch einmal anders behandelt worden sind. Im Nydam-Moor wurden solche Pfeile im Jahr 1939 als ein Bündel von vierundzwanzig Exemplaren zu Tage gebracht. Sie gehören zu den massivsten Pfeilschäften als Funde aus der Kaiserzeit überhaupt mit vorne bis zu 12 mm Profil. Bei den Geschossen aus Nydam gibt es öfters eine vierfache statt einer dreifachen Befiederung. Zum Fixieren dienten Bindungen aus Flachs-, Hanf- oder aus Nesselfäden. (Abb. 121)

Letztgenannte bestanden aus der Bastschicht langer Brennesselstiele. Die Wicklungen für die Fahnen gliedern sich in eine Partie von etwa 5 mm zum Anpressen der Federkiele, danach in die Zone der Leitwerke von 8 bis 12 cm Länge mit fünfundzwanzig bis zu fünfzig Umläufen auf 10 cm sowie in eine sehr dichte Sektion von 14 bis 21 mm fürs Anheften und Stabilisieren im Nockenbereich. Die Pfeilfahnen wurden aus den Schwingen und Schwanzfedern von Seeadlern, Störchen oder Kranichen gewonnen. Das konnte Paulsen durch Vergleiche gut erhaltener Abdruckspuren auf dem Birkenpech originaler Pfeilschäfte mit den Federn rezenter Vogelarten überzeugend ermitteln.

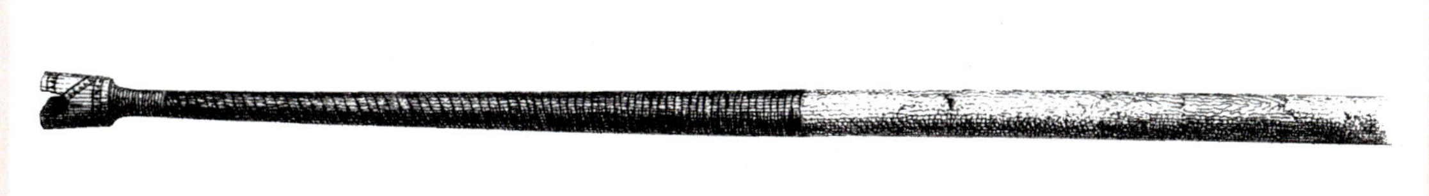

Abb. 121: Zeichnung eines Schaftendes aus Nydam mit drei Wicklungszonen und Tubulinocke. Die Befiederung ist vergangen. Nach H. C. Engelhardt. Ohne Maßstab.

Die entweder kreuz- oder x-förmig zur Nockkerbe angeordneten Fahnen der Nydam-Pfeile wurden stets parallel zur Schaftrichtung aufgeklebt. Allein die natürliche Wölbung der Federn brachte die Projektile in eine den Flug stabilisierende Rotation. Ich finde es interessant, dass sich im technischen Vergleich mit römischen, orientalischen oder hunno-sarmatischen Pfeilen insofern eine höhere Qualität zeigt, als Tieferlegungen und vierfache Fahnen vorkommen. Die Geschosse erhielten dadurch noch stabilere Flugbahnen. Das spricht in idealisierter Weise für eine kaum zu überschätzende Hochwertigkeit. Die einstigen Befiederungshöhen und deren Zuschnitte sind nur noch indirekt ermittelbar. Wenn das Kunstschaffen der Römer einmal Pfeile von Barbaren wiedergibt, hat man häufig trapezoide Konturen der Leitwerke vor sich. Über der Kapitolstreppe in Rom steht als ein anschauliches Beispiel ein Tropaeum aus der Zeit des Kaisers Domitian mit einer Volkspersonifikation, eine *Germania,* nebst Köchern und Pfeilen (s.u. Abb. 183). Sie besitzen kurze, rautenförmige Fahnen. Domitian war von 81 bis 92 n. Chr. Regent und stand im Krieg mit Chatten, Markomannen, Dakern und Sarmaten. Pfeilfahnen könnten im spät-/antiken Germanien durchaus rautenförmig gewesen sein. Wie es die Ikonographie im Frankenreich des Frühen Mittelalters *(Stuttgarter Bilderpsalter etc.)* andeutet, treten anschließend weiterhin trapezoide Konturen auf (s.u. Abb. 152).

Die Pfeilnocken an sämtlichen Kriegsbeuteplätzen im Norden hat man kolbenartig als Tubuli abgesetzt. Manch ein Bearbeiter mutmaßt hierfür Übernahmen mit Blick auf die Nocken im Schießen östlicher Reitervölker, wo ebenfalls erhabene, hier allerdings gabelartige Pfeilenden, quasi standardisiert vorliegen. Insgesamt mag ich weniger an solcherart Korrespondenzen glauben. Nicht nur, dass die Tubuli ein ganz anderes Design als die Gabelnocken in Eurasien aufweisen, sie boten auch einen ergonomischen Mehrwert, wenn man einen Sehnenauszug mit den mittleren Fingern oder unterstützt vom Daumen durchführte. Nachvollziehbar waren, bei sich auf lediglich 6 oder 5 mm im Bereich der Fahnen verjüngenden Schäften, erhabene Tubuli auch für die mechanisch sichere Aufnahme der Bogensehnen essentiell. Alles in allem hat man wohl eine originäre Ausprägung vor sich. Die Kerben liegen in Nydam öfters U- als V-förmig und mit rund 5 mm Tiefe und 5 mm Breite vor. (Abb. 122)

Abb. 122: Tubulinocken aus dem Nydam-Moor. Nach H. C. Engelhardt. Ohne Maßstab.

Vergleichbare Pfeilschäfte wurden auch in Illerup Ådal archäologisch geborgen. Sie sind von Pauli Jensen ausführlich beschrieben. Über die Hälfte davon besteht aus Kiefernholz mit vier bis zu fünfundvierzig Jahrringen. Knapp ein Viertel ist aus Haselholz mit drei bis zu zehn Jahrringen. Wieder andere wurden aus Esche, Linde oder aus dem Holz des Spindelstrauchs gefertigt. Die meisten Schäfte sind gebaucht. Die in der Regel 9 bis 10 mm starken und 5 bis zu 9 mm langen Tubuli besitzen mehrheitlich V-förmig geschnitzte Sehnenkerben. „... Bei der Hälfte der Hinterenden ist ein vertieftes Federlager nachzuweisen. Wahrscheinlich galt dies auch für die andere Hälfte, doch bei diesen Stücken wird die Identifikation durch Teer am Übergang von der Umwicklung zum Schaft erschwert. Die Steuerfedern wurden am Pfeil teils mit Teer und teils durch eine Umwicklung befestigt. Der umwickelte Bereich erreicht eine Länge bis zu 146 mm, doch üblich waren 100–120 mm...[558]" Bei einer Dorn- oder Zungenschäftung der Spitzen wurden die Schäfte mit Fasern umwickelt. Zur Aufnahme von Tüllen sind die Stäbe rundum abgekantet worden. Das Merkmal einer Leitwerkstieferlegung ist auch bei Pfeilen mit Blatt- oder Knochenspitzen zu beobachten:

„... Wie dargestellt, ist das Fundmaterial aus Illerup Ådal vergleichsweise homogen. Ein typischer Pfeil hatte eine Länge von 68–76 cm, einen doppelkonischen Schaft, vier Steuerfedern in einem vertieften Lager sowie einen Kerbknopf mit einer V-förmigen Kerbe am Hinterteil...[559]"

Auf den meisten Pfeilen aus den älteren Nydam-Grabungen liegen Zierelemente in Form von Ritzarbeiten vor. Mitunter gibt es auch Zeichen oder Schrift. Paulsen erläutert: „... Während auf der Nock bis auf eine Ausnahme ornamental geprägte Einritzungen wie umlaufende Linien, schräge Leiter- oder Zickzackbänder vorkommen, befinden sich im Schaftbereich vor der Befiederung Zeichen, die als Runen interpretiert werden können oder zumindest Ähnlichkeiten mit solchen aufweisen...[560]"

Sigmund Oehrl diskutiert ein auf drei Striche reduziertes, ikonographisches Grundsymbol für eine „Spitze“ auf Pfeilen oder Speerspitzen sowie auf Bildern davon im Barbarikum: „... Die ikonographischen Vergleiche führen zu folgendem Ergebnis: Da die Widerhakenpfeildarstellung auf dem Kammfragment aus dem Opfermoor von Porskær und die Widerhakenspeerdarstellungen auf mittelschwedischen und gotländischen Bildsteinen sowie den völkerwanderungszeitlichen Götterbildamuletten mit den runenähnlichen Zeichen der Nydampfeile übereinstimmen, ist es wahrscheinlich, dass auch diese ein simplifiziertes Geschoss darstellen ... Möglicherweise handelt es sich um ein magisches Speer-/Pfeilzeichen, das den sicheren und somit vernichtenden Flug des Geschosses in das gewünschte Ziel – die Schutzwaffe bzw. die empfindlichste Körperstelle des Feindes – durch übernatürlichen Beistand herbeiführen soll...[561]“

Auf zwei Schäften gibt es vor der Leitwerkszone eine aus Runen bestehende, linksläufige Schrift: *lua* sowie *la* als abgekürzte Form. Ich möchte hierbei an transzendente Vorstellungen zur Wirkweise von Pfeilen verbunden mit schicksalhaftem Übel oder auch („angeflogenen“) Krankheiten als einen in der Spät-/Antike weit verbreiteten Aberglauben erinnern[562]. Für die Epoche der Merowinger besitzen wir Hinweise darauf in Form von Archaika-Grabbeigaben prähistorischer Spitzen aus Silex oder Bronze, denen im Leben vermutlich Amulettcharakter zukam[563]. Das lateinische *lues* (f.) war der Begriff für Seuche, Unheil oder Verderben. Das Verb *luere* bedeutet u.a. „büßen“, *luas* meint: „Du büßest!“ bzw. „Büße!“ Lateinische Wörter in Runenbuchstaben sind im Barbarikum zwar selten, aber vorhanden. „... Angesichts der engen Kontakte zum provinzialrömischen Militärwesen ist es naheliegend, dass einige Inschriften aus den Moorfunden Beobachtungen nachahmen könnten, die z.B. germanische Söldner im römischen Heer gemacht hatten...[564]“

Bei Livius ist die *Lua Mater* eine Gottheit, der römische Feldherren erbeutete Feindwaffen einst als Opfergaben darbrachten[565]. Selbst wenn man sich sprachhistorisch weit aus dem Fenster lehnt, erschiene mir ein Transfer als die lateinischen Wörter auf die eine oder andere Weise modifizierende Geste für gefährlich scharf treffende Offensivwaffen wie Kriegspfeile doch ausgesprochen passend. (Abb. 123) Eventuell darf diese neue Idee in den spannenden Interpretationsreigen eintreten. Es mangelt allerdings auch nicht an profaneren Deutungen: „... Aus den frühesten Opfern (300-350) sind nur zwei Runenpfeile vertreten, ein drittes Stück aus der Ausgrabung von 1863 ist dagegen verloren gegangen. Die Runen *lua* und *la* hatten vielleicht eine Verbindung zu dem bekannten Schutzwort alu, doch an erster Stelle dienten sie als Kennzeichen des Besitzers auf dem Pfeil...[566]“

Als ein vorläufiges Fazit sind eingeritzte Symbole und eventuell auch Runen mit dem Wunsch nach Waffenmächtigkeit erklärbar. Deren Erhöhung erachtete man durch das Anbringen von irgendwie als magisch bedeutsam gedachter Zeichen für sinnvoll. Vielleicht dienten bei anderen Einkerbungen auch Eigentümeranzeigen oder sogar Pfeilsortenempfehlungen dieser Maßnahme. Für umlaufende Ritzarbeiten auf den Nocken könnten dekorative Gründe eine Rolle gespielt haben. Immerhin waren die Nocken mit das einzige, was von den Pfeilen in einem Köcher sichtbar blieb. Etwaige Bemalungen wurden bisher kaum beobachtet. Originale Pigmente hier und da können natürlich abgewittert sein. An vendelzeitlichen Pfeilen aus den Hügelgräbern von Valsgärde nahe Alt-Uppsala in Schweden ist eine schwarz- und rotfarbige Symbolik unklarer Bedeutung erhalten. Womöglich legte man bei den Nydam-Pfeilen einen größeren Wert auf Ritzarbeiten, deren Bestand auch unter widrigem Klima gesichert blieb. Sowohl die aufwändigen Zierden als auch die „Informationen“ sind aus einer speziellen Motivation heraus angebracht worden und deuten auf eine Wertschätzung von Pfeilen als Waffenform an sich.

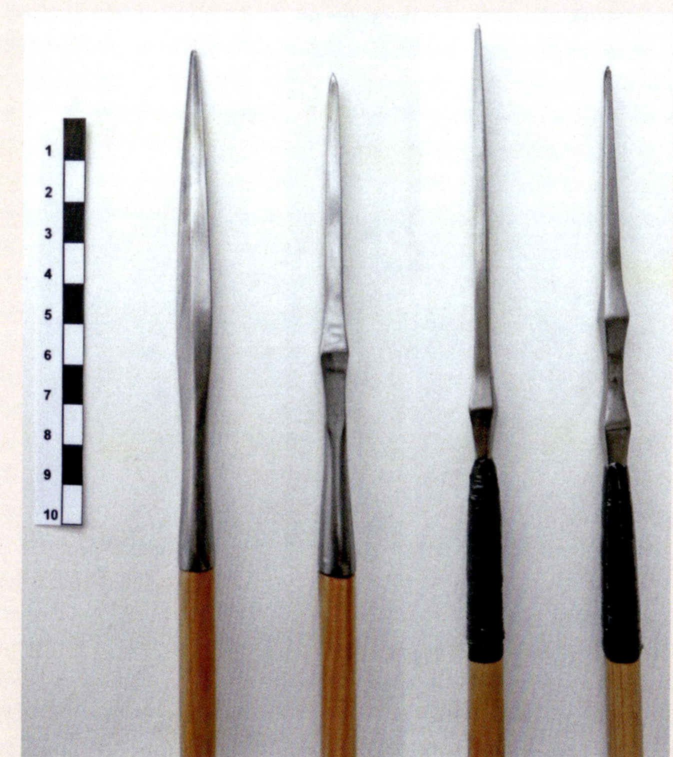

Abb. 123: Unheilbringer im Kampf – lange eiserne Nadelspitzen. Funde aus Nydam. Rekonstruktionen von U. Stehli. Ohne Maßstab.

Effizienzaspekte des Bogengebrauchs in kritischer Diskussion

10.1 Verifizierbare Erfahrungswerte und retrospektive Mythenbildungen

10.1.1 Augenzeugenberichte, literarische Suggestionen und populäre Ansichten

In den bisherigen Kapiteln wurden bereits viele Angaben zur Effizienz römerzeitlicher Pfeile und Bogen gemacht. Ich möchte deshalb im Folgenden darauf verzichten, eine systematische Sammlung mit einschlägigen literarischen Klischees aus dem Altertum zu erstellen, zumal, ballistisch betrachtet, die Reichweite und die Durchschlagskraft von Bogenpfeilen relative Größen waren und sind. Als eine Textpassage über die schlimmen Folgen des Pfeilgebrauchs im Krieg soll ein kurzes Exzerpt aus der Spätantike dienen:

> „ ... *Schon reizten sich die Feinde aus der Ferne mit Lanzen und Pfeilen beiderseits zum Waffengang und rückten drohend zum Nahkampf heran, die Schilde fügten sich zu einer Art Schildkröte zusammen, und Fuß stand dicht bei Fuß ... So entwickelte sich ein heißer, sehr verlustreicher Kampf. Kühn stürzte sich ein jeder ins Handgemenge und erlag den wie Hagelschauer hin und wider schwirrenden Geschossen oder dem Schwert ... Allüberal deckten die Leichen der Gefallenen das Schlachtgefild, dazwischen Halbtote, die nicht mehr auf Leben rechnen durften. Einige waren von einer Schleuderkugel oder einem eisenbewehrten Pfeil getroffen, während die Häupter anderer von einem Schwertstreich mitten durch Stirn und Scheitel gespalten waren...*[567]“

So schildert Ammian die Wahlstatt *Ad Salices,* Bei den Weidenfeldern, wo Römer und Goten im Jahr 377 n. Chr. gegeneinander kämpften. Der Ort befand sich unweit von *Macrianopolis* (heute Dewnja) in Thrakien gelegen. Bei einem durch eine eigene Militärkarriere geschulten römischen Schriftsteller wie Ammian wäre anzunehmen, dass er die Dynamik von Pfeilen als Kriegswaffen authentisch darlegt. Dennoch hat der Autor sich auch stilistischer Hilfsmittel aus dem klassischen Schrifttum bedient, um Ereignisse fiktional zu dramatisieren.

So hatte Ammian bei der Verteidigung der römischen Stadt *Amida* (Diyarbakır) gegen die Perser das leidvolle Geschehen noch persönlich begleitet. Bei seiner Schilderung aus zweiter Hand der römischen Niederlage in der Schlacht von Adrianopel gegen die Goten und Alanen 378 n. Chr. werden von ihm aber auch und gerade literarische Kunstgriffe zugunsten eines spannungsaufgeladenen Textes angewandt. Norbert Bitter erklärt dies: „... Mit zunehmender Verschlechterung der Lage wird sogar der Himmel und das umliegende Gelände mit in die Schilderung einbezogen. Aufsteigende Staubwolken versperren die Sicht, am Himmel brechen sich die entsetzlichen Schreie: ... Auch die Geschosse zeigen bei der weiteren Eskalation der Kampfintensität größere Wirkung. Anfangs erwähnt sie Ammian lediglich ... Treffer werden vereinzelt registriert ... Allmählich aber zeigen sie eine Art Automatismus: Schon während des Fluges kündigen sie den Tod an und treffen genau vorberechnet ihr Ziel. Die Wunden, die sie reißen, sind unvermeidbar, da man die Geschosse weder heranfliegen sieht noch ihnen ausweichen kann...[568]“ Es mischt sich also realistische Beschreibung mit Suggestion bei der Effizienz von Pfeilschüssen. Nicht viel anders hatten früher auch Autoren wie Plutarch bei der Schilderung der Schlacht von *Carrhae* oder Cassius Dio beim Thema der *clades Variana* schriftstellerische Stilmittel eingesetzt. Aufmerksame römische Zeitgenossen mögen von den tatsächlichen Umständen des einen oder anderen Ereignisses gewusst und öffentlich berichtete Geschehnisse je nach ihrem eigenen Kenntnisstand einzuschätzen vermocht haben. Wenn aber waffenkundliche Laien heutzutage verstehen wollen, was Jagd- und Kriegspfeile zu leisten imstande waren, stehen informatorisch überwiegend weiche Quellen zur Verfügung.

Das liegt daran, dass man sich übers Ausmaß der Effizienz von Pfeilen keine klare Vorstellung mehr machen kann. Hypothetisches Wissen lässt sich durch praktische Erfahrungen etwa als Sportbogenschütze aufbessern. Man findet es jedoch hauptsächlich durch das populäre Medium des Kino-/Films mit konstruierten Klischees vermeintlicher historischer Wahrheiten vorgebildet. Populäre Ansichten über die Kapazität traditioneller Bogen schwanken dabei nicht selten zwischen Extrempolen. Wer etwa als Kind auf dem Land aufgewachsen ist, hat sich womöglich einen Haselstecken mit einer simplen Kordel bespannt und so einen Flitzbogen angefertigt, der improvisierte Pfeile mehr oder weniger zuverlässig loszuschnellen vermochte. Historienfilme bieten einem zugunsten des Schauwerts konträre Tatbestände. Junkelmann hat sich kritisch mit Darstellungen antiker Soldaten und insbesondere der römischen Armee in Hollywoods Filmindustrie auseinandergesetzt. Da er unterschiedliche Zeitmoden filmisch reproduzierter Kriegsgeschichte fachlich beleuchtet, soll auch hier der einflussreiche Genrestreifen *Gladiator* aus dem Jahr 2000 eine Erwähnung finden.

In der fulminanten Anfangssequenz, die am Ende der Markommanenkriege spielen soll, fliegen im Rahmen eines aufwändigen Schlachtenpanoramas (computergenerierte) Infanteriepfeile über viele hunderte Meter dermaßen rasant und brisant auf die an einem Waldrand postierten Gegner des römischen Heers zu, als handele es sich gleichsam um Waffenvorläufer moderner Leuchtspurmunition. Junkelmann erhebt zu den technischen Übertreibungen in der besagten *Gladiator*-Filmszene ebenfalls erhebliche faktische Bedenken: „... Nachdem die Germanen die Aufforderung zur Kapitulation abgelehnt haben, lässt Maximus ‚die Hölle los'. Der etwas anachronistische Ausdruck ist durchaus gerechtfertigt, denn die römische Artillerie arbeitet hier fast ausschließlich mit Brandgeschossen, unterstützt von Wolken von Brandpfeilen, die von orientalischen Bogenschützen abgeschossen werden. Wie Napalmbomben schlagen große, mit irgendwelchem hochbrennbaren Stoff gefüllte Tonkrüge im Wald ein. Sie funktionieren nach Art von Molotow-Cocktails und lösen sofort zahlreiche Brände aus...[569]" Mit seriöser Experimentalarchäologie oder mit Angaben aus römischen Quellen sind solche eindrucksvollen aber fragwürdigen Filmbilder schwer in Einklang zu bringen.

10.1.2 Analyse von Chronistenangaben mit Fokus auf die Kontextbedingungen

Ein merkwürdiges Pendeln zwischen großen Gegensätzen, manchmal sogar eine bewusst konnotierte Herangehensweise ans militärische oder jagdliche Schießen ist, soweit es um verifizierbare Pfeileffizienz oder lediglich um Effekthascherei geht, aber kein ausschließlich modernes Phänomen. Man begegnet ihm, wie geschildert, auch schon in spät-/antiker Zeit. Prokopios von Caesarea lobt im 6. Jh. n. Chr. die Stärke hunnischer und oströmischer Reitersoldaten mit einem kräftigen Auszug der Bogensehne bis ans Ohr, während man stattdessen in altvorderen (homerischen) Zeitläufen den Nerv lediglich bis zur Brust gezogen habe und Pfeile deshalb nur schwach ins Treffen gelangten:

> „... *Niemals ist ja solchen Menschen bewusst geworden, dass die Bogenschützen bei Homer, denen die Bezeichnung nach dieser ihrer Fertigkeit sogar Unehre, brachte, doch unberitten waren, weder Schild noch Lanze zu ihrer Verteidigung hatten und auch sonst über keinen Körperschutz verfügten. Zu Fuß mussten sie vielmehr in den Kampf ziehen und notgedrungen Deckung suchen, indem sie den Schild irgend eines Kameraden auswählten oder sich auf eine Grabstele stützten, von wo aus sie sich dann weder durch Flucht retten noch die weichenden Feinde angreifen konnten. Man gewann*

Abb. 124: Angriff auf ein Stadttor mit kombinierten Waffen. Schild- und Speerträger. Bogenschütze zu Pferd. Karolingischer *Utrecht-Psalter* (Fol. 25 r.). Teil der Illustration zu Psalm 43. Um 830 n. Chr.

daher den Eindruck, dass sie nicht einmal einen offenen Waffengang wagten, sondern immer nur heimlich am Kampfgeschehen teilnahmen. Außerdem wandten die Bogenschützen ihre Kunst derart mangelhaft, an, dass sie die Sehne nur zur Brust hin spannten und daher ihr Geschoss ohne Kraft und Wirkung auf die Feinde entsandten. So war es offensichtlich in früherer Zeit um das Bogenschießen bestellt...[570]"

Abgesehen davon, dass ein Anreißen der Sehne bis zur Brust (engl. *chest-draw*) für Fußkämpfer, wie es etwa der Bayeux-Teppich andeutet, bei einem raschen Vorrücken und sich Zurückziehen in Feindnähe manchmal unumgänglich gewesen zu sein scheint, bleibt Prokops Rückschau provokant und entbehrt beweisbarer Grundlage. Sie dient ideologisch dem Lob der Kavallerie in justinianischer Zeit[571].

Ein anschauliches Beispiel für zeitgenössische Taktiken verbundener Waffen finden wir im *Utrecht-Psalter*. Man erblickt darauf Kavalleristen mit Rundschilden und Schildbuckeln – es kann sich also nicht, wie bisweilen vermutet wird, um ein Klischee von Reiternomaden aus dem Osten handeln –, die bei einer für die Verteidiger offenbar überraschenden Attacke auf ein Stadttor von einem Bogenschützen unterstützt werden. (Abb. 124) Der *Utrecht-Psalter* entstand Anfang des 9. Jh. n. Chr. in der Abtei Hautvillers im Karolingerreich. Die Buchmaler griffen bei dessen Fertigung auch auf spätantike, oströmische Vorlagen zurück. Der Kodex wird von der Bibliothek der Universität Utrecht aufbewahrt (Ms. Bibl. Rhenotraiectinae I, Nr. 32) und in vorbildlicher Weise auch als eine Internetressource zugänglich gemacht[572]. Beim Historiker Agathias Scholastikos erfahren wir, dass während einer Belagerung im Gotenkrieg in Italien (535–554 n. Chr.) von Bogen abgeschnellte Geschosse angeblich Steine zerbarsten:

„... *Die Pfeile, die Aligern selbst schoss, lernten die Römer bald von den anderen unterscheiden: Mit starkem Zischen und unglaublicher Schnelligkeit kamen sie angesaust und zerschmetterten alles, selbst wenn sie auf Stein oder sonst etwas Schwerzerbrechliches trafen...*[573]"

Auch das gehört in den Bereich barer Übertreibung. Es wird überbetont, welcher Gefahren sich eigene Soldaten beim Annähern an einen pfeilschießenden Gegner stellen mussten. Auf einen Hang zur Darstellung des besonders Außergewöhnlichen stößt man auch jenseits herber Kriegstaten. Dem Gebrauch von Pfeil und Bogen konnten in der Antike profane aber auch extravagante Züge innewohnen. Auf einem Vasenbild aus Apulien wird ein skythischer Bogen in ungewöhnlicher Manier mit den Füßen bedient. (Abb. 125) Hierbei handelt es sich um Kunst- und Trickschießen, das als Artistik zu gelten hat.

Später sind es sogar römische Kaiser selbst, denen ein großes Könnertum als Bogenschützen nachgesagt wird. Traditionen des Herrscherlobs aus dem Orient mögen hierfür mit eine Rolle gespielt haben. Die Anekdote aus der Vita des Commodus mit den Straußen in der Arena in Rom, der Bogenfaible des Kaisers Domitian oder auch die manöverhafte Grandeur des Soldaten Suranus wurden weiter oben bereits gewürdigt. Das Grabgedicht für Suranus lautet auszugsweise:

„... *Ich bin der Mann, berühmt an den Ufern Pannoniens, tapfer und der erste unter tausend Batavern, der unter den Augen Hadrians es fertigbrachte, die breiten Gewässer der Donau in voller Rüstung zu durchschwimmen. Danach schoss ich einen Pfeil in die Höhe und*

Abb. 125: Kunstschießen mit einem Skythenbogen. Antike Gauklerin oder Akrobatin. Bildmotiv auf einer sogenannten *Gnathia*-Vase aus Unteritalien. Um 300 v. Chr.

brach ihn, noch während er in der Luft war, mit einem zweiten Pfeil. Kein Römer und kein Fremder hat diese Leistung je übertroffen, kein Soldat mit seinem Wurfspeer, kein Parther mit seinem Bogen...[574]" (CIL. III 3676)

Zu nennen sind auch Zeilen des Autors Sextus Africanus (160/70 bis 240 n. Chr.) in seinem Kaiser Alexander Severus gewidmeten Werk Κεστοί, einer Enzyklopädie zu Themen wie Landbau, Medizin und Kriegswesen. Hill fasst diese Angaben zusammen: „... One of the former was an experiment in which ten archers shot succesively in a long line in order that the approximate speed of the arrow might be calculated. He describes three examples of precision shooting which are reminescent of the Emperor Domitian: Prince Manneres, whom he accompanied at a hunt, blinded a dangereous boar in both eyes with two shafts so that it could be readily despatched; Bardizanes the Parthian shot the outline of a human face on a buckler held up by an assistant; Smyrnus the Scythian, wearing no armour, hitting in midair arrows aimed at him, with his own shafts ... He anticipates modern shooting when he says that a number of competitors should be on the same target with their arrows marked differently, and in recommending an higher anchor-point than the chest; his rede that one should run up and down the butts should only be followed to rescue one`s fletchings from a heavy shower of rain! ...[575]"

Über den nachmaligen Kaiser Titus (79 bis 81 n. Chr.) wird berichtet, er habe als Befehlshaber bei der Belagerung Jerusalems zwölf Feinde mit Pfeilen getötet[576]. Commodus ließ sich zu Propagandazwecken als ein gefährlicher und stets wachsamer Bogenschütze portraitieren:

> „... *Er richtete aber auch in der ganzen Stadt Standbilder von sich selbst auf und sogar genau gegenüber dem Senats-Sitzungslokal ein solches mit schussbereitem Bogen: Er wollte dem Senat nämlich auch noch mit seinen Standbildern Furcht einflößen...*[577]"

Die Statuen wurden nach dem gewaltsamen Tod des Despoten umgehend wieder abgerissen. Bogenschießen als ein Jagdsport spielte auch für einige der Soldatenkaiser im 3. Jh. n. Chr. eine Rolle.

Christian Wallner beschreibt dies wie folgt: „... Maximinus Thrax, Claudius II. Gothicus, Aurelian und Probus konnten während ihrer Regierungszeit auf militärischem Gebiet zum Teil außerordentliche Erfolge erzielen. Für die Soldatenkaiserzeit lässt sich somit ein Darstellungsschema der *Historia Augusta* ausmachen: gezieltes Training und vor allem Fähigkeiten im Ringen sind Voraussetzungen für militärisches Durchsetzungsvermögen eines *princeps* und exzellente Leistungen auf diesem Gebiet. Festzuhalten ist ferner, dass den Kaisern ausnahmslos Sportarten zugeschrieben werden, die der Autor der *Historia Augusta* positiv bewertet: Ringen, Laufen, Reiten, Speerwerfen, Bogenschießen sowie die Jagd. Sie sind durchweg als Mittel für die Kampfschulung, jedoch keineswegs als zweckfreie Freizeitbeschäftigungen aufzufassen...[578]"
Die Alessandria-Glasschale entweder mit Kaiser Konstantin II. oder mit Constantius II. als Schütze zu Pferd reiht sich in die Liste ein. Ammian berichtet von der Passion Kaiser Gratians (375 bis 383 n. Chr.) für die Jagd mit Pfeil und Bogen:

> „... *Denn wie Commodus übermenschliche Freude empfand, wenn er vor den Augen des Volkes seiner Gewohnheit nach zahllose wilde Tiere mit Wurfspeeren erlegte, ... so erlegte auch Gratianus in Gehegen, sogenannten Tiergärten, mit einer Menge von Pfeilschüssen Raubtiere und versäumte darüber viele wichtige Regierungsgeschäfte...*[579]"

Schließlich ist überliefert, dass der Reichsfeldherr Flavius Aëtius (490 bis 454) sowie der Westkaiser Eparchius Avitus (455 bis 465 n. Chr.) Bogen zu gebrauchen verstanden. Aëtius verbrachte Teile seiner Jugend als eine Geisel bei Goten und Hunnen. Kaiser Valentinian III. wurde 455 n. Chr. in Rom erschlagen, als er vom Pferd stieg, um sich auf dem Marsfeld im Bogenschießen zu beweisen. Über einen der letzten Regenten des Westreichs, Maioranus, liest man, er sei ein guter Bogenschütze, Jäger, Reiter, Läufer und Faustkämpfer gewesen[580]. All jene Talente hätten ihre Künste kaum vor Publikum aufgeführt, ja es bestünden viele der Berichte selbst nicht, wären die damaligen Leser dem Gebrauch von Pfeil und Bogen mit Ablehnung oder Ignoranz begegnet.

10.2 Hinweise auf das strategische Vermögen römischer Bogenschützen

10.2.1 Philosophie, Ausrüstung und Technik des richtigen Treffens mit Pfeilen

Praktische Ratschläge fürs Bogenschießen in offenen Feldschlachten oder beim Führen von Stellungskämpfen findet man bei den byzantinischen Militärschriftstellern. Im *Strategikon* des Maurikios wird empfohlen, dass Soldaten sich ihrer Körperkraft angepasster Bogen bedienen und keine diese überfordernden Waffen handhaben sollen[581]. Der Grund dafür bestand wohl weniger in der Gefahr flüchtig ausgeführter Einzelschüsse mit zu starken Bogen, sondern man darf davon ausgehen, dass in kritischen Gefechtsphasen sehr schnell geschossen wurde[582]. Der Pfeilauszug unter existentiellem Stress war eine energiezehrende Schwerarbeit. Nur dem eigenen Kräftepotential angepasste Kriegsbogen konnten selbst nach dem zwanzigsten oder dreißigsten Schuss in rascher Folge richtig bedient werden. Über den Drill leichtbewaffneter Soldaten zu Fuß schreibt Maurikios:

> „... *Im schnellen Bogenschießen auf eine hohe Lanze auf Entfernung, sei es auf romäische oder persische Art; im schnellen Bogenschießen mit Schild, im Werfen von kleinen Lanzen und im Schleudern auf Entfernung...*[583]"

Ähnliches greift die Lehrschrift *Peri toxeias* mit dem Vorschlag auf, sich in mehreren Spannweisen zu schulen. In der Übersetzung Schissel von Fleschenbergs lesen wir:

> „... *Von den Bogenschützen spannen die einen mit den drei mittleren Fingern die Sehne, die anderen mit zweien und da wieder die einen mit dem Daumen auf dem Zeigefinger, die anderen umgekehrt. Die letztgenannten spannen sowohl die Sehne stärker, als schießen auch den Pfeil heftiger ab. Jeder muss sich auf jede der drei genannten Arten üben, um die anderen Finger gebrauchen zu können, wenn die vorher tätigen unter dem ununterbrochenen Spannen litten...*[584]"

In *Peri toxeias* wird der militärische Trainingszweck dargelegt:

> „... *Beim Bogenschießen streben wir nach folgenden drei Stücken: Zielsicher schießen, kräftig schießen, schnell schießen. Denn dies ist nicht nur nützlich für den Widerstand gegen den Feind, sondern auch für Rückzug und Verfolgung ... Man spannt nun den Bogen, indem man die Sehne bald gegen das Ohr, bald gegen den Nacken, am schwächsten aber, wenn man sie gegen die Brustwarze aufzieht...*[585]"

Für die Vehemenz eines Schusses waren die Bogenkonstruktion, das Zuggewicht sowie die Länge des Pfeilauszugswegs entscheidend. (Abb. 126)

> „... *Kräftiges Schießen erfolgt entweder dadurch, dass der Bogen nicht gar leicht gespannt wird, oder durch die Länge des Pfeils, weil dann der Bogen umso mehr gespannt wird...*[586]"

Abb. 126: Ausrüstungstechnisch fantasievolle aber szenisch ansprechende Rekonstruktion römischer Auxiliare und Legionäre. Nach: Georg Agar Hansard: The book of archery. London 1841.

Waffenhistorisch ist davon auszugehen, dass *Peri toxeias* auf Reflexbogen abstellt. Prokopius reklamiert die Bogen der Sasaniden im Gegensatz zu römischen als angeblich leichter biegsam und schneller in der Schussfolge. Es gibt aber auch römerzeitliche Texte mit einer Betonung größerer Stärke von Kriegsbogen der Parther. Bei solchen Pauschalaussagen ist stets eine große Vorsicht angebracht. Nicht selten begegnet man unreflektierten Topoi oder auch Propaganda, wonach vice versa die Waffen von Asiaten schwächer, die von Griechen und Römern mächtiger gewesen seien. „... Über die persischen Bogenschützen schreibt Ammianus Marcellinus [XXV, 1, 13], dass sie die Sehne bis zur Brust zogen, wobei es sich hierbei allerdings eher um einen rhetorischen Topos handeln dürfte, den man in antiken Texten über das Bogenschießen antrifft und weniger um eine realitätsneutrale Information ... Man darf hierbei auch die Aussage Ammians nicht vergessen, der von einer großen Durchschlagskraft persischer Pfeile spricht [XXIV, 2, 13] ...[587]"

Zur Kampferöffnung, wenn Plänkler ausrückten und Bogenschützen Salven unternahmen, flogen Schleudergeschosse, Pfeile und Speere hin und her. „... In der Schlacht von *Argentaria* werden die Kampfhandlungen überhaupt erst durch Pfeile und Wurfspeere eröffnet: *concurri est coeptum sagittarum verutorumque missillim pulsibus* (31, 10, 8). Auch in der Schlacht von *Solicinium* beginnen Feindseligkeiten mit dem Schleudern der Speere...[588]" *Peri toxeias* empfiehlt für den Kampfauftakt ein Pfeilschießen auf Entfernung hin. Bevor man Feinde im Nahbereich an den Beinen treffen konnte, wurde auf Weite gehalten. Das galt angesichts von Schildträgern wie bei der Gefahr schnell hereinrückender Reiterverbände gleichermaßen:

> *„... Wer gegen eine frontale Aufstellung von Fußvolk oder von Reiterei schießt, darf die Geschosse nicht in gerader, sondern muss sie in schräger Richtung verwenden, es sei denn, dass er auf die Füße der Pferde schösse. Denn jeder der frontal gegenüberstehenden Feinde wird durch den Schild gedeckt...*[589]"

Auch Maurikios gibt zu bedenken, dass Fußvolk mit Helmen und Schilden aber ohne Beinschienen verwundbar sei. In einer Formation am gefährdetsten waren dabei die Frontreihen. Soweit Bildquellen römische Infanteristen in Schlachtordnung zeigen, scheint es so zu sein, dass trotz Schilden und Rüstungen die Beine, das Gesicht und der Hals Pfeilen relativ frei ausgesetzt gewesen sein konnten. Auch im *Vergilius Romanus* (fol. 188v) sieht man Pfeile, die im Gefecht gegen die Beine von Soldaten in einer Schlachtreihe gerichtet sind (s.o. Abb. 55). Dieses vielleicht als schicksalhaft empfundene Problem spiegelt sich ja eigentlich schon im alten Mythos bei Homer von der sprichwörtlich pfeilverwundbaren Achillesferse eines sonst durch Panzer und Schild gut geschützten Kriegers[590].

In einem dramatischen Kampfgeschehen war für einzelne Individuen der Anflug von Pfeilen schwer aufklärbar. So scheinen selbst zierliche Pfeile als unkalkulierbare Geschosse in der Lage gewesen zu sein, Verletzungen hervorzurufen, die Schlachtreihen in Unordnung bringen konnten, wenn Verwundete nicht weiter vorrückten und eine Kampfformation substantiell an Beständigkeit verlor. Herodian berichtet von den militärischen Erwartungen der Römer unter Kaiser Alexander Severus (222 bis 235) und Maximinus Thrax (235 bis 238 n. Chr.) im asymmetrisch geführten Barbarenkampf rechts des Rheins:

> „... *Mit sich führte er eine große Menge und beinahe die gesamte Streitmacht der Römer, dazu die größte (verfügbare) Anzahl maurischer Speerschützen und osrhoenischer Bogenschützen*[591] *und Armenier, von denen die einen besiegte Untertanen, die anderen befreundete Verbündete waren, sowie von Parthern die, welche entweder als Söldner vom Sold veranlasst und als Überläufer oder aber als besiegte Kriegsgefangene den Römern dienten. Diese Heermasse war ja schon vorher von Alexander zusammengezogen, aber von Maximinus noch verstärkt und zum Kriegshandwerk eingeübt worden. Besonders erscheinen die Speerschleuderer und Bogenschützen für Kämpfe gegen die Germanen geeignet, weil sie leichtbeweglich plötzlich und unerwartet vorpreschen und sich ebenso rasch wieder zurückziehen können...*[592]"

Die Quellen beinhalten von reißerisch bis authentisch vielerlei Berichte und Anekdoten über fatale Pfeiltreffer an Hals, Kopf und Extremitäten. Passagen solchen Inhalts hier umfangreich anzugeben, würde den Zitatraum sprengen. Oftmals treffen Geschosse eine trotz Helm, Panzer oder Schild freie Stelle oder ein Soldat hat Teile seiner Rüstung nur kurz abgesetzt, als ein unerwarteter Pfeil beißt. Eine drastische Aussage liegt

Abb. 127: Kampfeinsatz gegen zwei Barbaren. Ausschnitt vom Grabstein des Reiters Tiberius Iulius Rufus mit Helm, Schwert und Reflexbogen. Pannonien. 1. Jh. n. Chr. Ohne Maßstab.

auf dem Grabmal des römischen Auxiliars Tiberius Iulius Rufus aus dem 1. Jh. n. Chr. vor. Es wird im Museum Sopron (Lapidarium, Fabricius-Haus) in Ungarn ausgestellt. Der berittene Bogenschütze hat einen ersten Barbaren, der links unten zu sehen ist, mit einem Treffer unterm Hals niedergestreckt. Ein zweiter Kontrahent wird frontal attackiert und durch einen Pfeil ins Auge außer Gefecht gesetzt. (Abb. 127)

Auf der Traiansssäule wird von Auxiliaren mitunter aus einer rückwärtigen Position über die eigenen Reihen von Hilfstruppen auf dakische Feinde gezielt. Beim Befestigungskrieg strebten Angreifer „Feuerüberlegenheit" an, um Zinnen leichter bestürmen zu können[593]. Dem Autor Josephus nach konzentrierten sich bei der Belagerung von *Jotapata* durch Vespasian und Titus 69 n. Chr. römische Artilleristen, Speerwerfer, Schleuderer und Bogenschützen auf bestimmte Bereiche der Mauerkrone, so dass die Verteidiger ihre Abwehrstellungen nicht ohne große Verluste behaupten konnten und sich zurückzogen. Die Traianssäule stellt eine Begebenheit aus dem ersten Dakerkrieg im Winter 101/102 n. Chr. dar, bei der Daker mit Bogenschützen und Rammböcken ein Kastell attackieren. Erstaunlicherweise gibt es aber keine Szenen auf der Säule, auf denen einmal römische Kastellverteidiger mit Reflexbogen auf Angreifer schössen. Dem könnte auch eine propagandistische Intention zugrunde liegen, die signalisierte, dass die Daker tatsächlich Auge in Auge niedergekämpft werden mussten. Sonst hätte man sich die Kastelle ohne jegliche Präsenz von Bogensoldaten vorzustellen, was aber angesichts solcher Hilfstruppen im Heer des Traian unwahrscheinlich ist. *Sagittarii* zeigt die Säule ferner bei Aktionen, wo auf offenem Feld und aus relativer Nähe auf angreifende Feinde angelegt wird. All diese unterschiedlichen römischen Quellenbeispiele erfordern eine fachliche Disskussion über plausibel rekonstruierbare Pfeilreichweiten in antiker und spätantiker Zeit.

10.2.2 Realistische Rekonstruktion von Reichweiten unter Feldbedingungen

10.2.2.1 Auswertung des internationalen Forschungsstands und praktische Gegebenheiten

Literarische Bilder von Pfeilen, die wie Regen herabkommen, wie Schneeflocken fallen oder den Himmel verdunkeln, sind stilistische Klischees. Ammian schreibt über die Verteidigung von *Amida:*

> „... *Wuchtige Steine, aus Skorpionen geschleudert, zerschmetterten da vielen Feinden das Haupt, andere wurden von Pfeilen durchbohrt, ein Teil der Gegner deckte mit Lanzen im Leibe den Erdboden ... Wolken von Pfeilen verdunkelten hier durch dichte Menge die Lüfte, dazu schlugen die Wurfmaschinen ... Wunden auf Wunden...*[594]"

Caesar berichtet von der auch psychisch beklemmenden Konfrontation mit Bogenschützen im Bürgerkrieg:

> „... *Viele unserer Leute wurden verwundet und man fürchtete die Pfeile so sehr, dass fast alle Soldaten sich aus Filz, Lappen oder Leder Überwürfe über die Mäntel machten, um vor Geschossen sicher zu sein...*[595]"

Über die feindlichen Kombattanten heißt es im Originaltext "... *sagittarios Creta, Lacedaemone, ex Ponto atque Syria reliquisque civitatibus*..." (3, 4). Gebrauchten diese Kreter, Festlandsgriechen und Asiaten unterschiedliche Bogen? Hatte das Konsequenzen für die Reichweite und die Gefährlichkeit ihrer Pfeile im Kampf?

Es gab zwar Wandel bei der Bogenausrüstung, aber kein technisches sich Aufschaukeln mit dem Ergebnis einer finalen Schlachtfeldüberlegenheit. Bei Vegetius sollen Rekruten auf Ziele aus Strohbündeln in 600 Fuß Entfernung anlegen, was beim Fußmaß in der Spätantike gut 170 Meter wären[596]. Dies entspricht in etwa dem attischen Stadion (griech. Στάδιον, lat. *stadium*) als einer etablierten Maßeinheit im griechisch-römischen Raum[597]. Vegetius griff auf probate Erfahrungswerte zurück. Die Stadionweite hat sich einst vielleicht sogar aus dem Kriterium der Pfeilgefährlichkeit heraus mit entwickelt. „... Die griechischen Heiligtümer waren Orte der Unverletzlichkeit und des Asylrechts. Dabei kann die Ausdehnung des Geländes, das unantastbar ist, schwanken. So berichtet Strabo, dass Alexander der Große den Asylbereich des Artemis-Heiligtums in Ephesos auf ein Stadion ausdehnte, und dass später Mitridates, der das Asylgebiet erneut festlegte, zu diesem Zweck einen Pfeil von der Ecke des Tempeldaches abschoss, der etwas weiter als ein Stadion, etwas weiter als rund 200 m weit flog...[598]"

Die bedrohliche Reichweite von Kriegspfeilen ist sich über Jahrhunderte ähnlich geblieben[599]. McLeod hat dazu Richtiges vorgetragen: „... Whatever Procopius says about the relative merit of Persian and Roman bows at the battle of Callinicus, 531, it is likely that the Persian arrows which *‚had no power whatsoever to hurt anyone who encountered them'* (Persian Wars, 1.18.33) were at the extreme limit of their range. One other body of ancient evidence deserves mention: military architecture. Vitruvius (1.5.4) recommends that the interval between the towers of a city wall should not exceed *'the range of an arrow' (sagittae missio)* ... This review of the evidence suggests that bowmen were quite acurate up to 50-60 metres; that their effective range extended at least 160-175 metres, but not as far as 350-450 metres; and that 500 meters was an exceptional flight-shot. ...[600]"

McLeod wurde zwar auch kritisiert[601], doch sind seine Angaben für Zielschüsse oder für ballistisches Störfeuer im Masseneinsatz –

mehr zu Fuß als zu Pferde – völlig realistisch. Bei Sportwettkämpfen erreichten herausragende Könner mit angepassten Flugpfeilen auch Strecken weit über 300 Meter. Das entsprach aber nicht dem Einsatz unter Feldbedingungen für verlässliche Kriegswerkzeuge zu Lande oder zu Wasser.

Für Zeitgenossen waren Schussdistanzen manifestierbare Größen, was es ausschließt, dass starke Abweichungen nach oben oder unten ins Gewicht gefallen wären. Selten findet man in der antiken Literatur wie bei Xenophon Aussagen, Feinde hätten mit ihren Pfeilen weiter gereicht als eigene Kämpfer oder vice versa[602]. Für Kriegsereignisse im Vorderen Orient 35 n. Chr. meint Tacitus, dass sarmatische gegenüber parthischen Reitern rascher in den Nahkampf übergingen:

> „... *Bei den Sarmaten aber ließ sich nicht einzig des Feldherrn Ruf vernehmen, sondern jeder spornte sich selbst an, keinen Kampf mit Pfeilen zu gestatten: Im Sturme und im Handgemenge müsse man zuvorkommen. Ein buntes Schauspiel gewährten daher die Kämpfenden, indem die Parther, mit gleicher Gewandheit zu verfolgen oder zu fliehen gewohnt, ihre Geschwader auseinander dehnten und Schussweite suchten, die Sarmaten aber, ohne den Bogen zu gebrauchen, mit dem sie weniger in die Ferne stark sind, mit Lanzen und Schwertern hereinstürmten, bald nach Art eines Reitertreffens mit Angriff und Flucht abwechselten...* [603]“

Ist dies wirklich ein Beweis für die Überlegenheit persischer Bogen[604]? Es könnte sich auch um eine Überinterpretation angesichts des strategischen Schwergewichts auf Lanzenreiter in sarmatischen Aufgeboten allgemein handeln[605]. (Abb. 128) Glaubhafter im Hinblick auf Waffenwissen wirkt des Tacitus Angabe, dass Torsionsartillerie die Kapazität von Reflexbogen übertraf. Fürs Jahr 62 n. Chr. wird Folgendes berichtet:

> „... *Inzwischen besetzte Corbulo das nie von ihm vernachlässigte Euphratufer mit zahlreicheren Posten ... und trieb mit Katapulten und Balisten die Barbaren fort, auf welche die Steine und Speere zu weit hinflogen, als dass das Gegenfeuer ihrer Pfeile ihnen hätte gleichkommen können...* [606]“

Der Feldherr Gnaeus Domitius Corbulo hatte am Euphrat Schiffe mit Artillerie bestückt, um parthische Kavallerie von römischem Brückenbau fern zu halten. Es bestanden für vitale Belange dienende Richtwerte beim Kriterium der Pfeilreichweite. „... Die Schussweite des Pfeils ... galt bei den Byzantinern und vor allem beim Heer als übliches Längenmaß. Wegen der Möglichkeit, damit rasche Messungen durchzuführen, wurde es vor allem für das Aufschlagen eines Lagers, für die Aufstellung der Armee, für die Entscheidung, wann eine Schlacht begonnen werden sollte (wenn man in Schussweite kam), für die Bestimmung des Abstandes der verschiedenen Einheiten beim Marsch etc. eingesetzt...[607]“ Militärisch wurden Pfeiltreffer erstens in einer Kernschusszone benötigt. Sie betrug weniger als 60 Meter[608]. Als Referenz dafür kann das Schießen der Römer am Kampfplatz Harzhorn dienen. Dort wird „Sperrfeuer“ zur Abwehr eines Angriffs von Germanen und topographisch anderswo auch Stellungsbeschuss durch die Position römischer Pfeilspitzen dementsprechend rekonstruiert. Bei spätantiken Kastellen wie in Boppard, das vermutlich Armbrustsoldaten beherbergte[609], betragen die Turmintervalle meist 25 bis 30 Meter voneinander. Dies gibt eine Mindestdistanz für den Schusswaffengebrauch der Turmmannschaften an, die sich Unterstützungsfeuer geben konnten. Einer pfeilballistisch anderen Kategorie entsprach Zielschießen auf etwa 60 bis 90 Meter. Wir gehen hier von Aufgaben für gut positionierte Schützen zu Fuß aus, die über freies Sichtfeld verfügten. Am Harzhorn belegten die Römer Ziele auf solche Entfernungen primär mit Pfeilartillerie und weniger mit den Geschossen ihrer orientalischen Bogenschützen[610]. Das sagt einiges über die Effizienzunterschiede damaliger Geschütz- und Bogenpfeile aus. Auf *stadium*-Weite konnten Flugstrecken um die 180 Meter weit reichen. Man musste ein solches Unterfangen aber auch von ausreichender Truppenstärke abhängig machen. Es bewirkte große Unterschiede, ob in einer Formation wenige oder viele Soldaten auf entlegene Ansammlungen von Feinden hielten. Im Grundsatz spielte die Munitionsbereitstellung eine weitere Rolle. Bei begrenzten Vorräten kam es auf sichere Treffer im Nahbereich mehr an.

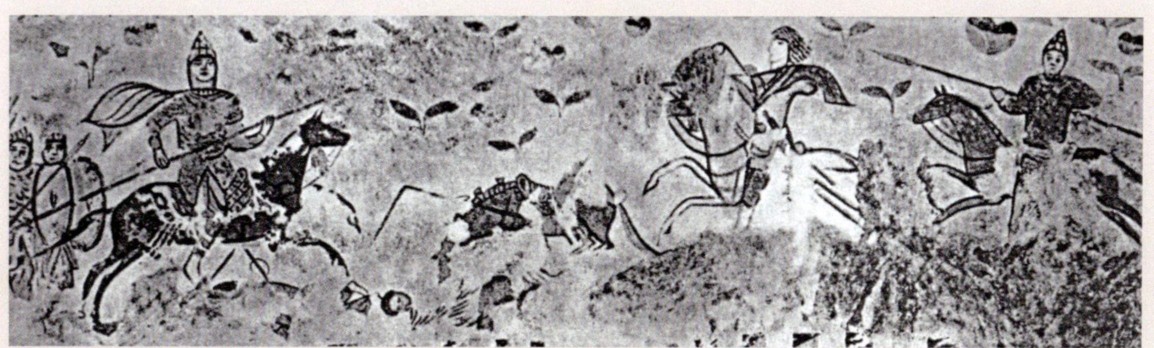

Abb. 128: Lanzenreiter, Bogenschütze und Fußvolk. Grabfresko aus *Pantikapaion* (Kertsch). Übernahme von Kampftaktiken der Sarmaten im *Regnum Bosporanum*. Krim. 1./2. Jh. n. Chr. Ohne Maßstab.

Wie das Problem der Reichweite von Pfeilen einen nur scheinbar unerschöpflichen Fundus für Diskussionen bietet, sind auch Mythen ums berittene Bogenschießen von einem durchaus auflösbaren Rankenwerk populärer Mutmaßungen umwoben. Man verfügt auf experimenteller Ebene mittlerweile inter-/national über Kenntnisse zum Pfeilschießen zu Pferde, die noch vor wenigen Jahrzehnten überhaupt nicht auf einer qualitativ vergleichbaren Grundlage bestanden. In der Antike berühmt waren die reiterlichen Fertigkeiten der Perser mit ihrem sogenannten Parthischen Schuss. Auf Kaiser Nero (54 bis 68 n. Chr.) war in Rom folgender Spottvers in Umlauf:

> „*Spannet die Zitter der unsre, den hörnernen Bogen der Parther. Ist der unsre des Sangs, jener des Schusses Apoll!*[611]"

In die späte Republikzeit datiert das Debakel des Marcus Licinius Crassus bei *Carrhae* im Norden Mesopotamiens. Laut Plutarch sollen schon vor dem Treffen in der Wüste wilde Angstgerüchte über eine unheimliche Pfeilbedrohung bei den Legionären und Hilfstruppen die Runde gemacht haben:

> „*... Sie führten eine ganz neue Art von Pfeilen, die, ehe man sie oder den Schützen gewahr werde, alles, was ihnen vorkomme, durchdrängen...*[612]"

Tatsächlich hatte man es in der Einöde mit Schwarmattacken und Scheinrückzügen leichter persischer Kavallerie sowie mit dem Eingreifen Schwerbewaffneter zu tun[613]. (Abb. 129) Beim neuen Pfeiltyp handelt es sich um eine schriftstellerische Idee, für die es keine materielle Bestätigung im parthischen Raum gibt. Über in Frage kommende Pfeile habe ich oben referiert. Die Umstellung auf Spitzen aus Eisen war längst erfolgt. Offenbar wurden die Truppen mit einer aufgezwungenen Materialschlacht konfrontiert,

> „*... wobei sie eben nicht gerade zu zielen brauchten, denn die dichte und gedrängte Stellung der Römer machte, dass keiner, wenn er auch gewollt hätte, seinen Mann verfehlte. Auch waren die Schüsse durchaus kraftvoll und wirksam, wegen der großen und starken Bogen, die den Pfeil durch ihre starke Krümmung mit aller Gewalt abschnellten ... Solange jedoch die Römer noch hofften, dass die Feinde, wenn sie ihre Pfeile verschossen hätten, den Kampf aufgeben oder den Nahkampf aufnehmen würden, hielten sie immer aus; als sie aber bemerkten, dass viele mit Geschossen beladene Kamele zur Seite standen und die vordersten herumritten, um sich neue zu holen, verlor nun Crassus, der kein Ende vor sich sah, allen Mut...*[614]"

Bei Massenangriffen von Reitern in Staubwüsten müssen außerdem Unmengen von Feinsand durch die Pferde in Aufwirbelung gekommen sein. So werden schon deshalb kaum Schüsse auf schlecht einsehbare Fernziele erfolgt sein. „... Parthian horse archers were able to penetrate armour with their arrows at Carrhae. Assuming that they did not come far within the maximum range of the Roman legionaries' *pila* and auxiliaries' bows, the Parthians probably came no closer than 30–50 m from the Roman line...[615]" Wie man sich planmäßig initiierter Attacken erwehren konnten, schildert Tacitus anlässlich einer Expedition 58 n. Chr. gegen den Partherkönig Tiridates:

> „... [Dieser] *beschloss zuletzt, ein schlachtbereits Heer zu zeigen, und, böte sich der Tag dazu, das Treffen zu beginnen, oder durch verstellte Flucht sich Gelegenheit zur Überlistung zu bereiten. So umschwärmte er plötzlich den römischen Heereszug. Das überraschte unseren Feldherrn* [Gnaeus Domitius Corbulo] *nicht, der gleicherweise das Heer zum Marsche und zum Kampfe geordnet hatte ... Auf den Flügeln zogen die Bogenschützen zu Fuß und die übrige Mannschaft der Reiter weiter vorwärts ... Von der anderen Seite sprengte Tiridates heran, nicht bis auf Schussweite, sondern bald drohend, bald unter dem Scheine eines Zagenden, ob er vielleicht die Reihen lösen und die Getrennten verfolgen könnte. Als keine Lücke durch Unbesonnenheit aufriss,*

Abb. 129: "Parthische" Bogenschützen und gepanzerter Lanzenreiter. Im oberen Bildteil hypothetisch ergänztes Stuckrelief aus Chaltschajan im Südosten Usbekistans. Kuschanzeitlich. Ohne Maßstab.

und nur ein einziger Decurio der Reiter sich zu kühn hervorgewagte, und von Pfeilen durchbohrt durch sein Beispiel die übrigen im Gehorsam gefestigt hatte, zog der König ab, da die Dunkelheit schon nahte...[616]"

Hier hielten die römischen Bogenschützen zu Fuß das Herannahen der Feinde erfolgreich zurück und ließen keine gefährlichen Einkreisungen zu. Offenbar verzichteten die Parther ihrerseits auf Weitschüsse. Diszipliniertes Vorgehen mit kombinierten Waffen konnte die Vorteile eines Bewegungsheers im offenen Terrain also zunichte machen. Natürlich mussten die römischen Soldaten dann auch substantiell in der Lage sein, Paroli zu bieten. *Peri toxeias* bietet zur Gewährleistung schnellen Gefechtsschießens zwei Trainingsmethoden an: Entweder ein darin talentierter Soldat sendet in vorgegebener Frist viele Pfeile auf ein Ziel ab, woran sich seine Kameraden in gleicher Ambition zu messen haben. Oder aber er unternimmt beim Durchgang eines Parcours ungezielte Fernschüsse zur Seite hin, welche durch Fahnen abgesteckt werden. Auf diese müssen die nachfolgenden Soldaten oder Rekruten mit eigenen Namen oder Marken versehene Pfeile kongruent in der Vorwärtsbewegung abschnellen[617]. So wurden Genauigkeit, Tempo und Reichweite stationär wie auf dem Marsch geschult.

10.2.2.3 Kampfesweisen beim Aufeinandertreffen berittener Bogenschützen

Bei Lucian von Samosata, dem in Kommagene geborenen Satiriker und Schriftsteller, gehört es im Werk *Hermotimos* zum skythischen und persischen Training, in Bewegung unstationäre Ziele wie Vögel und Wild zu treffen. Moderne Praktiker rekonstruieren das Zielen im Sattel auf nahe Distanzen hin, wobei im Galopp auf die zu treffenden Objekte heran und wieder fortgeritten wird. Lucians allegorische Textpassage lautet wie folgt:

„... *Sie gleichen ganz den Anfängern im Pfeilschießen, welche ein Heubündelchen auf eine Stange stecken, und aus einer sehr mäßigen Entfernung nach diesem Ziele schießen. Treffen sie's glücklich, und fährt der Pfeil mitten durch das Büschelchen hindurch, so erheben sie ein Geschrei, als ob Wunder was Großes geschehen wäre. Aber Persische und Scythische Bogenschützen machen es nicht so: diese schießen für's Erste meistens vom Pferde herab, wenn es in vollem Laufe ist; sodann verlangen sie gewöhnlich ein Ziel, das in Bewegung ist, nicht aber feststeht und den Pfeil erwartet, sondern sich ihm auf's schnellste zu entziehen sucht. Daher schießen sie meist wilde Thiere. Viele treffen sogar die Vögel im Fluge. Wollen sie aber bisweilen an einem feststehenden Ziele die Schnellkraft ihres Bogens versuchen, so zielen sie auf eine hölzerne Scheibe, die vielen Widerstand leistet, oder auf einen mit einer noch frischen Rindshaut überzogenen Schild, und dürfen sich, wenn sie diese durchschießen können, darauf verlassen, daß ihre Geschosse auch durch eine Waffenrüstung dringen werden...*[618]"

Im dynamisch geführten Reiterkampf, bei der Verfolgung, dem Passieren oder der frontalen Konfrontation, war eine vehemente Pfeilwirkung wichtig. *Peri toxeias* macht geltend, dass bei gegeneinander anreitenden oder sich verfolgenden Schützen die Zuverlässigkeit von Treffern am höchsten sei[619]. Ikonographische Quellen bieten uns zwar keine Szenen an, auf denen römische gegen barbarische Schützen zu Pferd streiten, ersatzweise kann hier aber ein Fresko mit einem Reitergefecht aus einem chinesischen Aristokratengrab der Han-Zeit angeführt werden. (Abb. 130) Die verwobene Handlung darauf korrespondiert mit dem in *Peri toxeias* empfohlenen Ablass aus der Nähe. Man erblickt gegeneinander anstürmende Kavalleristen mit Reflexbogen und Lanzen. Die Pfeile werden im Galopp

Abb. 130: Bogenschützen und Lanzenreiter im Kampf. Die Kombattanten reiten direkt aufeinander zu. Ausschnitt eines Grabfreskos aus der Han-Zeit. China. Nach R. Ghirshman. Ohne Maßstab.

abgeschnellt. So mag selbst bei einer Rüstung aus Schuppen- oder Lamellenpanzern die Kraft der Pfeile beträchtlich gewesen sein. Dies galt erst recht beim Beschuss ungepanzerter Pferde. Die Kampfszene auf der Platte von Orlat (s.o. Abb. 41) zeigt ein Pferd durch zwei Pfeile in Kopf und Hals niedergestreckt. Diese Bildaussage könnte auch für Gegebenheiten bzw. für einige besondere Fundobjekte aus Roms Militärwelt interessant sein: Womöglich haben durch schmale Pfeileinschusslöcher perforierte Rinderschädel, die an Kastellorten in Britannien entdeckt wurden, ersatzweise einem Schießtraining gedient, das in Kampfsituationen auch zum Stoppen feindlicher Reiter anwendbar war. Alles in allem gewinnt man den Eindruck von Hochwertigkeit der römischen Bogenwaffe im konzertierten und individuellen Gebrauch. Über jeweils traditionelle oder neue Technologien dominier(t)en stets Konzentration, physische Kraft und Automatismen. Sie mussten durch Schießtraining aufrechterhalten werden. Hinzu trat die römische Feldherrnkunst, Truppen in unterschiedlichen Terrains erfolgreich führen zu können.

10.3 Römerzeitliche Zielvorrichtungen für den Übungsbetrieb

10.3.1 Stangen, Rinderschädel, Strohbündel, Scheiben und Schilde

Wie im Ratgeberwerk des Vegetius zu lesen, bemühte man sich um praktische Handreichungen fürs Trainieren gefechtsmäßigen Schießens. Es lässt sich kritisch fragen, ob dass etwas rustikal anmutende Vorhalten von Strohbündeln eine in der Armee älter tradierte Maßnahme gewesen ist, dies erst in der Spätantike womöglich von Foederaten übernommen wurde oder eine von Vegetius selbst erdachte Übung war? Vegetius lässt Rektruten auch auf Pfähle anlegen, die sonst zum Schwertkampftraining dienen. Man findet Stangen (hier Lanzenschäfte) als Ziele für Bogenschützen in oströmischen Texten, zum Beispiel im *Strategikon* des Maurikos. Durch ständige Wiederholung wurden praktische Routinen erzeugt:

> „... *Im schnellen Bogenschießen zu Fuß, sei es auf romäische oder persische Art, denn die Geschwindigkeit bringt den Pfeil dazu, wegzufliegen und kraftvoll zu treffen, was notwendig und auch für die Berittenen von Nutzen ist. So ist auch das langsame Bogenschießen nutzlos, auch wenn der Pfeil genau zu treffen scheint. Im schnellen Bogenschießen zu Fuß auf Entfernung, gegen eine Lanze oder ein anderes Ziel. Im schnellen Bogenschießen in Bewegung zu Pferd, nach vorne, hinten, rechts und links*...[620]“

Beim sogenannten „romäischen“ und „persischen“ Bogenschießen könnte es sich um den Mediterranen und den Sasanidischen Ablass (siehe ausführlich dazu unten im Abschnitt 14.2.1.2) gehandelt haben.

In Großbritannien sind besagte Rinderschädel als Funde aus der Kaiserzeit dokumentiert. Sie weisen sehr viele Einschusslöcher auf. (Abb. 131)

„... Aus Corbridge *(Corstopitum)* stammen zwei Ochsenschädel (bos longifrons), die von schmalen quadratischen Löchern durchbohrt sind ... In Chesterholm *(Vindolanda)* wurde ebenfalls ein Ochsenschädel gefunden, der quadratische Durchschmüsse aufweist. Sie sind ca. 0,4 bis 0,6 cm groß. Das deutet eher auf Pfeilspitzen als auf Wurfspeerspitzen hin. Denn man muss davon ausgehen, dass die Spitzen in dem Knochen nicht stecken blieben, sondern ihn durchschlagen haben. Das haben Versuche mit einem modernen Sportbogen bestätigt...[621]“ Bogenschützen, Speerwerfer und Artillerie übten wohl nicht selten

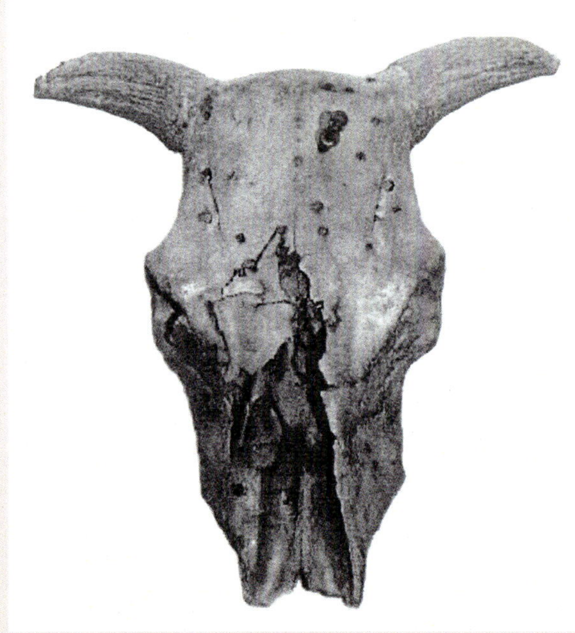

Abb. 131: Rinderschädel mit Einschlagsmarken vierkantiger Pfeilspitzen. FO Kastell *Vindolanda*. Bardon Mill. Northumberland, England. Nach R. Birley. Ohne Maßstab.

miteinander. Ein gemeinsames Vorgehen rät auch Arrian zur Abwehr alanischer Reiterei. Geschossfunde am Harzhorn zeigen Taktiken verbundener Waffen gegen verschanzte Barbaren an: „... Wie in anderen Bereichen auch, haben offenbar die Bogenschützen und die Bedienungsmannschaften der Torsionsgeschütze dieselben Ziele beschossen...[622]" Bei Belagerungen wurde Artillerie mit Steinkugeln im Vergleich zu Bogenpfeilen auch anders eingesetzt. Dies belegen Funde aus *Gamla* in Israel: „... It is interesting that ‚except at the main breach and the synagogue areas, the major concentrations of arrowheads and ballista balls along the wall do not overlap'. It seems that at Gamala the arrowheads were used against specific human targets that protected the breaching sectors, while the artillery was further employed to bombard areas that did not come under direct Roman attack...[623]"
Wir haben Grund zur Annahme, dass Übungsziele für Pfeile nicht bloß statisch blieben sondern man sie auch naturalistisch auf Wagen oder anderen mobilen Vorrichtungen bewegte. In *Peri toxeias* ist zu lesen:

> „... *Man muss sich aber auch auf natürlich und auf künstlich bewegte Ziele üben; auf natürlich bewegte, in dem man auf Vögel oder auf Wild schießt, auf künstlich bewegte, z.B. auf Ziele, die mit einer Schnur aus größerer Entfernung herangezogen werden, etwa Kugeln oder dergleichen. Die sich somit auf jede Art dergestalt üben, verfügen auch im Ernstfalle unbedingt über einen zielsicheren Schuss...*[624]"

Aus der Prinzipatszeit liegt eine konventionelle Konstruktion auf dem Grabstein des Reiters *Acrabanis* aus der *Ala Augusta Ituraeorum* vor. Man verewigte den Auxiliar beim Anreiten auf eine mittelgroße Zielscheibe. Sie ist auf einem hohen Pfahl montiert. Errichtet wurde das Denkmal nahe der Stadt *Arrabona* (Győr) in Pannonien. Während bereits drei Pfeile übereinander einstecken, hält der Soldat im Gallop den Reflexbogen bereit. Die Waffe ist nur schemenhaft verwirklicht. (Abb. 132) Reiterspiele, bei denen auf hohen Stangen befindliche Ziele geschossen wird, sind aus dem Mittelalter für den Nahen Osten und Persien vielfach belegt[625]. Tölle-Kastenbein weist auf eine auf einen Pfosten gesetzte Scheibe oder Kugel hin, die einer Amphora aus einer Grabstätte beim etruskischen *Vulci* in Latium aufgemalt ist. Das Bildthema ist ein mythisches Wettschießen zwischen Herakles, dem Eurytos und dessen Söhnen[626]. Mehrere Pfeile haben die Kugel zerteilt. *Peri toxeias* empfiehlt fürs Training sukzessive zu verändernde Flächen:

> „... *Endlich sollen sie nach allmählicher Abnahme der Höhe kreisrunde Ziele verwenden, sei es, dass sie auf Körper schießen, sei es auf Flächen, sei es gar auf Punkte. Der Größenunterschied der Ziele sei bedeutend, indem sie zunächst auf sehr große, dann auf mittlere, endlich auf ganz kleine schießen...*[627]"

Da auf dem Grabstein von Győr die Pfeile zu etwa zwei Dritteln aus der Scheibe herausragen, könnte es sich eventuell um dicht gepacktes Stroh gehandelt haben.

Abb. 132: Übungsschießen auf eine Zielscheibe. Motiv vom Grabstein des Auxiliars Acrabanis im römischen *Arrabona*. Pannonien. Győr, Ungarn. Frühe Kaiserzeit. Ohne Maßstab.

10.3.2 Konstruktion einer oströmischen Messapparatur fürs Training

Die mit Abstand spannendste und genaueste Beschreibung für ein Messinstrument, mit dem militärische Effizienz eingeübt und ausgewertet werden konnte, ist in der Schrift *Peri toxeias* enthalten. Schissel von Fleschenbergs Edition des Textes enthält eine Analyse der komplexen Konstruktion nebst deren Abmessungen. Die zeichnerische Umsetzung zugunsten eines mechanisch brauchbaren Bauvorschlags für die Vorrichtung ist aber bei Kolias besser und glaubwürdiger ausgeführt. Wir erblicken eine ebenso praktikable wie geniale Erfindung zur Verbesserung von Zielgenauigkeit und Schusskraft. Leider ist es rückblickend nicht mehr zu erfahren, ob der Entwurf nur einmalig angeraten wurde oder ein verbreitetes Muster darstellte. Ausgangsbasis bildete eine kreisrunde Zielscheibe aus schwerem Grundmaterial, vermutlich robustem Holz. Als Bodenplatte diente ein Fundament aus Balken. Darin wurde ein massiver Holzpfosten senkrecht errichtet. Sein planes Ende wurde in mindestens anderthalb Metern Höhe mit einer horizontalen Scheibe als Messauflage versehen. (Abb. 133) Auf ihr waren Linienmarkierungen angebracht. Aus der Mitte des Pfostens ragte ein Eisenstab, worin die Zielscheibe von drei Fingern Dicke und einem Durchmesser von zwei Spannen (ca. 50 cm) einsteckte. Sie hatte Kontakt mit der Unterlage und war drehbar. Ihr Gewicht allerdings und die Verbindung selbst mussten so ausgelegt sein, dass sich das Zielobjekt nicht leicht sondern nur verhältnismäßig mühsam rundumbewegen konnte.

> „... *Die Kreisplatte sitze auf dem Bolzen so, dass sie weder unbeweglich ist, noch leicht bewegt wird durch jemand, der sie mit einem Pfeilschuss in Bewegung setzt. Auf diese Kreisplatte sollen also die Leute schießen mit eisernen Knöpfen statt mit Pfeilspitzen...*[628]“

Die Aufgabe bestand darin, auf das Ziel mit den vorne stumpfen Pfeilen anzulegen. Es kam darauf an, genau und hart zu Treffen. Nicht die Scheibenmitte war anzuvisieren sondern die Ränder. So verlagerte sie sich am besten entlang der Markierun-

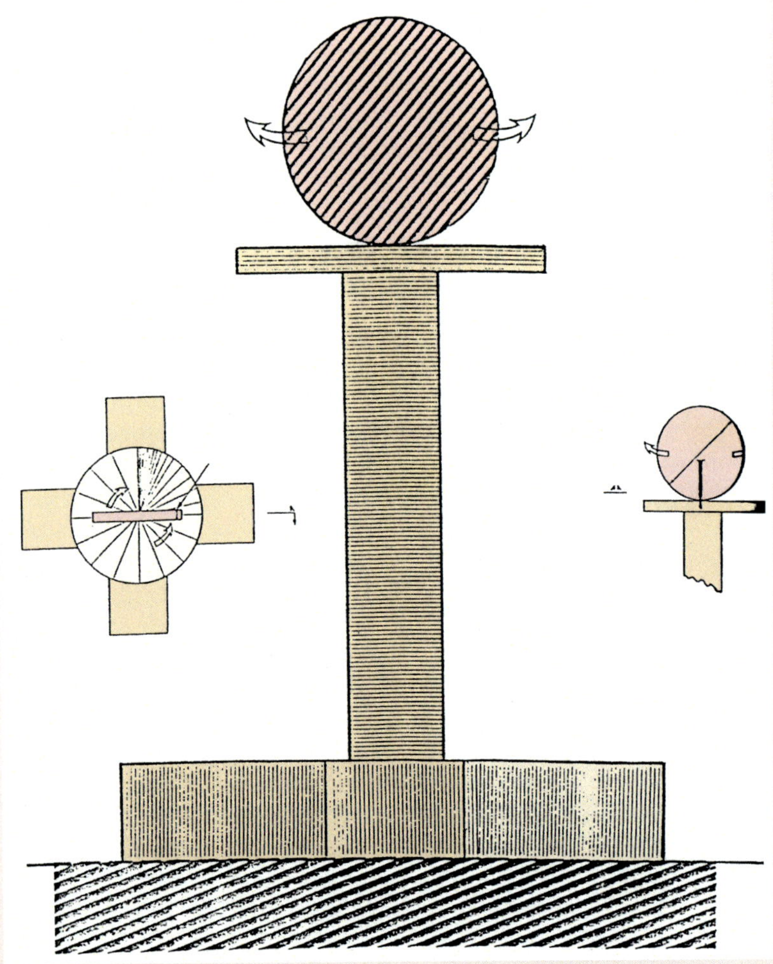

Abb. 133: Aufbau eines Scheibenziels fürs Bogenschießen nach den Angaben in *Peri toxeias*. Die Scheibe dreht sich bei Treffern. Rekonstruktion nach Taxiarchis G. Kolias. Ohne Maßstab.

gen. Anhand der Radiallinien konnte der Erfolg der Schützen ermittelt werden. Es stellt sich die Frage, weshalb es notwendig war, ein solches Messgerät zu entwickeln? Dazu möchte ich auf neue experimentelle Erkenntnisse hinweisen:
„... Wir konnten bestätigen, dass der Wirkungsgrad eines Bogens nicht allein von seinen physikalischen Eigenschaften und seiner Bauform abhängt, sondern vom Gewicht der benutzten Pfeile. Leichtere Pfeile nehmen weniger von der im Bogen gespeicherten potentiellen Energie auf als schwerere. Überraschend war für uns, dass bei den sehr leichten Pfeilen mit dreiflügeligen Spitzen und Tüllen zwischen den verschiedenen Bogen nur vernachlässigbar kleine, statistisch nicht signifikante Unterschiede in den Wirkungsgraden vorliegen...[629]" So resümiert Godehardt seine Tests mit rekonstruierten Skythenbogen und Pfeilen mit Bronzespitzen. Sie wogen im Mittel um die 22 Gramm.

Griechische und römische Pfeile waren tendenziell leichtgewichtig. Natürlich ist anzumerken, dass Wörter wie „leicht" oder „schwer" die Sachlage abstrahieren. Dennoch lassen sich Pfeile unterhalb von etwa 30 bis 35 Gramm Gewicht im traditionellen Bogenschießen als „leicht" bezeichnen. Sofern deren militärische Austeilung im Anschluss an die industrielle Produktion von Spitzen und Schäften anonymisiert erfolgte, verhielten sie sich mechanisch unkritischer gegenüber unterschiedlichen Zuggewichten, als es massereichere Vertreter über 40 oder 50 Gramm getan hätten. Darauf weisen Godehardts Praxisresultate im Übertrag hin. Dies bedeutet zwar keineswegs, dass Spezialisten nicht über Ensembles in Form situativ auswählbarer Pfeilkaliber verfügt hätten. Es setzt auch nicht die Notwendigkeit außer Kraft, dass Pfeile und Bogen schusstechnisch aufeinander abgestimmt gewesen sein sollten. Offenbar deckte ein Substrat relativ leichter Pfeile das am schieren Massenbedarf der Armee orientierte Munitionswesen aber besser ab, als es schwerere es getan hätten. Korfmann meint über technisch rekonstruierbare Erfordernisse im Militärwesen des Alten Orient prinzipiell analog: „... Die Herstellung von Pfeilen und deren Bewehrungen für den militärischen Gebrauch muss als ‚Massenproduktion' gleichartiger Geschosse gedacht werden. Absolute Einheitlichkeit bestimmter ‚Serien' war deshalb erforderlich, weil der zukünftige Benutzer im Heeresverband, der jeweilige Schütze, anonym war. Ab dem Moment, da regelrechte Waffenlager existieren – und die können wir jetzt angesichts der großangelegten Kriegsführung voraussetzen – kann auf die Bedürfnisse und Wünsche des indivduellen Schützen nicht mehr Rücksicht genommen werden; im Gegenteil, es wird von ihm verlangt, dass er sich auf das gegebene Material einstellt und mit ihm trainiert...[630]"

So ist auch die in *Peri toxeias* enthaltene Vorrichtung mit ihrem Duktus für Vergleichsmessungen speziell zur Steigerung von Schussvehemenz für das soldatische Training nach meinem Dafürhalten interpretierbar. Man benutzte im Binnenverhältnis ja erneut verhältnismäßig gleichwertige Pfeile. Sie waren alle mit metallenen Prellknöpfen ausgestattet, die man sich als Übungsmunition möglichst einheitlich bemaßt und nicht allzu schwer vorstellen darf. Grau ist freilich alle Theorie und für die beschriebene Ziel- und Meßapparatur werden zukünftige Rekonstruktionen sicher noch handfestere Aussagen ermöglichen. Über die Gestalt römischer Prellknöpfe für Trainingspfeile lässt sich mangels archäologischer Funde leider nur spekulieren.

XI Experimentelle Forschungen zur Wirkungsweise von Bogenpfeilen

11.1 Allgemeine Vorüberlegungen zu Schusstests mit rekonstruierten Waffen

Neben historische Quellenüberlieferungen treten in der Forschung mittlerweile praktische Testergebnisse, die Experten waffenkundlich brauchbare Auskünfte darüber geben, was im traditionellen Bogenschießen physikalisch möglich war sowie auch über dasjenige, was unmöglich gewesen ist. Aufgrund des internationalen Impetus der Experimentalarchäologie sind in den letzten Jahrzehnten auf privater wie auf öffentlicher Ebene zahlreiche ernsthafte Projekte mit nachgebauten Pfeilen und Bogen realisiert worden. In Europa lassen sich zwei Schwerpunkte erkennen. Der eine stellt auf die Erprobung steinzeitlicher Pfeile und Bogen ab. „... Da die archäologischen Quellen in Form der Projektileinschüsse in Knochen [von Tieren, HR] nur indirekt etwas über die ungebremste Durchschlagskraft eines Pfeiles aussagen können, sind zur Klärung dieser wie auch anderer Fragen Schussversuche mit entsprechenden Nachbauten der betreffenden Pfeile und der zugehörigen Bögen äußerst hilfreich. Bei einem Experiment wurde beispielsweise der tote Körper eines Rehs mit querschneidigen Pfeilen aus kurzer Distanz von etwa 10 m beschossen. Die von einem Ulmenbogen des Typs ‚Holmegårdbogen' (Zuggewicht 25 kg) abgeschossenen Pfeile durchschlugen in den meisten Fällen den Tierkörper derart, dass sie auf der Rückseite noch 20–30 cm herausragten. Bei Schüssen aus etwa 20 m auf den Körper eines toten Schweines kam es neben glatten Durchschüssen auch zu einigen Knochentreffern, wobei z.B. Rippen von dreieckigen Pfeilspitzen glatt durschlagen wurden...[631]" Ein anderes praktisches Erkundungsfeld betrifft Lebensbilder um den *English longbow* im Hundertjährigen Krieg von 1337 bis 1453 zwischen Frankreich und England. Dazu liegen zahlreiche Rekonstruktionsprojekte vor.

Diese beiden Themengebiete können als Fundus zur Klärung von Tatbeständen in der Römischen Kaiserzeit partiell ergiebig sein. Steinpfeilspitzen haben die Kulturen des Mittelmeerraums oder deren Nachbarn, wenn wir von Pfeilen in Afrika oder Arabien absehen[632], zwar nicht mehr angefertigt, Bewehrungen aus Beinmaterial lassen sich aber ins Kalkül mit einbeziehen. Ammian schreibt, dass die Hunnen Pfeilspitzen aus Knochen herstellten. Dabei kam es ihm auf den Charakter einer „barbarischen" Bewaffnung an. Pfeilköpfe aus Knochen erwähnen frühere Autoren wie Pausanias bereits bei den Sarmaten. Authentische Nachbauten beschreibt Stehli[633]. Ahlenartige und dreikantige Pfeilspitzen in massiven Ausführungen aus Knochen gab es in Nordeuropa. Über deren Brauchbarkeit liegen aber keine einheitlichen Bewertungen vor. So mutmaßt etwa Piotr Luczkiewicz über kaiserzeitliche Pfeilspitzen in Polen: „... Eine nebensächliche Rolle in der germanischen Bewaffnung scheint der Bogen gespielt zu haben. Im Fundmaterial kann man nur 1% der Spitzen als Pfeilspitzen bestimmen. Vorstellbar sind natürlich knöcherne Pfeilspitzen, allerdings gibt es aus dem Arbeitsgebiet keine Beweise. Dabei müsste es sich bei solchen organischen Spitzen eher um reine Jagdwaffen gehandelt haben, da die Verwendung und vor allem die Wirkung gegen die schweren Schilde von vorneherein zum Scheitern verurteilt wären...[634]" Kritisch ist dem entgegenzuhalten, dass im 19./20. Jh. n. Chr. mit Sicherheit zahllose Tüllenpfeilspitzen falsch unter die Speergattung subsummiert wurden. Der minimale Pfeilanteil dürfte darauf beruhen. Timm Weski äußerte sich hierzu bereits 1982: „... Leider gibt es bis heute keine Untersuchung, die sich mit diesem Problem auseinandergesetzt hat. Erschwert wird die Frage auch noch dadurch, dass in der älteren Kaiserzeit Pfeile außerordentlich selten sind, weshalb manche Autoren das Vorhandensein von Pfeil und Bogen in dieser Zeit verneinten...[635]" Von dänischen Experten veranstaltete Tests mit Nachbauten zeigten darüber hinaus, dass ein angebliches Versagen beinerner Spitzen bei Schilden nicht zwangsläufig eintritt. Solche Pfeile aus Knochen waren auch Kriegswerkzeuge. Die Gefechtsführung mit verbundenen Waffen blieb in der Kaiserzeit kein Alleinstellungsmerkmal der Römer. Sie wurde im Barbarikum mit der dort üblichen Ausrüstung aufgegriffen: „... Die Funde von Ejsbøl-Nord umfassen eine Waffenausrüstung für eine Heerschar von etwa 200 Mann ... Als Standardausrüstung sind Wurfspeer, Lanze und Schild zu betrachten, und es liegen 211–217 Speerspitzen (mit Widherhaken), 196–198 Lanzenspitzen (ohne Widerhaken) und 123–217 Schildbuckel vor. Hierzu kommt ein Kontingent an Bogenschützen (ca. 673 Pfeilspitzen). Mindestens 60 Krieger verfügten über ein Schwert, und es besteht eine gewisse Übereinstimmung zwischen der Anzahl der Schwertklingen (ca. 60), kräftigen Riemenschnallen (58) und Messern (56–60), d.h. der Ausrüstung, die Soldaten an ihrem Körper trugen...[636]"

Es besteht heute Konsens, dass Rekonstruktionen originale Verhältnisse selten in völlig realistischer Weise wiedergeben sondern eher Simulationen sind. Pfeile konnten von einstelligen bis hin zu mehrstelligen Treffern auf Rüstungen einwirken. Zielballistische Spezifika rufen je nach Rüstungstyp mehr oder weniger starke Veränderungen des Widerstandsvermögens hervor. Solche technischen Proportionalitäten sind aber mit normalem Rekonstruktionsaufwand schwierig nachzubilden, sei es durch komplexe Versuchsanordnungen oder Schießmaschinen. Das bedeutet zwar nicht automatisch, dass einfacher gehaltene Tests eine geringe Aussagekraft besäßen, doch sind die Resultate stets mit einem angemessenen kritischen Abstand auszuwerten.

11.2 Neuzeitliche Nachbildungen mittelalterlicher Bogentechnologie

Unter Einbeziehung solcher methodischer Prämissen ist das zweite international intensiv beackerte Forschungsfeld auf Leistungsbilder englischer Langbogen aus Eibe ausgerichtet. Dabei sind die experimentellen Ansätze über Jahrzehnte hin optimiert worden. Als ein Pionier der historischen Bogenkunde hat der genannte Saxton T. Pope bereits im frühen 20. Jh. die praktischen Einsatzsmöglichkeiten für Langbogen erprobt. Unter anderem kam es zu Jagden auf Grizzly-Bären im Yellowstone Park. Heute muten manche Vorgehensweisen drastisch an, doch besitzen Popes Erfahrungen im Hinblick auf die jagdliche Brauchbarkeit von Langbogen aus Eibenholz unter Feldbedingungen weiterhin eine hohe Aussagekraft. Darüber hinaus beschoss er ein orientalisches Kettenhemd mit einem von einer Bodkinspitze bewehrten Pfeil. (Abb. 134) Sein gewonnenes Fazit lautet: „... Es ist nicht nötig, dass wir hier noch weiter in die Materie eindringen, es bleibt dabei, der englische Langbogen ist der höchstentwickelte Typ eines Bogens auf der Welt. Die türkischen Compositbogen schießen zwar am weitesten, aber nur mit ganz leichten Pfeilen. Sie können nicht in dem Ausmaß wie der englische Eibenbogen schwerere Schäfte schleudern, das bedeutet, sie können Geschwindigkeit übertragen, aber keine Wucht, sie besitzen Elastizität, aber keine Kraft...[637]“

Nach Bergung der berühmten tudorzeitlichen Eibenbogen aus dem Wrack des Kriegsschiffs Mary Rose im Solent an der Küste Englands veranlasste Robert Hardy neue Schussversuche. Sie sind im Buch *Longbow – a social and military history* sowie im von Alexzandra Hildred editierten Reader *Weapons of Warre – the armaments of the Mary Rose* dokumentiert[638].

Aus der Vielzahl hier nicht einzeln nennbarer Publikationen über englische Langbogen ragen die Arbeiten Hugh D. Soars hervor. In Soars Monographie *Secrets of the English war bow* erprobt Mark Stretton Holzpfeile mit eiserner Spitze gegen rekonstruierte Ringpanzer, Brigantinen und einen Harnisch. Letzterer bewegt sich,

Abb. 134: Schusstests des S. T. Pope. Durchschlag eines Bretts aus Mammutbaum-Holz mit einem Bluntpfeil. Der Kriegspfeil eines Langbogens von 75 lb Zuggewicht durchschlägt aus sechseinhalb Metern ein orientalisches Kettenhemd. 1923.

einen Schweinekadaver bedeckend, auf einer Seilrutsche mit dem Tempo eines galoppierenden Reiters auf den Schützen zu: „... During experiments, each arrow was shot manually from a self-yew replica war bow with a draw weight of 144 pounds at 32 inches. This is not the fastest or the heaviest bow I have, but it shoots well and gives consistent results. One would expect an exceptional bow to provide exceptional test results and thus be unrepresentative of the average, or livery, medieval weapons. What varies the penetration of an arrow into any given target is a combination of the speed at which the arrow travels and its physical weight. The way in which a head reacts to the surface at which it is shot will also make a significant difference to the penetration of the arrow into the target. Arrow weights are known, but to determine the kinetic energy value, the arrow speed must also be measured ... It is, however, kinetic energy expressed as a value that is relevant to the penetrative ability of an arrow shot against different types of armor...[639]"

Nicht zu vergessen sind die Tests, die von Loades im Rahmen der Dokumentation *Weapons that made England* mit Pfeilspitzen aus der Schmiede von Hector Cole am Royal Military College of Science in Shrivenham, Wiltshire, angestellt wurden. Man hat insgesamt einiges getan, um realitätsnah zu wirken. Was diese Projekte aber von antiken Gegebenheiten unterscheidet, sind die immensen Zuggewichte der Bogen von etwa 90 bis zu 130 lb. Manche Protagonisten schießen sogar *English longbows* um die 150 lb oder mehr. Damit geht eine relative Schwere der Pfeile einher, die bei ambitioniertem Gebrauch über 80 Gramm beträgt. Man kann in jenen Fällen fast schon von einer Form menschlicher Pfeilartillerie sprechen. „... Circumstantially, based on the fact that the capability of armour to defend against arrows improved so much between the mid-14th and the mid-15th century, we can reason that the average draw-weight of bows increased gradually throughout this period in an attempt to edge ahead in the arms race ... The fact that people today can shoot bows of 170lb does not necessarily signal that this was a manageable weight in battle, but it does lend credence to the notion that archers of this ability would be capable of sustained, rapid shooting with 120 lb or even 140 lb bows ... Even drawing a 100 lb bow remains a considerable feat, and for the men who bent these bows in battle, the rate was phenomenal. Lactic acid builds up quickly at these weights, and in a desperate fight archers would have to push through immense walls of pain in order to keep their shafts flying...[640]"

Bei historisch dermaßen außerordentlichen Leistungswerten ist das Rationalisieren des Kämpfens mit kombinierten Waffen im England des Spätmittelalters zu berücksichtigen. Die Bogenschützen hatten als defensive Abteilungen, unterstützt von abgesessenen sogenannten *men-at-arms*, die Attacken gepanzerter Ritter auf mit Steigbügeln versehenen Schlachtrossen abzuwehren. Außerordentlich bedeutet in einem ideal gedachten Epochenübertrag, bezogen auf die Römische Kaiserzeit, dass solche Anforderungen damals nicht identisch bestanden, was strategische und technologische Gründe hatte. Für Vergleichsinformationen interessant sind aber zielballistisch wiederholbare Eigenschaften mittelalterlicher Pfeilspitzen, sofern sie als Zweckformen kaiserzeitlichen Mustern ähneln. Waffenkundlich näher stehen der sich ja selbst auch wandelnden Situation im Imperium Romanum mehrere Projekte im In- und Ausland mit Reproduktionen orientalischer, eurasischer oder germanischer Pfeile und Bogen. Hinzu gesellen sich Experimente mit rekonstruierten römischen Rüstungen, die, beginnend mit den inspirierenden Arbeiten Junkelmanns, den roten Faden zugunsten ergänzender Aussagen aufnahmen. Zanier berichtet von Schussversuchen, die Sigulf und Marcus Guggenmos 1994 mit Bogen und Pfeilen mit nachgeschmiedeten, dreiflügeligen Eisenspitzen des Typs Döttenbichl auf 10 bis 20 Meter Entfernung unter anderem auf eine Schweineschwarte unternahmen:

„... Die Schweineschwarte mit Fleisch und Rippen wurde entweder glatt durchschossen, oder die Pfeile blieben stecken. Eine zentral getroffene Rippe hat den Pfeil stärker gebremst, die Rippe war gebrochen, Pfeil und Schaft blieben aber völlig unbeschädigt. Schwierig gestaltete sich das Herausziehen der eingedrungenen Pfeile. Weil das Fleisch den Schusskanal sofort verengt, blieben die meisten Spitzen aufgrund ihrer über den Schaft reichenden Widerhaken im Fleisch stecken. Besser war es, die Pfeile nach vorne herauszuziehen. Der von den drei scharfen Flügeln breit eingeschnittene Wundkanal sowie große dreilappige Hautöffnungen bewirken im Ernstfall einen hohen Blutverlust...[641]"

Es folgt eine Präsentation weiterer ausgewählter Projekte. Dabei wird als ein zentralwichtiges Kriterium vorausgesetzt, dass sie wissenschaftlichen Ansprüchen genügen und publiziert sind. Die Verknüpfung unabhängig voneinander gewonnener Ergebnisse zum Thema erlaubt als abschließendes Fazit plausible Annäherungen an Lebensbilder in römischer Zeit.

11.3 Schusstests auf unterschiedliche Konstruktionen von Kampfschilden

11.3.1 Bauweisen römischer Schilde aus Schichtholz mit Oberflächenbelägen

Für antike Fußkämpfer waren Schilde die bei weitem wichtigste Schutzwaffe. Auch für Reiter spielten sie in unterschiedlichen Ausführungen eine Rolle. Hier kann nur grundsätzlich auf Schilde aus der Kaiserzeit Bezug genommen werden. Ein so weites Feld ist ohnehin geeignet, in Spezialwerken erörtert zu werden. Dazu gehört Ansgar Nabbefelds *Römische Schilde* von 2008[642]. Im Vorfeld von Tests interessiert uns als erstes, welche Konstruktionen während der Untersuchungszeit bevorzugt wurden. Ist dies bekannt, lassen sich praktische Nachbauten verwirklichen. In seiner Dissertation mit dem Titel *The effectiveness of Greek armour against arrows in the Persian War (490-479 B.C.) - an interdisciplinary enquiry* von 1977 hat sich Blyth mit Kampfschilden im antiken Kriegswesen theoretisch befasst.

Als Hoplitenwaffen standen argivische Rundschilde (lat. *aspides*) hoch im Kurs. In der römischen Republikzeit wurden sie in Italien von tonnenartig gewölbten Schilden aus kreuzverleimten Holzleisten abgelöst. Als beispielhaft gilt ein langovaler Laminatschild aus Birkenholz mit Wollfilz aus Qasr-el-Harit im Fayum Ägyptens aus späthellenistischer Zeit. Ein anderer Schlüsselfund liegt in Form eines beschädigten Rechteckschilds des 3. Jh. n. Chr. aus Dura vor. Er wurde ohne Buckel im verstürtzen Turm 19 der Stadtmauer entdeckt[643]. (Abb. 135) Solche Schilde aus zwei oder drei Holzlagen gehörten zur Legionärsausrüstung. Darüber hinaus gab es rundovale Schilde aus Bretterholz:

„... Fünf in Dura-Europos in Syrien gefundene Exemplare aus dem frühen 3. Jahrhundert sind zwischen 107 und 118 cm hoch und zwischen 92 und 97 cm breit. Sie haben eine leicht konvexe Wölbung und bestehen aus verleimten Pappelbrettern, die am Rand mit Leder und Rohhaut eingefasst sind...[644]" Wieder andere Schilde aus Sperr- oder Bretterholz waren plan. Textile Stoffe, Darm oder Tierhaut dienten je nach Machart der verschiedenen Schilde als Bezüge.

Kriegsschilde wurden beim Anflug von Pfeilen wie ein Wall vorgehalten. Im *Beowulf*-Lied aus dem Frühen Mittelalter heißt es:

> „... *Die Glut mag verzehren, die dunkle Lohe, den Lenker der Kämpfer, der oftmals trotzte dem Eisenhagel, wenn, den Sehnen entsandt, der Sturm der Geschosse übern Schildwall raste, der Schaft seinen Dienst tat, der gefiederte Pfeil, der im Fluge dahinstrich!* ...[645]"

Abb. 135: Laminatschilde der späten Republik- und der Kaiserzeit. Gut erhaltenes Exemplar aus Quasr-el-Harit in Ägypten. Unrestaurierter Rechteckschild aus Turm 19 von Dura. Ohne Maßstab.

Maurikios legt diese Abwehrmaßnahme als ein exakt eingeübtes Vorgehen dar:

„... *Man befiehlt:* ad fulcum*; die vorne in der Front aufgestellten schließen ihre Schilde eng zusammen ... Wenn die Schlachtlinie nach der Vorschrift dicht gemacht wurde und die Feinde einen Pfeilschuss entfernt sind und der Kampfbeginn unmittelbar bevorsteht, befiehlt man:* parati ... *Die Leichtbewaffneten schießen mit dem Bogen höher, die Schildträger an der Front lassen, soweit sie Wurfpfeile oder Wurfwaffen haben, bei weiterer Annäherung des Feindes die Lanzen im Boden ruhen und werfen jene Waffen...*[646]"

Über Tests mit Pfeil und Bogen schreibt Junkelmann: „... Edward McEwen fertigte für uns die Rekonstruktion eines typischen, späten hunnisch-‚sassanidischen' Bogens an ... Der Bogen wiegt 820 g und besitzt ein Zuggewicht von 28 Kg. Mit einem 92 cm langen und 50 g schweren Pfeil hat er eine Zuglänge von 87 cm ... Die Pfeile ... besitzen vierkantige Eisenspitzen mit Dorn (Länge der Spitze ohne Dorn 5 cm, maximale Breite 0,8 cm, Länge des Dorns 2,5 cm, Gewicht 9 g) oder dreiflüglige mit Dorn (entsprechende Daten 0,8 cm, 1,5 cm, 2,5 cm, 8 g), der Schaft aus Birkenholz ist 87,5 cm lang und hat einen Durchmesser von 0,8 cm. Die drei Federn am hinteren Ende des Schaftes sind je 12 cm lang. Unser ‚sassanidischer' Bogen schießt einen 50 g schweren Pfeil bei einem Abschusswinkel von 40° 188 m weit. Die Anfangsgeschwindigkeit dürfte dabei nach den von Edward McEwen ermittelten Werten bei gut 50 m/s liegen. Die Anfangsenergie beträgt demnach etwa 62 Joule. Bei Versuchen durchschlug ein mit einer vierkantigen Spitze von 8 mm Seitenbreite versehener Pfeil auf 5 m Entfernung einen aus 10 mm starkem Sperrholz bestehenden, außen und innen mit Leder beklebten Schild, so dass die Spitze 32 cm über die Hinterseite des Zieles hinausragte...[647]"

Schildbeschusstests erörtern auch Hillary und John Travis: „... For example, it was found that the metal-tipped (‚bodkin'-headed) arrows, flat shot at a distance of 9,23 m (30 feet), were able to easily penetrate a 10 mm-thick, three-ply wooden shield, the arrow totally clearing the shield, although penetrating the shield by a depth of only 24 cm from a distance of 18,28 m (60 feet)...[648]"

Es steht allerdings die Frage im Raum, ob anstelle des hier verwendeten, dünnen Leders nicht besser Rohhaut („Pergament") als Schildbezug hätte verwendet werden sollen? Auf einigen Bretter- und Sperrholzschilden aus Dura Europos befindet sich ein Substrat aus Leim mit Tiersehnen, so auf dem Rechteckschildfragment Nr. 621. James erläutert: „... Traces of a layer of fibre in glue are to be seen on both surfaces. The fibre is roughly laid at right angles to the underlying strips. It is overlain by gesso and paint. There was no skin facing. On the back are the remains of a system of 'reinforcing strips' of wood...[649]" Der beidseitige Belag diente dazu, die Struktur dicht und splitterfrei zu halten. Außerdem wurden Pfeile in ihrer Wucht abgebremst. Erst darüber hat man Gesso, eine Malermixtur aus Hasenhautleim und Kreide, gelegt. „... Shield 629 is of plane, and the plank shields are of poplar, corresponding well with Pliny's observations [Hist. Nat. 16,77], which underline the deep empirical knowledge of the properties of materials available at the time. This knowledge was responsible for the adoption of plywood for strength, which certainly goes back to the late republic...[650]"

Trotz schriftstellerischer Übertreibungen wie Plutarchs unwiderstehlicher Pfeilwirkung bei *Carrhae* konnten römische Kriegsschilde selbst nach zahlreichen Pfeiltreffern nicht kollabieren. Dafür liefert uns Caesar eine authentische Anekdote aus dem Bürgerkrieg. 48 v. Chr. kam es zu Kämpfen bei *Dyrrhachium*, Durrës in Albanien. Die Truppen mussten sich Bogenschützen, Schleuderer und Artillerie erwehren:

„... *In der erwähnten Stellung freilich gab es keinen Mann, der nicht verwundet war, und vier Centurionen einer einzigen Cohorte hatten ein Auge eingebüßt. Da die Soldaten den Beweis für ihre Mühe und Gefahr erbringen wollten, zählten sie Caesar etwa 30.000 Pfeile vor, die ins Lager geschossen waren, und auf dem Schild des Centurionen Scaeva, den man ihm brachte, fand man 120 Einschusslöcher...*[651]"

Bogenpfeile verlieren, wenn die Spitze ein kompaktes Ziel passiert hat, durch Reibungsverlust stark an Momentum. Komplette Durchschüsse römischer Schilde als Pseudoreplikate, wie man sie aus Filmen oder aus halbwissenschaftlichen Kontexten kennt, gehören zum Repertoire von Fehleinschätzungen. Das Durchschießen von Schilden ist übrigens auch ein beliebter Topos in der antiken und mittelalterlichen Literatur, dem wir allerdings nicht leichtgläubig trauen sollten. Kritisch wurde es unter Feldbedingungen erst dann, wenn Folgetreffer auf bereits geschwächte Strukturen einen besseren Erfolg erlangten. Industriell gefertigte Schilde für römische Berufsheere waren aber mit Sicherheit weder Wegwerfprodukte, die nach kurzen Kampfverläufen bereits aussortiert werden mussten, noch hat man sie auf eine so erhebliche Langlebigkeit wie viele der griechischen *aspides* als flächige Metall-Holz-Tierhaut-Verbünde hin ausgelegt[652]. Es wurden Spezifika und Kompromisse in punkto Funktionalität, Haltbarkeit und Kosten verwirklicht. Eine Aufgabe römischer Schilde bestand, wie Plinius der Ältere es metaphorisch umschreibt, darin, dass sich beschädigte Stellen „wie bei einer Wunde" gleichsam von selbst wieder schlossen. Treffer sollten keinen erheblichen Durchschlag erreichen. Die Integrität der Schilde blieb konstruktionsbedingt gewahrt, sonst wären sie nutzlos gewesen.

11.3.2 Beschussergebnisse bei einfachen Schildkonstruktionen aus Brettern

Strukturell einfacher gehaltene Schilde aus der Antike und Spätantike bringen Historiker in erster Linie mit Kelten und Germanen in Verbindung. Mehrere Dutzend kompakte Schilde mit hölzernem Buckel beinhaltete der sogenannte Hjortspringfund aus der vorrömischen Eisenzeit auf der dänischen Insel Alsen[653]. Ovalische Schilde aus Holz kamen in Spuren am ungefähr zeitgenössischen Platz La Tène in der Westschweiz zum Vorschein. Der Lindenschild eines der Fürsten vom Glauberg war mit Rindsleder oder Rohhaut umkleidet. Ole Nielsen unternahm in den 1990er Jahren wissenschaftliche Testreihen, die er mit Nachbauten von Pfeilen und Bogen nach Fundvorgaben aus jüngerkaiserzeitlichen Waffenopferplätzen in seiner dänischen Heimat durchführte. Zum Einsatz kamen plane Bretterschilde aus Linde und kombinierte Eichen- und Lindenschilde. Eines der Borde verfügte über eine Ledereinfassung des Rands, ein anderes über einen ausschließlich frontalen Lederbezug. Alle wurden aber bereits durch einzelne oder nur wenige Treffer in Bruchstücke zerlegt[654]. Dabei entwickelten dreikantige Pfeilspitzen aus Bein eine beträchtliche Spaltwirkung. Bei Rundschilden aus Erlenholz aus Illerup und Nydam konnte der Archäologe Jørgen Illkjær eine vorher so nicht ausgemachte, rezent schmierig-dünne Substanz aus organischem Material feststellen. Es kann sich wegen der geringen Distanz der metallenen Beschlagteile zum Holzkörper nicht um ein geschwundenes und vormals dickes Leder gehandelt haben. Stattdessen wird als Material Darm oder Rohhaut erwogen. Pfeilschusstests auf dermaßen überrandig bezogene Rundschilde zeigten, dass sie sowohl eine projektilstoppende Wirkung aufweisen als auch vor Spaltkollaps besser schützen. Rundschilde aus Thorsberg bestehen aus Erle und Eiche oder aus Kiefernholz. (Abb. 136) Der Erlenholzschild des germanischen Fürsten von Gommern aus dem 3. Jh. n. Chr. verfügte über einen beidseitigen Bezug aus Darmmaterial. Dafür in Frage kommen Kranzdarm von Rind, Pferd oder Hirsch: „... Die Anzahl der Darmschichten übereinander und ihre Lage zueinander können variiert werden. Durch diese Variationen sind mit großer Wahrscheinlichkeit Veränderungen der Stabilität möglich ... Nach den bisherigen Erfahrungen und ausgehend von theoretischen Überlegungen erhöhen eine größere Anzahl Schichten und die versetzte Anordnung zueinander die Stabilität der Schildfläche, aber auch die Widerstandskraft der Fläche gegen Ein- und Durchschläge in hohem Maße. Daraus resultiert die Annahme, dass das Holz des Schildes vordergründig als Trägermaterial gedient hat und Stabilität sowie Festigkeit im Wesentlichen durch die Art und Weise der Bespannung erzielt wurde...[655]"

Bei den Schusstests Paulsens zeigte sich, dass plane Schilde aus Erle oder Eiche auch ohne Bezugsstoffe intakt bleiben können. Nadelspitzen rufen weniger Spaltbildungen hervor. Die rekonstruierten Nydam-Bogen aus Eibenholz hatten Zuggewichte bis 27 kg (59 lb): „... Die Bogenlänge schwankte zwischen 174 und 193 cm ... Das Gewicht der Pfeile lag zwischen 29 und 38 g. Mit den nachgebauten Bogen und Pfeilen wurden Schussweiten zwischen 100 und 167 m erreicht ... Beim Beschuss von drei nachgebauten eisenzeitlichen Schilden ... aus Entfernungen von 25–130 m waren in keinem Fall die in der Mitte 1,1 cm dicken Schildbretter so zu durchschlagen, dass mehr als die Pfeilspitze durch die Schildplatte drang. Auch die Schildbuckel hielten aufgrund des runden Profils jedem Beschuss stand. Bei Treffern auf die Rundung des Schildbuckels wurden die Spitzen verbogen und spiralig aufgerollt. In diesen Fällen zersplitterten die vorderen Schaftpartien. Die stabartigen Pfeilspitzen durchdrangen das Schildbrett häufig bis an und auch hinter die Verdickung, so dass eine derart eingeschossene Eisenspitze nur gewaltsam mit einer Zange entfernt werden konnte...[656]"

Abb. 136: Germanischer Bretterschild mit bronzenem Buckel und Randeinfassung aus dem Thorsberger Moor in Schleswig-Holstein. 3./4. Jh. n. Chr. Ohne Maßstab.

11.3.3 Lindenholzschilde mit über den Rand gehendem Lederbezug und Flechtwerke

Den Praxiswert einer weiteren für spätantike und frühmittelalterliche Schilde in Betracht zu ziehenden Machart hat der Verfasser 1997 erprobt. Eine plane Lindenholzscheibe wurde mit schwerem Leder bezogen und Pfeilen ausgesetzt. Zwischen gegerbtem Leder und Rohhaut gibt es beträchtliche Unterschiede. Rohhaut ist deutlich zäher. Demgegenüber hat Leder eine etwas bessere Fähigkeit, Leimmaterial aufzunehmen, was der schutztechnischen Kapazität im Materialverbund zugutekommen kann. Römische Schilde aus Brettern anscheinend mit einem ledernen Bezug gibt James als heute leider verschollene Funde aus Dura Europos an[657].

Für meine Idealrekonstruktion belegte ich einen 90 cm breiten und aus 9 mm starken Lindenbrettern bestehenden Rundschild mit 2,5 mm dickem Rindsleder und fixierte es überrandig. Die roh gegerbte Tierhaut wurde dabei einer großzügig auf das Holz gestrichenen Schicht aus Fischleim aufgepresst[658]. In Kombination mit dem kraftschlüssigen Randüberzug sorgte die hochwertige Klebeverbindung, anders als bei dem Bretterschild Nielsens mit lediglich frontaler Lederbedeckung, für eine größere Stabilität. Darüber hinaus wurde ein Rundschild ausschließlich aus Lindenholz aber mit Schildbuckel und Fessel ausprobiert. (Abb. 137) „... In den Schussversuchen wurden rund 45 g schwere Pfeile aus Kiefernholz mit einem laminierten Langbogen auf einen lederbespannten und einen nicht bespannten Lindenschild geschossen. Der reine Holzschild ohne rückseitige Verstrebung oder Randeinfassung jedoch mit einem aus unlegiertem Baustahl S235JR nachgeschmiedeten Schildbuckel und einer -fessel hielt aus 15 m Distanz keinem Pfeiltreffer stand ... Auch beim Rindslederschild trat Spaltbildung ein, jedoch blieb ... die Konstruktion selbst nach zahlreichen Treffern stabil und ließ keinen der Pfeile, die mit 320 N abgeschossen am Ziel eine Geschwindigkeit von ca. 140 Km/h besaßen, weiter als bis zum Tüllenrand, d.h. innen maximal 5 bis 6 cm durchdringen. Die größte Effizienz zeigten dünne Vierkante und sehr schlanke, wenig über die Schaftbreite hinausreichende Lanzettspitzen ... Grundsätzlich galt, dass das Widerstandsmoment mit der jeweiligen Breite des Blattes zu- und proportional die Häufigkeit der Auslenkung parallel zur Holzfaserrichtung abnahm ... Lediglich 2 bis 3 cm aus der Innenseite ragend, setzten sich die 12 mm breiten, dreiflügeligen Spitzen im Schild fest...[659]" Die Schildfestigkeit geriet erst in Gefahr, als mehrere Pfeile in einer Ebene landeten und sich kurze zu ausgedehnteren Spaltrissen entwickeln konnten. Da es sich aber um eine reine Zielscheibe handelte, müssen aufwändigere Schilde widerstandfähiger gewesen sein. Für die Reproduktionen der Pfeilspitzen wurden alamannische Funde aus dem 5. / 6. Jh. n. Chr. berücksichtigt.

Eisen- und Bronzepfeilspitzen setzte auch Godehardt beim Beschuss von Rutenschilden ein. In Dura hat man solche Schilde aus entrindeten Holzstäben angefertigt: „... The sticks were secured by wrapping the skin over their ends and stitching through between them. A similar technique was used down the sides. The structure was prevented from folding up by the attachment of one or two sticks across one end of the assembly, held on by folding the end of the skin over them before sewing. Assembly would have taken place while the rawhide

Abb. 137: Schussversuche mit Pfeilgeschwindigkeitsmessung auf einen Holz-Leder-Schild. Spaltung des Lindenschilds durch einen einzigen Treffer rechts neben dem Buckel. Bogenschütze: Jens Haller. 1997.

was wet. As it dried, it shrank and tightened around the wood, the whole structure becoming a rigid, lightweight defence…[660]"
Ammian schreibt über Rutenschilde beim Beschuss durch Artillerie:

> „… *Als sie nun in die Nähe und schließlich in Schussweite kamen, konnte sich das persische Fußvolk hinter seinen [Flechtwerk-]schilden nur mühsam gegen die Pfeile schützen, welche unsere Maschinen von den Mauern entsandten und musste sich, da fast keinerlei Art Geschoss sein Ziel verfehlte, seine Reihen weiter auflockern…*[661]"

Godehardt resümiert: „… Die Rohrschilde boten unterschiedlichen Schutz je nach verwendetem Spitzentyp. Schon bei dem gewählten geringen Auszug und somit bei relativ niedriger Zugkraft sind die Eindringtiefen für zwei Typen von Spitzen, die rautenförmigen und die dreikantigen beachtlich … Die dreiflügeligen Stahlspitzen konnten nicht tief genug eindringen, um den Schildträger ernsthaft zu verletzen. Die dreiflügeligen skythischen Bronzespitzen mit Tüllen erzielten etwas bessere Ergebnisse. Sie drangen jeweils bis zum Beginn des hölzernen Schafts in den Bambus oder einen Zwischenraum zwischen zwei Stäben ein. Die Schäfte und die Wicklung unmittelbar hinter den Tüllen waren breiter als die Tüllen selbst. Durch die damit verbundene höhere Reibung wurden die Schäfte recht früh gestoppt…[662]"

Fazit: Beim Beschuss von Bretter- und Rutenschilden sind schlanke Eisenpfeilspitzen mit lanzettförmigem Blatt hocheffizient. Sie kommen gut der zielballistischen Aufgabe nach, sich an Holzfasern auszurichten und erreichen eine große Spaltbildung an der Trefferstelle. Durch Rutengeflecht suchen sie sich oft den direktesten Weg. Taktische Spitzen wirken ähnlich, führen aber, falls sie homogen dünn sind, weniger zur Destabilisierung durch Spaltrisse. Als defizitär erweisen sich dreiflügelige Pfeilspitzen. Das Widerstandsmoment dreier ausgeprägter Flügel ruft eine relativ frühe Verkantung hervor. Schildbretter mit überrandigem Lederbezug werden nur wenig gespalten. Pfeilspitzen mit drei Flügeln und konvexen Schneiden sitzen aber häufig dermaßen fest ein, dass man sie mit einem normalen Kraftaufwand, auch gegen rüttelnde Entfernungsversuche bleiben sie wegen der nach außen gekrümmten Schneiden lange immun, nur schwer aus Verbundstrukturen herauslösen kann. Dieses Phänomen wird uns weiter unten als Transfer beim Thema der Pfeilverletzungen noch intensiver beschäftigen.

11.4 Ein weites Feld – Pfeiltreffer auf rekonstruierte Ringpanzer

Kaum ein Pfeilziel wird heute für experimentelle Pfeilschusstests so häufig herangezogen wie Ringpanzer bzw. Brünnen. Umgangssprachlich und im archäologischen Schrifttum hat sich dafür synonym auch die Bezeichnung „Kettenpanzer" etabliert. Solche in der Fachliteratur aber auch in filmischen Medien dokumentierten Projekte lassen sich im Einzelnen gar nicht mehr aufzählen. Zur Entwicklung von Ringpanzern in Europa, die bereits von den Römern als eine keltische Innovation anerkannt wurden, sei auf die umfassende Darstellung im Werk *Die Panzerungen der Kelten* von Leif Hansen hingewiesen[663]. Ringpanzer gab es über die Römerzeit hinaus auch in der Ära der Merowinger. Gregor von Tours (ca. 538 bis 594 n. Chr.) überliefert Kriegsereignisse, bei denen Brünnen vor einer Reiterlanze (lat. *contus*) oder einem Speer bargen: „… König Chlodwig trug im Westgotenfeldzug zu Pferd ein Panzerhemd; dieses schützte ihn bei Angriffen mit dem ‚*contus*' auch auf der Seite (HF II, 37: *cum contis utraque ei latera feriunt. Sed auxilio tam luricae quam velocis equi, ne periret, exemptus est*). König Gundowald [Usurpator] … trug in der Entscheidungsschlacht von Comminges [585 n. Chr.] ein Kettenhemd, von dessen kleinen Ringen eine geworfene 'lancea' abprallte (HF. VII, 28: *Et immissa lancia voluit eum transfigere, sed repulsa a circuli luricae nihil nocuit*; 585)…[664]" Als zeitgenössische Beispiele aus der Archäologie können zwei vernietete und zwei gestanzte Ringfragmente des Kettenhemds von Gammertingen, Lkr. Sigmaringen, dienen[665]. (Abb. 138) Es schützte im 6. Jh. n. Chr. einen alamannischen Fürsten[666]. Neben einem Schild, Stangen- und Blankwaffen gehörten auch Pfeile mit zwei- und dreiflügeligen Eisenspitzen zu dessen Kampfausrüstung. Sie werden im Landesmuseum Württemberg ausgestellt[667].
Mit dem Kompositbogen aus der Werkstatt McEwens schoss Junkelmann auf nachgebaute Ringpanzer: „... Aus der Kaiserzeit haben sich zahlreiche Reste von Kettenpanzern erhalten. Der Außendurchmesser der Ringe schwankt zwischen 3 und 14 mm. Ein spätrömisches Kettenhemd aus Weiler-la-Tour (Luxemburg) bestand aus gestanzten Ringen mit einem Außendurchmesser von 8,5 und einem Lochdurchmesser von 5 mm und aus Ringen aus einem rundstabigen Draht von 1,2 bis 1,5 mm Stärke mit einem Außendurchmesser von 10-10,5. Dem entsprechen weitgehend die Ringe unserer rekonstruierten Kettenpanzer … Ungenieteten Kettenpanzer, der über einen Strohballen gehängt wurde, durchschlug der Pfeil und drang 15 cm tief in den Ballen ein…[668]" Schusstests mit rekonstruierten Pfeilen auf ein rekonstruiertes römisches Ringpanzersegment stellten Manfred Klimpel und Mitautoren in der *Antiken Welt* vor: „… Eine schmale Blattspitze (1,3 cm Durchmesser) federt entweder zurück oder durchschlägt das Geflecht bis zu maximal 3 cm. Breite zweiflügelige und dreiflügelige Spitzen (Durchmesser 2,3 cm) werden ebenfalls zurückgeworfen oder durchdringen das Kettensegment inklusive der Unterlage allenfalls um wenige Millimeter. Die Bodkin-Spitzen mit breiterem

Tüllen-/Schaft- als Spitzendurchmesser erreichen eine maximale Durchdringung des Kettenpanzers von 3 cm über die Unterpolsterung hinaus. Gleichermaßen verhält sich die sogenannte Nadelspitze … In keinem Fall ist es gelungen, einen gestanzten Ring zu durchschlagen … Vernietete Ringe werden zumeist an der Nietstelle, die sich als schwächster Punkt des Kettengeflechts erweist, weniger häufig am Übergang zwischen zylindrischem und flach gehämmertem Ringanteil durchschlagen…[669]"

Nielsen belegte eine eiserne Brünne auf einem Schweinekadaver mit Pfeilen, die mit eisernen Nadelspitzen bewehrt waren. Außerdem kamen Pfeile mit dreikantigen Bewehrungen aus Knochen zum Einsatz. Dabei trat ein spezifisches Schadensbild auf, wofür es archäologisch spannende Vergleichsfunde gibt. Pauli Jensen schreibt: „… When the pig was clad in mail coat, only the narrow nail-shaped arrows would pierce through the coat … According to Nielsen, none of his arrow shafts was damaged during the experiments, but the arrowheads sometimes had notches at the edge … However, there are a few very interesting examples of correspondence. One is a beautiful arrowhead from Vimose, made from antler with a characteristic egde/mark near the point. Ole Nielsen mentioned this type of damage in connection with the experiments on the dead pig with ring mail. The diameter of the arrowhead just before the edge … is 5 mm, which matches the inner diameter of rings on mail throughout Barbaricum in the first three centuries AD. This is most likely a true example of an arrow that actually went into battle…[670]"

Als ein Resümee zum Thema Ringpanzerbeschuss ist das schlechte Abschneiden breiter zweiflügeliger sowie dreiflügeliger Eisenspitzen bemerkenswert. Schlanke zweischneidige und Bodkin-Spitzen dringen mit mehr Erfolg durch. Solche Resultate unterliegen allerdings Abweichungen, wenn man die physikalischen Stellschrauben der Bogenstärken, Pfeilmassen und Flugstrecken im Aufbau variiert. Die handwerkliche Verarbeitungsqualität einer Brünne, die Materialgüte, die Stärke und Durchmesser der Ringe wirken sich ebenfalls gravierend aus. Ist ein Bogen kräftig genug und eine Pfeilspitze möglichst dünn und stabil, kann auf kurze Entfernung hin jedes weite oder unvernietete Geflecht signifikant durchbohrt werden. Der Schutzwert von Ringpanzern ist jenseits der ballistischen Kernschusszone, wie sie allgemein für die Bogenwaffe in römischer Zeit rekonstruiert werden kann, aber akzeptabel. Es bleiben so oder so Restphänomene technischer Wirkmechanismen zu erörtern. Lassen wir an der Stelle auch noch einmal den bogenkundlichen Pionier Saxton T. Pope zu Wort kommen: "… At a distance of 7 yards the heavy bodkin arrow shot from a 75-pound bow, struck the armor with such force that a shower of sparks flew from it, and the arrow drove through the center of the back, penetrating 8 inches, piercing one side of the shirt and both sided of the box. It is apparent that armor alone is not sufficient protection against an arrow of this sort…[671]"

Abb. 138: Das Kettenhemd aus dem Fürstengrab von Gammertingen. (L. 98 cm, B. 63 cm.) Beigabe um 570 n. Chr. Aufnahme gestanzter und vernieteter Ringfragmente aus Eisen. Nach Riesch / Thiel.

11.5 Zur Problematik spezifischer Funktionskleidung unter Metallpanzern

11.5.1 Was sagen römische Quellen zum Vorkommen kampftauglicher Gewänder?

Systematisch ist der Rahmen metallener um organische Schutzmaterialien in experimenteller Erprobung zu erweitern. Eine zielballistische Anforderung bei Ringpanzerbeschuss, die sonst auch bei Treffern von Pfeilen auf die Körper größerer Wildtiere auftritt, besteht darin, dass die Spitzen graduell breiter sein sollten als der nachfolgende Pfeilschaft, damit ein adäquater Eindringkanal geöffnet wird. Ist dies nicht der Fall, kann es passieren, dass Pfeile relativ früh in Haut oder Geflecht stecken bleiben. Bei vielen germanischen Nadelpfeilspitzen aus Eisen als Funde in Nydam, Illerup Ådal oder Eisbøl trifft man konstruktiv auf eine oder sogar auf zwei rhombisch ausgeschmiedete und vor dem Holzschaft angesetzte Verdickungen. Sie dienten solchen bösartigen Zwecken und waren keine Zierden. Ohne jene Knubbel läge das Profil der Spitzen deutlich unterhalb der Schaftdurchmesser (s.o. Abb. 123). Die Stielbreiten öffneten einen Weg und machten die Geschosse zu noch durchschlagsstärkeren Offensivwaffen im Kampf, solange jedenfalls, bis keine massiven Schildbuckel getroffen wurden. Vernietete Ringpanzer gewähren, betrachtet man die Resultate Junkelmanns und Klimpels et al., mehr Schutz als unvernietete. Dies gilt bei Pfeilen mit schneidenden Klingen aber nicht bei Bodkin-Spitzen, für die ein Geflecht selten ein unüberwindbares Hindernis darstellt. Überschulterklappen oder kurze Capes sollten dem Problem abhelfen, wenn Kettenpanzer einfach auf den Schultern und Brustkorb auflagen. So verdoppelte sich der Schutz gegenüber Schlägen und Stichen.

Duncan Massey stellte bei Schusstests mit Pfeilen vergleichbare zielballistische Effekte fest. Eine interessante Beobachtung ergab sich ferner bei blattförmigen Spitzen nordgermanischer Provenienz. Einige davon verfügen über eine Zungenspitze, die sich abrupt verbreitert. Bei Masseys Treffern auf einen einlagigen Ringpanzer zeigte sich, dass die schmalen Schneiden vorne beim Durchschlagen zwar stumpf wurden, die rückwärtigen aber scharf blieben und für eine große Wundbildung gesorgt hätten[672]. Einer funktionalen Unterkleidung könnte eine Bedeutung zugekommen sein. Kolias weist auf das Werk *Peri strategias* aus Byzanz hin: „... Dort heißt es, dass ein Faktor für die Wirksamkeit der Rüstung ihre Entfernung zum Körper sei:

> *‚Sie müssen nämlich nicht auf (gewöhnlichen) Kleidern aufliegen, wie es einige machen, um die Schwere der Ausrüstung zu verringern, sondern auf Unterkleidern, welche mindestens einen Daktyl* [etwa 20 mm, HR] *dick sind, einerseits damit sie nicht bei der Berührung durch ihre Härte verletzen, sondern gut aufliegend auf den Körper passen, andererseits, damit die Geschosse der Feinde nicht leicht bis zum Fleisch vordringen, sondern einerseits, wie gesagt, durch das Eisen, die Gestalt und Politur, andererseits aber auch durch den Abstand des Eisens vom Fleische abgehalten werden.'* (*Peri strategas*, 16, 20-27)...[673]"

Blicken wir mit Hansjörg Ubl auf Quellen aus der Römischen Kaiserzeit: „... Wenn sich auch bis heute kein komplettes originales Panzerunterkleid römischer Zeit erhalten hat, lassen doch Darstellungen, Funde und literarische Überlieferungen drei Materialien als Grundstoffe für die Erzeugung von Panzerunterkleidern als möglich erscheinen: textile Gewebe, Filz und gegerbte Tierhäute (Leder). Wahrscheinlich sind alle drei Materialien nebeneinander zur Herstellung von Panzerunterkleidern verwendet worden, manche sogar gemeinsam an ein- und demselben Stück ... Antike Begriffe für das gesuchte Panzerunterkleid finden sich erst in der spätrömischen Literatur mit den termini technici *subarmale* (*subarmalis vestis*) und *thorocomachus*. Der Begriff *subarmale* erscheint in der Historia Augusta an mehreren Stellen und wird von Martianus Capella, einem Autor des 5. Jahrhunderts, näher beschrieben ... Vom Material, aus dem der *thorocomachus* herzustellen sei, sagt der Anonymus [des Werks *Liber de rebus bellicis*, HR]: *hoc enim vestimenti genus, qoud de coactili ... conficitur.* Damit ist klargestellt, dass dieses Panzerunterkleid aus Filz hergestellt worden ist...[674]" (Abb. 139)

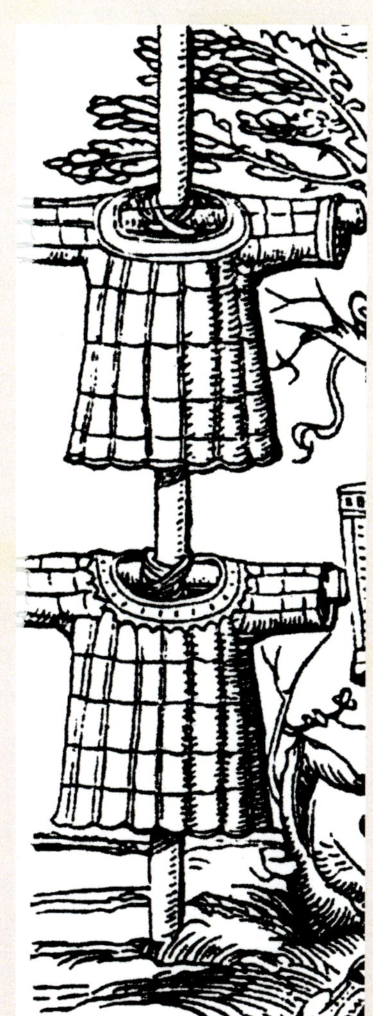

Abb. 139: *Expositio thoromachi.* Schützende Untergewänder nach dem anonymen Militärratgeber *De rebus bellicis* aus der Spätantike. Renaissancezeitliche Wiedergabe.

Junkelmann weist darauf hin, dass bei Bildern römischer Soldaten mit Kettenhemden in der antiken Kunst erkennbare Aufpolsterungen kaum vorkommen. Ganz im Gegenteil wirken die Körper meist zu grazil, als dass auftragende Kleidung überhaupt rekonstruiert werden sollte. Oder wurden realiter vorhandene Schutzkonzentrationen auch einmal künstlerisch kaschiert, weil man mehr an Wiedergaben einer idealisierten Körperlichkeit interessiert war?

11.5.2 Neue Ergebnisse zu Rosshaaren und Leinenlagen als Pfeilprotektoren

Bei den zitierten Schusstests Klimpels et al. bestand ein konventioneller Vorschlag aus mit Rosshaar bis zu maximal 1,5 cm Dicke aufgefüttertem Leinenstoff. Alternativ denkbar wäre ein Vernähen gepresster Leinenschichten zu einer polsternden und schützenden Tunika. Eine in etwa lebensgroße, restauratorisch ergänzte Statue des Kriegsgottes Mars aus dem römischen Tempelbezirk im Altbachtal im Rheinischen Landesmuseum Trier (Iv.-Nr. 1929, 319), trägt einen Muskelpanzer, Paludamentum (Soldatenmantel), Rundschild und Kurzschwert. Die unterhalb des Panzers befindlichen *pteruges* (lat.) als Teile eines Untergewands sind ungefähr fingerdick. Die kurzen Schulter-*pteruges* sind schmaler und etwas dünner. Der Steinmetz hatte entweder eine authentische Vorlage vor Augen oder war mit dem Aussehen solcher Kleidung gut vertraut. Die unteren *pteruges* reichen nebeneinander ohne Überlappung und mit angesetzten Fransen bis auf die Oberschenkel. Man möchte hier eher an semiflexible Schichten aus einem textilen Stoff denken, weniger an steifes Leder oder Filz, aus denen der Tiefschutz bestand. Das schließt es natürlich nicht aus, dass ein elaborierter Lederbezug außen aufgenäht worden sein könnte. Die Trierer Panzerstatue folgt, dort mit sich überlappenden *pteruges*, dem Typus des *Mars ultor* in Rom.

Bei Schussexperimenten auf Leinen konnte David Jones aus England zeigen, dass 32 Lagen (365 g/m) in fingerdicker Konzentration, also etwa ein *Daktyl* gemäß *Peri strategias*, von zweiflügeligen Eisenspitzen zwar durchschnitten werden können, gegenüber vierkantigen und rhomboiden aber ein besserer Schutz besteht. Überraschenderweise dringen taktische Pfeilspitzen mitunter nicht tiefer durch die viellagige Leinenstruktur als schmale zweischneidige oder federn im schlechtesten Falle sogar von der Textilwand zurück. Insofern ergäben Kombinationen von Ringpanzern und Schichtleinen einen idealen Materialverbund. Das metallene Außen bewahrte mehr vor schneidenden und das textile Innen vor stechenden Spitzen. Die Vor- und Nachteile der unterschiedlichen Werkstoffe ließen sich berücksichtigen, um einem breiten Pfeilspektrum zu begegnen.

Jones konnte dies in einer Folgearbeit mit dem Titel *Arrows against mail armour* überzeugend bestätigen: „... The bodkin head is certainly the most reliable, with only one instance of failure to penetrate mail plus 24 layers of linen. However, if the criterion for effectiveness had been the number of shots that reached a specific depth of penetration then the leaf-shaped head would be judged the most effective ... In some instances when the leaf-shaped head bounced back from the mail and linen combination, it was possible to see that the shot had broken one or two mail rings, which would be sufficient for the arrow to pass through the mail. Thus, the arrow had clearly been stopped by the linen, not the mail. It is known that sharp-edged heads of this type easily pass through multiple layers of linen, but if the edges are blunt then they often bounce back. Therefore, it appears that the effectiveness of the mail and linen combination is due to the mail blunting the edges of the incoming arrowhead, which is then sometimes unable to cut through the linen. This blunting of the head is inconsistent, resulting in a wide variance between individual shots. For the bow and mail used in these tests, approcimately 24 layers of medium-weight linen backing are required to reduce the probability of penetration to about 50%. Those 24 layer are 16mm thick under compression, are stiff, and weigh 8,8 kg/m². In my subjective opinion, such a thickness could perhaps be worn on the torso but not on the arms or legs...[675]"

Tatsächlich tragen römische Auxiliare mit Reflexbogen zum Beispiel auf der Traians- und der Markussäule in Rom ja selbst Hemden aus Ringgeflecht. „... The horse archer on the Marcus column, however, is clearly depicted wearing *lorica hamata*. His head, on the other hand, is damaged and it is impossible to tell whether he is wearing a helmet, but, as his clothing otherwise resembles that of other auxiliaries on the column, it seems reasonable to include a helmet among his armour. No Roman representations depict an archer's horse with protective armour...[676]"

11.6 Formstabilere Panzertypen aus organischen Materialien oder Metall

11.6.1 Rüstungen von griechischen Hopliten bis zu kaiserzeitlichen Legionären

Im Folgenden geht es um den Beschuss kompakter Rüstungen oder Plättchenkonstruktionen. Für die Römische Kaiserzeit bilden Schienen-, Schuppen- und Muskelpanzer, Maskenhelme sowie Lamellenharnische unsere waffengeschichtlichen Leitvorgaben. Bei diesbezüglichen Tests begegnet man erneut dem Umstand, dass komplette Nachbildungen von Panzern selten sind. Meist werden Segmente oder Repräsentanten vorgehalten. Insofern lassen die Resultate jeweils erst nach einem gewissen Interpretationsaufwand historisch brauchbare Rückschlüsse auf originale Verhältnisse zu. Dieses Manko ist zu entschuldigen, da Reproduktionen in Gänze meist zu kostspielig sind, um sie dann auch noch schädigendem Beschuss auszusetzen. Der griechische Reiseschriftsteller Pausanias berichtet im 2. Jh. n. Chr. darüber, dass die Sarmaten Plättchen aus Pferdehufen in Schindelform ausschnitzten. Die Schuppen würden mit Sehnen zusammengenäht und ergäben Panzer, die Schlägen, Schwerthieben und Pfeilen standhielten[677].

Tacitus schreibt über die Sarmaten:

> „... *Dies ist die Bedeckung der Fürsten und jedes Vornehmen, aus eisernen Blechen oder sehr hartem Leder zusammengefügt und wenngleich gegen den Hieb undurchdringlich, so doch den durch den Andrang der Feinde Niedergeworfenen beim Wiederaufstehen hinderlich...*[678]“

Die Panzerschindeln wurden auf einem Wams angeordnet. Die Stärke der Schuppenrüstungen kam ebenfalls kaiserzeitlicher Elitereiterei, den Kataphrakten, zu gute. Rekonstruktionen bieten auf aktuellem Sachstand Hilary und John Travis[679].
Aus hunnenzeitlichen Kontexten im Osten liegen auch größere Eisenplatten vor. Sie wurden vernietet. Man hat 8 x 5 cm breite und bis zu 3 mm starke Bleche leicht überlappend aneinandergefügt[680]. Die Kampfszene auf der Bildscheibe von Orlat zeigt Panzermäntel mit korrespondierenden Strukturen, getragen zu Fuß oder zu Pferd.

Griechische Leinenharnische sind aus dem antiken Mittelmeerraum hinlänglich bekannt. In der deutschen Fachliteratur hat sich als ein Synonym dafür der Begriff des Klappenpanzers etabliert. (Abb. 140)
„... Er wurde auch von römischen Soldaten, vornehmlich Offizieren und Reitern, in republikanischer Zeit getragen, scheint aber dann bei den Mannschaften außer Gebrauch gekommen zu sein, sieht man von den ganz mit Schuppen besetzten Varianten ab. Höhere Offiziere scheinen ihn aber, den Darstellungen auf der Traianssäule nach, weiterhin als leichtere und bequemere Alternativ zum Muskelpanzer getragen zu haben...[681]“ Manche Bearbeiter sprechen Leinenpanzer aus der Kaiserzeit wie zum Beispiel auf dem Grabstein des Centurios Marcus Favonius Facilis in *Camulodunum* (Colchester) in England fälschlich als Lederpanzer an[682].

Darüber hinaus gibt es Reliefs, auf denen verwitterte Texturen eines Kettenhemds dereinst aufgemalt waren. Lederne Panzer für Legionäre stehen seit Ludwig Lindenschmit (1809 bis 1893) national wie international im Diskurs. „... The defences of the auxiliaries depicted on Trajan`s column, for example, have been regarded as excellent examples of hardened leather armour, were shown by Russell Robinson as the depictions of mail and the traditional view of the Roman muscled cuirass as a leather garment was questioned by the same author. It is clear know that most of the Roman armour once regarded as leather was in fact formed either of mail or of embossed bronze, or was an archaizing fiction...[683]” Metallene Thoraxpanzer römischer Generäle und Imperatoren erwuchsen im Ursprung antiken Glockenpanzern aus Bronze. Es ist wenig wahrscheinlich, wenn auch hin und wieder vielleicht nicht völlig auszuschließen, dass Muskelpanzer aus Leder waren.

Abb. 140: Hoplit beim Anlegen eines Leinenpanzers. Rundschild (griech. *aspis*). Zwei Jünglinge in skythischer Tracht und Waffen. Ganz rechts Euthybolos („*der geradlinig Treffende*“). Um 500 v. Chr.

Schussversuche auf Teilstücke einer potentiellen Lederrüstung führte Jones durch. Er prüfte pflanzlich gegerbte Ochsenhaut von 5,5 mm Dicke und einem Gewicht von 5,47 kg/m². Auf Kernschussweite erwies sich die Schutzkraft der starken und zähen Platten gegenüber Pfeilen aber als enttäuschend und dem Gewicht unangemessen: „... In the case of leather, it was noted that arrows which struck close to the edge or to a hole from a previous shot usually had deeper penetration. The mechanism for this effect appeared to be that a crack formed from the hole to the edge, which reduced the friction of the leather against the head and shaft ... Leather might also be described as ‚arrow resistant', rather than 'arrow proof'. One layer of soling leather was clearly inadequate against all the arrowheads that were tested, but three layers reduced mean penetration ... The layers of the soling leather had an areal density of 16,4 kg/m³; it is heavier than 2 mm thick steel plate and could not reasonably be called 'lightweight'...[684]" Unter solchen Gesichtspunkten ist es schwer vorstellbar, das kompakte Rüstungen ledern waren, wenn schneidende Pfeile durchdrangen bzw. sie von den Treffern rissig wurden. Für Platten aus wärmebehandeltem Leder stehen veröffentlichte Schussexperimente noch aus[685].

Bei Lederpanzern aus Lamellen stellt sich Verschleiß geringfügiger ein als bei Lederflächen. Es werden stets nur Einzelteile durch Pfeiltreffer in Mitleidenschaft gezogen. Lamellen bilden zudem beim Reiten sich überlappende Schichten. Rüstungen aus miteinander verschnürten Lederplättchen von 3 bis 5 mm Stärke entdeckte man in Dura Europos[686]. Reste eines kaiserzeitlichen Lamellenpanzers aus Leder wurden in Karanis im Fayum Ägyptens aufgefunden[687]. Die Beliebtheit solcher Rüstungen aus Streifen behandelter Tierhaut scheint sich insgesamt auf heiße und aride Klimazonen konzentriert zu haben.

Abb. 141: Pfeiltreffer auf einen nachgebauten Leinenlaminatpanzer. Rekonstruktionsprojekt der University of Wisconsin-Green Bay, USA. Gregory S. Aldrete mit Bogen und Scott Bartell in Rüstung.

Gregory Aldrete und Scott Bartell konnten im Rahmen ihres *Linothorax Project* an der University of Wisconsin-Green Bay (USA) wichtige Erkenntnisse zur antiken Hoplitenrüstung gewinnen[688]. (Abb. 141) Sie fertigten Rekonstruktionen an und führten Tests durch: „... Trial and error revealed that the maximum thickness that we could make a slab of laminated linen which would still retain full and repeated flexibillity was around 12 mm ... Our arrows were handmade wooden ones with natural feather fletching. We used arrowheads of a number of different shapes and weights. Most of these were hand-cast iron and bronze arrowheads that were sharpened by hand and which had shapes and weights similar to those of attested examples of ancient Greek, Macedonian and Persian examples ... Laminated test patches possessed about 15% more resistance to penetration than sewn ones, while quilted patches were ineffective. We calculated that the force required to penetrate a 12 mm laminated test patch was approximately 70 Joules, roughly equivalent to the same amount of force needed for the same arrow to penetrate bronze armor nearly 2 mm thick...[689]"

Die laminierten Leinenharnische konnten dem Körper ihrer Träger gut angepasst werden, denn das Material ließ sich nach dem Trocknen noch in Grenzen biegen. Im Vergleich zu einer Panzerglocke aus Metall ist der Tragekomfort besser und man ermüdet bei physischer Belastung oder Hitze weniger schnell. Dafür sorgt auch das geringere Gewicht von rund 4 kg im Gegensatz zu einem Bronzepanzer. Selbst nach starkem Niederschlag, dem mit einer Imprägnierung aus Bienenwachs begegnet werden kann oder bei Schweiß funktioniert ein Leinenpanzer aus akurat miteinander verklebten Lagen. Die Bearbeiter simulierten während des Projekts unter anderem Dauerregen oder tauchten die Harnische für längere Zeit unter Wasser.

11.6.3 Eiserne und bronzene Bleche als Rüstungen für Rumpf und Kopf

Kompromisse bei Waffen konnten bedeuten, dass man Nachteile zugunsten von Vorteilen in Kauf nahm. Antiken Autoren nach sollen Pfeile mitunter so weit durch die Leinenpanzer Alexanders des Großen hindurch gedrungen sein, dass er verletzt wurde. Bei Schusstests bestätigt sich das bisweilen mit zweischneidigen Spitzen. Anders verhält es sich bei Metall. Hier weisen flache Pfeilspitzen Defizite auf. Sie verbiegen sich stärker als vierkantige oder dreiflügelige Spitzen. Die Auswirkungen auf eine Rüstung sind relativ gering, wenn eine Spitze nicht formstabil bleibt. Loades weist allerdings auf das Phänomen hin, dass bei frequent auftreffenden Geschossen, selbst ohne eine gefährliche Perforation, doch irgendwann einmal der mentale Zustand eines Kämpfers geschwächt werden kann[690].

Ähnlich sieht dies Junkelmann: „... Wenngleich die dabei erlittenen Verluste dank der Schilde und Rüstungen in der Regel nicht sehr erheblich waren und vornehmlich aus Leichtverwundeten bestanden, so vermittelte der dauernde Geschosshagel doch ein Gefühl der Wehrlosigkeit und zermürbte die Nerven der Männer, die ihm ausgesetzt waren...[691]" Ich halte das für ein sehr wichtiges Argument beim Masseneinsatz von Pfeilen. Die Materialschlacht von *Carrhae* spiegelt dies wieder. Pfeile konnten Schwachstellen von Rüstungen aufdecken. Ammian schreibt über persische Panzerreiter in der Spätantike:

> „... *Alle Truppen aber waren eisengepanzert und an sämtlichen Körperteilen dicht mit Platten belegt, so dass sich die starrenden Verbindungen den Gelenken der einzelnen Glieder anpassten. Auch die Gesichtsformen fügten sich so eng ans Haupt, dass auftreffende Geschosse – der Mann war ja ganz in Metall gehüllt – nur dort zu haften vermochten, wo man durch kleine, dem Kreis der Augen angepasste Öffnungen spärlich genug sehen oder durch die Nasenschlitze mühsam atmen konnte...*[692]"

Was können Pfeile gegen Platten aus Eisen überhaupt ausrichten? Aussagekräftige Versuche dazu wurden in Großbritannien durchgeführt. „... Further tests were carried out by Peter Jones at the *Royal Armament Research and Development Establishment* at Fort Halstead. Jones used arrows with carburised wrought-iron bodkin heads

Abb. 142: Darstellung eines Legionärs im Schienenpanzer um 75 n. Chr. Rekonstruktion der Interessengemeinschaft VEX LEG VIII AVG.

against sheets of Victorian soft wrought iron of varying thickness: 3 mm to represent the average thickness of the front of medieval helmets, 2 mm representing a breastplate and 1 mm for leg armour. The arrows were shot by John Waller with a yew longbow of 70 lb (32 kg) pull against the plates that were set at an oblique angle to simulate the angle of strike of an incoming arrow. At a range of 33ft (10 m) they penetrated the 1 mm plate to between 1½ – 2 in (4,5–6 cm), which would have inflicted a seriously debilitating wound to the arm or leg. The 2 mm plate penetrated, but only to 1,1 cm ... The arrows were defeated by the 3 mm plate, indicating that even helmets of wrought iron might offer significant protection, at least in front of a skull where the metal tended to be made thickest...[693]"

Die Tests sind in der Zeitschrift *Materials Characterization* und im Film *Archery, its history and forms* von 1995 dokumentiert[694]. Sie vermitteln einen Eindruck von der Wucht, die Pfeile mit taktischen Spitzen entfalten können.
Der technische Fortschritt erlaubte im spätmittelalterlichen England eine Massenproduktion von Kriegspfeilspitzen mit großer Härte und Zähigkeit, wie man so zur Römerzeit noch nicht benötigte. „... Limited hardness testing has been performed on arrowheads, but of those tested the blade is always hard, typically 350 Vickers Hardness number. Interestingly, there is an Act of Parliament, 1405 in the reign of King Henry IV, which states that if arrows are found to be soft then the arrowsmith will go to jail and his stock will be confiscated. The records of the holdings of arrows in HM Tower of Londen for 1356 indicate that there were over 400.000, an enormous stock and procurement problem...[695]" Wichtig ist ein rechter Winkel beim Aufschlag, da Pfeile ansonsten abgleiten und brechen.

Klimpel et al. beschossen unlegierte Eisenbleche in einer sich überlappenden Position. Das sollte Schienenpanzer, sogenannte *lorica segmentata*, nachahmen. (Abb. 142) „... Bei dem Experiment stellte sich heraus, dass ein Segmentpanzer mit einer Blechdicke von 1,5 mm bei einer Schussentfernung von 4-5 m von keiner Projektilspitze durchschlagen werden konnte. Es bilden sich allenfalls Impressionen bzw. kleinere Perforationen. Ein 1-mm-Blech wird in Abhängigkeit von der Bogenleistung nur von Bodkin-Spitzen teilweise oder vollständig durchschlagen ... Bei der Untersuchung stellte sich somit heraus, dass ein Schienenpanzer mit einer Blechdicke von 1,5 mm gegenüber jedwedem Beschuss aus der Distanz immun gewesen sein dürfte. Bei einer Materialdicke von 1 mm bestand grundsätzlich die Möglichkeit einer Perforation mittels Bodkin-Spitzen, jedoch dürfte selbst hierbei für eine ernsthafte Verletzung die Pfeilenergie bei einigermaßen realistischen Entfernungen nicht ausgereicht haben...[696]"

Eine Dellenbildung stellte bei Helmen eine größere Gefahr dar. Junkelmann führte Versuche mit Pfeilen durch, die zeigten, dass bei einer geriffelten Struktur des Materials der Schutz zunimmt[697]. Auch Ronny Meijers, Hans-Joachim Schalles und Frank Willer nahmen Bleche unter Beschuss: „... Die Frage nach den Schutzeigenschaften römischer Reiterhelme und deren Gesichtsmasken gegen Angriff mit Blankwaffen oder Beschuss durch Pfeile oder andere Geschosse ist für die waffentechnische, archäologische Forschung von Bedeutung ... Im Fall der Nijmegener Gesichtsmaske ... sind Analysen des Metalls durchgeführt worden. Das Metallgefüge konnte als ein mehrlagiges, verschweißtes Weicheisen bestimmt werden...[698]" Mit einem Nachbau der handlichen römischen Torsionswaffe von Xanten-Wardt wurden aus sieben Metern Distanz Geschosse auf Eisenbleche von jeweils 1,5 und 2,5 mm Dicke losgeschnellt. Die Pfeile waren massiv aus Buchenholz mit vierkantigen Eisenspitzen. Das dünnere Blech wurde mit Ausstanzungen bzw. 6 mm Durchschlag beschädigt. Das dickere Blech verformte sich aber überhaupt nicht und ließ bloß Außennarben zu.
Alan Wilkins aus England gewann zielballistische Resultate, indem er mit einem römischen Torsionsgeschütz von 738 lb (ca. 334 Kg) Spannkraft und Pfeilen von 70 Gramm Gewicht sich überlappende Streifen unlegierten Stahlblechs von 1,25 mm Dicke ins Visier nahm. Mit Hilfe vierkantiger Eisenspitzen wurde der Aufbau eines Schienenpanzers auf fünfzig Meter Entfernung eingedrückt. Die Geschosse prallten nach dem Ausstanzen einer Marke auf der Außenschiene ab[699]. Es ist anzunehmen, dass der Träger einer solchen Rüstung durch den Aufprallschock gesundheitliche Beeinträchtigungen erlitten hätte.

Als ein abschließendes Fazit sind geschmiedete und kaltverfestigte Bleche für Experimente mit Pfeilen, die einen Anspruch auf historische Aussagekraft besitzen sollen, unbearbeiteten Industrieblechen vorzuziehen[700]. Rüstungsbleche aus Bronze oder Eisen boten in der Römerzeit ab etwa 1,5 mm Stärke eine hohe Sicherheit vor Pfeilen von Lang- und Reflexbogen. Je nach Beschaffenheit und Qualität des Materials können taktische Pfeilspitzen im Nahbereich bei geringfügig dünneren Blechen und geradem Aufschlagwinkel einstanzen, aber erst Zusatztreffer von Kriegspfeilen innerhalb bereits beschädigter Zonen erzwingen bedrohliche Durchbrüche. Bei einer Stärke unterhalb von etwa 1 mm sind Überlappungen durch zuätzliche Bleche angezeigt.

11.7 Schuppen- und Lamellenpanzer in der Rekonstruktion

11.7.1 Nachbauten sogenannter *lorica squamata* unter Pfeilbeschuss

Bereits die Griechen setzten auf ihre Rüstungen mitunter Schuppen oder Plättchen aus Metall. Auf dem Deckel eines zylindrischen Bronzebehälters (lat. *cista*) aus Palestrina in Latium sind drei Hopliten in plattierten Klappenpanzern zu erkennen. D'Amato präsentiert das Segment eines Panzers aus ursprünglich vergoldeten, beinernen Schindeln aus Pompeji[701]. In Straubing (*Sorviodurum*) ist das Teilfragment eines bronzenen Schuppenpanzers anschaulich erhalten. (Abb. 143) Er wird vom Gäubodenmuseum ausgestellt. Auch im sogenannten Waffenmagazin von Carnuntum barg man ein im Verbund intaktes Schuppenpanzerstück. Pferdedecken mit relativ großen Panzerschuppen aus Eisen kamen in Dura Europos ans Licht[702]. Zur Frage der Kapazität solcher römerzeitlicher Rüstungen hat der oben erwähnte Massey Schusstests unternommen: „… As the scales are designed to overlap each other, an arrow striking the mid point of the lower half of a scale may have to penetrate three individual scales before defeating the armour. On no occasion did this occur, either with brass or steel scales. The bodkin points produced neat square-section holes in the top scale, a smaller hole or a large dent in the intermediate scale, and a small dent in or deformation of the lowest … A second series of tests were performed upon the scale armour when it had been strengthended by wiring it together in a series of horizontal rows, much more tigthly spaced than before. Although this reduced the flexibility of the armour and would have made it much heavier, it greatly increases its strength. None of the arrowheads penetrated, even at seven metres, although the scales were severly deformed…[703]"

Thomas Hulit und Thom Richardson fertigten für ein Projekt Bronze- und Rohhautschindeln mit Vertikalrippe an und fixierten sie auf Leinentuch. Vorlagen dafür bildeten bronzezeitliche Panzer aus Nuzi in Syrien und aus dem Palast des Tells Kāmid el-Lōz im Libanon.[704] „… The size of the replica scales manufactured were 65 mm by 22 mm and approcimately 1,5 mm in thickness. This adequately represented the average size of scales across the Middle East … Scales were made in two materials; bronze and rawhide. Most of the armour scales found in the archeological record are of bronze, and those from Tutankhamun`s armour were rawhide…[705]" Die Schindeln wurden im unteren Drittel seitlich miteinander verbunden und in Reihen überlappend angeordnet. So entstand ein Flächenziel, das man einem Sandsack aufsetzte.

Abb. 143: Römischer Schuppenpanzer. Schindeln aus Bronze in Überlappung. FO Straubing-*Sorviodurum* in Niederbayern. Nach Norbert Walke. Hohe Kaiserzeit. Ohne Maßstab.

McEwen fertigte einen angularen Kompositbogen nach Funden aus Ägypten an[706]. Bei Schusstests wurden 54 bis 80 Gramm schwere und 90 cm lange Pfeile aus Bambus sowie aus Japanischem Rohr mit Vorschäften aus Holz verwendet. Die Pfeilspitzen waren entweder massiv aus Elfenbein (Bodkin-Typ) oder zweischneidig aus Bronze. Die Zieldistanz betrug sieben Meter. Es zeigte sich, dass die Bronzeschindeln sowohl vor den zweischneidigen Metall- wie vor den Beinspitzen schützten: „... The bronze arrowheads were bent or curled with the ebony bodkin points being cracked and dulled. Interestingly, the most significant damage to the bronze armour was in the lacing. As the armour was struck by the arrows the sharp holes in the bronze scales tended to but the lacing, causing one or two scales to fall away from the armour...[707]" Die Rohhautschindeln widerstanden nur den konischen Spitzen. Bronzene schnitten durch, wobei die Verschnürungen automatisch weniger litten. Sofern man Masseys, Hulits und Richardsons Resultate in römische Zeit übertragen kann, traten Probleme bei scharfem Beschuss vor allem im Zerreißen von Schnüren, dem Verbiegen oder kompletten Ausfallen von Schindeln bzw. dem Löchrigwerden von Schuppenrüstungen auf. Hochwertige Panzer für Menschen sollten möglichst diffizil sein, um entsprechende Lücken kleinräumig zu halten.

Fundbeispiele aus der Kaiserzeit bestätigen diese Annahme. Die qualitätvollsten Artefakte sind erstaunlich zierlich. „... Die Schuppen [aus dem Königsgrab von Mušov, HR] sind sehr fein, sie messen nur ca. 6 mm in der Breite und 7 mm in der Länge; oben sind jeweils zwei kleine Löcher gebohrt, um sie überlappend auf einer Unterlage zu befestigen ... wobei nichts auf eine Textilstruktur hinweist, was vielleicht heißen kann, dass es sich um Leder gehandelt hat. Welche Fäden verwendet wurden, ist unklar. Groller spricht nach seinen Carnuntiner Erfahrungen von Flachsfäden...[708]" David Sim und Jaime Kaminsky bestätigen den technischen Wert der geschuppten Panzerbauweise: „... Whatever the geometry or dimensions, imbricated scales will always have areas with single thickness of plate, double thickness, and areas with four thicknesses of armour. But most of each scale, in itself only 1 mm thickness will have a depth of two or four thicknesses. It is possible to position the holes used for joining so that the scales overlap in such a way that there are no areas of a single thickness, though this also means that it would have taken more scales to cover a specific area which would have increased the weight of the armour...[709]" Bei einer anderen Ausführung hat man mehr langrechteckige Plättchen mit Draht verflochten[710]. Dies ist, archäologischen Funden nach, in der römischen Armee aber erst während der mittleren Kaiserzeit stärker verbreitet worden[711].

11.7.2 Ergebnisse von Pfeiltreffern auf rekonstruierte Lamellenpanzer

Abb. 144: Klappenpanzer aus Lamellen. Relief aus der Gegend Palmyras. Ausschnitt mit der Gottheit Baalschamin. Nach R. Ghirshman. 1. Jh. n. Chr. Ohne Maßstab.

Die Idee für Verbindungen aus Draht leitet zur Gattung von Lamellenpanzern über. Als sich selbst tragende Konstruktionen, dies ist der entscheidende Punkt, wurden solche Rüstungen bereits von den Skythen verwendet. Alesandr I. Minžulin stellt die Nachbildung eines antiken Lamellenpanzers aus dem Grab eines skythischen Krieges bei Gladkovščina in der Ukraine vor[712]. Klappenpanzer mit Lamellen kannte man in Südeuropa. Ein Beispiel bietet die Statue des sogenannten Mars von Todi im Museo Gregoriano Etrusco des Vatikans. In die Partherzeit datieren Klappenpanzer aus Lamellen auf einem Relief mit den orientalischen Göttern Aglibol, Baalschamin und Malakbel. (Abb. 144) Raimar Kory schreibt: „... Lamellenpanzerartige Schutzwaffen wurden später, zumindest vereinzelt, auch von der römischen Armee verwendet. Um ein Fortleben der etruskischen Tradition scheint es sich dabei offensichtlich nicht zu handeln. Vielmehr dürfte ihr Vorhandensein auf aktuelle Bestrebungen zurückgehen, sich besser der Kampfesweise mobil operierender, aber dennoch gut gerüsteter Gegner im Orient oder im Donauraum anzupassen ... Dem Aussehen nach lassen sich die verwendeten Panzerplättchen grob in zwei Gruppen unterteilen. Die einen waren immer noch relativ klein und schuppenähnlich, neu hingegen scheint eine durch längere schmale Lamellen charakterisierte Variante zu sein...[713]" Anders als bei kleinteiligen Schindeln bildeten die langrechteckigen Plättchen von Lamellenpanzern aus Leder, Horn oder Metall übergreifende Kolonnen. Diese Reihen erhielten am Ober- und Unterrand jeweils lederne Einfassungen und wurden ihrerseits miteinander verschnürt. Durch die modulare Bauweise entstanden Fronten sich randseitig überdeckender Plättchen. Funde technisch dermaßen eindeutig definierbarer Lamellen aus Metall gibt es im Römischen Reich allerdings keine, weshalb manche Forscher

den Gebrauch östlicher Lamellenpanzer während der Kaiserzeit sogar ablehnen.
Die frühbyzantinische Armee übernahm eiserne Lamellenharnische der Awaren. Solche Panzer gelangten auch zu den Langobarden, Alamannen und Franken, wo sich um 600 n. Chr. Elitekrieger damit ausstatteten. Schusstests mit einem rekonstruierten Panzersegement jener Zeit führte der Verfasser durch. (Abb. 145) Selbst wenn antike Lamellenpanzer wie auf dem Relief des Baalschamin etwas anders aufgebaut sind, bestanden zielballistische Spezifika. „,... Diese komplex aufgebauten Rüstungen setzten sich aus vielen hundert langrechteckigen Metallplättchen zusammen und gelten als Erfindung östlicher Reitervölker, die eine hohe Beweglichkeit zu Pferd und gleichzeitig besonders effiziente Pfeilschutzwirkung gewährleisteten. Letzteres sollte experimentell überprüft werden. Auf Initiative des Verfassers wurden daher zunächst originale Lamellen metallographisch untersucht, authentisch nachgeschmiedet und schließlich zu einem Panzerstück zusammengefasst. Im konkreten Fall handelte es sich um einen Teil des Oberschenkelschurzes aus Grab 40 des alamannischen Gräberfeldes von Giengen an der Brenz, dessen rekonstruierte Lamellen aus 1,2 mm starkem S235JR-Blech kalt auf 1 mm Dicke verfestigt (Härte 150-160 HV 1) und anschließend mittels roh gegerbter Rindslederbändchen verschnürt wurden. Die Reißfestigkeit der Riemchen betrug im Zugversuch 60 N. Die einzelnen Lamellen waren 11,8 cm hoch und 1,1 cm breit und wogen 17,5 g. Das verschnürte Zielsegment war 32 cm hoch, 18 cm breit und besaß eine Masse von 750 g. Zum Beschuss aus 13 Metern Distanz wurden ein Eibenbogen vom Typ Oberflacht mit 270 N Zuggewicht sowie 45 g schwere Pfeile aus Schneeballholz eingesetzt. Die je mit einer gestreckt vierkantigen und schmalen Flachspitze nach der Vorlage von Pfeilspitzen aus dem alamannischen Grab 3c von Niederstotzingen bewehrten Projektile verließen den Bogen mit einer Geschwindigkeit von 137 km/h. Im Ergebnis besaß nur der Vierkant eine nennenswerte Schadwirkung. Die Spitze blieb formstabil und konzentrierte daher die Pfeilenergie punktuell mit einer Energiedichte von rund 29.000 N/m. Es wurden entweder kleine, viereckige Durchbrüche ausgestanzt oder Kerben im Stahl hinterlassen, wobei sich die getroffene Lamelle verbog und der Pfeilschaft jeweils unbeschädigt vom Ziel abprallte. Durch den Aufprallschock und das Verbiegen zerrissen 3 bis 4 cm um die Trefferstelle herum alle Lederverschnürungen. Traf dort anschließend ein Bolzen in der Überlappungszone auf, konnte er aufgrund der verminderten Kraftschlüssigkeit bis über den Tüllenansatz hinaus durchdringen...[714]"
Zweischneidige Spitzen verbogen sich und hinterließen kaum Schäden. Wenn vierkantige Spitzen auf engem Raum landeten, bot der Panzer keine ausreichende Dichtigkeit. Immerhin neigen physisch deutlich schwerere und längere Lamellen aus Eisen im Gegensatz zu kleinen Panzerschuppen weniger zu einem völligen Aus- oder Wegbrechen. Außerdem reagieren die Kolonnen beim Aufprall eines Pfeils in gewissem Umfang selbst beweglich. Als ein Mehrwert der modularen Bauweise wird der Schlag sowohl vom getroffenen Plättchen durch ein Umbiegen als auch durch ein Ableiten des Impulses inner- und außerhalb der Kolonne abgefedert. Der Preis dafür besteht aber im irreversiblen Reißen involvierter Verschnürungen.

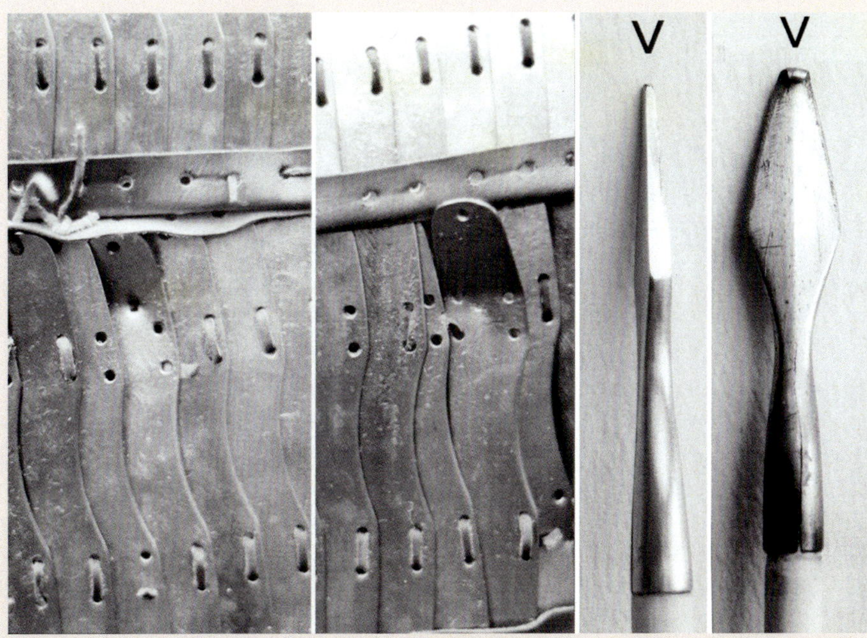

Abb. 145: Beschuss eines Lamellenpanzers. Vierkante stanzen ein. Die Spitze wird leicht abgeplattet. Lamellen werden verformt. Blattpfeilspitzen biegen sich vorne um. Nach Becker und Riesch.

11.8 Schlussfolgerungen aus den experimentellen Beschusstests

11.8.1 Vergleichendes Resümee zur Kapazität römischer Schutzwaffen

Wie gezeigt werden konnte, steht zum Thema Beschusssicherheit mittlerweile eine durchaus respektable Liste an wissenschaftlichen Untersuchungsergebnissen zur Verfügung. In Summe der geschilderten Praxisstudien zur Tauglichkeit griechischer, römischer, orientalischer oder eurasischer Rüstungen gegenüber Pfeiltreffern kann am Ende keine der unterschiedlichen Lösungen als sehr viel höherwertiger im Vergleich zu den übrigen bezeichnet werden. Es wäre auch methodisch fragwürdig, ein striktes Regime zu erstellen. Außerdem sind Tests selten völlig objektiv, denn Bogenauszugsstärken oder Pfeilmassen lassen sich prinzipiell variabel einrichten. Unvernietete Ringpanzer und dünne Industriebleche wirken häufig wie eine leichte Pfeilbeute. Manche Rüstungsform, die man bisher nur theoretisch zu evaluieren vermochte, darf aus dem Katalog echter Kriegswaffen ausgeschlossen werden, da unter Feldbedingungen wenig ernstzunehmende Kampftauglichkeit bestand. Dies gilt für gegerbtes Ochsenleder als eine akademische Fiktion für Thoraxpanzer oder für artefizielle Teile von Schaurüstungen. Andere Materialien weisen dagegen eine sehr gute Kapazität auf, die so noch wenig erkannt wurde. Das trifft vor allem auf synergetische Kombinationen zu. Insgesamt stellt sich das Bild vielfältig dar.

Wohlhabende spätgallische Reiterkrieger und Kavalleristen Roms in der Kaiserzeit bevorzugten Ringpanzer und trugen Schilde. Ihre *lorica hamata* bot zusammen mit schützender Kleidung eine hohe Sicherheit vor Pfeilen außer bei nadelartigen Spitzen. Gewisse Schwächen von Ringgeflecht und *subarmale* konnten bei Beschuss richtig geführte Schilde kompensieren. Das automatisierte Ausführen von Schildhaltungen wurde durch Training oder bei Manövern wahrscheinlich geübt. Man blicke auf den Legionär im Panzerhemd beim Kampf gegen einen Schützen auf dem Siegesdenkmal von Adamklissi mit angepasster Schildposition (s.o. Abb. 67). Auch die erhobenen Ovalschilde römischer Kavalleristen im Gefecht gegen Sarmaten auf der Trajanssäule sprechen für ein routiniertes Vorgehen. Ammian berichtet im 4. Jh. n. Chr., dass Kaiser Julian bei einem Erkundungsritt in Persien nur Dank der Schilde seiner Begleiter den plötzlichen Projektilen einer sasanidischen Kastellbesatzung entging:

> „... *Er setzte seinen Marsch fort und näherte sich bereits dem Gebiet von Ktesiphon, als er auf eine hochgelegene, stark bewehrte Festung traf. Kühn machte er sich an eine genauere Erkundung und ritt unerkannt, wie er meinte, mit einigen wenigen Begleitern an die Mauern heran. Doch da er sich allzu hitzig bis in den Schussbereich begab, musste er die Aufmerksamkeit auf sich ziehen: Ein Hagelschauer von Geschossen ging plötzlich auf ihn nieder, und er wäre ein Opfer des schweren Geschützes geworden, wäre er nicht nach Verwundung seines Waffenträgers, der nicht von seiner Seite wich, im Schutze eines dichten Schilddaches der großen Gefahr entronnen...*[715]"

Pfeilen konnte getrotzt werden, wenn man Schilde schräg zum Wegdrücken der Geschosse einsetzte. Dafür gibt es im germanischen *Walthari*-Lied eine Aussage zur Abwehr ankommender Pfeile[716]. Dies bietet ein weiteres Beispiel für die Flexibilität einstiger Schildhandhabungen.

Römische Kriegsschilde besaßen eine hohe Komplexität. Exemplare aus Sperrholz waren auf Beständigkeit hin ausgelegt. Kernmaterialien und Beläge wirkten als Zweckverbünde. Sie hatten die Fähigkeit, Bogenpfeile weit vorne zu stoppen. Außerdem wurde ein struktureller Kollaps unter Dauerbeschuss bei Laminatschilden konstruktiv verhindert. Kampfschilde in Bretterbauweise mit umfassenden Bezügen aus zähem Leder, Rohhaut oder Darm boten vor Pfeilen eine hervorragende, wenn auch im Vergleich zur Machart von Sperrholzschilden auf die Dauer etwas befristetere Sicherheit. Sie können nach zahlreichen scharfen Einschlägen kollabieren, wenn sich Spaltrisse addierend ausdehnen. Manche römische Schilde aus Dura Europos hatten Oberflächen aus einem Leimgrund mit Sehnenfasern. Das sollte als Werkstoffverbund mit Sicherheit genau solchen unerwünschten Spalteffekten entgegenwirken. Kampfschilde aus Holzruten oder dünnen Planken lediglich mit einer Randeinfassung oder mit Streben gewährten einen gewissen Schutz bei plänklerhaft flüchtig ausgeführtem oder distanziertem Pfeilbeschuss. Sie waren vor allen Dingen gewichtsreduziert und gut handhabbar.

Alexander Sarantis schreibt über die römische Armee und deren Ausrüstung in der Spätantike: „... Rather than predominantly relying on either infantry or cavalry, the Late Roman army was characterised by tactical adaptability and variety. The integration of Early Roman auxiliary and legionary units meant that the Late Romans were able to deploy troops with very different tactical capabilities across a wide range of military arenas ... Ligthly armoured horse archers, heavily armoured infantry, shock cavalry, and light missile firing troops all feature. As well as the eliminaton of the legionary-auxiliary divide, this tactical diversity was aided by the increasing number of non-Roman federate or allied troops incorporated by the Late Roman army. This 'barbarisation' once considered detrimental to Roman military performance, can, by contrast, be heralded as a contributing factor to Late Roman military success...[717]" Man rüstete Kavalleristen der neuen mobilen Feldheere häufig mit Schuppen-/ Lamellenpanzern aus. Selbst schwere Reiter konnten Bogen führen. Auf diese Weise kopierte man sarmatische und persische Elitekrieger (s.u. Abb. 194). Wir dürfen davon ausgehen, dass deren Schutzwaffen verhältnismäßig pfeilsicher gewesen sind. Sie stammten schließlich aus alten Bogenkulturen des Ostens mit Bewährungsreferenzen seit skythischer Zeit.

11.8.2 Modifikationen von Helmen und Schilden zum Schutz vor Pfeilen

Zweischneidige Pfeilspitzen, wie sie bei den Völkern in Europa verbreitet waren, vermochten gegen Schuppen- und Lamellenpanzer wenig auszurichten. Beim Aufprall vierkantiger oder bolzenartiger Pfeilspitzen aus der Nähe konnte eine signifikantere Beschädigung eintreten. Folgetreffer in lockere Fugen vermochten indessen erst dann bedrohlich durchzudringen, wenn keine *subarmalis vestis* oder ein *thorocomachus* als zweite Schutzschicht vorhanden war. Eine ungeklärte Frage besteht im geringen Interesse der Römer an Laminatpanzern für Massenheere. Nur bei Cassius Dio (77.7.1-2) findet sich eine Angabe, dass als Extravaganz unter Kaiser Caracalla (211 bis 217 n. Chr.) eine aus Makedoniern bestehende Legion in der Tradition der hellenistischen Phalanx mit Spießen und Leinenpanzern versehen worden sei, um sie nach dem Vorbild Alexanders des Großen Richtung Persien zu führen. Nachbildungen antiker Laminatpanzer zeigen sich unter Beschuss widerstandsfähig und sind bei sorgfältiger Imprägnierung langlebig, wenngleich sperriger als Kettenhemden. Es ist möglich, dass sie gegenüber etwas schärferen Eisen- im Vergleich zu Bronzespitzen weniger effizient gewesen sind. Jedoch relativiert sich diese Annahme insofern, als dies in erster Linie für zweischneidige Pfeilspitzen gilt, die aber weder bei den Parthern noch den Sarmaten überwiegend stark verbreitet waren.

Im Hinblick auf Infanterie- und Reiterhelme der frühen bis mittleren Kaiserzeit lassen sich keine Konstruktionsmerkmale erkennen, die ganz spezifisch vor Pfeilen hätten schützen sollen. Waffenkundlich besaßen Helme, die vor Stichen und Projektilen besonders gut bargen, ein rundum abweisendes Design einschließlich ausgeprägter Wangenteile und eines Nasals wie die Korinthischen Helme der Hoplitenzeit, oder sie saßen verhältnismäßig tief und hatten breite Krempen, an denen sich von oben her kommende Pfeile fangen konnten, wie dies bei den Eisenhüten von Fußvolk im fortgeschrittenen Mittelalter der Fall war. Beides war bei römischen Helmen der frühen bis mittleren Kaiserzeit nicht vergleichbar gegeben. Erst in Form der hochentwickelten Helme des römischen Typs Niederbiber, versehen mit ausgreifenden Wangenklappen und einem speziellen Stirnschirm, bestand im 3. Jh. n. Chr. unter anderem auch ein substantiell verbesserter Pfeilschutz. (Abb. 146) Ich frage mich, ob jene neuen Helme der Armee eine technische Antwort des römischen Rüstungswesens womöglich auch auf das nachweisliche Erstarken von Pfeil und Bogen bei den Germanen gewesen sind?

Für den damaligen Schildbau werden ähnliche, also reaktive Prozesse diskutiert. „… Mit der Periode C1 der jüngeren römischen Kaiserzeit, d.h. kurz nach dem Jahre 200 n. Chr., sind Pfeilspitzen in Grabfunden im gesamten Europa nördlich des *Limes* zu beobachten. Während es sich südlich des dänischen Gebiets üblicherweise um breite, blattförmige Pfeilspitzen aus Eisen handelte, waren im nordischen Raum nach den Belegen aus den Moor- und Grabfunden Spitzen mit einem drei- oder viereckigen Querschnitt und mit großer Durchschlagskraft vorherrschend … Dass Pfeil und Bogen nun als Kriegswaffen an Bedeutung gewannen, hat die Schildform beeinflusst.

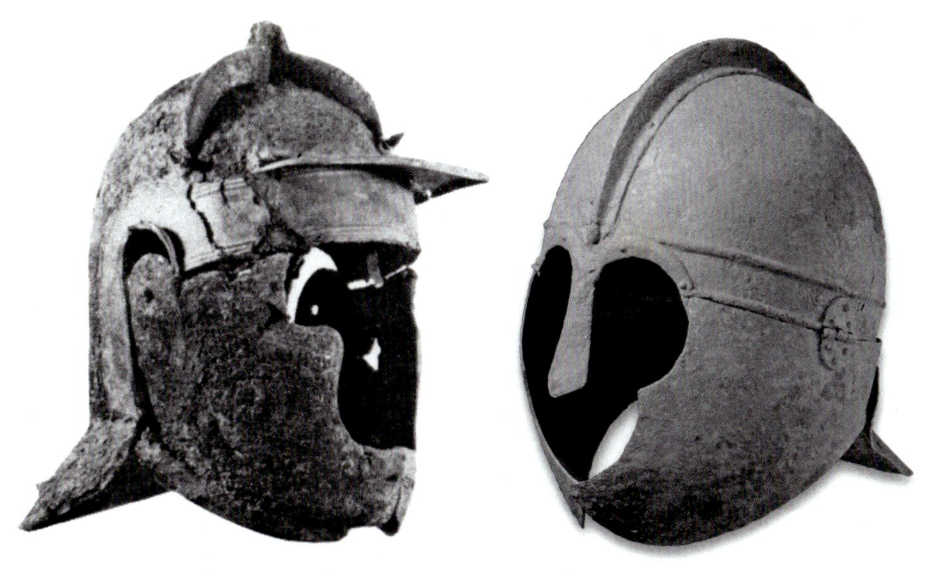

Abb. 146: Guter Schutz (auch) vor Pfeilen. Römerhelm des Typs Niederbiber. FO *Nida* (Frankfurt-Heddernheim). 3. Jh. n. Chr. Spätantiker Segmenthelm aus dem Orient. Eisen. Ohne Maßstab.

Wie Untersuchungen von Schilden aus Illerup Ådal aufzeigen konnten, waren die Exemplare der jüngeren römischen Kaiserzeit anders konstruiert als jene aus dem älteren Abschnitt der Epoche. Die Neuerung bestand darin, dass man den Schild mit einer Darmschicht überzog, um so die Oberfläche wasserabweisend zu machen und um die einzelnen Holzbretter in wirksamer Weise zusammenzuhalten. Schilde mit dieser Oberflächenbehandlung – das haben Versuche aus jüngerer Zeit ergeben – können in weitaus höhrem Maße einem Pfeilregen widerstehen…[718]" Das bezieht sich auf Entwicklungen in der *Germania magna*. Holger Ratsdorf geht soweit, für römische Schilde insofern eine Anpassung an Pfeiltreffer vorzuschlagen, als runde oder ovale Muster vermehrt mit konvexer Wölbung ausgestattet worden seien. Daran könnten Pfeile regelrecht zerschellt sein[719]. Allerdings ist zu bedenken, dass bei stark konvexen Rundschilden unter scharfem Beschuss auch eine erhöhte Gefahr für unkalkulierbar gefährliche Abpraller und Querschläger besteht[720].

Im Orient hatte man es im 3./4. Jh. n. Chr. mit schweren Konfrontationen angesichts der Pfeil und Bogen reichlich nutzenden Sasaniden zu tun. Für die seit Kaiser Aurelian auch im Westen des Reiches aufkommenden, schalenförmig bergenden Segment- bzw. Kammhelme mit Nasal, siehe dazu anschaulich auch die Helme auf dem Umschlagbild dieses Buches, werden persische Vorbilder seit langem von der Forschung akzeptiert. Erneut kann die Rezeption von pfeilabweisender Ausrüstung aus dem Osten dem spätrömischen Militär nur zugutegekommen sein.

11.8.3 Möglichkeiten und Grenzen der Ansprache spezieller Pfeilfunktionen

Die archäologische Aufschlüsselung der Vielfalt römerzeitlicher Pfeilspitzenformen in Europa, dem Orient und Eurasien ist noch nicht so weit fortgeschritten, dass übergreifende Aussagen dergestalt möglich wären, spezielle Ausprägungen einander chronologisch präzise ablösen oder sich ergänzen zu lassen. An Opferplätzen im Norden Germaniens ist die Ausgangslage zwar günstiger, was zum Beispiel Angaben zu Fundvorkommen von Spitzen aus Eisen oder Bein betrifft, doch sind weitergehende Schlussfolgerungen hier jeweils nur in geographisch begrenztem Umfang möglich. Es zeigt sich bei den Römern allgemein eine Mehrheit dreiflügeliger, in der gallischen und der germanischen Welt zweischneidiger Pfeilspitzen. Mehr oder weniger lange Vierkantspitzen hat es begleitend dazu vielerorts gegeben. Ein Ensemble eiserner Pfeilspitzen aus spätrömischer Zeit bietet der Köcherinhalt eines Germanen, der bei Westendorf (Grab 4) nahe Augsburg in Bayern bestattet wurde. Er verfügte über taktische Pfeilspitzen, zweischneidige „Allerweltsmuster" sowie über langstielige Widerhakenspitzen. Alle haben eine in etwa einheitliche Tüllenweite. Im Einsatz gaben demnach die Auslegungen der Spitzen für Ziele geeignete Zweckverwendungen vor. Wolfgang Czysz schreibt: „… Der Vergleich des Westendorfer Pfeilsortiments mit den Schusswaffen der römischen Armee zeigt, wie wichtig neben der formalen Unterscheidung auch die funktionale Ansprache von Projektiltypen sein kann … In Hinblick auf die Gräber mit Langwaffen und Köcher sowie den außerordentlich geringen Anteil von Jagdbeute im täglichen Speisezettel kommen wohl nur ‚Kriegswaffen' als Statussymbol des waffenfähigen Mannes in Betracht…[721]" (Abb. 147)

Bei der Frage, welche Spitzen gegen Rüstungen am besten eingesetzt werden konnten, stehen konische oder kantige Formen aus Metall an erster Stelle der „Hitliste". Nadelartige Spitzen fahren gut durch Ringpanzer hindurch. Dagegen verbiegen sie sich beim Aufprall auf massive Schildbuckel oder auf Panzerplatten. Gedrungen ausgelegte Vierkante halten einem solchen Beschuss besser stand. Sofern der Aufschlagwinkel ein annähernd rechtwinkliger ist, kann, selbst wenn Geschosse von Rüstungen abprallen, ein Löchlein eingestanzt werden und/oder Dellenbildung erfolgen. Mit lang-pyramidalen Eisenpfeilspitzen lassen sich geschmiedete Bleche von etwa 1 bis 1,5 mm Stärke im Nahbereich geringfügig durchschlagen. Dabei spielt es bei Spannstärken von mindestens 60 bis 80 lb keine Rolle, ob es sich um hölzerne Lang- oder um Kompositbogen handelt. Schildbuckel aus Eisen oder Buntmetall mit Kalotten über 2 mm Dicke sind mit römerzeitlichen Bogenpfeilen nicht zu durchschießen. Bei Ringpanzern und Schilden erfährt die Durchschlagskraft mit der Schaftverbreiterung eine deutliche Bremse. Es tritt durch den Reibungswiderstand ein Verlust an Momentum ein. Dieses Phänomen tritt bei Bogenpfeilen gravierender auf als bei Pfeilartillerie. Trilobitspitzen aus Bronze oder Eisen schneiden in Tests auf Verbundschilde, Leinen- und Ringpanzer stets relativ schlecht ab. Es sei betont, dass die dreiflügeligen Pfeilspitzen in der historischen Literatur mitunter pauschal gutgeschriebene, zielballistische Eigenschaft eines besonders hohen Durchschlagvermögens in den Fällen nicht nachweisbar ist. Die Waffenvorzüge waren hauptsächlich bei wenig oder bei ungepanzerten Weichzielen gegeben, was weiter unten noch medizinisch dargelegt wird.

Zweischneidige Eisenspitzen eigneten sich für Kampfeinsätze universal gut, wenn sie schmal gehalten waren. Sie tragen bei Bretterschilden zu den schädigendsten Spaltbildungen bei. Sie fahren durch Leder und sind bei Leinenpanzern erfolgreich, falls man sie vorher geschärft hat. Bei massiven Rüstungen aus Metall bringen solche Spitzen hingegen wenig Erfolg, denn sie biegen sich vorne um. Da jenseits der Alpen zweischneidige Pfeilspitzen meist von Barbaren verwendet wurden, besteht in manchen Fundberichten eine etwas leidige Vorliebe dafür, sie per se in die „Jagdschublade" abzutun. Solche Prämissen können bei Transferaufgaben aber zu vermeidbaren Fehlinterpretationen führen. So treten an germanischen Waffenopferplätzen im Norden auch blattförmige Pfeilspitzen auf. Es wäre aber falsch, wenn man nun davon ausginge, dass diese im Vergleich zur Vielzahl taktischer Spitzen aus Eisen oder Bein vor Ort jeweils eine Art von Jagdwaffenreserve der Besiegten dargestellt hätten, die bei der Opferung mit deponiert wurde. Wir lernten im Rahmen der zitierten Schussversuche eine abgestuft vielfältige Wirksamkeit zweischneidiger Pfeilbewehrungen kennen. Paulsen berichtet über wikingische Langbogen, Pfeile und Spitzen prinzipiell übereinstimmend: „... Mit den Bögen B und C wurde aus unterschiedlichen Entfernungen (30 m, 60 m, 130 m) der Nachbau eines Rundschilds der Wikingerzeit beschossen. In allen Fällen durchdrangen die Spitzen die in der Mitte 1,5 cm dicke Schildplatte. ... Die Eindringstiefe der lanzettförmigen Spitzen vom Typ A2 war von der Stellung des Blattes zur Holzmaserung abhängig. Tiefer drangen sie ein, wenn die Schneidenebene parallel zur Maserung auftraf ... Der Beschuss eines toten Schweinekörpers von 50 kg Gewicht zeigte eine hohe Durchschlagsfähigkeit der schlanken Kampfspitzen. Bei einer Schussentfernung von 50 m durchdrangen die Pfeile den ungeschützten Körper und traten mit Spitzen und vorderen Schaftpartien auf der Rückseite wieder hinaus...[722]" Schlanke zweischneidige Spitzen waren nicht „weniger effizient"[723], sondern Allzweckwaffen für Konfliktfälle wie für die Jagd. Immerhin wurden solche Spitzen auch von germanischen Foederaten Roms weiter genutzt und das selbst dann, als sie sich im 4./5. Jh. n. Chr. stationierungs- oder siedlungsbedingt längst auf Reichsgebiet befanden und man sich dort womöglich auch dreiflügelige Pfeilspitzen aus Eisen hätte beschaffen können.

Es spielt technisch übrigens keine Rolle, hier ist ebenfalls einem oft kolportierten Irrtum zu begegnen, ob zwei- oder dreiflügelige Spitzen auf Schäften saßen, die man mit Langbogen oder mit Reflexbogen bediente. Wir dürfen besonders während der Völkerwanderungszeit in Europa Lebensbilder

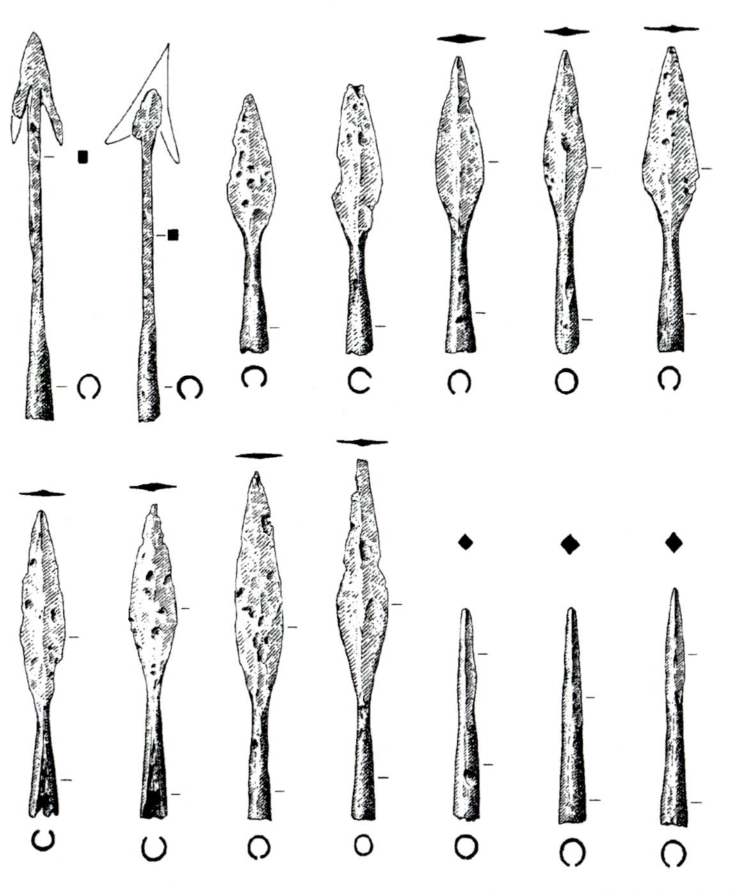

Abb. 147: Unterschiedliche Zweckformen eiserner Pfeilspitzen. Köcherfüllung aus dem Grab eines Germanen bei Westendorf, Lkr. Augsburg. Nach Wolfgang Czysz. 4. Jh. n. Chr. Ohne Maßstab.

rekonstruieren, bei denen dreiflügelige Eisenspitzen fürs Schießen mit Langbogen aus Holz verwendet wurden. Umgekehrt hat man mit Reflexbogen auch Pfeile mit zweischneidigen Tüllenspitzen abgeschnellt. Das Waffenarsenal aus dem späten 5. Jh. n. Chr. eines Germanen im Landkreis Hammelburg in Franken bietet dafür einen unzweifelhaften Beleg. Der Grabfund beinhaltete eine Spatha, Lanze, Streitaxt, einen Schild und Pfeilspitzen aus Eisen. Vier davon mit Tüllen haben Widerhaken oder ein geschlossenes Blatt. Die ersteren dienten wahrscheinlich zur Jagd. Die schmalen Blattspitzen waren Allzweckwaffen. Hinzu kamen dreiflügelige Rautenspitzen des hunno-sarmatischen Typs. (Abb. 148) Leider war kein Bogen mehr erhalten. Zwangsläufig hat jener Protagonist aber entweder mit einem Langbogen auch die Trilobitspitzen oder mit einem Kompositbogen (wohl der hunnischen Gattung) seine Tüllenpfeilspitzen verschossen[724]. Es wäre praktisch inakzeptabel, dass etwa auf der Jagd oder im Kampf mehrere Bogentypen akut abwechselnd benutzt wurden.

Unterschiedliche Pfeilspitzen enthielt auch das ans Ende des römischen Westreichs datierbare Grab von Blučina-Cezavy in Tschechien. Dort lagen gebündelt, seitlich an der rechten Hüfte des Toten nach oben weisend, zwei- und dreiflügelig bewehrte Pfeile eines Fürsten eventuell des ostgermanischen Herulerstamms. Sie waren alle nach eurasischem Brauch mit Schaftdorn versehen[725]. Zum Inventar gehörte auch ein beinbeschlagener Reflexbogen, der in kleinen Bruchstücken erhalten blieb.

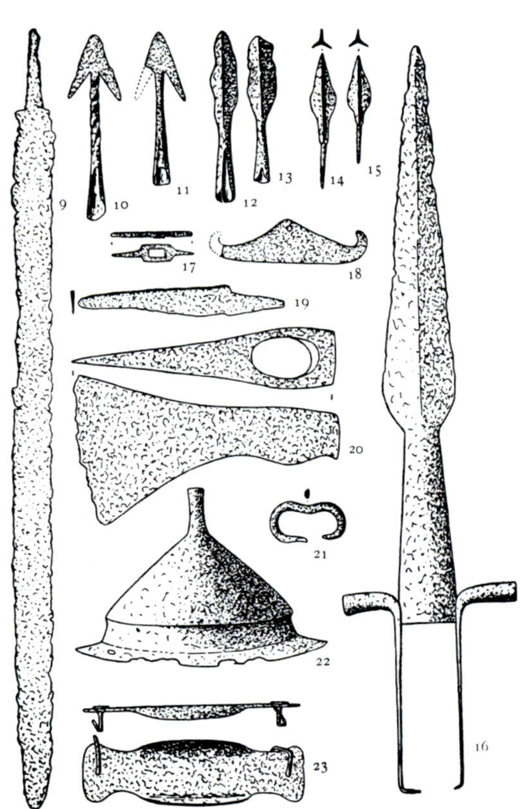

Abb. 148: Germanische Grabbeigaben aus dem späten 5. Jh. n. Chr. bei Hammelburg in Franken (9-23). Darunter befinden sich verschiedene Pfeilspitzen für die Jagd oder den Kampf. Spatha-Träger mit Reflexbogen auf einem Mosaikboden in der Kirche der Jungfrau Maria in Madaba. Jordanien. 6. Jh. n. Chr.

XII Behandlung und Therapie von Pfeilschusswunden in der Antike

12.1 Quellenkundliche Hinweise auf ein hochentwickeltes Sanitätswesen

12.1.1 Überlieferte Fallbeispiele aus der Human- und der Veterinärmedizin

Das medizinisch relevante Schrifttum aus der Antike, Mittelalter und Neuzeit zur Natur von Pfeilschusswunden ist beträchtlich. Es handelt sich entweder um Angaben von Ärzten oder um Überlieferungen sich der Thematik widmender Gelehrter, die Fachautoren, Augenzeugen oder andere Instanzen zu Rate zogen. Darüber hinaus findet man geeignete Passagen in historischer oder fiktionaler Literatur. Bereits die Werke des Homer stellen mit ihren teils drastischen Schilderungen eine wichtige medizinkundliche Quelle dar, wie etwa:

> „... *Aber Meriones schoss den ehernen Pfeil nach dem Flüchtling* [Harpalion, der gegen Agamemnon gekämpft hatte. HR], *welcher rechts am Gesäß ihn verwundete, dass ihm die Spitze vorn, die Blase durchbohrend, am Schambein wieder hervordrang...*[726]"

Auch in Vergils Epos *Aenaeis* gibt es Passagen, in denen Kriegsverletzungen schonungslos thematisiert werden:

> „... *Kapys erschoss den Privernus; den hatte der Speer des Themillas flüchtig gestreift nur, doch leichtsinnig warf er den Schutzschild zu Boden, griff nach der Wunde; der schwirrende Pfeil durchbohrte die Linke, heftete sie an die Hüfte, zerriss dann im Innern des Körpers tödlich die lebenspendenden Wege des Atems, die Lungen...*[727]"

Darüber hinaus bietet die Archäologie ein breites Spektrum nachvollziehbarer Sachverhalte. Hierbei ist in menschliche Skelettteile als Anzeiger von Kriegs- oder Unfallfolgen sowie in Kadaverreste von Tieren wie Schalenwild als Jagdbeute zu sortieren. Das Beweismaterial reicht mit eingeschossenen steinernen und beinernen Pfeilspitzen oder deren Marken an Knochen bis in neo- und mesolithische Zeitläufe zurück[728]. Auch aus Kulturstufen der Bronzezeit in Europa liegen Funde vor[729].

Der Platz reicht hier nicht aus, um eine lexikalische Vollständigkeit anstrebende Liste solcher vielfach dokumentierten Beispiele vorzulegen. Ein jagdliches und auch tiermedizinisch relevantes Kompendium zur waidgemäßen Pfeileinwirkung auf Wild bietet innerhalb der modernen Sachliteratur der zitierte Pope mit seinem Werk *Jagen mit Bogen und Pfeil.* Lesenswert ist auch das moderne Sachbuch *Bogenjagd heute* von Luis Hant aus dem Jahr 2011. Ich selbst habe mich an anderem Ort eingehend mit der Effizienz spätantiker und frühmittelalterlicher Pfeile beschäftigt, wozu auch Auswertungen historischen Jagdschrifttums gehörten[730]. Überlegungen zur Funktion von Widerhaken- und Sichelpfeilspitzen für die Jagd wurden angestellt. Speziell zum Außergefechtsetzen von Reit- oder Zugtieren mögen sie hin und wieder auch militärisch verwendet worden sein. So ist vom römisch-germanischen Kampfplatz des 3. Jh. n. Chr. an Kahlberg und Harzhorn unikat eine schwere germanische Widerhakenpfeilspitze mit Tülle erhalten. Ohne ihren Fundkontext würde man sie prioritär als Jagdpfeilpitze bezeichnen. Interessanterweise liegen im topographischen Umfeld aber Indizien dafür vor, dass Germanen hier den maultierbespannten Tross der Römer attackiert haben könnten[731].

Selbst Spitzen ohne Schneiden waren imstande, Tiere schnell unschädlich zu machen. In Britannien liegen auf der Stirn durch vierkantige Pfeilspitzen perforierte Rinderschädel als Ziele fürs Training vor. Es ist vorstellbar, dass auf diese Weise auch der Beschuss von Pferden simuliert werden sollte. Die Stirn von Pferden ist außerordentlich empfindlich und war als ein Pfeilziel militärisch relevant. Das lässt sich in Korrespondenz mit einer Kampfschilderung in Homers *Ilias* setzen:

> „... [Nestors Ross war verletzt]; *das traf mit dem Pfeile Alexandros der Held ... grad' in die Scheitel des Haupts, wo zuerst die Mähne der Rosse vorn dem Schädel entwächst und am tödlichsten ist die Verwundung. Angstvoll bäumt'es empor, weil tief der Pfeil ins Gerhin drang und verwirrte die Rosse, um das Erz in der Wunde sich wälzend...*[732]"

Ob in der Spätantike die Soldaten Kaiser Julians, als sie in Persien gegen Kriegselefanten zu bestehen hatten, vierkantige oder regelrechte Großwildpfeilspitzen mit Schneiden einsetzten, ist offen. Ich konzentriere mich im Folgenden auf die Humanmedizin.

An vielen römischen Plätzen sind Arztgeräte überkommen. Einige haben auch und gerade zur Behandlung von Pfeilwunden gedient. Interessant ist die Etymologie. Das Wort *iatros* (griech. „*der Pfeile entfernt*") tritt bereits in Homers *Ilias*-Epos auf[733]. Hubert Sudhues hat in seiner Doktorarbeit zur *Wundballistik bei Pfeilverletzungen* für eine umfassende Fachkunde gesorgt. Er beschoss unter anderem Stücke toter Schweine mit Pfeilen, um Tatbestände zu simulieren. Über Hilfsmaßnahmen in antiker Zeit bei unkomplizierten Wunden führt er aus: „... Speer- und Pfeilspitzen wurden entweder aus der Wunde herausgezogen oder mit entsprechender Wunderweiterung herausgeschnitten. Der Wundverband bestand aus schmerzlindernden Kräutern und einer wollenen Bandage. Homer beschreibt auch in einem Fall das Aussaugen einer Wunde nach Pfeilextraktion, eine Praxis, die über das Mittelalter bis zu den ‚Wundsaugern' des 18. Jahrhunderts (nach Duellen) fortlebte. Ein limitierender Faktor nicht nur der antiken Wundbehandlung war sicherlich die Wundinfektion…[734]" Das systematische Sublimieren von Heilverfahren wird mit dem griechischen Arzt Hippokrates von Kos im 5. Jh. v. Chr. verbunden. „… Er rät die Säuberung der Hände vor Beginn der Behandlung, schreibt von der Wundreinigung mit Wein oder sauberem, abgekochtem Wasser und dem Bestreichen der Wunden mit Holzkohlenteer (als antiseptisches Mittel). Salben zur Wundheilung wurden mit Honig zubereitet. Für alte, schwerheilende Wunden und zur Wundreinigung wurde ein Gemisch aus geschmolzenem Honig und Salz verwendet…[735]"

12.1.2 Griechische Traditionen und Vorbilder für die römische Welt

In hellenistischer Zeit, unter dem Diadochen Ptolemaios I., einem General Alexanders des Großen, für die beide übrigens Verletzungen durch Pfeile in Asien glaubhaft überliefert sind, war in der nordägyptischen Stadt Alexandria ein akademisches Zentrum eröffnet worden. Im *Moseion* als Hort der Wissenschaft etablierten sich Lehren und Methoden auch für die Ärztekunst. Sie hatten einen großen Einfluss auf die professionelle Heilkunde in Italien. Aus der Römischen Kaiserzeit ragen zwei Kapazitäten, der Gelehrte Aulus Cornelius Celsus, Medizinschriftsteller unter Tiberius (14 bis 37 n. Chr.) und Galenos von Pergamon, Leibarzt des Commodus, hervor. Zum Thema Pfeilverletzungen sind die Ausführungen des Celsus ergiebig.

Beim Militär war es die Aufgabe der *praefecti castrorum*, den Sanitätsdienst zu organisieren. Hartmut Matthäus folgend, der entsprechende Angaben bei Vegetius untersucht hat, diente in größeren Lagern ein *optio valetudinarii* als Lazarettleiter, dem *medici* und *capsarii* (Krankenpfleger) unterstellt waren. Man versteht, dass der römische Staat einen beträchtlichen Aufwand betrieb, um die Einsatzfähigkeit seiner Soldaten zu erhalten oder wiederherzustellen. Neben Einrichtungen für die Hygiene wie Thermenanlagen gehörten Lazarette (*valetudinariae*) an Legionsstandorten mit dazu[736]. „… Die Zahl von Funden ärztlicher Instrumente aus römischen Städten, kleineren Siedlungen, Villen und Militärlagern ist zu groß, als dass sich alle Exemplare realienkundlich aufzählen ließen. Es gibt kaum einen römischen Ort und kaum ein römisches Truppenlager, wo nicht das eine oder andere ärztliche Gerät zu Tage gekommen ist, meistens allerdings ohne einen medizinisch weiterführenden Fundzusammenhang…[737]" Man nimmt an, dass spezialisierte Werkstätten bestanden, in denen Arztgeräte angefertigt wurden. Einfachere Instrumente konnten auch in für das Angebot von Werkzeugen wie Messern etc. zuständigen Fachbetrieben erworben werden[738].

Darüber hinaus sind Angaben über Heilkräuter und Medikamente wichtig. Hierfür bildet die Arzneimittellehre des Dioscurides unsere beste Quelle aus der Kaiserzeit. Vom Legionslager *Novaesium* (Neuss) am Rhein ließen Erdproben im Lazarettbereich Nachweise für Pflanzen zur Wundbehandlung wie Tausendgülden-, Bilsen- und Eisenkraut zu. Ähnlich beurteilt wird ein Gefäßinhalt aus *Sumelocenna* (Rottenburg) in Württemberg mit Samen der Wilden Malve, die als entzündungshemmend gelten. Von Prokopius ist aus dem Gotenkrieg im 6. Jh. n. Chr. eine Pfeilverletzung überliefert, die einem Soldaten wiederfuhr. „… Oben erwähnter Arzes, im Gesicht verwundet, kämpfte trotz seiner Verletzung weiter und wurde erst nach der Schlacht von den Ärzten behandelt. Der Arzt Theoktistos konstatierte einen Halsdurchschuss bis zur Nackenhaut, brach den herausragenden Teil des Pfeilschaftes ab und schnitt die Nackenstelle aus, um den restlichen Teil des Pfeiles herausziehen zu können. Arzes überlebte seine Verletzung ohne besondere Komplikationen. Bei Trojanos, der … ins Gesicht getroffen wurde, löste sich der Schaft von selbst von der Spitze. Der tapfere Doryphor [Speerträger] Belisars kämpfte weiter, ohne sich von seiner Verletzung beeinträchtigen zu lassen. Prokop berichtet, dass die Pfeilspitze fünf Jahre danach von selbst nach außen gekommen, war, so dass man sie bereits sehen konnte. Nach weiteren drei Jahren … ragte sie noch weiter heraus, so dass Prokop damit rechnet, sie würde eines Tages von selbst völlig herausgestoßen werden…[739]"

Was für medizinische Geräte waren mit dem „*iatros*" als dem antiken „Entferner von Pfeilen" assoziiert? Zur *Versorgung von Schussverletzungen bei den Römern* hat der praktische Arzt Kurt Garnerus aus Österreich Vorschläge unterbreitet[740]. Aus seiner Expertise und dem Werk von Sudhues sind die meisten der folgenden Fachinformationen entnommen.

12.2 Verfahren zur Versorgung und Heilung von Pfeilwunden

12.2.1 Bestandteile römischen Ärztebestecks in fachlicher Auswertung

Aus dem modernen Europa verfügen wir über keine nennenswerten Kasuistiken und Kliniken eventueller Pfeilverletzungen bei Sport, Jagd oder Spiel, die einen systematischen Vortrag mit einer Option für Abgleiche mit medizinischen Überlieferungen aus der Antike zuließen[741]. Man nimmt an, dass bei leichten Steckschüssen, wenn Pfeile ohne breites Blatt oder Haken nur wenig in Körperteile eingedrungen waren, sich die Betroffenen zunächst selbst helfen konnten, indem sie oder ein Ersthelfer den Pfeil sauber extrahierten. Weitaus ernster waren Einschüsse, bei denen die Spitze und der Schaft tief oder fest saßen. Solche zog man nach Möglichkeit nicht einfach heraus, da dies die Wunde vergrößert hätte. Bei Haken verbot sich ein unkontrolliertes Herausziehen durch Laien ohnehin strikt. Am besten war ein *archiatrus* bzw. *medicus* zu konsultieren, der eine professionelle Entnahme bewerkstelligte. Der Pfeilstab wurde zuvor abgeschnitten oder abgesägt. Hierzu gibt es Schriftquellen: „... The first impulse of a man hit by an arrow was either to pull it out himself or to ask one of the other soldiers to do so on the spot: we can see this reaction reflected in Ammianus Marcellinus (XVIII.8.11), where a soldier with an arrow stuck in his thigh asks the author to pull it out, and also in Aeneas Tacticus (XXXI.16): an arrow carrying a secret message strikes the shoulder of a man '*around whom a crowd ran together, as it often happens in war, immediately taking hold of the arrow*...'. The dangers of doing so are spelt out in Rufus (*Qaest. Med.* 51), who stresses the need to avoid this. The soldiers must be told, he writes, '*to put up with the arrows until they can have them removed by a person who can do so properly.*' ...[742]"

Eine chirurgische Spezialform stellte der sogenannte Löffel des Diokles, eines Arztes aus der Stadt Karystos auf Euböa aus dem 4. Jh. v. Ch., dar. Das von jenem Mediziner erfundene Werkzeug wird von Celsus beschrieben[743]. Es gibt zwei historische Artefakte von Diokles-Löffeln als angebliche Fundstücke aus Ephesos in Kleinasien, jedoch ist es unwahrscheinlich, dass antike Originale sondern eher moderne Nachbildungen vorliegen[744]. Ein echter Diokles-Löffel aus Eisen wurde 1989 im Haus eines sogar namentlich bekannten römischen Arztes, des Eutyches in *Aruminium* (Rimini), aus dem 3. Jh. n. Chr. entdeckt[745]. Bei dem Gegenstand lässt sich ein Gebrauch für die Pfeilentnahme praktisch rekonstruieren. „... Der Diokles-Löffel ermöglichte es, nach entsprechender Wundvergrößerung entlang des Schaftes die Pfeilspitze aufzusuchen, sie aufzuladen, gleichzeitig eventuelle Widerhaken abzudecken und so ohne zusätzlich Traumatisierung Pfeil und Spitze zu entfernen...[746]" Die Besonderheit bestand darin, dass am unteren Ende ein Löchlein zur Sicherung der Spitze diente. (Abb. 149)

Hatte sich eine Bewehrung vom Schaft abgelöst, war mit Sonden und Löffeln schwieriger zu hantieren. Besser benutzte man dann eine Zange mit geraden, flachen und breiten Greifern, wie sie unter anderem aus Carnuntum an der Donau überkommen ist: „... Um die Sicht nicht unnötig zu behindern, besteht der Griffteil aus zwei dicht zusammenliegenden Armen. Der hierdurch bedingte wenig feste Halt in der Hand wird durch die kugelförmigen Zangenenden ausgeglichen...[747]"

Zangengriffe mit gerader Flucht boten sich an, wenn eine Pfeilspitze im Körper nicht stark abgelenkt worden war. Leonardo Dude schreibt: „... Die Entfernung von Pfeilresten mit der Zange wird besonders schön in dem Fresko des 1. Jahrhunderts n. Chr. aus Pompeji wiedergegeben: Der Arzt Japyx entfernt dem verwundeten Aeneas mit einer geraden Zange, die meiner Meinung nach aufgrund der erkennbaren Bajonettform zweifelsohne dem eisernen Zangentyp der „Zahnzange" zuzuordnen ist, einen Pfeil aus dem Oberschenkel. Unterstrichen wird diese Annahme durch die realistische Wiedergabe der Szene, die dem chirurgischen Instrument einen silbergrauen Farbton – wie bei blankgeputztem Eisen – verleiht und nicht etwa einen goldgelben oder braunen Kolorit, wie er bei der Darstellung von glänzendem Messing oder Bronze zu erwarten wäre...[748]" (Abb. 150) Falls der Schusskanal und die Spitze voneinander abwichen, kam, Garnerus folgend, ein Typ mit gekrümmten Griffen zum Einsatz: „... Man kann mit dieser Zange also nicht nur ‚um die Ecke' arbeiten, man kann das Geschoss dank der Schwerkraft auch in eine günstigere Lage drehen, bevor es extrahiert wird. Dabei bleibt das Blickfeld frei, dank des gekrümmten Griffteils und der zusammenliegenden Handhaben. Auch hier sorgten die geknöpften Greifarme und die tiefe Riffelung für eine ausreichende Handhabung...[749]"

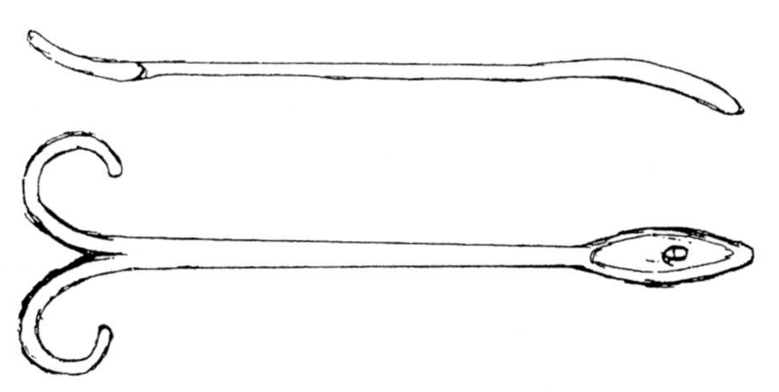

Abb. 149: Rekonstruktion des Diokles-Löffels aus dem Haus des Arztes Eutyches in Rimini. Größte Breite der langovalen Sonde 3 cm. Eisen. Nach Bonora und Brazier. 3. Jh. n. Chr.

Bevor Zangen angewandt wurden, musste eine Pfeilspitze erst einmal gefunden werden, was sich als schwierig erweisen mochte. Dann waren Bauchdeckenspeculae und Wundspreizer anzusetzen. In Auswertung der Schüsse auf tierisches Gewebe besaßen „…antike Pfeile ein beträchtliches Penetrationsvermögen in Weichteilen und flachen Knochen. Dieses reichte aus, um tief in die großen Körperhöhlen einzudringen und das Herz, die großen Blutgefäße oder das Gehirn zu verletzen. Der Hauptverwundungsmechanismus ist eine Kombination von Stich und Schnitt … Die Penetrationskapazität von dicken Knochen ist begrenzt, die Extraktion der Pfeilspitze aus solchen Knochen kann jedoch sehr schwierig sein und erfordert kräftiges Werkzeug. Rotationsbewegungen von Pfeilspitze oder Schaft um die Längsachse sollten dabei unbedingt vermieden werden…[750]“ Man lagerte Versehrte in der Position des Pfeileintritts. Das machte den Schusskanal leicht zugänglich. „… Das Ziel der Wundversorgung war die möglichst schnelle und gründliche Adaption der Wunde. Dieses Ziel konnte besonders bei klaffenden Wunden nur durch eine Umfassung sämtlicher Gewebeschichten in einem Arbeitsgang erreicht werden … Wir kennen hier zwei Modelle stilettartiger Nadeln. Sie haben das Nadelöhr an der Spitze und sind ohne Nadelhalter verwendungsfähig, wobei daran erinnert werden darf, dass antike Geschosse wegen ihrer geringen Schussgeschwindigkeit auf Nerven und Gefäße mehr verdrängend als zerreißend gewirkt haben…[751]“

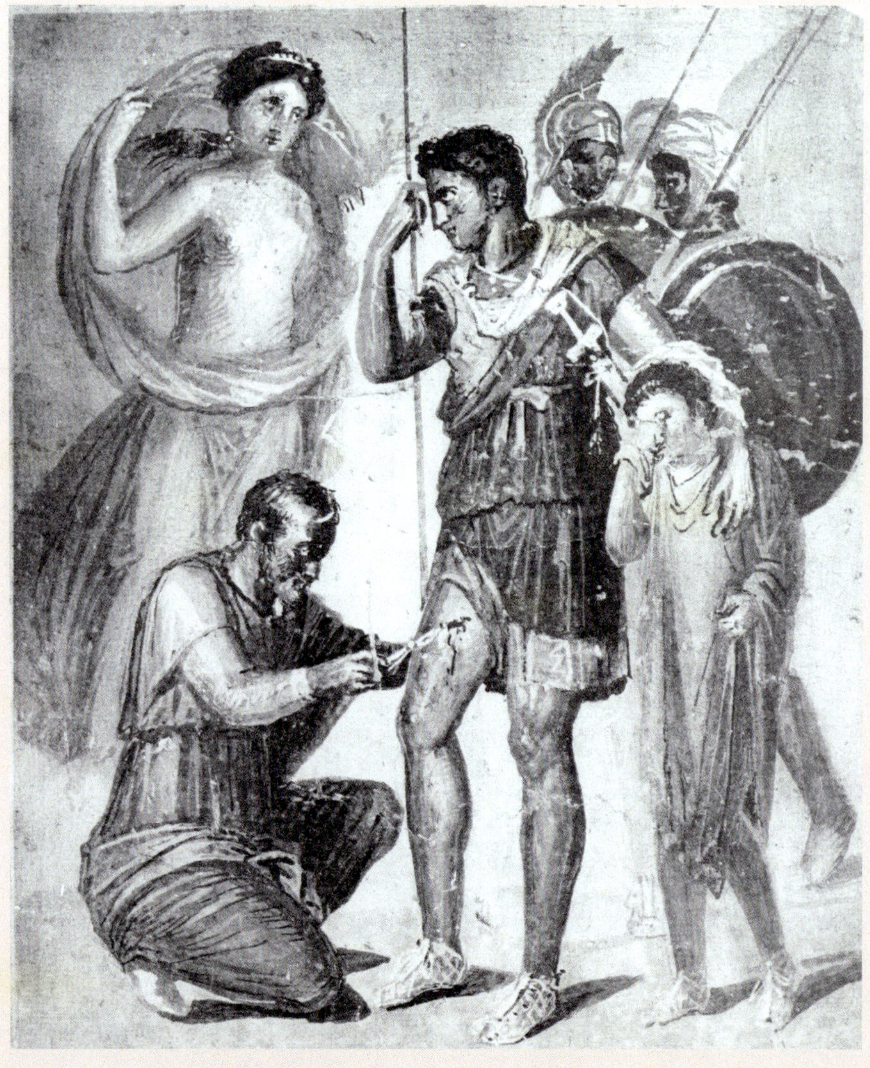

Abb. 150: Entfernung einer Pfeilspitze vermittels einer Zange. Malerei aus Pompeji, *Casa del Sirico*. Römisches Bildmotiv nach einer Begebenheit in Vergils *Aeneis* (12, 404-405). Ohne Maßstab.

12.2.2 Verletzungstatbestände durch dreiflügelige Pfeilspitzen

12.2.2.1 Die Erläuterungen des Celsus als bedeutende Primärquelle

Insbesondere dreischneidige Pfeilköpfe aus Bronze oder Eisen, für die ja bemerkenswert bei allen obigen experimentellen Schusstests auf authentisch nachgebaute Schilde und Rüstungen keine herausragend effizienten Zielbeschädigungen nachgewiesen werden konnten, wirkten sich bei Weichzielen gravierend aus. Zum einen wird durch drei oder vier Schneiden mehr Substanz in Mitleidenschaft gezogen, als es bei nadelartigen oder zweischneidigen Spitzen der Fall ist. Das betrifft Muskeln, Sehnen, Blutgefäße und innere Organe. Die Wundränder sind sternförmig voneinander bzw. vom Zentrum entfernt, was die Heilung erschwert. Würde man neuzeitliche Völkerrechtsmaßstäbe an eine Verwendung von drei- oder von vierschneidigen Spitzen anlegen, wie dies beim Bajonettgebrauch noch eine Rolle spielt(e), dann wären sie wahrscheinlich von der Haager Landkriegsordnung international geächtet, die im Jahr 1907 „*den Gebrauch von Waffen, Geschossen oder Stoffen, die geeignet sind, unnötige Leiden zu verursachen*" für Kampfhandlungen untersagte (II, 1, Art. 23 e). Antike und Mittelalter hatten weniger Skrupel. Dreiflügelige Spitzen setzten sich am rigorosesten in Skelettknochen und Knorpel fest, so dass an Extraktionen in einer für die Patienten erträglichen Art und Weise nicht leicht zu denken war. Aulus Cornelius Celsus vermittelt solche Schwierigkeiten, die sich einem Arzt und Chirurgen fallweise stellten. Seine Quellen bestanden aus heute verlorenen Schriften aus der Schule des Hippokrates. Wir dürfen bei dem in tiberianischer Zeit lebenden Enzyklopädisten ansonsten davon ausgehen, dass er auch und gerade die in der römischen Armee üblichen dreiflügeligen Pfeilspitzen mit berücksichtigt hat:

> „*... Geschosse, welche in den Körper eindrangen und stecken blieben, werden oft nur mit großer Mühe herausgezogen. Die hierbei vorkommenden Schwierigkeiten hängen teils von der Beschaffenheit der Geschosse selbst ab, teils von den Stellen, an welchen sie eingedrungen sind. Alle Geschosse zieht man entweder auf der Seite heraus, auf welcher sie eingedrungen sind, oder auf der, wohin ihre Spitze gerichtet ist. Im ersteren Falle hat das Geschoss den Weg, auf welchem man es aus dem Körper zieht, sich selbst gebahnt; im letzteren Falle bahnt man ihm denselben mit dem Messer; denn man schneidet die Weichteile der Spitze gegenüber ein. Drang ein Geschoss nicht tief ein, und sitzt es oberflächlich in den Weichteilen oder hat es wenigstens keine großen Adern oder sehnichten Teile durchbohrt, so ist nichts besser, als es auf demselben Wege, auf welchem es eindrang, wieder herauszuschneiden. Ist aber der Weg, welchen das Geschoss dabei machen muss, größer als die Strecke, welche es bis nach der andern Seite noch zurückzulegen hat, durchdrang es ferner schon Adern und Sehnen, so ist es besser, die nicht durchbohrten (zwischen der Spitze und der gegenüberliegenden Haut befindlichen) Teile durchzuschneiden und dort das Geschoss herauszuziehen. Denn man kann es hier viel besser erreichen und mit geringerer Gefahr herausziehen. Außerdem heilt bei einem großen Gliede, wenn das Geschoss über die Mitte hinaus eingedrungen ist, eine es ganz durchbohrende Wunde leichter, weil man sie von beiden Seiten mit Arzneien behandeln kann. Will man ein Geschoss rückwärts herausziehen, so erweitere man die Wunde mit dem Messer, damit es umso leichter folgen kann und geringere Entzündung entsteht, denn letztere wird heftiger, falls man beim Zurückziehen des Geschosses die Teile zerreißt. Macht man auf der entgegengesetzten Seite eine Öffnung, so muss diese so weit sein, dass sie durch das nachher durchgehende Geschoss nicht noch erweitert werden muss. In beiden Fällen muss man aber äußerst vorsichtig sein, dass man keine Sehne, keine größere Blutader und keine Arterie verletzt...*[752]"

12.2.2.2 Archäologische Funde und Überlegungen zu Tathergängen

Aus der späten Bronzezeit in Deutschland gibt es ein Individuum mit einem Einschuss, der zwar ohne Extraktion aber mit Hilfe medizinischer Maßnahmen überstanden wurde: „... Dass Pfeilverletzungen am Skelett nicht zwangsläufig tödlich verliefen, illustriert das Beispiel aus Saalfeld [in Sachsen-Anhalt], das ebenfalls ein in einem menschlichen Wirbel steckendes Bronzeprojektil zeigt. Wie deutlich zu erkennen ist, traf der Steckschuss die Wirbelsäule von der Seite. Knochenwucherungen an der Einschussstelle beweisen jedoch, dass das Opfer den Pfeilschuss überlebte und die Verletzung verheilte...[753]" Verletzungen durch Pfeilspitzen aus Eisen, die in der Antike zunehmend an Bedeutung für die Waffenarsenale von Römern und Barbaren gewannen, sind ebenfalls dokumentiert. Aus der römischen Nekropole von *Iader* (Zadar) in Kroatien stammt der Schädel eines Individuums mit einer eingeschossenen, vierkantigen Schaftdornpfeilspitze: „... This individual died from the trauma to the posterior left side of the cranium most probably inflicted by an arrow. A possible reconstruction implies that the attacker was standing behind the victim on the left side. The victim was most probably unaware of the danger strongly suggesting some kind of ambush – an arrow penetrated the skull and caused an instand death...[754]" Werner schreibt über einen Befund aus der Spätantike:

„... Es war offenbar der Dreikantpfeil eines römischen Bogenschützen, der etwa zur Zeit Valentians I. den Tod eines einheimischen Alamannen bei Mannheim-Neckarau (nahe Kastell Altrip) herbeiführte. Die Pfeilspitze steckte zwischen dem 5. und 6. Rückenwirbel des mit einer bronzenen Gürtelgarnitur und Messer Bestatteten...[755]"

Die Knochen eines Mannes, der im 4./5. Jh. n. Chr. durch zwei Trilobitpfeilspitzen an Hüfte und Oberschenkel verwundet wurde, barg man in Grab 152 nahe der Stadt *Viminacium* bei Požarevac in Serbien: „... Under the head of the right femur was found a unique example of a blade plunged directly into the bone. An international team of anthropologists suggested that this would have been very painful but was not the cause of death, at least not at that moment. He could have died from sepsis or infection within some days...[756]" Forschungsgeschichtlich berühmt ist der sogenannte Pfeilspitzenmann aus dem spätantiken Gräberfeld von Wien-Leopoldau, Flur Donaufeld. Im dritten Lendenwirbel steckt eine dreiflügelige Pfeilspitze mit Schaftdorn. Hiebverletzungen wurden am Schädel nachgewiesen. Für den gesamten Tatverlauf wird von Egon Breuer ein Hergang mit drei Akteuren zu Fuß rekonstruiert: „... Die beiden Schwerthiebe auf den Kopf und der Pfeilsteckschuss in der Wirbelsäule waren so schwere Verletzungen, dass sie unmittelbar das Ende des Kampfes zur Folge hatten. Aus der Richtung der Schwerthiebe und der des Pfeils kann mit Sicherheit geschlossen werden, dass der Mann die tödlichen Verletzungen stehend empfangen haben muss. Daraus kann man weiters folgern, dass die entscheidende Phase des Kampfes nur wenige Sekunden gedauert haben muss ... Die Einschussrichtung des Pfeiles – die Spitze steckt im Wirbel – lässt auf eine gestreckte Flugbahn und auf einen Schuss aus geringer Entfernung schließen. Es dürfte sich auch kaum um einen Zufallstreffer handeln, sondern eher um das Eingreifen eines Bogenschützen in den stattfindenden Zweikampf. Einen Weitschuss hätte der Schütze bei den dicht nebeneinander stehenden Kämpfern wohl auch nicht gewagt. Sicher wurde der Schuss nicht von einem berittenen Bogenschützen abgegeben, denn dazu ist der Pfeil viel zu wenig steil von Oben in die Wirbeldeckplatte eingedrungen...[757]" (Abb. 151) Keine Chance hatte der Zeitgenosse, der im Gräberfeld von Klosterneuburg am Donaulimes beerdigt wurde, nachdem ihn eine dreiflügelige Eisenpfeilspitze von hinten in den zweiten Lendenwirbel getroffen hatte. Im thüringischen Gräberfeld von Rathewitz, Mertendorf südlich von Naumburg (Saale), befand sich in Grab 1 eine Eisenspitze hunnischen Typs: „... Auf der Brust, in Nähe der Wirbelsäule, lag eine Pfeilspitze mit abgebrochenem Schaftdorn. Es ist durchaus möglich, dass sie nicht als Beigabe zu werten ist, sondern in der Brust steckte und als Todesursacheangesehen werden kann...[758]" Die sterblichen Überreste des karolingischen Grenzgrafen Cadaloc waren in der Krypta der Kirche St. Ruprecht von Traismauer an der Donau mit einer Pfeilspitze awarischer Machart vergesellschaftet. Der fränkische Adelige hatte bei einem Awarenaufstand in Ungarn im Jahr 803 n. Chr. den Tod gefunden. Anhand dieser Beispiele zeigt sich, worin eine große Gefahr dreiflügeliger Pfeilbewehrungen bestand. Spitzen wirkten sich schlimm aus, wenn sie kraftschlüssig fest saßen.

Abb. 151: Rekonstruktion des Hergangs für die Hiebwunden und die Pfeilverletzung des „Pfeilspitzenmanns" von Wien-Leopoldau. Völkerwanderungszeit. Nach Egon Breuer.

Nicht unerwähnt bleiben soll die Heiligenvita des Sebastianus, der sich als ein Hauptmann der Praetorianer unter Kaiser Diokletian (284 bis 305 n. Chr.) als Christ bekannte und von numidischen Schützen zur Exekution gebracht worden sein soll. Wie die Heiligenlegende weiß, überlebte er aber die Tortur und konnte Gesund gepflegt werden. In der Ikonographie des Mittelalters wurden die Martern des Sebastian häufig thematisiert[759]. Eines der frühesten Beispiele liegt im *Stuttgarter Bilderpsalter* vor. (Abb. 152) Jonathan Davies meint: „... The conclusion that one would draw is that if the wound was superficial or penetrated a limb cleanly, then if treated with care it would be possible to survive … The view of the great medical authority Hyppocrates was however that wounds to the brain, heard, lung, bladder, stomach and smal intestines were fatal. There are examples of remarkable individual cases … This remarcable instances were recorded because of their uniqueness, but is shows what was possible when the patient was in the hands of a competent and dedicated surgeon…[760]"

Das Ablösen einer Schaftdornspitze vom Haupt- oder Vorschaft, auch wenn kein Knochen involviert war, wurde gebilligt. Dienten dermaßen bösartigen Zwecken viele der von den Römern verwendeten Muster, waren Pfeilspitzen hunno-sarmatischer Provenienz bisweilen erheblich schwerer und breiter (s.o. Abb. 116). Sie gehörten zu Geschossen mit einer hohen ballistischen Wuchtentfaltung. Diese Pfeile zerschnitten nicht nur Weichteile, sondern sie verursachten beim Aufprall aus der Nähe vermutlich auch lähmende Schockeffekte und Hämatome. Hunnische Trilobitpfeilspitzen wirken neben den frühkaiserzeitlichen des Typs Döttenbichl aber dennoch vergleichsweise „gnädig", denn man hat auf lange Widerhaken verzichtet. Die Kriegspfeilspitzen aus der Ära des Augustus mit konvexen, also sowohl hinsichtlich ihrer Schnittwirkung optimierten als auch, in Knochen eingeschossen, schwer entfernbaren Schneiden, gehörten zu den tückischsten Pfeilgeschossen der Antike überhaupt. Man hat sie relativ zierlichen Schäften aus Rohr mit Holzvorschaft angepasst, bei denen schon einfache Steckschüsse ausreichten, um die Kampfkraft eines Feindes zu schwächen. So liefert uns jene Transferüberlegung auch einen Hinweis darauf, weshalb die Pfeile der Römer meist zur leichtgewichten Geschossfraktion gehörten. Es waren die elaborierten Spitzen und nicht eine rohe Durchschlagskraft massiger Pfeile, die den Ausschlag gaben.

Abb. 152: Das Pfeilmartyrium des PraetorianerHauptmanns Sebastianus. Pfeile mit trapezförmigen Fahnen. *Stuttgarter Bilderpsalter.* (Fol. 74v.) Um 830. n. Chr.

12.2.3 Überliefertes Spektrum von Pfeilgiften in antiken Quellen

Angesichts der ausgefeilten Typen von Pfeilspitzen für den Kampf erhebt sich die Frage, ob und inwieweit Geschosse in römischer Zeit vergiftet wurden? Der Fachbegriff Toxikologie geht etymologisch im Ursprung auf das altgriechische Wort *toxon* (τόξον = „Pfeil") zurück. Plinius der Ältere verurteilt den Einsatz von Giftstoffen bei Pfeilen mit scharfen Worten:

> „… *Wir bestreichen auch Pfeile damit und machen das Eisen selbst noch schädlicher … Bekennen wir also unsere Schuld: Wir sind nicht einmal mit den Giften zufrieden, die in der Natur wachsen; denn weit mehr Arten von Giften werden von Menschenhand bereitet!…*[761]"

Eine umfangreiche Übersicht zu Pfeilgiften in der Antike bietet Renoux[762]. Gifte lassen sich übrigens bereits an prähistorischen Steinpfeilspitzen nachweisen[763]. Der um 170 n. Chr. in Latium geborene Claudius Aelianus überlegte, ob die Menschen das Vergiften von Pfeilen den Wespen abgeschaut hätten, deren Stachel toxisch sei. Celsus empfiehlt zur Behandlung solcher Wunden folgendes:

> „… *Ist jemand von einem vergifteten Geschosse getroffen worden, so verfahre man ebenso, nur womöglich mit noch gröerer Eile, und wende gleichzeitig noch die Behandlung an, die bei solchen, die giftige Substanzen genossen haben oder von Schlangen gebissen worden sind, gebraucht wird…*[764]"

Lucian von Samosata, von dem schon mehrere aufschlussreiche Textpassagen – einschließlich satirisch unterlegter Anekdoten – im Kontext der Bogenwaffe zitiert worden sind, gibt einen mehrdeutigen Rat:

„... *Wer ein tüchtiger Schütze ist, der wird sein Ziel untersuchen, ob es sehr weich oder hart und härter als der Pfeil selbst ist. Denn es gibt auch unverwundbare Ziele. Wenn er hierüber Gewissheit hat, so bestreicht er den Pfeil weder mit einem Gift wie die Skythen, noch mit dem Safte des wilden Feigenbaumes, wie es die Kreter tun, sondern taucht ihn in einen sanft beißenden und zugleich wohltuenden Balsam...*[765]"

Der Grusel der skythischen Giftmischerei hatte einen besonderen Leumund bei den Griechen und Römern:

„... *Dasselbe soll aus Schlangen bereitet werden. Sie fangen dieselben, mazerieren sie einige Tage bis zur genügenden Fäulnis, gießen dann menschliches Blut in ein Gefäß und lassen auch dies in einem Misthaufen faulen, nehmen dann die überstehende wässrige Flüssigkeit und mischen sie mit der Vipernflüssigkeit. Dies liefert ein tödliches Gift...*[766]"

Die Kelten und Germanen vergifteten ebenfalls Pfeile. Der römische Autor Aulus Gellius berichtet im 2. Jh. n. Chr. darüber:

„... *Ich las, dass die Gallier für ihre Jagden ihre Pfeile mit Elleborus tränken, weil das damit getroffen getötete Wild zarter für die Tafel wird; allein aus Vorsicht vor der Schädlichkeit dieses Elleborus soll man die durch solche Pfeile verursachten Wunden in größerem Umfange auszuschneiden pflegen...*[767]"

Hier dienten die Giftpfeile als Jagdwaffen. Dass die Gallier sich für ihre Pfeile des Weißen Nieswurzes (*Helleborus albus*) bedienten, wusste auch Plinius der Ältere. Der Humanist Johannes Crato von Krafftheim berichtet über den Gebrauch der Substanz noch im 16. Jh. am Hofe des Habsburger Kaisers Ferdinand I., indem man die Pflanzen im Frühsommer auspresste und den Saft aufbereitete. Von Pfeilen getroffene Hirsche würden wie betäubt innehalten, sich im Kreis bewegen, schließlich kollabieren und sterben. Bis auf die kontaminierte Region sei das Fleisch essbar. Bewegungsstörungen und Lähmungen gehen mit diesem alten Pfeilgift einher. Als Funde vom Döttenbichl bei Oberammergau sind aus augusteischer Zeit mehrere eiserne Pfeilspitzen mit Strichkerben oder bisweilen auch mit vielen eingeprägten Punkten dokumentiert[768]. Manche setzen unten bei der Tüllenöffnung an, andere sind sonst aber lediglich vor der Spitze angebracht. Es käme eine Funktion zur sicheren Aufnahme einer Fadenwicklung für die Tülle und den Schaft oder, was meiner Ansicht nach Vergleiche mit aus der Ethnologie bekannten Widerhakenspitzen aus Eisen bei Naturvölkern (z.B. in Afrika) plausibel nahelegen, auch eine von indigenen (raetischen) Bogenschützen pastös aufgestrichene Giftmasse in Betracht, die ob der absichtsvoll eingebetteten Kerben dereinst besser und länger auf dem metallenen Tüllenstiel anhaftete.

Gefährliche Wirksubstanzen lieferten in Europa auch der berühmt-berüchtigte Blaue Eisenhut (*Aconitum Napellus*) und der Gelbe/Wolfs-Eisenhut (*Aconitum Lycoctonum*). Die Wirkung des Aconitin schätzt Plinius als das am schnellsten tötende Gift ein. Akute Kreislauf-, Herz- und Atmungsstörungen sind Symptome, die schon geringste Mengen hervorrufen. Gregor von Tours greift auf eine Historie des Römers Sulpicius Alexander zurück, um darzulegen, wie sich eine Militärexpedition der Römer nach Germanien im Jahr 388 n. Chr. festlief:

„... *Da zeigten sich ihnen hier und da die Franken, die zusammen hinter Baumstämmen und Verhauen stehend, von dort, gleichwie von Turmzinnen, Pfeile wie aus Wurfmaschinen ausschütteten. Die Pfeile aber waren in den Saft giftiger Kräuter getaucht, so dass auch auf Wunden, die nur die Haut ritzten oder ungefährliche Stellen verletzten, doch unausbleiblich der Tod folgte...*[769]"

Zum Thema weltweiter Pfeilgifte hat Louis Lewin historische und ethnologische Grundlagenstudien betrieben: „... Gegen das Pfeilgift der Gallier wurde nach Aristoteles Eichenrinde oder ein Blatt, das man χσϱάχίον nannte, gebraucht. Bei den Römern standen die innerlich und äußerlich benutzte *Portulacca* [Portulakgewächse], ferner *Asa foetida* [Asant] in dem Rufe als Gegengift. Von einem Gegengifte gegen das Pfeilgift der Oriten berichten alte Schriftsteller. Als Ptolemäus von einem solchen Pfeile getroffen wurde, soll dem Alexander ein Drache im Traum erschienen sein, der ein Kraut im Rachen hielt und ihm dessen Eigenschaft und Wirkung samt dem Ort, wo er wuchs, zeigte. Alexander ließ das Kraut suchen und zubereiten und gab es seinem Liebling innerlich ein und legte es auf die Wunde. Der kritische Strabo glaubt nichts von alledem und meint, ein Eingeborener würde dem Alexander wohl die heilende Wurzel verraten haben. Neben innerlichen und äußerlichen Mitteln kamen auch mechanische, wie Aussaugen, Ausschneiden in Anwendung...[770]"

Man kann dem weiters noch hinzufügen, dass Historiographen folgend bei einer Verletzung des byzantinischen Kaisers Manuel (1143 bis 1180) durch einen türkischen Giftpfeil ein Stück Pferdehaut auf die Wunde zwischen Knöchel und Ferse gelegt wurde. Selbige Therapie ist vorher auch schon beim Herrscher Johannes II. Komnenos (1087 bis 1143) angewandt worden. Er hatte sich während einer Wildschweinjagd beim Einsatz der Saufeder an seinen eigenen vergifteten Pfeilen verletzt. Sie wiesen vermutlich in einem trapezoiden Köcher nach oben und brachen ungewollt aus. Der versehrte Regent erlag in diesem Fall allerdings dem Wundbrand[771].

Das Vergiften von Pfeilen konnte ambivalente Konsequenzen zeitigen, was vielleicht auch ein Grund dafür gewesen ist, dass man einen standardisierten Kriegsgebrauch im Imperium Romanum scheute. Beim Militär hätten Technologien für die Giftzubereitung und das Präparieren von Munition etabliert sein müssen, wozu Hinweise fehlen.

12.3 Nachrömische Handlungsempfehlungen bei Pfeilverletzungen

12.3.1 Medizinische Ratgeberwerke bis zur Epoche der Renaissance

Ein Kompendium zur Geschichte der Militärmedizin in der griechischen und römischen Welt stammt von der Althistorikerin Christine F. Salazar. Unter dem Titel *The treatment of war wounds in Graeco-Roman antiquity* ist ihr Hauptwerk im Jahr 2000 veröffentlicht worden. Zum Thema nachrömischer Praktiken bei Pfeilverletzungen widmet sie sich dem bedeutenden Opus des Paulus von Aigina, eines Mediziners des 7. Jh. n. Chr. im byzantinischen Alexandria. Dessen Ratschläge sollen hier auszugsweise zitiert werden. Paulus sah sich in der Tradition des Oribasius, Lieblingsarzt Kaiser Julians (360 bis 363 n. Chr.) und ebenfalls Enzyklopädist. Er schöpfte demgemäß aus älteren, griechischen und römischen Quellen. Im sechsten Kapitel seines Nachschlagewerks *De Re Medica* (6, 88 / CMG IX. 2) widmet er sich dem Thema der Pfeilverletzungen. Den kompletten griechischen Text hat Salazar ins Englische übertragen. Paulus von Aigina legt Wert auf die Ansprache verschiedener Pfeilspitzen (Material, Größe, Widerhaken etc.) und kennt das Problem von Vergiftungen. Dabei stellt er lakonisch fest, dass Pfeilspitzen vergiftet sein können oder auch nicht. Insgesamt kennt der Autor neun Werkzeuge für die Entfernung von Pfeilen. Speziell fürs Durchstoßen abgelöster Spitzen entweder mit Tülle oder Schaftdorn, wenn eine Extraktion als Alternative mehr Schaden anrichten würde, erörtert er zwei Arten von Stößeln:

„... Reconstructing it from Paul's instructions, it appears to have been a (metal?) rod, roughly the diameter of an arrow shaft, with a hollow (‚female') and a protruding (‚male') end – to be used depending on whether the arrowhead ended in a tang or a socket respectively. No such instrument is known to have been found, but then broken pieces of a *dioster* [griech.] would presumably not be recognised as such...[772]"

Paulus empfiehlt, dass in Knochen fest steckende Spitzen möglichst zu entfernen seien, selbst wenn dazu die Wunde stark erweitert und die Knochen aufgemeißelt oder aufgebohrt werden müssen. Er beschreibt auch Fallbeispiele, bei denen Pfeiltreffer von vorneherein einen tödlichen Verlauf nehmen und empfiehlt, dass Ärzte dann erst gar keine Behandlung versuchen, nicht zuletzt deshalb, damit ihnen später kein Versagen vorgeworfen werden könne. Authentisch wirkt eine Angabe über die Breite von Pfeilspitzen zwischen in der Regel einem und drei Fingern. Dies deckt sich mit Artefakten aus der Archäologie des Frühen Mittelalters. Die Angaben des Paulus von Aigina sind sehr fundiert und ergiebig, können hier allerdings nur anskizziert werden, zumal wir in Form der Arbeiten Salazars über ein hervorragendes Sekundärschrifttum verfügen.

Ein anderer Quellensammler zur Medizingeschichte war der in Berlin tätige Arzt und Professor Ernst Julius Gurlt (1825 bis 1899). In seinem mehrbändigen Übersichtswerk *Geschichte der Chirurgie und ihrer Ausübung* von 1898 führt er Kapazitäten wie Henri de Mondeville, den Leibarzt König Phillips des Schönen von Frankreich oder im Heiligen Römischen Reich die Wundärzte Heinrich von Pfolspeundt und Hans von Gersdorff mit Ratschlägen bei Läsionen durch Pfeile auf. Neben die Geschosse von Handbogen traten im Mittelalter Verletzungen durch Armbrustzaine. Man findet mit zeitbedingten Details zwar durchaus wichtige, aber nur wenig über antike Praktiken hinausreichende Angaben.

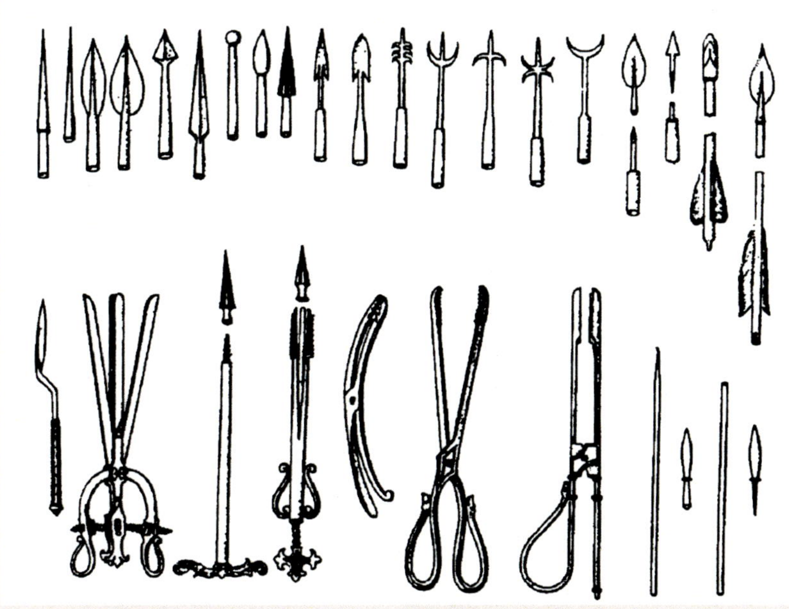

Abb. 153: Renaissancezeitliche Pfeilspitzen. Unten chirurgische Instrumente für die Behandlung von Pfeilwunden. Nach Della Croces Hauptwerk *Chirurgiae universalis opus absolutum*. 2. Ausg. 1596.

Interessant sind Pfeilspitzen und medizinisch damit assoziierte Geräte in den Editionen (1573 bzw. 1596) des Hauptwerks des italienischen Arztes Giovanni Andrea Della Croce. (Abb. 153) In der Renaissancezeit standen fortschrittliche Technologien zur Verfügung. Speziell für die Extraktion von Pfeilen waren Spreizmesser und Bohrer (lat. *terebrum torculatum solidum* und *terebrum torculatum concauum*) entwickelt worden. Mit Della Croce enden Ratgeber zum Thema der Pfeilverletzungen in Europa. Mit der Adaption von Gewehren und Pistolen hatte sich die Medizin anderen Sachverhalten zu stellen. Die Pfeilwundkunde verschwand aber sicherlich nicht aus dem feldscherischen Repertoire, wenn man an die langwierigen Türken- und Tatarenkriege in Süd- und Osteuropa denkt[773]. Waffentechnisch betrachtet, trat an jenen Schauplätzen eine taktische Präferenz für relativ kleinformatige Pfeilspitzen ein. Kriegspfeile der Osmanen waren mit zweischneidigen oder vierkantigen Eisenspitzen bestückt, auch dafür ausgelegt, um Lücken in Rüstungen zu finden. Im Vorderen Orient gab es seinerzeit aber, soweit mir bekannt, keine dreiflügeligen Pfeilspitzen mehr. Im Vergleich dazu waren eiserne Pfeilbewehrungen der Römer mit drei Schneiden aufwändiger in der Herstellung. Sudhues resümiert die Resultate seiner Schussversuche:

„... Beträchtliche Unterschiede im Bezug auf die Penetrationstiefe traten bei einigen antiken Pfeilen auf. Möglicherweise haben biologische Inhomogenitäten und unterschiedliche Eintrittswinkel einen stärkeren Einfluss auf das Verhalten von Pfeilen als auf das von Projektilen. Die Bedeutung der miteinander assoziierten Parameter Form und Größe der Pfeilspitze, Querschnittsbelastung und Energiedichte wird bestätigt durch die tiefe Penetration von Broadheads, Bodkins und halbmondförmigen Pfeilspitzen in weichem Gewebe. Die Auftreffgeschwindigkeit allein, wenn auch sicherlich nicht ohne Einfluss, kann sich gegenüber diesen Faktoren nicht durchsetzen...[774]"

12.3.2 Neuzeitliche Erfahrungen bei der Behandlung von Pfeilwunden

Wir machen einen historisch und geographisch kühnen Sprung in den Westen Nordamerikas. Von einem als Militärarzt tätigen Chirurgen, Joseph H. Bill (1835 bis 1885) aus Philadelphia, liegen interessante medizinische Ratschläge zum Umgang mit Pfeilverletzungen vor. Im Zuge der Konflikte mit Indianern hatte er sich verwundeten Soldaten und Zivilisten anzunehmen[775]. Je nach indigenem Stamm wurde Bill mit Pfeilen konfrontiert, die über zweischneidige Spitzen aus Stein oder Metall verfügten.

„... In the U.S. Army Medical Museum, specimens of human bones and skulls are kept, showing the wounds and the weapons that caused them. Arrow wounds inflicted on settlers and trappers were treated by a physician or doctor, if one was available, some by barbers, who quickly became barber-surgeons ... All surgeons and doctors agreed that one should not never try to extract an arrow by pulling on its shaft, firstly, because the shape of the arrowhead does not lend itsself to easy withdrawal and secondly, because the thongs or rawhide fastenings of the head to the shaft tended to loosen inside the body, due to the presence of liquid – essentialy blood. Thirdly, because the shaft was the best guide to the position of the arrowhead to be extracted ... The arms and abdomen area were the area most frequently wounded. The large number of arm wounds are explained by the fact that a person who saw an arrow coming, instincively, tried to wared it of ... The Indians generally aimed for the abdominal area, because they knew that such wounds were eventually fatal... [776]"

Zum Lebenswerk Joseph Bills, der komplexe Anschlingmethoden für in Knochen steckende Pfeile erfand, wobei die Spitze und der Schaft bei der Extraktion zusammen erfasst werden konnten, gehören Empfehlungen, die er während seiner Stationierung in New Mexico erarbeitete. Sie wurden von ihm in einem fachlich bis heute relevanten Aufsatz publiziert[777].

Abschließend sei auf einen Bericht aus dem 19. Jh. vom sogenannten Sepoyaufstand in Indien hingewiesen. Er belegt die Kraft von mit Reflexbogen aus naher Distanz abgeschnellten Pfeilen. Auch hier lassen sich gewisse Korrespondenzen zu Ereignissen aus der Römerzeit etwa bei den Kriegen gegen die Parther und Sasaniden nicht bestreiten, selbst wenn die Sachlage im Hinblick auf die Ausrüstungen der Soldaten ansonsten natürlich stark voneinander abwich. Erlebnisse aus Gefechten gegen Pfeile absendende Inder sind durch eine Beschreibung des Offiziers Forbes-Mitchell im Buch *Reminiscencies of the Great Mutiny* (London 1893) dokumentiert. 1858 fand die Belagerung des Mausoleums Shah Nujeef in der Stadt Lakhnau, Provinz Uttar Pradesh, durch britische Streitkräfte nicht ohne beiderseitige Verluste statt:

> „... *In the force defending the Shâh Nujeef, in addition to the regular army, there was a large body of archers on the walls, armed with bows and arrows which they discharged with great force and precision ... Just then one poor fellow of the Ninety Third (Sutherland Highlanders) ... raised his head for an instance a little above the wall, got an arrow right through his brain, the shaft projecting more than one foot out of the back of his head. As the poor lad fell dead at our feet, Sergeant White remarked, 'Boys, this is no joke; we must pay them off.' We all loaded and capped, and pushing up our feather bonnets again, a whole shower of arrows went past or through them. Up we sprang and returned a well-aimed volley from our rifles at point-blank distance, and more than half-a-dozen of the enemy went down. But one unfortunate man of the Regiment ... exposed himself a little too long to watch the effect of our volley ... and an arrow was sent right through his heart, passing clean through his body and falling on the ground a few yards behind him*...[778]"

In diesen Fällen, bei denen Soldaten ohne Erfahrung im Kampf mit Bogenschützen unbesonnen agierten, konnten Ärzte nicht mehr helfen. Antike Krieger trafen durch Rüstungen Vorsorge, dass Kopf und Torso vor dermaßen letalen Treffern bewahrt blieben. Außerdem besaß man seine Schilde zum Abfangen von Pfeilen.

XIII PFEILKÖCHER UND BEHÄLTER FÜR BOGEN IN DER ANTIKE UND SPÄTANTIKE

13.1 Grundlegene Informationen über Transportmöglichkeiten für Pfeile

Zur Ausstattung prä-/historischer Schützen gehörten Bogen, Pfeile und Köcher. Pfeile waren wertvoll. Eine Anforderung bestand darin, sie gebrauchsfertig zu transportieren. Rohr, Holz, Wicklungen und Leitwerke waren vor physischen Schäden und vor Verschmutzung, Nässe oder Fäulnis zu schützen. Metallspitzen wollte man vor unerwünschter Korrosion bewahren. Außerdem hatten Köcher ergonomischen Kriterien zu genügen. Erforderlich waren ein niedriges Gewicht, eine gute Tragbarkeit und bequeme Möglichkeiten zur Pfeilentnahme. Die Behälter verfügten über Schauflächen, die sich schmücken und verzieren ließen. Bereits die Auswahl geeigneter Werkstoffe stellte ein Qualitätsmerkmal dar. Köcher boten bei gruppenintensiven Aktivitäten wie auf Kriegszügen oder bei Jagden willkommene Möglichkeiten zur Präsentation von Wohlhabenheit und Status. Sie konnten althergebrachten Konstruktionen entsprechen oder neuen Moden unterworfen sein. In Griechenland, Persien und Rom gebrauchte man Köcher, die sich über lange Zeiträume in antiken Quellen nachvollziehen lassen. Nicht viel anders war die Situation bei Völkerschaften in Eurasien oder bei Kelten und Germanen.

Kulturhistorisch interessant verliefen Adaptionsprozesse, wenn Ethnien mit unterschiedlichen Köchern aufeinander trafen. Aus leicht beschaffbaren Materialien wie Holz, Rinde oder Leder bestehende Behälter ließen sich rascher rezipieren als etwa aufwändig herzustellende Bogen in zusammengesetzter Bauweise. Insofern gilt es Fragen nach der Richtung und dem Verlauf technologischer Aneignungen zu beantworten, sofern Köchertypen ausgewechselt oder durch neue ergänzt wurden. Auch etymologisch sind in dem Zusammenhang bemerkenswerte Phänomene beschreibbar. Ähnlich wie unser Wort „Köcher" im Kern auf eine in Europa während der Großen Völkerwanderung einzughaltende Innovation trapezoider Pfeilbehälter von Reiternomaden zurückgeht, fanden bereits im antiken Griechenland Aneignungen von Goryten aus Eurasien statt. Auf mehreren Ebenen lässt sich erkennen, dass Köchern eine hohe Relevanz im Rahmen von Waren- und Waffentransfers zukommen konnte. Sie spielen darüber hinaus für die Tracht- und Kostümkunde eine Rolle. Zivile und militärische Zusammenhänge berücksichtigend, wird im Folgenden zuerst eine Quellenkunde griechischer und römischer Köcher sowie anschließend solcher aus dem Barbarikum vorgelegt. Spezialstudien zu Pfeilköchern bei den Römern liegen nach meinem Wissen bisher keine vor. Angaben in der archäologischen Literatur sind sporadisch. Insofern eröffnet sich hier ein waffen- und typenkundlich dankbares Erkundungsfeld. Ich möchte Pfeilköcher nach formenkundlichen Kriterien sortieren und in diesem Zusammenhang auf die akribischen Untersuchungen des Anton Schaumberg von 1910 hinweisen. Er hat zahlreiche Köcherbeispiele im ägäischen Raum und Großgriechenland aufgelistet[779]. Beim Bezeichnen von Gattungen kommen in erster Linie Konstruktionsmerkmale zum tragen. Bereitschaftsbehälter (Holster) und Scheidenfutterale für Reflexbogen werden je nach Aufkommen in die folgenden Betrachtungen integriert.

Abb. 154: Soldatische Exzellenz als berittener Bogenschütze. Grabstein des Auxiliars Maris von der Ala der Parther und Araber. 50 Jahre, 30 Dienstjahre. Mainz. Nach W. Selzer. 1. Hälfte 1. Jh. n. Chr. Ohne Maßstab.

Fürs Vorhalten von Pfeilen gibt es auf Bildwerken aus römischer Zeit verschiedene Methoden. Eine Reserve zum ad-hoc-Gebrauch vermochte man in der rechten Hand zu tragen. Pfeile ließen sich in geringer Zahl, abhängig von Größe und Gewicht, auch mit etwas Geschick in der Linken am Bogengriff fassen. Ein spätantikes Mosaik in der Kirche der heiligen Märtyrer Lot und Procopius auf einem Ausläufer des Bergs Nebo in Jordanien zeigt einen blonden Jäger zu Fuß, der zwei Pfeile schräg zwischen Leibriemen und Hüfte geklemmt hat[780]. Es ist kein Zufall, dass viele dieser dem raschen Zugriff dienenden Tragweisen zum Repertoire des jagdlichen Schießens gehörten. Wenn auf schnelles Flucht- oder Raubwild angelegt wurde, war ein instinktives Agieren von Nöten, damit Pfeile auf direktem Weg zum Bogen gelangten. Laut Ammian wurden bei der Verteidigung Amidas Köcher sogar zum schnellen Ergreifen der Pfeile vor den Füßen der Schützen auf der Stadtmauer ausgeleert. Auch bei demonstrativen Inszenierungen des Bogenschießens wie auf dem Grabstein des Maris, Sohn des Casitus, in Mainz, konnten Pfeile in der Bogenhand gehalten werden[781]. (Abb. 154)

Ein Dienstmann (lat. *calo*) sorgt für zusätzlichen Nachschub. Er hält mehrere Pfeile in der linken und einen in der rechten Hand für seinen hoch zu Ross sitzenden Herrn bereit. Üblich ist ein solches Zureichen durch persönliche Helfer im Kampf aber nicht. Wir gehen davon aus, dass der Pfeilnachschub im Feld vorschriftsmäßig bzw. übergreifend organisiert war. Insofern geht es bei dem aktiven Pfeilangebot, das hier ja eigentlich ein Überangebot darstellt, weil Maris auch einen Köcher besitzt, und dem unspezifisch nach oben zielenden Reiter auf seinem levandierenden Pferd in erster Linie um die Präsentation soldatischen Spezialistentums. Für einheimische Kelten, die damals am Rheinknie lebten, stellten solche Fertigkeiten fremder Soldaten nur wenige Generationen nach Caesars Eroberungsfeldzügen vermutlich noch regelrechte Artistik dar. Maris wurde fünfzig Jahre alt, woraufhin seine Brüder Masicates und Tegranus den Grabstein setzten. Er kann in der Steinhalle des Landesmuseums Mainz betrachtet werden.

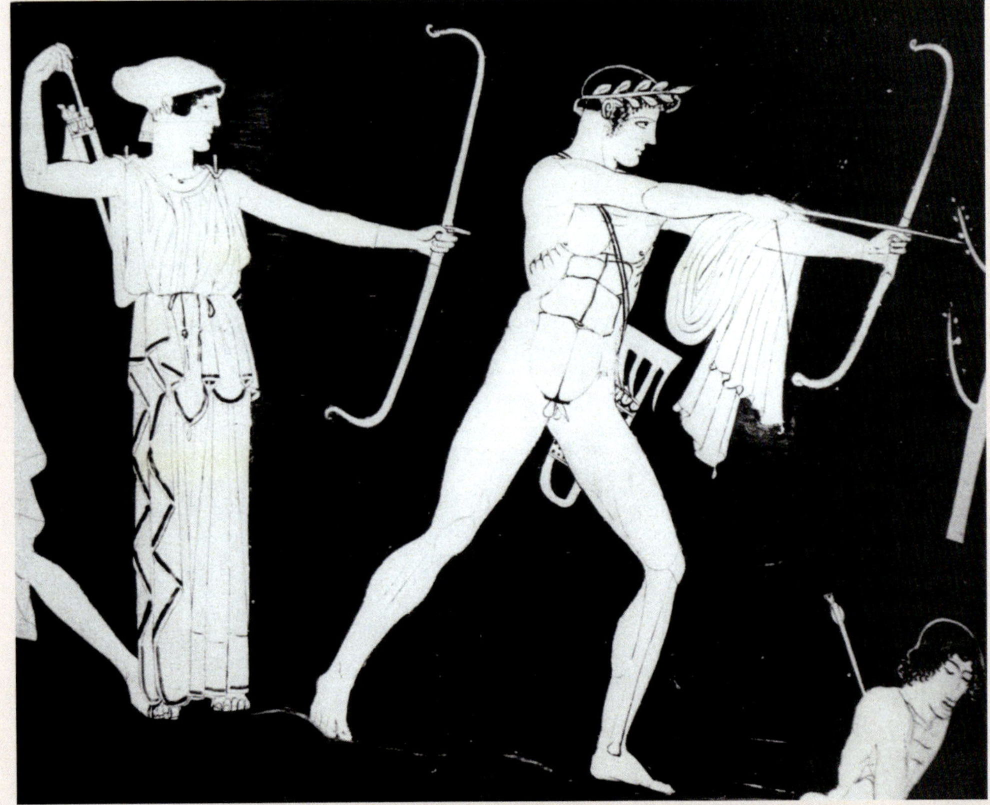

Abb. 155: Artemis mit Röhrenköcher auf dem Rücken. Apollon mit Pfeiltasche. Bogen im *whip-ended* Design. Mythoszene auf einem Krater des Niobiden-Malers. Orvieto. Umbrien, Italien. Um 450 v. Chr.

13.2 Formenkunde griechisch-römischer Röhrenköcher (*pharetrae*)

13.2.1 Quellenbelege für traditionelle Pfeilbehäler mit Deckelverschluss

Im Großen und Ganzen zeigt eine relative Mehrheit quellenkundlich verwertbaren Materials auf Bildzeugnissen mit Pfeil und Bogen aus der griechischen und römischen Antike das Vorhandensein von Pfeilköchern an. Der früheste lateinisch thesaurierte Terminus für Köcher – mit einer Analogie im griechischen *pharetra* bzw. *pharetreon* – ist *pharetra* (f.) Es handelt sich um ein altes indo-europäisches Wort. Gewisse Nachklänge finden sich noch in Begriffen wie Futteral oder Futter als schützende Innenhülle sowie im gotischen *fodr* mit der Bedeutung Schwertscheide[782]. Der tradierte griechisch-römische *pharetra*-Begriff scheint sich historisch zuerst mit röhrenförmigen Köchern verbunden zu haben. Oftmals hatten sie einen abnehmbaren Deckel. Die Fachliteratur bietet zur Unterscheidung von weniger voluminösen Pfeilbeuteln oder Taschen synonym auch den Begriff Rundköcher an. Das ist insofern plausibel, weil seit archaischer Zeit von der Ägäis bis nach Italien flache Pfeilbehältnisse hinzutraten. (Abb. 155) Sie beruhten vermutlich auf Mustern aus Eurasien. Leider weiß man nicht, wie die Griechen jene Taschen nannten, bevorzugt *pharetra* oder *gōrytós*. Man findet sie später auch noch in der römischen Kunst als Kopien griechischer Vorbilder wieder. Einen fragmentierten aber in etwa original großen Köcher mit abgerundet langdreieckigem Profil schultert eine Amazone auf einer Marmorskultpur im Rheinischen Landesmuseum Trier (Iv.-Nr. G 41). Es handelt sich um die Nachbildung eines dem Bildhauer Phidias im 5. Jh. v. Chr. zugeschriebenen Werks, das in den Barbarathermen in Trier gefunden wurde. Bei der Konstruktion von Deckeln bevorzugte man raumschaffende Hauben oder Kappen. Für Pfeiltaschen gab es umklappbare Laschen oder plane Aufsätze. *Pharetrae* konnten mit einem justierbaren Riemen an einem Ring getragen werden, wie es unter anderem das Mosaik von Lillebonne zeigt.

Ein Pfeilbehälter mit Deckel wird in Homers *Ilias*-Epos aus dem 8./7. Jh. v. Chr. erwähnt, als Pandaros, König der Lykier, versucht, den Herrscher Spartas, Menelaos, zu erschießen, jedoch an dessen Rüstung scheitert:

> „... *Jetzo des Köchers Deckel eröffnet er, wählte den Pfeil dann, ungeschnellt und gefiedert, den Urquell dunkler Qualen. Eilend ordnet er nun das herbe Geschoss auf der Sehne ... fassend dann zog er die Kerbe zugleich und die Nerve des Rindes, dass die Sehne der Brust annaht' und das Eisen dem Bogen. Als er nunmehr kreisförmig den mächtigen Bogen gekrümmet, schwirrte das Horn und tönte die Sehne und sprang das Geschoss hin...*[783]"

Bittner hat weitere Textstellen mit *pharetra*-Angaben beim griechischen Poeten Píndaros im 5. Jh. v. Chr., bei Xenophon im 4. Jh. v. Chr., bei Strabo in augusteischer Zeit, den römischen Dichtern Publius Papinius Statius und Silius Italicus sowie bei Marius Servius Honoratius, einem spätantiken Grammatiker, miteinander verglichen: „... Pindar sagt uns, wo die Pharetra getragen wird: '... *auf der Schulter die Pharetra, worinnen der schnelle Pfeil ist...*' Diese Aussage wird im 1. Jh. n. Chr. durch Statius ergänzt: '... *und hingen die klingenden, vergoldeten Pharetrae aus Luchsfell...*' Silius Italicus berichtet im gleichen Jahrhundert: '... *von den Schultern der Bundesbrüder hingen von den Vätern ererbte Goryte und Rohrpfeile...*' Hier sehen wir deutlich, dass Silius Italicus den falschen Begriff [Im vorliegenden Fall ist die Wortwahl auch im Versmaß begründet. JH.] für unsere Pharetra verwendet ... Es ist daher kein Wunder, wenn Servius im 4. Jh. die Begriffe vollends gleichsetzt. Servius im Vergilkommentar: ‚... *Coryte wurden früher die Bogentaschen genannt, man nannte sie dennoch auch Sagittabehälter, wozu wir Pharetra sagen.* (*Coryti proprie dicuntur arcum thecae; dicuntur tamen etiam sagittarum, quas et pharetras nominamus.*) ... Der auf dem Rücken hängende Pfeilbehälter ist also die Pharetra...[784]"

Köcher konnten mit Textilstoffen oder Fellen bezogen sein. Über Kernmaterialien wie Holz, Leder oder Flechtwerk geben uns archäologische Funde, zwar leider nicht mehr unmittelbar aus dem Mittelmeerraum, aber aussagekräftig doch aus der hallstattzeitlichen Hemisphäre eine hinreichende Auskunft. Auf zylindrische Köcher mit Haubendeckel trifft man ebenso nördlich der Alpen. An grundlegenden Funktionalitäten, wie beim Köcher aus Eberdingen-Hochdorf ersichtlich, hat sich überkulturell nichts geändert. (Abb. 156)

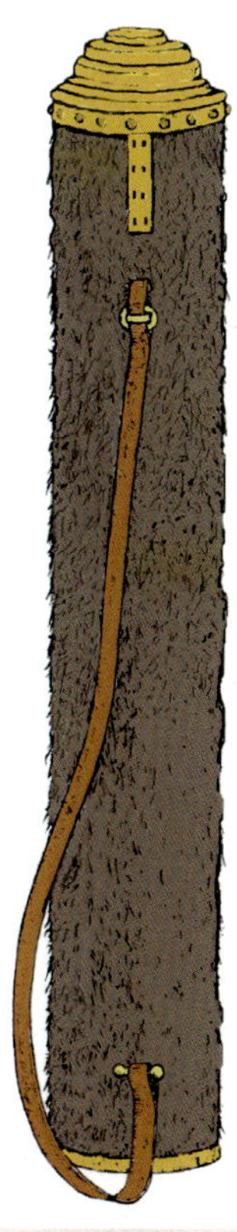

Abb. 156: Idealrekonstruktion des frühkeltischen Köchers aus dem Fürstengrab von Eberdingen-Hochdorf. Nach Jörg Biel. Um 550 v. Chr. Ohne Maßstab.

Eine Bemerkung bei Homer, dass Pfeile in einem Köcher beim Schreiten des Bogenschützen laut klängen, deutet darauf hin, dass es schallverstärkende Tuben sein konnten. Von Homer erhalten wir ferner einen Hinweis darauf, dass eine akustische Dämpfung für die Pfeile, wie man sie etwa auf der Jagd benötigte, bei repräsentativen Anlässen für den Köcherträger durchaus auch einmal weniger angezeigt war. Eindrucksvoll wird gedichtet:

> „... *Schnell von den Höhen des Olympos enteilet er* [Apollon] *zürnenden Herzens, auf der Schulter den Bogen und rings verschlossenen Köcher. Laut erschollen die Pfeile zugleich an des Zürnenden Schulter, als er einher sich bewegte, er wandelte, düster wie Nachtgrauen. Setzte sich drauf von den Schiffen entfernt und schnellte den Pfeil ab, und ein schrecklicher Klang entscholl dem silbernen Bogen...*[785]"

Es stellt sich im Folgenden allerdings die Frage, inwieweit auf kaiserzeitlichen Bildwerken vorkommende *pharetrae* noch echte Traditionen als zeitgemäße Utensilien besaßen? Auf den ersten Blick wirken viele Köcherdarstellungen gleich. Künstler handelten an Stereotypen orientiert. Zu allem Überfluss verfügen wir nur über wenige direkte archäologische Beispiele für römische Köcher und wenn, dann in Randzonen des Imperium Romanum. Von Auxiliaren in Europa sind bisher keine Köcher oder Teile davon als Funde bekannt[786]. Stattdessen trifft man auf unspektakuläre Konventionen des antiken Kunstbetriebs, wenn nicht auf willkürlich in Kauf genommene Anachronismen. Der Authentizitätsgrad ist jeweils kritisch zu hinterfragen.

13.2.2 Köcherbeispiele aus der griechischen und der römischen Welt

Röhrenköcher trifft man in der griechischen Bildwelt etwa seit der archaischen Stilphase an. Im Anschluss an die Klassik, den Hellenismus und die Römische Kaiserzeit reichen sie in der vorbildnehmenden Kunst Europas bis zur karolingischen Renaissance. Eine frühe Darstellung eines von Umlaufbändern stabilisierten Rundköchers mit Kappe an einer Schnur liegt auf einem Krater (Weinmischgefäß) des sogenannten Nessos-Malers vom Ende des 7. Jh. v. Chr. im Nationalmuseum Athen (Iv.-Nr. 16384) vor. Sie zeigt Herakles beim Schießen mit einem skythischen Bogen. (Abb. 157) Besagter Künstler gilt Klassischen Archäologen als Pionier der schwarzfigurigen Vasenmalerei Attikas. Die von Tölle-Kastenbein erläuterte Mythosszene zeigt eine gewisse Verbundenheit von Röhrenköchern und Skythenbogen bei den Griechen an. In Varianten haben *pharetrae* zusammen mit rekurven Bogen einen Bestand in den Quellen. Das zeigt sich auch bei Bildern in der römischen Welt mit Herkules oder dem Gott Apollo. Hinzuziehen lassen sich griechische Artemis-Sujets und spätere römische Kunstwerke mit der jagenden Göttin. Sie beinhalten jeweils einen geschulterten Röhrenköcher und einen *Scythicus arcus*. Als ein verbindlicher Werkschlüssel gilt die sogenannte Dresdner Artemis, eine antoninische Marmorstatue in den Staatlichen Kunstsammlungen Dresden (Iv.-Nr. Hm 117). Deren motivische Grundlage wird in einem vielfach kopierten Werk des attischen Steinmetzes Praxiteles aus der ersten Hälfte bis Mitte des 4. Jh. v. Chr. gesucht. Eine graduelle Abwandlung betitelt die Kunstgeschichte als *Artemis Colonna*. Hier schreitet die Göttin mit dem linken Spielbein voran, fasst nach einem Pfeil und wird als in Bewegung begriffene Jägerin vorgestellt. Der sich nach oben verjüngende Tubus besitzt bei der Dresdner Statue umlaufende Wülste am Boden und der Mündung, auf die ein Tragriemen zuführt.

Abb. 157: Herakles mit Rückenköcher und skythischem Bogen. Kappendeckel mit Knauf am Halteband. Malerei auf einem *Krater* aus Vari. Attika, Griechenland. Um 610 v. Chr.

Mit einer ähnlichen Haltung des Arms greift Diana auf provinzial-römischen Denkmälern zum Köcher rechts über der Schulter. Die oben bereits zitierten Trierer Dianabilder ergänzend, seien drei Reliefsteine aus der Kaiserzeit mit der Diana als göttliche Jägerin vom pfälzischen Lachen-Speyerdorf (Iv.-Nr. 1963/?), Ludwigshafen-Maudach (Iv.-Nr. 2981-19.IX.1910) sowie ein Altfund von der Heidelsburg bei Waldfischbach-Burgalben, Lkr. Pirmasens, genannt. Sie werden vom Historischen Museum der Pfalz in Speyer ausgestellt.

Wie bei Skythenbogen erhebt sich aber auch bei Köchern auf solchen Bildwerken des 2./3. Jh. n. Chr. die Frage, ob sie noch einen zeitgenössischen Realienhintergrund hatten? Es ließe sich argumentieren, dass Röhren als solide Konzeption nachhaltige Gebrauchsgegenstände gewesen sein könnten. Ich möchte aus der Fülle des Quellenmaterials eine chronologische Auswahl römischer *pharetrae* vorlegen. Es könnte trotz künstlerischer Gräzisierungselemente eine tradierte Zweckform vorliegen. Auf dem Arc de Carpentras, einem Triumphbogen aus dem 1. Jh. n. Chr. in der gleichnamigen Stadt im Département Vaucluse in Südfrankreich, werden über den Häuptern gefangener Barbaren zwei riesige *pharetrae* mit Kappendeckeln und Kugelknauf abgebildet. Aufgrund der Kleidung der Besiegten könnte es sich um einen Parther und um einen Kelten oder Germanen handeln (Abb. 158) Zum Kanon der Beutewaffen gehören außerdem Schwerter des *gladius*-Typs, ein Hiebmesser und eine Doppelaxt. Die Köcher besitzen ein Umlaufband im oberen Drittel. Die Pfeile sind mit dem scharfen Ende aufwärts eingefüllt, wobei zwischen Spitze und Mündung eine Weite besteht, um sie gefahrlos entnehmen zu können.

Weiter oben wurde bereits der römische Soldatengrabstein aus Walbersdorf des Tiberius Iulius Rufus zu Pferd mit einem Köcher und Haubendeckel plus Knauf vorgestellt[787] Das Denkmal wird von der Forschung als neronisch eingestuft und entstand, als der Auxiliar sich mit der *Ala Scubulorum* in der Provinz *Pannonia superior* aufhielt. Auch auf der Traianssäule sind im Kontext der Szenen LXX und CVIII Rückenköcher vorhanden. Sie werden an einem Schulterriemen getragen (s.o. Abb. 8). Die Pfeile befinden sich mit den Spitzen nach unten eingebracht. Wirken die *pharetrae* in Carpentras überdimensioniert, erscheinen einem die Köcher auf der Traianssäule perspektivisch im Hinblick auf die Proportionen der Auxilare viel zu zierlich dargestellt, was aber jeweils eine Eigenwilligkeit der Reliefkünstler ist. Die Köcher sind entweder mit hervorschauenden Pfeilen offen oder haben Haubendeckel. So oder so verwenden, was betont werden sollte, römische Hilfstruppen aus dem Orient eine Köcherform, die wir bisher mehr im europäischen Raum verorteten. Dakische Köcher werden auf dem Siegesmonument von Adamklissi (*Tropaeum Traiani*) auf einigen Metopen sowie auf dem Waffenfries am Fuße des Bauwerks wiedergegeben. Es handelte sich als Originale wohl um Röhren. Aufhängeriemen setzen gleich unterhalb der Mündung an. Die Fahnen der Pfeile ragen ohne Deckel heraus. Mitunter gibt es Oberrandwülste und Umfassungsbänder. Einmal ist dem Korpus schauseitig eine Zierde in Form zweier Zickzackbänder eingemeißelt. Die Köcher römischer Auxiliare auf der Traianssäule wirken im Vergleich dazu standardisierter. Falls sie Verzierungen besaßen, dann waren jene wahrscheinlich aufgemalt und haben sich verwitterungsbedingt nicht erhalten.

Eine der künstlerisch schönsten Darstellungen einer *pharetra* in der Kaiserzeit stammt als Hochrelief vom Sockel der Antoninus-Pius-Säule auf dem Marsfeld in Rom. Sie wurde von den Adoptivsöhnen jenes Herrschers, der von 138 bis 161 n. Chr. regierte, Marcus Aurelius und Lucius Verus, gestiftet. Neben erhabenen Randverstärkungen und einen Haubendeckel mit Knauf weise ich auf dreieckige Girlanden sowie auf einen Ring hin, vermittels dessen ein Tragriemen an einem Umlaufband festgehalten wird. (Abb. 159) Solche vermutlich textilen Köcherbänder konnten, glaubt man der Bildaussage, praktisch zur Aufhängung beigetragen haben. Das farbige Mosaik der Diana beim Bade im nordafrikanischen *Volubilis* aus

Abb. 158: Tropaeum auf dem Ehrenbogen von Carpentras (Westseite). Oben zwei Köcher mit Deckel und Knauf. Dép. Vaucluse, Frankreich. Nach G. Renoux.
Frühe Kaiserzeit. Ohne Maßstab.

dem 2. Jh. n. Chr. wartet ebenfalls mit einer Köcherröhre auf, die von drei breiten (blauen) Bändern anteilsgleich umfasst wird. Der braune Hauptton des schlanken Behälters mit Deckel könnte auf Leder oder auf Holz abstellen. Köcher mit Haubendeckel und drei Umlaufbändern sowie Aufhängeriemen gibt es auf Grabsteinen der *Cohors II Cyrrhestarum sagittaria* in Dalmatien. Ein anschauliches Beispiel bietet die Stele des Gaius Julius Theodorus im Archäologischen Museum Split (Iv.-Nr. A 5952)[788]. Auch der anonyme Bogenschütze auf dem Denkmal von Housesteads trägt eine Köcherröhre mit Deckel an einem Gurt befestigt und zwar hinter der rechten Schulter. Mitunter ist die Vorhalteweise auch einmal anders herum gegeben. So läuft der schmale *balteus* (lat.) für den Rückenköcher auf dem Grabmal des Abdes Pantera aus Bingerbrück zur linken Halsbeuge hin. Was die Mehrheit römischer Bildbeispiele wie deren praktische Interpretation angeht, ist das außer womöglich bei Linkshändern aber die seltenere Trageseite. In seiner künstlerischen Ambition feingliedrig ist ein Pfeilbehälter mit planem Boden, Deckel und Kugelknauf auf einem Pressblech aus Pförring, Lkr. Eichstädt, in Bayern abgebildet. Es handelt es sich um eine charakteristische *pharetra*, bandumwunden und mit einem kurzen Reflexbogen vergesellschaftet. Das Thema des Gesamtbildes, das sich in der Prähistorischen Staatssammlung in München (Iv.-Nr. 1974 3898 a.b) befindet und in die erste Hälfte des 2. Jh. n. Chr. datiert wird, ist der Mythos von den drei Grazien (lat. *gratiae*), Aglaia, Euphrosine und Thalia[789]. Ein in wesentlichen Aspekten gleich anmutender Köcher ist auf dem Victoria-Augusta-Altar mit Nennung der Kaiser Constantin, Licinius und Maximianus von 313 n. Chr. in der Kirche von Prutting, Lkr. Rosenheim, als Beutewaffe dargestellt. (Abb. 160) Allerdings verläuft die Wicklung auf dem Korpus hier andersherum und ist etwas breiter als beim Pförringer Köcher. Gesetzt hat den Weihestein mit seinen gemischten Waffenreliefs anlässlich eines Kampferfolgs am 25. Juni 310 n. Chr. der *Dux*-Grenztruppengeneral Aurelius Senecio unter Mitwirkung eines Reiterführers aus Dalmatien mit dem Namen Valerius Sambarra[790]. Wahrscheinlich gedachte man erfolgreicher Gefechte gegen Barbaren an der Grenze zur Provinz Noricum an der Donau. Im Unterschied zu dem Korpus anliegenden oder darin integrierten Aufhängungsmodi gibt uns ein Köcher auf einer spätantiken Glasschale, die im Rheinischen Landesmuseum Trier, Fundort Auf dem Steinrausch, ausgestellt wird, Auskunft über einen in erhabener Zweipunktaufhängung außen am Köcher fixierten Tragriemen. Das Bildmotiv zeigt als eine Episode aus dem Leben des Herkules dessen Kampf mit dem Riesen Antaeus[791]. Über einem Pfeiler hängt das Löwenfell des Helden. Zu dessen Füßen liegen eine Keule und der Röhrenköcher. Er folgt in der Darstellung aus der ersten Hälfte des 4. Jh. n. Chr. dem Topos mit planem Boden, Kappendeckel und Knauf. Der Köchergurt ist an zwei Knopfspornen am Boden und der Mündung befestigt. Sollte dies auf einer echten Vorlage beruht haben, käme dafür belastbares Material wie Holz oder Metall in Frage.

Abb. 159: Röhrenköcher. Haubendeckel mit Knauf. Umlaufbänder. Tragriemen und Aufhängering. Relief vom Sockel der Antoninus-Pius-Säule. Rom. 2. Jh. n. Chr. Ohne Maßstab.

Abb. 160: Zylindrischer Köcher mit Kappendeckel. Beutewaffen. Relief auf dem römischen Victoria-Altar in der Pfarrkirche von Prutting. Oberbayern. 313 n. Chr. Ohne Maßstab.

13.2.3 Archäologische Hinweise auf Werkstoffe für den Köcherbau

Bereits in der Hallstattzeit hat es Röhrenköcher mit Hauben- oder Kappendeckel in Europa gegeben. Dies kann aufgegriffen werden, sofern man akzeptiert, dass Vorbilder aus dem Süden bis in die Keltiké ausstrahlten. Ein historisches „Durchreichen" mutet im Hinblick auf spätere Köcher im Imperium Romanum zwar spekulativ an, ich möchte hier aber dennoch einige Artefakte aus der frühgeschichtlichen Archäologie erörtern, um praktisch zu demonstrieren, was technisch möglich gewesen ist. Kritische Leser mögen im Vergleich mit Köchen aus der Römerzeit einen handwerklichen Fundus für in Frage kommende Macharten darin erkennen. Christoph Clausing schreibt: „... Diese Hallstattköcher haben zumeist einen Durchmesser zwischen 7,5 und 10,5 cm bei nachgewiesenen Längen von 50 bis 70 cm. Ihre Böden sind mit Geweih, Bronze oder Eisen beschlagen, die in Form von Ringen, Scheiben oder Dosen gefertigt sind. Letztere können wohl, sofern sie getreppt gearbeitet wurden, auch als Deckel angesprochen werden. Rutengeflechte, Geweih- oder Blechstreifen geben Hinweise auf Form und Gestaltung von Köcherkörper und -mündungen...[792]"
Ans Ende der Hallstattzeit um 450 v. Chr. datiert ein Eisenband für einen Köcher von 10 cm Durchmesser aus Tumulus 18 bei Bachern-Ottmaring in Bayerisch-Schwaben. Explorationen bei Etting-Polling, Lkr. Weilheim-Schongau, erbrachten aus Hügel 11 ein punziertes Blech und drei Bronzeringe zur Umfassung eines Köchers. Sie umgab Flechtwerk. Ich erinnere an die drei Band- oder Ringumläufe bei Köchern in der antiken Bildwelt. Ferner war Birkenrinde erhalten. Bastgeflecht und Rinde bildeten eine Kombination, die eine *pharetra* leicht und nässebeständig machte.

Zu Funden im frühkeltischen Grabügel 12 bei Kleinostheim heißt es bei Holger Eckhardt: „... Beobachtet wurde als Köcherboden ein Holzfragment mit aufgebogenem Rand. Dies legt die Vermutung nahe, dass die Köcherwandung, zumindest in ihrem unteren Teil, und der Boden aus einem Stück gefertigt waren. Dass das Rutengeflecht, das am Oberteil des Köchers gefunden wurde, dazu diente, die lederne Köcherwandung zu versteifen, kann angenommen werden ... Pfeilspitzen wurden mit den Spitzen nach unten gefunden. Die zu erschließende Länge des Köchers lag zwischen 50 und 60 cm...[793]" Wegner bemerkt hierzu: „... Dass solche Versteifungen mit Ruten, zumindest in östlichen Bereichen der Hallstattkultur, nicht ungebräuchlich waren, zeigt der Köcher aus dem Grab des ‚Bogenschützen' von Libná. Die gesamte Köcherwandung bestand aus einem Geflecht aus Haselgerten, das mit Leder überzogen und auf der ganzen Fläche eng mit Bronzenägelchen beschlagen war. Zum Fundensemble von Libna gehörten außer 60 Bronzepfeilspitzen auch zahlreiche Fragmente des Gürtels und wohl auch des Köchergurtes...[794]" Mechanisch belastbar war der Boden eines Röhrenköchers in Grab 14 von Treuchtlingen-Schambach, Lkr. Weißenburg-Gunzenhausen in Bayern, ausgelegt. Hier ist das Material Eisen. Das dosenförmige Bauteil datiert in die mittlere Hallstattzeit, also mehr oder weniger in die mutmaßliche Lebenszeit des Homer. Bei einem metallenen Boden darf man ungedämpft davon ausgehen, dass die Pfeilspitzen beim Gehen eines Köcherträgers einen klingenden Lärm erzeugten, ähnlich wie der Dichter (*Ilias.* 1, 44-49) es beschreibt. Der Außendurchmesser des mit beinernen Umlaufbändern versehenen Tubus beträgt erneut 10 cm. Aus Grab 33 einer Hügelgruppe bei Treuchtlingen-Schambach kommen die Reste eines Köchers von 8 cm Profil und ungefähr 65 cm Länge.

Ein Köcher aus Hallein, Grab 116, aus der Übergangszeit ins Latène war an der Mündung und dem Boden von festgenagelten Eisenbändern eingefasst. Ähnliches gilt für einen Rundköcher aus Hügel 5 von Pfaffstätt in Oberösterreich. Die Köcher verfügten in Hallein und Pfaffstätt über erhabene Riemendurchlässe aus Metall. Bei solchen köcherbaulichen Details ist an die knopfartigen Aufhängesporne auf der spätantiken Glasschale mit Herkules, Minerva und Antaeus in Trier zu erinnern. (Abb. 161)

Abb. 161: Rundköcher mit erhabenen Riemendurchlässen aus Metall. FO Pfaffstätt. Oberösterreich. 5. Jh. v. Chr. Römische Glasschale. Köcher mit Tragriemen an zwei Knopfspornen. Trier. 4. Jh. n. Chr. Ohne Maßstab.

Einen Köcher gab es, wie zitiert, auch im Fürstengrab von Eberdingen-Hochdorf. Der dortige Behälter hatte ein aufgenageltes Mündungsblech. Sein Korpus bestand aus dem Wurzelholz der Schwarzpappel, das leicht und fest ist. Jörg Biel erläutert:
„… Die Auswahl dieses zähen und sehr leichten Holzes zeigt die gute Kenntnis der frühkeltischen Handwerker. Die Pfeilspitzen staken mit der Spitze zur Mündung im Köcher. Eine war aus Bronze gegossen, die anderen aus Eisen gearbeitet…[795]"

Spuren des Tragriemens aus Leder fanden sich an einem kleinen Bronzering. Ein getreppter Haubendeckel und eine Bodenplatte aus Bronze schlossen den Tubus ab. Außen war er fellbezogen (s.o. Abb. 156). Ähnliche Bestandteile aus Buntmetall von Köchern in den beiden keltischen Gräbern 53 und 67 von Chouilly im französischen Département Marne werden je nach Bearbeiter als Boden oder als Deckel bezeichnet: … Grab 53: An der Stelle des fehlenden Schädels, unmittelbar oberhalb der Schlüsselbeine, lag eine Art Schale aus Eisenblech mit einem mittleren Durchmesser von 8,2 und einer Höhe von 6,5 cm. Am linken Knie fanden sich die Pfeilspitzen. Der obere Abschluss aber, ein leicht gebogener und mit zehn Löchern versehener, noch 6,5 cm langer Knochenstreifen, sowie der Deckel, eine im Durchmesser 6,5 messende Bronzescheibe, wurden an der Außenseite des linken Knöchels angetroffen. Grab 67: Der Köcherboden, bestehend aus bronzener Scheibe und eiserner Wandung, mit einem Durchmesser von 9,8 cm und einer Höhe von 5,3 cm, lag an der linken Schulter. Im Innern lag eine kegelförmige Bronzetülle. An der Stelle, wo in Grab 57 die Pfeilspitzen sich befanden - am unteren Drittel des linken Oberschenkels -, wurden hier die Teile der Köcherabdeckung gefunden: der Deckel, wiederum eine Bronzescheibe, mit einem Durchmesser von 8,2 cm, daran in Richtung zum Köcherboden hin anschließend ein dünnes, bandförmiges Bronzeblech mit vier Löchern und ein Knochenstreifen, ähnlich dem in Grab 57…[796] (Abb. 162) Die Lage der Pfeile in situ erschwert hier eine Deutung. Die haubenartigen Artefakte besitzen rudimentäre Halbkugelknäufe, was als ein optischer Anflug den Haubendeckeln mit Knauf von Köchern in der Kunst der Mittelmeerwelt ähnelte.
Alles in allem wird auf der Konstruktions- und auf der Materialebene deutlich, dass es im europäischen Raum technisch nachhaltige Ausprägungen vergleichbarer Köcher gegeben zu haben scheint. Für die Jagd wie auf dem Mosaik von *Iuliobona* als einem Hauptort des keltisch-belgischen Stammes der Caleti standen der romanisierten Bevölkerung weiterhin Röhrenköcher mit Deckel und mit Aufhängering(en) zur Verfügung.

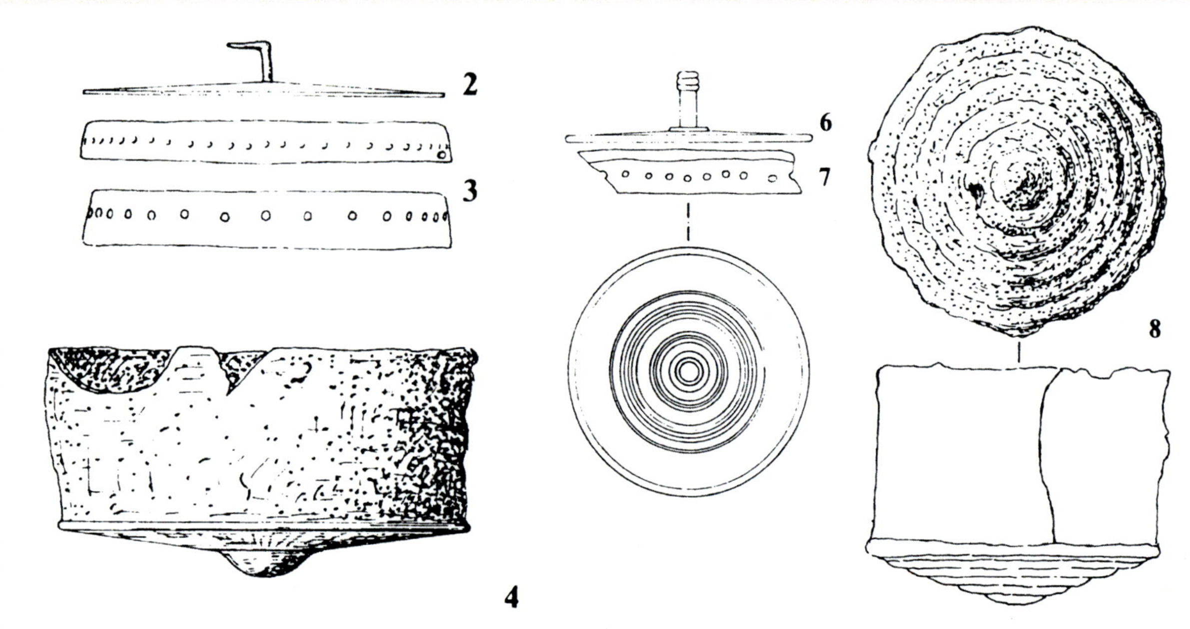

Abb. 162: Metallene Bestandteile frühkeltischer Röhrenköcher. Gräber 67 (2-4) und 53 (6-8) von Chouilly. Dép. Marne, Frankreich. Jeweils Köcherböden und Deckel. Ohne Maßstab.

13.3 Eine Sache für sich – Reiterköcher aus Eurasien und dem Orient

13.3.1 Pfeilbehältnisse der Skythen und der Sarmaten bis zur Spätantike

13.3.1.1 Neuartige Konzepte für kompakte Pfeil- und Bogentaschen (*gōrytói*)

Eine völlig andere Köchergattung als Röhren stellten Taschenbauweisen aus der eurasischen Hemisphäre dar. Die Griechen nannten jene Behälter *gōrytói* (Sg. γωρυτός / *gōrytós*). Bereits in Homers Epos *Odyssee* wird ein goldschimmernder Köcher mit dem skythischen Lehnwort bezeichnet. Ursprünglich betraf es Bogenholster (Bereitschaftsbogenbehälter) zur Aufnahme skythischer Reflexbogen in Schussfertigkeit. Rylke Borger führt uns in die Realienkunde wie folgt ein: „.... Ich wende mich einem Kriegsgerät zu, das seit etwa 18 oder 19 Jahrhunderten keine Rolle mehr gespielt hat, wofür wir demnach kein geeignetes Wort haben, und das wir behelfsmässig ‚Bogenköcher', ‚Bogenfutteral', 'Bogenkasten', ‚Bogentasche' bzw. englisch/amerikanisch ‚bow(-)case' nennen. Genauer, aber allzu umständlich wäre: ‚Behälter für Bogen und Pfeile', ‚Kasten für Bogen und Köcher' oder ‚Bogentaschen-Köcher-Kombination', englisch ‚bow-and-arrow case'. Gelegentlich wird es von Archäologen auch als ‚Goryt' bezeichnet, was jedoch wohl in keinem deutschen Wörterbuch notiert und erklärt wird. Dieses Kriegsgerät ist noch niemals [Stand 2000, HR] in der erforderlichen Ausführlichkeit und Breite, philologisch wie archäologisch, behandelt worden...[797]" Erst seit dem Fall des sogenannten Eisernen Vorhangs hat sich unser Kenntnisstand durch Einblicke in die russische Forschung stark erweitert. Archäologisch sind im Abgleich mit Homer zwar um drei bis vier Jahrhunderte jüngere, aber weiterhin mit der Vorstellung goldglänzender Schauseiten einhergehende Goryte als Funde in Südosteuropa bekannt[798]. Historisch früher wurden auch kreuzförmige oder zoomorphe Metallbesätze auf skythischen Goryten angebracht.

Als wichtige Ergänzung für den praktischen Gebrauch haben die Skythen den Holstern eine oder mehrere Taschen für Pfeile frontal aufgesetzt. In Kurgan 31 von Bobrica, Lkr. Korsun-Ševčenkovsk, nahe Rostow am Don, wurde das hölzerne Gerüst eines solchen Goryts von über 60 cm Höhe entdeckt. Ellis H. Minns verweist auf die tragenden Teile eines weiteren Köchers aus einem Kindergrab in *Pantikapaion*. (Abb. 163) Der ursprünglich mit Leder bespannte Holzkorpus eines Köchers vom Stajkin Verch Kurgan 1 in der Ukraine wies Farbspuren auf und enthielt über zweihundert bronzene, eiserne und beinerne Pfeilspitzen. Er war mit einem Knebel verschließbar[799]. Vergleichbare Knebel aus organischem Material oder aus Metall, bisweilen mit farbiger Bemalung, werden als Artefakte nördlich des Schwarzen Meers von Salomé Feld beschrieben: „... Längere Spangen scheinen als Knebelverschluss der Köcherklappe gedient zu haben. Nach den drei noch in situ gefundenen Köcherüberresten Repjachovataja Mogila G1, G2 lagen sie jeweils etwa 50 cm von den Pfeilspitzen entfernt in schräger Lage auf den nun nicht mehr vorhandenen Schäften, so übrigens auch in Ogorodnoe II K9G5. Aus dieser Funktion heraus erklärt sich auch das Vorhandensein von einer Spange pro Köcher, so dass, wiederum anders betrachtet, mehrere Spangen auf mehrere Köcher hindeuten ... Die Länge schwankt allgemein zwischen drei und gut acht Zentimetern, pendelt sich allerdings um sechs Zentimeter Länge und um ein Zentimeter Durchmesser ein. Dieser ist rundlich oder oval und das verwendete Material ist Knochen oder Bronze, zum Teil blattvergoldet...[800]" Spangen als Gorytschließen gibt es als Funde auch in Ungarn. Weiter im Osten Eurasiens sind Köcherbeschläge aus Gold in so bedeutenden skythischen Kurganen wie Aržan 2 aus dem 7. Jh. v. Chr. oder Olon Kurin Gol 10 aus dem 3. Jh. v. Chr. in der Mongolei zu Tage getreten[801]. Einfachere Goryte von den Bestattungsplätzen Subexi und Yanghai nord-östlich des Tarim-Beckens aus dem 5. bis 3. Jh. v. Chr. bestehen hauptsächlich aus Leder. In Grab 90 von Yanghai I waren „... dem Toten ein Pferdezaumzeug und zwei Lederpeitschen mit Holzgriff mitgegeben.

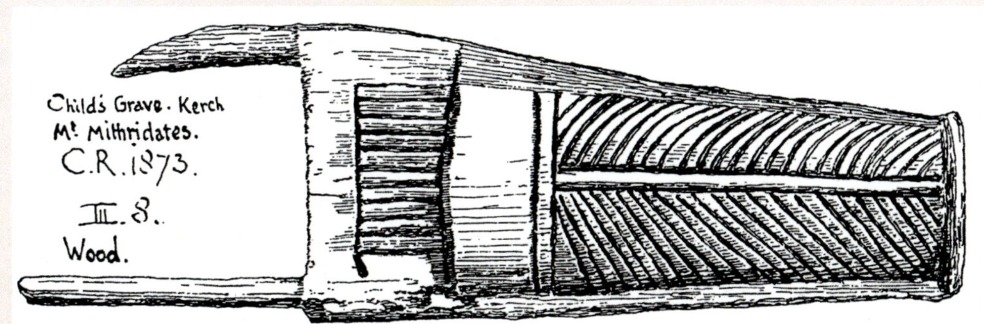

Abb. 163: Altfund eines skythenzeitlichen Goryts aus Holz. Funktional kombinierter Pfeil- und Bogenbehälter. *Pantikapaion* (Kertsch) auf der Krim. Nach Ellis H. Minns. Ohne Maßstab.

Ein Köcher aus Ziegen- oder Schafsleder barg in der größeren Tasche den Bogen, in der kleineren die Pfeile. Eine Lederschlaufe befestigte einen Knotenlöser aus Geweih mit abstrakt-pferdekopfförmigem Griffende am Köcher … Die in großer Zahl in Männergräbern [Gräberfeld III von Yanghai, HR] vorkommenden, mit Rindersehnen bespannten Reflexbogen sind ein Merkmal der späten Phase; sie steckten vielfach in Pfeil- und Bogenköchern, deren Verstärkungsbretter mit Schafs- bzw. Ziegenhaut bespannt waren…[802]" Ein lederner Goryt aus Subexi wurde 2008 bei der Ausstellung *Ursprünge der Seidenstraße* in den Reiss-Engelhorn-Museen in Mannheim (s.u. Abb. 198) erstmals in Europa gezeigt[803].

Als skythisch darf ein goldener Beschlag mit einer Kampfszene aus dem 1899 im Kubaner Gebiet erforschten Zubov-Kurgan bezeichnet werden. Die Preziose aus der Sammlung Féron-Stoclet in Brüssel befindet sich heute in Teheran[804]. Man erkennt darauf bärtige Barbaren in Reiterkostüme oder Kaftane gekleidet mit Reflexbogen. Ein Goryt mit Pfeiltasche ist an den Ast eines Baums gehängt. Das galt bei Nomaden als Zeichen für eine lokale Inbesitznahme. Insgesamt hat es während der Antike unterschiedliche Macharten für Goryte gegeben. Man fertigte zum einen lederbespannte Holzgerüste. Andere Behälter verfügten über einen Korpus aus Leder, dem eine hölzerne Verstärkung angeschlossen sein konnte. Die in spätklassischer Zeit in Werkstätten griechischer Handwerker im Bosporanischen Reich produzierten Goryte aus Gold waren massive Bogentaschen ohne aufgesetzte Pfeilbeutel. Auch in dem König Philipp II. von Makedonien zugeschriebenen Grab von Vergina aus dem 4. Jh. v. Chr. befand sich ein solcher goldener Goryt für einen skythischen Reflexbogen. In den Fällen hat man die Pfeile vermutlich in separaten Taschen oder Tuben transportiert, wie die Ikonographie sie zur Genüge kennt. Den Konstruktionen en gros und en détail ist Hinblick auf Schießzubehöre römischer Hilfstruppen und Auxiliare aus Südosteuropa weiter nachzugehen.

13.3.1.2 Traditionen und Veränderungen bei Pfeilköchern in sarmatischer Zeit

Um ein anschauliches Bildbeispiel für einen skythischen Goryt in idealer Bauform zu bringen, sei eine griechische Münze mit einer Reiterdarstellung des Ateas zitiert. Ateas war als Großkönig der Skythen eine historische Gestalt und verlor im Jahr 339 v. Chr. beim Kampf gegen Philipp II. von Makedonien Schlacht und Leben. Die detailreiche Prägung bietet das Klischee eines Barbaren mit zurückgekämmtem Haar und in reiterlicher Tracht. Er spannt einen kurzen, doppelt rekurven Bogen. Ich bringe die Darstellung in zwei Varianten, um auf künstlerische Modifikationen bei den Waffen hinzuweisen bzw. um zu verdeutlichen, dass hier (wie so oft) ein gewisser Spielraum mit zu berücksichtigen ist. Die skythische Bogen- und Pfeiltasche ist hinter der linken Hüfte des Reiters am Leibriemen aufgehängt. Die Kontur des Bereitschaftsbehälters beschreibt rückwärtig eine kurvige Ausbuchtung und dort, wo die Bogensehne gewesen ist, einen geraden Verlauf. Man erkennt frontseitig eine Tasche für die Pfeile und darüber eine breitere Ausprägung für den Reflexbogen. Dort wurde die Waffe mit aufgespannter Sehne untergebracht. (Abb. 164)

Abb. 164: Der skythische König Ateas *(Atails)* mit Reflexbogen. Kompakter Goryt. Tragweise am Gürtel. Griechische Münzen des 4. Jh. v. Chr. Auf dem Avers Alexander III. von Makedonien.

Der Reiter trug das Holster also zum schnellen Ergreifen des Bogens in kritischen Situationen. Man findet vergleichbar kompakte Goryte auch auf römischen Münzen des Kaisers Commodus oder des Postumus (260 bis 269 n. Chr.), erster Herrscher über das sogenannte Gallische Sonderreich[805]. Darauf sind die Goryte mit einem Skythenbogen und einer Keule als typische Attribute des von diesen Regenten verehrten Herkules vergesellschaftet. Es dürfte sich aber um unzeitgemäße Bildzitate handeln. Einen nebeneinander aufgereihten Goryt, Skythenbogen und eine eisenbeschlagene Keule gibt es bereits auf hellenistischen Hemidrachmen, die in *Callatis* in Thrakien, heute Mangalia an Rumäniens Schwarzmeerküste, mit dem Profil Alexandes des Großen geprägt wurden. Auf der Aversseite ist der Makedonier mit über den Kopf gezogenem Löwenhaupt zu sehen. Auch hier sind Anspielungen an den griechischen Heroen Herakles gewollt.

Die Fronttaschen skythischer Goryte vermochten in Vielzahl nur Pfeile, die nicht allzu lang und von ihrem Gewicht her nicht allzu schwer gewesen sind, aufzunehmen. Jener Kondition kommt eine hohe Bedeutung für die Multifunktionalität zu, denn im Umkehrschluss führte vermutlich erst der Gebrauch unterkalibriger Pfeile zur ergonomischen Idee während der älteren Eisenzeit in Eurasien. In einer Studie über Kurgane zwischen dem Pamir-Gebirge und Aral-See heißt es bei Litvinskij: „... Ein Befund aus Kurgan 53 von Tagisken-Süd deutet darauf hin, dass die Köcher aus Leder hergestellt waren. Die Lage der Pfeile in Ujgarak-Gräbern führt zu dem Schluss, dass der Köcher auf der linken Körperseite getragen wurde; darin steckten die Pfeile mit der Spitze nach unten. Köcher waren bei den skythisch-sakischen Stämmen weit verbreitet. Sie wurden am Gürtel mit Hilfe eines Hakens befestigt ... Haken sind aus sauromatischem Zusammenhang bekannt. Bronzene und eiserne Köcherhaken gibt es auch in Saken-Gräbern des Ketmen-Tjube-Tals...[806]“ Ovid erwähnt in der ersten Hälfte des 1. Jh. n. Chr. die Sarmaten und Geten, welche nie ohne ihren Bogen und Goryt anzutreffen seien:

> „... *in quibus est nemo, qui non coryton et arcum, tela vipereo lurida felle gerat...*“ (*Tristia.* 5, 15-16).

Verbanden sich damit noch die kompakten Goryte der Ateas-Zeit?

Es gibt ein den Lebensdaten des Dichters (43 v. Chr. bis 17 n. Chr.) relativ nahes Beispiel für eine gebrauchsfähige Pfeil- und Bogentasche als Fund aus einem Kurgan der Taschtyk-Kultur in Südsibirien. Der gut erhaltene Goryt wurde auf dem Gebirgszug Oglachty im gleichnamigen Gräberfeld entdeckt. Er besteht aus Leder und hat vorne eine lange, beutelartige Tasche für die Pfeile. Dahinter befindet sich die Bogenaufnahme mit Tragriemen. (Abb. 165) Die Zahl der massiven Schäfte ist im Vergleich zu älteren Goryten der Skythenzeit vermindert. Man hat offenbar auf stärkere Pfeile Rücksicht genommen. Als Verbleib wird das Eremitage Museum in Sankt Petersburg genannt. Die eisenzeitliche Taschtyk-Kultur florierte im Minussinsker Becken, einer Region, die aus vom Jenissej durchflossenen Waldsteppen besteht.

Geographisch etwa fünftausend Kilometer westlich davon, gehören in denselben Zeithorizont die Grabsteine der Bosporaner. Dazu heißt es: „... Die über 140 Darstellungen mit Goryt und Bogen zeigen vom 2. Jh. v. Chr. bis in das frühe 2. Jh. n. Chr. mit nur wenigen Ausnahmen einen nahezu unveränderten Standardtyp. Der Goryt besteht in seiner Grundform aus einem hochrechteckigen, nur selten nach unten verjüngten Futteral. Die auf spätklassischen Darstellungen wie dem Relief aus dem großen Drei-Brüder-Kurgan im oberen Teil noch deutliche Verbreiterung des Bogenfutterals [ebenso beim Goryt des Ateas, HR] findet sich bereits auf den frühen bosporanischen Darstellungen des 2. Jh. v. Chr. nicht mehr. In diesem Futteral steckt der Bogen mit aufgelegter Sehne, wobei das obere Drittel des Bogens aus dem Futteral herausragt. Mit seiner charakteristischen gekrümmten Form entspricht der Bogen dem typischen skythischen Reflexbogen...[807]“ Der Konstruktion von Oglachty verwandt könnte ein Goryt auf der Stele des Bosporaners Kleon sein. (Abb. 166)

Der Köcherfund von Oglachty ist historisch ziemlich am Ende der Beliebtheit antiker Goryte anzusiedeln. Es ließe sich sogar kritisch fragen, ob einem in den vom Hellenismus kulturell durchdrungenen Ökumenen am Nordufer des Schwarzen Meers archaisierende Bildelemente bei der Wiedergabe solcher Waffen nicht hin und wieder gewisse Zerrspiegel vorhalten? Zur Frage des Nachlebens entsprechender Pfeil- und Bogenbehältnisse in den sarmatischen Steppen um die Zeitenwende ergibt sich, Simonenko folgend, eine distanzierte Einschätzung: „... Somit zeichnen sich die sarmatischen Köcher in der Regel durch folgende Merkmale aus: Sie waren zylindrisch und hatten einen gewölbten oder flachen Boden.

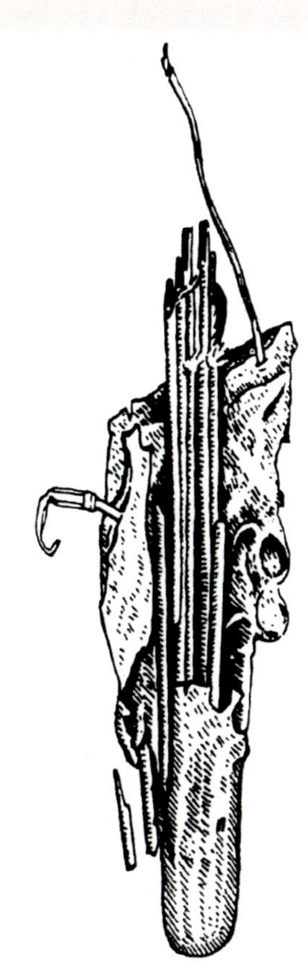

Abb. 165: Lederner Goryt der Taschtyk-Kultur, Bateni Stufe, mit Pfeilen. FO Gräberfeld Oglachty. Chakassien, Russland. Etwa 1. Jh. v. bis 2. Jh. n. Chr. Ohne Maßstab.

Meist waren sie aus Birkenrinde oder Holz gefertigt. Häufig wurden sie mit Leder überzogen, das mit einfarbigen, oftmals roten, aber auch polychromen Bemalungen versehen war...[808]" In der Archäologie der Sarmaten trifft man röhrenförmige Köcher an, ohne dass sich Holster mit Pfeiltasche wie auf den Denkmälern im Bosporanerreich zeigten. Es gab offensichtlich Ausstattungsumbrüche bei den Köchergattungen, denen wir ein näheres Augenmerk schenken müssen. Archäologische und ikonographische Quellen sind miteinander zu vergleichen. Sprachliche Überlieferungen von antiken Bezeichnungen für Reiterköcher bzw. etymologische Gesichtspunkte können ebenfalls von Interesse sein.

Abb. 166: Der Bosporaner Kleon. Schlanker Goryt und Skythenbogen. Ringknaufmesser. Krieger mit Helm und Ovalschild. Grabsteinrelief aus *Pantikapaion* (Kertsch). 1. Jh. v. Chr. Ohne Maßstab.

13.3.1.3 Hypothesen zu Köchern bosporanischer und sarmatischer Auxiliare

Leider findet man in der Archäologie sarmatischer Völker an der Donau keine nennenswerten Köcherbeispiele. Die realienkundliche Situation dort ist schwierig zu rekonstruieren. Es stellt sich einem die Frage, wie Goryte und Röhrenköcher zu Zeiten Ovids praktisch miteinander einhergingen? Patric-Alexander Kreuz erörtert beide Möglichkeiten auf den bosporanischen Grabstelen: „... Sowohl der traditionelle skythische Goryt mit kurzem Bogen als auch der sog. hunnische Goryt mit seinem sehr langen Bogen treten dabei zunächst als Waffen bei der indigenen Bevölkerung der Region auf und wurden dann in die bosporanische Bewaffnung übernommen. Die Darstellung des hunnischen Goryts [Röhrenköcher, HR] auf dem Relief für Mathianes aus der Zeitenwende belegt dabei nicht nur, dass dieser Typ bereits unmittelbar nach seinem allgemeinen Aufkommen auch im Bosporanischen Reich darstellungswürdig war. Als Grabmal eines sarmatischen Aristokraten im Dienste der bosporanischen Herrscherin Dynamis [bis 7/8 n. Chr., HR] gedeutet, weist die Darstellung zudem auf eine Übernahme dieser Goryt- und Bogenform aus dieser Richtung hin. Der Röhrenköcher der Grabreliefs dokumentiert jedoch nicht nur das Aufkommen eines neuen Gorytyps. Er weist auch auf eine Erweiterung und Ausdifferenzierung der militärischen Möglichkeiten. Die Länge der Röhren und Größe der erhaltenen Pfeilspitzen implizieren eine deutlich größere Pfeillänge, die wiederum eine auch auf den Reliefs erkennbare größere Bogenlänge erforderte...[809]"
Bârcă bietet weitere Beispiele für sarmatische Pfeilköcher an, die erhebliche Unterschiede zur Ausrüstung der Königsskythen unter Ateas oder zu den technisch konservativeren Goryten auf bosporanischen Stelen verdeutlichen: „... Was die Köcher betrifft, ihre Spuren wurden in mehreren sarmatischen Gräbern als Leder-, Holz- oder Birkenrindenreste gefunden. Die Köcher aus Birkenrinde oder Holz waren oft mit Leder bedeckt. Üblicherweise waren die Köcher rot angestrichen und hatten manchmal Ornamente aus kleinen Bronzeplättchen. Die Köcher waren zylindrisch, etwas enger am unteren Ende und mit einem aus Holz oder Birkenrinde verfertigten, geraden oder gerundeten Boden. Der Köcher aus dem sarmatischen Grab aus dem 1. Jh. n. Chr. aus Vinogradnoe war aus Leder, zylindrisch und hatte die Maße 50x10 cm. Das Oberteil war mit viereckigen bronzenen Plättchen verziert. S. S. Rykow stellte aufgrund der Köcherreste aus der Nekropole von Susly fest, dass ihre Länge ursprünglich 75–80 cm war ... Es sei noch erwähnt, dass die Köcher auch Lederdeckel hatten, die die Pfeile vor dem Regen schützten. Die Überreste eines solchen Deckels fand man in Tumulus 17 aus der sarmatischen Nekropole von Susly...[810]" Teile eines Rundköchers aus Rinde traten gemäß Burchard Brentjes` Studie *Waffen der Steppenvölker (II)* auch in Kurgan 6 des sarmatischen Platzes von Mečet-Saj in Russland zu Tage[811]. Interessant sind Holzböden für Röhrenköcher weiter im Osten wie in Kokėl'[812]. Damit korrespondiert ein Rundköcher aus Leder in Grab 95MN1M1 von Niya, bei dem ebenfalls eine Holzscheibe den Boden bildet. Röhrenköcher findet man überall im Steppenraum bei den Sarmaten, Kuschan und Hunnen. Zusammen mit einer Bogentasche sind sie auf dem Kästchendeckel vom Weihedepot 3 des Oxos-Tempels abgebildet (s.o. Abb. 42). Mittig ist ihnen eine Stabilisierungsstrebe aufgesetzt, die bis zu einer Bodenscheibe führt. Auch auf einer Gürtel-

platte mit einer Reiterdarstellung aus dem alten Xiōngnú-Reich, Fundort Mörön sum, Chentij ajmag in der Mongolei, scheint ein Tubus mit vertikaler Strebe und ein Futteral für einen Reflexbogen dargestellt zu sein[813]. Mit zwei Rundköchern nebeneinander kann der Grabstein des Bosporaners Daphnos aus der ersten Hälfte des 1. Jh. n. Chr. aufwarten. Selbiges gilt fürs Denkmal des Athenios, dessen einer Sohn einen Hunnenbogen besaß (s.o. Abb. 44). Auch für jene Bildbeispiele lassen sich archäologische Vergleichsfunde anschaulich machen. Zwei kombinierte Röhrenköcher sind jeweils in die Gräber 95MN1M3 und 95MN1M8 von Niya hineingelegt worden. Sie bestehen aus Leder. Der größere Zylinder aus Grab M3 ist 90 lang und hat einen Durchmesser von 10 cm. Mit Lederriemen angeschlossen ist der zweite 74 cm lang und 8 cm breit[814]. Oben gibt es dosenförmige Lederdeckel. Der größere Köchertubus aus Grab M8 misst 94 cm, hat einen Durchmesser von 10 cm oben und 8,4 cm unten. Er wurde aus einem Lederstück gefaltet und mit Sehnenfaden vernäht. Der Deckel ist 14,5 cm lang. Am Köcher ist ein stichverziertes Holster aus Gerbleder befestigt, oben 18 cm breit und über alles 104 cm lang. Um dessen Ränder wurde Brokat gesetzt. Der kleinere Köcher ist sehr stark von Tierfraß betroffen. (Abb. 167) Es verdient festgehalten zu werden, dass die längeren Behälter stets dem Bogenfutteral anliegen. Im Einsatz standen wahlweise kürzere oder längere Pfeile für den Zugriff der Schützen näher zur Verfügung. Während auf der Kampfszene von Orlat alle Röhrenköcher mit Holstern assoziiert sind, werden beim Jagen stattdessen Futterale für unbespannte Hunnenbogen dargestellt. Die Pfeilröhren sind unterschiedlich lang, mit Bändern aneinandergefügt und haben zylindrische Deckel, wie wir sie auch aus Niya kennen. (Abb. 168) Die Bogenfutterale laufen unten in einer kurzen Endkrümmung nach rückwärts aus. Sie werden gegenüber mit einer Lasche zum Umfassen des starren Bogenendes abgedeckt. Ich stelle mir spätestens seit antoninischer Zeit auch Bosporaner und anschließend die unter Marc Aurel verpflichteten Sarmaten so ausgestattet vor, wie es die hier zitierten Beispiele vermuten lassen, mit Bogen des Qum-Darya-Typs und mit Röhrenköchern. Zuvor standen Goryte und Röhrenköcher in Osteuropa eine Weile lang parallel in Gebrauch. Die Bosporaner ließen *gōrytói* als ältere Konzeption eines Holsters mit Pfeiltasche anscheinend etwas später als die Sarmaten hinter sich. Die antike Begrifflichkeit hat in zwei romanischen Sprachen überdauert: „... span. *Goldre* und port. *Coldre* ‚Köcher' beruhen auf lat. *corytus* und dieses auf gr. γωρυτός ‚Köcher'. Wie Beneviste nachgewiesen hat, erklärt sich gr. γωρυτός einwandfrei aus dem Skythischen…[815]" Man darf sich vom Nachleben dieser Terminologie aber nicht irreleiten lassen. Es waren Röhrenköcher, die im sarmatischen Raum bis zur Völkerwanderungszeit weiter tradiert wurden und die auf recht unterschiedlichen Rezeptionswegen auch für römische Reiter eine Rolle spielten.

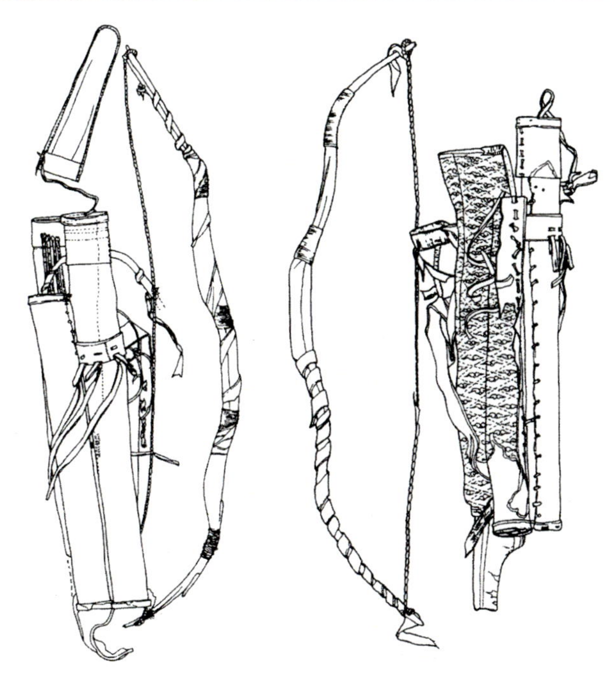

Abb. 167: Köcherensembles, Holster und Qum-Darya-Bogen. Beigaben aus Grab 95MN1M3 (I) und Grab 95MN1M8 (II) von Niya. Xinjiang, China. Nach A. Selbitschka. 2.-4. Jh. n. Chr. Ohne Maßstab.

Abb. 168: Reiterjagd auf der Platte von Orlat. Rundköcher, Scheidenfutterale und Qum-Darya-Bogen. Mediterrane Spannweise. Nach J. Y. Ilyasov und D. V. Rusanov. 1.-4. Jh. n. Chr. Ohne Maßstab.

13.3.2 Variantenreichtum von Pfeilköchern im orientalischen Großraum

13.3.2.1 Köcher bei den Parthern mit Ausstrahlung in die römische Militärwelt

Aus dem Iran der Achaemeniden kennt man die berühmten Reliefs mit Persern und Medern an der Treppe des Tripylon (Tor der Könige) in *Persepolis.* Erstere tragen ein langes Gewand und Röhrenköcher auf dem Rücken, während die zweiten, in Reiterkostüme gekleidet, Goryte für Skythenbogen unterhalb der linken Hüfte an einem Haken mit sich führen. „,... Auch die Skythenherrschaft über Medien ist trachtgeschichtlich von hoher Wichtigkeit. Denn wenn die Meder unter dem jetzt zum Vasallenkönig gewordenen Kyaxarxes II. [König Mediens von 625 bis 584 v. Chr.] in das skythische Heer eingegliedert wurden, so kamen sie nicht nur in direkte Berührung mit skythischen Tracht- und Bewaffnungsteilen – die sie sicherlich schon seit langer Zeit im Ansehen kannten –, sondern sie waren auch gezwungen, sich an skythische Tracht und Bewaffnung anzupassen. Herodot (1,73): ‚... *denn seine Söhne wurden ihnen übergeben, um ihre Sprache und ihre Kunst des Bogenschießens zu erlernen*'...[816]"

Christophe Zutterman gibt zu bedenken, dass die Vielfalt von Bogen (und Köchern) auf Bildern in Herrscherpalästen auch eine Form der Machtrepräsentation gewesen sein könnte: „... This combined use can be seen as propaganda, an advertisement for the bows themselves as grounds for the unification of the eclectic Achaemenid Empire. Subsequent correlations can be made as historic markers: the Elamite bow as a symbol of the realm of Susa and Anshan, the Median/Scythian bow as a symbol of victory over the dangerous horsemen from the north and the Yrzi-bow may be an invention of Iranias. The fact that kings used all different types of bows profoundly demonstrated an example of their abilities and also for their subjects consequently unifying the rich history of the peoples that were the Achaemenids. Using the Elamite bow in Susa and the smaller Persian adaptation in Persepolis, shared with the B-shaped bows in the goryts of the Medes, was a way of public relations and of pleasing locals...[817]" (Abb. 169)

Abb. 169: Persischer Soldat mit rekurvem Segmentbogen und Rückenköcher. Meder mit kompaktem Goryt und skythischem Bogen. Tripylon, Persepolis. Iran. 6./5. Jh. v. Chr. Ohne Maßstab.

Zur Ausstattung des Streitwagens auf dem Alexanderschlacht-Mosaik gehört ein verzierter Pfeilköcher in Kastenform. Winkelmann bringt in einer Studie mit dem Titel *Eurasisches in Hatra* die weiter oben (s. Kapitel 2.5.1) bereits zitierte Terrakottastatuette eines Parthers mit Goryt und aufgesetztem Köcher im Bestand des British Museums in London[818].

Irgendwann in hellenistischer oder frühparthischer Zeit hat sich dieser status quo aber zu wandeln begonnen. Man stellt eine Übernahme der „hunno-sarmatischen" Ausrüstung fest. Röhrenköcher wurden im Partherreich einzeln oder paarig am Sattel befestigt. Winkelmann weist darauf hin, dass auf Münzen der Parther ähnlich wie beim Topos der Skythenbogen auch antike Goryte als de facto abgeschaffte Utensilien stereotyp auftreten können: „... Die verschiedenen Typen von Bogentaschen bzw. Bogentaschen mit Köchern laufen damit zeitlich parallel. Inwieweit sie eine tatsächlich zu diesem Zeitpunkt von den Parthern real genutzte Waffenforn darstellen, ist nicht immer eindeutig zu klären und variiert von Typ zu Typ. Die Form BT1, eindeutig als typischer skythischer Goryt zu identifizieren, scheint, wie auch das Münzbild des thronenden Königs auf dem Revers der Drachmen, auf ältere vorparthische Vorgänger zurückzugehen, wie sie hellenistische Münzen und skythische Darstellungen zeigen. Hier dürfte es sich in erster Linie um ein fortgeführtes älteres Bildprogramm handeln...[819]"

Als die Goryte ersetzt wurden, erweiterten sich die Möglichkeiten bei der Pfeilauswahl.

Für etwas schwerere und größere Pfeile mit Eisenspitzen mussten die Köcher länger ausgelegt sein. Die aufgesetzten Taschen antiker Goryte waren dafür nicht gleichwertig zu gebrauchen. Mit bisweilen zwei Rundköchern wurde der Geschossvorrat vergrößert. Außerdem konnten Pfeilsorten getrennt werden, falls verschiedene Behälter dafür bereit standen. Das Vorhalten der Köcher erfolgt auf Bildern im Orient wie in Dura an der rechten Seite hinter dem Sattel. „... Der Bogen wird nur auf den Wandmalereien und den Graffiti wiedergegeben. Es handelt sich dabei um einen mehrfach gebogenen, symmetrischen Komposit- oder Reflexbogen, mit dem zu Pferde gejagt wird. Der dazu gehörige Köcher wird an der rechten Seite des Sattels befestigt. Er ist relativ lang, verbreitert sich nach oben und verjüngt sich nach unten. Der ovale Boden schließt gerade ab. Die Köcher sind mit aufgelegten horizontalen Bändern verziert, die sich am Boden, in der Köcher-Mitte und an der Öffnung befinden...[820]"

Die Verbreitung reiterlicher Röhrenköcher hatte eine Ausstrahlung bis in die römische Armee. Auf dem Mainzer Grabstein des Gardereiters Flavius Proclus aus dem Orient ist ebenfalls ein tubushafter Köcher rechts hinter dem Sattel zu sehen. (Abb. 170) „... Flavius Proculus stammte aus Philadelphia in der Dekapolis, d.h. dem heutigen Amman. Sein Dienst in der kaiserlichen Garde, deren ältestes bekanntes Denkmal der Grabstein bisher darstellt, führte ihn möglicherweise zur Zeit Domitians (anlässlich des Saturninus-Aufstandes 89. n. Chr.) oder während der Statthalterschaft Traians 97 n. Chr. an den Rhein. Den Angehörigen der kaiserlichen Garde oblag neben militärischen Sonderaufgaben im Felde vorrangig als Leibwächter der persönliche Schutz des Kaisers...[821]" Ein ähnlich aussehender Röhrenköcher mit herausschauenden Pfeilfahnen liegt auch in Palmyra auf dem Sockelrelief unter dem Triclinium des Maqqai vor. Man hat das Sofa mit einem Totenmal in ein älteres Hypogäum des Atenatan aus dem 1. Jh. n. Chr. hineingemeißelt. Auf dem Relief sehen wir Maqqai nebst Begleitern von einem Jagdtrip heimkehrend. Die Qualität der Steinmetzarbeit aus dem frühen 3. Jh. n. Chr. ist besser als die des Grabsteins für Flavius Proclus, weshalb zahlreiche Details hervortreten. (Abb. 171) Analogien der am Sattel aufgehängten Köcher sind trotz des zeitlichen Abstands der Bildwerke voneinander offenkundig. Sogar eine leichte bauchige Verbreiterung über dem Boden der wohl jeweils aus Leder bestehenden Behältnisse ist vorhanden. Ohne Reiter ist der Köcher in Palmyra vor dem Sattelhörnchen positioniert. Eine Person ganz rechts trägt einen zweiten derartigen Köcher an einem Riemen lässig über der Schulter sowie einen Kompositbogen. Manche Bearbeiter gehen hierbei von einem abgehalfterten Reiterköcher aus. Der Darstellung könnte aber auch ein Tragen auf dem Rücken vorausgegangen sein, wie etwa auf dem Felsrelief von Tang-e-Sarvak III (s.u. Kapitel 14.2.2.2) im Iran.

Abb. 170: Grabstein des römischen Gardereiters Flavius Proclus. Köcher rechts am Hörnchensattel. Schlanke Pfeilfahnen. (H. 105 cm.) FO Mainz Weisenau. Nach W. Selzer. Zweite Hälfte 1. Jh. n. Chr.

Abb. 171: Röhrenköcher in Aufhängung am Sattel. Am rechten Bildrand ein Bogenträger mit Köcher über der Schulter. Vom Triclinum des Maqqai in Palmyra. Nach R. Ghirshman. 229 n. Chr. Ohne Maßstab.

Die Denkmäler des Flavius Proclus und des Maqqai zwischen dem 1. und 3. Jh. n. Chr geben einen gewissen Hinweis auf die Mindestdauer der Mode, dass Reiter aus dem Vorderen Orient Röhrenköcher nach hunno-sarmatischem Vorbild am Sattel befestigten. Die bisher späteste Darstellung eines am Sattel aufgehängten Köchers im Levanteraum liegt nach meinem Wissen auf dem Mosaik in Palmyra mit Oidanathus vor. Es gab allerdings auch Kavalleristen in Roms Armee mit *pharetrae* und Haubendeckel in Rückentragweise wie bei Tiberius Iulius Rufus in Pannonien der Fall. Auf dem in etwa zeitgenössischen Grabstein des Auxiliars Acrabanis ist stattdessen ein Köcher schräg hinterm Sattel positioniert. Die Situation im Römerreich wirkt diesbezüglich inhomogen. Röhrenköcher mit Haubendeckel in Sattelaufhängung gibt es nicht. Es könnte sein, dass das Tragen entsprechender *pharetrae* auf dem Rücken zu Pferd einem älteren Brauch in Europa folgte, der aber im Laufe der mittleren Kaiserzeit zu Ende ging. Genauere Differenzierungen des Phänomens sind wegen der geringen Anzahl einschlägiger Quellenbeispiele schwierig. Ein künstlerischer Nachklang findet sich auf einem spätantiken Mosaik mit der bogenschießenden Atalante zu Pferd mit Rückenköcher und Haubendeckel, das im Haus des Charidemos in Halikarnassos in Kleinasien vorliegt[822]. Irgendwelche Belege für Goryte in skythischer Tradition bei Auxiliaren der Römer gibt es auf Bildquellen nicht.

Dass man Köcher in Persien am Pferd befestigte, möchte ich auch anhand einer Tacitus-Stelle im Kontext einer sonst fabelhaften Anekdote zu dynastischen Ereignissen im Partherreich rückerschließen:

> „... *Währenddessen tat Gotarzes* [Gotarzes II., König der Parther 38 bis 51 n. Chr., HR] *bei einem Berge, dessen Namen Sambulos ist, den Göttern der Gegend Gelübde, und zwar mit besonderer Verehrung des Herkules, der die Priester zu bestimmter Zeit während des Schlafes mahnt, neben dem Tempel zur Jagd gerüstete Rosse hinzustellen. Sobald die Rosse die mit Geschossen beladenen Köcher empfangen haben, streifen sie durch die Waldungen hin und kehren erst in der Nacht mit leeren Köchern und laut schnaubend zurück...*[823]“

Es wird illustriert, dass die Pfeilköcher quasi zur Betriebsausstattung der Pferde selbst gehörten und man sie an den Tieren, vermutlich den Sätteln, befestigte. Ghirshman datiert ein Relief mit den palmyrenischen Göttern Abgal und Ažar, die als Reiter mit Doppelköchern auftreten, ins 2./3. Jh. n. Chr.[824]. Die Zweckform entspricht Köcherausstattungen im Reich der Bosporaner wie etwa auf dem Bildgrabstein des Daphnos. In Alice Landskrons Kompendium *Parther und Sasaniden – Das Bild der Orientalen in der Römischen Kaiserzeit* findet man auf weiteren Reliefs aus Syrien ebenfalls Röhrenköcher am Sattel befestigt[825].

Ein konischer Köcher mit Bogenscheide ist auch auf einem Fresko in der Synagoge von Dura beim Thema Triumph des Mordechai zu sehen. Mordechai ist eine Figur aus dem biblischen Buch Ester und war im alten Iran Torhüter des Großkönigs. Auf dem Fresko werden Waffen der mittleren Kaiserzeit abgebildet. Der Köcher ist dem Zugriff des Reiters nächstgelegen. Dahinter befindet sich ein fellbezogenes Futteral mit kurzer Krümmung fürs Hebelende eines Reflexbogens. (Abb. 172) Hinzuweisen ist auf die rote Farbe des Röhrenköchers. Selbiges tritt auch bei Funden von Röhrenköchern der Sarmaten auf. Die Pfeile schauen mit weißen Fahnen hervor. Wir tun meines Erachtens nach gut daran, das Synagogenfresko mit dem handwerklich etwas ungestalteren Bild des orientalischen Kavalleristen Maris zu vergleichen (s.o. Abb. 154) und so erneut für eine Identifikation miteinander verwandten Schießzubehörs in Ost und West zu sorgen. Auf dem Grabstein des Maris in Mainz ist ein zwar stark verwitterter, aber bereits im Original vermutlich nicht mit übergroßer Detailverliebtheit dargestellter Röhrenköcher sowie ein Bogenfutteral links daneben, mit charakteristischer rückwärtiger Endbiegung, zu erkennen[826]. In der Bestattung 95MN1M1 von Niya in Nordwestchina blieb als ein seltener Fund ein ledernes Bogenfutteral erhalten (s.o. Abb. 40). Es ist im Kopfbereich vergangen. Die Restlänge der Hülse beträgt 75 cm und die Breite 12 cm. Die filzgefütterte Hülle wurde

Abb. 172: Vornehmer Orientale (Mordechai) mit konischem Köcher und Bogenfutteral. Am roten Tubus drei gelbe Umlaufbänder. Teil der Synagogenfresken von Dura. 3. Jh. n. Chr. Ohne Maßstab.

aus zwei Lederhälften zusammengenäht und läuft, wie die Scheidenfutterale auf den zitierten Bildquellen auch, mit einem gekrümmtem Ende aus. Schauseitig verziert wurde sie „... durch ein schräg verlaufendes, mit rotem Wollfaden gesticktes Rautenmuster...[827]"
Reflexbogen des Yrzi-Typs könnten ein Grund für die Präferenz von Bogenfutteralen im Orient gewesen sein. Die Wurfarme dieser Waffen waren schmaler und dicker als die von Qum-Darya-Bogen. Deshalb transportierte man sie aus Gründen vermeidbaren *string-follows* langfristig besser unbespannt. Coulston erörtert, dass bei Begegnungen von Römern und Parthern das Unbespannthalten reflexer Kriegsbogen auch als Zeichen für friedliche Absicht dienen konnte[828]. Holster gibt es auf römischen Bildern mit Soldaten aus der Prinzipatszeit keine. Eine der wenigen römischen Darstellungen eines Bogenholsters liegt als Relief auf dem Sockel der Traianssäule von der Nordost-/Quirinalsseite vor[829]. Es handelt sich dabei um eine langrechteckige und trapezförmige Konstruktion. Sie kann typenkundlich mit Holstern auf bosporanischen Denkmälern in Beziehung gesetzt werden. Prinzipiell vergleichbar ist der eventuell als sarmatisch zu bezeichnende Bereitschaftsbogenbehälter auf der römischen Formscheibe aus dem späten 2. Jh. n. Chr. des Töpfers Pacatus in Budapest[830].

Frontseitig hat man aber jeweils keine Pfeiltaschen wie bei skythischen Goryten mehr aufgesetzt. Die Pfeile wurden in Rundköchern transportiert, die auf der Traianssäule mit drei Umlaufbändern auf dem Säulensockel wiedergegeben sind. Interessant ist, dass jene Röhren mit einem Tuch oder einer ledernen Lasche anstelle eines Deckels verschlossen werden können. Bilder aus der jüngeren Eisenzeit in Eurasien, auf denen Steppenreiter als Krieger auftreten, zeigen häufig Holster zum Unterbringen von Qum-Darya-Bogen in Schussbereitschaft. Diesbezüglich lässt sich argumentieren, dass den Akteuren im Kampf auch noch weitere Waffen zur Verfügung standen, weshalb die reflexen Bogen zunächst weiter funktionsbereit verstaut werden können mussten. Bei der Jagd sind Scheidenfutterale für die Bogen vorherrschend. Hier spielte die Fernwaffe die Hauptrolle. Infolgedessen konnte man einen Kompositbogen vor und nach der waidmännischen Aktivität entspannt zur Seite tun. Solche Erklärungen bieten zwar keine kategorischen Richtlinien für die Interpretationen, stellen aber plausibles Hintergrundwissen über technische und praktische Anwendungsspezifika zur Verfügung.

13.3.2.3 Neue Köchertragweise am Leibriemen unter den Sasaniden

Wenn man den im Iran dafür ausschließlich zur Verfügung stehenden Bildzeugnissen glauben darf, änderten sich die Köcher- und Bogentragweisen während der Herrschaft der Sasaniden. Dies betraf die Positionierung und den Aufhängemodus. Anstatt wie zuvor am Sattel wurden Röhrenköcher nun am Leibgürtel getragen. Die Quellen zeigen zwischen dem 3. und 6. Jh. n. Chr. in der Regel konische Pfeilbehälter. Köcher sasanidischer Könige auf Prunktellern bieten dafür ein hervorragendes Anschauungsmaterial. Technisch exakt wird die Anordnung zweier Aufhängeriemen auf einem sasanidischen Teller aus dem Bestand des British Museum in London (Iv.-Nr. BM 124092) im Ausstellungskatalog *Hofkunst van de Sasaniden* aus dem Jahr 1993 dargestellt[831]. Die zum Gürtel hinauf führenden Riemen sind in ein Umlaufband am oberen Köcherrand integiert. Die Röhre wird von drei Reifen asymmetrisch eingefasst. Der mit Blattmotiven verzierte Tubus verschmälert sich auf einen planen Bodenteller hin. Die korrelierenden Dekors des Trageriemens und des Hüftgurts zeigen eine gemeinsame Garnitur an. Die Gestalt der Krone entspricht Vergleichsbeispielen nach derjenigen König Bahrams V., von 420/21 bis 438 n. Chr. Regent im Iran. Er kämpfte mit wechselnden Erfolgen gegen die Römer in *Osrhoene* im Zweistromland und siegreich gegen hunnische Barbaren im Norden. Bei einer Eberjagd König Schapurs II., bekannt nicht zuletzt deshalb, weil er nach dem Tod

Abb. 173: Jäger mit Köcher und Bogenfutteral in Zweipunktaufhängung am Gürtel. Sasanidische Spannweise. Pfeilanlage rechts. Steigbügelnutzung. Silberteller. Iran. 7. Jh. n. Chr. Ohne Maßstab.

Konstantins I. 337 n. Chr. das Römische Reich in schwere Angriffskriege verwickelte, wird ebenfalls eine V-Aufhängung präsentiert. Hier halten die Bänder, unterbrochen von je einem Ring, den Köcher. Der Teller befindet sich in der Freer Gallery of Art in Washington (Iv.-Nr. F1934.23). Bogenholster und -futterale werden bei den Sasaniden insgesamt nur selten gezeigt.

Abb. 174: Triumph des Sasaniden Ardaschir I. als Lanzenreiter. Der Köcher ist mit zwei Bändern in V-förmiger Anordnung am Gürtel befestigt. Firuzabad. Iran. Zweites Viertel 3. Jh. n. Chr. Ohne Maßstab.

Bezugnehmend auf einen Bildteller aus dem vorislamischen Chorāsān im Eremitage Museum mit einem in Steigbügeln stehenden Bogenjäger, wird allgemein davon ausgegangen, dass Holster oder Scheidenfutterale links am Mann befestigt wurden. Der spätsasanidische Reiter trägt ein Futteral am Leibgurt linksseitig. Ohne Waffe mit rekurvem Ende befindet sich das flexible obere Ende umgebogen. Rechtsseitig gegenüber erkennt man einen offenen Köcher. (Abb. 173) Die Pfeilnocken darin haben eine gabelähnliche Gestalt. Das verdient, erwähnt zu werden, da Pfeile als Funde aus dem Orient meist integrierte Nocken besitzen. Vielleicht darf man Vergleiche mit Stecknocken wie in Dakien anstellen. Womöglich deuten gabelartige Enden auch eine Hinwendung zu Schäften aus Holz an. Im Iran gibt es Pfeile mit Steck- oder Gabelnocken bereits auf einem Felsrelief nahe *Ardaschir Khurreh* (Firuzabad). Darauf wird ein Reiterkampf des Begründers des Sasanidenreichs, König Ardaschirs I. (224 bis 239/40 n. Chr.), im Bürgerkrieg gegen einen parthischen Fürsten verherrlicht. (Abb. 174) Der mit der gleichen Symbolik wie die Pferdedecke verzierte Köcher, von dem manche glauben, dass es sich um eine Kastenkonstruktion handelte, wird, im Galopp etwas nach hin versetzt, an zwei Bändern unter der rechten Hüfte getragen. Sie führen, ein Trapez bildend, zum Gürtel. Fazit: Waren Köcher im *Regnum Parthorum* entweder einzeln oder paarig am Sattel festgebunden und wurden zu Fuß auf dem Rücken getragen, hat man sie im *Regnum Sassanidarum*, ob beritten oder zu Fuß, stets einzeln und in Leibriementragweise gehandhabt.

Archäologische Überreste eines konischen Röhrenköchers in der Yale University, den man in Dura Europos fand, bestehen aus pflanzlich gegerbtem Kamelleder. Die runde Öffnung ist plan, der untere Teil leider durch Tierfraß vernichtet. Je zwei Löchlein etwa 20 cm unterhalb des Oberrands zur Aufnahme der Tragriemen haben ein Profil von 8 mm und liegen sich gegenüber. Die Mündung ist 15 cm breit. Nach etwa 27 cm Länge beträgt der Durchmesser noch 12 bis 13 cm[832]. Der Ledertubus war schwarz und rot bemalt. Ähnliche, d.h. zweifarbige und konische Röhrenköcher mit Aufhängeriemen in Höhe etwa des ersten Längsdrittels sind ausnahmslos auch im *Vergilius Romanus* vorhanden. (Abb. 175) Ist die neue Transportmethode am Leibgürtel im spätantiken Römerreich übernommen worden? Leider gibt es dafür keine unmittelbaren Belege. Es wäre aber durchaus möglich, dass römische Kavalleristen aus dem Orient der sasanidischen Mode folgten. Dies galt ebenso für Reiter im zeitgenössischen Guptareich in Indien (ca. 320 bis 550 n. Chr.), wo wir außerdem zahlreiche gute Bildbelege für Qum-Darya-Bogen besitzen (s.o. Abb. 27). Die neue Methode der Köcheraufhängung am Leibgürtel im Iran stieß vermutlich auch im Steppenraum einen unaufhaltsamen Trend zum Separieren von Pfeil- und Bogenbehältern an. Womöglich im Zuge dessen wurden Köcher in Röhrenform dort dann aber durch eine völlig andere Konzeption ersetzt. Man trifft sie seit der Spätantike mit einer trapezoiden Kontur in den Quellen an. Der Ursprung für jene epochale Erfindung ist im Umfeld reiternomadischer Milieus der Hunnen zu suchen.

Abb. 175: Bogenschütze und konischer Rundköcher im *Vergilius Romanus* (fol. 163r). Die Tragriemen befinden sich etwas versetzt unterhalb der Mündung. Mediterrane Spannweise. 5. Jh. n. Chr.

13.3.3 Ein innovativer Köchertypus bei Reiternomaden späthunnischer Zeit

13.3.3.1 Ergonomischer Paradigmenwechsel mit weitreichenden Auswirkungen

Seit der Ankunft der Hunnen gibt es in Europa Indizien für eine aus Mittelasien stammende Veränderung beim Pfeiltransport. Es handelt sich zwar überwiegend um schlussfolgerndes Wissen, da Köcher des 4./5. Jh. n. Chr. als gut erhaltene Funde aus organischen Werkstoffen im Schwarzmeer- und mittleren bis unteren Donauraum erhaltungsbedingt fehlen, die Ikonographie und die Etymologie können jedoch viel zur Verdeutlichung beisteuern. Ich selbst habe mich in einem Fachaufsatz bereits intensiv mit solchen Köchern und deren Verbreitung befasst[833]. Ein aussagekräftiger Befund liegt in Grab 635 des Bestattungsplatzes Ust'-Al'ma im Westen der Krim vor. Dort wurde um die Mitte des 5. Jh. n. Chr. ein Hunne mitsamt einem Qum-Darya-Bogen und einem Pfeilensemble mit nach oben weisenden Trilobitspitzen rechts neben der Hüfte beerdigt[834]. Der Köcher und die Schäfte sind vollständig vergangen. Die merkwürdige in-situ-Position der eisernen Pfeilspitzen wirkt auf den ersten Blick vielleicht verblüffend, ist bei näherer Analyse aber waffenkundlich aufschlussreich. In der Archäologie des Frühen Mittelalters mehren sich Pfeilbündel aufwärts rechts neben der Taille. Sie zeigen an, dass eine besondere Köcherform vorliegt (s.a. Abb. 54). Das neue Vorhaltesystem ist, dem aktuellem Forschungsstand nach, während der späten Eisenzeit in Eurasien vermutlich im südsibirisch-altaischen Raum des Sajan von turko-mongolischen Pastoralnomaden erfunden worden.

Gleb W. Kubarev fasst die Quellensituation zusammen: „... Nach zahlreichen Abbildungen auf Wandmalereien in Sogdien, Ostturkestan und China und auch auf detaillierten, alttürkischen Graffiti zu urteilen, wurde der Köcher an der rechten Seite mit Hilfe zweier ziemlich langer Riemen ... aufgehängt. Einer der Riemen wurde an der Umfassung befestigt, der andere etwas unterhalb der Mitte des Köchers. Den Abbildungen zu entnehmenden Informationen nach zu urteilen, hatte der Schild [d.h. der Kragen, HR] des Köchers in der Regel eine Klappe (aus Stoff oder irgendeinem anderen organischen Material), die an der Öffnung befestigt wurde und die Pfeile bedeckte ... Köcher mit [Kragen] waren weit verbreitet sowohl auf dem Territorium des Sajano-Altajs als auch angrenzender Regionen. Durch die zentralasiatischen Nomaden, in erster Linie dank der alten Türken und Awaren, wurden gleichartige Köcher in China, Japan, Mittelasien, im Kaukasus sowie in Ost- und Mitteleuropa bekannt ... Ihre Entstehung muss offenbar mit dem Sajano-Altaj in Verbindung gebracht und dem 3. bis 5. Jahrhundert zugeordnet werden. Gerade aus den Materialien der Bulan-Koby-Kultur, die in diese Zeit datiert werden, sind gleichartige Futterale aus Birkenrinde zur Lagerung von Pfeilen bekannt...[835]" (Abb. 176) Hermann Parzingers Standardwerk *Die frühen Völker Eurasiens* folgend, weist die sogenannte Bulan-Koby-Stufe im Altai erstmalig „... zahlreiche Merkmale hunnischer Sachkultur...[836]" auf. In der Region vollzog sich ein Wandel von skythischer hin zu von turksprachigen Menschen getragener Kultur. Die sprachliche Ebene ist auch insofern hochinteressant, weil unser Wort „Köcher" im Ursprung aus Eurasien stammt.

Ohne unterstützende Informationen über die erst viel später hierzulande bekannt gewordenen archäologischen Köcherfunde auf dem Gebiet der alten Sowjetunion zu verfügen, schrieb 1953 der Schweizer Etymologe Johannes Hubschmid folgendes: „... Die Chronologie der mittelalterlichen Belege gibt uns nicht eindeutig Auskunft über das Ausstrahlungszentrum dieser Wörter. Mlat. *cucurum* ist im 9. Jh. für den Norden des Gallo-romanischen bezeugt (im *Capitulare de Villis*). Um 820 finden wir eine hyperkorrekte Latinisierung *cupra* in den Reichenauer Glossen: *faretra : theca sagittarum id est cupra*; *cupra* steht wohl für gesprochen *cọvre*. Afr. *cuivre*, *cuevre* ‚Köcher', woraus im 14. Jh. engl. *quiver*, weisen auf älteres *kokru* (aus fränk. *kokar*), das über *kok^{u}ru* zu afr. *cuevre*, *cuivre* geworden ist ... Mgr. χούχούρον ist nicht früher bezeugt als die germanischen und galloromanischen Entsprechungen. Es findet sich zuerst bei Maurikios ... Wenn wir uns all diese vielfach entlehnten, in den türkisch-mongolischen Sprachen verwurzelten Wörter für den Begriff ‚Köcher' vor Augen halten, so erscheint es höchst wahrscheinlich, dass auch mgr. χούχούρον, ‚Köcher' und seine germanisch-romanischen Entsprechungen entlehnt sind ... Ich halte es daher für sehr wahrscheinlich, dass mgr. χούχούρον und seine germanisch-romanischen Entsprechungen von einem osttürkischen Volk stammen, den *Hunnen*. Die hier vorgetragene Erklärung setzt voraus, dass die Sprache der Hunnen osttürkisch (oder mongolisch) war...[837]"

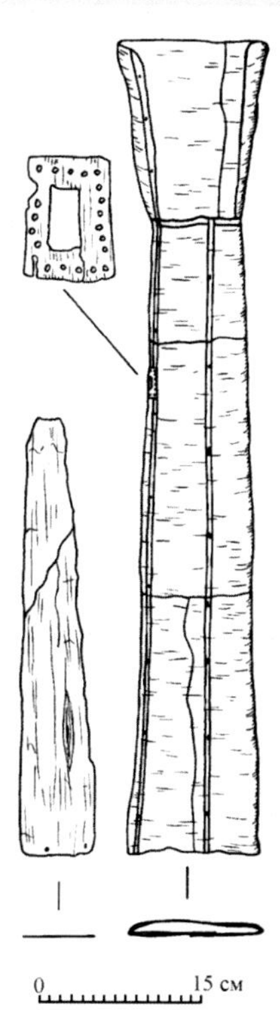

Abb. 176: Trapezoider Hüftköcher. Rindenkorpus. Streben und Rückenschild aus Holz. Integrierte Aufhängeöse. Gräberfeld Barburgazy I, Kurgan 20. Russischer Altai. Frühes Mittelalter.

Durch weitere Migrationswellen von Reiternomaden aus dem Osten wie etwa der Awaren, Bulgaren oder der Magyaren zwischen dem 6. und 9. Jh. n. Chr. nach Europa sind trapezoide Köcher mit ihrer Bezeichnungsgrundlage aus der altaischen Sprachfamilie im byzantinischen und fränkischen Raum ständig weiterbelebt worden. Köcher trapezoider Form haben sich im Heiligen Römischen Reich sogar bis in die Renaissancezeit gehalten, wozu der Verfasser eine Quellenkunde vorgelegt hat[838]. Es stand seit der Spätantike eine attraktive Alternative für den Pfeiltransport zur Verfügung. Sie hat so stark gewirkt, dass das fremde Lehnwort schließlich als ein Vorzugsbegriff verschiedene Köcherformen in Europa mit einbeziehen konnte. Etwas Ähnliches hatte es in antiker Zeit bereits bei der Goryt-Verbreitung im Mittelmeerraum gegeben. Auch die Rezeption im 4./5. Jh. n. Chr. dürften sich mit dem zukunftsträchtigen Vorbild einer neuen Köchertechnologie verbunden haben. So möchte ich es jedenfalls annehmen und weniger mit einer Nachahmung suchenden Ehrfurcht, die man der hunnischen Bogenwaffe entgegenbrachte. Es kam in Europa zu einer reiterlichen Mode und zunächst exklusiven Übernahme durch sozial hochrangige Germanen. Nach dem Ende der hunnischen Macht in Ungarn 454 n. Chr. scheint dieser ersten Aneignungsphase eine gewisse Popularisierung gefolgt zu sein, was an Grabbeigaben aufwärts gerichteter Pfeilspitzen rechts neben der Hüfte auch weniger wohlhabender Mitteleuropäer fassbar ist. Die Erforschung dieses spannenden Adaptionsprozesses steht archäologisch aber noch am Anfang.

13.3.3.2 Quellen zur Verbreitung trapezoider Reiterköcher in der Spätantike

Eine der frühesten bildlichen Wiedergaben, auf denen ein trapezoider Köcher westlich der Ursprungsregion im Altai-Raum zu sehen ist, gibt es in Albert von Le Coqs *Bilderatlas zur Kunst- und Kulturgeschichte Mittelasiens* von 1925. Es handelt sich um einen runden Teller mit einem nimbierten Reiter im Zentrum. Diese Darstellung ist in der Forschung noch nicht ihrer Bedeutung entsprechend gewürdigt worden. Ulf Jäger meint in seiner Dissertation *Reiter, Reiterkrieger und Reiternomaden zwischen Rheinland und Korea,* das hier eine hephtalitische Schale aus dem 5.–6. Jh. n. Chr. vorläge.[839] Eher dürfte es sich um eine spätsasanidische oder um eine sogdische Arbeit handeln. Zu schließen ist das aus der gesamten Stilistik sowie aus der Reitertracht, die frühmittelalterlich anmuten. Allerdings muss mit berücksichtigt werden, dass noch keine Steigbügel vorhanden sind. Die Füße des Reiters befinden sich typisch für die neupersische Kunst nach unten hin ausgestreckt. Theoretisch könnte die Schalenproduktion noch in die Phase der Sasanidenherrschaft bis 651 n. Chr. fallen. Hauptmerkmale des Köchers sind die trapezoide Formgebung mit einem sich verbreiterten Kragen. Die Ränder lassen ein Befüll- und Entnahmefenster offen. (Abb. 177) Fürs Unterbringen der Pfeilfahnen ist der Tubus unten breiter. Es gibt jeweils ein Umlaufband über dem Boden und unterhalb der Mündung. Die Tragweise erfolgt rechtsseitig und ist leicht schräg gestellt.

Abb. 177: Reiter mit trapezoidem Köcher. Kragen mit Greiffenster für Pfeile. Am Korpus zwei horizontale Bänder. Sasanidischer oder sogdischer Silberteller des 6./7. Jh. n. Chr. Ohne Maßstab.

Die neuartige Konstruktion bedeutete für die Bogenschützen eine ergonomische Umstellung. Lange Pfeile konnten unterhalb der Spitze ergriffen und in einem fließenden Schwung direkt zur Anlage an den Bogengriff geführt werden. Werkstoffliche Informationen über trapezoide Köcher als

Funde in Eurasien gibt Bóna: „... In dem reich ausgestatteten Grab von Aktöbe II blieb ein aus Birkenrinde hergestellter, 77 cm langer Köcher, und in einem Nomadengrab aus dem 4./5. Jahrhundert in Tschalainor in der äußeren Mongolei Chinas ist ein aus Leder genähter Köcher ähnlicher Größe unversehrt erhalten. Die Maße stimmen im Großen und Ganzen mit den durchschnittlich 70–80 cm großen awarischen und ungarischen Köchern überein. Nach den in südsibirischen und mittel-asiatischen Gräbern des 3.–5. Jahrhunderts oft intakt oder fast intakt aufgefundenen Köchern und häufig rot bemalten Pfeilen waren letztere 60–80 cm lang...[840]" In Kurgan 26 des hier schon mehrfach genannten Platzes Kokėl' wurde in Grab 8 ein eisernes Trensengebiss gefunden. Ein komplett vergangener Köcher enthielt Pfeile mit rotfarbigen Schäften und Heulkapseln. Der Tubus wurde quer über den Toten gelegt, so dass die Pfeilspitzen darin nach oben wiesen. Aufschlussreich ist ein Metallhaken, wie früher in der Antike auch bei skythischen Goryten, vermutlich für ein Befestigen am Gürtel. Da sich solche Haken nicht mit röhrenförmigen Köchern verbinden, bieten sie ein weiteres Indiz für das Vorhandensein trapezoider Köcher (s.o. Abb. 53). Wie erwähnt, sind im Gräberfeld von Kokėl' auch Bodenscheiben für Rundköcher gefunden worden. Anscheinend handhabten die Hunnen im 4./5. Jh. n. Chr. alternativ trapezoide oder röhrenförmige Köcher. Ein Experte auf dem Gebiet reiternomadischer Kulturen der Eisenzeit und des Mittelalters, Michail Viktorovič Gorelik aus Russland, rekonstruiert Röhrenköcher bei den Hunnen[841]. Der historische Trend lief letztendlich aber auf deren vollständigen Ersatz im Steppenraum hinaus.

Bemerkenswert ist der Goldblechbeschlag eines hunnischen Köchers aus der ersten Hälfte des 5. Jh. n. Chr. als Fund von der Halbinsel Taman in der Region Krasnodar am Schwarzen Meer. Es handelt sich um einen 14,4 cm langen und 4,6 cm hohen Streifen aus dünnem Goldblech. Er hat ein Schuppenmuster in der Mitte und am Ober- und Unterrand eingepunzte Dreiecke. Ferner gibt es den buckelförmigen Aufsatz eines der Niete, vermittels derer die Preziose auf einem Korpus aus Rinde, Holz oder Leder angebracht war. Die Artefakte befinden sich im deutsch-russischen Katalog *Merowingerzeit - Europa ohne Grenzen. Archäologie und Geschichte des 5. bis 8. Jahrhunderts* aus dem Jahr 2007 publiziert[842]. Wir verfügen damit über einen seltenen und in jeder Hinsicht wertvollen Überrest eines Köchers der Hunnen in Europa. Abstellend auf die sasanidisch-sogdischen Silberschale mit zwei Umlaufbändern und angesichts der Konstruktionsweisen vieler besser konservierter Köcher der Awaren- und Türkenzeit wäre es möglich, dass hier eine frontseitig angebrachte Zierde für ein Verstärkungsband vorliegen könnte, das sich unterhalb der Mündung befand.

Übernahmen schlichterer aber konstruktiv vergleichbarer Köcher in Kavallerieausstattungen westlicher Sarmaten oder des spätrömischen Militärs entziehen sich einer exakten Analyse. Man möchte aber die optimistische Annahme Junkelmanns teilen, dass der Innovation aus der Steppe im Imperium Romanum positiv begegnet wurde: „... In der Spätantike wurden lange Pfeilköcher üblich, die sich nach unten zu verbreiterten. Man bewahrte in ihnen die Pfeile mit der Spitze nach oben auf. Diese Köcher wurden wieder am Gürtel getragen, und zwar auf der rechten Seite, die Bogenscheide hing links. Wir kennen diese Anordnung von sasanidischen Bildwerken und dürfen annehmen, dass die Römer es nicht anders gemacht haben...[843]" Auch im Byzantinischen Reich waren trapezoide Köcher vorhanden. Ein aussagekrüftiges

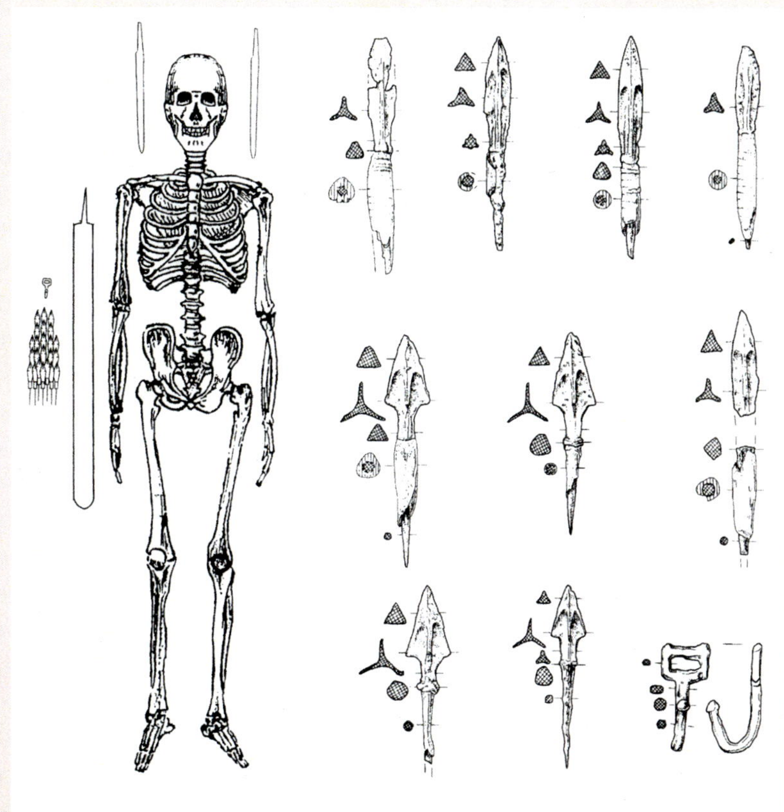

Abb. 178: Der Bogenschütze von *Carnium* in situ. Elaborierte Eisenspitzen. Holzschäfte mit Wicklung. Eiserner Köcherhaken mit eckiger Öse. Nach Odar Boštjan. 6. Jh. n. Chr. Keine Maßstäblichkeit.

Bündel Pfeilspitzen befand sich in einem Körpergrab des 6. Jh. n. Chr. nahe bei *Carnium* (Kranj) am Zusammenfluss von Save und Kokra in Slowenien. Dort wurden einem vor-awarenzeitlichen Schwertträger zwei Kampfmesser und dreiundzwanzig mit typisch oströmischen Pfeilspitzen bestückte Schäfte aufwärts und rechts neben der Hüfte in einem rezent vergangenen Köcher beigegeben[844]. Auch das Vorliegen eines eisernen Köcherhakens zeigt einen trapezoiden Hüftköcher an. (Abb. 178)

Der *Ashburnham-Pentateuch*, eine byzantinische Handschrift aus dem 7. Jh. n. Chr., die von der Französischen Nationalbibliothek aufbewahrt wird, enthält als Miniaturen Bogenschützen jeweils mit einem trapezoiden Köcher (MSS NAL 2334 f.25r)[845].

Abb. 179: Idealrekonstruktion des alamannischen Köchers von Altdorf in der Schweiz. 7. Jh. n. Chr. Lindenholz. Leder. Handwerkliche Ausführung H. Riesch et al. Ohne Maßstab.

Über Funde in situ nach oben weisender Pfeilspitzen in germanischen Gräbern des Frühen Mittelalters referiert Beilharz: „... Die Lage von Pfeilspitzenbündeln seitlich neben den Toten im Bereich von Becken und Oberschenkel lässt sich in mehreren Gräbern beobachten. Während diese Bündel in Horb-Altheim, Grab 66, Blučina-Cězavy, Fridingen/Donau, Grab 24, Neresheim-Kösingen, Grab 33, Weingarten, Grab 238, 257 sowie 497, und Basel-Kleinhüningen, Grab 77, auf der rechten Körperseite lagen, waren sie in Goddelsheim, Grab 36, Naumburg, Grab 39, und Basel-Kleinhüningen, Grab 67 und 76, links zu finden...[846]" Man hat es wohl mit Rechts- oder mit Linkshändern zu tun, je nachdem, wo die Pfeile und Gürteltasche anlagen.

Die ältesten Funde reichen bis ans Ende des Weströmischen Reichs. Erhaltungsbedingt gibt es nur relativ wenige Informationen darüber, wie man in Mitteleuropa solche Köcher anfertigte. Reiterköcher aus dem Osten bestanden aus Rinde oder aus Leder. Dass Aneignungen im Westen Modifikationen bewirken konnten, nicht zuletzt aufgrund anderer klimatischer Bedingungen, zeigen die Reste eines trapezoiden Köchers aus Lindenholz mit einem ledernen Stülpdeckel im Grab von Altdorf, Kt. Uri, in der Schweiz[847]. (Abb. 179) Für diesen Köcher mit Umlaufnuten und einem Kopfverschluss aus Leder gibt es vom Altai bis nach Ungarn keine Analogien. Der Köcher verfügte über Flechtbandverzierungen. Es handelte sich offenbar um einen hochwertigen Bestandteil der Jagdausrüstung.

13.4 Spektrum kaiserzeitlicher Pfeilköcher in der *Germania magna*

13.4.1 Leder als Werkstoff und damit einhergehende Konstruktionen

Pfeile und Bogen der Germanen treten seit dem 2./3. Jh. n. Chr. archäologisch verstärkt in Erscheinung. Selten haben sich im Vergleich zu dergleichen Hinterlassenschaften allerdings Pfeilköcher erhalten. Hier und da sind an Konglomeraten zusammenkorrodierter Pfeilspitzen in spätantiken Gräbern Überreste organischen Materials dokumentiert. Horst Wolfgang Böhme bringt sie in seinem Werk *Germanische Grabfunde des 4.-5. Jahrhunderts zwischen unterer Elbe und Loire* von 1974 mit Lederköchern in Verbindung[848]. Ephemere Spuren lederner oder hölzerner Köcher wurden auch in den Gräbern 1 und 2 des Friedhofs von Häven, Gemeinde Langen Jarchow in Mecklenburg, jeweils mit der Statusbeigabe dreier Tüllenpfeilspitzen aus Bronze, entdeckt[849]. In Grab 1088 von Krefeld-Gellep aus der ersten Hälfte bis Mitte des 4. Jh. n. Chr. am Niederrhein wurden Lederfragmente festgestellt: „… Die ca. 17 cm langen Pfeilspitzen in Grab 1088 wurden als stark verrostetes Bündel angetroffen, an dem noch Lederreste hafteten. Sie hatten sich sicher in einem Lederbeutel bzw. einem Köcher befunden. Im Grab lagen sie innerhalb des Sarges, rechts, ungefähr in Höhe des Oberschenkels. Grab 1088 ist in die erste Hälfte oder Mitte des 4. Jh. zu datieren…[850]“ Wenn wir uns ein Bild über die möglichen Konstruktionsweisen lederner Pfeilköcher in der *Germania magna* verschaffen wollen, kommt rückblickend in erster Linie die römische Bildwelt zum tragen.

Hierbei muss allerdings in Betracht gezogen werden, dass die Wiedergaben fremder Waffen bei den Römern künstlerische Filter durchlaufen konnten, so dass wir uns dem historischen Aussagewert solcher Jagd- oder Kriegsgeräte in römischer Anschauung nicht unreflektiert widmen sollten. Waffen barbarischer Herkunft sind auf Sieges- und Triumphdenkmälern abgebildet. Im Anblick der bisweilen neben den Tropaeen dargestellten Personifikationen besiegter Völker oder gegnerischer Protagonisten kann ein Diskurs darüber stattfinden, ob Beutestücke von Galliern, Germanen, Sarmaten oder Orientalen vorliegen. Wahrscheinlich eine *Germania*, umgeben von zylindrischen Pfeilköchern, wird auf dem rechten Tropaeum des sogenannten *Trofei di Mario* dargestellt[851]. Es sind schlanke Röhren, die über dem Boden, in der Mitte und ganz Oben erhabene Doppelbänder besitzen (s.u. Abb 183). Der Korpus könnte aus Leder bestanden haben. Befestigungsmöglichkeiten für einen Tragriemen in Form eines zusätzlichen Bands sind im unteren Drittel zu erkennen. Die Pfeile ragen weit über die Mündungen hinaus. Man hat die Rundköcher ausgiebig mit Zierrat versehen. Wir dürfen aber bezweifeln, dass hier Elemente aus der germanischen Kunst vorliegen. Die Zierden wirken gräzisiert, wie die ganz ähnlichen Ranken- und Bändermuster auf den Oval- und Sechseckschilden auch. Gestalterisch auf die Basisform reduziert, befindet sich ein Köcher mit konvexem Boden auf einem spätantiken Kalenderbild mit einer Personifikation der Stadtgöttin der Reichsmetropole Trier. Das Propagandathema ist eindeutig: *Treveris* hat einen Germanen am Schopf gepackt. Oval- und Sechseckschild symbolisieren Rüstungsgüter von Barbaren. Ein *Scythicus arcus* mit loser Sehne ist, ethnokulturell unreflektiert, antikem Topos geschuldet. Immerhin wurde auf eine typische *pharetra* mit Haubendeckel und Knauf verzichtet, was aus meiner Sicht den Köcher als ein Rüstungsgut von Germanen authentisch machen könnte. „… Der Kalender von 354, der die Hauptstädte des Reiches und den Kaiser in Gallien auf so eindringliche Weise darstellt, ist in

Abb. 180: Germane auf einem römischen Kalenderbild des Jahres 354 n. Chr. Wulstrandköcher mit Pfeilen. Rund- und Sechseckschild. Skythenbogentopos. Renaissancezeitliche Wiedergabe.

privatem Auftrag in Rom gefertigt worden … Wir kennen die Bilder nur in Kopien aus der Zeit des Humanismus. Die in ihrer Exaktheit den ursprünglichen Darstellungen sehr nahe kommenden Bilder wurden um 1620 von dem französischen Humanisten Peiresc angefertigt…[852]" (Abb. 180) Die Pfeile mit den Nocken reichen knapp über die Öffnung und wären so gut vor äußeren Schadeinflüssen geschützt gewesen.

Einen Köcher mit abgesetztem Wulstrand neben mehreren Oval- und Sechseckschilden von Barbaren, einer hockt gefesselt daneben, kann man ansatzweise auch auf einem steinernen Grabsockelfries aus der Prinzipatszeit im Rheinischen Landesmusem Trier erblicken[853]. Es wurde nach den Germaneneinfällen 275/76 n. Chr. als Fundamentspolie für die Mauer des Kastellneubaus von *Noviomagus* (Neumagen) an der Mosel verwendet. Kombinationen von Wulstrandköchern, Rund- und Sechseckschilden wiederholen sich also bei der Wiedergabe erbeuteter Waffen. Eine Darstellung gefesselter Barbaren neben Rund- und Sechseckschilden sowie pfeilbefüllte Köcher mit Wulstrand gibt es darüber hinaus auf einem Sarkophagrelief aus Vigna Amendola bei Rom um 170 n. Chr. Darauf wird ein älter antikes Kampfgeschehen zwischen den griechischen Attaliden und keltischen Galatern in Kleinasien thematisiert. Die Wulstrandköcher befinden sich im oberen Bildfeld zusammen mit trauernden Frauen der Galater und deren Kindern. Die Kombination mit Schilden, Speeren und Rüstungen ist als Symbolik zu bewerten. Auch am Sockel des linken Tropaeums des *Trofei di Mario* befanden sich zwei Köcher mit Wulstrand als Kriegsbeute. Interessant ist dabei die Befestigung des Tragriemens vermittels eines Rings. Eiserne Ringe kommen als Funde in Köchergräbern vor allem in der Merowingerzeit vor. Beilharz hat hierzu eine Fundübersicht erstellt[854].

Die Wulstränder waren keine Zierden. Sie hatten eine verstärkende Funktion und ließen beim handfesten Gebrauch ein unkompliziertes Ergreifen abgelegter Behältnisse zu. Das belegen experimentelle Nachbauten. Ein mit zwanzig oder mehr eisenbewehrten Pfeilschäften aus Holz befüllter Tubus kann über 2,5 Kilogramm schwer sein. Deshalb ist ein Rundumansatz fürs Festhalten ergonomisch sinnvoll. Hebt man eine oben offene Lederröhre stattdessen am Tragriemen hoch, besteht eine gewisse Gefahr darin, dass bei ungünstigem Anstellwinkel die Pfeile herausrutschen können. Für Köcher mit Wulstrand gibt es in der Ikonographie des Frühen Mittelalters in Europa zahlreiche weitere Beispiele. Sie reichen von angelsächsischen Bilderhandschriften bis zum Teppich von Bayeux[855]. Deshalb ist die Annahme naheliegend, dass es sich um ein tradiertes Praxiskonzept gehandelt haben könnte. Zwar mit zeitlichem Abstand zur römischen Ära aber technisch stimmig lässt sich diese Hypothese durch Teile eines ledernen Wulstrandköchers aus der Wikingerstadt Haithabu bei Schleswig aus dem 9./10 Jh. n. Chr. unterstützen. Sie beinhalten eine Variation des Aufhängemodus in Form zweier flügelartiger Lederansätze für den Tragegurt. Zudem gibt es ein dekoratives Rondell breiter Girlanden aus Leder unterhalb der Öffnung. Anonsten sind aber alle bereits für die Römische Kaiserzeit erwogenen Merkmale einer Röhre mit stabilisierender Randverdickung vorhanden. (Abb. 181) Insgesamt fand man in Haithabu die Teile mehrerer Lederköcher, von denen einer mindestens 62 cm lang gewesen sein könnte[856]. Zur Machart heißt es in der konservatorischen Beschreibung: „,… Stück Kalb-/Rindsleder, Durchmesser der oberen Öffnung rund 9 cm, Höhe 16,5 cm; der obere Rand zur Fleischseite hin umgeschlagen und mit Nahtlöchern, andere Narbenseite Zwirnabdrücke; in dem umgeschlagenen Randstück eine Verstärkung aus einem dicken Lederstück…[857]" Röhrenköcher wie auf dem Trierer Kalenderbild hätten auch einen Bestand in römischen Heeresaufgeboten mit germanischen Foederaten finden können[858]. Haubendeckel waren für Wulstrandköcher nicht zwingend. Es vermochte auch ein über die Mündung geschlagenes und unterm Rand festgebundenes Tuch vor Nässe oder Verschmutzung zu schützen.

Abb. 181: Mündung eines Wulstrandköchers aus Haithabu, Lkr. Schleswig-Flensburg, in drei Ansichten (1, a-c). Leder. Nach Willy Groenman-van Waateringe. 9./10. Jh. n.Chr. Ohne Maßstab

13.4.2 Behälter aus Vollholz und Kombinationen mehrerer Werkstoffe

13.4.2.1 Gedrechselte Köcher als Funde von Waffenopferplätzen im Norden

Von germanischen Opferplätzen im Norden sind einige Fundobjekte bekannt, die als Köcher für Pfeile diskutiert werden. Forschungsgeschichtlich an erster Stelle steht eine gedrechselte Röhre aus den älteren Ausgrabungen im Nydam-Moor. Der hölzerne Gegenstand wurde vom dänischen Ausgräber Helvig Conrad Engelhardt (1825 bis 1881) in dessen Dokumentation *Nydam Mosefund 1859-1863* als Pfeilköcher (Zeichnung auf Tafel XIII, Nr. 63) angesprochen. Kritisch zu dieser hypothetischen Möglichkeit äußert sich Paulsen: „... Engelhardt bezeichnete zwei Objekte als Köcher. Für beide Fundstücke kann aber von vornherein eine solche Funktion ausgeschlossen werden. Die kunstvoll geschnitzte, reich verzierte Holzröhre wäre als Köcher zu kurz und die Öffnung von ca. 5 cm Durchmesser zu eng, um ernsthaft als Köcher diskutiert zu werden. Das zweite Objekt ist zweifellos ein Trinkhorn. Weitere Funde, die als Köcher interpretiert werden könnten, sind im Fundgut Engelhardts aus Nydam nicht vorhanden. Möglicherweise waren sie aus Leder gefertigt, das sich im Moor nicht erhalten hat. Der einzige Fund, der in den Opfermooren Dänemarks und Schleswig-Holsteins als Köcher bezeichnet werden könnte [Stand vor 1998, HR], ist ein etwa 65 cm langes Holzteil aus Vimose mit zwei 47 cm auseinanderliegenden, aus dem Holz herausgearbeiteten Aufhängungen für den Schulterriemen. Das Fundstück ist ein Segment einer aus Weichholz geschnitzten Holzröhre...[859]" Mittlerweile konnte für das besagte Artefakt aus Nydam ein Gebrauch als Flasche zur Getränkeaufbewahrung rekonstruiert werden[860].
Angaben bei Peter Lindbom deuten darauf hin, dass der hölzerne Tubus aus Vimose 11 bis 12 cm breit gewesen ist[861]. Eine Fotografie des damals unrestaurierten Fundstücks liegt in *De store mosefund fra folkvandringstid* von Carl Mouritz Mackeprang aus dem Jahr 1935 vor[862]. Ich möchte mich dem potentiellen Köcher in sekundärer Anschauung nicht intensiv widmen, da nur eine sachverständige Autopsie substantielle Klarheit über die tatsächliche Funktion erbringen kann.
In neuer Betrachtung hat sich Andreas Rau dem Köcherthema gewidmet. Er beschreibt einen 1997 im Nydam-Moor entdeckten Pfeilbehälter aus Holz, der vor seiner Deponierung eine absichtliche Zerstörung erfuhr. Rekonstruiert handelt es sich um eine Röhre von 77 cm Gesamtlänge. Sie besteht aus einem kelchförmig verbreiterten Oberteil von 8,4 cm Innen- und 9 cm Außendurchmesser. Etwa 14 cm unterhalb des Rands verjüngt sich der Köcher auf 6 cm innen und 7 cm außen. Jene Maße werden im Großen und Ganzen bis zum Boden beibehalten. (Abb. 182) Wie der Altfund des vermeintlichen Holzköchers aus Nydam ist auch dieser echte Köcher durch Drechseln entstanden. Man zerspante einen Rohling aus Ahornholz. Akurate Schnitzarbeit erbrachte den Hohlraum für zwei Längshälften. Die Segmente sind miteinander verleimt und mit Hilfe von Fäden fixiert worden. Eine Bodenscheibe aus Erle wurde mit vier Eichenholzstiften befestigt. 17 cm unterhalb der Mündung befindet sich eine 2,2 cm breite Umlaufnut. Dort wurden Spuren organischen Materials ausgemacht. Rau verbindet dies mit der Aufhängevorrichtung für eine Schultertragweise bzw. einen Lederriemen. Eine prinzipiell ähnliche Nut-Technik ist auch beim trapezoiden Lindenholzköcher des 7. Jh. n. Chr. aus der Bestattung des Alamannen im schweizerischen Altdorf vorhanden.

Bemerkenswert an dem Köcher aus Nydam ist das elaborierte Praxisdesign. Es sieht für die Zone der empfindlichen Pfeilfahnen eine Verbreiterung vor. Ich kenne aus der spät-/antiken Archäologie und Bildwelt keine Parallelen dazu. Ursprünglich haben sich die Befiederungen gut geschützt im Innern dieser Sektion befunden. Die Schaftenden ragten mit den Tubulinocken griffbereit hervor. Rau führt weitere in Nydam gefundene Holzteile an, die wahrscheinlich ebenfalls zu stabilen Köchern gehörten[863]. Insofern handelt es sich bei der Konstruktion dieses Röhrenköchers technologisch vermutlich um kein Unikat, sondern er liefert ein weiteres Indiz für Qualitätsspitzen innerhalb der Ausprägungen von Bogen, Pfeilen und Schießzubehör am Fundplatz. Die Drechsel- und Schnitzarbeiten für die Herstellung waren handwerklich aufwändiger als das Fertigen von Wulstrandköchern aus Leder. Hölzerne Köcher boten demgegenüber mehr Festigkeit und Schutz.

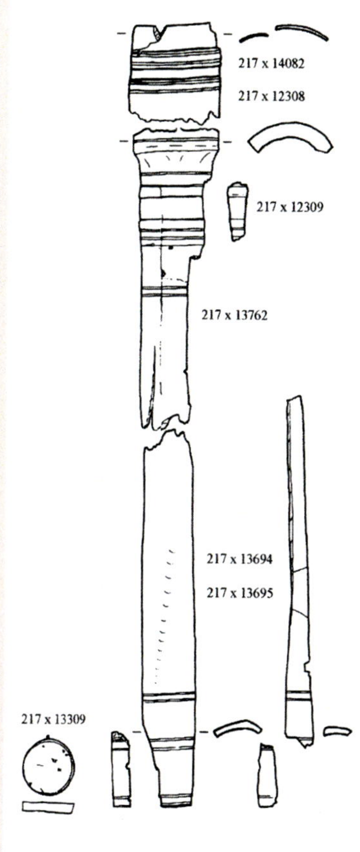

Abb. 182: Hölzerne Fragmente eines 1997 im Nydam-Moor geborgenen Köchers. Funktional ausgereiftes Design mit kelchförmigem Topsegment. Nach Andreas Rau. Jüngere Kaiserzeit. Ohne Maßstab.

Rau weist auf Pfeilbündel in Nydam hin, bei denen es sich in einem Fall um Schäfte mit einem außergewöhnlich starken Durchmesser handelt. Sie waren mit breiten Streifen aus Birkenrinde am Boden, in der Mitte und unterm Rand eines ansonsten komplett verrotteten Köchers von ungefähr 60 cm Länge vergesellschaftet. Es handelt sich hier, wie weiter oben bereits geschildert, mit um die massivsten Pfeile als Funde im Barbarikum überhaupt. Anbei lagen eine eiserne Schnalle sowie ein Riemenende. Sie dürfen als Überreste eines Tragegurts angesprochen werden. Der zu rekonstruierende Röhrenköcher datiert in die Spätantike, könnte aber durchaus probate Vorläufer besessen haben. Wie wir anhand zahlreicher Quellenbeispiele bereits sahen, waren drei umlaufende Ringe oder Bänder mit einer vergleichbaren Position am Korpus auch bei Köchern im keltischen und griechisch-römischen Raum keine Seltenheit. Die Röhrenköcher auf dem Tropaeum rechts neben der Kapitolstreppe in Rom besitzen ebenfalls erhabene Umfassungen. (Abb. 183) Es könnte sich in Nydam um einen Köcher aus Leder gehandelt haben, dessen Korpus durch die aufgesetzten Bänder in Form gehalten wurde. In Birkenrinde sind darüber hinaus natürliche chemische Substanzen wie Terpene und Betulin enthalten, die eine konservierende Kapazität besitzen. Auch deshalb erachtete man den frisch geschält biegsamen Stoff, der nach trocknender Lagerung mit Hilfe von Wasser erneut weich gemacht werden kann, als primäres oder sekundäres Baumaterial zur Pfeilaufbewahrung für gut geeignet.

Abb. 183: Tropaeum des Domitian. Neben der *Germania* vier Röhrenköcher mit umschließenden Bändern. Standort rechts neben den Dioskuren über der Freitreppe zum Kapitol in Rom.

Spuren eines Köchers aus Pappelholz mit zwei Attaschen für die Aufhängung wurden im germanischen Fürstengrab des 3. Jh. n. Chr. von Gommern, Lkr. Jerichoer Land, in Sachsen-Anhalt entdeckt. Darin lagen in symbolischer Zahl drei Tüllenpfeilspitzen aus Silber, eine davon mit breiten Widerhaken, eine vierkantige und eine lorbeerblattförmige. „... Die drei Pfeilspitzen aus dem Grab von Gommern stellen nicht nur typologisch unterschiedliche Exemplare dar, sondern sie repräsentieren auch jeweils unterschiedliche Verwendungszwecke. Durch Versuche mit Formen alamannischer Pfeilspitzen konnte Riesch (1999, 467ff.) zeigen, dass verschiedene Blattformen für unterschiedliche Verwendungszwecke besondere Eignung aufweisen. Da es sich bei diesen Eigenschaften um einen technischen Aspekt handelt, können die Erkenntnisse zu diesen deutlich jüngeren Pfeilspitzen natürlich grundsätzlich auf die spätkaiserzeitlichen Pfeilspitzen übertragen werden ... Das Formenspektrum der Pfeilspitzen entspricht somit den vielfältigen Einsatzmöglichkeiten, die Bögen im damaligen Alltag hatten und könnte – im übertragenen Sinne – darauf hinweisen, dass die Ausrüstung des Toten für alle Lebenslagen geeignet ist ... In der Nähe zu den Pfeilspitzen befanden sich zwei unterschiedlich große Attaschen mit eingehängten Ringen, die nach ihrem äußeren Erscheinungsbild als zusammengehörig aufgefasst werden können. Besonders die größere der beiden Attaschen weist durch die Wölbung des äußeren Beschlages darauf hin, dass sie ursprünglich auf einem gewölbten Gegenstand befestigt gewesen waren. Bei diesem Gegenstand handelte es sich um ein Objekt aus Holz ... das möglicherweise mit organischem Material wie Leder oder einer vergleichbaren Substanz bezogen war … Das alles lässt die Bestimmung der beiden Beschläge als Bestandteile eines Köchers zu. Dieser dürfte nach Ausweis der Wölbung des größeren Beschlages nicht rund gewesen sein, sondern einen ovalen oder spitzovalen Querschnitt besessen haben … Im Grab von Gommern vervollständigt der Köcher in angemessener Weise die ohnehin repräsentative Ausrüstung. Die Beschläge lassen durch ihre Benutzungsspuren erkennen, dass auch die repräsentative Bekleidung bzw. Ausrüstung alltagstauglich sein musste und vom harten Einsatz nicht verschont blieb…[864]" (Abb. 184) Eine genaue Längenbestimmung des Köchers ist schwierig, doch lagen die Aufhängepunkte (ähnlich wie in Vimose) etwa 40 bis 50 cm voneinander entfernt, was eine gewisse Mindestgröße der Konstruktion beschreibt.

Technisch verwandt scheint mir, was die Konzeptionsidee dafür anbelangt, ein Köcher aus der historisch weit zurückliegenden Bestattung eines der Keltenfürsten beim Glauberg in Hessen zu sein. Auch dort wurden zwei Pappelholzschalen zu einer langovalen Röhre verleimt. Außen gab es ein leinwandbindiges Gewebe. Darin waren, abstandsweise vergleichbar wie beim Köcher von Gommern, zwei Metallringe zur Aufnahme eines Trageriemens eingenäht. Auch in diesem Behälter lagen symbolisch drei Pfeile bzw. deren noch erhaltene Spitzen. Sie waren von einem festgenieteten Innenfutter aus Leder umgeben, das eine umklappbare Lasche als Verschluss besessen haben könnte. „… Zur Grablege wurden in den Köcher drei Pfeile gesteckt, die zusammen in Stoff eingewickelt waren. Auffallend ist, dass die drei Pfeile unterschiedliche eiserne Spitzen hatten: eine Tüllenpfeilspitze und zwei verschieden geformte Blattpfeilspitzen. Der Schaft des Tüllenpfeils bestand aus Eschenholz, die Schäfte der beiden anderen Pfeile konnten nicht genau bestimmt werden. Ungewöhnlich ist außerdem, dass sich die Pfeile mit den Spitzen nach oben im Köcher befanden … Lässt es der gesamte Befund zu, die Breite des Köchers auf ca. 10 cm festzulegen, so ist die Ermittlung der schon anfangs erwähnten Länge von ca. 50 cm plus ca. 4 cm des herausragenden Lederfutterals aufgrund der schlechten Erhaltungsbedingungen im unteren Teil nur auf ein Indiz zurückzuführen. Hierbei handelt es sich um eine kleine erhaltene Wicklung, die wahrscheinlich die Nockenwicklung eines Pfeilschafts ist…[865]

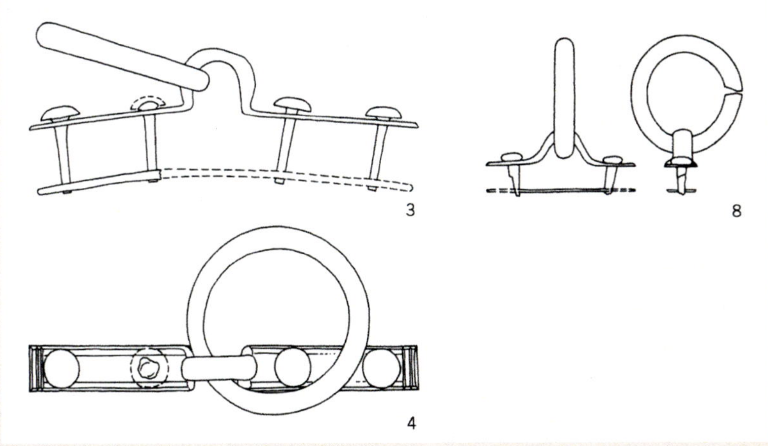

Abb. 184: Attaschen zur Köcheraufhängung. Versilberte Bronze (3-4) und Silber (8). Germanisches Fürstengrab von Gommern. Nach Matthias Becker. 3. Jh. n. Chr. Ohne Maßstab.

Falls es sich bei dem Gommerner Exemplar, für das eine Rückentragweise vorgeschlagen wird, es käme auch eine Position wie zum Beispiel auf dem Jagdmosaik in *Iuliobona* in Betracht, nicht um eine germanische Re-Innovation handelte, möchte man fast auf den Gedanken kommen, dass Pappelholzköcher in Mitteleuropa über erstaunlich lange Zeiträume wertgeschätzt worden sind. Es ließe sich eventuell sogar die Frage stellen, ob der germanische Fürst mit diesem Köcher wohlweislich auf ein bewährtes Funktionsdesign mitsamt Trage- und Vorhalteweise aus dem gallo-römischen Raum zurückgriff? Das Holz der Pappel gilt als eines der leichtesten Laubhölzer hierzulande, das gut spalt- und bearbeitbar ist. Es ist verhältnismäßig splitterfest und wurde auch für den Kampfschildbau verwendet, was römische und germanische Funde belegen. Unter Feldbedingungen nachteilig ist zwar seine geringe Witterungsbeständigkeit, der man aber durch Bezüge aus Tierhaut oder Textilien entgegenwirken kann.

Das Kapitel schließend, ist ein differenziertes Fazit angebracht: Unter funktionalen Aspekten möchte ich gedrechselte Köcher mit kelchförmigen Topsegment als Hochentwicklung im Kontext des Aufschwungs der Bogenwaffe im Norden der *Germania magna* interpretieren. Für andere Lösungen wäre nicht auszuschließen, dass sich tradierte Vorbilder aus dem gallo-römischen Kulturraum auswirkten. Das betrifft Röhren aus Leder, Rinde oder Flechtwerk mit umlaufenden Reifen oder Bändern zur Stabilisierung. Hinzu treten langovale Behälter aus Holz mit Tragringen wie in Gommern. Robuste Lederköcher mit dickem Wulstrand scheinen eine Popularität bis ins Mittelalter hinein besessen zu haben. Fürs Lebensbild kommt ein Tragen am Schultergurt in Betracht. Die Köcher konnten dabei je nach Konstruktion auf dem Rücken, seitlich halbhoch oder auf Oberschenkelhöhe platziert werden.

XIV TECHNISCHES RÜSTZEUG UND ZUBEHÖR FÜR BOGENSCHÜTZEN

14.1 Archäologische Raritäten in funktional praktischer Reflexion

14.1.1 Notwendigkeit zur Pflege und Reparatur von Bogen und Pfeilen

Begleiter des Bogengebrauchs waren zu allen Zeiten ausgesuchte Hilfsmittel, mit denen die Waffenleistung gewährleistet und bedarfsweise auch verbessert wurde. Dazu gehört an erster Stelle die Sehne. Über Werkstoffe und Imprägnierungen für traditionelle Bogenschnüre wurde oben ausführlich informiert. Ferner bedurften Bogen und Pfeile der Pflege und Instandsetzung. Darüber hinaus kannte man Geräte, die den Pfeilablass ergonomisch begleiteten. All jenen Utensilien ist die Eigenschaft gemein, dass sie als kurzlebige Gebrauchsgüter archäologisch nur selten erhalten sind. Dennoch dürfen sie hier nicht außen vor bleiben. Wir wissen aufgrund von Angaben in frühbyzantinischen Texten, dass mit Fernwaffen zu Felde ziehende Soldaten sowohl Ersatzsehnen als auch Ersatzbogen mitführten (Nikephoros II Phokas. *Praecepta Militaria.* 1, 4; Nikêphóros Ouranós. *Taktika.* 56, 4). Solche Maßnahmen gewährleisteten die Kampffähigkeit der Truppen. Das plötzliche Reißen einer abgenutzten Sehne beim Auszug eines Reflexbogens führte zu einem unkontrolliert abrupten Umschlagen mit der Gefahr einer substantiellen Beschädigung der Waffe, wenn nicht sogar gesundheitlicher Beeinträchtigung des Schützen selbst. Auch bei hölzernen Bogen konnte eine just im Moment des Vollauszugs kaputtgehende Sehne einen Bruch auslösen. Überraschende Ereignisse wie diese machten die Akteure von einem Augenblick auf den anderen bei der Jagd handlungsunfähig und auf dem Schlachtfeld wehrlos. Sie stellten ad hoc keine spezifische Bedrohung mehr dar.

Praktische Erfahrungen dieser Art reflektiert eine spätantike Fama zum plötzlichen Aufhören der hunnischen Invasionsgefahr nach dem Tod des Despoten Attila: „... Erst der Nachfolger Theodosius II, der Kaiser Marcian (450-457) brachte den Mut zum Widerstand gegen die Hunnen auf, die daraufhin nach Westen zogen und 451 auf den Katalaunischen Feldern besiegt wurden. Nicht nur im Westen, sondern auch im Osten wurde das Ende Attilas (543) als göttliche Gnade empfunden, wie Jordanes (Getica 49, 255) zu berichten vermag, der in diesem Zusammenhang ... von einer Vision mit der Ankündigung von Attilas Tod zu erzählen weiß:

> ‚... *Es ereignete sich die Merkwürdigkeit, dass eine Gottheit im Traum zu Marcian, dem Prinzeps des Morgenlandes, dem bange war wegen eines so furchtbaren Feindes, herantrat und ihm in derselben Nacht den zerbrochenen Bogen Attilas zeigte, da ja jenes Volk sich auf diese Waffe viel zu Gute hielt...*[866]'

Auch wenn es sich um eine Legende handelt, enthält sie einen wahren Kern, der auf die technische Verwundbarkeit abstellt, mit der alle auszkommen hatten, die sich im Kampf auf Pfeil und Bogen verließen. Im *Strategikon* des Maurikios wird in der Voraussicht eines Strategen fürs byzantinische Heer empfohlen:

> „... *Darüber hinaus muss der Feldherr mit seinem Gepäck Waffen transportieren, vor allem Bogen und Pfeile, zum Ersatz für die Waffen, die voraussichtlich verschossen werden...*[867]"

Reflexbogen waren empfindliche Kriegsgeräte. Irgendwann eintretende Materialermüdung war zu erkennen, zu beseitigen und der Ist-Zustand, das stellte sozusagen eine Lebensversicherung dar, regelmäßig zu kontrollieren. Bei Maurikios heißt es:

> „... *Welche Soldaten man von jeder Kompanie zu den notwendigen Diensten abstellen muss ... Feldwebel, Kornetten oder Draconarii, Hornisten, Waffenschmiede und Waffenschärfer, Bogen- und Pfeilmacher und die übrigen nach der Vorschrift. Ihnen sollen einige beigestellt werden, die sammeln, was an Zerstörtem anfällt, und es den Besitzern wiedergeben müssen...*[868]"

Man benötigte Garne aus tierischen oder pflanzlichen Rohstoffen, Öle, Fette und Leime, um die Bogen vor Verschleiß zu wappnen oder zu reparieren. Wir wollen im Folgenden solchen archäologischen Raritäten näher auf den Grund gehen und im Rahmen dessen alle zur Verfügung stehenden antiken und frühmittelalterlichen Quellen nutzen, um einen Überblick zu gewinnen. Da bei der Produktion ein hoher handwerklicher Input stattfand, etwa um die bruchgefährdeten Zonen der Hebelenden durch akurate Wicklungen zu stabilisieren, werden anfallende Wartungsarbeiten von spezialisierten Soldaten ausgeführt worden sein. Auch fernab der Infrastruktur von Kasernen auf dem Marsch oder während einer Patrouille musste man die Einsatzfähigkeit der Waffen gewährleisten können.

Abb. 185: Prüfen der richtigen Sehnenlage. Parthischer König mit asymmetrischem Reflexbogen des skythischen Designs. Münze aus der alten Sammlung Sarre, Berlin.

14.1.2 Überlieferte Verfahren zur Werterhaltung und Nutzwertsteigerung

Solche Anforderungen gingen einher mit dem Gebrauch verfahrenstechnisch zu gewinnender Substanzen, die vorgehalten wurden, um erhitzt als zähflüssige Klebstoffe zu dienen. In germanischen Männergräbern der Merowingerzeit finden sich hin und wieder kleine Stücke von Birkenpech, die ursprünglich in einer ledernen Gürteltasche verstaut waren. Römische Quellen schweigen sich hinsichtlich solcher trivialen Alltagsgegenstände für das zivile und soldatische Leben zwar in der Regel aus, immerhin besitzen wir aber eine sehr detailreiche Schilderung des Homer mit Prozessabläufen, die im vorliegenden Fall der prophylaktischen Pflege eines vermutlich skythischen Bogens nach langer Lagerung dienten. Die Handlung geht dem Bogenschießen des Odysseus voraus, bei dem er die Freier bestrafte, die während seiner unfreiwilligen Abwesenheit das Haus frech besetzt gehalten hatten:

> „... *Hurtig, Melanthios, eil und zünd hier Feuer im Saal an, stelle davor den Sessel und breite Felle darüber, hol aus der Kammer alsdann eine große Scheibe von Stierfett: Dass wir Jüngling` am Feuer den Bogen wärmen und salben, dann versuchen wir ihn und endigen hurtig den Wettkampf. Und die Jünglinge salbten und prüften den Bogen, doch keiner konnt ihn spannen, zu sehr gebrach es den Händen an Stärke...*[869]“

Auch heutzutage kann es bei mit Hilfe von Glutinleimen traditionell zusammengeklebten Bogen sinnvoll sein, vor dem Aufziehen der Sehne nach einer langen Ruhephase eine angepasste (moderate) Strukturerwärmung vorzunehmen.

Römerzeitliche Reflexbogen als authentische Nachbauten, gleichgültig ob sie skythischen, levantischen, parthischen oder hunnischen Funktionsdesigns nachempfunden sind, werden anschließend vorsichtig aus ihrem Urzustand zurückgebogen. Nach dem Anbringen des Nervs lässt man sie in der neuen Form stabil werden. Erst dann beginnt bei richtigem Sehnenverlauf der Einschießprozess. Auf parthischen Münzen wird als ein Bildtopos das aufmerksame Kontrollieren der Sehnenlage von Reflexbogen skythischen Designs in Autopsie realistisch dargestellt. (Abb. 185) Sollten Hornkomposits nicht richtig im sogenannten Tiller stehen, kann ein Erwärmen relevanter Wurmarmzonen für die gewünschte Krümmung und einen korrekten Sehnenstand sorgen. Ein solches Vorgehen erhält den Nutzwert dauerhaft. Eine übereilte Handhabung gilt beim Umgang mit diffiziler Bogentechnologie als fahrlässig.

Ein regelmäßiges Bestreichen bzw. eine Oberflächenpflege mit dafür geeignetem Wachs sind angebracht, damit die Werkstoffe nicht rissig und spröde werden oder gar Insektenbefall einem Hornbogen zusetzt. Auch hierfür bietet uns Homer eine gleichermaßen passende wie zeitlos gültige Beschreibung:

> „... *Doch dieser* [der heimgekommene Odysseus, HR] *bewegte den Bogen hin und her in der Hand, auf allen Seiten versuchend, ob auch die Würmer das Horn seit zwanzig Jahren zerfressen. Und es wandte sich einer zu seinem Nachbarn und sagte: Traun! Das ist ein schlauer und listiger Kenner des Bogens! Sicherlich heget er selbst schon einen solchen zu Hause; oder er hat auch vor, ihn nachzumachen...*[870]“

Auch Bogen aus Holz sind dankbar für vor Nässe schützende oder gegen ein Austrocknen konservierende Behandlung. Ad fontes lassen sich in Europa überlieferte Verfahren aber erst aus der Zeit der Renaissance angeben. In seinem Werk *Certain Discourses Military* vermerkt Sir John Smythe (1556 bis 1608) wie ganz ähnlich bereits 1545 sein englischer Landsmann Roger Ascham in der Schrift *Toxophilus – the schole of shootinge* folgendes:

> „... *the archers did use to temper with fire a convenient quantity of wax, rosin and fine tallow together, in such sort that, rubbing their bows with a very little thereof laid upon a woollen cloth, it did conserve them in all perfection against weather of heat, frost, and wet. And the strings, being made of very good hemp, with a kind of water glue to resist wet and moisture ... But if any such strings in time of service did happen to break, the soldier archers had always in readiness a couple of strings more ready whipped and fitted to their bows to clap on in an instant...*[871]"

Für Bogenschützen in der byzantinischen Armee war das Mitführen verschiedener Hilfsmittel Pflicht: „... An den Köcherriemen wurden zusätzlich Feilen, Ahlen, Messer, Klebstoff etc. befestigt, die für die Soldaten vielfach von Nutzen waren...[872]“ Man war vorbereitet, Pfeile zu reparieren, Spitzen zu schärfen oder zu ersetzen. In dem Kontext ist auch ein Befund aus Grab 95MN1M3 von Niya interessant. An der Bogentasche ist vermittels eines Riemens eine lederne Messerscheide befestigt worden. Durch das Lederband, das die Köcher und die Bogentasche verbindet, sind schmale Lederstreifen gezogen. Daran hätten kleine Utensilien befestigt werden können. In den Tragegurt für die Aufhängung der Köcher und des Holsters aus Grab 95MN1M8 sind drei Lederbänder (L 9-30 cm, B 1,5 cm) integriert. Sie besitzen je ein

Löchlein[873]. Hierin konnte man Gegenstände einhängen (s.o. Abb. 167). Anderswo wurden Vorräte an Pfeilspitzen vorgehalten. Das lässt sich an Funden in Europa aufzeigen. Ein im Gräberfeld von Kirchheim am Neckar, Lkr. Ludwigsburg, in Grab 62 beerdigter Alamanne, besaß einen trapezoiden Köcher mit Pfeilen und hatte eine eiserne Reservepfeilspitze in einem Beutel am Leibgurt bei sich. Aus dem Bestattungsplatz von Dittenheim in Mittelfranken wird eine Feile als Köcherbestandteil diskutiert[874]. Zu Werkzeugen der Awaren gehörten sogenannte Knotenlöser aus Bein und Sehnengleithilfen aus Horn. Jene Slipper dienten fürs Einbringen der Öhrchen in die Nocken beim Bespannen der stark rekurven Reflexbogen des awarischen Designs. Man kennt solche Utensilien aus der Archäologie im Karpatenbecken[875].

Bemerkenswert ist eine historisch zuerst bei Maurikios und später bei anderen byzantinischen Militärschriftstellern genannte Pfeilauszugshilfe. Sie wird als *solenarion* (griech.) bezeichnet. Hierbei handelte es sich um ausgehöhlte Stäbe, gedacht als eine Führhilfe zum Verschießen kleiner Spezialpfeile. David Nishimura hat sich dem Thema in einem Fachaufsatz gewidmet: „... The obvious conclusion is that the *solenarion* was simply the ‚tube' or ‚channel' its name suggests, a hollow piece of wood that enabled short arrows to be shot from a fully-drawn bow; in modern parlance, an arrow-guide. Although it seems to have passed unnoticed, this identification was published over forty-five years ago in Kalervo Huuri's much neglected: '*Zur Geschichte des mittelalterlichen Geschützwesens'.* [Helsinki 1941]...[876]" (Abb. 186) Es dürfte sich um eine oströmische Erfindung gehandelt haben, über deren Erstaufkommen aber noch eine ziemliche Unklarheit besteht. Vergleichbare Führstäbe sind später auch aus Korea als *sal-tong* bekannt[877]. Es gab sie ferner im mittelalterlichen Orient als modifizierte Kopien. Der militärische Zweck des *solenarions* bestand darin, in die Schiene relativ kurze „Dartpfeile" einzulegen. In byzantinischen Texten werden sie auch als *Mäuse* umschrieben.

Diese Pfeile waren wegen ihrer geringen Abmessungen und Rasanz für Kontrahenten schwer aufklärbar. „... The *Sylloge Tacticorum* describes the *solenarion* as very effective in battle because its arrows were fired with such velocicty that no armour was adequate against them and the naked eye was unable to see them, in addition to which they could be fired to a very great range...[878]" Rekonstruktionen liefern eindrucksvolle Belege für die Nutzbarkeit des *solenarions* bzw. darauf zurückgehender Konstruktionen[879]. Als Innovationszeit wäre das 6. Jh. n. Chr. durchaus plausibel. Die Neuerung fürs Militär könnte eine Gegenreaktion der Oströmer auf den Gebrauch relativ schwerer Pfeile bei den Germanen und Reitervölkern (Awaren etc.) gewesen sein[880]. Man legte Wert darauf, dass die unterkalibrigen Projektile von solchen Gegnern ohne Vorhandensein des *solenarions* nicht verwertet oder zurückgeschossen werden konnten. Die Byzantiner bedienten mit ihren Reflexbogen ansonsten auch normal lange Pfeile. Insofern bot ihnen das *solenarion* taktisch exklusive Optionen im Fernkampf. Die Suche nach Pfeilspitzen geeigneten Formats ist eine Forschungsaufgabe. Technisch gut dazu passen oder auch davon abgeleitet worden sein könnten meiner Meinung nach die schmalen eisernen Schaftdornspitzen mit drei Schneiden und dreikantiger Front (s.o. Abb. 178) als Spezifika im frühbyzantinischen Reich wie zum Beispiel im Bogenschützengrab von *Carnium*.

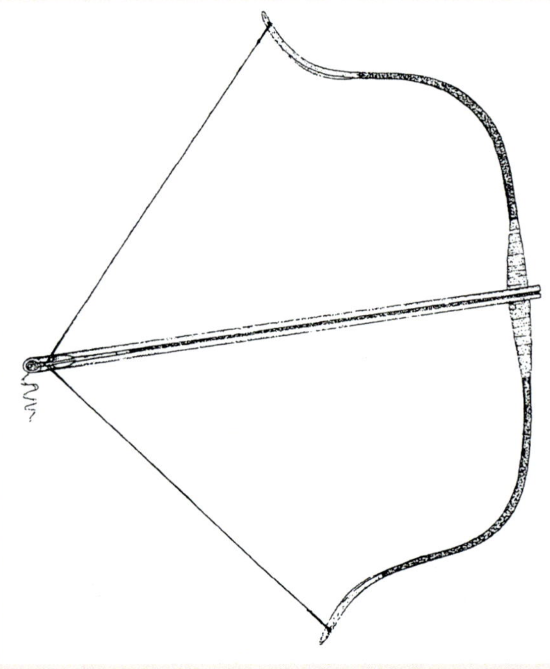

Abb. 186: Rekonstruktionsvorschlag für ein frühbyzantinisches *solenarion*. Die Schnur links dient zum beweglichen Festmachen der Führhilfe an der Pfeilhand. Nach David Nishimura. Ohne Maßstab.

14.2 Handschuhe, Fingerkappen und Daumenringe für den Pfeilauszug

14.2.1 Hilfsmittel für effizientes Bogenschießen mit den mittleren Fingern

14.2.1.1 *Tenditori per arco* im etruskischen Italien und Mediterrane Spannweise

Zum Zubehör gehörten Hilfen für den Pfeilauszug. Nicht wenige dieser Instrumente sind sich über Jahrhunderte hinweg ähnlich geblieben. Alf Webb schreibt darüber: „... Release aids for archery have been in use many thousands of years and are sometimes surprisingly similar to those 'developed' by today's archers. For example, Linnaeus wrote of the Laplanders holding the bow with their left hand and drawing it with their right by means of a cleft stick, *bifidus ramus*. The mittens worn by reindeer herders in Lapland are still split between the second and third finger in the right hand glove, to take the retaining cord of the cleft stick, although they will tell you they are made that way to allow easier access to sleigh reins...[881]" Es lohnt sich ein Blick auf Artefakte etruskischer Zeit. Die Archäologie kennt eine spezielle Fundgattung von Bronzen mit zwei Ringen und drei bis vier Spornen. Sie könnten fürs Schießen gedient haben[882]. In der deutschen Literatur liegen Angaben zu den sogenannten Bogenspannern im Katalog der Antiken des Badischen Landesmuseums in Karlsruhe vor. Eine reichhaltige Präsentation an Realien findet man im Katalog der Sammlung Gorga im Nationalmuseum Rom[883]. Die Stachelringe haben seit ihrem Bekanntwerden in der Archäologie zu anhaltenden Kontroversen geführt. Was ihre Funktion angeht, wurden und werden stark voneinander abweichende Vorschläge gemacht[884]. Martin Schönfelder schreibt: „...Rätselhaft bleibt bisher die Funktion von sog. Stachelringen. G. Jacobi diskutierte sie umfassend anläßlich der Besprechung der beiden Stücke aus Manching. Diese sind bisher die einzigen Vertreter dieser Art aus dem Bereich der Latènekultur, deren Fundort nicht weiter angezweifelt wurde ... Bei zwei Exemplaren aus Italien ist eine Kette durch die beiden Ösen gezogen. Daher erklärt man sich ihre Funktion zur Bändigung, Dressur oder Brechung junger Pferde – sie sollen mit den Spitzen nach unten auf der Nase der Pferde sitzen ... Ohne neue Befunde kann die Funktion der Stachelringe nicht gelöst werden; ein eisernes Exemplar aus dem augusteischen Militärlager Dangstetten (Kr. Waldshut-Tiengen, D) trägt dazu leider nicht bei...[885]"

Jurgeit stellt auf das Ergebnis praktischer Rekonstruktionen fürs Bogenschießen ab: „... In fast allen Antikensammlungen sind die sog. Bogenspanner vertreten ... Es handelt sich um in verlorener Form gegossene Gegenstände, die aus zwei in einer Ebene angeordneten Ringen mit einer diese verbindenden Platte bestehen, auf der zumeist die Stacheln aufragen. Diese können annähernd runden oder aber flach dreieckigen Querschnitts sein. Die den Stacheln gegenüberliegende Seite ist bei etlichen Exemplaren leicht zu diesen hin gebogen, meist bei Stücken mit Stacheln runden Querschnitts. Die Stacheln können eine Höhe bis zu 4,5 cm erreichen, die Ringe haben einen inneren Dm. von ca. 2 cm und können an einer Seite außen mit kleinen Protuberanzen ... versehen sein ... Im Rahmen einer Untersuchung der experimentellen Archäologie kam L. Patroncini zu dem überzeugenden Ergebnis, dass die Zwillingsringe mit den langen Stacheln doch als Bogenspanner („*tenditore per arco*“) zu identifizieren sind. Dabei werden die beiden Ringe auf Zeige- und Ringfinger gezogen, der Mittelfinger liegt mit dem Pfeilschaft auf dem einzeln stehenden Stachel auf; die Sehne liegt zwischen diesem und den beiden nebeneinander angeordneten Stacheln. Diese Bogenspanner dürften wohl vom 6. Jh. v. Chr. an bis in die Stufe Fe3 ... besonders für die Jagd in Italien allgemein Verwendung gefunden haben ... Die Fundorte liegen in Italien, woher auch die zwei Karlsruher Exemplare

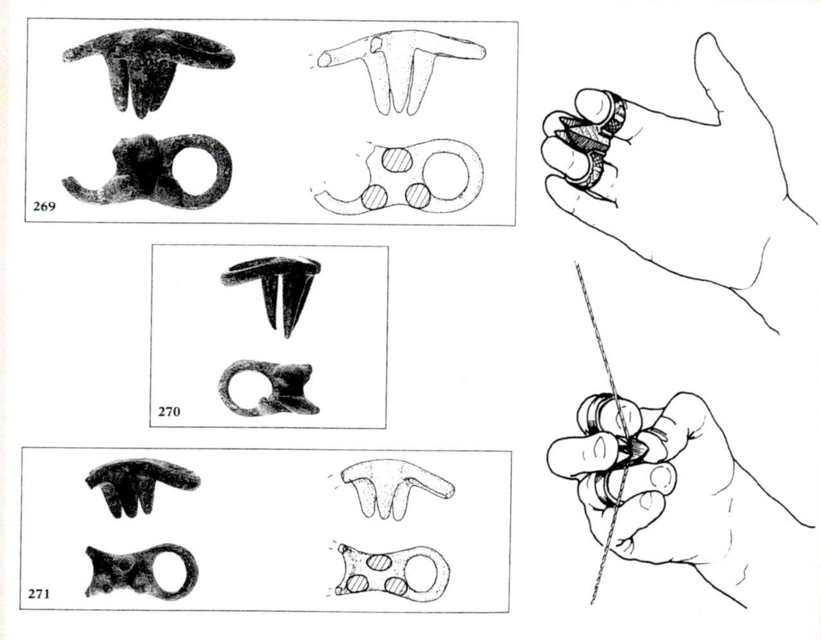

Abb. 187: Antike italische „Bogenspanner“. Auswahl aus der Sammlung Gorga, Museo Nazionale Romano (269-271). Bronze. Vorschlag zum praktischen Gebrauch als eine Pfeilauszugshilfe. Nach Luciano Patroncini. Ohne Maßstab.

der Slg. Clarke stammen, einige lassen sich auch für Etrurien belegen ... Ausnahme bleibt ein Exemplar in Olympia...[886]" (Abb. 187)

Wenn es sich tatsächlich um Zubehör für Bogenschützen handeln sollte, dann würde dies die Annahme unterstützen, dass die ansonsten dürftige Quellenlage im Bezug auf Pfeil und Bogen in etruskischer und frührömischer Zeit nicht deren wahren Stellenwert im damaligen Italien widerspiegelt. Vergil schreibt in der *Aeneis* von fiktiven Kämpfen zwischen Trojanern und Indigenen in Latium. Der Bogengebrauch wird dabei weder als eine Seltenheit angesehen, noch im Vergleich zum häufigeren Einsatz von Wurfspeeren abgewertet. Ganz im Gegenteil, selbst der als Krieger umsichte Aeneas wird durch den Pfeil eines Latiners kurzfristig außer Gefecht gesetzt:

„... *Waffenlos aber streckte der fromme Aeneas die Rechte, suchte, entblößten Hauptes, die Seinen zur Ordnung zu rufen ... Während der Worte, noch während des Aufrufs zu ernster Besinnung, schwirrte ein Pfeil befiedert gegen den Helden. Den Schützen kannte man nicht, nicht den Windstoß, der zügig die Waffe herantrieb, nicht, wer den Rutulern solchen Ruhmesglanz schenkte, der Zufall oder ein Gott. Nicht gelöst ward jemals das Rätsel des Vorfalls, niemand brüstete sich, Aeneas verwundet zu haben...*[887]"

Der Mediterrane Ablass (*Mediterranean release*), geprägt vom Ethnologen Edward S. Morse (1838 bis 1925) für das Fassen der Sehne mit Zeige-, Mittel- oder ergänzend dem Ringfinger, deutet an, dass an einen auch und gerade in der Antike bevorzugten Schießstil gedacht wurde[888].

Beim Gebrauch hölzerner Bogen der Kelten und Germanen ist ebenfalls vom Mediterranen Ablass bzw. Fingerauszug auszugehen. Die objektive Quellenlage hierzu ist aber dürftig. Auf einem hallstattzeitlichen Gürtelbeschlag aus Tumulus 3 von Molnik in Slowenien ist ein Jäger mit einem *self-bow* zu sehen. Er nutzt die mittleren Finger der rechten Hand zum Greifen der Sehne[889]. Dies ist ein geeignetes Bildbeispiel für einen Bogenschützen keltischer Zeit in Europa. Der Bogenjäger auf der oben bereits zitierten Tonscherbe aus La Graufesenque wird mit einer vergleichbaren Handhaltung dargestellt. Auf den germanischen Goldhörnern von Gallehus könnte der Mediterrane Ablass andeutungsweise vorliegen. Zu diesem Schießstil liegen in der Fachliteratur über das traditionelle Bogenschießen ergiebige Praxisempfehlungen vor, so dass weitergehende Ausführungen oder Bildbeispiele dazu an der Stelle überflüssig sind[890].

Für das technisch besondere Funktionsdesign der alamannischen Oberflacht-Bogen lässt sich auch ein daumenunterstützter Sekundärer oder Tertiärer Ablass (nach Morse) mit Mittel- und Ringfinger oder mit Zeige- und Mittelfinger erwägen. Das Schießen mit rekonstruierten Oberflacht-Bogen und relativ kurzen Pfeilen (um die 60 bis 70 cm Länge) erfordert einen gleichermaßen vehementen wie bedachtsamen Auszug, um die mechanischen Vorteile der spezifischen Bogenkonstruktion voll ausschöpfen zu können. Die sogenannten Tubulinocken germanischer Pfeile vermochten fingerbasierte oder hin und wieder eventuell auch daumenunterstützte Schießstile gleich gut zu tragen.

Der Archäologe Felix von Luschan macht in seinem Werk *Ausgrabungen in Sendschirli IV* von 1911 auf das Relief eines Schützen des 8. Jh. v. Chr. aus der alt-aramäischen Stadt Sam'al bei Zincirli in der südosttürkischen Provinz Gaziantep aufmerksam. Darauf wird eine Vorrichtung zur Greifunterstützung der Sehne gezeigt. (Abb. 188) Sie bestand wahrscheinlich aus Leder und erinnert an moderne Schießhandschuhe mit drei Stulpen für die Finger und einer Auflage für den Handrücken. Auch jener Protagonist bediente sich also der Mediterranen Spannweise. Er trägt einen im Orient üblichen Angularbogen, hier relativ kurz und mit Vogelkopfenden, wie ihn ansonsten auch die Ägypter oder Assyrer kannten[891]. Solche Waffen waren in römischer Zeit zwar anachronistisch, denn man hatte sie durch skythische sowie anschließend durch parthische und hunnische Bogen ersetzt, ähnliche Schießhandschuhe könnten aber persistiert haben. Als Pfeilauszugshilfe entwickelte die Luristan-Kultur im Westiran zu Zeiten Homers spezielle Ringe aus Bronze oder sogar Silber und Gold mit einem Haken, um das Ziehen des Nervs zu erleichtern[892]. Ghirshman glaubt, dass sie mit Skythenbogen einhergingen. Die Spannkraft wurde mechanisch auf diese metallenen Protesen übertragen.

Abb. 188: Alt-aramäischer Schütze. Angularer Reflexbogen. Rückenköcher. Pfeile mit erhabener Nocke. Unten eine Auszugshilfe. Nach Felix von Luschan. 8. Jh. v. Chr. Ohne Maßstab.

Auf kostbaren Schautellern mit Wiedergaben sasanidischer Könige bei der Jagd erblickt man die sogenannte Sasanidische Spannweise. Dabei wird der Pfeil öfters an der linken als an der rechten Bogenseite angelegt. Es gibt hier aber keine Regelmäßigkeit in der Ikonographie. Häufig weist der Zeigefinger der Bogenhand nach vorne, wie wir es in Mittelasien bisweilen auch beim Mediterranen Ablass antreffen (s.o. Abb. 42). Aber auch dies muss bei der Sasanidischen Spannweise nicht immer auftreten. Manchmal lassen sich über der Pfeilhand einander zustrebende Bänder ausmachen. Sie treffen auf einen runden Riemenverteiler auf dem Handrücken. Die Bänder laufen am Zeige- und am Kleinen Finger vorbei und schmiegen sich gegenüber ums Handgelenk. (Abb. 189) Auf der Innenseite hat man die Vorrichtungen wahrscheinlich fixiert. Da der Mittel- und der Ringfinger umgebogen sind, bleibt zunächst ungewiss, was für eine Form von technischer Greifunterstützung, denn nur darum kann es sich gehandelt haben, mit den Vorrichtungen realienkundlich verbunden gewesen ist.

Bruno Overlaet vermag für drei Fingerkappen als Artefakte aus dem Iran im Bestand der schweizerischen Abegg-Stiftung, Textilmuseum und Institut in Riggisberg, Kt. Bern, praktische Nutzungsvorschläge zu unterbreiten. Als Herkunft der im ersten Augenschein funktional nicht näher einzuordnenden Utensilien wird die iranische Provinz Deylamān angegeben. Als eine mögliche Datierung nennt Overlaet die Epoche vor der arabischen Eroberung. Es gibt jeweils ein Exemplar aus Gold (Iv.-Nr. 8.135.66), Silber (Iv.-Nr. 8.136.66) und Bronze (Iv.-Nr. 8.137.66). Stets liegen Fingerkappen vor, keinesfalls schützende Aufsätze für den Daumen. An den sich zugunsten der Beweglichkeit des Gelenks vergrößernden Mündungen befinden sich oben zwei kleine Rundösen zur Aufnahme einer Bandschnur. (Abb. 190) Jeweils an der rechten Seite, die Hand in der Draufsicht betrachtet, gibt es eine kurvige Aussparung. Die Maße der Fingerkappen betragen 7,0 cm L, 3,3 cm B, 2,6 cm H beim goldenen, 7,2 cm L, 2,9 m B, 2,9 cm H beim silbernen und 7,8 cm L, 2,9 cm B und 3,2 cm H beim bronzenen Exemplar. Die Artefakte aus Bunt- und Edelmetall repräsentieren gehobene bis luxuriöse Ausführungen. Als mögliche Hilfsmittel fürs Bogenschießen in Persien käme die Sasanidische Spannweise in Betracht. Die originalen Sets hätten dann aus maximal zwei Fingerkappen bestanden. Overlat erläutert: „... The Sasanians seem to have had a very characteristic manner

Abb. 189: Sasanidenkönig beim Pfeilablass. Auf dem Handrücken Ring und Bänder. Sari-Schüssel. Mazandaran. Iran. Nach R. Ghirshman. 3./4. Jh. n. Chr. Ohne Maßstab.

Abb. 190: Fingerkappen aus Silber (o.) und Bronze (u.) mit Ösen. In drei Ansichten. Herkunft Iran. Bestand der Abegg-Stiftung in Riggisberg. Schweiz. Nach Bruno Overlaet. Ohne Maßstab.

of drawing the compound bow … it can be observed that the bowstring is pulled with the middle finger, while the index finger is stretched along the arrow. The little finger is either folded downwards, away from the ring finger, or it is fully outstretched. In either case it does not seem to play a role in the drawing. The pressure of the index finger which rests on the arrow, would keep it placed on the string while pulling. It is possible that the thumb was placed next to it on the inside of the bow, thus holding the nock of the arrow slightly pressed between the thumb and the extended index finger … Why this particular use of drawing was preferred by the Sasanians and when it was first used, remains a mystery…[893]"
Ich lege großen Wert auf die Feststellung, dass mit den spätantiken Fingerkappen wenn, dann die Sehnen von Qum-Darya-Bogen bedient wurden. Adam Swoboda rekonstruiert für den Pfeilauszug der Sasanidenkönige stattdessen Schießhandschuhe aus Leder. Seiner Meinung nach wurde eine spezielle Daumentechnik angewandt. Allerdings gibt er zu bedenken, dass mit jener vergleichsweise seltenen Daumenauszugsweise Gewichte über 40 lb schwierig zu bewältigen seien[894]. Insofern bleibt auch dieser Ansatz spekulativ. Wir gehen davon aus, dass sasanidische Bogen für Jagd- und Kriegszwecke auszugsstärker waren und demzufolge nicht unter mindestens 50 lb anzusetzen sind. Der Fachdiskurs über die Natur der Sasanidischen Spannweise ist weiter im Gange und schwer zu entscheiden[895]. Er fehlt bei den Parthern als bedeutende Vorläufer und legendäre Bogenschützen im Iran, wo wir oftmals die Mediterrane Spannweise antreffen und stirbt mit dem Ende der Sasaniden im 7. Jh. n. Chr. aus bzw. wird vom klassischen Daumenauszug mit Spannring im orientalischen Raum abgelöst.

14.2.2 Quellen zur Adaption des Schießens mit dem Daumen in der Antike

14.2.2.1 Spannringe als archäologische Funde aus der Römischen Kaiserzeit

Angesichts der dinglichen Belege im nördlichen Schwarzmeerraum steht es zweifelsfrei fest, dass Pfeilauszugstechniken, welche auf dem Daumen beruhen und rezent als Mongolische Spannweise, erneut nach Morse (*Mongolian release*), bezeichnet werden, spätestens im 1. Jh. n. Chr. in Osteuropa und zu noch ungewisser Zeit in Persien bekannt waren. Die große Frage lautet, ab wann und mit welcher Intensität jener Schießstil in der römischen Armee bzw. von Auxiliaren praktiziert wurde? Ein als Fundstück dokumentierter Spannring aus Bronze als Grabbeigabe aus mittelsarmatischer Zeit nahe dem Ort Pisarevka, Ukraine, geht auf eine relativ flache Grundform mit einem gekrümmten Zungenansatz zurück. Die umgebogene Zunge überdeckte und schützte die Daumeninnenseite beim Pfeilablass, präziser formuliert beim Abgleitenlassen der Sehnenschnur. (Abb. 191) Die geringe Anzahl von Spannringen bei den Sarmaten verleitet einen zur Annahme, dass daumenbasiertes Schießen dort nicht originär gewesen ist, sondern weiter von Osten her über den Steppengürtel in nord-pontische Gebiete gelangte. Metallene oder beinerne

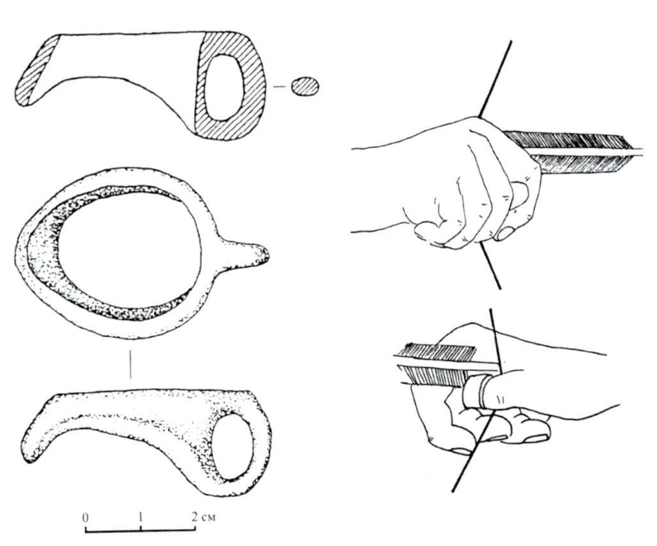

Abb. 191: Bronzering mit Zunge und Öse aus dem sarmatischen Grab von Pisarevka am mittleren Dniester. Nach A. V. Simonenko. Zweite Hälfte 1. Jh. n. Chr. Daumenauszugstechnik nach Alf Webb.

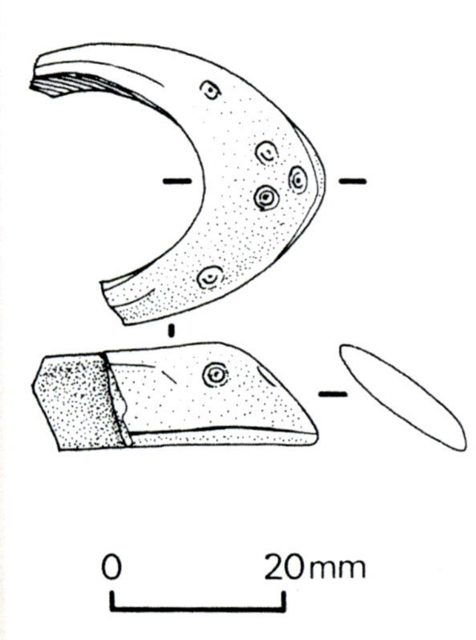

Abb. 192: Fragment eines vermutlich spätmittelalterlichen Bogenspannrings mit eingeritzter Kreisaugenzier. Bein. Streufund aus Dura Europos. Nach Simon James.

Spannringe mit einer Lippe waren im Mittelalter in ganz Eurasien gebräuchlich. Sie sind von William F. Paterson, Bede Dwyer, Kay Koppedrayer und anderen Autoren beschrieben[896]. Es sei ergänzt, dass aktuell sogar ein Bronzespannring mit Lippe archäologisch aus Birka auf Björkö im Mälaren vorliegt[897]. Schwedische Wikinger handhabten dort Reflexbogen eines überkulturell auftretenden Funktionsdesigns, welches sich von den Magyaren in Ungarn bis hin zu den Uiguren in der Mongolei zu erkennen gibt. Ein Fingerring aus Bein im wikingerzeitlichen Island wird ebenfalls fürs Bogenschießen diskutiert[898].

In die Römische Kaiserzeit zurückkehrend, ist festzustellen, dass auf Reichsgebiet bisher keinerlei Spannringe wirklich gesichert vorliegen. Der beinerne Spannring mit Lippe aus Dura Europos ist maximal 31,5 mm breit, erhaltungsbedingt noch 39 mm lang und 11 mm hoch. James schreibt in eigener Anschauung: „... The ring is clearly depicted among a group of objects stretched on a sheet preserved at Yale. These are labelled as coming from a classical period burial in the north-western tower of the citadel...[899]" An anderer Stelle äußert er sich zurückhaltender, was die Datierung angeht: "... During the course of the excavations a broken ring of polished bone, certainly an archer's thumbring, was recovered [Yale Univ. Art Gallery, Iv.-Nr. 1929.475A]. Unfortunately, no exact provenance was recorded. At the time, it was described as 'certainly Parthian', but no reason was given so it may reasonably be suggested that the thumbring could have been a casual surface find, an object dropped on the site by some hunter in later times...[900]" Ich weise darauf hin, dass im Museum of Anthropology in Columbia, Montana, USA, unter der Iv.-Nr. MAC1995-0328 ein vergleichbarer Spannring aufbewahrt wird. Auch er besitzt symmetrisch angeordnete Kreise jeweils mit einem Punkt in der Mitte[901]. Der Ring besteht aus Bronze und ist Bestandteil der Charles-Grayson-Collection. Er wird historisch nach Persien und in die Il-Chanzeit (1256 bis 1335) verortet. Die Formen und Verzierungen der beiden Ringe sind sich so ähnlich, dass sie in Beziehung zueinander gesetzt werden können. Vermutlich handelt es sich beim Ring aus Dura nicht um ein antikes Stück, sondern er gehört als Abfall- oder Verlustgut ins Mittelalter. (Abb. 192)
Von unklarer Funktion sind einige archäologische Objekte aus dem römischen Britannien, bei denen man nicht weiß, ob sie eventuell zum Bogenschießen dienten: „... A bone ring from Chesters (Clayton Collection no. 473) lacks the characteristic flange and may just be a piece of jewelery...[902]" Eine Kappe aus Ziegenleder angeblich für das Greifen der Bogensehne mit dem Daumen liegt aus *Vindolanda* am Hadrianswall vor: „... The damp Northumbrian soils have been particularly kind to discarded leather, which the Romans themselves could not destroy by burning, and, instead, dumped in old ditches and pitchs or hid under their room carpets of bracken and straw ... But there have been some very unusual items as well, including an archer's thumb guard, the pouch from an archer's sling, and a variety of bags, straps and clothing fragments...[903]" Alle heutzutage bekannten Daumenauszugshilfen schmiegen sich allerdings stets eng an und haben keine Volumengestalt wie das dreieckige Lederutensil mit langem Haltebändchen. Moderne Lederringe fürs Schießen mit dem Daumen sitzen ebenfalls fest auf[904]. Vorstellbar wäre, dass hier vielleicht ein Schutz für die Bogenhand vor Pfeilen vorliegen könnte[905]. Dazu könnten Nachbildungen bessere Auskünfte bringen.

Eine alternative Spannringgattung hatte im Altertum eine zylindrische Form. Das Bruchstück solch eines Artefakts in Eurasien ist aus einem alt-türkischen Grab im Altai überkommen. Als Werkstoffe dienten Bein oder Geweih. In China waren zylindrische Spannringe aus Jade oder Achat geläufig. Schießringe mit einer vergleichbaren Formgebung treten zur Römerzeit weder bei den Mittelmeervölkern, den Sarmaten noch in Persien auf. Ihrer Anmutung nach ähnliche Ringe aus Stein oder Glas an einigen meroischen Plätzen in Nubien werden als Spannringe diskutiert[906]. Die Datierung der Funde aus Schutthalden bei der Hauptstadt *Meroe* oder als Beigaben in Grabstätten reicht bis in die späte Kaiserzeit. Die Einwohner des Reiches Kusch während der meroischen Phase (280 v. Chr. bis 350 n. Chr.) waren Schwarzafrikaner und Ägypter. Für die nubischen Ringobjekte konnte ein Ausgreifen nach Norden bisher nicht

Abb. 193: Daumenauszug auf einer spätrömischen Schildbemalung aus Ägypten. Universität Trier, Original- und Abgußsammlung. Nach Klaus-Peter Goethert. 5./6. Jh. n. Chr. Ohne Maßstab.

erkannt werden. Es ist möglich, wie Andreas Kronenberg erörtert, dass sie überhaupt nicht zum Schießen dienten, sondern als Männerschmuck in der Region fungierten, der am Daumen getragen wurde[907]. Auf dem berühmten römischen Nilmosaik aus dem 1./2. Jh. n. Chr. von Palestrina (Barberinisches Mosaik) erblickt man in afrikanischen Landschaften dunkelhäutige, nubische Schützen oder Äthiopier mit langen *selfbows* auf Wildschweine und kleinere Tiere wie Affen anlegen. Der Auszug führt zur Brust hin, was eine Daumentechnik unwahrscheinlich macht. Man ist geneigt, anzunehmen, dass, in welchem Umfang es massive Ringe für den Pfeilablass im Römerreich gegeben haben könnte, sie den Fundobjekten in Sarmatien ähnlich waren.

Auf dem Fragment einer spätrömischen Prunkschildbemalung, das sich in der Original- und Abgußsammlung des Faches Archäologie an der Universität Trier befindet, ist ein Schütze mit einem Skythenbogen über den Kopf nach rückwärts zielend abgebildet. Der Schild stammt aus Ägypten und wird ins 5./6. Jh. n. Chr. datiert. Der *Scythicus arcus* könnte eine künstlerische Reprojektion sein. Die Spanntechnik hinter dem Rücken erfordert einen Daumenauszug. (Abb. 193) Nähme man alle sonstigen Bildzeugnisse aus der Römischen Kaiserzeit in Orient und Okzident als Quellen pro oder contra des daumenbasierten Bogenschießens, wäre zu konstatieren, dass es nur marginal praktiziert worden sein kann. Dagegen sprechen wiederum die Pfeile mit früh hinter der Nocke ansetzender Befiederung wie in Syrien oder Israel. Außerdem haben wir die oströmische Schrift *Peri Toxeias* mit ihrem eventuellen Ursprung in der mittleren Kaiserzeit. Sie kennt den Daumenauszug bestens. Ferner ist zu berücksichtigen, dass römische Bilddarstellungen oft an Vorlagen aus dem alten Griechenland und der Epoche des Hellenismus orientiert waren. Die Griechen praktizierten den Daumenauszug nicht. Maria Voß glaubt, auf Vasenmalereien aus dem archaischen Griechenland, auf denen Skythen zu sehen sind, hin und wieder den Daumenauszug erkennen zu können[908]. Jedoch trifft dies bei genauerer Begutachtung nicht zu. Im Alten Orient scheint man den Daumenauszug zwar angewandt zu haben, allerdings nicht regelhaft[909]. Weiter im Osten Asiens sprechen kurze Fingerkappen aus Metall fürs Bogenschießen der skythischen Tagar-Kultur im Minussinsker Becken gegen einen Daumenauszug zumindest in dieser frühgeschichtlichen Phase[910]. Ist die Daumenspannweise im eisenzeitlichen Eurasien jenseits des chinesischen Kulturraums also nicht mehr als eine akademische Fiktion? Offenbar wurde das Schießen mit dem Daumen erst in der hunno-sarmatischen Ära im Steppenraum verbreitet. Es ist von dort zu den Parthern und den Römern gelangt, hat dort bestehende Schießstile aber keinesfalls schlagartig verdrängt.

14.2.2.2 Beispielhafte Vergleichsbetrachtungen ausgewählter Bildquellen

Bei Analysen mit der Intention eines Nachweises für den Sehnenauszug mit dem Daumen sind einige charakteristische Merkmale zu berücksichtigen. Erstens weicht die Winkelstellung der Hand von daumenunterstützten und fingerbasierten Techniken ab. Beim daumenbasierten Schießen werden die Finger in der Regel zum Handballen hin gekrümmt, so dass sie nach unten weisen. Als weiteres Merkmal wird der Pfeil meist auf der rechten Bogenseite angelegt. Im Kapitel über den Yrzi-Bogen wurde bereits auf die parthische Skulptur in Berlin eines Reiters hingewiesen, bei dem der Pfeil rechts zur Anlage kommt (s.o. Abb. 14). Auch auf der Gefechtsszene auf der Bildplatte von Orlat werden die Pfeile rechts angelegt. Das Anlegen eines Pfeils rechts am Griff ist schusstechnisch allerdings auch beim Fingerauszug möglich. Im Übrigen gilt es, bei solchen Bilddarstellungen eine gewisse künstlerische Freiheit mit zu bedenken. Ein verwertbares Beispiel für den Daumenauszug könnte auf dem Felsblock III von Tang-e-Sarvak in Kuzestān im Südwesten Irans vorliegen. Es handelt sich um ein parthisches Kunstwerk mit einer Kampfszene. Zentral agiert darauf ein gepanzerter Lanzenreiter (lat. *clibana-*

Abb. 194: Parthischer Lanzenreiter. Bogenschütze mit Daumenauszug. Rückenköcher. Felsblockrelief III von Tang-e-Sarvak. Iran. Umzeichnung nach Hubertus von Gall. 2./3. Jh. n. Chr. Ohne Maßstab.

rius) mit Köcherensemble und Bogenfutteral. Darüber stehen ein Bogenschütze zu Fuß und ein Steinewerfer, rechts oben ein Schleuderer. Das Relief ist im Original gut zwei Meter hoch. Der Schütze hält die Pfeilhand abgewinkelt, wobei die Finger nach unten weisen. (Abb. 194) Man vergleiche damit den Pfeilauszug des Parthers auf der Perlmuttarbeit von Schami oder Bilder persischer Könige auf Schautellern der Sasaniden. Das parthische Relief Tang-e-Sarvak III könnte einen daumenbasierten Auszug zeigen. Außerdem beinhaltete die Komposition noch einen Reiter beim Parthischen Schuss als Konterpart des Lanzierers. Nach Ansicht Hubertus von Galls ist der Reiterkampf das bestimmende Bildthema gewesen.

Ein abgesplittertes Teilfragment mit dem zweiten Reiter beim rückwärtigen Zielen befindet sich im Museum Iran Bastan in Teheran. Gemäß einer Umzeichnung von Eric de Waehle wäre aufgrund des Pfeilansatzes rechts am Griff auch hier der Daumenauszug möglich. Die Forschung setzt das Denkmal stilbedingt in spätparthische Zeit an: „… Zweifelsohne ist die frontale Wendung des Kopfes bei sonst im Profil gesehen, galoppierenden Reitern eine Konzession an die seit dem letzten Viertel des 1. Jhs. n. Chr. sich immer mehr durchsetzende und im 2. Jh. n. Chr. dann voll ausgeprägte sogenannte ‚strikte Frontalität' in der parthischen Kunst, mit der eine stärkere Bindung und Beziehung zwischen dargestellter Person und Bildbetrachter hergestellt werden sollte…[911]" Zur Bogengattung lassen sich keine genauen Aussagen treffen. Der Schütze zu Fuß scheint mir aber einen Qum-Darya-Bogen zu führen. Dies würde die Argumentation stützen, für jene Waffen keine verbindliche Auszugstechnik vorzuschreiben. Dem widerspräche auch nicht die Möglichkeit, dass sich später neue Moden gegenüber älteren Gepflogenheiten wegbahnten. „… It would be surprising if the Sassanids were slow in absorbing the Mongolian release, considering their long-standing steppe contacts … And their relief at Tāq-i-Bustān, the aquatic hunt scene, depicts Chosroes II in a boat with a bow held at full-draw. The king's right hand seems to be bent donwards, a common artistic convention to denote a thumb-lock…[912]" Der Daumenauszug Chosraus II. datiert aber erst in die Zeit des Frühmittelalters. Beim Bogentyp handelt es sich nicht mehr um einen hunnischen Bogen. Es besteht eine Ähnlichkeit mit der Konstruktion zeitgenössischer awarischer Bogen.

Antike Bildbeispiele aus dem Herrschaftsraum der Kuschan wie vom Oxos-Tempel zeigen Qum-Darya-Bogen und das Greifen der Sehne mit den mittleren Fingern. Soldaten Roms aus dem Orient und Eurasien mögen je nach Schulen mehrere Techniken beherrscht haben. Der Daumengriff hat ergonomische Vorteile bei kurzen Bogen und weitem Auszug mit spitzem Sehnenwinkel. Pfeile lassen sich stabil am Griff halten, was beim Reiten von Vorteil ist. Es kann in praktischer Hinsicht allerdings keine spät-/antike Reflexbogengattung mit einem spezifischen und die übrigen kategorisch ausschließenden Schießstil verbunden werden. Im frühbyzantinischen Reich treffen wir auf ikonographischen Quellen, trotz zahlreicher materiell überkommener Spannringe aus Bronze, mitunter weiterhin den Fingerauszug an. Dies gilt in hervorragender Weise für das sogenannte Elfenbeinkästchen von Troyes[913]. (Abb. 195)

Man könnte den Zweifingerauszug darauf als ein unzeitgemäßes Relikt aus der älteren Kunst ansehen. Stilistische Parallelen sind übrigens auch bei der Wiedergabe des levandierenden Pferdes mit Pferden im Utrecht-Psalter (s.o. Abb. 124) gegeben. Ebenso gut könnte sich hier aber auch die in *Peri toxeais* erörterte Auswahl an Optionen für oströmische Schützen wiederspiegeln. Andere byzantinische Bildwerke zeigen den Daumenauszug[914]. Einen potentiellen Variantenreichtum sollten wir auch im Verlauf der Römischen Kaiserzeit akzeptieren. Der heutzutage vor allem bei Autoren im englischen Sprachraum populäre Fokus auf den Daumenauszug ist in seiner historischen Bandbreite mehr dem Mittelalter und der Neuzeit entlehnt. Er sollte nicht der Vielfalt an Gepflogenheiten in der römischen Epoche übergestülpt werden.

Abb. 195: Oströmischer Bogenreiter. Fingerbasierter Pfeilauszug. Reiten ohne Steigbügel. Ausschnitt des Elfenbeinkästchens von Troyes. Frankreich. 9./10. Jh. n. Chr. Nach R. Ghirshman. Ohne Maßstab.

14.3 Diskurs über Unterarmprotektoren für römische Bogenschützen

14.3.1 Quellenkritische Begutachtung der Armspangen auf der Traianssäule

Ein traditionellen Element von Schießzubehör, das in zahlreichen prä-/historischen Kulturen vorhanden war, stellten Unterarmprotektoren dar. Solche Utensilien (engl. *bracer*) sind fürs Bogenschießen schon in vorgeschichtlichen Epochen erfunden worden und als Artefakte bekannt. Funde planer oder leicht gewölbter Rechteckleisten aus Schiefer oder Sandstein jeweils mit Löchlein an beiden Enden für das Anbringen einer Bindung, bilden für die endneolitische Glockenbecherkultur in Europa sogar regelrechte Leitfunde. Sie sollten den Unterarm und das Handgelenk vor dem zurückschnellenden Nerv bewahren. Das kann bei ungünstiger Positionierung während des Ablasses zu schmerzhaften Blutergüssen führen und den Pfeilflug beeinträchtigen. Bei traditionellen Holzbogen mit flacher Bespannung (engl. *fistmele*) ist dies generell etwas kritischer als bei Reflexbogen mit höherer Sehnenlage über dem Griff. So oder so gingen ungewollte Berührungen zu Lasten eines sauberen Schusses. Der Einsatz bei der Jagd oder im Konfliktfall erfolgte selten wie unter Schießplatzbedingungen. Deshalb waren selbst gut geübte Schützen, deren Handhabungen automatisiert vonstatten gingen, nicht vor kleineren Mißgeschicken oder Ungenauigkeiten gefeit. Dann mussten die Armprotektoren, kam es zum Sehnenschlag, den Nerv möglichst ohne Reibungsverluste, wie sie durch die Haut oder Bekleidung hervorgerufen werden, rasch ab- und weiterleiten können. Die Armschützer waren auf der Sehnenseite entsprechend plan auszuführen. Das neolithische Bauprinzip aus Stein liefert diesbezüglich eine funktionale Manifestation.

Armschützer aus festem Leder oder aus Beinmaterial, wie sie fürs Mittelalter und die Neuzeit in Europa ikonographisch und dinglich nachgewiesen sind[915], haben sich aus der Antike nur selten erhalten. Organische Werkstoffe verrotten verhältnismäßig schnell, wenn sie in den Boden gelangen. Für den spätbronzezeitlichen Mittelmeerraum weist Tölle-Kastenbein auf Armschutzplatten aus gebranntem Ton und Knochen von Fundplätzen in Kleinasien (*Troia*), Anatolien (*Alishar*) sowie dem alten Israel (*Tell-es-Safi*) hin. (Abb. 196) Diese Zweckformen sind langoval, rechteckig oder trapezoid und mitunter über die Längsachse gekrümmt, dem Arm ergonomisch angepasst. Auch in der Bildwelt des Alten Orients sind Unterarmschützer vorhanden. Das klassische Griechenland, Skythien und Persien bieten indessen nichts Vergleichbares an. Bei einem technisch einwandfreien Bogenschießen mögen Protagonisten zwar tatsächlich auch einmal auf Armschützer verzichtet haben, es wäre aber ebenso denkbar, dass sich Künstler aus Konventionsgründen nicht verpflichtet sahen, realiter vorhandene Gegenstände dieser Art abzubilden. Das vorbildnehmende Kunstschaffen der Römer hat vergleichbar gewaltet, mit der Konsequenz, dass fast keine Unterarmschoner vorkommen. Dennoch hat es sie gegeben. Flavius

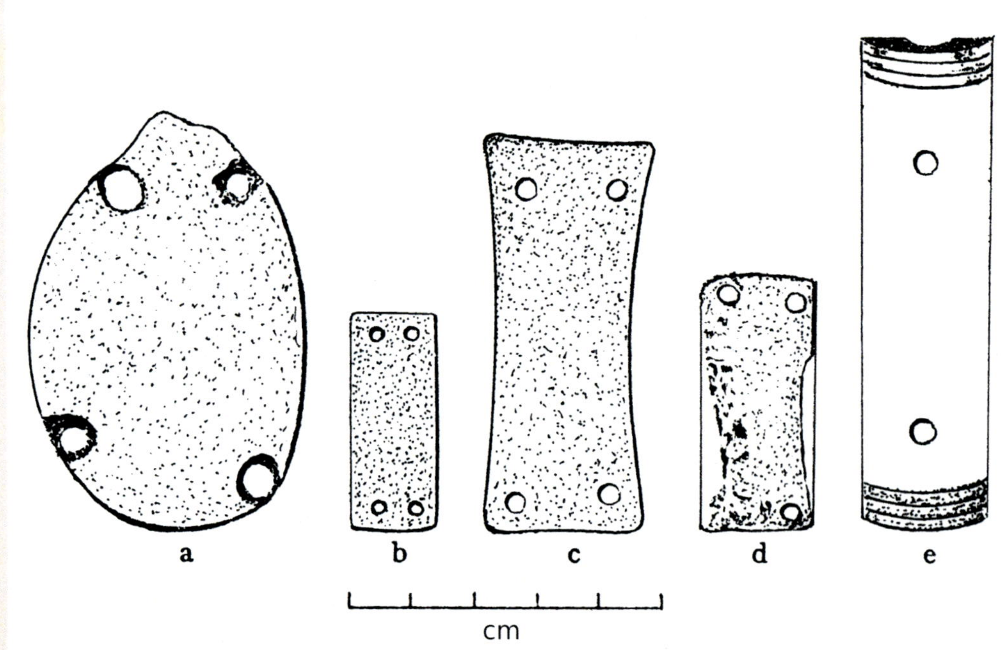

Abb. 196: Spätbronzezeitliche Armschutzplatten als Funde aus Kleinasien und der Levante. Die Artefakte variieren ergonomische Zweckformen. Nach Tölle-Kastenbein.

Vegetius Renatus nimmt auf die frühere Ausstattung von Schützen in der römischen Armee genau Bezug:

> „*... usque eo, ut sagittarii sinistra brachia manicis munirentur / Das ging soweit, dass die Pfeilschützen ihre linken Arme durch Schutzärmel schützten...*[916]"

Den einzigen und selbst in seinem Binnenkontext nicht zur Gänze eindeutigen Fingerzeig auf entsprechendes Schießzubehör geben uns Darstellungen auf der Traianssäule, Szene LXX. Richter schreibt: „... Was die Länge des Armschutzes anbelangt, so reicht er vom Handgelenk bis fast zum Ellenbogen und würde damit von der Länge einem kurzen, modernen Armschutz entsprechen ... Der Künstler dieser Szene war mit solchen Details scheinbar sehr vertraut. Allerdings befindet sich der Verschluss auf der Innen- statt auf der Außenseite...[917]" (Abb. 197) Man hat Spangen vor sich, die lamellenartige Enden besitzen. Wir täten uns aber keinen Gefallen, diese römischen Bilder kritiklos als *bracer* zu bezeichnen. Den Arm sehnenseitig strukturierende Streifen könnten sich in der Praxis ungünstig auswirken. Eine solche vertikal geriffelte Zone böte zwar auch Schutz bei einem unerwünschten Sehnenkontakt, doch könnte die Schnur daran nicht leicht entlanggleiten, sondern würde schlimmstenfalls aufgehalten werden. Ich möchte wie Richter annehmen, dass eine Basisform zwar vorlagenbestimmend war, die Wiedergabe aber auf eine die Perspektive verändernde Willkür, wenn nicht auf eine künstlerisch absichtliche Umgestaltung zurückzuführen sein könnte. Die Vielteiligkeit bot Betrachtern abwechslungsreichere Motive als ein optisch schnödes Planum an.

Auch renaissancezeitliche Maler neigten, wenn sie Bogenschützen mit Unterarmprotektoren darstellten, dazu, jene Utensilien am Arm etwas zu verdrehen. Man bekommt dann selbst auf bis in kleinste Details authentischen Bildern unrealistischerweise die Befestigungen mit den Lederriemchen sowie den Schnallen zu sehen. Diese müssten korrekterweise weitgehend verborgen auf den Schmal- und Außenseiten des Arms liegen, bringen aber mehr Schauwert. Ein passendes Beispiel bietet der Sebastians-Altar des Jüngeren Meisters der Heiligen Sippe in Köln. Er datiert ans Ende des 15. Jh. und wird vom Wallraff-Richartz-Museum ausgestellt. Darauf sind Bogenhandhaber mit schweren Langbogen aus Eibenholz zu sehen[918]. Der Schutz der Unterarme besteht aus schwarzen Lederscheiben mit Riemen und Schnallen, teilweise auch mit artifiziellen Beschlägen aus Eisen oder Silber darauf. Indem der Künstler sie etwas nach vorne verlegte, werden sie fürs Publikum besser sichtbar. Es schiene mir nicht unmöglich zu sein, dass auf der Traianssäule in der Darstellungsabsicht ähnlich verfahren wurde. Abschließend klären lässt sich diese Problematik leider nicht mehr. Indem heute Lederspangen als Repliken nach Säulenmuster für Bogenschützen maßgefertigt würden, könnte man sich dem komplexen Tatbestand aber immerhin einmal experimentell annähern.

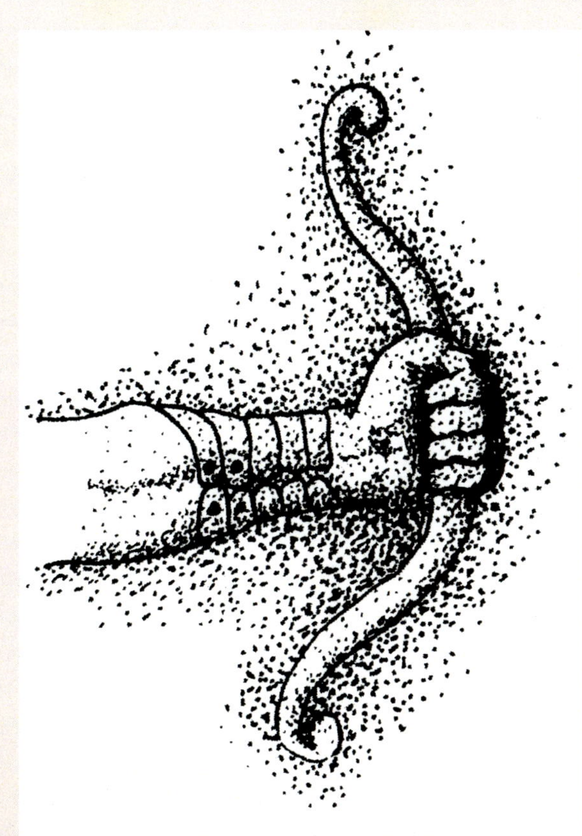

Abb. 197: Armschutz römischer Auxiliare als Klischeezeichnung. Traianssäule in Rom. Szene LXX, 10.-11. Windung. Nach C. Cichorius. Darstellung nach Danae Richter. Ohne Maßstab.

14.3.2 Alternative Armschonerbauweisen in außerrömischen Kontexten

Überprüfbare Realienbelege für weitere römerzeitliche Armschützer liefern, wenn auch nur sporadisch, der Westen Eurasiens und der Nordwesten Chinas. Ich möchte einen Überblick im Schrifttum greifbarer Fundstücke vorlegen. Am bereits mehrfach zitierten Platz Subexi im chinesischen Turfan-Distrikt wurde in Bestattung 25 des Gräberfelds I ein exzellent erhaltener Armschutz von 24,6 cm Länge und 4,6 cm maximaler Breite aus Leder gefunden. Das Stück ist aufwändig gearbeitet und datiert ins 5. bis 3. Jh. v. Chr. „… Er besteht aus zwei Lagen, die mittels einer Nadel mit rundem Querschnitt über einem Polster miteinander verbunden wurden. Der verwendete Nähfaden ist ungebleicht. Material, Größe und die längliche, zu den Enden rundlich erweiterte Form sind vergleichbar mit modernen Armschutzplatten…[919]"

Die Auflagefläche innen ist farbig, die Schauseite besteht aus dunklen Rankenmotiven auf hellem Grund. Drei kleine Riemenstücke der lederen Bindung sind ebenfalls noch vorhanden. Der Armschutz war im Rahmen der Ausstellung *Ursprünge der Seidenstraße* in Mannheim 2008 zu sehen. In der Vitrine befindet er sich rechts unten hinter dem Ledergoryt am Nockenende eines hölzernen Pfeils mit dreiflügeliger Eisenspitze. (Abb. 198) Man hat ihn dereinst beim Gebrauch von Reflexbogen des skythischen Funktionsdesigns angelegt.

Auch später beim Schießen mit Qum-Darya-Bogen wurde Schutz für den Unterarm gesucht. Die chinesische Archäologie spricht trapezförmige Stoffartefakte mit vier Haltebändern aus Bogenschützengräbern von Niya als Armprotektoren an. Selbitschka weist aber darauf hin, dass es sich hier eher um Würde- oder Rangabzeichen gehandelt haben dürfte. Die dünnen Stoffbahnen erbrächten bei einem harten Sehnenschlag keinen adäquaten Nutzen. Funde von Armschonern gibt es auch im nord-pontischen Raum: „… In den letzten Jahren konnten in den sarmatischen Gräbern des nördlichen Schwarzmeergebiets Armschutzbleche entdeckt werden, die im Befund bislang unbekannt waren. Eine Armschutzplatte aus Goldblech wurde neben dem rechten Handgelenk eines Toten in Porogi gefunden. Die Platte war auf Leder aufgesetzt. Aufgrund der Lage *in situ* lässt sich vermuten, dass sie auf der Arminnenseite getragen wurde. Vergleichbare Platten, allerdings aus Bronze, konnten auch für die Sauromaten nachgewiesen werden…[920]" (Abb. 199)

Erst in die Epoche der angelsächsischen Königreiche datiert ein weiteres als Armschutz ansprechbares Artefakt in Europa. Ähnlich schlank wie neolithische oder bronzezeitliche Konstruktionen ist es von rechteckiger Form mit Riemendurchlässen an beiden Enden. Es wurde im Grab eines Mannes in Lowbury Hill in Berkshire gefunden. Eine natürliche Replik dieser Knochenleiste von 11 cm Länge konnte von Richard Underwood fürs Bogenschießen verwendet werden[921]. Es wäre aber auch vorstellbar, dass das Objekt wegen der in situ angetroffenen Position an der Schulter des Bestatteten als Mantelschließe diente. Ein weiterer in der Literatur genannter *bracer* im angelsächsischen Friedhof von

Abb. 198: Lederner Armschutz und Skythenbogen. Aus Grab 25 und 27, Subexi I. Unten ein Goryt. Holzpfeile mit Bein- und Eisenspitzen. Aus Grab 10, Subexi III. Xinjiang, China. Foto: Volker Alles.

Worthy Park, Kingsworthy in Hampshire, lässt sich aktuell leider nicht verifizieren.
Abschließend noch einmal hervorzuheben sind die Funde von Porogi aus mittel-sarmatischer Zeit. Außer einem goldenen Kolbenarmring als Herrscherinsignie wurde dem linkshändigen Mann unter anderem ein im Westen damals hochmoderner Qum-Darya-Bogen beigegeben. „... Zur Ausrüstung des Kriegers gehörte weiterhin ein eisernes Kampfmesser westlicher – am ehesten wohl thrakischer – Herkunft. Es wurde links am Becken gefunden. Neben dem linken Bein lag ein Bogen mit Knochenversteifungen, eine zu dieser Zeit bei den Sarmaten äußerst seltene, jedoch bei den östlichen Nachbarn – den mittelasiatischen Nomaden und Hunnen – weit verbreitete Waffe. Daneben befand sich ein pfeilbefüllter Köcher. Die blattförmigen Spitzen lassen sich mehreren Typen zuordnen. Die meisten von ihnen sind für die Sarmaten nicht typisch und ebenfalls eher der mittelasiatisch-hunnischen Welt zuzuweisen, besonders die gestufte Pfeilspitze. Sie ist typisch hunnisch und wurde in einem sarmatischen Köcher erstmals beobachtet. An der Innenseite des rechten Handgelenks des Kriegers befand sich ein goldenes Armschutzblech ... Diese Lage in situ am rechten Arm bezeugt, dass der Tote Linkshänder war, zumindest wenn er mit dem Bogen schoss...[922]"
All dies zeigt eine beachtliche Diversität in der historischen Übergangsphase von skythischer auf hunnische Bogenausrüstung in Sarmatien an. Armschoner, Spannringe, Pfeile und Reflexbogen könnten von dort bis ins Römische Reich ausgestrahlt haben. Der sarmatische Fürst von Porogi lebte vermutlich während der Regierung der Kaiser Domitian oder Traian. Er besaß die exklusivsten Waffen eines wohlhabenden Steppenkriegers am Rande des Imperiums.

Abb. 199: Idealisiertes Lebensbild des sarmatischen Fürsten von Porogi. Rechts unten in Vergrößerung der Armschutz aus Goldblech mit einem komplexen Rillenmuster. Oblast Winnyzia, Ukraine. Zeichnung angelehnt an A. V. Simonenko. Spätes 1. Jh. n. Chr.

EPILOG: SACHSTÄNDE UND AUSBLICKE ZUM FORSCHUNGSTHEMA

15.1 Versuch einer kurz zusammenfassenden Bestandsaufnahme

Als ein Resümee lässt sich feststellen, dass zur komplexen Thematik von Pfeil und Bogen in der römischen Epoche übergreifende Aussagen über Arrangements ziviler oder militärischer Natur nur bedingt möglich sind. Verhältnismäßig lückenhaft sind wir über Ausprägungen während der Republikzeit unterrichtet. Das gilt sozusagen auf der ganzen Linie, was Bogen, Pfeile und Köcher in Italien sowie deren praktische Verwendung anbelangt. Waffenkundlich verbessert sich die Situation seit Kaiser Augustus in Form des Auftretens von Kompositbogen mit Endbeschlägen aus Bein. Deren fragmentarischer Zustand ist aber dafür verantwortlich, dass typologische Zuordnungen selten mit letzter Sicherheit erfolgen können.

Den Römern standen beinarmierte Bogen zur Verfügung, die auf Ausrüstungen von Soldaten aus der Levante und aus Persien zurückführbar sind. Manche Bildquellen aus der Prinzipatszeit beinhalten Reflexbogen mit lanzettförmigen Wurfarmen und einem nach hinten versetzten Griff. Es gibt hierzu aber leider keine passenden archäologischen Bogenfunde im Imperium Romanum. Um substantielle Angaben über römische Hornkomposits vorlegen zu können, sind gut erhaltene Fundstücke gefragt. Meiner Ansicht nach repräsentieren die konstruktiv miteinander verwandten Yrzi-, Miran- und der „Zeilinger-Bogen" einen zeitgenössischen Archetypus. Er bietet eine ideale Grundlage dafür, wie Reflexbogen in der frühen und mittleren Kaiserzeit typischerweise auch im Römischen Reich ausgesehen haben. Die Waffen lassen sich durchs Vorhandensein einer integrierten Handhabe und eines propellerförmigen Grundrisses identifizieren. Überkulturell treten umfängliche Wicklungen aus Sehnenfasern auf. Ganzseitig angebrachte Ritzfurchen auf beinernen Hebelenden in römischen Kontexten korrelieren handwerklich damit. Propellerförmige Reflexbogen verfügten über einen Hornunterbau auch des Griffs. Sie waren vermutlich eine Innovation aus dem Parthischen Reich. Dafür liefert ihre in den Quellen belegbare Verbreitung Anhaltspunkte.

Eine alternative bogenbauliche Idee kam für die Römer chronologisch anschließend zum Tragen. Sie stammte ursprünglich aus entfernteren Regionen im Osten Eurasiens und lässt sich unter die Überschrift hunnischer Bogen bzw. Qum-Darya-Bogen subsummieren. Hier war der Griff vom Hornbelag separiert. Diese Bogen hatten einen paddelförmigen Grundriss. Als Vermittler kommen sarmatische und orientalische Hilfstruppen als Bogenschützen in Betracht. Die Verbreitung jenes Erfolgsmusters im Römischen Reich seit den Adoptivkaisern führte zu bogenbauerischen Vereinheitlichungen bis über die Völkerwanderungszeit hinaus. Potentielle Nachleben skythischer Reflexbogen sind damals im Mittelmeerraum zu einem Ende gelangt. Es ist anzunehmen, dass auch propellerförmige Hornkomposits am Vorabend der Spätantike von den Römern sukzessive aufgegeben wurden. Ein Anlass für Diskussionen ergibt sich aus der Frage, ob die geschilderten Entwicklungen mit einer sich stetig optimierenden Evolution innerhalb der antiken Bogenwaffe in Verbindung zu bringen sind? Für Erklärungen eines sich historisch ständigen Aufschaukelns von Konstruktionsleistungen waren die Anforderungen an Pfeil und Bogen im Feld aber zu komplex. Schließlich hat es bei Reflexbogen, wie bei zahlreichen anderen römerzeitlichen Waffen übrigens auch, kein in Effizienzbelangen irgendwie endgültiges Funktionsdesign gegeben, das dann irgendwann eine in jeder Hinsicht wirksame Überlegenheit für sich hätte beanspruchen können. Insofern sind die unterschiedlichen spät-/antiken Bogenformen in ihrem jeweiligen Kontext zu verstehen.

Bei Pfeilspitzen wirkt die Sachlage homogener. In regulären Einheiten der römischen Armee kamen häufig dreiflügelige Schaftdornspitzen zum Einsatz. Vorbilder dafür sind im Vorderen Orient zu suchen. Vergleichbare Pfeilbewehrungen schmiedeten auch sarmatische Stämme. Mit der Ankunft der Hunnen sind Pfeile von Reiternomaden in Europa gut nachweisbar. Die tückischsten Trilobitpfeilspitzen mit konvexen Schneiden und langen Widerhaken oder mit voluminösen Klingen datieren allerdings in augusteische Zeit. Vierkantige Pfeilspitzen aus Eisen waren übergreifende Zweckformen. Darüber hinaus wurden zweischneidige Spitzen mit Tülle verwendet. Sie hatten in Europa meist keltische und germanische Nutzer. Da bei der archäologischen Ansprache entsprechender Fundstücke oftmals eine gewisse Unsicherheit besteht, wurden Kriterien für eine Sortierung zwischen Spitzen für Pfeile oder Wurfspeere erarbeitet. Dabei zeigte sich, dass Schaftprofile bis 11 oder 12 mm für Pfeile noch zulässig sein können, jenseits davon aber von leichten Speeren auszugehen ist. Aus dem östlichen Mittelmeer- oder Levanteraum könnten Blattspitzen mit Schaftdorn hergekommen sein.

Trotz einer ungünstigen Ausgangsposition aufgrund ihrer schnell verrottenden Bestandteile sind Pfeilschäfte gut rekonstruierbar. Man erkennt bei den Römern im Prinzip gleichwertig eine sozusagen mediterrane und orientalische Machart. Dabei wurde ein Hauptbestandteil aus stabilem Schilfgras mit einem kurzen Holzvorschaft kombiniert. Diese Bauweise bewirkte niedrige Geschossgewichte. Die Effizienz ergab sich durch die beim Schmieden in Gesenken gefertigten, dreischneidigen Spitzen. Solche Trilobitspitzen besaßen keine (!) überragende Durchschlagskraft, sondern riefen schlimme Verletzungen hervor. Mit massiveren Pfeilen hatte man es im keltischen und im germanischen Bogenschießen zu tun[923]. Pfeilschäfte im Barbarikum waren in der Regel aus Holz geschnitzt und schwerer. Vergleichbares galt in der reiternomadischen Welt, wo Schäfte häufig ein gebauchtes Profil besaßen. Ein interessantes Thema stellen sogenannte *self-bows* im Römischen Reich dar. Sie sind für kretische und keltische Irreguläre, Auxiliare sowie für germanische Foederaten in Betracht zu ziehen. Typenkundlich wird man jeweils von Langbogen ausgehen dürfen. Über deren Konstruktion im Barbarikum sind wir durch Funde vor allem im niederdeutschen und südskandinavischen Raum informiert. Das neuartige Funktionsdesign der alamannischen Oberflacht-Bogen könnte auf einer Technikanleihe beruhen. Es wäre möglich, dass man sich die verstärkte Griffpartie von Qum-Darya-Bogen zum Vorbild nahm. Auch auf dem Gebiet der Köcher war die Lage vielfältig. Man kann im ständigen Grundbestand in Europa von Röhrenköchern ausgehen. Einflüsse aus Eurasien in Gestalt skythischer Goryte, hunno-sarmatische Rundköcher zum Festbinden am Sattel und späthunnische Köcher mit trapezoider Form wechselten einander ab. Im Sasanidenreich wurden konische Köcher erstmals am Leibgürtel getragen.

Zahlreiche römische Quellen zur Praxis des Bogenschießens lassen ein Bemühen um Qualität erkennen. Die andauernde Gewährleistung von Konkurrenzfähigkeit unter Feldbedingungen bleibt für uns aber retrospektiv unzusammenhängend. Beim Durchsetzen von Trainingsdisziplin mag es hin und wieder Amplituden gegeben haben. Das Schießen mit Pfeilen unter den Caesaren fokussierte zwar stark aber nicht ausschließlich auf Orientalen. Es kamen ebenso kretische, gallische, thrakische, sarmatische, hunnische und germanische Bogenschützen zum Einsatz. Letztgenannte wurden während der Spätantike im Westreich tonangebend. Zu Jagdzwecken hat sich das Schießen mit Pfeilen einer beträchtlichen Beliebtheit erfreut. Das zeigt unter anderem die epochale Innovation der römischen (Jagd-)Armbrust, wenngleich auf eine mehr transferierende Weise. (Abb. 200) In einigen ländlichen römischen Villen der Prinzipatszeit sind Widerhakenpfeilspitzen mit vierkantiger Front gefunden worden. Auch solche aufwändig zu schmiedenden Formen sprechen für eine mit Ernsthaftigkeit betriebene Bogenjagd. Bei der medizinischen Behandlung von Projektilverletzungen schöpften die Römer in erster Linie aus griechischen Errungenschaften. Über den Einsatz von Pfeilgiften lässt sich debattieren. In Phasen technischen Wandels konnte es einen gleichlaufenden Gebrauch überkommener und moderner Ausrüstung geben. Dies zeigt sich etwa bei den Bogen und Köchern der Bosporaner im 1./2. Jh. n. Chr., von denen viele als Auxiliare auch ins Imperium Romanum gelangten.

Der Abwehr von Pfeilen bei kriegerischen Konflikten scheint im Hinblick auf den römischen Schild- und Helmbau im Laufe der Kaiserzeit eine stärkere Beachtung geschenkt worden zu sein. Technisch elaborierte Entwicklungen wie die römischen Niederbiber-Helme darf man vermutlich auch als eine Reaktion auf den großen Aufschwung von Pfeil und Bogen bei den Germanen bewerten. Für Neuerungen fortifikatorischer Anlagen wie etwa die engeren Turm- und Zinnenabstände römischer Wehrbauten in der Spätantike kam dem Schießen mit Pfeilen ebenfalls ein gesteigerter Wert zu. Es wird ansonsten aber generalisiert zutreffen, dass trotz aller Progressionen basale Aspekte der Bogenwaffe bei der Jagd und im Krieg persistierten. Das galt für die Reichweite oder die Gefährlichkeit von Pfeilen im Feld wie auch für physische Machbarkeiten zu Lande oder zu Wasser. Wie andere Waffen unterlagen Pfeile, Bogen und Köcher in der Antike sowohl langlebigen Traditionen als auch Moden und Modernisierungen. Originäre und überkulturelle Elemente konnten sich im Römischen Reich allerdings in einer einzigartigen Weise ergänzen. Der anonyme Schütze auf dem Bildstein von Housesteads in Britannien schultert einen Röhrenköcher mit Haubendeckel, hält eine Axt oder Hippe, besitzt ein Kurzschwert mit Adlerkopfgriff und führt einen Qum-Darya-Bogen[924]. Gute Gründe sprechen meiner Meinung nach dafür, dass vor Ort kein, wie bisher oft angenommen, syrisch-hamischer sondern ein germanischer Auxiliar das Darstellungsvorbild gewesen sein könnte.

Abb. 200: Römische Jagdarmbrust und Pfeilköcher. Jagdmesser. Hund. Reliefstein von Solignac-sur-Loire. Dép. Haute-Loire, Frankreich. Nach William F. Paterson. 2./3. Jh. n. Chr. Ohne Maßstab.

15.2 Aufgaben für zukünftige Untersuchungen und Rekonstruktionen

Zugunsten weiterführender Studien ist als vordringlichste Aufgabe der Katalog archäologisch publizierter Beschläge aus Bein für Reflexbogen im Imperium Romanum zu aktualisieren. Es geht um eine Dokumentation der Abmessungen und handwerklichen Bearbeitungsdetails.
Wichtig sind auch Angaben zu den Funden in ihren Seiten- und Draufsichten. Zeichnerische Präsentationen sollten einheitlich angelegt sein, damit man die Artefakte, selbst wenn sie nur noch fragmentarisch vorliegen, innerhalb des Kanons römischer Bogentypen begutachten kann.
Ein anderes großes Forschungsfeld stellen vierkantige Pfeilspitzen fürs Militär dar. Sie rangieren als Funde empirisch zwar unterhalb von drei- und eventuell sogar zweischneidigen Pfeilspitzen im Römischen Reich, übergreifende Vorstellungen des Ist-Standes fehlen jedoch. Es stehen Bogen- und Armbrustpfeile, Wurfspeere oder Artilleriegeschosse im Diskurs[925].
Auch bei Pfeilspitzen mit blattförmiger Klinge sind noch weiße Flecken auf der Landkarte weiterführender Studien zu verzeichnen. Das gilt für Ausprägungen von Zweckformen in Europa bei den Kelten und Germanen. Eiserne Blattspitzen aus dem Mittelmeerraum und dem Vorderen Orient sind ebenfalls noch wenig untersucht. Während an Waffenopferplätzen im Norden Pfeilspitzen mit Schaftzunge oder mit Schaftdorn gängige Funde sind, fehlen solche Spitzen im westgermanischen Raum, wo überwiegend auf Tüllen zurückgegriffen wurde. Eine schlüssige Erklärung für dieses bemerkenswerte Phänomen innerhalb der germanischen Bogenwaffe ist, soweit mir bekannt, bislang noch nicht vorgelegt worden.

Ein zu vertiefendes Forschungsgebiet stellen skythische Laminatbogen dar. Man muss sich verstärkt der Frage widmen, inwieweit symbolische oder praxistaugliche Waffen vorliegen? Kaum erkundet sind die ballistischen Eigenschaften von Pfeilschäften aus unterschiedlichen Rohr-Materialien (*Arundo donax* etc.) mit einem Vorschaft aus Holz. Solche Pfeile sind im Bogenschießen der Römer für den größten Teil der Kaiserzeit bei weitem üblich gewesen. Sie sind relativ leicht, können aber, das deutet schon ihre allgemeine Verbreitung an, dennoch robuste Eigenschaften aufweisen. Experimente zur Reichweite und Effizienz antiker Pfeile nahmen bisher fast ausschließlich auf massive hölzerne Auslegungen von Schäften Bezug. „... Wenn der Pfeil seine volle Durchschlagskraft entwickeln soll, darf er beim Einschlag nicht splittern oder abbrechen. Durchschlägt ein Pfeil auf kurze Entfernung ein weiches Ziel, hat die Spitze eine Belastung von etwa einem Zentner auszuhalten, beim Aufprall auf ein hartes Ziel steigt sie auf bis zu acht Zentner (Manfred Korfmann, S. 43). War die Beschießung harter, also gepanzerter Ziele nicht vorgesehen, konnte man als Material für den Pfeilschaft Rohr mit oder ohne einen Vorschaft aus Holz verwenden, ansonsten kamen nur Schäfte in Frage, die durchgehend aus stabilem Holz ... angefertigt waren...[926]“ Überprüfenswert sind die Tragweisen von Köchern beim Einsatz zu Fuß oder zu Pferd[927]. Köcher konnten auf dem Rücken platziert, am Sattel oder einem Leibriemen befestigt sein[928]. Eine Position halbhoch am Körper, wie sie auf Bildwerken häufig zu sehen ist, kommt bei einem langovalen Profil wie etwa beim Köcher von Gommern in Betracht.

Ein unterschätztes Gebiet stellen Lebensbilder für Bogenschützen auf Wasserfahrzeugen dar. Bei den Griechen waren sie auf Kriegsgaleeren keine Seltenheit. Roms Grenzsicherung am Nassen Limes in Europa beruhte wesentlich auf Ruderschiffen. Moderne Rekonstruktionen lassen je nach Bootstyp auch hier die Möglichkeit zu, im Bugbereich eine kleine Gruppe spezialisierter Soldaten mit Fernwaffen unterzubringen[929]. Womöglich haben einige der fürs 1. Jh. n. Chr. durch Grabsteine bezeugten Bogenschützen als Auxiliare am Mittelrhein, wie Monimus aus der Levante oder Hyperanor aus Kreta, zu den Besatzungen mit beigetragen. Falls es sich bei den *Milites ballistarii* im Kastell von Boppard in der zweiten Hälfte des 4. Jh. n. Chr. um Armbrustsoldaten handelte, wäre darüber nachzudenken, ob auch sie mit ihren Fernwaffen die Patrouillen auf Schiffen verstärken halfen. Die *arcuballista* war eine äußerst nachhaltige Erfindung der Römer, ist bisher aber nur durch wenige praktische Nachbauten erläutert. Die römische Bügelarmbrust war den Lesern des Vegetius um 400 n. Chr. dermaßen vertraut, dass er auf eine detaillierte Erörterung technischer Details (leider) verzichtete:

> *„... Fustibalos, arcuballistas et fundas describere superfluum puto, quae praesens usus agnoscit...“ / “... Schleuderstöcke, Bogenballisten und Schleudern zu beschreiben, halte ich für überflüssig, da die gegenwärtige Praxis sie ja kennt...“* (*Epitoma rei militaris*. 4, 22, 7).

Als *ballistarii* bezeichnete römische Soldaten zu Fuß treten in Ammians Geschichtswerk als mobile Feldeinheiten unter dem späteren Kaiser Julian in Gallien im Jahr 356 n. Chr. auf. Man weiß aber nicht, ob sie als Angehörige einer Legion, die in Autun in Frankreich – neben Trier gemäß der *Notitia Dignitatum* ein zentraler Produktionsort für Ballisten – stationiert war, mit Geschützen auf Torsionsbasis oder mit Bügelarmbrusten ausgestattet gewesen sind[930].
Ausgehend von den gallo-römischen Reliefs mit Jagdarmbrusten, den Funden von Kleinteilen des Abzugsmechanismus sowie einer Auswertung anschließender Quellen vergleichbarer Natur aus dem Frühmittelalter bilden neue Studien ein Desiderat. Wie so oft führt einen die intensive Beschäftigung mit einer komplexen Materie zu einem ganzen Kanon an neuen und offenen Fragen. Der Vielfalt von Pfeil und Bogen in römischer Zeit ist es zu danken, dass dem Thema auch in Zukunft mit Neugier begegnet werden kann.

„Nihil tam difficile est, quin quaerendo investigari possit“

Nichts ist so schwierig, dass es nicht erforscht werden könnte.

(Terenz: *Heautontim*. 675)

ENDNOTEN

1 Pallottino, S. 73

2 Vgl. Grayson, Charles: Composite bows. In: The traditional bowyer's bible. Hamm, Jim (Hrsg.) Bd. 2. Azle, TX 1993. S. 113-154, Rutschke, Joachim: Grundbauplan für einen Kompositbogen. In: Reflexbogen. Geschichte und Herstellung. S. 214-231 sowie Riesch, Rutschke und Stehli, S. 180ff.

3 „... Die sogenannten [modernen, HR] Langbogen und einfache Armbrüste besitzen einen Kraft-Weg-Verlauf, der stets unterhalb der linearen Feder liegt. Die ‚Feder' erscheint demnach anfänglich weicher und wird mit zunehmender Spannkraft härter. Es ist klar, dass immer wieder versucht wurde, dieses an sich ungünstige Verhalten durch konstruktive Maßnahmen zu verbessern. Eine erste Verbesserung wurde mit dem so genannten ‚Recurved'-Bogen erreicht, bei dem die Enden der Arme der Bogenkrümmung entgegengesetzt zurückgebogen sind. Dies hat zur Folge, dass sich die Sehne mit zunehmendem Zug entlang des Armes abwickelt, wodurch die ‚Federkonstante' immer kleiner wird. Die zugehörige Weg-Kraft-Kurve liegt daher durchweg oberhalb derjenigen der linearen Feder. Bei gleicher maximaler Zugkraft besitzt dieser Bogen mehr potenzielle Energie als die lineare Feder und erst recht als der [moderne] Langbogen. Wird auf eine Energiesteigerung verzichtet, kann entsprechend die maximale Zugkraft verringert werden..." Kneubuehl, S. 42

4 Ich deutsche im Folgenden den englischen Begriff „*recurve bow*" (Recurvebogen) mit der Phrase rekurver Bogen ein. Zur Thematik „statischer" oder „arbeitender" Rekurven sei allgemein auf die Fachliteratur (Kooi etc.) verwiesen.

5 Vgl. Credland, Arthur G.: The bow in the far North. In: JSAA, 36 (1993) S. 40-48 und ders.: The origins and development of the composite bow. S. 19f. In: JSAA, 37 (1994) S. 19-39.

6 Der schwedische Naturforscher und Ethnologe Carl von Linné / Carl Nilsson Linnæus (1707-1778)

7 Erdgren, Torsten: Three historic bows. A contribution to the history of archery in Finnland. S. 78f. In: Acta Archaeologica. Kopenhagen, 51 (1980) S. 69-84

8 "... An interesting archeological record of a reinforced two-wood bow is the so called Novgorod-bow ... Farbregd suggests that the Novgorod-bow is an old Russian type that evolved from the Scythian bow and was used throughout the Rus Empire during the tenth century..." Insulander, Ragnar: The two-wood bow. S. 52. In: Acta Borealia, 1 (2000) S. 49-73. Siehe auch ders.: The bow from Stellmoor – the oldest bow in the world. S. 80. In: JSAA, 42 (1999) S. 78-80 sowie Den samiska pilbågen rekonstruerad: En jämförande analys av fynd från Sverige, Norge och Finland. In: Fornvännen. Journal of Swedish antiquarian research, 94 (1999) S. 73-87.

9 „... *Die Fennen aber sind ausnehmend wild und schmutzig arm. Sie haben keine Waffen, keine Pferde, keinen Herd. Zur Nahrung dient ihnen Kraut, zur Kleidung Felle, zum Lager der Erdboden. Ihr Wohl und Weh sind Pfeile, welche sie aus Mangel an Eisen mit Knochen spitzen, und ebenso Weiber wie Männer nährt die Jagd...*" Tacitus: *Germania - De origine et moribus Germanorum.* 46. In: Cornelius Tacitus. Sämtliche erhaltene Werke. Boetticher, Wilhelm (Übers.) Essen 1984. S. 91

10 Kemkes und Scheuerbrandt, S. 24

11 Buchholz, S. 242. Zu den *Theten* gehörten im Zensus Athens alle diejenigen Handwerker und Abeiter, welche weniger als 200 *Medimnen* (Scheffel) Jahresertrag an Getreide, Wein oder Öl erwirtschafteten.

12 Renoux, Bd. 1, S. 179

13 „... *Massicus durchfährt als erster das Meer auf der erzbeschlagenen ‚Tigerin'; ihm untersteht eine Mannschaft von tausend jungen Kriegern, die Clusiums Mauern und die Stadt Cosae verließen. Ausgerüstet sind sie mit Pfeilen, einem leichten Köcher über der Schulter und dem todbringenden Bogen...*" Publius Vergilius Maro: *Aeneis.* 10, 166-169. Fink, Gerhard (Hrsg.) Mannheim 2001. S. 457

14 „... Eine Verwendung als Kampfwaffe ist auch für [Pfeil] *F 161* [in Karlsruhe, HR] auszuschließen, vielmehr ist an eine Votivgabe oder auch ein Statuenattribut zu denken, vgl. auch das Stück in Boston (angeblich ebenfalls aus dem Diana-Heiligtum) ... Der geringe Bleigehalt der Legierung von Spitze und Schaft kann für eine gemeinsame, wohl nicht zu späte Entstehung sprechen. Hellenistisch Etruskisch-italisch..." Jurgeit, S. 168f.

15 So heißt es bei Flavius Vegetius Renatus: *Epitoma rei militaris.* 2, 15, 6-7: „... *Hinter diesen standen die* ferentarii *(Hilfskämpfer) und die leichte Bewaffnung, die wir jetzt Plänkler* (exculcatores) *und leichte Wappnung* (armaturae) *nennen ... Es gab ebenso Pfeilschützen mit Helmen und Panzern und Schwertern, Pfeilen und Bogen; es gab Schleuderer, die mit Schleudern und Schleuderstöcken Steine warfen...*" Abriß des Militärwesens. Müller, Friedhelm W. (Übers.) Stuttgart 1997. S. 89

16 James, Simon: Rom und das Schwert. Darmstadt 2013. S. 125

17 Vgl. Renoux, Bd. 1, S. 20ff.

18 Vgl. Le Bohec, S. 33f. Baatz glaubt weniger an städtische Kombattanten mit Bogen. Sollte es sie hier und da doch gegeben haben, waren sie nicht mit den Bürgerorganisationen zur Mauerverteidigung im spätmittelalterlichen Europa vergleichbar. "... There was a lack of archers and slingers in most units of the Roman army during the 1st and 2nd centuries AD. This was presumably one of the reasons why most Roman camps and forts of this period were not provided with towers which projected enough to allow flanking fire. Very few Roman towns at this time had military personnel trained in the use of long-range weapons ... The Roman state was often very reluctant to tolerate seemingly harmless associations of citizens, for instance a fire brigade (*collegium fabrorum*) for fear of subversive activities (Pliniy, *Ep*, X. 33-4)..." Baatz (1983) S. 138 u. 140, Fn. 40

19 Gilliver, S. 129f.

20 Junkelmann (1992) S.149

21 „... Trotz der Beteuerung des Vegetius, Legionäre seien als Rekruten sorgfältig im Speerwerfen, Bogenschießen, Steinwerfen und Werfen mit Bleigeschossen (*plumbatae*) auszubilden, ist erst seit kurzem, und zwar für die Severerzeit, ein *sagittarius legionis* epigraphisch belegt ... Die 1986 gefundene Inschrift des Aur. Titus ist offenbar noch immer unveröffentlicht..." Dietz, Karlheinz: *Tortores* und *muscularii.* Schützen und Pioniere auf einer Ritzinschrift vom Septimerpass. S. 301 u. Anm. 94. In: Germania, 88 (2010) 1-2, S. 285-312

22 Erdmann (1982) S.10

23 Flavius Arrianus: *Téchne taktiká.* 33, 2-3. Zitiert nach Gilliver, S. 37f.

24 Hall, Andrew: The Belmesa / Oxyrhynchus siyah. S. 110. In: JSAA, 58 (2015) S. 109-112

25 Coulston (1985) S. 254

26 Ausgrabungen in Astorga fanden unter anderem auf dem Grundstück Prieto-de-Casto-Str. 14 statt. Dort wurde ein hälftiger Bogenendbeschlag gefunden. Von Arbeiten in der Modesto-Lafuente-Str. 3 stammt das kompaktere Artefakt vergleichbarer Funktion. Die Literatur (Fernández und Tafalla, S. 509) gibt wenig Auskunft über die Materialien. Es ist aber ursprünglich die Rede von Knochen (span. *hueso*) für das Fundstück in der Prieto-de-Castro-Straße. Horn wird für das Exemplar in der Modesto-Lafuente-Straße vorgeschlagen. Eine genaue Zellstrukturanalyse wäre hier notwendig, so der spanische Text, deshalb die vorsichtigen Äußerungen an dieser Stelle. Aus der Ferne ließe sich angesichts des starken Endprofils sogar darüber spekulieren, ob hier vielleicht das Fragment einer Armbrust vorliegen könnte?

27 Siehe Robertson, Anne, Scott, Margaret und Keppie, Lawrence: Bar Hill: A Roman fort and its finds. Oxford 1975. S. 56, Nr. 8 u. Taf. 18, 8.

28 "... Bar Hill, Strathclyde (Britannia): 6 antler ear lath sections found in the *principia* well, in Refuse Pit 1 and in the fort ditches ... None are paired except the longest which is a special case. This lath, 27cm long, 2cm wide, tapering to 0,9 cm has back zone scoring on the convex face up to the nock, but not above it ... This lath originally formed a one-piece 'hairpin', sawn and scored up the middle, into which the wooden bow core would have been inserted..." Coulston (1985) S. 22f. "... Two of these had a rivet passed through above the nock ... Perhaps these rivets were used to hang up the bow when it was not in use..." Bishop und Coulston, S. 134

29 Tölle-Kastenbein, S. 18f.

30 Brentjes, S. 190 u. S. 198, spricht solche Artefakte, die er in Form einiger Fundzeichnungen zitiert, als „Bogenenden in Vogelgestalt“ an. Tatsächlich hat es im antiken Bogenschießen bei Angularbogen auch Nockenzonen in Form von Vogelköpfen gegeben (s.o. im Text Abb. 188).

31 „… Zu einer immer wieder in der Skythenforschung diskutierten Gegenstandgruppe gehört auch der in Grab 8 in Kurgan 7 von Novoaleksandrovka gefundene knöcherne Raubvogelkopf. O. Dubovskaja deutet derartige raubvogelkopfförmigen Knochenobjekte als Bogenenden, A. Ivantchik als Ortband. Beide Deutungen sind meiner Meinung nach als falsch zu bezeichnen … Sowohl die Lage des Gegenstandes im Grab, die *in situ* dokumentiert werden konnte, als auch der Vergleich mit einer Reliefdarstellung aus Persepolis macht eine ganz exakte Bestimmung der Funktion derartiger Gegenstände möglich. Und zwar handelt es sich bei den stets einzeln (!) angetroffenen raubvogelköpfigen Knochenobjekten um das Endstück von Goryt-Abdeckungen. Auf dem sog. Schatzhausrelief an der Ostseite des Apadana in Persepolis trägt der Waffenträger des König Dareios einen Goryt, der mit einer Abdeckung versehen ist, deren Ende in Form eines Raubvogels gestaltet ist … Am Gürtel befestigt wurde der Goryt mittels eines eisernen Hakens…“ Hellmuth, Bd. 1, S. 173f.

32 Ţentea, Ovidiu: Cohors I Ituraeorum sagittariorum equitata milliaria. S. 805. In: Orbis antiquus. Studia in honorem Ioannis Pisonis. Ruscu, Ligia et al. (Hrsg.) Cluj-Napoca 2004. S. 805-814. “… Under his coat the soldier wears a tunic which is visible around his neck; on his left hand can be seen a ring on the little finger … The semitic name of both the soldier and his father are recorded with the inscription. The soldier would have been a local recruit from a village or town, possibly within the principality of Ituraea, although the unit designation does not necessarily indicate this ethnic identity…”. Myers, Elaine Anne: The Ituraeans and the Roman Near East. Reassessing the scources. Cambridge 2010. S. 116

33 Vgl. Riesch und Rutschke (2009) S. 67ff.

34 Beispiele bieten Münzbogen mit dem König als Waffenträger, Typ 2, nach Winkelmann (2006) S. 134, Abb. 2 oder auch Drachmen des Königs der Persis, Vadfradad I., aus dem 3. Jh. v. Chr. Vgl. Ghirshman, S. 110 Abb. 129. Sie ähneln der Silhouette des Monimus-Bogen und reichen dabei bespannt und aufgestellt vom Boden bis etwa zum Bauch der Schützen. Zur realiendkundlichen Exaktheit dieser „proto-parthischen“ Reflexbogen lässt sich aber keine belastbare Aussage mehr treffen, denn es fehlen damit einhergehende archäologische Bogenfunde.

35 Fischer (2012) S. 353

36 „… Die Bogenschützen auf der Trajanssäule treten in den Szenen XXIV, LXVI, LXX, CVIII und CXV [nach Conrad Cichorius: Die Reliefs der Trajanssäule. Berlin 1896] auf. Insgesamt begegnen uns drei verschiedene Arten von Bogenschützen, die auf der Seite der Römer kämpfen: einmal ein Bogenschütze, der wie die regulären Auxiliarinfanteristen mit Helm, Kettenhemd und Halstuch ausgerüstet ist … Zum anderen die Bogenschützen mit Spangenhelm, langer Tunika und Schuppenpanzer. Des weiteren die Bogenschützen mit Kettenhemd, langem Rock und Spangenhelmen. Die zwei zuletzt genannten werden in dieser Untersuchung unter der Bezeichnung ‚syrische Bogenschützen‘ angeführt. Die Bogenschützen auf der Trajanssäule sind mit Ausnahme des auxiliaren Bogenschützen [auf Szene XXIV, HR] keine römischen Bogenschützen, sondern speziell aus dem Osten rekrutierte Einheiten…“ Richter, S. 379

37 „… Die Bogenschützen in Szene LXVI mit dem Schuppenpanzer und dem konischen Helm mit Querringen wurden, wie zuvor dargestellt, als sarmatische Bogenschützen betrachtet. Cichorius sah in diesen Bogenschützen sarmatische Bosporaner. Froehner deutete sie als abgesessene Kataphraktenreiter, da ihre Ausrüstung an die sarmatischen Roxolanen erinnert … Es wäre möglich, dass es sich um einen sarmatischen Stamm handelt, der auf Seiten der Römer kämpft … Coulston sah in den Bogenschützen in Szene LXVI und möglicherweise in Szene CXV sarmatische Jazygen, die die Römer mit Kontingenten in den dakischen Kriegen unterstützten. Die Bogenschützen in Szene CVII deutete er entweder als solche oder als schlecht dargestellte levantinische Bogenschützen. Es wäre auch denkbar, dass in Szene LXVI ein Künstler am Werk war, der auch die Roxolanen dargestellt hat und die Helme der Bogenschützen einfach wie die der Verbündeten der Daker wiedergab…“ Ebd., S 388

38 Chiriac, S. 63

39 Vgl. dazu ikonographische Beispiele bei Tölle-Kastenbein, S. 133ff., Dally, Ortwin: Skythische und graeco-skythische Bildelemente im nördlichen Schwarzmeerraum. S. 298, Abb. 4. In: Im Zeichen des goldenen Greifen. Königsgräber der Skythen. Menghin, Wilfried et al. (Hrsg.) München 2007. S. 291-298 sowie Verčik, Marek: Die barbarischen Einflüsse in der griechischen Bewaffnung. Rahden 2014. S. 13, Abb. 1.

40 Künzl (2008) S. 58

41 Gauer, Werner: Untersuchungen zur Traianssäule. Erster Teil: Darstellungsprogramm und künstlerischer Entwurf. Berlin 1977. S. 83f.

42 Connolly, S. 237, Abb. 11

43 Stiebel, S. 101

44 Bishop und Coulston, S. 236

45 Brown, S. 1

46 Vgl. Sumner (2007) S. 114f.

47 Connolly, S. 309, Abb. 12. Vgl. dazu Künzl (2008) S. 40, Abb. 58 sowie Fischer (2012) S. 102, Abb. 99.

48 Ellerbrock und Winkelmann (2015) S. 166

49 “… The number of bone plates in the tomb points to the presence of at least two composite bows … With regard to tomb G3831, E. Haerinck has suggested that it could have been the final resting place of a sort of tribal ruler. Moreover, G3831 was the only tomb in which bone laths of the composite bow were discovered. This fact may reinforce the hypothesis that the burial was that of an important person (or persons)…” De Waele, S. 158

50 Delrue, Parsival: Archaeometallurgical analysis of pre-islamic artefacs from Ed-Dur (Emirate of Umm al-Qaiwain, U.A.E.). Gent 2008. S. 455 u. S. 458

51 Landskron, S. 99

52 Litvinskij (1986) S. 76

53 „… It is furthermore not sure whether it is this Scythian bow the Persians adopted, as Persian texts also mention the Cimmerian bow. During this era it is sometimes difficult to tell apart the Cimmerians and the Scythians. The origin of the B-shaped bow used by the Persians is therefore uncertain. This account becomes furthermore complicated when one takes in consideration that the Medes used a B-shaped bow as well…” Zutterman, S. 141

54 Winkelmann (2006) S. 22

55 Der Begriff leitet sich vom englischen *Mediterranean draw* oder *Mediterranean release* nach Edward S. Morse ab. Alternativ findet man in der Literatur auch: Mediterrane Spanntechnik, Mediterrane Spannweise, Mediterraner Ablass oder Mediterraner Auszug. Ich verwende diese terminologisch nicht kontrollierten Phrasen wahlweise synonym.

56 Siehe eine Farbfotografie der Terrakottastatuette als Internetressource auf der Seite des British Museums unter http://collection.britishmuseum.org/resource?uri=http://collection.britishmuseum.org/id/object/WCO25670 (Stand 2017.)

57 Vgl. Hensen, S. 49, Abb. 38, S. 52, S. 74, Abb. 71 u. S. 80, Abb. 76.

58 Vgl. Sachs, Gerd: Die Jagd im antiken Griechenland. Mythos und Wirklichkeit. Hamburg 2012. S. 31ff.

59 Siehe unter http://www.saalburgmuseum.de/presse/pm2016/sb17062016.html (Stand 2017.)

60 Schwarz, Peter-Andrew: Import und Export nach der Mitte des 3. Jahrhunderts. S. 177. In: Imperium Romanum. Roms Provinzen an Neckar, Rhein und Donau. S. 177-183

61 „… The crossbow first appears in Chinese historical materials dating to the mid fourth century B.C. By the third century B.C. its battlefield use is mentioned much more frequently in Chinese historical materials, and by the end of the second century B.C it was, according to one important authority, ‘a commonplace’ and ‘nothing less than the standard weapon of the Han armies’ … Crossbows had entered Chinese strategic and tactical literature by the Warring States period (403-221 B.C.) … The large majority of the *Taigong*

Liutao's view of the crossbow is as a defensive and ambush weapon…" Wright, David C.: Nomadic power, sedentary security and the crossbow. S. 22. In: Acta Orientalis Academiae Scientiarum Hungaricae, 58 (2005) 1, S. 15-31. Siehe zur chinesischen Armbrust auch Elmy, Douglas: The Han dynasty crossbow. In: JSAA, 10 (1967) S. 41-43, Paterson, William F.: The Chinese crossbow lock. In: JSAA, 11 (1968) S. 24-27, McEwen, Edward: Chinese and Korean crossbow bows. In: JSAA, 16 (1973) S. 27-32 sowie Forke, A: The Chinese crossbow. In: JSAA, 29 (1986) S. 28-33.

62 Hall und Farrell (2008) S. 89ff.

63 Ebd., S. 91

64 Hall und Farrell (2010) S. 91

65 „… Nine arrow shafts are displayed with the bows. All have had their points removed. One is four-fletched with 3 in. long and 3/8 in. high barred feathers in suspiciously good condition. None of the other arrows have any fletchings remaining. The shaft lengths are estimated to be approximately 30 to 32 in. All are of the typical form with barrelled shafts with bulbous nocks… " Hall und Farrell (2008) S. 92 u. S. 97

66 72nd Auction. Traditional archery and crossbows – the Karl Zeilinger Collection. S. 19

67 „… A warrior from Grave Four was buried with a bow and a quiver full of iron-headed arrows. On the leather quiver were gold facings and a silver cover with a delicate engraving of a grapevine…" Sarianidi, Viktor Ivanovich: The treasure of the Golden Hill. S. 130. In: American Journal of Archaeology, 84 (1980) 2, S. 125-131. "… Both Tillya Tepe and Emshi Tepe were close to transcontinental caravan routes travelling between China and the Mediterranean, and India, via the Parthian and Bactrian kingdoms. Their position, at the north-west corner of Bactria, effectively placed them in the fluctuating borderlands between Parthia and Bactria…" Peterson, Sara: Parthian aspects of objects from grave IV, Tillya Tepe, with particular reference to the medallion belt. S. 3. Aufsatz veröffentlicht im Internet unter http://www.academia.edu/1485067/Parthian_Aspects_of_Objects_from_Grave_IV_Tillya_Tepe (Stand 2017.)

68 Vgl. Unz und Deschler-Erb, Taf. 21, Nr. 407ff.

69 „… Although by the late Republic the Romans had experienced first hand the effectivness of mounted archers, there is no evidence of these troops in a Roman military force until the time of Caesar when they formed part of a contingent sent to Caesar's rival Pompey by Antiochus I. of Commagene. The *equites sagittarii* first make their appearance as regular auxiliaries in Germanicus' campaign against the Chatti. From this point on, references to them become more frequent in the epigraphical and literary sources as they came to assume a greater role in the Roman military of the Empire…" McAllister, S. 2

70 Mödlinger, Marianne: Kompositreflexbögen: ein Forschungsüberblick über eine der effektivsten ur- und frühgeschichtlichen Fernwaffen. S. 105. In: Mitteilungen der Anthropologischen Gesellschaft in Wien, 143 (2013) S. 97-112

71 Herodianus: *Ab excessu divi Marci libri octo.* 1, 15, 2 u. 5. Geschichte des Kaisertums nach Marc Aurel. Müller, Friedhelm L. (Übers.) Stuttgart 1996. S. 70 u. S. 71

72 Vgl. Hofkunst van die Sassanieden. S. 192f.

73 Eckhardt (1996) S. 111

74 Lindner, Kurt: Die Jagd im frühen Mittelalter. Berlin 1940. S. 360

75 Czsyz, Wolfgang: Das zivile Leben in der Provinz. S. 235. In: Die Römer in Bayern. S. 177-308

76 Vgl. Stephan, Elisabeth: Haus- und Wildtiere. Haltung und Zucht in den römischen Provinzen nördlich der Alpen. S. 298. In: Imperium Romanum. Roms Provinzen an Rhein, Neckar und Donau. S. 294-300

77 Pfahl und Reuter, S. 128 u. S. 137

78 Pope (1974) S. 56f.

79 Suetonis: *De Vita Caesarum.* Domitian 19. Leben und Taten der Römischen Kaiser (Kaiserviten). Stahr, Adolf et al. (Übers). Köln 2013. S. 427f.

80 Fischer (2012) S. 336

81 „… Eine Kartierung der Fundstücke in den Verfüllungsschichten von Brunnen 1 ergab, daß der Bogen aufrecht auf der Sohle des Brunnens stand. Für die Nutzung des Brunnens ergibt sich ein eng begrenzter Zeitraum von nach 199 +/-10 (Bauzeit) bis Ende 1. Drittel des 3. Jahrhunderts n. Chr. / 254 n. Chr. Der Bogen wurde zusammen mit einem Schild und einer Lanze im Brunnen entsorgt, der dann mit Brandschutt aufgefüllt worden ist…" Greiner, Bd. 1, S. 107

82 An dieser Stelle möchte Herrn Dr. Bernhard A. Greiner für seine Angaben aus erster Hand zu den Fundstücken an mich sehr danken. Er weist darauf hin, dass eine geriffelte Struktur bzw. Schraffurzonen auf der fragmentierten, langrechteckigen Beinrippe (43, d) nicht vorliegen. Insofern und aufgrund der geraden Längsseiten handelt es sich um kein Bruchstück eines Bogenendbeschlags. Wahrscheinlich liegt ein Beschlag für den Griffboden vor.

83 Greiner, Bd. 1, S. 110

84 Erdmann (1976) S. 9

85 Kolias, S. 216

86 „… Denkmäler dieser Kultur, die Hügelgräber, haben gemeinsame Züge mit Komplexen von Kenkol sowie anderen Kulturen Mittelasiens und Ostturkmenistans aus der hunno-sarmatischen Zeit … Fernkampfwaffen sind durch Bögen und Pfeile vertreten. Die Bögen waren meistens zusammengesetzte; sie hatten lange, leicht gebogene Endplatten [Endbeschläge], die einen Kreisausschnitt für die Sehnenschlingen aufwiesen, sowie lange, breite Mittelseitenplatten [Griffschalen] mit abgeschrägten Enden und einer langen, schmalen Mittelfrontalplatte mit verbreiterten Enden. Solche Bögen waren auch für die Hunnen sowie andere Nomadenstämme Zentralasiens in der ersten Hälfte des 1. Jahrtausends n. Chr. typisch…" Chudjakov (2006) S. 61

87 Litvinskij (1986), S. 79

88 Chudjakov (2006) S. 51 u. Taf. IV, Nr. 4, 5, 8-10

89 Siehe Salamon, Ágnes und Erdélyi, István: Das völkerwanderungszeitliche Gräberfeld von Környe. Budapest 1971. S. 61 u. Taf. 28, 2.

90 Selby (2010) S. 58f.

91 Vgl. Perkins, Ann: The art of Dura Europos. Oxford 1973. Taf. 16. „… Im Februar 1934, am Ende unserer letzten Ausgrabungssaison in Dura (1933-34), hat unsere systematische Ausgrabung der Stadt uns einen sehr wichtigen Fund beschert … Das Mithraeum erwies sich als sehr gut erhalten. Sein rückwärtiger Teil, die der Befestigungsmauer zugewendete Kultnische, stand, als wir sie ausgegraben haben, noch fast intakt bis zum Gewölbe … Zugleich mit diesem reichen Schmucke des Areosoliums sahen aber die Gläubigen auch die Malereien, welche die Innenflächen der Seitenwände der Podiumnische schmückten … Das Bild der rechten Wand stellt den Gott Mithras dar, wie er auf einem Pferde dahinreitend wilde Tiere mit seinen Pfeilen tötet. Darin wird er von seinen treuen Begleitern, der Schlange und dem Löwen, unterstützt…" Rostovtzeff, Michael I.: Das Mithrasheiligtum von Dura. S. 181f. In: Römische Mitteilungen, 49 (1934) S. 180-207

92 Winkelmann (2003) S. 41

93 „… Die osteologische Auswertung der Tierknochen bereichert unsere Kenntnis der Fleischversorgung der Bucher Vicusgemeinschaft: Rind und Schwein waren die bevorzugten Fleischlieferanten, es wurden aber auch signifikante Speiseabfälle der Haustierarten Schaf, Ziege, Pferd und Hund nachgewiesen. Ein beachtlicher Wildtieranteil von Feldhasen, Rehen, Hirschen und Wildkatzen belegt, dass auch die Jagd intensiv betrieben wurde und eine vielseitige Ernährungsquelle darstellte…" Seitz, Gabriele: Steinbauten im römischen Kastellvicus von Rainau-Buch (Ostalbkreis). Stuttgart 1999. S. 241

94 Fischer (2012) S. 103

95 „… Das gilt ebenso für dreiflügelige Pfeilspitzen, die wahrscheinlich speziell für den Einsatz mit Kompositbögen hergestellt wurden…" Die römisch-germanische Auseinandersetzung am Harzhorn (Ldkr. Northeim, Niedersachsen). S. 377

96 Vgl. Riesch (2009) S. 76ff.

97 Siehe Ivanišević, Vujadin: Caričin Grad – the fortifications and the intramural housing in the lower town. S. 770, Abb. 19, Nr. 10-11 u. Nr. 13. In: Byzanz – das Römerreich im Mittelalter. Teil 2,2. Schauplätze. Daim, Falko et al. (Hrsg.) Mainz 2010. S. 747-775.

98 Kolias, S. 233

99 Siehe Walke, Taf. 105, Nr. 25 u. Nr. 26-29.

100 Lóránt, S. 103

101 Radman-Livaja (1998) S. 228

102 Vgl. Coulston (1985) S. 336, Abb. 13 u. 14. Es wäre prinzipiell auch möglich, dass ursprünglich vorhandene Endbreiten, da sie relativ dünner sind als der eigentliche Griffboden, in manchen Fällen weggebrochen oder im Boden früher verwittert sind, so dass heute nur noch langrechteckige Artefakte vorliegen.
103 Siehe Salamon, S. 50f.
104 Gagoshidze, S. 125
105 „... It is evident from the written sources that the military forces of the Iberian Kingdom had good knowlegde of the principal elements of the then warfare. They were aware and made succesfull use of tactical stratagems of war ... (see Dio Cassius, XXXVII, 1,2; Appian, *HR*, XII, 2; Plutarch, *Pompey*, 34: *K.Ts*, I, 18) ..." Gamkrelidze, Gela: Researches in Iberia-Chonology. History and archaeology of ancient Georgia. Tiflis 2012. S. 136
106 Siehe Reisinger, S. 47ff.
107 Siehe Selby, Stehpen: Two Late Han to Jin Bows from Gansu and Khotan. Veröffentlicht im Internet unter http://www.atarn.org/chinese/khotan_bow.htm (© Stephen Selby, 2002)
108 Lóránt, S. 100f.
109 Bedanken möchte ich mich für Angaben zu dem Fundstück bei Frau Herta Beutter vom Hällisch-Fränkischen Museum, Museum für Kunst- und Kulturgeschichte Keckenhof, in Schwäbisch-Hall.
110 Siehe Reisinger, S. 48, Fig. 15.
111 Rajtár, S. 84
112 Chudjakov (1986) S. 25-135 und Chudjakov (1993) S. 107-123
113 „... In course of the excavations four and a half dozen intact and fragmented bone plate-coverings for a bow have been found. Approximately half of them have a cut for bowstring and, undoubtedly, these cuts are end-coverings. In one case two end plate-coverings, starting from their outer butts were glued together in such a way that the butts themselves were adjacent closely to each other and then plates gradually diverged and the space between them 7 cm long was filled with gluing substance. The coverings have been found in the layers of I-III A.D. Also remains of leather gorytos have been discovered..." Litvinskij (2001) S. 515
114 Vgl. Bârcă, Vitalie: Das Eindringen der Sarmaten an der unteren und mittleren Donau und ihre Beziehnungen zu den Geto-Dakern (1. Jh. v. Chr. – 1. Jh. n. Chr.). In: Interregionale und kulturelle Beziehungen im Karpatenraum (2. Jahrtausend v. Chr. – 1. Jahrtausend n. Chr.). Rustoiu, Aurel (Hrsg.) Cluj-Napoca 2002. S. 61-103.
115 Brzezinksi und Mielczarek, S. 40f.
116 Vgl. Kenk, S. 3. Die historische Dauer der Schurmak-Kultur wird von Mandelschtam-Stambulnik und Parzinger bis ins 4./5. Jh. n. Chr. angegeben. Dazu passt es, dass die beinernen Griffseitenschalen als Überreste von Gebrauchsbogen in Kokėl' ausnahmslos trapezoidische Form besitzen. Auch die Endbeschläge sind von einer massiveren Auslegung als ältere Fundvertreter aus der Eisenzeit wie zum Beispiel diejenigen im Gräberfeld von Shombuuziinbelchir (SBR) in der Mongolei.
117 Vgl. die Wiedergabe der töpferischen „Kuchenform" bei Junkelmann (1990) S. 218, Abb. 229.
118 Chiriac, S. 18
119 Ţentea, Ovidius: Strategies and tactics or just debates. An overview of fighting style and military equipment of Syrian archers. S. 107. In: Studia Universitatis Babeş-Bolyai – Historia, 57 (2012) 1, S. 101-115
120 Marchant, Bd. 2, S. 20
121 Coulston (2016) S. 205 u. S. 207, Abb. 1
122 James (2004) S. 191
123 Litvinskij (2001) S. 516
124 James (2006) S. 365
125 Selbitschka, Bd. 1, S. 15 u. S. 18
126 Ebd., S. 72f.
127 „... When excavated, this bow was complete, and it is seen thus on the lower right-hand part of Pl. XIII a. During the transport from the site to the main camp some 140 km higher up the Qum-Darya it became dismembered on account of inadequate packing material, and several parts got lost. On different occasions subsequently these grave finds were unpacked and repacked, and each time the bow fragments were probably never taken due care of, as they looked rather poor and insignificant..." Bergman, S. 122
128 „... Fragm. of a compound bow, which has been built up of wooden, bone and hornlamellae and sinew ... One end complete. It consists of two curved bonelamellae with a notch for the string 2 cm from the end. On the inside a hornlamella is wedged between; the central part is occupied by two wooden members, and the outside is covered with sinew. The bonelamellae are 25,5 cm long and 1,5 cm broad at end. The horn member is 18 cm long..." Ebd. S. 129 (34:26)
129 „... Die beiden nach einer Photographie auf Abb. 1 wiedergegebenen Bruchstücke [als Originale etwas über 35 cm lang, HR] stammen aus dem Mithraeum II des Kastells Stockstadt am Main. Ich habe sie zunächst in dem Nachtrag zu Kastell Stockstadt, erschienen im Obergermanisch-rätischen Limes Abt. A Strecke 6, nur nach einer skizzenhaften Zeichnung abbilden können. In diesem Mithraeum reichen die Funde aus der Zeit der kultischen Benutzung, wie es scheint, nur bis etwa 210 n. Chr. ... Selbst die Ansetzung der Stockstadter Bogenenden in spätrömische Zeit, aus der uns die meisten Beinplatten bezeugt sind, ist nicht ganz gesichert, da die Fundschicht leider nicht bekannt ist..." Stade, S. 111f.
130 Maximlian von Groller-Mildensee schreibt über die 1899 in Carnuntum entdeckten Artefakte: „... In allen Kammern des Waffenmagazins fanden sich zwischen den Waffen und in der Füllerde aus Hirschhorn [Geweih] gearbeitete Stücke, von denen eine Auswahl in den Fig. 22-24 dargestellt ist. Die Zahl der gefundenen Stücke beträgt 32. Keines derselben war vollständig erhalten, jedes war entweder an einem oder auch an beiden Enden abgebrochen. Immerhin lässt sich die Gestalt des ganzen Stückes mit genügender Sicherheit herstellen. Dasselbe hat beiläufig die Form einer schwach gerkrümmten Säbelklinge. Bei allen ist eine Seite flach, die andere leicht gewölbt; das breite Ende ist entweder abgerundet oder eckig; das schmale geht in eine stumpfe, abgerundete Spitze aus ... Eine befriedigende Erklärung dieser Gegenstände vermag ich nicht zu geben..." Von Groller-Mildensee, S. 132
131 Baruzdin, S. 61f.
132 Vgl. Bittl, Michael: Horn im Bogenbau. In: Reflexbogen. Geschichte und Herstellung. S. 201-213.
133 Siehe Tolstov, Sergei P.: Archeologičeskie i ėtnografičeskie raboty Chorezmskoj ėkspedicii. 1945-1948. Moskau 1952. S. 34f. u. Fig. 22.
134 Bei einem alt-türkenzeitlichen Reflexbogen als Fund aus Kurgan KĖ13 von Sut-Chol in Südsibirien wurde Weidenholz verbaut. Vgl. Kenk, Roman: Frühmittelalterliche Gräber aus West Tuva. Nach A.D. Grač u. S. I. Vajnštejn. München 1982. S. 90. In Măzar-tăg im Tarim-Becken entdeckte Sir Aurel Stein die Endstücke uigurischer Reflexbogen, bei denen in mindestens einem Fall Tamariske vorlag. Ders.: Serindia 3 (1921) 4, Taf. 51 und Innermost Asia. Bd. 3. Oxford 1928. S. 94, Taf. 6. Der Kern des Reflexbogens aus dem Felsspaltengrab von Žargalant in der westlichen Mongolei besteht aus einer Prunus-Gattung, wohl Vogelkirsche oder Pflaume: „... Die für den Bau der Bögen verwendeten Holzarten wurden durch makroskopische Untersuchungen bestimmt und ergaben ein differenziertes Bild. Während der alt-türkische Bogen aus Kirschholz (*Prunus sp.*) gearbeitet worden ist, besteht der kitanzeitliche Bogen aus Weidenholz (*Salix sp.*). Die Holzart des mongolenzeitlichen Bogens konnte nicht eindeutig bestimmt werden; vermutlich wurde Ulmenholz (*Ulmus sp.*) verwendet. Die äußere Wicklung bzw. Ummantelung aller Bögen bestand aus Birkenrinde (sogenanntes ‚Birkenleder' von *Betula sp.*). ..." Becker, Holger und Rutschke, Joachim: Die Mongolenbögen der Ausstellung „Steppenkrieger" im LVR-Landesmuseum Bonn. S. 75. In: Restaurierung und Archäologie, 5 (2012) S. 73-91. Alanische Reflexbogen als Funde in der "Mumienschlucht" im Nordwestkaukasus aus dem 9./10. Jh. n. Chr. besitzen einen Kern aus Kornelkirsch- oder Pflaumenholz. Vgl. Ierusalimskaja, S. 223. Kornelholz als Bestandteil sarmatischer Bogen erwähnt übrigens schon Pausanias: *Hellādos Periēgēsis.* 1, 21, 8f.
135 Vgl. Wolf, Micha: Rekonstruktion eines osmanischen Kompositbogens aus dem 16. Jahrhundert. In: Reflexbogen. Geschichte und Herstellung. S. 252-287.
136 Selbitschka, Bd. 1, S. 92

ENDNOTEN

137 Eine wesentliche Besonderheit altorientalischer und ägyptischer Angularbogen bestand in schusstechnischer Hinsicht darin, mit dem Anbringen der Sehnenschlaufen an den äußersten Bogenenden unter Vorteilsnutzung des Biegeverhaltens beim speziellen Funktionsdesign möglichst weite Pfeilauszüge bei verhältnismäßig kurzen Bogenabmessungen zu ermöglichen. Man hat auf diese Weise relativ lange Phasen der Energieübertragung auf den Pfeil nach dem Ablass angestrebt. Technisch konnte der deutsche Bogenbauer Helmut Mebert, S. 96-100, bereits in den 1930er Jahren solche Erkenntnisse auf der Basis funktionsfähiger Rekonstruktionen plausibel darlegen.

138 "… Ein gut erhaltener Bogen aus der Moščevaja Balka wurde in den dreißiger Jahren im Museum für Ethnographie der Völker der UdSSR aufbewahrt … Der Rücken beider Bogenarme sowie die anliegenden Ohrenteile sind der Länge nach mit Sehnenschichten beklebt und überdies zum Schutz vor Feuchtigkeit mit Birkenrinde überzogen. Die Auflagen der Arme wurden aus dickem biegsamen Stierhorn gefertigt, der Belag der Ohren aus Knochen oder Hirschhorn, das zwar dünner, aber haltbar genug ist. Alle Übergangsstellen sind mit Sehnenschnüren, zuweilen auch mit einer besonderen Schnürung umwickelt. Beim Bogen des Ethnographischen Museums liegt unter der Schnürung ein Holzklötzchen als Spreize…" Ierusalimskaja, S. 107f.

139 Fábián, Gyula: An Avar bow. In: JSAA, 27 (1984) S. 30-31

140 „… Several treatises have been translated and edited by linguists collaborating with archer-antiquaries. The most useful are Taybughā's Ghunyah, dating to the second half of the 14th century A.D..." coulston (1985) S. 221. Gemeint sind Faris, Nabih Amin und Elmer, Robert P.: Arab archery. An Arabic manuscript of about A.D. 1500: A book on the excellence of the bow and arrow and the description thereof. Princeton 1945 sowie Latham, John D. und Paterson, William F.: Saracen archery. An English version and exposition of a Mameluke work on archery (ca. A.D. 1368). London 1970.

141 Vgl. Muṣṭafā Kānī: Telḫīṣ resāil er-rümāt. In: Bogenhandwerk und Bogensport bei den Osmanen nach dem Auszug der Abhandlungen der Bogenschützen. Hein, Joachim (Übers.) Berlin 1925 sowie T'An Tan-Chiung: Etude sur la fabrication des arcs et des flèches à Chengtu en Chine. Roth, Robert (Übers.) Bresson 2005.

142 „... Im Laufe meiner, auf die Rekonstruktion der Form und Größe der awaren- und landnahmezeitlichen ungarischen Bogen hinzielenden Forschungen fand ich mehrere Grabzeichnungen, auf denen die Lage der Versteifungsknochen zueinander nicht an die Reflexbogen mit steifem Horn [Hebelende, HR] erinnern. Die Knochenpaare befanden sich meistens etwa eine gerade Linie entlang. Aufgrund einiger genau beobachteter und gut dokumentierter Funde kann es als bestimmt angenommen werden, dass der Bogen in das Grab gestellt wurde. Die Ebene der Versteifungsknochen war auf der Grabsohle senkrecht ... Die Berücksichtigung der Möglichkeit, wonach die Bogen hochkant gestellt im Grab beigegeben werden konnten und sie sich im Laufe der Zuschüttung deformieren konnten, kann eine neue Alternative zur Deutung mehrerer Bogen bieten, die bis dahin als in gebrochenem Zustand ins Grab gelegte Bogen in Evidenz gehalten waren..." Szöllősy, Gabor: „Élire állíva" eltemetett íjak [= Hochkant gestellt begrabene Bogen]. S. 176 u. S. 183, Abb. 9 u. 10 In: A népvándorláskor kutatóinak kilencedik konferenciája, Eger, 1998. Szept. 18-20. Váradi, Adél (Hrsg.) Eger 2000. S. 173-183

143 Hall (2005) S. 28-33 und ders. (2006) S. 65-67

144 Selbitschka, Bd. 1, S. 54 u. S. 56

145 Ebd. S. 94 u. S. 98ff.

146 „… The bow bag is made of white leather embroidered with cloud pattern and edged with *jin*-silk. There used to be two arrow quivers sewn together with the bow bag, but now only one of them remains…" Legacy of the desert king. S. 49

147 Olbrycht, Marek J.: Die Kultur der Steppengebiete und die Beziehungen zwischen Nomaden und der sesshaften Bevölkerung (Der arsakidische Iran und die Nomadenvölker), S. 11. u. S. 30. In: Das Partherreich und seine Zeugnisse. Beiträge des internationalen Kolloquiums Eutin, 27.-30. Juni 1996. Wiesehöfer, Josef (Hrsg.) Stuttgart 1998. S. 11-44

148 Ilysov und Rusanov, S. 120

149 Oxus. S. 50

150 Mielczarek, S. 48

151 Bărcă, S. 424

152 Simonenko (2001) S. 189ff.

153 Bărcă, S. 427

154 Pomponius Mela: *De chorographia libri tres.* 3, 33-34. Kreuzfahrt durch die alte Welt. Brodersen, Kai (Übers.) Darmstadt 1994. S. 155. Vgl. zu Frauen als Kriegerinnen bei antiken Steppenbewohnern Biba Teržan, Ljubljana, Hellmuth, Anja und Heimann, Franziska: Amazonenmythos im Spiegel der eisenzeitlichen Grabfunde zwischen Pontus und Karpatenbecken. In: Der Schwarzmeerraum vom Äneolithikum bis in die Früheisenzeit (5000–500 v. Chr.). Sava, Eugen et al. (Hrsg.) Rahden 2011. S. 253-272.

155 Kreuz, S. 34, Anm. 159

156 „... Auf dem Gebiet des Bosporanischen Königreichs zusammengestellt, kam sie nach Mösien, gemeinsam mit der *leg. IV Macedonia*, die im J. 71 in ihr Lager *Oescus* aus Osten zurückkehrte. Irgendwann am Anfang der Regierung Hadrians war die Ala nach Dakien versetzt worden und ihr erstes Lager war *Micia* (Vețel, Vescel). Spuren ihrer Tätigkeit in *Apulum* deutet die CIL III 1197 u.a. an: nachweisbare Stempel BOSPo sind in Mikháza-Sovárad gefunden worden. Unsichere Stempel I BO(sporanorum?) fand man in *Potaissa...*" Beneš, Jan: Die römischen Auxiliarformationen im unteren Donauraum. S. 161. In: Sborník prací filosofické fakulty Brněnsk University, E-15 (1970) S. 159-211

157 Coulston (1985) S. 241

158 "… The rarity of finds of weapons of this type in Sarmatian graves on the one hand and the dominance of small arrowheads on the other hand show that up to the end of the 3rd century A.D. the Sarmatians used bows of two types. The most popular bow remained the "Scythian" type. However, starting from the 1st century A.D., Sarmatian warriors sporadically got the new "Hsiung-nu" bows as well, always with the arrows calibred to them. The concentration of such finds in eastern Sarmatian lands is not surprising: local inhabitants lived closer to the Central Asian and Hsiung-nu world where such arms had already become main weapons in use in the last century B.C...." Simonenko, Alexander: Chinese and East Asian elements in Sarmatian culture of the North Pontic region. S. 62. In: Silk Road art and archaeology, 7 (2001) S. 53-72

159 „… *Die ersten vier Reihen werden mit Lanzen ausgerüstet sein, die lange dünne Eisenspitzen besitzen. Die Männer in der ersten Reihe halten ihre Lanzen bereit, sodass sie die Eisenspitzen auf die Pferde schleudern können, wenn der Feind anrückt, besonders auf deren Brust. Die zweite, dritte und vierte Reihe hält sich bereit, um die Pferde mit den Lanzen zu verwunden, wenn möglich, und die Reiter zu töten. Wenn die Lanze den Schild oder die schützende Rüstung durchdrungen hat, wird sie sich, da das Eisen weich ist, verbiegen und der Reiter wird kampfunfähig. Hinter ihnen stehen die Reihen der Speerwerfer. In der neunten Reihe, hinter diesen, werden die Bogenschützen stehen: Numider, Kyrenaiker, Bosporaner und Ituräer. Die Artillerie steht auf beiden Flügeln, um den heranrückenden Feind von einer Position hinter der gesamten Schlachtlinie aus großer Entfernung zu beschießen…*" Flavius Arrianus: *Ėktaxis katà Alánon.* 14, 16-19. Zitiert nach Gilliver, S. 206f.

160 Strabo: *Geographica.* 2, 5, 22. Forbiger, Albert (Übers.) Wiesbaden 2005. S. 171

161 Ilyushechkina, Ekaterina: Studien zu Dionysios von Alexandria. Groningen 1978. S. 211f.

162 Le Bohec, S. 136

163 Maenchen-Helfen, S. 173

164 Stauffer, Annemarie: Textilien aus Xinjiang. Textilienherstellung und Kulturtransfer entlang der Handelsrouten an der Taklamakan. S. 81. In: Ursprünge der Seidenstraße. S. 73-87

165 Țentea, Ovidiu: Some remarks on Palmyreni sagittarii. On the first records of Palmyrenes within the Roman army. S. 377. In: Scripta Classica. Radu Ardevan sexagenarii de-

dicata. Piso, Ion et al. (Hrsg.). Cluj-Napoca 2011. S. 371-378

166 Gawlikowski, S. 31

167 McAllister, S. 48f.

168 "... Oriental *numeri sagittariorum* were also employed in Mauretania and Africa. In Numidia during the late 2nd to early 3rd century A.D. a *numerus Palmyrenorum* had its headquarters at El-Kantara (*Calceus Herculis*), *vexillationes* of it appearing elsewhere, and a *numerus Hemesenorum* was also present. In *Mauretania Caesariensis* a *numerus Osrhoenorum* was present at Sidi Ali ben Yub (*Kaputtasaccora*) and the *numerus Syrorum Malvensium* was in an extend position at Lalla Marina (*numerus Syrorum*) from the Severan period ... The *numeri* perhaps primarily performed a policing function (as on other frontiers) but with the climate and terrain conditions being similar to those in Syria. This area and Dacia were the only occidental regions in which *numeri sagittariorum* were deployed with consistency..." Coulston (1985) S. 307f.

169 Selby, Stephen: Chinese archery. Hongkong 2000. S. 191

170 Siehe Finocci, Silvana: Vetri dorati incisi di derivazione sassanide in una tomba tardo-antica trovata ad Alessandria. In: Oriens antiquus. Rivista del Centro per le Antichità e la Storia dell'Arte del Vicino Oriente, 22 (1983) 3-4, S. 261-266.

171 Ammianus Marcelinus: *Res gestae.* 22, 8, 37. Übersetzung nach Kolias, S. 215

172 Rausing, S. 64, Abb. 25 u. S. 107, Abb. 53

173 Von Kalmár, S. 151ff.

174 Vgl. Sebestyén, Károly Cs.: A magyarok íjja és nyila. In: Dolgozatok 8 (1930) 1/2, S. 167-226 u. S. 227-255 (ungar./dt.). Siehe aktuell zu magyarischen Reflexbogen auch Biró, Adam: Notes on the tenth-century Magyar bow. Mutilated, ruptured and broken lateral tip plates in the tenth-eleventh-century archaeological material of the Carpathian Basin. In: Zwischen Byzanz und der Steppe. Archäologische und historische Studien. Festschrift für Csanád Bálint zum 70. Geburtstag. Bollók, Ádám et al. (Hrsg.) Budapest 2016. S. 605-621

175 Schmauder, S. 94

176 Alföldi, S. 18ff.

177 „... Einige Werte [sic] mögen dies verdeutlichen: Reflexbögen von einer Länge zwischen 60 cm und 1,60 cm konnten Schussweiten an die 450 m erreichen, der Schütze konnte mit der vergleichsweise leichten Waffe bis zu 20 Pfeile die Minute verschießen. Germanische Holzbögen aus Ulmenholz (*almbogi*) oder Eibenholz (*ýbogi*) hatten eine Länge von etwa 2 m und eine Reichweite, die über 100 m kaum hinausgegangen sein dürfte..." Bracher, Adreas: Der Reflexbogen als Beispiel gentiler Bewaffnung. S. 137f. In: Typen der Ethnogenese unter besonderer Berücksichtigung der Bayern. Teil 1. Wolfram, Herwig et al. (Hrsg.) Wien 1990. S. 13-146

178 Einer antiken Inschrift aus der griechischen Stadt *Olbia* an der Mündung des Bug ins Schwarze Meer nach soll der Bürger Anaxagoras mit einem Pfeil 292 *orguiae*, dem attischen Längenmaß nach etwa 515 Meter, erzielt haben. Diesem sportlichen Rekord, wahrscheinlich mit einem Skythenbogen bewerkstelligt, wurde ein Denkmal gesetzt. Vgl. Moretti, Luigi: Inscrizioni agonistiche greche. Rom 1953. S. 82ff., Nr. 32. Gedenksteine für herausragende Leistungen im Weitschießen wurden im Schwarzmeerraum übrigens auch wesentlich später, zum Beispiel unter den Osmanen, noch gesetzt.

179 Eibenholzlangbogen aus dem Norden Germaniens oder die alamannischen Oberflacht-Bogen können, rekonstruiert mit traditionellen Pfeilen, im ballistischen Flug maximale Schussweiten über 170 Meter erreichen. Bereits mit einem relativ kurzen, mesolithischen Flachbogen aus Ulmenholz des Typs Holmegaard lassen sich im Nachbau bei 70 lb Spannkraft im Vollauszug 33 Gramm schwere Pfeile etwa 180 m weit schießen. Vgl. Tinnes, Johann: Vom Original zur Rekonstruktion. In: Archäologie in Deutschland (2004) 6, S. 28-29.

180 Vgl. Attila und die Hunnen. S. 222 sowie Anke, Bodo, Révész, László und Vida, Tivadar: Reitervölker im Frühmittelalter. Hunnen, Awaren, Ungarn. Stuttgart 2008. S. 28, Abb. 17.

181 Needham, Joseph und Yates, Robin D., S. 105. Rausing, S. 114, glaubt, bereits auf älteren Kunstwerken in China zur Zeit der Streitenden Reiche Qum-Darya-Bogen erkennen zu können. Diese Darstellungen lassen sich waffentypologisch aber nicht eindeutig qualifizieren. Es könnte sich auch um großformatige Bogen des skythischen Designs handeln. Die Möglichkeit einer pastoralnomadischen Innovation des Qum-Darya-Bogentyps spätestens am Beginn der jüngeren Eisenzeit in Eurasien mit bogenbauerischen Rückkopplungen im Reich der Mitte ist ebenso plausibel.

182 „... One of the most important areas, concerning e.g. the invention of rigid bow applications, is the territory of present day Mongolia and the Altay region. Here, Xiongnu and Xiongnu influenced material cultures, like Shurmak, Tashtyk or Bulan-Koba, dating from the 3rd c. B.C. to the 2nd-3nd c. A.D. provide a continuously growing number of finds. The rigid bow applications material has been analyzed and discussed many times. Ongoing new excavations of undisturbed burials promote this region as one of the most important areas of future bow research..." Biró, Ádám: Methodological considerations on the archaeology of rigid, reflex, composite bows of Eurasia in the pre-Mongol period. S. 13. In: Acta Militaria Mediaevalia, 9 (2013) S. 7-37

183 Atilla und die Hunnen. S. 108

184 Kokabi, Mostafa: Skelettreste als Rohmaterial – Material, Methode, Technik. S. 13f. In: Knochenarbeit. S. 7-26

185 Ein abgebrochener Bogenendbeschlag aus Geweih kommt als Fund vom römischen Limeskastell Zugmantel des 2./3. Jh. n. Chr. im Taunus. Vgl. Becker, Thomas und Schallmayer, Egon: Die Knochenartefakte der Kastelle Zugmantel, Alteburg-Heftrich, Feldberg, Saalburg und Stockstadt. S. 143. In: Knochenarbeit. S. 141-153. Auch awarische Kompositbogen des 7. Jh. n. Chr. wie in Wien-Liesing, die Gräber 22 u. 23, wurden mit Platten von *Cervus elaphus L.* verstärkt. Vgl. Mossler, Gertrud: Das awarenzeitliche Gräberfeld von Wien-Liesing, S. 86ff. In: Mitteilungen der Anthropologischen Gesellschaft in Wien, 105 (1975) S. 79-95. Beschläge aus Geweih hatte auch ein Bogen des magyarischen Funktionsdesigns als Altfund am Flussufer des Gogops im Nordwestkaukasus. Siehe dazu Savin, A.M. Semenov, A.I.: Srednevekovyj luk iz nachodki na g. Gogops (po materialam archiva M. P. Grjaznova). In: Severnaja Evrazija ot drevnosti do srednevekov'ja. Massim, Vadim M. et. al. Sankt Petersburg 1992. S. 201-205. Es handelt sich bei diesen drei exemplarisch ausgewählten Beispielen um konstruktiv jeweils unterschiedliche Reflexbogen. Das spricht für eine universelle Brauchbarkeit von Geweih als Material für die Endbeschläge zusammengesetzter Bogen.

186 "... Der Bogennerv war derart an den beiden Enden des Bogens befestigt, dass er zu Friedenszeiten oder während des Biwakierens leicht entfernt werden konnte, um eine überflüssige Spannung des Bogens selbst zu vermeiden. Von den zur Befestigung des Nervs dienenden Einschnitten ist der eine viereckig; der Kopfteil der Beinplatte ist hier breiter und endet flach. Der Nerv wurde hier derart in den Einschnitt geknotet, dass er fix, unabnehmbar angebunden wurde. Am unteren Ende ist der Einschnitt rund, auch ist hier das Plattenende abgerundet. Der Bogennerv konnte an dieser Seite abgehoben werden, indem man den Knoten auflockerte und herunterzog. Wenn man die durch den Knoten allmählich ausgeriebenen Rillen an den Platten beobachtet, so lässt es sich feststellen, dass diese an der ‚lösbaren' Seite stets im spitzen Winkel zur Richtung der Platte stand, am ‚fixen' Ende aber einen rechten Winkel bildete..." Von Kalmár, S. 153

187 Kooi, S. 75 u. S. 76

188 „... In Wirklichkeit wird nicht nur das Projektil, sondern auch das Federsystem [Bogen] ... beschleunigt. Dies bedeutet, dass in den Formeln mit *m* nicht die Projektilmasse, sondern die gesamte in Bewegung gesetzte Masse einzusetzen ist. Es folgt aber auch, dass nicht die gesamte gespeicherte Energie in Bewegungsenergie des Projektils umgesetzt werden kann ... Das Verhältnis der nutzbaren Energie des Projektils zu der gesamten aufgewendeten Energie heißt *Wirkungsgrad* der Federwaffe. Dieser Wirkungsgrad ist einerseits vom Verhältnis der mitbeschleunigten Waffenteile (die so genannte ‚Trägermasse') zur Pfeilmasse (‚Nutzmasse') abhängig, andererseits von der Federkonstruktion

der Waffe ... Für die Konstruktion einer Federwaffe bedeutet dies, dass die Trägermassen (Wurfarme ...) möglichst leicht, das Projektil hingegen von diesem Gesichtspunkt aus möglichst schwer sein soll ... Allerdings gibt es verschiedene Gründe, die Projektilmasse trotzdem nicht so groß wie möglich zu wählen. Einerseits nimmt der Wirkungsgrad immer weniger zu, andererseits verringert sich mit zunehmender Projektilmasse die Anfangsgeschwindigkeit..." KNEUBUEHL, S. 46f.

189 Vgl. dazu IVANIŠEVIĆ, VUJADIN und KAZANSKI, MICHEL: Das nördliche Illyrien im 5. und 6. Jahrhundert. S. 191, Abb. 2. In: Rom und die Barbaren. S. 188-192.

190 Vgl. ANKE, Teil 2, S. 73f.

191 NAGY, S. 210

192 Ebd.

193 RIESCH (2009) S. 76ff.

194 Auch in Deutschland gibt es neue Funde von Reflexbogen in einem germanischen Umfeld: „... Seit 1999 wird in Todendorf (Lkr. Güstrow) ein großes, durch Beackerung gefährdetes Gräberfeld archäologisch untersucht ... In starkem Kontrast zum schlichten Grabbau stehen Reichtum und Qualität der Beigaben, zu denen ein Fragment eines Spangenhelms, eine Schilddornschnalle sowie Objekte aus Glas und Bergkristall gehören ... Eine dreiflügelige Pfeilspitze und mehrere Fragmente von Bogenversteifungen aus Knochen spiegeln Einflüsse reiternomadischer Kulturen wieder..." JANTZEN, DETLEF. S. 41. In: Archäologie in Deutschland (2000) H. 3

195 Vgl. BÁLINT, CSANÁD: Der Gürtel im frühmittelalterlichen Transkaukasus und das Grab von Üč Tepe (Sowj. Azerbajdžan) / Kontakte zwischen Iran, Byzanz und der Steppe. In: Awarenforschungen. DAIM, FALKO (Hrsg.). Bd. 2. Wien 1992. S. 309-497.

196 Vgl. BÖHNER, KURT, ELLMERS, DETLEV und WEIDEMANN, KONRAD: Das frühe Mittelalter. Mainz 1980. S. 23.

197 FLAVIUS VEGETIUS: *Epitoma rei militaris.* 1, 20, 2. Abriß des Militärwesens, S. 54

198 ANKE, Teil 1, S. 61

199 LÓRÁNT, VASS: Beinschitzereien aus Intercisa. S. 82. In: Archaeologiai Értesítő, 134 (2009) S. 81-90

200 WERNER (1932) S. 52

201 CHIRIAC, S. 22 u. S. 65

202 Vgl. WRIGHT, S. 51 (*Aen.* 7.500-7.537, fol. 66v.).

203 Vgl. BECKER, LAWRENCE und KONDOLEON, CHRISTINE: The arts of Antioch. Art historical and scientific approaches to Roman mosaics and a catalogue of the Worcester Art Museum Antioch Collection. Princeton 2005. S. 228ff.

204 Vgl. KUBAREV, VLADIMIR D.: Kriegsthema und Waffenkult in Felszeichnungen des Altaigebirges. In: Arms and armour as indicators of cultural transfer. The steppes and the ancient world from Hellenistic times to the early middle ages. MODE, MARKUS et al. (Hrsg.) Wiesbaden 2006. S. 3-18 sowie BÓNA, S. 10, mit Reiterskulptur.

205 „... Krieger aus einem Deckengemälde (Angriff des Marā) aus Tunhuang. Asymmetrischer Bogen. Großer Köcher. Der Bogen wird mit der r. Hand gehalten, der große Köcher wird hier l. getragen, was natürlich falsch ist..." VON LE COQ, S. 70, Erläuterung zu Abb. 108

206 Zu erinnern ist daran, dass bereits ALFÖLDI, S. 20, auf das besagte Bogenschützenbild aus Dunhuang in VON LE COQS Bilderatlas hinwies und es dem Aussehen hunnischer Bogen nahe stellte. Die Relevanz dieser Bildquelle für eine Rekonstruktion des späthunnischen Bogendesigns blieb in der Folgeliteratur aber weitgehend unberücksichtigt.

207 „... Eine Konzeption, die auf jakutischen Berichten beruht, besagt, dass dieses Volk in dem Glauben lebt, die Welt der Verstorbenen sei eine Miniaturwelt, dass dort den Jakuten ähnliche, sehr kleinwüchsige Menschen in entsprechend kleinen Jurten und mit entsprechend kleinen Tieren und sogar Bäumen leben. Nach einer anderen Theorie, die man bei den Beltiren beobachtet hat und die wohl auch vielen anderen Völkern in grauer Vorzeit bekannt war, soll das Jenseits der irdischen Welt gegenüber umgekehrt sein, also ein Spiegelbild dieser..." ERDENEBAT, ULAMBAYAR: Altmongolisches Grabbrauchtum. Archäologisch-historische Untersuchungen zu den mongolischen Grabfunden des 11. bis 17. Jahrhunderts in der Mongolei. Bonn, Diss. 2009. S. 191f.

208 WERNER (1956) Teil A, S. 47

209 Vgl. KOCH, URSULA, VON WELCK, KARIN und WIECZOREK, ALFRED: Die fränkische Expansion in rechtsrheinische Gebiete. S. 920f. In: Die Franken – Wegbereiter Europas. MUSEUM FÜR ARCHÄOLOGIE UND VÖLKERKUNDE MANNHEIM (Hrsg.) Bd. 2. Mainz 1996. S. 902-924.

210 „... Die zum Pferdegeschirr gehörigen Zierscheiben aus der 1. Hälfte des 7. Jahrhunderts n. Chr. wurden in dem reich ausgestatteten Grab eines Reiters in Eschwege-Niederhone gefunden. Der Mann war in goldbrokatverzierter Kleidung in einer hölzernen Grabkammer beigesetzt worden. Neben kostbaren gläsernen Trinkbechern, einem Trinkhorn und der repräsentativen Waffenausstattung konnten die Reste zahlreicher weiterer Beigaben geborgen werden. Die drei Zierscheiben waren ehemals an der Brust und den Seiten des Pferdes angebracht. Sie tragen eine figürliche Darstellung auf silbernem Preßblech. Die beiden kleineren Scheiben zeigen einen unbekleideten Mann, der von zwei Bären flankiert wird. Auf der größeren Scheibe erkennt man eine sitzende weibliche Figur, die einen Bogen in den Händen hält und von zwei Löwen eingerahmt wird. Diese Komposition geht auf Darstellungen der Göttin Anahita aus dem persischen Gebiet zurück..." Zitiert nach http://www.museum-kassel.de/index_navi.php?parent=1567 (Stand 2016.)

211 „... *Sie bewaffnen ihre Lanzen statt des Eisens mit Knochen, haben Bogen und Pfeile vom Kornelbaum und an den Pfeilen Spitzen von Knochen. Auch werfen sie Fangstricke mit Schlingen den Feinden, welchen sie beikommen können, über den Kopf, wenden dann ihre Pferde, und reißen die in die Stricke Verwickelten nieder. Die Panzer machen sie sich auf folgende Art: Sie sind Nomaden und jeder hält viele Pferde ... Die Hufe sammeln, reinigen, spalten sie und machen daraus Scheibchen, die den Drachenschuppen ähnlich sind. Wer aber noch keinen Drachen gesehen hat, der hat wenigstens einen noch grünen Fichtenzapfen gesehen: Er würde sich also nicht irren, wenn er die Scheibchen aus dem Pferdehufe mit den Einschnitten vergliche, welche sich an dem Fichtenzapfen zeigen. Diese Scheibchen durchbohren und nähen sie mit Sehnen von Pferden und Rindern zusammen und gebrauchen sie als Panzer...*" PAUSANIAS PERIEGETES: *Helládos Periēgēsis.* 1, 21, 8ff. Beschreibung von Griechenland. SIEBELIS, CARL GOTTFRIED (Übers.) Stuttgart 1829. S. 70f.

212 „... In der Regel handelte es sich nicht um beinverstärkte Reflexbögen, d.h. Waffen, die für den Kampf gebraucht wurden, sondern um goldblechverzierte Holzbögen, die lediglich der Repräsentation dienten. Daher scheint nicht nur Attila ‚den goldenen Bogen' als Reichsinsignie geführt zu haben. Die relativ große Zahl dieser goldblechbeschlagenen Bögen – von den Archäologen wurden bisher zwölf aufgefunden – und deren weite Verbreitung deuten darauf hin, dass ein enger Kreis von Vertrauten und Gefolgsleuten Attilas als dessen ‚Statthalter' in den Randzonen des Reiches die Zentralmacht vertraten..." GÖCKENJAHN HANSGERD: Bogen, Pfeil und Köcher in der Herrschafts- und Rechtssymbolik der eurasischen Steppenvölker. S. 69. In: Acta Orientalia Academiae Scientiarum Hungariae, 58 (2005) 1, S. 59-76

213 RIESCH und RUTSCHKE (2012) S. 77ff.

214 Vgl. RIESCH (2002) S. 37

215 MAURIKIOS: *Strategikon (Taktika).* 2, 5-6, 3-15. Das Strategikon des Maurikios. GAMILLSCHEG, ERNST (Übers.) Wien 1981. S. 123. Im vorliegenden Fall aus dem 6./7. Jh. n. Chr. wird letztlich doch zu fünf bis zehn Gliedern an Tiefe für oströmische Kavallerieformationen geraten. Der Verfasser des Werks wird auch als Pseudo-Maurikios bezeichnet. Allgemein wird wird aber die Autorenschaft des byzantinischen Kaisers Maurikios (582 bis 602 n. Chr.) akzeptiert.

216 AMMIANUS MARCELLINUS: *Res gestae.* 31, 2, 8-9. Das römische Reich vor dem Untergang. Ammianus Marcellinus. Sämtliche erhaltene Bücher. VEH, OTTO (Übers.) Amsterdam 1997. S. 710

217 MAURIKIOS: *Strategikon.* 4, 2. Das Strategikon des Maurikios, S. 195

218 Vgl. Das Bogenbauer-Buch. Dort findet man Erörterungen von der Holzauswahl über die handwerkliche Bearbeitung bis hin zu experimentellen Schusstests. Im englischen Sprachraum

bildet das mehrbändige Werk The traditional bowyer's bible eine vergleichbare Referenz.
219 Vgl. RIESCH, HOLGER: Der "Bogen" im Grab des Keltenfürsten vom Glauberg. In: Karfunkel. Zeitschrift für erlebbare Geschichte, 55 (2004) S. 50-53.
220 Im Hinblick auf skythische Pfeilspitzen in Ost- und Mitteleuropa bestehen akademische Kontroversen, die zwischen Raubzügen und reiterkriegerischen Feldzügen oder einer mehr auf Handel basierenden Verbreitung schwanken. Der Sachstand wird bei ECKHARDT (1996) S. 95ff. und mit Fundkarten auf S. 421ff. dargelegt. Ein aktuelles Beispiel bilden Funde von Pfeilspitzen des 7. Jh. v. Chr. am Platz Dédestapolcsány im Nordosten Ungarns. SZABÓ, GÁBOR V., CZAJLIK, ZOLTÁN und REMÉNYI, LÁSZLÓ: Traces of an Iron Age armed conflict. New topographical results from the research into Verebcebérc at Dédestapolcsány I. In: Hungarian Archaeology. E-Journal (Spring 2014) S. 1-7. Siehe auch HELLMUTH, ANJA: Horse, bow and arrow – a comparison between the Scythian impact on the Mediterranean and on the Eastern Middle Europe. In: Mediterranean Review, 7-1 (2014) S. 1-38 sowie GEDL, MAREK: Die Pfeilspitzen in Polen. Stuttgart 2014. S. 47ff.
221 Dank geht an Herrn Alessandro Fedrigotti vom Museo delle Palafitte del lago di Ledro für seine Informationen über die Bogenfunde in Italien an mich. Zur weiterführenden Literatur gehören DI DONATO, FRANCO: Italian prehistoric bows. In: JSAA, 34 (1991) S. 51-54, ders.: Italian Bronze Age fragments. In: JSAA, S. 41-42 sowie BELLINTANO, PAOLO et al.: L'arco e le frecce dell' abitato palafitticolo di Fiavè. Indagine sperimentale su aspetti ricostruttivi e funzionali. In: Catene operative dell'arco preistorico: incontro di archeologia sperimentale – San Lorenzo in Banalee Fiavè. 30.08-01.09.2002. BELLINTANI, PAOLO et al. (Hrsg.) Trento 2006. S. 167-200.
222 HANSEN, S. 248f.
223 Vgl. BENINI, S. 8.
224 CENNI, S. 18
225 Ebd. S. 18f.
226 NESTLER-ZAPP, ANGELA: Die Soldatengrabmäler von Bingerbrück. Bad Kreuznach 2007. S. 28
227 ZIETHEN, S. 132 u. S. 134
228 HÖCKMANN, OLAF: Schiffahrt zwischen Alpen und Nordsee. S. 266. In: Die Römer zwischen Alpen und Nordmeer. S. 264-267
229 KONSIOREK, WOJCIECH: The bow in the Mycenean world. In: JSAA, 45 (2002) S. 47-63
230 SPYRIDAKIS, STYLIANOS: Cretans and Neocretans. In: The Classical Journal, 72 (1977) 4, S. 299-307
231 SNODGRASS, ANTHONY: Wehr und Waffen im antiken Griechenland. Mainz 1984. S. 209. Vgl. auch CAGNAZZI, SILVANA: Arciere cretesi a Salamina. In: Ancient Society, 33 (2003) S. 23-34.
232 PUBLIUS VERGILIUS MARO: *Aeneis.* 12, 856-859. HERTZBERG, WILHELM (Übers.) Neuausg. Berlin 2016. S. 291
233 CONNOLLY, S. 50, Abb. 3
234 SOUTHERLAND, CAROLINE: The significance of literal and figurative references to archery in the Homeric poems. S. 73. In: JSAA, 41 (1998) S. 73-75
235 TÖLLE-KASTENBEIN, S. 41
236 "… Bei der Belagerung von *Methone* [Stadt an der Küste des Thermaeischen Golfs nahe *Pydna*, HR] (354 v. Chr.) erlitt Phillip eine Pfeilverletzung des rechten Auges. Die erforderliche Extraktion und Enukleation wurde von Critobulus ausgeführt, die Verletzung von Philip überlebt..." SUDHUES, S. 14. Zum Diskussionsstand SCHUSTER, ANGELA: Not Phillip II of Macedon. Skeleton from Vergina royal tomb reappraised. In: Archeology. Online feat. (April 2000) sowie LASCARATOS, JOHN, LASCARATOS, GERASSIMOS und KALANTZIS, GEORGE: The ophtalmic wound of Phillip II of Macedonia (360-336 BCE). In: Survey of Ophtalmology, 49 (2004) 2, S. 256-261. Ausführlich zur Interpretation der besagten Pfeilverletzung auch SALAZAR (2000) S. 234f.
237 MCLEOD (1968) S. 31
238 Vgl. IMHOOF-BLUMER, FRIEDRICH und KELLER, OTTO: Tier- und Pflanzenbilder auf Münzen und Gemmen des klassischen Altertums. Leipzig 1989. S. 19, Nr. 18 u. Taf. III, 18 sowie ALBERT, RAINER: Die Münzen der Römischen Republik. Regenstauf 2011. S. 191, Nr. 1360.
239 Vgl. ALBERT, S. 198, Nr. 1404.
240 "… A funerary stele from Demetrias belonged to Thersagoras, a Cretan from Polyrrhenia, and it dates to the end of the third century or beginning of the second century BC. It is poorly preserved but the archer can be seen with his bow and quiver, wearing what may have been a white tunic, and carrying what may likely be a shield slung over his back. According to the descriptions made when the stele was discovered over 100 years ago, Thersagoras was also wearing a helmet of some sort, a feature that is presently indistinguishable. Another stele from the ancient city of Demetrias dating to the end of the third century BC, belonging to a Chaironides, depicts the Cretan wearing a white short-sleeved tunic, a very dark cloak, a bronze helmet, and a bow. His servant standing behind him carried a small oval shield and several javelins. Thus, his armament is consistent with Thersagoras' equipment…" ANDERS, ADAM O.: Roman light infantery and the art of combat. The nature and experience of skirmishing and non-pitched battle in Roman warfare 264 BC-AD 235. Cardiff, Diss. 2011. S. 61f.
241 POST, S. 24ff.
242 "… the status, for instance, of Cretans serving Rome in the second century is very unclear indeed. Crete was hardly under direct Roman control for most of this period, and yet the contribution of troops was not merely requested, but apparently 'ordered'. Whether these troops served for pay, or merely in the expectation of booty and in order to keep the regional 'superpower' favourable is unknown: in the most notorious case (171 BC), Livy employs both the verbs *rogare* and *imperare* of the Roman request for troops, and the Senate alludes to official friendship with the Roman People (the Cretans were however serving on both sides)…" PRAG, JONATHAN: Troops and commanders: auxilia externa under the Roman Republic. S. 108. In: Truppe e comandanti nel mondo antico. BONNANO, DANIELA et al. (Hrsg.) Palermo 2010. S. 101-113
243 Vgl. HEATH, S. 55.
244 STRABO: *Geographica.* 4, 4, 3. FORBIGER, ALBERT (Übers.) S. 268
245 GAIUS JULIUS CAESAR: *Commentarii de Bello Gallico.* 7, 31 schreibt über das Großaufgebot der Gallier zu Unterstützung des Vercingetorix im Jahr 52 v. Chr.: „... *Simul, ut deminutae copiae redintegrarentur imperat certum numerum militum ciuitatibus, quem et quam ante diem in castra adduci uelit, sagittariosque omnes, quorum erat permagnus Numerus in Gallia, conquiri et ad se mitti iubet…*" CAESAR in seinem Werk *Bellum Civile.* 1, 51 über Schützen der Rutēni: „... *Nuntiatur Afranio magnos commeatus qui iter habebant ad Caesarem ad flumen constitisse. Venerant eo sagittarii ex Rutenis, equites ex Gallia cum multis carris magnisque impedimentis, ut fert Gallica consuetudo...*"
246 VOUGA, PAUL: La Tène. Monographie de la station publiée au nom de la Commission des fouiles de La Tène. Leipzig 1923. S. 56 u. S. 161
247 Vgl. GOGRÄFE, RÜDIGER: Die Wandmalereien im Tempelmodell des Mars-Lenus-Heiligtums auf dem Martberg bei Pommern. S. 121. In: Der gallorömische Temepelbezirk auf dem Martberg bei Pommern an der Mosel, Kreis Cochem-Zell. LANDESAMT FÜR DENKMALPFLEGE, ABTEILUNG ARCHÄOLOGISCHE DENKMALPFLEGE. Koblenz 2006. S. 97-158. Siehe auch NICKEL, CLAUDIA, THOMA, MARTIN und WIGG-WOLF, DAVID: Martberg Heiligtum und Oppidum der Treverer I: Der Kultbezirk. Die Grabungen 1994–2004. Koblenz 2008. Sehr bedanken möchte ich mich an dieser Stelle bei Frau Dr. Nickel für die Übersendung von Zeichnungen der Funde eiserner Spitzen vom Martberg.
248 LUIK (2001) S. 99. Vgl. auch SIEVERS, SUSANNE: Osuna und Alesia. Bemerkungen zur Normierung der spätrepublikanischen Bewaffnung und Ausrüstung. In: L'équipment militaire et l'armement de la République (IVe-Ier s. avant J.-C.) FEUGÈRE, MICHEL (Hrsg.) / Journal of Roman Military Equipment Studies, 8, 1997 (2000) S. 271-276.
249 In latènezeitlichen Männergräbern gibt es insgesamt nur selten eine Relevanz bei der Beigabe von Pfeil und Bogen. Vgl. PANKE-SCHNEIDER, S. 47 u. S. 109f. Dennoch sind gut ausgestattete Gräber mit Pfeilen wie in einer Bestattung „Auf dem Schützenhain" in Bad Nauheim in Hessen aus dem 4. Jh. v. Chr. bekannt. Das Waffenarsenal dieses Kriegers bestand neben Schwert, Lanze, Schild und Speerspitzen

aus fünf schlanken Eisenpfeilspitzen mit dreieckiger Klinge und Tülle. Ein Bogen war leider nicht erhalten. Anderswo werden Pfeilspitzen auch als Jagdwaffen angesprochen.

250 STARY, PETER F.: Zur eisenzeitlichen Bewaffnung und Kampfesweise auf der iberischen Halbinsel. Berlin 1994. S. 144

251 BISHOP und COULSTON, S. 58

252 GOLDSWORTHY, S. 55

253 KEMKES und SCHEUERBRANDT, S. 24

254 TACITUS: *Annales.* 2, 17. Cornelius Tacitus. Sämtliche erhaltene Werke, S. 344

255 HERODIANUS: *Ab excessu divi Marci libri octo.* 7, 2, 5. Geschichte des Kaisertums nach Marc Aurel, S. 255

256 Die römisch-germanische Auseinandersetzung am Harzhorn (Ldkr. Northeim, Niedersachsen). S. 582

257 CASSIUS DIO: *Historia Romana.* 56, 21,3-4. Cassius Dio. VEH, OTTO (Übers.) Bd. 4. Bücher 51-60. Düsseldorf 2007. S. 266

258 MAURIKIOS äußert sich über die sasanidische Armee und deren Reflexbogen wie folgt: „... *Im Kampf gegen Lanzenträger streben sie an, in schwierigem Gelände die Schlachtordnung zu formieren und den Bogen zu gebrauchen, damit durch die Schwierigkeit des Geländes die Angriffe der Lanzenträger gegen sie sich zerstreuen und leicht auflösen lassen ... Kälte, Regen und das Blasen des Südwindes machen ihnen zu schaffen, weil sie die Kraft der Bogen auflösen...*" MAURIKIOS: *Strategikon* (*Taktika*). 11,1. Das Strategikon des Maurikios, S. 357

259 Die Sekundärliteratur diskutiert eine ganze Reihe weiterer historischer Beispiele, in denen über Ereignisse berichtet wird, wo plötzliche Regengüsse während Gefechten gegen Reitervölker den Ausschlag zu Ungunsten der Schützen erbracht haben sollen. Auch wird argumentiert, dass solche Kämpfe von den Gegnern bewusst – man denke an die Ungarnschlacht auf dem Lechfeld – an Gewässern gesucht wurden, so dass Hornkomposits mit Feuchtigkeit in Berührung kamen. Aus praktischer Sicht lässt es sich allerdings ausschließen, dass ein ad hoc nass gewordener Bogenkörper sofort erheblich an Leistung einbüßt. Ungünstiger mag sich kriechende Nässe ausgewirkt haben. POPE konnte zeigen, dass Nerven aus Sehnen- oder Darmmaterial Feuchtigkeit nur schlecht vertragen. LOADES stellt hingegen fest, dass mit Bienenwachs imprägnierte Bogenschnüre aus Tiersehnen diesbezüglich unkritischer sind. Zu dem gesamten Fragenkreis sind neue und systematische Feldversuche angeraten.

260 Herr Dr. Jochen Haas weist mich darauf hin, dass der Text im griechischen Wortlaut nicht so eindeutig ist. Dort steht: *oute gar tois toxeumasin oute tois akoutiois, e tais ge aspisin hate kai diabrochois ousais, kaloos chresthai edynanto.* Man kann *hate* durchaus kausal auffassen, also: "*Sie konnten weder Bögen noch Speere gut gebrauchen oder die Schilde, weil sie (die Schilde) durchnäßt waren.*" Oder man übersetzt *hate* mit "*gleichwie, in gleicher Art*", was prinzipiell ebenso möglich wäre. Dann hieße es: "*Sie konnten weder Bögen noch Speere gut gebrauchen, und (auch nicht) die in gleicher Art durchnäßten Schilde*". Tatsächlich kann ein Wurfspeer durch Regen aber nicht unbrauchbar werden und ebenso wenig Pfeile, sofern man sie in Köchern transportiert. Unter der Beeinträchtigung durch Nässe bzw. einen anhaltend starken Regen während der Varus-Schlacht litten demzufolge die Schilde der Römer, nicht die Bogen oder die Speere.

261 Die römisch-germanische Auseinandersetzung am Harzhorn (Ldkr. Northeim, Niedersachsen). S. 386

262 RAU, ANDREAS: Weihungen von Kriegerausrüstungen bei den nördlichen Germanen der Kaiser- und Völkerwanderungszeit. S. 237. In: Waffen für die Götter. Krieger, Trophäen, Heiligtümer. MEIGHÖRNER, WOLFGANG (Hrsg.) Innsbruck 2012. S. 232-241

263 Diese und weitere Daten zu den Bogenfunden aus Kragehul, Vimose, Illerup und Thorsberg sind der Monographie von PAULI JENSEN (2009) entnommen. Für technische Informationen über die Langbogen aus den älteren Grabungen (1 und 2) in Nydam greife ich auf die Angaben bei PAULSEN (1998) zurück.

264 Vgl. LESSING-WEILER, THOMAS: Ein Bogenprojekt aus der Eisenzeit. Bogenrohling in Niedersachsen gefunden. In: Traditionell Bogenschießen, 42 (2006) S. 36-37

265 LANTING, JAN R. et al.: Bows from the Netherlands. S. 8. In: JSAA, 42 (1999) S. 7-10

266 „... Wie schon eingangs betont, ist die Geschichte des Bogens und seine Rolle im Kriegswesen der germanischen Stämme nur schwer zu übersehen, da für lange Zeiten keine Funde vorliegen ... Ob und wann der Langbogen in Form der Nydambogen im Norden entstanden ist, lässt sich nicht beantworten. Die von BECKHOFF [Die eisenzeitlichen Kriegsbogen von Nydam. In: Offa, 20, 1963, S. 39-48] betonte Selbständigkeit gegenüber dem neolithischen Bogen der Åmoseform [sogenannte Holmegaard-Bogen, HR] und der Unwahrscheinlichkeit, sie von Letztgenannten abzuleiten, und die Ähnlichkeit mit Bogen des Pfahlbaukreises ließe an die Möglichkeit denken, dass dieser Langbogentyp im Zuge der keltischen Beeinflussung dem Norden vermittelt wurde. Das ist allerdings nichts weiter als eine Vermutung, zumal in Nord- und Mitteleuropa offenbar bereits in der jüngeren Steinzeit mehrere Bogentypen und neben dem Åmosebogen auch der Reflexbogen bekannt waren, so dass eine einheimische Entstehung möglich scheint..." RADDATZ (1963) S. 56

267 Vgl. PAULSEN (1998) S. 391, Abb. 3.

268 Eines der Goldhörner wurde 1639 von der Klöpplerin Kristine Svendsdatter wenige Kilometer nördlich der heutigen deutsch-dänischen Grenze gefunden. Das zweite (unvollständige) Trinkhorn wurde, gemäß den Angaben OXENSTIERNAS, 1734 ungefähr an derselben Stelle von dem Knecht Erick Lassen entdeckt. Beide Artefakte gelangten in die Königliche Kunstkammer in Kopenhagen, wo sie später allerdings gestohlen wurden. Vgl. OXENSTIERNA, ERIC: Die Goldhörner von Gallehus. Lidingö 1956.

269 JUNKELMANN (1992) S. 138

270 „... Der vollständig erhaltene Bogen KAIH hat zwei lange Bewicklungen von 235 mm und 270 mm auf den Beinenden. Dort finden sich 13-17 eng beieinander liegende Drähte, die kreuzförmig um den Bogen herum gewickelt wurden und vier bzw. fünf Kreuze bilden, die von einer 20-35 mm breiten, nach rechts gewendeten Bewicklung umgeben werden. Ferner sieht man deutliche Spuren einer 90 mm langen und 55 mm breiten, geometrischen Verzierung 530 mm vom oberen Bogenende entfernt. Das Oberteil hat die Gestalt eines konzentrischen Halbkreises, der über einem Zickzackband aus Doppelstrichen schwebt, von dessen Winkeln meist Striche ausgehen. Auf der einen Seite des Bands finden sich vier Punktkreise, darunter die oberen drei mit einer Verbindung in Form von Doppelstrichen. Zwischen diesen beiden Elementen sind unten ein halber Punktkreis und ein konzentrischer Halbkreis angebracht, die sich einander zuwenden..." PAULI JENSEN (2009) S. 45

271 „... Die Dicke nimmt gleichmäßig zu den Enden hin ab, wo sich Reste einer kreuzförmigen Bewicklung mit geteerten Schnüren oder Drähten befinden, entweder zur Befestigung der Sehnen oder als Reparatur einer gespaltenen Stelle. Die Unterseite ist nahezu flach und weist abgerundete Kanten auf, die Oberseite dagegen rund mit einer Verzierung in Form von eingeritzten Strichen, konzentrischen Kreisen und einem Ornament, das aus drei halben Doppelkreisen besteht; alle Kreise haben einen markierten Mittelpunkt. Auf einem anderen, reich verzierten Bruchstück finden sich eingeritzte Wellenlinien zwischen geraden Strichen..." ENGELHARDT, HERVIG CONRAD: Thorsbjerg Mosefund. Bd. 1. Kopenhagen 1863 (Zitiert aus PAULI JENSEN, 2009.)

272 Siehe PAULI JENSEN (2007) S. 144, Abb. 1.

273 Siehe FARBREGD, ODDMUNN: Perspektiv på Namdalens jernalder. S. 31, Abb. 8 u. S. 37, Abb. 15. In: Viking, XLIII 1979 (1980) S. 20-79.

274 FLAVIUS VEGETIUS: *Epitoma rei militaris.* 1, 15, 1-3. Abriß des Militärwesens, S.49

275 Housesteads Roman Fort. Bd. 1. S. 283

276 „... Die Bogenschützeneinheiten der Nervii und Tungri könnten nach D. HOFFMANN a.a.O. 149 [s.u. Endnote 283], sehr wohl aus Germanen rekrutiert worden sein, sind doch laetische Ansiedlungen gerade auch im Nervierland und im Raume von Tungri (Tongeren) belegt, während es die eigenständigen Volksstämme der Nervier und Tungrer damals gar nicht mehr gegeben hat..." ZANIER (1988) S. 10

277 STRICKLAND und HARDY, S. 40

278 Vgl. BÖHME, HORST-WOLFGANG: Söldner und Siedler im spätantiken Nordgallien. In: Die

Franken. Wegbereiter Europas. MUSEUM FÜR ARCHÄOLOGIE UND VÖLKERKUNDE MANNHEIM (Hrsg.) Bd. 1. Mainz 1996. S. 91-101.

279 RAUSING, S. 61

280 Vgl. RIESCH, HOLGER: „*Quod nullus in hostem habeat baculum sed arcum*" – Pfeil und Bogen als Beispiel für technologische Innovationen der Karolingerzeit. S. 214ff. In: Technikgeschichte, 61 (1994) 3, S. 209-226.

281 Vgl. WOLF, ROTRAUT: Schreiner, Drechsler, Böttcher, Instrumentenbauer. S. 385, Abb. 437. In: Die Alamannen. Begleitband zur Ausstellung „Die Alamannen". ARCHÄOLOGISCHES LANDESMUSEUM BADEN-WÜRTTEMBERG (Hrsg.) Stuttgart 1997. S. 379-388 sowie RIESCH, HOLGER: Alamannische Pfeile und Bogen. In: Das Bogenbauer-Buch. S. 105-124.

282 Vgl. HOEPER, MICHAEL: Residenzen auf der Höhe. Die alamannischen Höhensiedlungen am Schwarzwaldrand. In: Imperium Romanum. Römer, Christen, Alamannen – die Spätantike am Oberrhein. S. 219-225.

283 HOFFMANN, DIETRICH: Das spätrömische Bewegungsheer und die Notitia Dignitatium. Düsseldorf 1969. S. 141ff.

284 Vgl. JUNKMANNS, JÜRGEN: Pfeil und Bogen. Ludwigshafen 2013. S. 363.

285 Vgl. ebd., S. 399

286 Es kann schwierig sein, bei Funden von Pfeilen oder Pfeilspitzen zwischen Grabbeigaben, den Überbleibseln gewaltsamer Konflikte, Waffenweihungen oder sporadischen Verlusten zu sortieren. Siehe dazu KORAĆ, MIOMIR und MRDJIĆ, NEMANJA: The cementary as battlefield – weapon finds from the cemeteries of Vimiacium. S. 109. In: Waffen in Aktion. Akten der 16. Internationalen Roman Military Equipment Conference, Xanten, 13.-16. Juni 2007. SCHALLES, HANS-JOACHIM (Hrsg.) Mainz 2010. S. 107-123.

287 Vgl. LÓRÁNT, VASS: Bone-working in Roman Dacia, S. 58, Abb. 8. In: Ancient and modern bone artifacts from America to Russia. Cultural, technological and functional signatur. LEGRAND-PINEAU, ALEXANDRA et al. (Hrsg.) Oxford 2010. S. 55-64.

288 ZANIER (1988) S. 5f.

289 WARDEN, S. 110

290 Siehe SANNIBALE, S. 56ff.

291 TITUS LIVIUS: *Ab urbe condita libri CXLII.* 22, 37. Livius. Römische Geschichte. Buch XXI und XXII. Der Zweite Punische Krieg I. SONTHEIMER, WALTHER (Übers.) Stuttgart 1992. S. 108

292 DELBRÜCK, HANS: Geschichte der Kriegskunst. 1. Buch. Berlin 1901. Kap. 5,1

293 Vgl. POST, S. 24f.

294 „... Aber nicht nur in *Mozia* [antike Stadt auf der Insel San Pantaelo an der Westküste Siziliens, HR] sind Dornpfeilspitzen mit getrepptem Blattquerschnitt in größerer Zahl zutage gekommen, sondern auch in mehreren einheimischen Oppida Südfrankreichs, insbesondere im Mündungsgebiet der Rhône, also im unmittelbaren Hinterland der um 600 v. Chr gegründeten phokäischen Kolonie Massalia. Die französische Forschung hat sich deshalb nachdrücklich für eine griechische Provenienz solcher Stücke ausgesprochen und sie als ‚Typ Olympia' bezeichnet ... Diese ethnische Verknüpfung ... führt mitunter zu weitreichenden historischen Schlussfolgerungen..." BAITINGER, HOLGER: Punisch oder griechisch? Bemerkungen zu einem Pfeilspitzentypus aus Olympia. S. 218. In: Archäologisches Korrespondenzblatt, 39 (2009) 2, S. 213-222

295 Man hat spekulativ überlegt, ohne dies allerdings durch Vergleichsfunde belegen zu können, ob die dreiflügeligen Eisenpfeilspitzen bei *Numantia* eventuell Hilfstruppen des Fürsten Jugurthas aus Nordafrika gehört haben könnten. Vgl. YOSHIMURE, TADASUKE: Die Auxiliartruppen und die Provinzialklientel in der römischen Republik. S. 482f. In: Historia, 10 (1961) S. 473-495. Interessant ist, dass in einem Fall eine Stoppkante bei einer der dreiflügeligen Pfeilspitzen vorhanden ist, ein technisches Merkmal, das sich nach meinem Wissen sonst erst in frühbyzantinischer Zeit zeigt.

296 „... Mehrere Pfeilspitzen weisen eine durch den Aufprall eingerollte Spitze und nur schwach ausgebildete Widerhaken auf; eine zeigt eine feine Ritzgravur auf der Oberseite. Für diesen Pfeilspitzentyp lassen sich nur wenige Fundparallelen angeben. Außerdem gibt es auch einige einfache, blattförmige Pfeilspitzen ohne erkennbare Widerhaken. Von den viermal vorhandenen dreiflügeligen Pfeilspitzen besitzen zwei kleine Widerhaken. Mit seinen leicht geschwungenen Flügelenden kommt das besser erhaltene Fundstück von beiden einem Pfeilspitzentyp nahe, der dann in augusteischen Fundzusammenhängen zahlreich vertreten ist. Außerdem fällt es durch seine Überlänge auf. Alle dreiflügeligen Pfeilspitzen wurden in den Lagern der Circumvallationslinie gefunden; ihr Gewicht beträgt ca. 4 g. Die dreiflügeligen Pfeilspitzen könnten mit der Anwesenheit libyscher Bogenschützen bei der Einschließung des Oppidums 134/122 v. Chr. zusammenhängen..." LUIK (2002) S. 84f.

297 „... The variations in the relative proportions of the arrowheads do not appear to have chronological or typological significance. Instead, they should be attributed to the fact that the arrowheads were individually forged and not manufactured in moulds..." STIEBEL und MAGNESS, S. 23

298 „... Nähere Betrachtung verdienen die skythischen Pfeilspitzen. Dabei handelt es sich um kleine bronzene Pfeilspitzen, die im Querschnitt zwei-, dreiflügelig oder dreikantig sein können. Sie können angesetzte oder innere Schäftungstüllen haben und diese können wiederum mit einem Widerhaken besetzt sein. Der Variantenreichtum begründet sich einerseits damit, dass sie rund tausend Jahre in Gebrauch waren, und andererseits mit ihrer Verbreitung zwischen Sibirien und Spanien. Als Motoren einer solchen Ausbreitung lag es nahe, in Mittel- und Osteuropa insbesondere an die Skythen und, in Gegenden wie dem Mittelmeerraum, wo Skythen mit Sicherheit nie vorgedrungen sind (wie Frankreich, Italien oder Zypern), an die Griechen zu denken. In den Gräbern Siebenbürgens kamen sie in hundertfacher Ausführung ans Licht ... Skythische Pfeilspitzen in der Vekerzug-Kultur haben im Gegensatz zu Siebenbürgen stets eine integrierte Schäftungstülle. Hier wie in Siebenbürgen wird davon ausgegangen, dass auch der Reflexbogen aufgenommen und Pfeil und Bogen auch als Waffe im Kampf verwendet wurden..." GLEIRSCHER, PAUL: Kimmerier und Skythen: Zu den ältesten Spuren eurasiatischer Steppenreiter in Kärnten. S. 25. In: Rudolfinum-Jahrbuch des Landesmuseums für Kärnten 2007. Klagenfurth 2009. S. 15-36.

299 "... The necessary smelting and casting processes called for the organisation of static workshops and Gordodtsov tells us that he found in the Belsk townside in the Poltrava guberniya in ash-pit No. 9 unquestioned signs of an extensive workshop 'that had been preparing the standard three faceted-arrows' ... This was confirmend by a considerable amount of ore, or smeltings of it, and of arrowheads retaining their sprues which had been removed from their moulds but had not yet been sharpened. Other workshops were found at Bogudokhovski uyezd of the Kharkov guberniya and in sheltering-places by the Irtyash- and the Iset-lakes..." ELMY, DOUGLAS: Arrow moulds from Scythia and Luristan. S. 45. In: JSAA, 27 (1984) S. 45-47

300 MEHNERT, GUNDULA: Skythika in Transkaukasien. Wiesbaden 2008. S. 103 u. S. 111

301 GRABER-PESONEN, JOËLLE: Die dreiflügeligen Pfeilspitzen vom Tell Halaf, Syrien. Untersuchungen zu den sog. skythischen Pfeilspitzen. Bern, Univ. Bachelorarbeit 2012. S. 23ff.

302 STEHLI, S. 118. „... die von H. Schliemann veranlaßten Untersuchungen von Pfeilspitzenbruchstücken aus Troja ergaben 93,39% Kupfer und 4,92% Zinn, 0,30% Blei, 0,41% Eisen und Nickel und Kobalt zusammen 0,54%. Die Analyse einer Weidenblattpfeilspitze vom Tell Halaf in Syrien weist 96,5% Kupfer auf, 2,2% Zinn, 0,7% Arsen, 0,2% Eisen und Spuren von Blei ... Eine ähnliche Spitze aus aus Zahleh, Syrien, ergab ein entsprechendes Ergebnis: Kupfer = Hauptmenge, 0,5% Zinn, 0,5% Arsen, 0,5% Blei, Zink 0%...." BUCHHOLZ, S. 285

303 HANČAR, S. 8. Der Text wurde von ANNA HANČAR aus dem Nachlass ihres Mannes, des österreichischen Archäologen FRANZ HANČAR (1893-1968), veröffentlicht.

304 „... Die Fundgruppe der ‚skythischen' Pfeilspitzen hat zu erheblichen, auch ideologisch geprägten Kontroversen geführt. Jedenfalls erscheint eine genauere ethnische oder kulturspezifische Deutung bzw. Zuordnung dieser Fundgattung zumindest für Zeitabschnitte nach dem 7. Jh. n. Chr.,

als viele verschiedene Kampfverbände im weiteren Umfeld des Mittelmeeres dreiflügelige bzw. dreikantige Pfeilspitzen in ihr Waffenarsenal übernommen hatten, aufgrund der Sachlage und auch aus methodischen Erwägungen ausgesprochen problematisch…" ANDRASCHKO, FRANK M.: Skythen auf Elephantine? Ein Diskussionsbeitrag zur Verbreitung der dreiflügeligen Pfeilspitzen. S. 229f. In: Hamburger Beiträge zur Archäologie, 18 (1991) S. 217-230

305 SULIMIRSKI, THADEUSZ: Scythian antiquities in Western Asia. In: Artibus Asiae, 17 (1954) S. 282-318

306 Vgl. FALKENSTEIN, S. 44, Abb. 6.

307 BITTNER, S. 142

308 TABLONSKY, LEONID T.: The material culture of the Saka and historical reconstruction. S. 202. In: Nomads of the Eurasian steppes in the early Iron Age. DAVIS-KIMBALL, JEANNINE et al. (Hrsg.) Berkeley 1995. S. 201-239

309 LITVINSKIJ (1986) S. 74

310 Ein interessantes Beispiel bietet der Köcherinhalt eines Bogenschützen des 7. Jh. v. Chr. bei Kleinostheim nahe Aschaffenburg am Main. Im Grabinventar waren flachdreieckige Spitzen aus Bronze (des sogenannten Typs Bourget) mit formenkundlich identischen Eisenspitzen kombiniert. Günter Wegner meint dazu: „... Die zeitliche Stellung der Kleinostheimer Bronzeblechpfeilspitzen ist auf Grund der übrigen Beigaben gesichert: Frühphase der späten Hallstattzeit (Ha D1) ... Eine Pfeilspitzenform, die leicht herzustellen ist und seit Jahrhunderten ihre Funktionsfähigkeit bewiesen hat, wird hier am Übergang von der frühen zur späten Hallstattzeit im neuen Metall nachgebildet..." WEGNER, S. 111

311 HELLMUTH, ANJA: Ein Bogenschütze in Picenum. S. 209. In: Piceni ed Europa. Atti del convegno. GUŠTIN, MITJA (Hrsg.) Udine 2007. S. 201-209

312 ECKHARDT (1996) S. 69

313 JUNKELMANN (1992) S. 130

314 Vgl. HORVATH, S. 186ff., Taf. 15ff. sowie MIŠKEC, ALENKA: Hoards of the Roman period in Slovenia. S. 382f. In: Vjesnik Arheološkog Muzeja u Zagrebu, 45 (2012) 3, S. 379-390.

315 Vgl. VICKERS, MICHAEL: Scythian and Thracian antiquities. Oxford 2002. S. 16f.

316 Zu Aržan 2, Grab 5: „... Zeitlich ist der Fund aus Aržan in das späte 7. Jh. v. Chr. einzuordnen. Der Bogen ist mit 3 cm im Bereich der Wurfarme sehr dick; den Griffbereich verstärken zwei weitere Holzlagen auf 5 cm. Über die Außenseite misst dieser Bogen etwa 117 cm. Er muss ein sehr hohes Zuggewicht gehabt haben und konnte vermutlich kaum gespannt werden, ohne Gefahr zu laufen, zu zerbrechen. Die auf den Bogen aufgebrachten goldenen Dekorationsbleche und seine Bauweise lassen vermuten, dass es sich um eine funktionsuntüchtige Grabbeigabe handelte ... Die in Aržan 2 gefundenen Pfeilschäfte sind oft sehr kurz, 45-65 cm lang (viele Schäfte sind allerdings nur noch Bruchstücke). In Olon-Kuri-Gol 10 ist die Situation anders. Die Schäfte haben überwiegend eine Länge von 70-80 cm…" GODEHARDT, ERHARD und SCHELLENBERG, HANS MICHAEL, S. 218. Weiter zu Olon Kurin Gol 10, Kurgan 1: "... Aus dem Fund ließ sich der prinzipielle Aufbau des Bogens ableiten. Er bestand aus zwei miteinander verklebten Holzleisten, einer äußeren und einer auf der Innenseite des Bogens, an die seitlich ebenfalls je eine Holzleiste geklebt war. Vermutlich handelt es sich um Schlehe (Schlehendorn, Schwarzdorn, botanischer Name *Prunus spinosa*), eine Holzart, die im Altai verbreitet ist…" GODEHARDT, ERHARD und SCHELLENBERG, HANS MICHAEL: Der Bogenfund aus der Hügelgruppe Olon Kurin Gol 10 (Kurgan 1). S. 285f. In: Das Altertum, 60 (2015) 4, S. 283-306

317 GODEHARDT (2009) S. 51

318 „... The earliest indubitable example of the asymmetric compound bow was recovered from tomb 406 at Ch'ang-sha and belongs to the 3rd century BC. It is made of strips of bamboo, four layers at the middle, covered with an inner wrapping of 'gummy bands' and an outer one of closely wound silk thread. The surface was finaly lacquered (the lacquer and the silk having now nearly all fallen away). The bow is 1400 mm long, 50 mm thick and 45 mm wide at the centre. The two bow-tips are separate and made of horn, grooved to receive the string, which is of silk, 800 mm long and 7 mm in diameter. Enough remains of the heavier binding at the grip to show that this was situated well below the centre of the string. When strung the proportions of this bow are similar, as far as can be measured, with those of a bow represented by an openwork metal plaque decorating a Sauromatian quiver. Thus in east and west the design of the bow varied little…" WATSON, S. 120.

319 SAWYER, RALPH D.: Ancient Chinese warfare. New York 2011. S. 324

320 „... [Der Bogen] bestand aus drei hölzernen Lagen und war spiralförmig mit einem Baumrindenstreifen umwickelt. Die obere Lage ist an einem Ende abgerundet und in der Stärke vermindert, ihr zweites Ende ist stärker und verjüngt sich. Die mittlere Lage endet an beiden Seiten flach auslaufend, eine Seite ist an ihrem Ende leicht verbreitert. Die dritte Lage ist an beiden Enden abgebrochen ... Holz: Ahorn. Im Moment der Graböffnung war der Bogen gerade, erst nach der Trocknung hat er eine leicht gebogene Form angenommen ... Aufbewahrung: Museum Kertsch, Inv. KD 177..." LORENZ und TREISTER, S. 50f.

321 FELD, S. 155

322 "... Zur linken Körperseite des Oberkörpers fand sich ein Goryt mit Resten des Bogens und 296 bronzenen Pfeilspitzen. Der Korpus des Goryt war aus Holz, welches außen mit Leder bespannt war. Aus mehreren Lagen Leder bestanden auch die Zwischenwand für das Fach mit den Pfeilen und der Boden. Bei den Fragmenten, die als Teile des Bogens zu deuten sind, handelte es sich um Stücke aus mehreren Schichten Eichenholz. Von den Pfeilen haben sich ebenfalls die hölzernen Schäfte erhalten. Diese bestanden aus Birkenholz, waren 45-50 cm lang und mit verschiedenen Farben bemalt. Es konnten Spuren hellroter, schwarzer, dunkelblauer und hellblauer Farbe festgestellt werden. Ein Pfeilschaft war fünffarbig bemalt in schwarz, dunkel-rot, schwarz, gelb, rot und dunkelbraun…" HELLMUTH, S. 654, Taf. 229

323 In der skythenzeitlichen Bestattung Nr. 20 von Aržan 2 wurden die Überreste eines Goryts gefunden. Er war an einer Längsseite mit einer Holzstrebe versehen und bestand sonst offenbar aus Leder. Darin steckte ein Bogen, von dem noch geringe Holzfragmente und Rindenbestandteile der Umwicklung erhalten waren. Siehe weitere, damit wohl prinzipiell korrespondierende, skythische Bogenfunde bei POLOS'MARK, NATALIE V.: Die ‚Amazone' von Pazyryk. S. 133ff. In: Amazonen. Geheimnisvolle Kriegerinnen. HISTORISCHES MUSEUM DER PFALZ (Hrsg.) Speyer 2010. S. 129-143.

324 LINDSTRÖM, GUNVOR: Votivdeponierungen im Oxos-Tempel (Baktrien) – Tradierung griechischer Kultpraxis? S. 108. In: Rituelle Deponierungen in Heiligtümern der hellenistisch-römischen Welt. Internationale Tagung Mainz. 28. bis 30. April 2008. SCHÄFER, ALFRED et al. (Hrsg.) Mainz 2013. S. 97-114

325 MARCUS ANNAEUS LUCANUS: *Pharsalia.* 8, 302-304. Übersetzung nach LEWIN, S. 38

326 DELRUE (2007) S. 244f.

327 BÂRCĂ, S. 428f.

328 MARTIN-KILCHER, S. 54

329 STIEBEL, S. 100

330 GICHON und VITALE, S. 243 ff.

331 "... The most consistent finds come from the fort at Jidava, presumably from the *armamentarium*. There, 400 such arrowheads were found in the largest arsenal insofar discovered in Roman Dacia. Only a few were published in the preliminary excavation report. A brick bearing the signature of a soldier (*miles*) in *cohors I Flavia Commagenorum sagittariorum* was identified on the floor of one of the rooms in the barracks in *retentura dextra*. The barracks are single-phased, the dating based on the coins found in the burning level suggesting the fort was destroyed during the attacks of the Carpi under Philippus Arabs…" ȚENTEA, S. 92

332 Siehe auch die oströmischen Pfeilspitzen bei VAN DAELE, BERNARD: Roman and Early-Byzantine military equipment at Pisidian Sagalassos/Turkey. S. 238, Fig. 2. In: Archäologie der Schlachtfelder – Militaria aus Zerstörungshorizonten. ROMEC 14. Wien 2005. S. 234-240 sowie bei VON FREEDEN, UTA: Awarische Funde in Süddeutschland? In: Jahrbuch des Römisch-Germanischen Zentralmuseums Mainz, 38 (1991) 2, S. 593-627.

333 KOLIAS, S. 218

334 Vgl. BOŽIČ, DRAGAN: Tre insediamenti minori del gruppo protostorico di Idrija pri Baci. S. 72ff., Abb. 2-4. In: Studio e conservazione degli

insediamenti minori romani in area alpina. Atti dell'incontro di studi, Forgaria del Friuli, 20 settembre 1997. Santoro Bianchi, Sara (Hrsg.) Bologna 1999. S. 71-79 sowie Istanič, S. 78f. u. S. 80, Fig. 3.

335 Zur Rekonstruktion der Kampfhandlungen, die mit der Opferung oder dem Verlust der römischen Pfeilspitzen auf dem Gelände des Döttenbichl zu verbinden sind, siehe Zanier (2016) Bd. 2, S. 549ff.

336 Zanier (1988) S. 6

337 Martin-Kilcher, S. 55

338 Fischer, Thomas: Die römische Armee als Wirtschaftsfaktor. S. 51f. In: Die Römer zwischen Alpen und Nordmeer. S. 49-52

339 Vgl. Werner (1956) Teil B, Taf. 11, Nr. 2-6.

340 „... The phenomenon of adopting elements of foreign weaponery, including the bow and arrows, by the ‚non-nomadic' milieu, especially by the Germanic elites, is well recorded in the archeological sources, which is clearly indicated by the above presented examples ... The broad distribution of the nomadic type finds may be explained by the military contacts between the Barbarian tribes, which in this ‚epoch of unrest' in the Migration period, were particularly easy..." Bitner-Wróblewska und Kontny, S. 118

341 Davies, S. 264

342 Siehe als Internetressource dazu einen interessanten Filmbeitrag des National Museum Wales mit einer praktischen Schmiede-rekonstruktion unter www.youtube.com/watch?v=bAPryTYk83Y (Stand 2017.)

343 Aus Dura sind extravagante Trilobitspitzen mit zweistufiger Auslegung dokumentiert: „... the strange double barbed 708 could be designed for hunting. The latter may be related to an observation in Cassius Dio, that in the first cent. BC the Parthians ‚*used double-headed arrow-points, and moreover poisoned them ... the second iron part, not being firmly attached, would be left in the wound*' (Dio, 36.5.1-2)..." James (2004) S. 195. Coulston, (1985) S. 268, weist darauf hin, dass zweischneidige Schaftdornspitzen mit einer aufgesetzten Spitze im Kastell Bearsden, East Dunbartonshire in Schottland, gefunden wurden. Selbst lang-pyramidale Spitzen wurden wie im Kastell *Vindolanda*, Northumberland, mit einer zweiten, hier abgeplattet vierkantigen Frontpartie versehen.

344 Werner (1956) Teil A, S. 50

345 Kiss, Attila: Das awarenzeitlich gepidische Gräberfeld von Kölked-Feketekapu A. Innsbruck 1996. S. 236. Siehe zum Thema von Trilobitspitzen (aus Knochen oder Eisen) im Barbarikum auch Anke, Bodo: Kulturelle Verbindungen zwischen den nordpontischen Steppengebieten und Skandinavien in der Römischen Kaiser- und Völkerwanderungszeit aufgrund archäologischer Quellen. S. 88. In: Kontakte zwischen Iran, Byzanz und der Steppe im 6.–7. Jh. Bálint, Csanád (Hrsg.) Budapest 2000. S. 87-97.

346 Wegner, S. 111f.

347 Siehe Ludwig, Renate: Kelten, Kastelle, Kurfürsten. Archäologie am unteren Neckar. Stuttgart 1997. S. 31. Eine klare Abgrenzung zu kleinen Speerschuhen aus keltischer Zeit ist mitunter schwierig. Teilweise wurden selbst dünne Speerschäfte mit einem spitzkonischen Schuh ausgestattet. Ohne das Vorhandensein einer Wurfspeerspitze in situ kann man solche latènezeitlichen Artefakte auch als Pfeilspitzen missdeuten. In eindeutig als Pfeilbewehrung anzusprechende „Tüllen" wurde zur technischen Verstärkung der Frontpartie mitunter sogar ein massiver Eisenstift eingelötet. Vgl. Krausse-Steinberger, Dirk: Ein frühlatènezeitlicher Pfeilbolzenfund aus Hochscheid, Kr. Bernkastel-Wittlich. In: Archäologisches Korrespondenzblatt, 20 (1990) 2, S. 185-191

348 Siehe Deschler-Erb (1999) S. 134 u. Taf. 7, Nr. 88, 89 u. 90.

349 Hanel, S. 50

350 Erdmann (1982) S. 7 u. S. 9

351 Zu diesem Sachverhalt liegen experimentelle Erfahrungsberichte vor: „... It had been thought that socketed arrows would be less likely to break than tanged arrowheads. In fact, a great number of clean breakages occurred immediately behind the socket due to lateral stress upon impact. Arrowheads of the same design, but with the tanged construction retained in some cases by the Romans, actually proved slightly less likely to break. It is unlikely that the Roman use of an allegedly inferior construction method was due to an increased survivability under battle conditions, as arrows are by nature disposable, although they can be recycled in whole or in part by the victors. Nor can the use of tanged arrowheads be explained by better penetration: the binding needed to prevent the arrow shaft breaking limited this, thus removing any advantage gained by being slightly less likely to dissipate penetrative energy by the fracture of the arrow shaft..." Massey, S. 39.

352 Es handelt es sich um spitzkonische Pfeilspitzen mit mit einer asymmetrischen Formgebung, d.h. entweder mit einer einseitig ausgebildeten Kante oder einem Widerhaken, dieser oftmals auch ohne Schneide. „... The tanged arrow-heads with one-lobe find good parallels at *Alesia*, although it is not clear whether they were used there by the Romans or the Gauls. Larger points (103-150 mm long) of the same form are known among the Roman weapons from *Osuna*. At *Osuna*, there is evidence to suggest that they were used to set fire. The simple tanged 'irons' with asymmetrical heads find their best parallels at the Republican site of Grad near Šmihel (Slovenia), which is dated to the 2nd century B.C. or slightly earlier. Suggestions have been made as to their purpose, arrow-heads or stimuli being the most plausible. In view of the range of weapons from Grad, their use as arrow-heads seems the most likely..." Istanič, S. 79

353 Serdon, S. 100

354 Die Armbrustnuss aus Bein wurde bei Grabungen im Bodenbelag Manuel Gullón 3-5 in Astorga gefunden. Der archäologische Horizont, spätrömisch, entspricht dem 3.-4. Jh. Jh. n. Chr. mit spärlichen Inklusionen anderer Perioden. Vgl. Fernández und Tafalla, S. 507. „... Auf dem in Salignac aufgefundenen Stein ist eine leichtere Armbrust mit Hornbogen (Reflexbogen), Rinne und vermutlich Nuß- oder Zapfenschloss erkennbar. Über Abzugstangen sagen beide [römischen] Reliefs nichts aus. Neben der Waffe hängt ein Köcher für lange Pfeile. Der größere Stein kommt aus Saint Marcel, unweit von Puy, zeigt eine schwere Jagdarmbrust und wird bei Espérandieu bereits in das 1. Jh. n. Chr. datiert. Wieder lässt das Relief auf einen Hornbogen schließen, Pfeilrinne und Schloss sind nicht erkennbar, doch endet hier, wie beim anderen Relief, der Schaft bald hinter dem Schloss, ein Merkmal, das auch die alten Armbrüste Chinas hatten. Den Handgriff am Schaftende gibt es aber nur in Europa..." Harmuth, Egon: Die Armbrust. Graz 1986. S. 20. Zur Entwicklung des Nuss-Schloss-Mechanismus siehe Credland, Arthur Graves: Crossbow remains. In: JSAA, 23 (1980) S. 12-18. Eine gute Übersicht spätantiker und mittelalterlicher Armbrustnussfunde in Europa bietet Serdon, S. 151ff.

355 Baatz (1999) S. 14.

356 Deschler-Erb (1999) S. 16

357 Erdmann (1982) S. 6. Deschler-Erb bemerkt dazu: „... Eine Definition nach Gewicht finde ich jedoch recht problematisch, da dieses stark vom jeweiligen Zustand des Objekts abhängt..." Römische Militaria des 1. Jahrhunderts aus Kaiseraugst. Zur Frage des Frühen Kastells. S. 13. In: Ders., Peter, Markus und Deschler-Erb, Sabine: Das frühkaiserzeitliche Militärlager in der Kaiseraugster Unterstadt. Römermuseum Augst 1991. S. 9-81

358 Vgl. Korfmann, S. 35.

359 Pfahl und Reuter, S. 120

360 Siehe Birley (1996) S. 23ff.

361 Briefliche Information von Herrn Ulrich Stehli an mich vom 23.11.2015.

362 Klimpel, Manfred: Die sogenannte "Zwiebelnasen"-Pfeilspitze (*bulbous-nosed arrowhead*). Essay als Internetressource veröffentlicht im Jahr 2012 unter www.milites-bedenses.de/Pfeile1.htm (Stand 2017.)

363 Vgl. Riesch (2002) S. 92.

364 Siehe Breiding: Dirk H.: A deadly art. European crossbows. 1250-1850. New York 2013. S. 20, Kat. 1b.

365 Jernej, Renate: Zur Forschungs- und Grabungsgeschichte am Kathreinkogel. S. 55. In: Spurensuche auf dem Kathreinkogel. Historischer Verein Schiefling-Velden-Rosegg (Hrsg.) Klagenfurt 2012. S. 50-71

366 Kluge, Friedrich: Etym. Wörterbuch der deutschen Sprache. 21. Aufl. Berlin 1975. S. 90

ENDNOTEN

367 Vgl. Boeheim, Wendelin: Handbuch der Waffenkunde. Leipzig 1890. S. 424ff., Přihoda, Rudolf: Zur Typologie und Chronologie mittelalterlicher Pfeilspitzen und Armbrustbolzeneisen. In: Sudeta 8 (1932) S. 43-67 sowie ausführlich Zimmermann, Bernd: Mittelalterliche Geschossspitzen. Basel 2000. S. 19ff.

368 "... Die verzierten Knochenplättchen und ebenfalls verzierte, beidseitig gezahnte Kammfragmente sowie zahlreich auftretende eiserne Geschosse können aufgrund des Fundzusammenhanges ebenfalls dieser Zeitphase (Übergangsphase des 4. zum 5. Jahrhundert n. Chr.) zugerechnet werden. Letztere zeigen überhaupt einen interessanten Formenreichtum, der von den zweiflügeligen Pfeilspitzen mit ausgeprägten Widerhaken bis zu den dreiflügeligen Geschossen reicht..." Fuchs, Manfred: Die Ausgrabungen auf dem Kathreinkogel, Gemeinde Schiefling am See, in Kärnten. S. 115. In: Archäologie Alpen Adria. Bd. 1. Historischer Verein (Hrsg.) Klagenfurt 1988. S. 109-119

369 James (2004) S. 215

370 Siehe Farbregd, Oddmunn: Pilefunn frå Oppdalsfjella / Arrow finds from the mountains of Oppdal, Sør-Trøndelag, Norway. Trondheim 1972. S. 135f. u. Taf. 9, Nr. 102-110 plus Taf. 13.

371 "... Die Pfeile besaßen am Ende wohl keinen gespaltenen Nock wie die Handbogenpfeile, sondern eine glatte oder leicht gebogene Anlegekante, wie sie von antiken Katapultpfeilen oder von den späteren Armbrustbolzen bekannt ist. Zur Flugstabiliseriung waren die Pfeile gewiss befiedert. Die Pfeilspitzen können wie bei Handbogenpfeilen je nach dem Verwendungszweck verschieden geformt gewesen sein..." Baatz (1991) S. 288

372 Conyard, John: Recreating the Late Roman army, S. 540, Abb. 5. In: War and warfare in Late Antiquity. Sarantis, Alexander et. al. (Hrsg.) Bd. 2. Leiden 2013. S. 523-570

373 Bongrain, Gilles: L´arbalète de l´Orient à l´Occident. Chaumont 2009. S. 38ff.

374 Archäologisch liegen solche Armbrustpfeilspitzen zum Beispiel vom Trassenverlauf der römischen *Via Claudia Augusta* in Nordtirol vor. Ihre Datierung ins 14./15. Jh. erfolgt durch begleitende Fundstücke wie einschneidige Messer aus dem Spätmittelalter. Vgl. Grabherr, Gerald: Die Via Claudia Augusta in Nordtirol – Methoden, Verlauf, Funde. S. 242 u. S. 298, Taf. 15, Nr. 885 u. 888. In: Via Claudia Augusta, Walde, Elisabeth et al. (Hrsg.) Innsbruck 2006. S. 35-336.

375 Siehe aktuell Richter, Holger: Die Hornbogenarmbrust. Geschichte und Technik. 2. Aufl. Ludwigshafen 2012 sowie Sensfelder, Jens: Crossbows in the Royal Netherlands Army Museum. Delft 2007.

376 Siehe James (2004) S. 224ff.

377 Siehe Willems, Willem J.H.: An officer or a gentleman? A late Roman weapon grave from a Villa at Voerendaal (NL). S. 149ff., Abb. 5.3 u. 6. In: Roman military equipment: the sources of evidence. Van Driel-Murray, Carol (Hrsg.) Oxford 1989. S. 143-156.

378 Dahlgren, Mikael: Hunting high and low. Weapon-graves and the interpretation of hunting practices in Late Roman militarized society. S. 24. In: Military aspects of the aristocracy in Barbaricum in the Roman and early Migration periods. Papers from an International Research Seminar at the Danish National Museum, Copenhagen, 10-11 December 1999. Birger, Storgaard (Hrsg.) Kopenhagen 2001. S. 21-26

379 Deschler-Erb (1999) S. 22

380 Martin-Kilcher, S. 33 u. S. 51

381 Hanel, S. 50

382 Vgl. Schmitz, Dirk: Der Bataveraufstand im Kontext des römischen Bürgerkrieges 68-70 n. Chr. S. 134ff. In: Colonia Ulpia Traiana. Xanten und sein Umland in römischer Zeit. Müller, Martin et al. (Hrsg). Mainz 2008. S. 117-140

383 Siehe Horvath, S. 192, Nr. 3.

384 Radman Livaja (2001) S. 143 u. S. 150

385 Renoux, Bd. 1, S. 375, S. 377 u. S. 379

386 Schach-Dörges, Helga: Die Bodenfunde des 3. bis 6. Jahrhunderts nach Chr. zwischen unterer Elbe und Oder. Neumünster 1970. S. 93

387 Die Blattpfeilspitze von 6,1 cm Länge ist abgebildet in: Trier. Augustusstadt der Treverer. Stadt und Land in vor- und frührömischer Zeit. Rheinisches Landesmuseum Trier (Hrsg.) Mainz 1984. S. 258, Abb. 112, b.

388 Droberjar und Peška (2002) S. 114, S 120 u. S 124

389 Vgl. Droberjar und Peška (1994) S. 292, Abb. 12, S. 294, Abb. 13 u. S. 296, Abb. 14

390 Schmidts, Thomas: Germanen im spätrömischen Heer. S. 219. In: Die Römer zwischen Alpen und Nordmeer. S. 219-225

391 Bemmann (2007) S. 263ff.

392 „... Die Türme waren mit Brandschutt angefüllt, im rechten fanden sich zwei Pfeilspitzen ... Der südwestliche Eckturm ist fast ganz ausgebrochen und war nur nach vereinzelten Mauerresten zu bestimmen. Der nordöstliche ist samt anstossendem Wall und Mauer bis auf den Grund abgetragen. Der nordwestliche, 0,40-0,50 m hoch erhalten, ist, von gleicher Form und Grösse, wie der gegenüberliegende. Dort fanden sich eine grosse Lanzenspitze (abgeb. Taf. XV, Fig. 40), zwei Pfeilspitzen, eine Fibel (abgeb. Taf. XII, Fig. 83) und eine Schlüssel..." Winkelmann, Friedrich: Das Kastell Pfünz. Heidelberg 1901. S. 5f.

393 Rothmacher, Dietrich und Scheuerbrandt, Jörg: Unter Beschuss! – Spuren eines germanischen Angriffs auf das Kastell Osterburken. S. 23. In: Der Limes. Nachrichtenblatt der Deutschen Limeskomission, 10 (2016) 1, S. 22-25

394 Vgl. Kellner, Hans-Jörg: Die Kleinfunde aus der spätrömischen Höhensiedlung „Auf Krüppel" ob Schaan. S. 71ff. In: Jahrbuch des Historischen Vereins für das Fürstentum Liechtenstein, 64 (1965) S. 53-123 sowie Beck, David: Der prähistorische und spätrömsiche Siedlungsplatz „Auf Krüppel" ob Schaan. S. 48. In: Ebd. S. 7-51.

395 Scheuerbrandt, Jörg: Unter Beschuss. S. 46. In: Kemkes, Martin und Walter, Lydia: Der Limes. 50 Jahre Forschung und Vermittlung. Stuttgart 2014

396 Fingerlin, Gerhard: Von den Römern zu den Alamannen. Neue Herren im Land. S. 456. In: Imperium Romanum. Römer, Christen, Alamannen – die Spätantike am Oberrhein. S. 452-462. „... Im Gegensatz zu Obergermanien war Raetien schon früh, d.h. in den fünfziger Jahren des 3. Jahrhunderts von heftigen germanischen Übergriffen betroffen, die zumindest größere Teile der Provinz in Schutt und Asche legten und das bis dahin wohl noch verhältnismäßig geordnet funktionierende Leben jäh zusammenbrechen ließen..." Steidl, Bernd: „Römer" rechts des Rheins nach „260"? Archäologische Beobachtungen zur Frage des Verbleibs von Provinzbevölkerung im einstigen Limesgebiet. S. 84. In: Kontinuitätsfragen. Mittlere Kaiserzeit – Spätantike. Spätantike – Frühmittelalter. Susanne Biegert et al. (Hrsg.) Oxford 2005. S. 77-87

397 „... Kein anderes Waffenstück kam, von der großen Masse der Schuppenpanzer abgesehen, in den Waffenkammern in so großer Menge vor, wie die Pfeilspitzen; sie waren in allen Räumen und Schichten verstreut und wurden einschließlich der Bruchstücke zu Hunderten aufgelesen ... Nach der Art der Erzeugung zerfallen die Pfeilspitzen in zwei Gattungen: aus Blech geschnittene und geschmiedete..." Von Groller-Mildensee, S. 128f.

398 Fischer, Thomas: Spätzeit und Ende. S. 393. In: Die Römer in Bayern. S. 358-404

399 Fischer, Thomas: Römer und Bajuwaren an der Donau. Regensburg 1988. S. 41

400 „... Eine kleine Gruppe von nur drei Männergräbern – Heilbronn-Böckingen, Lisacker und Leutkirch – weist als kennzeichnende Beigabe nur Bronzepfeilspitzen mit geschlitzter Tülle auf, die jeweils in der Dreizahl vorkommen. Gräberfunde, die Pfeilspitzen aus wertvollem Material, aus Bronze oder Silber, aber ebenfalls keine Waffen enthalten, sind aus dem elbgermanischen Gebiet in größerer Anzahl bekannt und zwar vornehmlich aus reich ausgestatteten Körpergräbern des thüringisch-sächsischen Raumes, darunter den ... Gräbern Haßleben und Leuna. Wie von W. Schulz und J. Werner unlängst dargetan worden ist, haben derartige Pfeilspitzen aus kostbarem Material bei sportlichen Übungen oder Wettkämpfen ihrer adeligen Besitzer Verwendung gefunden..." Roeren, Robert: Zur Archäologie und Geschichte Südwestdeutschlands im 3. bis 5. Jahrhundert n. Chr. S. 227. In: Jahrbuch des RGZM. Mainz 1960. S. 214-294

401 Hunold, Angelika: Die Befestigung auf dem Katzenberg bei Mayen und die spätrömischen Höhenbefestigungen in Nordgallien. Mainz 2011. S. 121

402 Haas, Jochen und Riesch, Holger: Das Geschütz des Bischofs Nicetius. Eine Torsionswaffe für Pfeile im Moselraum des 6. Jh. n. Chr. S. 15. In: Waffen- und Kostümkunde, 50 (2008) 1, S. 1-34

403 „... Die Ausstattung mit bestimmten Waffen – mit zweischneidigen Langschwertern oder mit einer Kombination von Axt und Pfeilspitzen – diente bisher vorrangig dazu, den Siedlungsraum der Burgunden im Gebiet zwischen Elbe und Oder einerseits sowie im Limesvorfeld des Rhein-Main-Gebietes andererseits zu umreißen und Beziehungen zwischen den beiden Regionen herzustellen ... Der bei M. Schulze noch fundfreie Raum zwischen Werra und Elbe hat sich gleichmäßig gefüllt, eine alleinige Bindung dieser Beigabensitte an die Lausitz besteht nicht mehr ... Insgesamt konnten 192 Grabinventare mit Waffen aus Mitteldeutschland und den Lausitzen in Fundliste 1 zusammengestellt werden ... Unter den Körpergräbern dominiert genauso wie unter den Brandgräbern die Mitgabe einer Axt und / oder von Pfeilspitzen mit 72 % aller waffenführenden Bestattungen..." Bemmann (2007) S. 247ff. u. S. 261

404 „... Das Gros der früheren Alamannen dürfte jedoch einfacher bewaffnet gewesen sein. Bei einer Durchsicht der Grabinventare von Lampertheim fällt beispielsweise die Kombination von Pfeilspitzen und Axt ebenso ins Auge wie das gänzliche Fehlen von Spatha, Schild und Lanze. Streitaxt sowie Pfeil und Bogen begegnen auch in jüngeren Zeiten immer wieder, und nicht nur bei den Alamannen, als die Waffen einfacher Leute..." Christlein, Rainer: Die Alamannen. Archäologie eines lebendigen Volkes. Stuttgart 1979. S. 68f.

405 Keller, Erwin: Die spätrömischen Grabfunde in Südbayern. München 1971. S. 77f.

406 Smith, S. 290f. u. Anm. 53. Hippen können bei Bedarf auch Kampfwaffen gewesen sein. Das legen Funde aus der späten Republikzeit in Valencia nahe. Vgl. Luik (2001) S. 98. Siehe zu der Thematik allgemein auch Frey, Annette: Glefe oder Baummesser? Überlegungen zu Waffen und Geräten in frühmittelalterlichen Gräbern. In: Untergang und Neuanfang. Tagungsbeiträge der Arbeitsgemeinschaft Spätantike und Frühmittelalter. Drauschke, Jörg et al. (Hrsg.) Hamburg 2001. S. 385-406.

407 „... As we have already noted, soldiers with the requisite skills would have been appointed to specialist tasks, and on these grounds Professor E. Birley has suggested to me that the Housesteads tombstone may be that of a *sagittarius* in *coh. I Tungrorum miliaria*, the third-century garrison of the fort..." Davies, S. 266

408 „... There is actually a strong possibility that this figure is not a soldier at all, but a hunting deity. Altogether clearer is the fact that the Housesteads figure carries an axe and a composite bow..." Haynes, Ian: Blood of the provinces. The Roman auxilia and the making of provincial society from Augustus to the Severans. Oxford 2013. S. 294. Sofern es sich tatsächlich um eine Axt handeln sollte, käme wohl nur eine Bartaxt in Frage. In dem Fall stellt sich die Frage, inwieweit Bartäxte bereits während der jüngeren Römischen Kaiserzeit archäologisch nachweisbar sind?

409 Böhme, Horst Wolfgang: Germanische Grabfunde des 4./5. Jhs. westlich des Rheins. In: Gallien in der Spätantike. S. 212

410 „... Die spätrömischen *sagittarii*-Einheiten nach der Notitia Dignitatum ergeben ein ähnliches Bild. Ausnahmen sind die Gallicani, Nervii und Tungri. Das Ergebnis ist nicht neu: Während der gesamten Kaiserzeit ist der Orient das wichtigste Herkunftsgebiet römischer *sagittarii*..." Zanier (1988) S. 10. Man wundert sich allerdings darüber, dass in der Spätantike, sollte dies zutreffen, Pfeilspitzen aus dem Orient nur relativ selten als Funde in Europa vorliegen.

411 Eiserne Pfeilspitzen mit Tülle und einem ausgestrecktem Stiel gab es bereits in der frühen Kaiserzeit. Sie sind beispielsweise aus *Vetera I*, *Vindonissa* etc. dokumentiert (s.o. Abb. 88, I, III u. VII). Ihre Ausprägung ist aber deutlich reduzierter als die der germanischen Zweckform in der Spätantike, insofern bestanden hier wohl keine technischen Traditionslinien.

412 „... Mehrere Ansammlungen von Angriffswaffen, die in den 80er Jahren des 19. Jahrhunderts bei den Grabungen im spätrömischen Kastell beobachtet wurden, sind wohl ebenfalls mit der Zerstörung des Kastells in der ersten Hälfte des 5. Jahrhunderts in Verbindung zu bringen ... Die große Zahl der spätantiken Pfeilspitzen und ihre verstreute Lage im Innenbereich des Kastells legen den Schluss nahe, dass der Großteil der aus Eining bekannten spätrömischen Angriffswaffen bei der Brandzerstörung des spätrömischen Kastells in den Boden kam..." Gschwind, S. 189 u. S. 263f.

413 Vgl. Gernet, Jaques: Die chinesische Welt. Frankfurt am Main 1997. S. 225, Abb. 9

414 Behn, Friedrich: Ein vorfränkisches Gräberfeld bei Lampertheim am Rhein. S. 64. In: Mainzer Zeitschrift, 30 (1935) S. 56-65

415 Siehe die entsprechende Diskussion mit Literaturangaben bei Reiss, S. 76ff.

416 Kemkes, Scheuerbrandt und Willburger, S. 96

417 Pescheck, Christian: Die germanischen Bodenfunde der römischen Kaiserzeit in Mainfranken. Bd. 1. München 1978. S. 39

418 Bemmann (2007) S. 247

419 Siegmund, Frank: Merowingerzeit am Niederrein. Köln 1998. S. 95f.

420 „... Die im Jahre 1939 von C. J. Becker durchgeführten Probegrabungen in Nydam erbrachten unter anderem ein Pfeilbündel, bestehend aus 24 Pfeilen, die in dichter Packung auf dem Moorboden in situ konserviert wurden (NM Kopenhagen Nr. 24042) ... Die Längen bei sechs intakten Pfeilen in der oberen Bündellage betrugen 73, 71, 67, 67, und 63 cm ... Die Schaftstärken unterhalb der Schaftspitzen sind beträchtlich und schwanken zwischen 0,8 und 1,2 cm. Für die wuchtigen Pfeilenden kommen nur Tüllenspitzen in Frage, die entsprechende Maße aufweisen. Wenn wir annehmen, dass solche Spitzen mit einem breiten Blatt ausgestattet waren, würden Exemplare wie Kat.-Nr. 1463-1469 für diese Pfeile in Frage kommen ... Die Pfeile des Bündels weisen gewisse Ähnlichkeiten zu einer Gruppe von Pfeilen auf, die aus Engelhardts Grabungen stammen. Diese wuchtigen Pfeilfragmente mit bis zu 1,2 cm Durchmesser sind bis auf ein Exemplar (Kiefer) aus Eschenholz gefertigt. Mit großer Wahrscheinlichkeit handelt es sich um Pfeile, die Engelhardt im FS Kat. 1863 S. 216 erwähnt. Leider ist kein Pfeil in ganzer Länger erhalten. Diese Pfeile weisen wie diejenigen aus dem Bündel keine Absätze oberhalb des Befiederungsbereichs auf..." Paulsen (1998) S. 420f.

421 Vgl. Riesch (2002) S. 44, Abb. 22.

422 „... Auffällig ist, dass in Kindergräbern [hier im frühmittelalterlichen Gräberfeld von Pleidelsheim, HR] bis auf eine Ausnahme die sehr kleinen, d.h. unter 8 cm langen, und die kleinen, 8-9 cm langen Pfeilspitzen vorkommen, die nur in acht Männergräbern auftreten. Widerhakenpfeilspitzen sind in Kindergräbern nicht üblich. Demnach handelt es sich bei den Pfeilen in Knabengräbern mehrheitlich um Kinderwaffen..." Koch, Ursula: Das alamannisch-fränkische Gräberfeld bei Pleidelsheim. Stuttgart 2001

423 Reiss, S. 78

424 Vgl. Stehli, S. 122ff.

425 Rausing, S. 164

426 Härke, S. 87

427 Junkelmann (1992) S. 167

428 Die römisch-germanische Auseinandersetzung am Harzhorn (Ldkr. Northeim, Niedersachsen). S. 382, S. 343 u. 351f.

429 „... If the majority of the arrows are similar in weight and they leave the bow at the same velocity, then the question is how far will each travel and does the head have an effect on arrow flight? I shot the six test arrows on a clear, crisp, and bright sunny day with a moderate tail wind. All three bodkin-headed arrows and the leaf-shaped blade arrow flew straight, and their flight was unaffected by the wind. The barbed broadhead and the crescent-headed arrows also flew straight without drifting off to one side. Both types of head experienced turbulence as they traveled forward, caused I believe by the wind acting against the natural spin of the arrow. This may have resulted in the arrow becoming unstable until restabilized by continued forward momentum. This was fine until the velocity reduced further, when the arrow once more became unstable, and turbulence began again. It is notable that a strong side wind will cause large-bladed arrows to plane to one side considerably. The leaf-shaped blade and the short and long bodkin-headed arrows all made over

220 yards, the barbed broadheads and crescent-shaped heads each made 215 yards and the heavy bodkin type made a good 200 yards…" STRETTON, MARK: Experimental tests with different types of medieval arrowheads. S. 130. In: SOAR, S. 127-152
430 Siehe HERRMANN, FRITZ-RUDOLF: Fürstengrab 1 aus Grabhügel 1. S. 253. In: Das Rätsel der Kelten vom Glauberg sowie FLÜGEN, THOMAS: Die Lanzen. Ebd. S. 157.
431 Siehe DESCHLER-ERB (1999) S. 132, Nr. 55 u. Nr. 60, Taf. 4 u. 5.
432 Vgl. MÜLLER-KARPE, S. 319-322.
433 Vergleichbar schlanke Blattspitzen mit Tülle und einem vierkantig geschmiedeten Ende zum Gebrauch für Wurfspeere gibt es als Funde auch vom römisch-germanischen Kampfplatz am Harzhorn in Niedersachsen.
434 „… Einige Faktoren deuten darauf hin, dass sich Mitglieder der ostseeländischen Aristokratie zur Zeit der Markommanischen Kriege in Mitteleuropa befunden haben, wo sie für den römischen Kaiser kämpften und im übrigen von der Bekanntschaft mit den exotischen Sarmaten profitierten … Eine vergleichbare Situation kennt man aus dem 3. Jh., denn etliche Funde aus römischen Taunuskastellen zeigen, dass die Grenzposten aller Wahrscheinlichkeit nach mit südskandinavischen Söldnern bemannt worden sind…" STORGAARD, BIRGER: Kosmopolitische Aristokraten. S. 117. In: Sieg und Triumpf. S. 106-125
435 JUNKELMANN (1992) S. 136
436 GILLIVER, S. 137
437 Vgl. SUMNER (2007) S. 108.
438 FRANKE, S. 246
439 KEMKES, SCHEUERBRANDT und WILLBURGER, S. 32
440 Siehe HORVATH, S. 182f., Taf. 11, Nr. 8-11 u. Taf. 12, Nr. 1-13.
441 BROK, S. 57
442 "… *Wenn aber die Stadtbewohner nicht auszurücken wagen, dann geben sie an die größeren Geschütze (Brand-)Pfeile (*malleoli *‚Hämmerchen') und (Feuer-)Lanzen (*falaricae*) jeweils in Brand gesetzt, um durch Eindringen durch das Leder und die Lumpen hindurch drinnen Feuer zu legen.* Malleoli *sind wie Pfeile, und sobald sie festhaften, setzen sie alles in Brand, weil sie brennend ankommen; die* falarica *aber hat wie eine Lanze eine sehr starke Eisenspitze; und zwischen Rohr und Schaft wird sie mit Schwefel, Harz, Erdpech und Werg umwickelt, das in das sogenannte Brandöl* (= Petroleum) *getaucht ist…*" FLAVIUS VEGETIUS: *Epitoma rei militaris.* 4, 18, 2-4. Abriß des Militärwesens, S. 201
443 BROK, S. 58
444 FRANKE, S. 255
445 Siehe Nalazi rimske vojne opreme u Hrvatskoj. S. 57 sowie RADMAN LIVAJA (1998) S. 226.
446 Siehe GSCHWIND, S. 184 u. Taf. 90, D408.
447 DEGEN, S. 73f. u. S. 75, Abb. 2
448 LOADES, S. 23
449 DÖRSCHEL, FLORIAN: Eine römische Pfeilspitze aus Augsburg-Oberhausen. S. 94. In: Die römische Armee im Experiment. KOPFER, CHRISTIAN et al. (Hrsg.) Berlin 2011. S. 93-96
450 FRANKE, S. 248, Anm. 10. Bei der „Dreizackpfeilspitze" aus Bülach könnte es sich theoretisch auch um eine Waffe gehandelt haben, mit der Fische geschossen wurden. Vergleichbare Zweckformen existieren heute zum Beispiel für das Bogenfischen von Karpfen.
451 Vgl. LUNDSTRÖM, FREDRIK, HEDENSTIERNA-JONSON, FREDERIKA und HOLMQUIST OLAUSSON, LENA: Eastern archery in Birka's garrison. S. 108, Abb. 50, Nr. F 5260. In: The martial society aspects of warriors, fortifications and social change in Scandinavia. HOLMQUIST OLAUSSON, LEA et al. (Hrsg.) Stockholm 2009. S. 105-116.
452 KEMKES, SCHEUERBRANDT und WILLBURGER, S. 171
453 „… *bald wird es sogar mit Federn versehen, meiner Meinung nach die frevelhafteste Hinterlist des menschlichen Geistes; denn wir haben, damit der Tod schneller zum Menschen gelange, ihn beflügelt und dem Eisen Schwingen gegeben…*" GAIUS PLINIUS SECUNDUS: *Naturalis Historiae.* 1, 34, 138. Naturkunde. KÖNIG, RODERICH (Übers.) Zürich 1995. S. 99
454 PIERSING, WOLFGANG: Über das Eisen, die Eisenmineralien und Eisenerzminen auf der Insel Elba. Norderstedt 2013. S. 11
455 CZYSZ, WOLFGANG: Das zivile Leben in der Provinz. S. 244f. In: Die Römer in Bayern. S. 177-308
456 DIODORUS SICULUS: *Biblioteca historica.* 6, 13. Übersetzung aus PIERSING, S. 16
457 DECIMUS MAGNUS AUSONIUS: *Mosella.* 267-270. SCHÖNBERGER, OTTO (Hrsg.) Stuttgart 2000. S. 23
458 KRONZ, S. 64
459 KMETIČ, DIMITRIJ, HORVAT, JANA und VODOPIVEC, FRANC: Metallographic examinations of the Roman republican weapons from the hoard from Grad near Šmihel. S. 301f. In: Arheološki vestnik, 55 (2004) S. 291-312
460 RENOUX, Bd. 2, S. 23ff.
461 VOSS, HANS-ULRICH, HAMMER, JOACHIM und LUTZ, PETER: Römische und germanische Bunt- und Edelmetallfunde im Vergleich. Archäometallurgische Untersuchungen ausgehend von elbgermanischen Körpergräbern. In: Berichte der Römisch Germanischen Komission, 79 (1998) S. 107-382
462 ZANIER (2016) Bd. 3, S. 737ff.
463 JUNKELMANN (1992) S. 153
464 SCHULZ, 8.214ff. u. 8.224
465 Iron objects from Masada: Metallurgical studies. KNOX, REED et al. (Mitarb.) S. 98f. In: Israel Exploration Journal, 33 (1983) 1/2, S. 97-107
466 KRONZ, S. 60
467 RIESCH (2002) S. 51f.
468 STEHLI, S. 120ff.
469 Vgl. Zanier (1995) S. 21ff. sowie STEHLI, S. 133f.
470 Ebd., S. 135
471 FRANKE, S. 252. Einen praktischen Vorschlag fürs Schmieden von Brandpfeilspitzen mit Korb machen auch SAINTY, JEAN und MARCHE, JEAN: Pointes de flèche en fer forgé du Moyen Âge. Recherche expérimentale sur leur technique de fabrication. S. 332, Abb. 11 u. 12. In: Revue archéologique de l'Est, 55 (2006) S. 323-338.
472 Vgl. ZANIER (1994) S. 21, Anm. 17. „… Die fabrica OR/17 am Magdalensberger Forum verdeutlicht einmal mehr den bedeutenden Stellenwert der in spätrepublikanischer Tradition stehenden – und sicher militärisch kontrollierten – Auftragsfertigung von Heeresbedarf vermutlich durch zivile Einrichtungen noch in der frühen Kaiserzeit…" DOLENZ, HEIMO, FLÜGEL, CHRISTOF und ÖLLERER, CHRISTOPH: Militaria aus einer Fabrica auf dem Magdalensberg (Kärnten), S. 59. In: Provinzialrömische Forschungen. Festschrift für Günter Ulbert zum 65. Geburtstag. HÜSSEN, KLAUS-MIACHEL (Red.) Espelkamp 1995. S. 51-80
473 Vgl. ZANIER (1995) S. 22.
474 COLE, HECTOR: The manufacture of arrowheads in the medieval period. S. 29. In: The Society of Archer-Antiquaries Symposium 2002. THE SOCIETY OF ARCHER ANTIQUARIES (Hrsg.). [Großbritannien] 2002. S. 28-33
475 ECKHARDT (1996) S. 68f.
476 KOLIAS, S. 226f
477 BECKHOFF, S. 52
478 Vgl. u.a. MEINE, THOMAS und VORDEREGGER, DIETMAR: Das große Pfeilebuch – für traditionelles Bogenschießen. Koppl bei Salzburg 2012.
479 JURGEIT, S. 174
480 Ebd.
481 „… Verkohlte Pfeilschäfte (SM II) fanden sich in Knossos, geringe, noch intakte Holzreste von Schäften der protogeometrischen bis spätgeometrischen Zeit [in Griechenland von etwa 1000 bis 700 v. Chr., HR] in der Nekropole von Fortetsa bei Knossos. Auch in Zypern sind in einzelnen Fällen Holzreste von Pfeilen erhalten geblieben, z.B. in Gräbern der Nekropole von Salamis. Es handelt sich dort um *Cistus sp.* [Zistrose]. Gute Erhaltungsbedingungen haben schließlich in Ägypten dazu geführt, dass die Holzarten vieler Pfeilschäfte bekannt sind. Man gewinnt den Eindruck, dass man in einem so holzarmen Land nicht wählerisch sein konnte. So bestanden oft die Pfeile aus demselben Holz wie die Bögen (z.B. aus *Taxus baccata* [Eibe, Import] oder Feldahorn oder Akazienholz … Auf der Nilinsel Elephantine fand man ein 38,5 cm langes Stück des hinteren Teils eines Pfeils, die Holzart ist nicht bestimmt … *Pinus halepensis*, Holz der Aleppokiefer, ist in prä- und frühdynastischen Pfeilfragmenten nachgewiesen worden, Eschenholz (*Fraxinus excelsior*) nur in Pfeilen der 26. Dynastie. Es sind außerdem Pfeilschäfte aus Buxbaumholz (*Buxus sempervirens L.*) und aus dem Holz des Mandelbaums (*Prunus dulcis*), letztere im Grab des Tutanchamun, festgestellt worden…" BUCHHOLZ, S. 270f.

482 Vgl. Watson, S. 169ff. sowie Selby, Stephen: Archery traditions of Asia. Hongkong 2003. S. 67f.
483 Vgl. oben Abb. 75 (I, II). Ein weiterer Indikator dafür, dass eine Pfeilspitze direkt in einen Rohrschaft eingebracht worden sein muss, besteht in der Form des Schaftdorns. Für Hohlstäbe sind mehr oder weniger zylindrische Schaftdorne angezeigt. Ein dünner, konischer Dorn ist hingegen zum Fixieren in einem hölzernen Schaft sinnvoll. Der Durchmesser und das Design antiker Pfeilschaftdorne erlauben somit zusammengenommen plausible Rekonstruktionen.
484 Die römisch-germanische Auseinandersetzung am Harzhorn (Ldkr. Northeim, Niedersachsen). S. 378
485 Schriftliche Mitteilungen von Herrn Dr. Joachim Rutschke vom 22.11. und 29.11.2015 an mich.
486 Ebd. Vgl. auch Lenz, Harald Othmar: Botanik der alten Griechen und Römer. Gotha 1859 sowie Appelt, Karl: Arundo donax. Ein kulturgeschichtliches Mosaik. In: Wiener Zeitschrift für die Kunde des Morgenlandes, 48 (1941) S. 161-246.
487 Bittner, S. 141 u. S. 143f.
488 Pedanius Dioscurides: *De materia medica.* 1, 114. Berendes, Julius (Übers.) Stuttgart 1902. S. 104
489 Aufmesser, Max: Pedanius Dioscurides aus Anazarba. Fünf Bücher über die Heilkunde. Hildesheim 2002. S. 67
490 Blyth, S. 213ff.
491 Meinen herzlichen Dank für die Hinweise auf die Textstellen bei Ovid, Silius Italicus und Vergil einschließlich deren Übersetzung möchte ich Herrn Dr. Jochen Haas aussprechen.
492 Siehe Petculescu, S. 766.
493 Vgl. Borhy, S. 92, Abb. 77.
494 Siehe Paulsen (1999) S. 113, Abb. 14, Nr. 14-16.
495 Riesch, Rutschke und Stehli, S. 188
496 Vgl. Kolias, S. 216.
497 Vgl. Selbitschka, S. 445.
498 Kolias, S. 216
499 Renoux, Bd. 1, S. 72f.
500 Vgl. Halpin, Robert W.: Bow string materials. In: JSAA, 46 (2003) S. 54-61.
501 Pope (1923) S. 354
502 Marti, S. 95
503 „... Tower 19, the second north from the Main Gate, was one of the points along the desert front chosen by the besieging Persians for attack. It was mined and fired ... The arrows more probably were part of the ammunition assigned to the tower. All three reed shafts had been burnt, and the great preponderance of quarrel heads over shafts suggest that what remains fell through from the debris of the upper floors after having been subjected to the flames…“ The excavations at Dura-Europos. S. 439
504 „... Two wooden footings of the kind by which they were affixed were found with the shafts described above. One preserved intact is 0.175 m. long. At its widest point, 0.118 m. from the upper end, it is 0.011 m in diameter. Below this point it is cut sharply back and forms a thin tapering dowel 0.055 m. long and 0.002 m. in diameter at the lower end to be thrust into the head of the shaft. Above this point it tapers gradually to a diameter of 0.006 m. just below the top, which is roughly pointed off. At the top a space of 0.025 m. which was covered by the shank of the pile retains traces of the glued that held it. The second footing is in every respect identical to the first save that its dowel is broken off 0.015 m. below its origina. Both are cut from tamarisk shoots…" Ebd. S. 454. Auch an einigen "parthisch-römischen" Pfeilspitzen mit Schaftdorn und zweischneidigem Blatt als Köcherinhalte aus Gräbern in Tell Schech Hamad in Nordost-Syrien hafteten hölzerne Reste vermutlich von Pfeilvorschäften. Vgl. Hellmuth Kramberger, Anja: Die Pfeilspitzen aus Tall Šēh Hamad/Dūr-Katlimmu von der mittelassyrischen bis zur parthisch-römischen Zeit in ihrem westasiatischen und eurasischen Kontext. Wiesbaden 2016. S. 45.
505 James (2004) S. 196
506 „... 1. Posterior end of reed or cane arrow, 0.275 m. long. The cane stele, without taper in either direction, is 0.01 m. in diameter. The nock is cut 0.0095 m. deep at the joint where the cane is solid, the tips of its sides rounded off. The end was first whipped with shredded sinew soaked in glue for 0.0059 m. The cut was made with the whipping in place and dry, leaving the sides and base of the nock strengthened to resist the bowstring. The arrow is fletched with three long (0.155 m.), low (0.011 m.) slightly ballooned vanes, in the traditional positions: a cock feather at right angles to the nock and the two hen feathers 120° to either side of it. The appropriate length of shaft was first sized with glues, and the feathers then glued on over the serving about the nock…" The excavations at Dura-Europos. S. 453
507 Schriftliche Mitteilung von Herrn Dr. Joachim Rutschke vom 29.11.2015 an mich.
508 „... 2. Posterior end of reed or cane arrow, 0.215 m. long and 0.01 m. in diameter. The nock is 0.008 m. deep; its serving 0.02 m. The vanes, badly sprangled and partly gone, are 0.143 m. long. The sides of the nock are painted in red circles, the heel of the shaft with a black and red band. There is a narrow black band at the base of the feathering with three red dots between the vanes just above it ... 3. Similary fashioned posterior end of reed or cane arrow, 0.21 m. long and 0.0095 m. in diameter. The nock is 0.011 m. deep; its serving 0.03 m. The vanes, which have disappeared leaving only the marks of their attachment, were 0.15 m. long. The crest consist of: white bordered red circles on the sides of the nock, a black and a red band about the heel of the shaft, red dots between the vanes at their base…" The excavations at Dura-Europos. S. 453
509 McAllister, S. 23, Fn. 58
510 Stiebel und Magness, S. 25
511 Gichon und Vitale, S. 253
512 Aharoni, Yohanan: The expedition to the Judean desert. 1960. Expedition B. S. 20. In: Israel Exploration Journal, 11 (1960) S. 11-24 u. Taf. 9, A-C.
513 Yadin, S. 91
514 Porat, Roi, Eshel, Hanan und Frumkin, Amos: Finds from the Bar Kokhba Revolt from two caves at En Gedi. S. 42. In: Palestine Exploration Quarterly, 139 (2007) 1, S. 35-53
515 Siehe Avigad, Nahman: Expedition A – Nahal David. S. 178 u. Taf. 18 C. In: Israel Exploration Journal, 12 (1962) S. 169-183.
516 Delrue (2007) S. 246
517 Vgl. Wilkins, Alan, Barnard, Hans und Rose, Pamela J.: Roman artillery balls from Qasr Ibrim, Egypt. In: Sudan and Nubia, 10 (2006) S. 64-78.
518 Brown, Paul: Roman arrows. Siehe unter www.romanarmy.net/arrows.shtml (Stand 2017.)
519 „... The quiver is depcited with a lid and reinforcing straps, while the bow and arrow are likewise shown in detail. The stele belonged to a soldier of the II cohort of Cyrrhestae. This unit of archers resided in Dalmatia in the 1st cent. until the Flavian period. During a certain period it was probably accommodated in the military camp of *Tilurium*…" Nalazi rimske vojne opreme u Hrvatskoj. S. 110. Vgl. auch Tončić und Ivčečic, S. 510ff.
520 Borhy, S. 60f. Ausführlich dazu Ţentea (2012) S. 27ff.
521 Vgl. Mair, Victor H.: The rediscovery and complete excavation of Ördek's necropolis. S. 289, Abb. 10 u. S. 312. In: The journal of Indo-European studies, 34 (2006) 3-4, S. 273-318. Dort auch Pfeile mit Stecknocken.
522 Eckhardt (1991) S. 145
523 Lorenz und Treister, S. 50
524 Litvinskij (1984) S. 38
525 Feld, S. 154f.
526 Vgl. Baruzdin, S. 62.
527 Vgl. Litvinskij (1986) S. 71.
528 „... Der Tote lag in einem gut erhaltenen Brettersarg mit geschnitztem Holzrahmen ... Auf den linken Arm wurden offenbar aus magischen Gründen zwei Pfeile gelegt (die gleiche Situation begegnet uns auch beim hunnischen Grab von Wien 11 – Simmering), quer über dem Rumpf lagen ein Kampfmesser sowie eine Eisenschnalle mit Ring und runde Riemenplatten. Alle anderen Ausrüstungsgegenstände und Beigaben lagen in einem rund 100 cm hohen, oben 38 cm und unten 28 cm breiten, aus Birkenrinde geflochtenen und mit Birkenscheiben verzierten Sack: der in ungespanntem Zustand etwa 120 cm lange, mit Knochenversteifungen sorgsam versehene, leicht asymmetrische Bogen und darunter in einem aus Birkenrinde verfertigten, 77 cm langen Köcher mindestens 22 dreiflügelige eiserne Pfeilspitzen;

der Köcher konnte mit einer eisernen Tragöse am Gürtel befestigt werden … Die Bestattung wurde in das ausgehende 4. Jahrhundert bzw. in die Wende vom 4. zum 5. Jahrhundert datiert und ihre Beziehung zu den Gräbern ‚nomadischen' Charakters der Wolgagegend hervorgehoben…" Bóna, S. 235

529 Siehe Archeological treasures of the Silk Road in Xinjiang Uygur Autonomous Region. S. 314 u. S. 321 sowie Excavation of tomb coded M8 of cemetery 95MN1 at the Niya site in Xinjiang. S. 14f. In: Wenwu. Xinjiang Archaeological Institute (Hrsg.) (2000) 1, S. 4-40.

530 Vgl. Selbitschka, S. 198 u. S. 469.

531 Siehe Bergman, Taf. 18, Nr. 11.

532 Riesch, Rutschke und Stehli, S. 191

533 „… Die Pfeilschäfte wurden aus Vollholzspaltstücken geschnitzt, wie der Verlauf der Jahrringgrenzen beweist. Im Bereich des Dorns der Pfeilspitze, der in den Holzschaft eingelassen ist, zeigt das Holz außen in gleichmäßiger Lage Wickelspuren. Entgegen der Lehrmeinung, als Wickelmaterial diene Birkenrinde, zeigt diese Schicht keine zellige Struktur, sondern ist ähnlich strukturiert wie die Reste am Heft 69/32/2 [ein Messer, HR], was auf die Verwendung eines dünnen Lederbandes schließen lässt. …" Cichocki, Otto: Holzuntersuchungen an archäologischen Funden aus dem awarischen Gräberfeld von Leobersdorf. S. 40. In: Daim, Falko: Das awarische Gräberfeld von Leobersdorf, NÖ. Bd. 2. Wien 1987. S. 19-43

534 Vgl. Friesinger, Herwig und Vacha, Brigitte: Die vielen Väter Österreichs. Römer, Germanen, Slawen. Wien 1987. S 121.

535 "… In der Nähe von Porogi wurde 1993 bei Pisarevka ein weiteres Grab sarmatischer Zeit freigelegt, in dem sich ein bronzener Fingerring fand, der es erlaubt, die Sehne in einer Weise zu spannen, wie es für die Mongolen charakteristisch war … Die Unikate aus Porogi und Pisarevka lassen allerdings die Verwendung der *Gastagna* [Unterarmschutz] und der Fingerringe zum Bogenspannen bereits in der Sarmatenzeit vermuten…" Simonenko (2001) S. 201f. Für den bronzenen Spannring aus dem Grab von Porogi liegt leider keine bildliche Darstellung vor. Simonenko spricht zusammen mit Vitalie Bârcă in dem Werk Călăreţii stepelor. Sarmaţii în spaţiul nord-pontic / Horsemen of the steppes. The Sarmatians in the North Pontic region. Cluj-Napoca 2009. S. 286, Abb. 116, Nr. 2 den eigentlich für Pisarevka gemeldeten Spannring mit Öse als aus Porogi kommend an. Der etwas ominöse Spannring aus Porogi fehlt übrigens auch in einschlägiger Fundliteratur. Vgl. Bârcă, Vitalie: Istorie şi civilizaţie. Sarmaţii în spaţiul est-carpatic (sec. I a. Chr. – începutul sec. II p. Chr.) / History and civilisation : the Sarmatians in the east Carpathians regions (Ist century BC - beginning of the 2nd century AD). Cluj-Napoca 2006. 572ff., Abb. 104-111.

536 Vgl. Stephenson, S. 128, Abb. 121.

537 Mutmaßlich byzantinische Spannringe aus Bronze mit Kerbdekors gibt es als Angebote im Antikenhandel, je nach Aufkommen mit wechselnden Eintragungen im Internet zum Beispiel unter www.ancientressource.com (Stand 2017.)

538 Alte Waffen. Antiken, Jagdliches, Varia. 41. Auktion. Teil I. Hermann Historica (Hrsg.) München 2001. S. 224, Los Nr. 2010. Von dem Ring gibt es im Auktionskatalog leider keine fotografische Abbildung.

539 Vgl. Heath, S. 67.

540 Lederne Daumenschützer fürs Bogenschießen sind in der Fundliteratur schwer auffindbar. Summarische Angaben macht Jeannette Werning im Katalog Ursprünge der Seidenstraße für entsprechende Artefakte am Bestattungsplatz Yanghai, S. 151. An dieser Stelle möchte ich Frau Dr. Werning für ihre mir gegebenen Informationen zum Dokumentationsstand der besagten Objekte sehr herzlich danken.

541 Köhalmy, Katalin: Über Die pfeifenden Pfeile der innerasiatischen Reiternomaden. S. 66f. In: Acta Orientalia Academiae Scientiarum Hungaricae, fasc. 1-2, 3 (1952) S. 45-71. Vgl. Adler, Bruno: Pfeifende Pfeile und Pfeilspitzen in Sibirien. In: Globus. Zeitschrift für Länder- und Völkerkunde, 6. Feb. (1902) S. 94-96 sowie Elmy, Douglas und McEwen, Edward: Whistling arrows. In: JSAA, 13 (1970) S. 23-26.

542 Weinshtein, Sew'jan: Geheimnisvolles Tuva. Oststeinbek 2005. S. 76ff.

543 Kischenko, S. 190

544 Urbon, Benno: Spanschäftung für Lanzen und Pfeile. S. 129, Abb. 2, Nr. 29 u. S. 131. In: Fundberichte aus Baden-Württemberg, 16 (1991) S. 127-131.

545 „… Mit bronzenen Hohlbuckelzwingen beschlagener Lederköcher und dessen Aufhängevorrichtung aus Grab VI vom Hohmichele bei Altheim-Heiligkreuztal, Kr. Biberach, Baden-Württemberg. Die etwa 49 cm langen Weidenholzpfeile besaßen eiserne Spitzen mit doppelten Widerhakenpaaren. Insgesamt enthielt der 60 cm lange Köcher 51 Pfeile…" Spindler, S. 286 (Abbildungsunterschrift)

546 Eckhardt (1996) S. 112f.

547 Siehe Flügen, Thomas: Köcher und Bogen aus Grab 1. S. 159. In: Das Rätsel der Kelten vom Glauberg. S. 158-160.

548 Tacitus: *Agricola.* 36. Cornelius Tacitus. Sämtliche erhaltene Werke, S. 61

549 Raddatz, Klaus: Die Bewaffnung der Germanen in der jüngeren Römischen Kaiserzeit. Göttingen 1967. S. 9. u. S. 17

550 Raddatz (1963) S. 54

551 Adler, Wolfgang: Studien zur germanischen Bewaffnung. Waffenmitgabe und Kampfesweise im Niederelbegebiet und im übrigen Freien Germanien um Christi Geburt. Bonn 1993. S. 259

552 Stein, Frauke: Waffenteile in Rhein-Wesergermanischen Brandgräbern. Ausnahmen von der Regel oder eine durch das Totenritual verschleierte Waffenbeigabensitte? S. 413. In: Reliquiae Gentium. Festschrift für Horst Wolfgang Böhme zum 65. Geburtstag. Dobiat, Claus (Hrsg.) Teil 1. Rahden 2005. S. 403-417

553 Dölle, Hans-Joachim: Bemerkungen zu den spätkaiserzeitlichen Pfeilspitzen aus Bronze und Silber. S. 203. In: Archäologie als Geschichtswissenschaft. Hermann, Joachim (Hrsg.) Berlin 1977. S. 291-297

554 Hellmund, Monika und Willedring, Ulrich: Pflanzenreste aus dem germanischen Fürstengrab von Gommern, S. 227. In: Becker, Matthias, S. 223-237. Dort befindet sich auch Übersichtstabelle 1, die zeigt, dass Eschenholz ein verbreitetes Material für Pfeilschäfte im germanischen Raum gewesen ist.

555 Vgl. Beilharz, S. 30. Am Platz Elgg, Kt. Zürich in der Schweiz, ist in Grab 218 eine Pfeilspitze mit 1,7 mm breitem Zwirn umwickelt, aufgefunden worden. Vom alamannischen Gräberfeld Fridingen, Lkr. Tutlingen in Württemberg, sind aus Grab 40 eine eiserne Widerhakenspitze mit einem um die Tülle gewundenem Eisendraht sowie aus Grab 163 eine rautenförmige Tüllenpfeilspitze ebenfalls mit Drahtumwicklung dokumentiert.

556 „… Selbst bei den Kontingenten von Bogenschützen war eine Einheitlichkeit wesentlich, da diese nur effektiv waren, wenn sie gleichzeitig schossen und durch gleiche Bogenstärke, Zugkraft und vor allem Pfeilgewicht und Pfeilbewehrung eine annähernd gleiche Reichweite besaßen: Exemplarisch zeige ich Ihnen eine Auswahl der fast 700 Pfeilspitzen aus dem Fund von Ejsbøl. Sie erkennen auch hier die Standardisierung in Tüllendurchmesser, dem Querschnitt und der Spitzenlänge … Noch stehen Analysen an den zahlreichen hölzernen Bogen und Pfeilen aus den neueren Ausgrabungen in Nydam aus, die immerhin etwa 2.000 Fundnummern umfassen. Aber ich kann Ihnen berichten, dass der größere Teil der Pfeile aus langsam wachsendem Kiefernholz mit einer hohen Dichte an Jahrringen hergestellt wurde, das sich in der Frühgeschichte nur vereinzelt in Dänemark, wohl aber auf der skandinavischen Halbinsel nördlich von Schonen und an der südlichen Ostseeküste in Vorpommern und in Nordpolen antreffen ließ. Offenbar waren die spezialisierten Bogenschützen gar in der lage, ihre Rohstoffe aus anderen Regionen zu importieren…" Rau, Andreas: Germanen gegen Germanen – Gewalt, Konflikt und Ritual im Spiegel südskandinavischer Opferplätze mit Heeresausrüstungen (Vortragsmanuskript). S. 165f. In: Die Kunde, N.F. 62 (2011) S. 159-175

557 Paulsen (1998) S. 407

558 Pauli Jensen (2009) S. 112

559 Ebd. S. 119

560 Paulsen (1998) S. 418

561 OEHRL, SIGMUND: Runen, runenähnliche Zeichen und Tierdarstellungen auf Waffen. S. 68 u. S. 69. In: Offa, 63/64 (2011) S. 63-78

562 „... Der Märtyrer Sebastian sollte unter Kaiser Diokletian von Bogenschützen erschossen werden, er überlebte aber den Beschuss, war also immun gegen Pfeilverletzungen und wurde so im Mittelalter zu einem bedeutenden Pestheiligen. Dass Pfeile entsprechend diesem Verständnis an Wallfahrtsorten in Süddeutschland und im Ostalpenraum ‚als Seuchenmotive auch durchstandener Pest, Cholera und fiebriger Erkrankungen gestiftet' wurden, war für U[lrike] Ehmig Anlass, auch einzelne Waffenfunde in antiken Heiligtümern als Dank für überstandene Epidemien zu interpretieren. Absichtlich verbogene und damit unbrauchbar gemachte Waffen in antiken Heiligtümern betrachtete sie als Bestätigung, ‚einzelne entsprechende Funde in antiken Sakralzusammenhängen als Votivgaben im Zuge von Seuchenabwehr' zu verstehen. Die betreffenden Stücke symbolisierten gleichsam den Erfolg der Bitte um Unversehrtheit oder Genesung. Die so verstandenen Krankheitsprojektile hätten durch das Verlöbnis an die Gottheit [...] dem hilfesuchenden Menschen nichts anhaben können..." ZANIER (2016) Bd. 1, S. 346

563 Vgl. RIESCH, HOLGER: Elbenpfeile als Amulette. Prähistorische Pfeilspitzen aus frühmittelalterlichen Grabinventaren. In: Archäologisches Korrespondenzblatt, 35 (2005) 2, S. 251-262 sowie HAAS-GEBHARD, BRIGITTE: Die Baiuwaren. Archäologie und Geschichte. Regensburg 2013. S. 167f.

564 STOKLUND, MARIE: Die ersten Runen – die Schriftsprache der Germanen. S. 174. In: Sieg und Triumpf. S. 172-179. Auch im Mittelalter wurden in Skandinavien lateinische Wörter mitunter noch in Runenschrift auf besonderen Gegenständen wie zum Beispiel auf Kirchenglocken oder Grabsteinen angebracht. Vgl. GEIJER, ERIK GUSTAF: Geschichte der Schweden. Teil 1. Sulzbach 1826. S. 139.

565 TITUS LIVIUS: *Ab urbe condita libri CXLII.* 45,33,2 u. 45,33,5-6. Vgl. auch ROSE, HERBERT J.: Lua Mater. Fire, rust and war in early Roman cult. In: Classical Review, 36 (1922) S. 16-17 sowie VERSNEL, HENDRIK S.: Inconsistencies in Greek and Roman religion. Bd. 2. Transition and reversal in myth and ritual. Leiden 1993. S. 181ff.

566 STOKLUND, MARIE: Die ersten Runen – die Schriftsprache der Germanen. S. 176. In: Sieg und Triumpf. S. 172-179

567 AMMIANUS MARCELLINUS: *Res gestae.* 31, 7, 12-14. Das römische Weltreich vor dem Untergang, S. 731f.

568 BITTER, S. 111

569 JUNKELMANN, MARCUS: Hollywoods Traum von Rom. „Gladiator" und die Tradition des Monumentalfilms. Mainz 2003. S. 201

570 PROKOPIUS: *De bellis.* 1, 1, 13-14. Perserkriege. VEH, OTTO (Übers.) München 1970. S. 9

571 Vgl. RIESCH (2002) S. 87

572 Siehe unter http://psalter.library.uu.nl/page?p=56&res=1&x=0&y=0 (Stand 2017.)

573 AGATHIAS: *Historiae.* 1, 9. Auszüge aus Agathias' Historien. In: Der Gotenkrieg. Der Vandalenkrieg. COSTA, DAVID (Übers.) Essen 1985. S. 271

574 Zitiert aus KEMKES und SCHEUERBRANDT, S. 93.

575 HILL, S. 2

576 SUETONIS: *De Vita Caesarum.* Titus, 5.2. Leben und Taten der römischen Kaiser, S. 403

577 HERODIANUS: *Ab excessu divi Marci libri octo.* 1, 14, 9. Geschichte des Kaisertums nach Marc Aurel, S. 69

578 WALLNER, CHRISTIAN: Soldatenkaiser und Sport. Graz, Diss. 1995. S. 190

579 AMMIANUS MARCELLINUS: *Res gestae.* 31, 10, 19-27. Das römische Weltreich vor dem Untergang, S. 741

580 Vgl. DEMANDT, ALEXANDER: Das Privatleben der römischen Kaiser. München 1996. S. 162.

581 Zur Ausrüstung der Kavallerie heißt es: „... *Bogen nach der Stärke eines jeden und nicht darüber, lieber aber schwächere, mit breiten Köchern, damit man die gespannten Bogen, wenn es der Zeitpunkt erfordert, in sie stecken kann; Sehnen in großer Zahl in ihren Taschen, Köcher mit Pfeilen und ihren Verschlüssen, groß genug für 30-40 Pfeile; in den Bogengürteln Feilen und Ahlen...*" MAURIKIOS: *Strategikon (Taktika).* 1, 2, 13-18. Das Strategikon des Maurikios, S. 79

582 LOADES, S. 69, erörtert: "... I can shoot 12 arrows per minute with a 70 lb bow and there are others who can shoot faster. However, this is not with the heavy warbow. It therefore seems wiser to take a more conservative number. Mark Stretton of the EWBS [English War Bow Society] can shoot ten per minute with a 140 lb bow, but would not be able to shoot 20 in two minutes ... He regards 6 per minute more achievable for consecutive minutes with such a bow, but if we consider that the average bow would be of a lower weight, then it is probably reasonable to propose a rate of shooting under pressure of 8 arrows per minute..."

583 Maurikios: *Strategikon (Taktika).* 12 B, 3. Das Strategikon des Maurikios, S. 421

584 *Peri toxeias.* 1, 7

585 Ebd. 1, 9

586 Ebd. 3, 1

587 KOLIAS, S. 234f.

588 BITTER, S. 143

589 *Peri toxeias.* 1, 11-12

590 „... Die zyprischen Pfeilspitzen jener Zeit hatten keine Widerhaken, durchschlugen aber Panzer, während vom gewölbten griechischen Glockenpanzer die meisten Pfeile wirkungslos abprallten. Deshalb wurde in Hellas auf ungeschützte oder weniger geschützte Körperteile – Kopf, Unterleib oder Extremitäten – gezielt. Das ergibt sich aus der Dichtung wie aus den Vasenbildern. Dem Schuss durch den helmlosen Kopf in geometrischen Bildern; auch entsprechenden Erwähnungen vom Schädel generell, einer Stelle unter dem Ohr, Nacken und Gurgel als Ziele in der *Ilias* (VIII 80ff.; XIII 671, *Odyssee*, 22,16). Das wird von der mykenischen bis in die archaische Zeit und noch später unverändert der Fall gewesen sein. So ist von einem Kriegsblinden (Antikrates aus Knidos) inschriftlich überliefert, dass ihm ein Geschoss im *Asklepieion* von Epidauros operativ aus dem Auge entfernt wurde..." BUCHHOLZ, S. 291f.

591 „... Die Einwohner der Osrhoene hatten einen hervorragenden Ruf als Bogenschützen und Reiter ... Abgar VIII. bot Severus im Jahr 194 seine Bogenschützen für die Belagerung der Stadt Nisibis an, und besonders im 2. und 3. Jahrhundert wird von Bogenschützen und Kataphrakten aus Osrhoene berichtet, die in der römischen Armee dienten. Über die detaillierte Form der Bewaffnung der Bogenschützen und Kataphrakten, sowie über den Ausrüstungsstand bei Hieb- und Stichwaffen schweigen die schriftlichen Quellen indessen ganz. Dies ist umso bedauerlicher, da die besondere Lage der Osrhoene im Aufmarschgebiet von Parthern und Römern die Region zu einem potentiellen Transfergebiet von Waffen aus dem östlichen Bereich macht. Dass sich in dieser Region solche Prozesse abgespielt haben dürften, lässt sich nach den Belegen in der Kunst der benachbarten Kommagene vermuten, wo sich die Darstellung von Langschwertern und Dolchen eurasischer Tradition spätestens seit der Zeit Antiochos I. nachweisen lassen..." WINKELMANN, SYLVIA: Partherzeitliche Waffenträger in Edessa und Umgebung. S. 317. In: Edessa in hellenistisch-römischer Zeit. Religion, Kultur und Politik zwischen Ost und West. Beiträge des internationalen Edessa-Symposiums in Halle an der Saale, 14.–17. Juli 2005. GREISINGER, LUTZ et al. (Hrsg.) Würzburg 2009. S. 313-365

592 HERODIANUS: *Ab excessu divi Marci libri octo.* 7, 2, 1-2. Geschichte des Kaisertums nach Marc Aurel, S. 255

593 Vgl. WHEELER, EVERETT L.: Firepower: Missile weapons and the "face of battle". S. 181f. In: Roman military studies. DĄBROWA, EDWARD (Hrsg.) Krakau 2001. S. 169-184.

594 AMMIANUS MARCELLINUS: *Res gestae.* 19, 2, 7-9. Das römische Weltreich vor dem Untergang, S. 217

595 GAIUS JULIUS CAESAR: *Bellum Civile.* 3, 44. Der Bürgerkrieg. SCHÖNBERGER, OTTO (Übers.) Berlin 2012. S. 217f.

596 „.... *Die Pfeilschützen aber oder Schleuderer stellen Reisig, das heißt Buschwerk oder Strohbündel als Zeichen auf und entfernen sich dann 600 Fuß davon, um mit Pfeilen oder auch mit gezielt geschossenen Steinen aus dem Schleuderstock das Zeichen immer wieder zu treffen...*" FLAVIUS, VEGETIUS: *Epitoma rei militaris.* 2, 23, 7. Abriß des Militärwesens, S. 98f.

597 „... The length of a Greek *stadion*, 600 feet, differed from place to place. Excavation has shown that it varied from as short as 167 meters at *Halieis*, were one foot = 0,278 meters, to as long as 192 meters at *Olympia*, where one foot = 0,320 meters ... On the Attic standard (1 foot = 0,296 meters) eight *stadia* would be a little over 1400 meters (0,9 miles)... " KRENTZ, S. 187f.
598 TÖLLE-KASTENBEIN, S. 35. Als Anforderung für den „griechischen Kurzstreckenlauf" könnte die *stadion*-Distanz im Ursprung womöglich auch darauf beruht haben, die gefährliche Reichweite von Bogenschützen möglichst schnell zu unterlaufen. Auf diese Weise hätte man eine militärische mit einer sportlichen Aufgabe verbunden.
599 „... ‚Pfeilschussweite' wurde offenbar von Homers Hörerschaft verstanden, ohne dass wir damit eine bestimmte Meßstrecke verbinden können. Es heißt z.B. zur Entfernung des Felsens der Skylla vom vorbeisegelnden Schiff: ‚*Und es könnte ein rüstiger Mann vom bauchigen Schiff aus kaum mit Bogen und Pfeil die hohle Grotte erreichen*' (12,83f.). Zur Charybdis heißt es andererseits: ‚*hinüber könntest du schießen*' (12,102). Nach Herodot (IV 139) brechen die Ionier eine Brücke über die Donau (Istos) ab, ‚*soweit der Bogenschuss reicht*'..." BUCHHOLZ, S. 250
600 MCLEOD (1965) S. 8. Siehe auch ders. (1972) S. 78-82. „... Philon [Phílōn Byzántios] verlangt zwar, dass die Thürme auf Bogenschussweite von einander entfernt sein sollten, also im Mittel 100 Ellen (46, 21 m); thatsächlich aber weisen die Gürtelmauern Altgriechenhmds und Etruriens sehr oft Zwischenwälle von mehren Hundert Metern auf. Und so ist es Philon mit vielen seiner Vorschriften ergangen..." JÄHNS, MAX: Handbuch einer Geschichte des Kriegswesens von der Urzeit bis zur Renaissance. Technischer Theil. Leipzig 1880. S. 152
601 „... In fact many variables are at work within these figures. Range depended upon the type of bow involved. All figures pertaining to 'flight'-bows must be discarded in a discussion of military practice because these bows were designed to shoot light arrows over a maximum distance without accuracy. As discussed above a bow designed for use on foot is likely to be more powerful than a horse-bow. Thus infantry-archers would normally have outranged horse-archers ... McLeod put together figures from widely separated periods and contexts with the misguided belief that 'the oriental bows used on the fringes of the Greco-Roman world underwent no startling improvement between 700 B.C and A.D. 700'..." COULSTON (1985) S. 291
602 Xenophons Griechen wurden von Reitern, Schützen und Schleuderern zu Fuß bedrängt: „... *Die Nachhut der Griechen litt sehr, konnte aber nichts dagegen tun; denn die Kreter schossen kürzer als die Perser und zogen sich, da sie auch nur leicht bewaffnet waren, zwischen die Schwerbewaffneten zurück, die Wurfspießschützen aber warfen kürzer, als die Schleuderer hätten treffen können ... Denn die Griechen hatten weder Reiterei noch konnten die Fußgänger das mit einem großen Vorsprung fliehende Fußvolk der Feinde einholen...*" XENOPHON: *Anabasis*, 3, 3, 6-20 u. 4, 1-18. (Übersetzung nach KORFMANN) Erst als die Rhodier im griechischen Heer von Hopliten zu Schleuderern umfunktioniert wurden, wendete sich das Blatt. Sie schnellten Bleigeschosse los, die weiter trugen als die Schleudersteine und die Pfeile der Perser. Als man sich dann später persischer Pfeile bemächtigte, schossen auch die Kreter auf Distanz erfolgreich. Die originären Pfeile der Kreter waren offenbar schwerer.
603 TACITUS: *Annales.* 6, 41. Cornelius Tacitus. Sämtliche erhaltene Werke, S. 474. Im originalen Wortlaut heißt es: "... *Sarmatae, omisso arcu, quo brevins valent...*"
604 „... On one occasion Sarmatian cavalry with shorter-range bows [sic] attempted to lessen the effects of the enemy archery by discarding their bows, taking up *contus* and sword and charging in as soon as possible..." COULSTON (1985) S. 293
605 Bei dem Gefecht standen sich Parther und eine Truppe kaukasischer Iberier sowie Albaner unterstützt von Sarmaten gegenüber. Angeführt wurden die Koalition vom iberischen König Pharasmanes I. (gest. 58 n. Chr.).
606 TACITUS: *Annales.* 15, 9. Cornelius Tacitus. Sämtliche erhaltene Werke, S. 595
607 KOLIAS, S. 220
608 „... W. F. Paterson, der spätmittelalterliche islamische Abhandlungen über das Bogenschießen genau analysiert hat, kam zu dem Schluss, dass man von geübten Bogenschützen, die zu Fuß kämpfen, höchstens innerhalb von 60 Metern konsequente Treffsicherheit erwarten kann. Für einen berittenen Schützen ist die Entfernung, innerhalb derer Treffsicherheit möglich ist, viel kürzer. M. Junkelmann reduziert den Bereich der Treffsicherheit für marschierende Bogenschützen sogar auf 50 Meter und durch seine Experimente im Feld kam er zur Überzeugung, dass sich die Kernschussweite bei berittenen Schützen auf 25 Meter beschränkt haben muss..." BOWLUS, CHARLES R.: Die Schlacht auf dem Lechfeld. (Lizenzausg.) Stuttgart 2012. S. 58
609 „... Die *Milites Ballistarii* aus Boppard gehen mit Sicherheit auf eine gleichnamige comitatensische Legion zurück, die in den Quellen zum ersten Mal im Jahr 356 erwähnt wird ... Neuerdings ist man allerdings vom Gedanken an eine Belagerungstruppe abgekommen: Man hält die *Ballistarii* zwar immer noch für eine Spezialtruppe, die allerdings nicht mit Geschützen sondern mit Armbrüsten ausgestattet war..." SCHARF, RALF: Der Dux Mogontiacensis und die Notitia Dignitatum. Berlin 2005. S. 262
610 Vgl. die Fundortangaben für römische Bogen- und Geschützpfeilspitzen in: Das Harzhorn-Ereignis. S. 338f.
611 SUETONIS: *De Vita Caesarum.* Nero 39,2. Leben und Taten der römischen Kaiser, S. 327
612 PLUTARCH: *Crassus.* 18. Übersetzung aus ECKHARDT (1996) S. 120
613 Vgl. BÜHLER, DANIEL: Macht und Treue. Publius Ventidius. Eine römische Karriere zwischen Republik und Monarchie. München 2009. S. 143ff.
614 PLUTARCH: *Crassus.* 24-25. Übersetzung aus ECKHARDT (1996) S. 121
615 MCALLISTER, S. 16
616 TACITUS: *Annales.* 13, 40. Cornelius Tacitus. Sämtliche erhaltene Werke, S. 550f.
617 *Peri toxeias.* 4, 1-10
618 LUCIANUS SAMOSATENSIS: *Hermotimus.* 32. Lucian's Werke. PAULY, AUGUST (Übers.) Stuttgart 1827. S. 546
619 *Peri toxeias.* 1, 4
620 MAURIKIOS: *Strategikon (Taktika).* 1, 1. Das Strategikon des Maurikios, S. 113
621 ERDMANN (1982) S. 7
622 Die römisch-germanische Auseinandersetzung am Harzhorn (Ldkr. Northeim, Niedersachsen). S. 382
623 STIEBEL, S. 100
624 *Peri Toxeias.* 2, 4-5
625 „... Unter den genannten Sportarten wurde eine weitere mit Pfeil und Bogen geübt, das *Kabak*-Spiel, bei dem der berittene Schütze aus vollem Galopp auf einen Kürbis oder ein anderes, an einer hohen Stange befestigtes Ziel schießt. *Kabak* war bis ins 17. Jh. ebenfalls sehr beliebt, doch das einzige bekannte, speziell dafür errichtete Gelände befand sich in Trabzon, einer Stadt in Nordwestanatolien..." ÖZVERI, MURAT: Distanzschießen und Rekordsteine im Osmanischen Reich. S. 44. In: Traditionell Bogenschießen, 71 (2014) S. 42-47
626 „...Eine uns sonst unbekannte Fassung gibt der Maler dieses Vasenbildes wieder. Im Zielschießen siegte Herakles und verlangte daraufhin entsprechend der vorherigen Absprache als Wettkampfpreis die Hand der Eurytos-Tochter Iole. Der Vater und seine Söhne aber wiesen Herakles mit Hohn zurück. Daraufhin bricht der Zorn des getäuschten Helden aus und er nimmt Rache an der wortbrüchigen Familie – noch auf dem Wettkampfplatz, denn die Zielscheibe oder Zielkugel, deren eine Hälfte herabgefallen am Boden liegt, ist sichtbar ... Wettschießen und Bestrafung, mit ein und derselben Waffe, beides wird hier zusammengesehen, und das macht die Dramatik dieses Bildes aus..." TÖLLE-KASTENBEIN, S. 60
627 *Peri toxeias.* 2, 2-3
628 *Peri toxeias.* 3, 5-6
629 GODEHARDT, ERHARD und SCHELLENBERG, HANS MICHAEL, S. 225. Siehe auch GODEHARDT, ERHARD: Schlussbericht zum Forschungsvorhaben mit dem Thema: Wirkungsgrad von Nachbauten historischer Bogen mit niedrigen Zuggewichten. (DFG-Geschäftszeichen Go 490/11-1) Düsseldorf, Univ. 13.06.2013. 58 S.

630 Korfmann, S. 220
631 Stodiek, Ulrich und Paulsen, Harm: „Mit dem Pfeil den Bogen ...Technik der steinzeitlichen Jagd.“ Oldenburg 1996. S. 50f.
632 „... Nicht überall verschwand jedoch die steinerne Bewehrung. An einigen Stellen der Erde wurde sie noch im 20. Jh. u. Zt. verwendet. Dort, wo die Jagd weiterhin wichtiger Faktor der Ernährung war, oder aber dort, wo die kriegerische Auseinandersetzung unverändert im ‚prähistorischen Rahmen' vonstatten ging, starb der Pfeilkopf aus Stein keineswegs aus ... Auch in meroitischer Zeit [etwa vom 3. Jh. v. bis 4. Jh. n. Chr.] hält der Reichtum an gut gearbeiteten Pfeilköpfen verschiedener Form in Königsgräbern des Sudan an, wenngleich es außer diesen keinerlei retuschierte Steingeräte mehr zu geben scheint. So wurden sie ebenfalls zahlreich in den Königsgräbern von *Bagrawiyya* (Meroë) gefunden. Auch wenn Bronze (und später Eisen) in großer Menge verarbeitet wurde, wollte man offensichtlich nicht auf steinerne Geschosskköpfe verzichten...“ Korfmann, S. 221
633 Stehli, S. 116 u. S. 124
634 Luczkiewicz, Piotr: Die Bewaffnung der Vandalen während der jüngeren vorrömischen Eisenzeit. S. 263. In: Die Vandalen. Die Könige, die Eliten, die Krieger, die Handwerker. Ausstellung im Weserrenaissance-Schloss Bevern vom 29. März bis 26. Oktober 2003. Leiber, Christian (Red.) Nordstemmen 2003. S. 247-266
635 Weski, Timm: Waffen in germanischen Gräbern der älteren römischen Kaiserzeit südlich der Ostsee. Oxford 1982. S. 38
636 Ørsnes, Mogens: Ejsbøl I. Waffenopferfunde des 4.-5. Jahrh. nach Chr. Kopenhagen 1988. S. 25. Die Zahl der Kombattanten könnte im vorliegenden Fall allerdings deutlich höher gewesen sein, sofern man annimmt, dass lediglich ein Drittel oder ein Viertel der Besiegten mit ihrer Ausrüstung auf dem Schlachtfeld blieben, während die Übrigen sich nach einem verlorenem Kampf mit ihren Waffen zurückzogen.
637 Pope (1974) S. 22. Einschränkend sollte hinzugefügt werden, dass Pope im Falle der Kompositbogen auf keine repräsentative Typenauswahl zurückgreifen konnte. In historischer Zeit wurden sehr wohl auch Reflexbogentypen entwickelt, die – anders als türkisch-osmanische – auf ein vehementes Abschnellen schwergewichtiger Pfeile hin ausgelegt waren. Dazu gehörten unter anderem awarische oder mandschu-chinesische Hornkomposits.
638 Hardy, Robert: Longbow. A social and military history. 5. ed. Sparkford 2012. Weapons of Warre: The armaments of the Mary Rose. Hildred, Alexandra (Hrsg.) Bd. 1 u. 2. Portsmouth 2011
639 Stretton, Mark: Experimental tests with different types of medieval arrowheads. S. 129f. In: Soar, S. 127-152
640 Loades, S. 16
641 Zanier (2016) Bd. 1, S. 335
642 Nabbefeld, Ansgar: Römische Schilde. Studien zu Funden und bildlichen Überlieferungen vom Ende der Republik bis in die späte Kaiserzeit. Köln 2008
643 „... A rectangular vertical section of a cylinder in shape, 1.02 m. long and 0.83 m. wide following the curve; the chord of the arc is 0.66 m. long, The shield is complete, though fractured into thirteen pieces. It is constructed of thin strips of plane wood (*Platanus Orientalis*) 0.03-0.08 m. wide and 0.0015-0.002 m. thick in three layers. The top and bottom layers run transversely across the width of the shield; the middle layer longitudinally with the length. The individual strips and the layers are glued firmly together, the whole, 0.005 m. thick, resembling modern plywood ... The back is braced by a system of wooden strips, 0.02 m. wide and 0.0025-0.003 m. thick, likewise glued in place ... Over this entire wooden structure front and back, including the handle, was glued a covering of thin red-dyed kid or parchment. Over the front was stretched a second covering of fine linen cloth...“ The excavations at Dura-Europos. S. 456f.
644 Junkelmann (1992) S. 195
645 *Beowulf.* 5. 3115-3119. Das angelsächsische Heldenepos über nordische Könige. Hube, Hans-Jürgen (Hrsg.) Wiesbaden 2005. S. 393
646 Maurikios: *Strategikon (Taktika).* 12, B 16, 30-46. Das Strategikon des Maurikios, S. 443
647 Junkelmann (1992) S. 165f., S. 169 u. S. 171
648 Travis, Hilary und Travis, John: Roman shields. Historical development and reconstruction. Stroud 2014. S. 112
649 James (2004) S. 184
650 Ebd. S. 167
651 Gaius Julius Caesar: *Bellum Civile.* 3, 53, 3-5. Der Bürgerkrieg, S. 227
652 Vgl. Blyth, Phillip H.: The structure of a hoplite shield in the Museo Gregoriano Etrusco. In: Bollettino dei Musei e Gallerie Pontifice, 3 (1982) S. 5–21. Ein teilerhaltener Hoplitenschild, d.h. eine 82 cm messende Außenfront aus Bronze mit 4 cm breitem Rand, liegt u. a. aus dem Brunnen 16 vom Stadion-Nordwall in *Olympia* vor. Siehe Bol, Peter C.: Argivische Schilde. Berlin 1989. Taf. 6, A 90.
653 Vgl. Peter-Röcher, Heidi: Von Hjortspring nach Nydam – Macht und Herrschaft im Spiegel der großen Waffenopfer. S. 547. In: Beyond elites. Kienlin, Tobias et al. (Hrsg.) Bonn 2012. S. 545-549.
654 Die Schusstests Ole Nielsens sind in der dänischen Fachliteratur ausführlich dokumentiert. Ich begnüge mich hier mit sekundären Angaben dazu nach Pauli Jensen (2010) S. 370, Abb. 1 u. S. 372, Abb. 3a.
655 Sieblist, Ulrich: Die Rekonstruktion des Schildes. S. 299, 1. In: Becker, Matthias, S. 297-307
656 Paulsen (1998) S. 423
657 „... Among the most important of the missing discoveries are the fragments of painted shields found in room F of the Palmyrene Gate (Rep. II,7) and in the Tower of the Palmyrene Gods (Tower I: Rep. II,11) ... 'Apparantly they were made of three pieces of light wood (about 0,01 m thick) covered on both sides with leather. One of the side boards measured 0,80 m on the outer edge, 0,13 m in the center ... Fragments from the edge showed the leather folded over to run beneath the shield in some places. Other fragments showed the leather covering of both sides linked with small bands of leather 0,02 m or 0,03 m wide running over the edge.'...“ James (2004) S. 159
658 Fischleim eignet sich für Anwendungen, bei denen hohe Elastizität mit hoher Festigkeit einher gehen. Ein besonderer Vorzug ist die große Haftung von Fischleim auf Holz, Keramik und Metall. Man kann Fischleim konzentriert auf kaltem Untergrund verarbeiten. Fischleim wird aus sauberen Fischresten gekocht. Er besitzt eine sehr hohe Klebekraft und ist eine gelartige, relativ geruchsneutrale Flüssigkeit mit beigem Farbton.
659 Riesch (2002) S. 56
660 James (2004) S. 163
661 Ammianus Marcellinus: *Res gestae.* 19, 7, 4. Das römische Weltreich vor dem Untergang, S. 229
662 Godehardt, S. 46f. u S. 49
663 Hansen, Leif: Die Panzerungen der Kelten. Eine diachrone und interkulturelle Untersuchung eisenzeitlicher Rüstungen. Kiel Univ., Dipl.-Arbeit 2003
664 Weidemann, Margarete: Kulturgeschichte der Merowingerzeit nach den Werken Gregors von Tours. Bd. 2. Mainz 1982. S. 255
665 Abb. 138 (II) oben: Gestanzter Ring. Etwa zwei Drittel erhalten. Unterseite flach, Oberseite rundlich, bzw. schräg zur Unterseite auslaufend geformt. Dm. außen 8,4 mm. Dm. innen 4,8 mm (breiteste Stelle, 2 mm; schmalste Stelle 1,5 mm). Höhe bzw. Stärke des Ringes 1,2 – 1,4 mm. Gewicht ca. ~ 0,19 g. Ring noch stark magnetisch, Oberfläche teilweise noch metallisch (grausilbrig) erscheinend. Darunter: Gestanzter Ring. Etwas mehr als zur Hälfte erhalten. Unterseite flach, Oberseite rundlich bzw. schräg zur Unterseite auslaufend geformt. Dm. außen 8,1 mm. Dm. innen 5,2 mm (breiteste Stelle, 2,1 mm; schmalste Stelle 1,4 mm). Höhe bzw. Stärke des Ringes 1 – 1,1 mm. Gewicht ca. ~ 0,11 g. Darunter: Zwei Fragmente vernieteter Ringe. Technische Analyse von Herrn Markus Thiel aus Konz, dem ich dafür meinen herzlichen Dank aussprechen möchte. Die vier Fragmente des Kettenhemds wurden mir vom Landesmuseum Württemberg in Stuttgart zur Auswertung ausgehändigt. Dafür möchte ich Herrn Dr. Klaus Georg Kokkotidis vom Landesmuseum Württemberg sehr danken.
666 „... Das knielange Panzerhemd mit angesetzter Kapuze und kurzen, stummelartigen Ärmeln lag im Grab neben dem Toten mit der Rückseite nach oben über den Schild gebreitet ... Auch dieses Kettengeflecht besteht aus alternierenden Reihen gestanzter und genieteter Ringe, wobei jeweils vier gestanzte Ringe ... in einen

genieteten Ring eingehängt sind…" Strassmeir, Andreas und Gagelmann, Andreas: Das fränkische Heer der Merowingerzeit. Teil 1: Bekleidung, Trachtzubehör, persönliche Ausrüstung, Rüstung. Berlin 2014. S. 50

667 „… 2014 konnte das Grab, das sich seit 1902 im Besitz der Hohenzoller befunden hatte, für die archäologische Abteilung des Landesmuseums erworben werden. Zu den kostbaren Grabbeilagen zählen ein reich verzierter byzantinischer Spangenhelm sowie das einzige in dieser Vollständigkeit erhaltene Kettenhemd aus dem 6. Jahrhundert in Mitteleuropa…" Zitiert nach https://www.landesmuseum-stuttgart.de/ausstellungen/legendaere-meisterwerke/fuerstengrab-von-gammertingen/ (Stand 2017.)

668 Junkelmann (1992) S. 171 u. S. 176

669 Klimpel et. al, S. 74f.

670 Pauli Jensen (2010) S. 372f.

671 Pope (1923) S. 370

672 Massey, S. 37

673 Kolias, S. 50

674 Ubl, S. 266, S. 269 u. S. 271

675 Jones (2014) S. 68f.

676 McAllister, S. 30f.

677 Pausanias Periegetes: *Helládos Periēgēsis.* 1, 21, 5f. Beschreibung Griechenlands. Meyer, Ernst (Übers.) Zürich 1954. S. 74

678 Tacitus: *Historiae.* 1, 79. Cornelius Tacitus. Sämtliche erhaltene Werke, S. 132f.

679 Travis, Hilary und Travis, John: Roman body armour. Stroud 2011. S. 95ff.

680 Vgl. Voennoe delo naselenija juga Sibiri i Dal'nego Vostoka. Medvedev, Vitalij E. et al (Hrsg.) Novosibirsk 1993. S. 206ff. sowie Gamber, Ortwin: Geschichte der mittelalterlichen Bewaffnung. S. 9ff. In: Waffen- und Kostümkunde, 35 (1993) 1/2, S. 1-22.

681 Junkelmann (2015) S. 224

682 Der Grabstein des Marcus Favonius Facilis aus dem 1. Jh. n. Chr. wird im Colchester Museum ausgestellt. Siehe als Internetressource dazu http://cimuseums.org.uk/project/tombstone-of marcus-favonius-facilis/ (Stand 2017.)

683 Beaby und Richardson, S. 69

684 Jones (2012) S. 80

685 „... Although leather as a material can never equal iron or steel for their properties of hardness, strength or durability, it does inherently possess all three of these properties, and by the application of certain techniques to the correct types of leathers it is possible to enhace these three properties greatly, to a point were the use of leather as a material for making armour is viable, particularely when we consider the strenght to weight ratios of leather and steel, together with the much lower material cost and manufacturing time envolved…" Beaby und Richardson, S. 69

686 „… A *cuisse* of *cuir-builli* scales of leg-of-mutton shape, 0,77 m. long, 0.60 m. at its widest point near the top, and 0.27 m. wide at the bottom. It is composed of fourteen rows of stout, rectangular leather scales, which average 0.07 m. long, 0.045 m. wide, and 0.004 m. thick … All are fastened together without backing by a system of horizontal rawhide thongs and vertical red leather laces. This system has the peculiarity that, in contrast to normal practice in ancient and mediaeval oriental scale armor, the scales overlap upwards. Each scale, originally painted or varnished red, has three round holes in either side near the top and a horizontal slot in the center near the top … A second *cuisse* of *cuir-bouilli* scales, of the same leg-of-mutton shape, 0.61 m long, 0.48 m. wide at the top, and 0.21 wide at the bottom. It is made of twelve rows of rectangular leather scales, slightly rounded at the ends, which average 0.06 m long, 0.045 m. wide, and 0.0035 m thick … The scales, which were painted black … overlap upward…" The excavations at Dura-Europos. S. 450f.

687 Die ledernen Panzerlamellen aus Karanis werden kuratorisch ins 2./3. Jh. n. Chr. datiert, könnten aber eventuell auch erst frühbyzantinisch sein. Siehe die Präsentation durch das Kelsey Museum of Archaeology – University of Michigan als Internetressource unter http://lw.lsa.umich.edu/kelsey/ConAntiq/leatherarmor.html (Stand 2017.)

688 Aldrete, Gregory S., Bartell, Scott und Aldrete, Alicia, S. 91ff.

689 Aldrete, Gregory S. und Bartell, Scott: The UWGB Linothorax Project: Reconstructing and testing ancient linen body armor. S. 91ff. In: Experimentelle Archäologie in Europa. Bilanz 2011. Both, Frank (Red.) Oldenburg 2011. S. 88-95

690 Loades, S. 73

691 Junkelmann (2015) S. 349

692 Ammianus Marcellinus: *Res gestae.* 25, 1, 12. Das römische Weltreich vor dem Untergang, S. 461.

693 Strickland und Hardy, S. 277

694 Jones (1992) S. 111ff. Loades, Mike: Archery – its history and forms. 1995. Siehe auch im Internet als DVD unter www.mikeloades.com/archery-its-history-and-forms (Stand 2017.)

695 Jones (1992) S. 112

696 Klimpel et. al. S. 74f.

697 Junkelmann (1996) S. 50ff.

698 Meijers, Schalles und Willer, S. 69f.

699 Wilkins, Alan: Roman artillery. Princes Risborough 2003. S. 52, Abb. 40.

700 Vgl. Stehli, S. 136ff.

701 D'Amato und Sumner, S. 141, Abb. 187

702 „… The scales, averaging 0.035 m. long by 0.0025 m. wide with rounded lower corners, are pierced with eight holes each, two on either side and four, disposed in a square, at the top. They are linked together horizontally, each overlapping the next, by loops of bronze wire passed through the side holes. The strips are sewn to the backing by a cross stitch of heavy linen thread through the upper holes in such a way that each strip overlaps the one beneath it and covers its stitching…" The excavations at Dura-Europos. S. 440

703 Massey, S. 37

704 Siehe auch Ventzke, Walter: Zur Rekonstruktion eines bronzenen Schuppenpanzers. In: Frühe Phöniker im Libanon. Hachmann, Rolf (Hrsg.) Mainz 1983. S. 94-100.

705 Hulit und Richardson, S. 54 u. S. 56

706 Vgl. Miller, Robert, McEwen, Edward und Bergman, Christopher A.: Experimental approaches to ancient Near Eastern archery. S. 182ff. u. Taf. 1-4. In: World Archaeology, 18 (1986) S. 178-195 sowie Hart, Edward: An arrow case and arrows from ancient Egypt. In: JSAA, 37 (1994) S. 4-8.

707 Hulit und Richardson, S. 58f. Vgl. Hulit, Thomas: Late Bronze Age scale armour in the Near East. An experimental investigation of materials, construction, and effectiveness, with a consideration of socio-economic implications. Durham, Doctoral Thesis 2002. S. 116ff.

708 Künzl, Ernst: Der römische Schuppenpanzer (*lorica squamata*): Importwaffe und Prunkgrabelement. S. 127. In: Peška, Jaroslav und Tejral, Jaroslav: Das germanische Königsgrab von Mušov in Mähren. Mainz 2002. S. 127-140

709 Sim und Kaminsky, S. 99

710 Vgl. Komoróczy, Balázs: Panzerschuppentypen aus der römischen Befestigungsanlage am Burgstall bei Mušov, S. 82f. In: Gentes, Reges und Rom. Auseinandersetzung, Anerkennung, Anpassung. Bouzek, Jan (Hrsg.) Brünn 2000. S. 81-86.

711 Vgl. Bishop und Coulston, S. 139f.

712 Minžulin, Alesandr I.: Skythische Rüstung im Experiment. In: Gold der Steppe. S. 137-142

713 Kory, Raimar: Schuppen- und Lamellenpanzer. S. 390. In: Reallexikon der Germanischen Altertumskunde. Hoops, Johannes (Begr.) Bd. 27. Berlin 2004. S. 375-403

714 Riesch (2002) S. 58

715 Ammianus Marcellinus: *Res gestae.* 24, 5, 6. Das römische Weltreich vor dem Untergang, S. 447f.

716 Vgl. Riesch (2002) S. 61.

717 Sarantis, Alexander: Waging war in late antiquity. Current perspectives. S. 66f. In: War and warfare in late antiquity. Sarantis, Alexander et al. (Hrsg.) Leiden 2013. S. 1-98

718 Pauli Jensen, Xenia, Joergensen, Lars und Lund Hansen, Ulla: Das germanische Heer. Krieger, Soldaten und Offiziere. S. 319ff. In: Sieg und Triumpf. S. 310-328

719 Ratsdorf, Holger: Neue Gedanken zur Rekonstruktion römischer Schilde. S. 345f. In: Waffen in Aktion. Akten der 16. Internationalen Roman Military Equipment Conference, Xanten, 13.-16. Juni 2007. Schalles, Hans-Joachim (Hrsg.) Mainz 2010. S. 343-351

720 „… Trotz vielfach publizierter gegenteiliger Behauptung ist der Neigungswinkel des Schildbuckelrandes aber kein Indikator dafür, dass der dazugehörige Schildkörper ursprünglich flach oder gewölbt war. Ohne auf die Argumentation näher einzugehen, sei hier nur

auf die nachweisbare Vergesellschaftung von waagrechten Schildbuckelrändern mit gebogenen Schildfesselarmen, wie zum Beispiel beim Grab 61 von Wünnenberg-Fürstenberg, beziehungsweise von schräg abfallenden Buckelrändern mit geraden Fesselarmen, wie zum Beispiel beim Grab 7 von Schretzheim verwiesen..." STRASSMEIR, ANDREAS und GAGELMANN, ANDREAS: Das fränkische Heer der Merowingerzeit. Teil 2: Schild und Schwert. Berlin 2014. S. 20

721 CZYSZ (1986) S. 267, Anm. 10 u. S. 268

722 PAULSEN (1999) S. 137ff.

723 „... Therefore a great deal of caution should be taken when considering the military use of bows in the Przeworsk Culture, especially as the registered arrow-heads represented the less effective [sic] leaf-shaped type..." KONTNY, BARTOSZ: The war as seen by an archaeologist. Reconstruction of barbarian weapons and fighting techniques in the Roman period based on the analysis of graves containing weapons. The case of the Przeworsk Culture. S. 127ff. In: The enemies of Rome. KOCSIS, LÁSZLÓ (Hrsg.) Proceedings of the 15th International Roman Military Equipment Conference. Budapest 2005. S. 107-145

724 „... Es fällt auf, dass in unserem Grab drei Sorten von Pfeilspitzen jeweils in der Doppelzahl erscheinen. Es ist möglich, dass die verschiedenen Typen zu bestimmten Gelegenheiten oder für bestimmte Objekte verwendet wurden. Denkbar aber wäre auch, dass diese drei Paare mit einen (Bestattungs-)Brauch zusammenhängen, bei dem drei Pfeilspitzen (bzw. drei Paare) irgendwie eine sinnbildliche oder unmittelbare Bedeutung besaßen ... Kulturgeschichtlich bemerkenswert sind die dreiflügeligen Pfeilspitzen. Der Typus ist von den Hunnen und deren Gefolge (Alanen usw.) nach Mitteleuropa gebracht worden und begegnet von der Zeit um 400 an bisweilen in süddeutschen und österreichischen Gräbern. Zusammen mit diesen Pfeilen wird im Westen damals auch der zusammengesetzte Reflexbogen übernommen..." MÜLLER-KARPE, HERMANN: Das Hammelburger Kriegergrab der Völkerwanderungszeit. S. 212. In: Mainfränkisches Jahrbuch für Geschichte und Kunst, 6 (1954) S. 203-212

725 Eine ähnliche „Mischbewaffnung" wie in Blučina, Hammelburg etc. enthiehlt auch die Bestattung VI aus dem 5. Jh. n. Chr. in der Nekropole Suvlu-Kaja (Stadt Bakhchysarai) auf der Krim: „... In Hinsicht auf die Waffenbeigabe in der Bestattung VI sind demnach Elemente aus drei verschiedenen Kulturkreisen belegt: Die Schwerter sind lokaler Herkunft, Schild, Lanzenspitze und Wurfspieß sind germanische und die Pfeilspitzen nomadischer, vermutlich hunnischer Herkunft. Die Ausstattung entspricht jedoch auffallend denen in den Prunkgräbern der germanischen Eliten Westeuropas wie etwa bei den Franken und Alamannen...". MASYAKIN, VYACHESLAV, VOLOSHINOV, ALEXEY und NENEVOLJA, IVAN: Die Nekropole von Suvlu-Kaja. S. 377. In: Nekroplen auf der Krim. NUSSER, HORST G.W. (Hrsg.) München 2014. S. 372-378

726 HOMER: *Ilias.* 5, 650-652. Homers Werke. VOSS, JOHANN HEINRICH (Übers.) Hamburg 2012. S. 223

727 PUBLIUS VERGILIUS MARO: *Aeneis.* 9, 576-581. HERTZBERG, WILHELM (Übers.) S. 206

728 Vgl. STODIEK und PAULSEN, S. 49ff., ORSCHIEDT, JÖRG: Tod durch Pfeilschuss. In: AID (2004) 6, S. 30-31, LIDKE, GUNDULA: Untersuchungen zur Bedeutung von Gewalt und Aggression im Neolithikum Deutschlands unter besonderer Berücksichtigung Norddeutschlands. Greifswald, Diss. 2005. S. 63ff. sowie PAULSEN, HARM: From Stone Age hunting bow to medieval weapon of war – selected examples of bows and arrows in the North. In: Hunting in northern Europe until 1500 AD. Old traditions and regional developments, continental sources and continental influences. GRIMM, OLIVER al. (Hrsg.) Neumünster 2013. S. 185-205.

729 Vgl. ECKHARDT (1996) S. 109ff., FALKENSTEIN, S. 44f. sowie: Krieg. Eine archäologische Spurensuche. Begleitband zur Sonderausstellung im Landesmuseum für Vorgeschichte Halle (Saale). 6. November 2015 bis 22. Mai 2016. MELLER, HARALD et al. (Hrsg.) Darmstadt 2015.

730 RIESCH (1999) und ders. (2002) S. 60ff.

731 „... Dort, wo die von Norden heranziehende Rinne das Plateau erreicht, wurden zwei Speerspitzen und eine zweiflügelige Pfeilspitze gefunden, die alle durch das Auftreffen beschädigt waren. Eine der Speerspitzen lag unmittelbar bei einem breiten Rückenmesser mit Griffangel..." Die römisch-germanische Auseinandersetzung am Harzhorn (Ldkr. Northeim, Niedersachsen). S. 384 u. Abb. 50, 3

732 HOMER: *Ilias.* 8, 81-86. Homers Werke, S. 125

733 Das Wort „Arzt" leitet sich vom griechischen *archiatros* aus hellenistischer Zeit und vom lateinischen *archiatrus* ab. Vgl. KLUGE, FRIEDRICH: Etymologisches Wörterbuch der deutschen Sprache. 21. Aufl. Berlin 1975. S. 22.

734 SUDHUES, S. 13

735 ECKHARDT (1996) S. 143

736 Vgl. MATTHÄUS (1987) S. 22ff.

737 MATTHÄUS (1989) S. 13

738 Vgl. GOSTENČNIK, BARBARA: Medizinische Instrumente aus *Lauriacum* in den Sammlungen des oberösterreichischen Landesmusems. S. 104f. In: Römisches Österreich, 36 (2013) S. 95-107.

739 KOLIAS, S. 222

740 GARNERUS, S. 55ff.

741 In Österreich erfolgten in den 1980er Jahren am Institut für gerichtliche Medizin in Wien Untersuchungen mit einem Compoundbogen und einer Armbrust. Es wurden Schusstests „an frischem Leichenmaterial" und an einem menschliches Gewebe simulierenden Gelatineblock durchgeführt. „... Pfeile und Armbrustbolzen wiesen eine nicht unerhebliche Geschwindigkeit auf (ca. 40 bis 70 m/s). Beim Auftreffen auf Gewebe kommt es zu einer erheblichen Querschnittsbelastung und einer ‚durchbohrenden' Wirkung. Bei Sportbögen und Armbrüsten handelt es sich somit um Waffen, die nach unseren Ergebnissen bei Schüssen Weichteile und Knochen durchschlagen, sodaß die Pfeile bzw. Bolzen in Leibeshöhlen eindringen und tödliche Verletzungen setzen können..." MISSLIWETZ, J. und WIESER, I.: Medizinische Aspekte der Waffenwirkung. I. Bogen und Armbrust. S. 444. In: Beiträge zur gerichtlichen Medizin, 43 (1985) S. 437-444. Vgl. aktuell auch KOIZUMI, TAKAHISA et al.: Successful treatment of penetrating chest injury caused by a crossbow. In: The Tokai journal of experimental and clinical medicine, 39 (2014) 2, S. 64-68.

742 SALAZAR (2000) S. 47f.

743 „... *Sitzt ein breites Geschoss in den Weichteilen fest, so ist es nicht gut, dasselbe auf der entgegengesetzten Seite herauszuziehen, weil wir sonst zu der schon an sich großen Wunde abermals eine große Wunde hinzufügen. Man muss daher ein solches Geschoss mit einer Art von Instrument herausziehen, welches die Griechen Diocleus cyathiscus nennen, weil es der Diokles erfunden hat, der, wie ich schon angeführt habe, zu den größten Ärzten der Alten gehört. Es ist dies eine eiserne oder kupferne (bronzene) Platte, welche an dem einen Ende zu beiden Seiten zwei nach abwärts gebogene Haken hat. Am andern Ende ist sie in zwei Blätter gespalten, und die äußersten Teile derselben sind leicht gegen den Teil umgebogen, welcher ausgehöhlt und außerdem mit einem Loche versehen ist. Dieses Instrument wird quer gegen den Pfeil gerichtet in die Tiefe eingebracht. Sobald man bis zur äußersten Spitze des Geschosses vorgedrungen ist, dreht man das Instrument ein wenig, damit es das Eisen in seine Öffnung aufnimmt. Hat nun das Loch die Spitze gefasst, so legt man zwei Finger unter die auf der anderen Seite befindlichen Haken und zieht nun zugleich das Instrument und das Geschoss heraus...*" AULUS CORNELIUS CELSUS: *De medinica.* 7, 5, 3. Über die Arzneiwissenschaft. In acht Büchern. SCHELLER, EDUARD (Überst.) Darmstadt 1967. S. 372

744 „... Im Jahre 1912 publizierte Theodor Meyer-Steineg das einzige bis dahin bekannt gewordene Exemplar eines solchen Pfeilziehinstruments, das dann in viele Bücher aufgenommen wurde. Das angeblich aus dem westkleinasiatischen Ephesos stammende Stück hat freilich keinen akzeptablen antiken Fundzusammenhang ... In der Sammlung Meyer-Steineg befindet sich noch ein zweiter, etwas kleinerer Diokleslöffel, den der Sammler nie erwähnte. Er ist für den praktischen Gebrauch zu klein und zu schwach; seine Griffe sind sehr dünn und biegsam und damit zum Operieren ganz ungeeignet. Anhand dieses zweiten Gerätes lässt sich annehmen, dass

Theodor Meyer-Steineg mit Hilfe der Celsusstelle Rekonstruktionen des prominenten Instruments versuchte und das größere seiner Werke als antik ausgab…" KÜNZL (2002) S. 106f.

745 „… Having lain undiscovered in the centre of Rimini for almost 2.000 years, the house of a Roman physician has recently come to light, along with his surgical instruments and curative potions. One of the instruments is an arrow extractor, a type used by the Greeks and the Romans, and known as the Dioclean *cyathiscus*, or Spoon of Diocles … The instruments were kept in wooden boxes sheathed in bronze, or other smaller cylindrical cases or pouches … The *cyathiscus* found in the *domus* of Euthyches is a long, flat, orin rod, ending in a spoon shape, similar to an elongated scoop, slightly curved at the edges, with a perforation in the centre. The total length of the instrument is about 30 cm, possibly a measure comparable to the Roman foot (1 *pes* = 29,65 cm), while the spoon-shaped extremitiy is about 3 cm wide, which could be the measure of an inch (1 *uncia* = 2,47 cm) and 6 cm long (about two *unciae*). The end of the handle is broken…" BONORA und BRAZIER, S. 61f.

746 SUDHUES, S. 14

747 GARNERUS, S. 58

748 DUDE, LEONARDO: Extraktionszangen der Römischen Kaiserzeit. Frankfurt am Main 2006. S. 165 „… Trotz der beschriebenen Veränderungen der Zahnzangen blieben diese Instrumente von Anfang an multifunktional einsetzbar, da sie nicht nur zum Zahnziehen, sondern auch zum Entfernen von Splittern, Geschossen und Pfeilspitzen verwendet wurden. Daraus resultiert, daß sich keine ausgeprägte Typenvielfalt entwickelte, ein Phänomen, das wir auch von anderen medizinischen Gerätschaften aus der Römerzeit kennen. Bewährte Instrumente wurden über Jahrhunderte eingesetzt, ohne wesentliche Veränderungen zu erfahren…" Ebd. S. 177

749 GARNERUS, S. 58

750 SUDHUES, S. 124

751 GARNERUS, S. 61f.

752 AULUS CORNELIUS CELSUS: *De medicina.* 7, 5,1. Über die Arzneiwissenschaft, S. 370f.

753 FALKENSTEIN, S. 45

754 NOVAK, MARIO: Tavern brawls, banditry and battles – weapon injuries in Roman Iader. S. 352. In: Proceedings of the XVII Roman Military Equipment Conference. SANADER, MIRJANA et al. (Hrsg.) Zagreb 2013. S. 347-356. Eine Verletzung frontal auf der Stirn mit der Kontur einer dreiflügeligen Spitze ist aus skythischer Zeit vom Platz Barga Türgen Gol in der Mongolei dokumentiert. Siehe The warriors of the steppes: osteological evidence of warfare and violence from Pazyryk tumuli in the Mongolian Altai. JORDANA, XAVIER et al. (Mitarb.) S. 7, Abb. 11, B. In: Journal of Archaeological Science, 30 (2009) S. 1-9.

755 WERNER (1956) Teil A, S. 49, Fn. 6

756 GOLUBOVIĆ, SNEŽANA, MRDJIĆ, NEMANJA und SPEAL, C. SCOTT, S. 60

757 BREUER, S. 159f.

758 SCHMIDT, BERTHOLD: Die späte Völkerwanderungszeit in Mitteldeutschland. Berlin 1976. S. 109

759 Vgl. HEATH, S. 323f.

760 DAVIES, JONATHAN: Arrow wounds and how to treat them. A short story of medieval and early Renaissancepractice. S. 8. In: JSAA, 41 (1998) S. 6-8

761 GAIUS PLINIUS SECUNDUS: *Naturalis historia.* 18, 1, 3-4. Naturkunde, S. 16f.

762 RENOUX, Bd. 1, S. 128ff.

763 „… Mithilfe chemischer Analysen untersuchte Michelle Carlin von der englischen Northumbria University, welche Moleküle an prähistorischen Steinspitzen haften und ordnete die Stoffe giftigen Pflanzen zu. Für den Abgleich sammelte die Forscherin unter anderem Proben im Alnwick Castle in Northumberland. Der Giftgarten von Alnwick ist berühmt für seine Sammlung von rund 150 toxischen Gewächsen … Schließlich untersuchten die Forscher in einem zweiten Versuch sechs rund 6000 Jahre alte Pfeilspitzen aus der Zeit, bevor es in Ägypten Dynastien gab. Die Pfeile wiesen Spuren einer unbekannten, schwarzen Substanz auf … ‚erste Voruntersuchungen legen schon nahe, dass an den Pfeilspitzen Acokanthera klebt, eine Giftpflanze aus unseren Vergleichsproben…' berichten die Forscher. Acokanthera gehört zur Familie der Hundsgiftgewächse und wächst in Afrika und Arabien…" FRANZ, ANGELIKA: Die Suche nach den ersten Giftpfeilen. Siehe im Internet unter http://www.spiegel.de/wissenschaft/mensch/praedynastik-6000-jahre-alte-giftpfeile-a-1029007.html (Stand 2017.)

764 AULUS CORNELIUS CELSUS: *De medicina.* 7, 5, 5. Über die Arzneiwissenschaft, S. 373

765 LUCIANUS SAMOSATENSIS: *Opera.* Nigrinus. 3, 37. Übersetzung nach LEWIN, S. 36

766 Übersetzung der Textstelle von ARISTÓTELES nach LEWIN, S. 35

767 AULUS GELLIUS: *Noctes atticae.* 17, 15. Übersetzung nach Lewin, S. 11

768 Siehe ZANIER (2016) Bd. 3, Taf. 23 u. 24, E33 etc.

769 GREGOR VON TOURS, 2, 9, 30-35. Übersetzung aus BECHER, MATTHIAS: Chlodwig I. Der Aufstieg der Merowinger und das Ende der antiken Welt. München 2011. S. 68

770 LEWIN, S. 41

771 Vgl. KOLIAS, S. 225.

772 SALAZAR (1998) S. 177

773 „… Im 17. Jahrhundert modifizierten die Osmanen sowie türkische Stämme im heutigen Iran den ursprünglich von anderen asiatischen Nomaden übernommenen Kompositbogen. Die türkischen Bogenmacher experimentierten mit Waffen von nur 111 bis 116 Zentimetern Länge. Sie verzichteten auf den zurückgesetzten Griff und auf die Knochen- oder Hornplatten an den Bogenenden. Das Resultat war ein anmutig geschweifter Bogen, der sich beiderseits eines starren Griffes rückwärts neigte und in leicht vorwärts gekrümmten Spitzen endete…" MCEWEN, EDWARD, MILLER ROBERT L. und BERGMAN, CHRISTOPHER A.: Die Geschichte von Pfeil und Bogen. S. 125. In: Spektrum der Wissenschaft, (1991) 8, S. 118-125

774 SUDHUES, S. 120

775 Vgl. MAYS, B., PARFITT, A. und HERSHMAN, M. J.: Treatment of arrow wounds by nineteeth century army surgeons. In: Journal of the Royal Society of Medicin, 87 (1994) S. 102-103 sowie BERGMAN, CHRISTOPHER A.: Death on the Plains. In: JSAA, 30 (1987) S. 12-14.

776 HALPIN, ROBERT W.: Arrow wounds and how to tread them. S. 82. In: JSAA, 42 (1999) S. 81-85

777 BILL, JOSEPH H.: Notes on arrow wounds. In: American Journal of Medical Sciences, 154 (1892) S. 365-387

778 Zitiert aus ELMY, DOUGLAS: Arrow wounds and arrow extraction. S. 18. In: JSAA, 35 (1992) S. 16-18. Der Große Indische Aufstand konnte von der britischen Kolonialmacht erst im Jahr 1859 beendet werden.

779 SCHAUMBERG, S. 114-126. Dort findet man eine ausführliche Klassifikation mit Leit- und Untergruppen: „Köcher verschiedener Form mit flachem Deckel", „I. mit halbkugeligem Deckel", „II. mit Klappdeckel, der einen spitzen Kegel bildet", darüber hinaus „Köcher verschiedener Form mit Lappendeckeln", „I. Schmuckloser Lappen", „II. behaarter Lappendeckel", „III. Lappendeckel, dessen Ende fingerartig ausgeschnitten ist", „IV. kunstvoll ausgeschnittene Lappendeckel", „Köcher mit schwanzartigem Deckel", „Köcher, die zugleich als Bogentasche dienen" etc.

780 Vgl. RIESCH (2009) S. 82, Abb. 12.

781 „… Es scheint, als habe die linke Hand des Schützen nicht nur den Bogen in seiner Mitte gefasst, sondern zugleich ein Bündel von einigen weiteren Pfeilen gehalten. So hält mitunter Artemis auf Vasenbildern des 5. Jahrhunderts v. Chr. schon einen zweiten Pfeil beim Schuss des ersten bereit. Aber dort ist es nicht gleich ein ganzes Bündel. Noch besser vergleichen lässt sich daher ein apulischer Volutenkrater des späteren 4. Jahrhunderts v. Chr. mit einer Szene, die Bellerophon und seine Gefährten im Kampf gegen die Chimaira zeigt. Hier finden sich zwei Bogenschützen in orientalischer Tracht, die den Bogen zum Schuss spannen und dabei mit der linken Hand sowohl den Bogen als auch ein Bündel von mehreren Pfeilen fassen. Dementsprechend wird man auch die Darstellung auf dem Grabstein verstehen können…" INSTINSKY, ULRICH: Grabstein eines berittenen Bogenschützen der Ala Parthorum et Araborum. S. 74. In: Germania, 36 (1985) S. 72-77

782 Vgl. BUCHHOLZ, S. 263. Es ist aber auch eine davon abweichende Wortherkunft möglich. Eine Herleitung von griech. *Phero,* mit allerdings seltener Reduktionsstufe, gilt als wahrscheinlich. (Vgl. Frisk, Griechisches etymol. Wörterbuch, S. 992). Futteral, Futter, *fodr* etc. hätte dann nichts damit zu tun, auch die Buchstabenvertauschung könn-

te einen hier stutzig machen. Diese Sachbegriffe hängen mit altindisch *patra* (=Gefäß) zusammen, das seinerseits auf *pati* (=behütet, bewahrt) zurückzuführen ist. Ein Futter ist semantisch also ein „Schützer". Mein Dank für diese Informationen geht an Herrn Dr. Jochen Haas; oben [JH].
783 Homer: *Ilias.* 4, 116-125. Homers Werke, S. 61f.
784 Bittner, S. 138ff.
785 Homer: *Ilias.* 1, 44-49. Homers Werke, S. 10
786 „... A variety of quiver and bow-case types may have been in contemporary use but the evidence discussed above allows the following conclusions about Roman usage. Infantry archers employed cylindrical quivers, with caps in wet conditions at least, suspended on the back and they probably carried a sheath bow-case. There is no evidence for the latter supposition but some such form of bow-case must have been used..." Coulston (1985) S. 274
787 „... Oberhalb der Inschrift sprengt ein berittener Bogenschütze nach rechts, auf dem Rücken den Köcher. Er trägt einen Helm, Sattelung und Zäumung des Pferdes sind angegeben. In der rechten Ecke ist der Gegner, der schon einen Pfeil im Auge hat, in das rechte Knie gesunken und schützt sich mit seinem ovalen Schild. Er ist barhäuptig, mit Bart und soll als Barbar gekennzeichnet werden. Hinter dem Bogenschützen fliegt der siegkündende Adler..." Die Reliefs der Stadtgebiete von Scarbantia und Savaria. S. 14
788 „... Da der Köcher auf diesen Grabstelen ein eigenständiges Motiv ist, ist eine Reihe von Details dargestellt, die sonst nicht auf Soldatendarstellungen oder ganzen Soldatenszenen zu erkennen sind. Diese drei Darstellungen sind von großer Bedeutung, weil sie in Details sehr ähnlich sind..." Tončinić und Ivčević, S. 511
789 Siehe Die Römer zwischen Alpen und Nordmeer. S. 366, Kat. 108c.
790 Eine Beschreibung des Denkmals findet sich als von der Universität Salzburg (CHC) zur Verfügung gestellte Internetressource auch unter www.ubi-erat-lupa.org/monument.php?id=4800 (Stand 2017.)
791 Vgl. Heinen, Heinz: Trier und das Trevererland in römischer Zeit. Trier 2002. S. 346 u. Abb. 115 a.
792 Clausing, Christoph: Zu Köchern der Urnenfelderzeit. S. 379. In: Archäologisches Korrespondenzblatt, 28 (1998) 3, S. 379-390
793 Eckhardt (1996) S. 81
794 Wegner, S. 115f. Zur Köcherfüllung gehörten mehrheitlich Pfeile mit sogenannten skythischen Spitzen, aber auch einige im mitteleuropäischen Raum originäre Pfeilspitzen aus Bronze. An einer der Spitzen haftete ein Holzfragment. Ein realienkundlich schwer deutbares, bruchstückhaftes Holzartefakt könnte womöglich sogar der Überrest eines Handbogens gewesen sein. Vgl. Hellmuth, Anja: Neues zum „Bogenschützengrab" aus Libna. In: Scripta praehistorica in honorem Biba Teržan. Blečić, Martina (Hrsg.) Ljubljana 2007. S. 465-475.
795 Biel, Jörg: Die Ausstattung des Toten. Reichtum im Grabe – Spiegel seiner Macht. S. 84. In: Der Keltenfürst von Hochdorf. Methoden und Ergebnisse der Landesarchäologie. Planck, Dieter (Red.) Stuttgart 1985. S. 78-105
796 Wegner, S. 114
797 Borger, Rykle: Der Bogenköcher im Alten Orient, in der Antike und im Alten Testament. Göttingen 2000. S. 3
798 „... Only in the 4th century BC did it become the fashion to face the whole gorytos with metal plates. The first kind of this type was unearthed from the Chertomlyk royal tomb site. This large gold plate is covered with plant motifs, animals, figures of men, women and children in Greek clothing ... For nearly 50 years the Chertomlyk gorytos remained unique; then, three more gold facings were discovered, identical to the Chertomlyk example ... A very interesting gorytos was found shortly before the First World War in the Scythian royal burial of Solokha. Generally similar to those described above, it bears a scene of special interest. Unlike other examples decorated with traditional animal motifs ... the Solokha find shows episodes from the life of the Scythians..." Černenko, Evgenij V. und McBride, Angus: The Scythians. London 1994. S. 12ff. Vgl. ausführlich Wieland, Anja: Griechisches Gold in skythischem Stil. Untersuchungen zur nordpontischen Toreutik am Beispiel der Waffen- und Gefäßbeigaben des Solocha-Kurgans. Bd. 1. Text. Bonn, Diss. 2013. S. 264ff.
799 Vgl. Hellmuth (2006) Bd. 2, S. 626 u. Taf. 204-205.
800 Feld, S. 150
801 „... Der ursprünglich aus Holz bestehende und wahrscheinlich mit Stoff bespannte Goryt war mit zwei größeren Goldblechen beschlagen, einer Längsleiste und einem Bodenstück. Beide weisen eine schuppenartige Reliefverzierung auf und wurden über einem geschnitzten Holzrelief im Pressblechverfahren hergestellt. Im Längsblech steckt noch die geschnitzte Holzleiste, die auf ihrer Vorderseite dieses Schuppenornament aufweist. Die Rückseite ist glatt und zeigt Abdrücke von darunter gelegenen Zierstücken des zugehörigen Trageriemens. Dieses Holzfutter ist aus einer schmaleren und einer breiteren Leiste zusammengesetzt, die mittels 24 Holznieten verbunden wurden, die zu 12 Paaren in einer vertikal verlaufenden Linie angeordnet sind. Am oberen Ende der breiteren Leiste wurden dahinter als zusätzliche Verstärkung noch vier weiter Holzstifte eingeschlagen. Das Holzfutter übernahm dabei zwei Funktionen: Zum einen diente es als Pressmodel, um Form und Dekor auf das Goldblech zu übertragen, zum anderen verlieh es dem Goryt zusätzliche Stabilisierung während des Gebrauchs..." Čugunov, Konstantin, Parzinger, Hermann und Nagler, Anatoli: Die Gräber und ihre Funde. S. 43. In: Čugunov, Konstantin V., Parzinger, Hermann und Nagler, Anatoli: Der skythenzeitliche Fürstenkurgan Aržan 2 in Tuva. Mainz 2010. S. 22-123
802 Werning, S. 150f. Vgl. dazu auch New achievements in archeological research in Xinjiang during the time span (cont.) 1990-1996. S. 144, Abb. 2 u. S. 167, Abb. 1.
803 Es handelte sich dabei um den 91 cm langen Ledergoryt aus Grab 10 von Subexi III. Archäologisches Institut Xinjiang (Iv.-Nr. 92SAIIIM10:9) in Urumchi. Ein vergleichbarer Goryt ist in Bestattung 2 des Gräberfelds III von Subexi mit Pfeilen niedergelegt worden: „... The arrow consists of arrow shaft and arrowhead. The arrow shaft, made of wood, has three pieces of feather attached at the bottom end. The arrowheads are made of iron, horn, wood and bone to shoot at different objects. The arrow quiver is made of leather, with leather belt and iron buckle for carrying about. It has two long and thin bags attached containing some arrow shafts when it was unearthed..." Lu Enguo. In: Archeological treasures of the Silk Road in Xinjiang Uygur Autonomous Region. S. 254f.
804 Vgl. Ghirshman, S. 273, Abb. 355 sowie Pirson, Felix: Ansichten des Krieges. Kampfreliefs klassischer und hellenistischer Zeit im Kulturvergleich. Wiesbaden 2014. S. 245 u. Taf. 33, 5 S 18.
805 Vgl. Kampmann, Ursula: Die Münzen der römischen Kaiserzeit. Regenstauf 2011. S. 192, Nr. 41.90 sowie Ureche, Petru: The bow and arrow during the Roman era. S. 195, Abb. 4.2. In: Ziridava. Studia archaeologica, 27 (2013) S. 183-195.
806 Litvinskij (1984) S. 39
807 Kreuz, S. 348f.
808 Simonenko (2001) S. 201
809 Kreuz, S. 351
810 Bârcă, S. 431
811 Brentjes, S. 85f. u. S. 192, Abb. 17
812 Vgl. Kenk, S. 35.
813 Siehe Brosseder, Ursula und Miller, Bryan K.: Reiterkrieger der Xiongnu. S. 117, Abb. 2. In: Steppenkrieger. Reiternomaden des 7. bis 14. Jahrhunderts aus der Mongolei. Bemmann, Jan (Hrsg.) Darmstadt 2012. S. 115-125.
814 "... Quivers: There are two in number, one being 90 cm in height and 10 cm in diameter; the other being 74 cm in height and 8 cm in diameter. Both are made of leather and in the shape of a round tube. The quivers are placed together and sewed with a strip of leather..." Ruan Quirong. In: Archeological treasures of the silk road. S. 314f.
815 Hubschmid, S. 192. Vgl. auch Blümner, Hugo: Gorytos. In: Berliner Philologische Wochenschrift, 27 (1927) S. 1121-1125.
816 Bittner, S. 25
817 Zutterman, S. 142
818 Winkelmann (2003) S. 119, Abb. 7
819 Winkelmann (2006) S. 143
820 Winkelmann (2003) S. 52

821 ZIETHEN, S. 127
822 Vgl. KIEFER, MICHAEL: Räume als Träger wechselnder Bedeutungen. Die Gestaltung spätrömischer Empfangssääle im Kontext von *salutatio* und *convivium*. S. 58, Abb. 2. In: AWOL – The ancient world online. 1 (2016) S. 55-74.
823 TACITUS: *Annales*. 12, 13. Cornelius Tacitus. Sämtliche erhaltenen Werke, S. 507
824 GHIRSHMAN, S. 75, Abb. 86
825 LANDSKRON, Taf. 16, Abb. 71 u. Taf. 17, Abb. 79
826 „... Der Stil des Reliefs sowie die Inschrift datieren das Denkmal in die Zeit vor der Regierung des Kaisers Claudius: So ist es wahrscheinlich, dass Maris (und vielleicht auch sein Bruder Masicates) ihren Dienst am Ende der augusteischen Regierungszeit, als Tiberius das Kommando am Rhein hatte, in den Jahren 10–12 n. Chr. angetreten hatten, als die strategische Bedeutung von *Mogontiacum* infolge der Niederlage im Teutoburger Wald zunahm..." TRAINA, GUSTO: Beobachtungen zur Inschrift von *Maris, Casiti filius*. S. 279. In: Zeitschrift für Papyrologie und Epigraphik, 185 (2013) S. 279-285
827 SELBITSCHKA, S. 417
828 COULSTON (1985) S. 270
829 Vgl. GAMBER (1964) S. 12, Abb. 4.
830 Vgl. die Abbildung bei JUNKELMANN (1990) S. 218, Abb. 229.
831 Hofkunst van de Sassanieden. S. 194f., Abb. 53
832 Vgl. JAMES (2004) S. 200, Abb. 121.
833 RIESCH, HOLGER: Mongolische Pfeilköcher des Mittelalters. In: Waffen- und Kostümkunde, 52 (2010) 2, S. 113-148
834 Vgl. PUZDROVSKIJ, S. 362ff.
835 KUBAREV, S. 90f. (aus dem Russ. übers.)
836 PARZINGER (2001) S. 817
837 HUBSCHMID, S. 190, S. 195 u. S. 197. Vgl. auch Etymologisches Wörterbuch des Althochdeutschen. LÜHR, ROSEMARIE (Red.) Bd. 5. Göttingen 2014. Sp. 673ff.
838 RIESCH (2009) S. 85ff.
839 JÄGER, ULF: Reiter, Reiterkrieger und Reiternomaden zwischen Rheinland und Korea. Zur spätantiken Reitkultur zwischen Ost und West, 4.-8. Jahrhundert n. Chr. Langenweissbach 2006. Taf. 64, 1
840 BÓNA, S. 172
841 GORELIK, MIACHIL V. und ROLLE RENATE: Panzerreiter in den nordpontisch-kaspischen Steppen. S. 430f. In: Gold der Steppe. S. 425-439
842 Merowingerzeit. S. 126, Nr. I.34.3
843 JUNKELMANN (1992) S. 169
844 Siehe BOŠTJAN, S. 234ff.
845 Vgl. auch STEPHENSON, S. 128, Abb. 122.
846 BEILHARZ, S. 17
847 Vgl. MARTI, S. 98, Abb. 18.
848 „... Meist treten Pfeilspitzen bzw. Wurfspeere in der Ein- und Dreizahl in Gräbern auf, doch lassen sich einige z.T. sehr reiche Kriegergräber anführen, die fünf bis elf Exemplare enthielten. Häufig waren diese Speerspitzen aneinandergerostet und von Leder eingehüllt, so dass man an die Beigabe ganzer, gefüllter Köcher denken kann. Diese Sitte der ‚gebündelten Pfeile' in Gräbern scheint im 4. Jahrhundert aufzukommen, wie Beispiele aus Lampertheim und Krefeld-Gellep zeigen. Die meisten der 16 Belege stammen jedoch aus dem 5. Jahrhundert und lassen sich bis an dessen Ende nachweisen. Das Verbreitungsgebiet dieser „Köchergräber" reicht von Nordostfrankreich bis Schleswig-Holstein und vom Mainmündungsgebiet bis nach Mitteldeutschland..." BÖHME, Textbd., S. 111
849 Vgl. BEMMANN, JAN und VOSS, HANS-ULRICH: Anmerkungen zur Körpergrabsitte in den Regionen zwischen Rhein und Oder vom 1. bis zur Mitte des 5. Jahrhunderts n. Chr. S. 164, Abb. 12. In: Körpergräber des 1.-3. Jahrhunderts in der römischen Welt. FABER, ANDREA et al. (Hrsg.) Frankfurt 2007. S. 153-184.
850 PIRLING, RENATE: Die Funde aus den römischen Gräbern von Krefeld-Gellep. Stuttgart 2006. S. 396
851 Es handelt sich insgesamt um zwei Tropaeen aus domitianischer Zeit, die nachträglich in einem (historisch später als Siegesdenkmal des Marius fehlgedeuteten) Brunnenbauwerk aus der severischen Ära aufgestellt wurden. Sie befinden sich oberhalb der Freitreppe (Cordonata) zum Kapitol in Rom, jeweils rechts und links neben den Dioskuren.
852 Gallien in der Spätantike. S. 33, Kat. Nr. 10
853 Vgl. BINSFELD, LOTHAR: Katalog der römischen Steindenkmäler des Rheinischen Landesmuseums Trier. Mainz 1988. Taf. 33, Sockalablauf (233a), Kat.-Nr. 112.
854 BEILHARZ, S. 10ff.
855 Vgl. RIESCH (2002) S. 64f.
856 Vgl. PAULSEN (1999) S. 120f.
857 GROENMAN-VAN WAATERINGE, S. 38
858 „... Wie es scheint, wurden Germanen aber nicht nur an der Grenze eingesetzt, sondern auch im Rahmen staatlicher Eingliederungsmaßnahmen im Landesinnern. Ein anschauliches Beispiel dafür ist das Körpergrab eines Germanen, das in Westendorf im Bereich einer kleinen mittelkaiserzeitlichen Familiengrablege mit sieben Brandgräbern vom beginnenden 3. Jahrhundert neben einigen spätantiken Bestattungen geborgen wurde (Grab 4) ... Germanische Krieger konnten als eine Art Bauernmiliz rasch mobilisiert werden, um im Ernstfall auch im Hinterland unter römischem Kommando zu dienen..." DIETZ, KARLHEIN und CZYSZ, WOLFGANG: Die Römer in Schwaben. S. 87f. In: Geschichte Schwabens bis zum Ausgang des 19. Jh. KRAUS, ANDREAS (Hrsg.) München 2001. S. 46-95
859 PAULSEN (1998) S. 422
860 Vgl. WESTPHAL, FLORIAN: Der „Köcher" aus dem Nydam-Moor. Neuinterpretation eines altbekannten Fundes. S. 223ff. In: Die Kunde, N.F. 59 (2008) S. 219-228.
861 LINDBOM, PETER: Koger, pilregn och logistik. S. 250. In: Tor, 29 (1997) S. 241-263
862 MACKEPRANG, CARL MOURITZ: De store Mosefund fra Folkevandringstid. S. 86, Abb. 13 In: Fra Nationalmuseets Arbejdsmark (1935) S. 79-92
863 „... There are smaller and very fragmented turned pieces of poplar *(populus sp.)*, maple wood *(acer sp.)* and pomaceous fruitwood *(pomaceae)* indicating at least three more solid wooden quivers, but the pieces are too small and cannot be reassembled. The existence of three more round wooden discs, which might be interpreted as bottom plates of quivers, fits very well with this observation. They are made from poplar *(populus sp.)*, elder *(almus sp.)* and from a pomaceous fruit species *(pomaceae)*..." RAU, S. 147
864 BECKER, MATTHIAS, S. 102 u. 103
865 FLÜGEN, THOMAS: Köcher und Bogen aus Grab 1. S. 159. In: Das Rätsel der Kelten vom Glauberg. S. 158-160
866 BRANDT, HARTWIN: Das Ende der Antike. München 2010. S. 92f.
867 MAURIKIOS: *Strategikon (Taktika)*. 1, 2-3, 83-85. Das Strategikon des Maurikios, S. 85
868 Ders. 12 B, 7, 6-9. Ebd. S. 425
869 HOMER: *Odyssee*. 21, 176-180 u. 184-185. Homers Werke, S. 701
870 Ders. 21, 393-399. Ebd. S. 706
871 Zitiert nach STRICKLAND und HARDY, S. 7f.
872 KOLIAS, S. 229
873 Vgl. SELBITSCHKA, S. 435 u S. 469.
874 Vgl. BEILHARZ, S. 15 u. S. 19.
875 Vgl. RIESCH (2002) S. 43.
876 NISHIMURA, S. 423f.
877 Vgl. ELMY, DOUGLAS: Korean archery accessories. S. 9. In: JSAA, 22 (1979) S. 9-10.
878 HEATH, IAN: Byzantine armies 886-118. Oxford 1979. S. 10
879 Siehe dazu auch einen Filmbeitrag von MARTIN GRÖBER unter https://www.youtube.com/wachts?v=ES__ddb7E74 (Stand 2017.)
880 „... In addition, infantry soldiers may also have employed an arrow-guide, which was a channeled tube used to shoot short bolts at high velocity. This was certainly in use in the Islamic world after the seventh century. It first appears in the *Strategikon* of Maurice in the late sixth century and, according to later Arab sources, was introduced from the steppe. As such it was another example of military technology from the Central Asian and Chinese sphere carried westward by the steppe peoples, probably the Avars again, and adopted by the East Romans..." HALDON, JOHN: Some aspects of early Byzantine arms and armour. S. 78. In: A companion to medieval arms and armour. NICOLLE, DAVID (Hrsg.) Woodbridge 2002. S. 65-79. Dieser Annahme nach könnte das *solenarion* aus dem sino-mongolischen Raum stammen. Dabei ergibt sich allerdings das Problem, dass ein Merkmal der awarischen Bogenwaffe ja gerade darin bestand, sich verhältnismäßig schwerer Pfeile zu bedienen.

So findet man bei den Awaren auch kaum technisch für das *solenarion* geeignete Pfeilspitzen.
881 Webb, S. 40
882 „... However, the most remarkable and interesting artefact of archery in Roman times found on the Via Appia site, was a bronze ‚bow-puller'. It is striking in its modern concept and appearance ... Yet this device was not Near Eastern, and Heath (in: The Grey Goose Wing, p. 55) describes this device as Etruscan and dates it to 600-300 B.C. and this would perhaps be geographically correct..." Benini, S. 7
883 Sannibale, S. 222-252
884 „... *Bogenspanner* is the name attached to artefacts found in Etruscan sites. They consist of a double ring, mostly in bronze, with vertical spikes – usually three – on one side. They have been identified by some as 'bow pullers' and many have attempted to discuss this identification. They have been alternatively identified as: calthrops or tribulus; spear-throwers; snaffle curbs or bits; lamp wick holders; for preventing a load slipping; for helping a driver grasp reins; an early form of knuckle-duster and religious amulets..." Webb, S. 35
885 Schönfelder, Martin: Das spätkeltische Wagengrab von Boé (Dép. Lot-et-Garonne). Studien zu Wagen und Wagengräbern der jüngeren Latènezeit. Mainz 2002. S. 295 u. S. 296
886 Jurgeit, S. 179
887 Publius Vergilius Maro: *Aeneis.* 12, 311-322. Hertzberg, Wilhelm (Übers.) S. 275f.
888 "... We come now to consider a release which by documentary evidende has been in vogue among the northern Mediterranean nations for centuries, and among the southern Mediterranean nations for tens of centuries ... This release consists in drawing the string back with the tips of the first, second, and third fingers, the balls of the fingers clinging to the string, with the terminal joints of the fingers slightly flexed ... Since this release has been practiced by the Mediterranean nations from early historic times, it may with propriety be called the *Mediterranean release* ... In the practice of this release, the attrition of the string on the fingers is so severe that a leather glove or leather finger-tips are worn, though some archers are enabled by long service to shoot with their fingers unprotected..." Morse, S. 154f.
889 Vgl. Hansen, S. 250, Abb. 16.
890 Vgl. u.a. Wiethase, Hendrik: Von der Kunst des Spannens, Haltens und Loslassens. Teil 1: Das Schießen ohne Hilfsmittel. In: Traditionell Bogenschießen, 48 (2008) S. 66-70 und Teil 2: Das Schießen mit Ringen, Glocken und Siper. In: Traditionell Bogenschießen, 49 (2008) S. 44-45.
891 Vgl. Betteridge, David: The origins of the angular bow. In: JSAA, 38 (1995) S. 33-35.
892 Die lurischen Ringe sind bei Ghirshman als Farbfotos und Tölle-Kastenbein als Zeichnungen abgebildet.
893 Overlaet, S. 292
894 Swoboda, S. 92ff.
895 Vgl. auch Paterson, William F.: The Sassanids. In: JSAA, 12 (1969) S. 29-32, Zimmer, Manfred: Versuch über Elemente einer „Form" im Bogenschießen im Bildraum herrscherlich-sassanidischer Mobilität. In: Difference and Integration, 3 (2003) 2, S. 141-162 sowie Loades, Mike: The composite bow. Oxford 2016. S. 31.
896 Paterson, William F.: Thumb guards. In: JSAA, 5 (1962) S. 14, Grayson, Charles E.: Archers` thumb guards. In: JSAA, 20 (1977) S. 42-46, Elmy, Douglas: The oriental thumbring. In: JSAA, 33 (1990) S. 41-44, Dwyer, Bede: Early archers` rings. In: JSAA, 40 (1997) S. 62-67, Koppedrayer, Kay: Kay's thumbring book. A contribution to the history of archery. Milverton 2002 sowie Hoffman, Eric J.: Chinese thumb rings. From battlefield to jewelry box. In: http://asianart.com/articles/rings/index.html (Stand 2017.)
897 Siehe Lundström, Frederik, Hedenstierna-Jonson, Charlotte und Holmquist Olausson, Lena: Eastern archery in Birka's garrison. S. 109, Abb. 51. In: The martial society: Aspects of warriors, fortifications and social change in Scandinavia. Holmquist Olauson, Lena (Hrsg.) Stockholm 2009, S. 105-116.
898 Vgl. Riesch (2009) S. 91ff.
899 James (2004) S. 199
900 James (1987) S. 78
901 Siehe eine Fotografie dieses Rings als Internetressource unter https://anthromuseum.missouri.edu/online/thumbring/1995-0328bronzecircles.shtml (Stand 2017.) Danken möchte ich Frau Candace Sall, Associate Curator am Museum of Anthropology, University of Missouri Mizzou North, USA, für ihre detaillierten Informationen über den Spannring.
902 Marchant, Bd. 2, S. 19
903 Birley (2008) S. 20
904 "... Legt man diesen Daumenschutz flach aus, dann hat er die Form des Buchstabens T. Zumeist wird er aus Ross- oder Ziegenleder hergestellt. Das Leder sollte von bester Qualität sein, mit einer glatten und ebenmäßigen Textur und vorzugsweise mittlerer Dicke. Dünneres Leder, ebenfalls bester Qualität, wird für die Auskleidung verwendet ... In dem Leder sollte eine Eindellung sein, die später die Position der Sehne markieren wird. Die Lippe sollte der Form einer breiten Bohnenschote entsprechen. Sie darf nicht zu lang sein, da sie sonst die Sehne behindert. Sie darf auch nicht zu kurz sein, weil sie dann keinen adäquaten Schutz des Daumens darstellen wird..." Swoboda, S. 42
905 „... The *Vindolanda* thumb stall has been made from goat skin, with the edges of the stall sewn together with a leather thong, which extended to allow firm attachment to the wrist. This thong had snapped and a rough repair had been made by knotting a strip from another garment to the surviving part of the thong. The purpose of the two lines of holes near the edge of the thumb piece is not clear: it is possible that strengthening thongs have been removed... Birley (1996) S. 18
906 Siehe die Fotografie eines solchen Rings in: Bogen, Pfeile, Köcher aus sechs Kontinenten. Die Charles E. Grayson Sammlung. Grayson, Charles E. et al. (Mitarb.) Ludwigshafen 2010. S. 147, Kat. Nr. 2001-01-084.
907 "... Whether these thumb-rings were originally archer's looses which have lost that function among modern Longarim, or whether they were already used in Meroitic times as a thumb ornament is a question which we cannot yet answer..." Kronenberg, Andreas: The thumb-ring: a modern parallel to a meroitic object. S. 337. In: Kush, 10 (1962) S. 336-337
908 Vos, Maria F: Scythian archers on archaic Attic vase-painting. Groningen 1963. S. 49
909 Vgl. Wachsmann, Shelley: On drawing the bow. In: Eretz Israel. Archeological, historical and geographical studies. Bd. 29. Aviram, Joseph et al. (Hrsg.) Jerusalem 2009. S. 238-257 mit zahlreichen Bildern von Bogenschützen in der Kunst des Alten Orients und Ägyptens. Vgl. aktuell auch Chandler Randall, Karl: Origins and comparative performance of the composite bow. Pretoria, Doctoral Thesis 2016.
910 Vgl. Bokovenko, Nikolai A.: The Tagar culture in the Minusinsk Basin. S. 303. Fig. 3, R-S. In: Nomads of the Eurasian steppes in the early Iron Age. Davis-Kimball, Jeannine et al. (Hrsg.) Berkeley 1995. S. 299-314.
911 Von Gall, S. 18
912 Coulston (1985) S. 278
913 Vgl. ausführlich zur Jagdszene auf dem Elfenbeinkästchen von Troyes Walker, Alicia: The emperor and the world. Exotic elements and the imaging of Middle Byzantine imperial power, ninth to thirteenth centuries C.E. Cambridge 2012. S. 64ff.
914 Vgl. Coulston (1985) S. 345, Abb. 38.
915 Ergiebige Informationen über mittelalterliche und frühneuzeitliche Unterarmschützer findet man in den Werken Hugh D. Soars. Als ein Beispiel für einen originellen Fund aus dem Späten Mittelalter möchte ich ein Lederstück aus der nordenglischen Stadt York angeben: "... A leather bracer, for protection of an archer's forearm against the snap of his longbow string, was found in excavations at 16-22 Coppergate, York. It was made from re-used shoe parts, with a cut-down sole for the guard, and a show strap and buckle for attachment to the arm. The type of shoe from which the guard had been cut was known as a *pou-laine*, a design popular in the lat 14th cent. ... The bracer is sub-lenticular in shape with a large slit in each side. The fastening buckle-strap passes through the slits ... The guard measures 12,7 cm by 5,8 cm, and is 0,3 cm thick..." Rogers, Nicola: An archers's bracer. In: JSAA, 49 (2006) S. 79
916 Flavius Vegetius: *Epitoma rei militaris.* 1, 20, 12. Abriß des Militärwesens, S. 55
917 Richter, S. 397

918 Vgl. RIESCH, HOLGER: Archery in Renaissance Germany. S. 65, Abb. 7. In: JSAA, 38 (1995) S. 63-67.
919 Ursprünge der Seidenstraße. S. 177
920 SIMONENKO (2001) S. 201
921 UNDERWOOD, RICHARD: Anglo-Saxon weapons and warfare. Stroud 1999. S. 33 u. S. 65, Taf. 1
922 SIMONENKO, ALEKSANDR V.: Der linkshändige Sarmatenfürst von Porogi und die vornehme Dame aus dem Nogajčik-Kurgan. S. 216. In: Gold der Steppe. S. 215-220
923 „… Die Gewichte der Pfeilspitzen [aus Nydam 1 und 2, HR] lassen sich nicht mehr bestimmen, da durch wiederholtes Tränken mit Konservierungsmitteln die Resultate verfälscht sind. Um Vergleichswerte zu erhalten, wurde ein leichterer Pfeil und der Längste aus abgelagertem Kiefernholz maßstabsgerecht nachgeschnitzt. Es ergaben sich für den leichteren Pfeil ein Gewicht von 18,5 Gramm, für den schweren 28,5 Gramm. Stellt man für Klebstoff, Fiederung und Wicklugn nochmals 1,5 Gramm in Rechnung und nähme eine leichte Spitze von 6 Gramm an, so ergäbe sich für den leichteren Pfeil ein Gesamtgewicht von 30 Gramm, der schwerere sogar von 40 Gramm. Es handelt sich demnach selbst bei den leichteren Pfeilen um verhältnismäßig schwere Geschosse. Die Annahme, dass diese Pfeile zur Kriegerausrüstung gehören und daher vor allem für den Kampf vorgesehen waren, ergibt sich von vornherein aus der Art des Fundes, sie wird weiterhin durch die ermittelten Pfeilgewichte und die häufige Beschädigung der Spitzen bestätigt…“ RADDATZ (1962) S. 53f.
924 Vgl. ergänzend dazu PFAHL, STEFAN F.: Rangabzeichen im römischen Heer der Kaiserzeit. Düsseldorf 2012. S. 3ff.
925 So sind von der Steinlerstraße im schweizerischen Kaiseraugst zahlreiche lang-pyramidale Tüllenpfeilspitzen als Funde aus der Soldatenkaiserzeit dokumentiert. Sie haben unterschiedliche Abmessungen. Einige davon gehörten zu Bogen- oder Armbrustpfeilen, andere zu Geschossen für Torsionsartillerie. Die Waffen scheinen im Rahmen eines Häuserkampfs verwendet worden zu sein. Vgl. SCHATZMANN, REGULA: Militaria und Siedlungskontexte des späten 3. Jahrhunderts aus Augst. S. 225. In: Carnuntum Jahrbuch 2005. S. 217-226.
926 JUNKELMANN (1992) S. 169
927 Sythische Goryte wurden als Bogenholster mit aufgesetzter Pfeiltasche am Gürtel links getragen. Für die Entnahme des Bogens ist dies ergonomisch vorteilhaft, nicht aber fürs Ergreifen der Pfeile, denn das lässt sich mit der rechten Hand von vorne nur umständlich bewerkstelligen. Griechische Bilder aus der Antike zeigen eine intelligentere Vorgehensweise, die sich auch experimentalarchäologisch nachvollziehen lässt: „… Die Tragweise des Gorytos erschwert ein Ziehen der Pfeile von vorn. Das Ziehen hinter dem Rücken ist dagegen mit etwas Übung leicht, auch vom Pferd aus…“ GODEHARDT und SCHELLENBERG, S. 227 u. Abb. 236.
928 Für die am Sattel angebrachten Röhrenköcher der frühen und mittleren Kaiserzeit wäre zu ermitteln, ob bei einem offenen Tubus die Gefahr besteht, dass die Pfeile sich bei forscher Pferdegangart ungewollt selbstständig machen und verloren gehen können. Die Quellen zeigen entsprechende Reiterköcher mit Deckel (Bildscheibe von Orlat etc.) aber auch ohne Deckel (Grabstein des Flavius Proclus, Triclinium des Maqqai, Triumph des Mordechai etc.).
929 „… Der Schiffskörper mit Kiel, Planken, Spanten, Vorder- und Hintersteven besteht auch Eichenholz, nur Mast und Rahe – die Querstange, an der das Segel hängt – sind aus leichterem Tannenholz. Der Bug schwingt konkav zurück und trägt einen Drachenkopf. Dahinter befindet sich ein hölzerner Aufsatz zum Schutz der Bogenschützen: das Bugkastell. Im vorderen Bereich des Schiffs steht der Mast. Wird er nicht benötigt, kann er auf dem Mittelgang abgelegt werden. Entlang dem Dollbord hängen die Rundschilde, jeder im Durchschnitt zirka siebzig Zentimeter groß…“ DIRSCHERL, HANS-CHRISTIAN: Königin der Donau. S. 50. In: Abenteuer Archäologie, 4 (2004) S. 50-53
930 Vgl. PÉTRIN, NICOLE: Philological notes on the crossbow and related missile weapons. S. 266ff. In: Greek, Roman and Byzantine Studies, 33 (1992) S. 265-291.

Verzeichnis der abgekürzt zitierten Literatur

ALDRETE, GREGORY S., BARTELL, SCOTT und ALDRETE, ALICIA: Reconstructing ancient linen body armor. Unraveling the linothorax mystery. Baltimore 2013

ALFÖLDI, ANDREAS: Funde aus der Hunnenzeit und ihre ethnische Sonderung. Budapest 1932

ANKE, BODO: Studien zur reiternomadischen Kultur des 4. bis 5. Jhs. Teil 1 u. 2. Weissbach 1998

Archeological treasures of the Silk Road in Xinjiang Uygur Autonomous Region. CHENGYUAN, MA (Hrsg.) Shanghai 1998

Attila und die Hunnen. HISTORISCHES MUSEUM DER PFALZ SPEYER (Hrsg.) Stuttgart 2007

72nd Auction. Traditional archery and crossbows – the Karl Zeilinger Collection. HERMANN HISTORICA (Hrsg.) München 2016

BAATZ, DIETWULF: Die römische Jagdarmbrust. In: Archäologisches Korrespondenzblatt, 21 (1991) 2, S. 283-290

BAATZ, DIETWULF: Katapulte und mechanische Handwaffen des spätrömischen Heeres. In: Spätrömische Militärausrüstung. OLDENSTEIN, JÜRGEN (Hrsg.) Mainz 1998. S. 5-19

BAATZ, DIETWULF: Town walls and defensive weapons. In: Roman urban defences in the West. MALONEY, JOHN (Hrsg.) London 1983. S. 136-140

BAITINGER, HOLGER: Die Angriffswaffen aus Olympia. Berlin 2001

BAKER, TIM: Bow design and performance. In: The Traditional bowyer´s bible. HAMM, JIM (Hrsg.) Bd. 1. Azle, TX 1992. S. 43-117

BALFOUR, HENRY: The archer‘s bow in the Homeric poems. In: The journal of the Royal Anthropological Institute of Great Britain and Ireland, 51 (Jul. - Dez. 1921) S. 289-309

BÂRCA, VITALIE: Die Bögen und die Pfeile der Sarmaten. In: Analele Banatului. Arheologie, Istorie. VII–VIII, 1999–2000. Muzeul Banatului Timişoara 2000. S. 423-449

BARUZDIN, JURIJ D: Kara-Bulakskij mogiln'ik. In: Izvestija Akademii Nauk Kirgizskoj SSR. Serija obscestvennych nauk, III, 3 (1962) S. 43-81

BEABEY, MARK und RICHARDSON, TOM: Hardened leather armour. In: Royal Armouries Yearbook. Leads. 2 (1997) S. 161-168

BECKER, MATTHIAS: Das Fürstengrab von Gommern. Bd. 1 u. 2. Halle 2010

BECKHOFF, KLAUS: Eignung und Verwendung einheimischer Holzarten für prähistorische Pfeilschäfte. In: Die Kunde, N.F. 16 (1965) S. 51-61

BEILHARZ, DENISE: Vergangenes Inventar. Formale und interpretative Überlegungen zur Köcherbeigabe in merowingerzeitlichen Gräbern Mitteleuropas. In: Reliquiae gentium. Festschrift für Horst Wolfgang Böhme zum 65. Geburtstag. DOBIAT, CLAUS (Hrsg.). Teil 1. Rahden 2005. S. 9-35

BEMMANN, JAN: Anmerkungen zu Waffenbeigabensitte und Waffenformen während der jüngeren Römischen Kaiserzeit und der Völkerwanderungszeit in Mitteldeutschland. In: Alt-Thüringen, 40 (2007) S. 247-290

BENINI, STEFANO: The bow in Italy. In: JSAA, 36 (1993) S. 7-13

BERGMAN, FOLKE: Archeological researches in Sinkiang. Especially the Lop-Nor region. Stockholm 1939

BIRLEY, ROBIN: The weapons. Vindolanda research reports. New series. Bd. 4. The small finds. Fascicule 1. Greenhead 1996

BIRLEY, ROBIN: Vindolanda's treasures. An extraordinary record of life on Rome's northern frontier. Greenhead 2008

BISHOP, MIKE C. und COULSTON, JONATHAN C.: Roman military equipment from the Punic Wars to the fall of Rome. Oxford 2006

BITNER-WRÓBLEWSKA, ANNA und KONTNY, BARTOZ: Controversy about three-leafed arrow-heads in Lithuania. In: Archaeologia Lituana, 7 (2006) S. 104-122

BITTER, NORBERT: Kampfschilderungen bei Ammianus Marcellinus. Bonn 1976

BITTNER, STEFAN: Tracht und Bewaffnung des persischen Heeres zur Zeit der Achaimeniden. München 1987

BLYTH, PHILIP HENRY: The effectiveness of Greek armour against arrows in the Persian War (490-479 B.C.). An interdisciplinary enquiry. Reading 1977

BÖHME, HORST WOLFGANG: Germanische Grabfunde des 4. bis 5. Jahrhunderts zwischen Unterer Elbe und Loire. Studien zur Chronologie und Bevölkerungsgeschichte. Bd. 1 u. 2. München 1974

BÓNA, ISTVÁN: Das Hunnenreich. Stuttgart 1991

BONORA, BRUNO und BRAZIER, JILL VICTORIA: The Spoon of Diocles: a Roman arrow extractor of the 3rd century AD found in Rimini, Italy. In: JSAA, 56 (2013) S. 59-64

BORHY, LÁSZLÓ: Die Römer in Ungarn. Darmstadt 2014

BOŠTJAN, ODAR: The archer from Carnium. In: Arheološki vestnik, 57 (2006) S. 243-275

BRENTJES, BURCHARD: Waffen der Steppenvölker (2): Kompositbogen, Goryt und Pfeil. Ein Waffenkomplex der Steppenvölker. In: Archäologische Mitteilungen aus Iran, N.F. 28 (1995/96) S. 179-210

BREUER, EGON: Der Pfeilspitzenmann von Leopoldau. In: Archaeologica Austriaca, 68 (1984) S. 155-160

BROK, MART F. A.: Ein spätrömischer Brandpfeil nach Ammianus. In: Saalburg-Jahrbuch, 35 (1978) S. 57-61

BROWN, FRANK E.: A recently discovered compound bow. In: Annales de l'Institut Kondakov, 9 (1937) S. 1-10

BRZEZINSKI, RICHARD und MIELCZAREK, MARIUSZ: The Sarmatians. 600 BC-AD 450. Oxford 2002

BUCHHOLZ, HANS-GÜNTER: Kriegswesen. Teil 3. Ergänzungen und Zusammenfassung. Archaeologia Homerica. Die Denkmäler des frühgriechischen Epos. Göttingen 2010

CENNI, ALESSIO: Early Etruscan archery. In: JSAA, 40 (1997) S. 18-20

CHIRIAC, COSTEL: About the presence of the composite bow at Tropaeum Traiani during the protobyzantine period. In: Ètudes Byzantines et Post-Byzantines. Bd. 3. Bukarest 1997. S. 43-67

CHUDJAKOV, JULIJ S.: Die Bewaffnung der zentralasiatischen Nomaden vom 3. bis 5. Jh. n. Chr. In: Arms and armour as indicators of cultural transfer. The steppes and the ancient world from Hellenistic times to the early middle ages. MODE, MARKUS et al. (Hrsg.) Wiesbaden 2006. S. 43-78

CHUDJAKOV, JULJI S.: Evolucija slozhnosostavnogo luka u koçevnikov Central'noj Azii. In: MEDVEDEV, VITALIJ E.: Voennoe delo naselenija juga Sibiri i Dal'nego Vostoka. Novosibirsk 1993. S. 107-148

Verzeichnis der abgekürzt zitierten Literatur

Chudjakov, Julji S.: Vooruženie srednevekovych kočevnikov Južnoj Sibiri i Central'noj Azii. Novosibirsk 1986

Connolly, Peter: Greece and Rome at war. Englewood Cliffs 1981

Coulston, Jonathan C.: Imitation and inspiration in 'Roman' archery. In: Proceedings of the 18th International Roman Military Equipment Conference held in Copenhagen, Denmark, 9th-14th June 2013. Pauli Jensen, Xenia et al. (Hrsg.). Kopenhagen 2016. S. 203-214

Coulston, Jonathan C.: Roman archery equipment. In: Bishop, Mike C. (Hrsg.) The production and distribution of Roman military equipment. London 1985. S. 220-366

Czysz, Wolfgang: Ein spätrömisches Waffengrab aus Westendorf, Lkr. Augsburg. In: Bayerische Vorgeschichtsblätter, 51 (1986) S. 261-271

D'Amato, Raffaele und Sumner, Graham: Arms and armour of the imperial Roman soldier. From Marius to Commodus. 112 BC-AD 192. London 2009

Das Bogenbauer-Buch. Europäischer Bogenbau von der Steinzeit bis heute. Alrune, Flemming et al. (Mitarb.) Ludwigshafen 2001

Das Harzhorn-Ereignis. Die Archäologie einer römisch-germanischen Konfrontation im 3. Jh. n. Chr. Geschwinde, Michael et al. (Mitarb.) In: Roms vergessener Feldzug. Die Schlacht am Harzhorn. Pöppelmann, Heike et al. (Hrsg.) Darmstadt 2013. S. 294-348

Das Rätsel der Kelten vom Glauberg. Glaube, Mythos, Wirklichkeit. Eine Ausstellung des Landes Hessen in der Schirn-Kunsthalle Frankfurt, 24. Mai bis 1. Sept. 2002. Baitinger, Holger (Red.) Stuttgart 2002

Davies, Jeffrey L.: Roman arrowheads from Dinorben and the *Sagittarii* of the Roman army. In: Britannia, 8 (1977) S. 357-370

De Waele, An: Composite bows at ed-Dur (Umm al-Qaiwain, U.A.E.). In: Arabian archaeology and epigraphy, 16 (2005) 2, S. 154–160

Degen, Rudolf: Spätantike Brandpfeile aus Bülach und Oberwinterthur? In: Helvetica archaeologica / Archäologie der Schweiz / Archéologie en Suisse, 28 (1998) S. 73-78

Delrue, Parsival: Trilobate arrowheads at ed-Dur (U.A.E, Emirate of Umm al-Qaiwain). In: Arabian archaeology and epigraphy, 18 (2007) 2, S. 239-250

Deschler-Erb, Eckhard: Ad arma! Römisches Militär des 1. Jahrhunderts n. Chr. in Augusta Raurica. Augst 1999

Die Reliefs der Stadtgebiete von Scarbantia und Savaria. Krüger, Marie-Louise (Bearb.) Wien 1974

Die Römer in Bayern. Czysz, Wolfgang (Hrsg.) Stuttgart 1996

Die Römer zwischen Alpen und Nordmeer. Zivilisatorisches Erbe einer europäischen Militärmacht. Wamser, Ludwig (Hrsg.) Düsseldorf 2000

Die römisch-germanische Auseinandersetzung am Harzhorn (Ldkr. Northeim, Niedersachsen). Berger, Frank et al. (Mitarb.) In: Germania, 88 (2010) 1/2, S. 313-402

Droberjar, Eduard und Peška, Jaroslav: Die Waffen. In: Peška, Jaroslav und Tejral, Jaroslav: Das germanische Königsgrab von Mušov in Mähren. Mainz 2002. S. 97-125

Droberjar, Eduard und Peška, Jaroslav: Die Waffengräber der römischen Kaiserzeit in Mähren und die Bewaffnung aus dem Königsgrab bei Mušov. In: Beiträge zu römischer und barbarischer Bewaffnung in den ersten vier nachchristlichen Jahrhunderten. Akten des 2. Internationalen Kolloquium in Marburg a.d. Lahn, 20 bis 24. Februar 1994. Von Carnap-Bornheim, Claus (Hrsg.) Marburg 1994. S. 271-301

Eckhardt, Holger: Der schwirrende Tod – die Bogenwaffe der Skythen. In: Gold der Steppe. Archäologie der Ukraine. Rolle, Renate et al. (Hrsg.) Neumünster 1991. S. 143-149

Eckhardt, Holger: Pfeil und Bogen. Eine archäologische-technologische Untersuchung zu urnenfelder- und hallstattzeitlichen Befunden. Espelkamp 1996

Eckinger, R.: Bogenversteifungen aus römischen Lagern. In: Germania, 17 (1933) S. 289-290

Ellerbrock, Uwe und Winkelmann, Silvia: Die Parther. Die vergessene Großmacht. 2. Aufl. Darmstadt 2015

Erdmann, Elisabeth: Dreiflügelige Pfeilspitzen aus Eisen von der Saalburg. In: Saalburg-Jahrbuch, 33 (1976) S. 5-11

Erdmann, Elisabeth: Vierkantige Pfeilspitzen aus Eisen von der Saalburg. In: Saalburg-Jahrbuch, 38 (1982) S. 5-11

Eschbach, Norbert: Hadrian und die Göttin der Jagd. Beobachtungen zum Typus der Artemis Dresden. In: Die Jagd der Eliten in den Erinnerungskulturen von der Antike bis in die Frühe Neuzeit. Martini, Wolfram (Hrsg.) Göttingen 2000. S. 157-170

Falkenstein, Frank: Gewalt und Krieg in der Bronzezeit Mitteleuropas. In: Bericht der Bayerischen Bodendenkmalpflege, 47/48 (2006/07) S. 33-52

Farkas, Zoltán und Gabler, Dénes: Die Skulpturen des Stadtgebietes von Scarbantia und der Limesstrecke Ad Flexum – Arrabona. Budapest 1994

Feld, Salomé: Bestattungen mit Pferdegeschirr- und Waffenbeigabe des 8. - 6. Jahrhunderts v. Chr. zwischen Dnestr und Dnepr. Norderstedt 1999

Fernández, Joaquin A. und Tafalla, Teresa A.: Piezas óseas halladas en Astorga pertenecientes a arcos y ballestas Romanas. In: Arqueología militar romana en Hispania II : producción y abastecimiento en el ámbito militar. Morillo Cerdán, Ángel (Hrsg.) León 2006. S. 503-514

Fischer, Thomas: Die Armee der Cäsaren. Archäologie und Geschichte. Regensburg 2012

Franke, Regina: Ein römischer Brandpfeil aus dem Südvicus von Sorviodurum-Straubing. Jahresberichte des Historischen Vereins für Straubing und Umgebung, 100 (1998) S. 245-257

Gagoshidze, Iulon: Weapons. In: Iberia and Rome. The excavations of the palace at Dedoplis Gora and the Roman influence in the Caucasian kingdom of Iberia. Furtwängler, Andreas E. et al (Hrsg.) Langenweißbach 2008. S. 123-140

Gallien in der Spätantike. Von Kaiser Constantin zu Frankenkönig Childerich. Römisch-Germanisches Zentralmuseum Mainz (Hrsg.) Mainz 1980

Gamber, Ortwin: Dakische und sarmatische Waffen auf den Reliefs der Traianssäule. In: Jahrbuch der Kunsthistorischen Sammlungen in Wien, N.F. 24, 60 (1964) S. 7-34

Gamber, Ortwin: Waffe und Rüstung Eurasiens. Frühzeit und Antike. Wien 1978

Gamkrelidze, Gela: About the military-political situation in Iberia-Colchis (Georgia) in the 4th cent. BC - 2nd cent. AD. In: Researches in Iberia-Colchology. Braund, David (Hrsg.) Tiflis 2012. S. 118-138

GARNERUS, KURT: Die Versorgung von Schußverletzungen bei den Römern. In: Römisches Österreich. Jahresschrift der Österreichischen Gesellschaft für Archäologie, 8 (1980) S. 55-64

GAWLIKOWSKI, MICHAIL: Der Neufund eines Mosaiks in Palmyra. In: Palmyra. Kulturbegegnung im Grenzbereich. SCHMIDT-COLINET, ANDREAS (Hrsg.) Mainz 2005. S. 29-31

GHIRSHMAN, ROMAN: Iran. Parther und Sasaniden. München 1962

GICHON, MORDECHAI und VITALE, MICHAELA: Arrow-heads from Horvat Eqed‘. In: Israel Exploration Journal, 41 (1992) 4, S. 242-257

GILLIVER, KATE: Auf dem Weg zum Imperium. Die Geschichte der römischen Armee. Hamburg 2007

GODEHARDT, ERHARD: Der skythische Bogen. In: Reflexbogen. Geschichte und Herstellung. ALLES, VOLKER (Hrsg.) Ludwigshafen 2009. S. 26-59

GODEHARDT, ERHARD und SCHELLENBERG, HANS MICHAEL: Der Bogenfund aus Grab 5 und Überlegungen zu skythenzeitlichen Bögen. In: ČUGUNOV, KONSTANTIN V., PARZINGER, HERMANN und NAGLER, ANATOLI: Der skythenzeitliche Fürstenkurgan Aržan 2 in Tuva. Mainz 2010. S. 216-231

Gold der Steppe. Archäologie der Ukraine. ROLLE, RENATE et. al. (Hrsg.) Neumünster 1991

GOLDSWORTHY, ADRIAN: The complete Roman army. London 2011

GOLUBOVIĆ, SNEŽANA, MRDJIĆ, NEMANJA und SPEAL, C. SCOTT: Killed by the arrow: grave No. 152 from Viminacium. In: Waffen in Aktion. Akten der 16. Internationalen Roman Military Equipment Conference, Xanten, 13.-16. Juni 2007. SCHALLES, HANS-JOACHIM (Hrsg.) Mainz 2010. S. 55-63

GORBUNOV, V.V. und TISHKIN, A.A.: Weapons of the Gorny Altai nomads in the Hunnu age. In: Archaeology, Ethnology and Anthropology of Eurasia (AEAE), 28 (2006) 4, S. 79-85

GREINER, BERNHARD A.: Rainau-Buch II. Der römische Kastellvicus von Rainau-Buch (Ostalbkreis). Die archäologischen Ausgrabungen von 1976 bis 1979. Bd. 1 u. 2. Stuttgart 2008

GROENMAN-VAN WAATERINGE, WILLY: Die Lederfunde von Haithabu. Neumünster 1984

GSCHWIND, MARKUS: Abusina. Das römische Auxiliakastell Eining an der Donau vom 1. bis 5. Jahrhundert n. Chr. München 2004

GUDEA, NICOLAE: Sagittarii Porolissenses şi armele lor. In: Fontes Historiae. Studia in honorem Demetrii Protase. GAIU, CORNELIU et al. (Hrsg.) Bistrița/Cluj-Napoca 2006. S. 395-415

HÄRKE, HEINRICH: Angelsächsische Waffengräber des 5. bis 7. Jahrhunderts. Köln 1992

HALL, ANDREW: Some well-preserved composite bows. In: JSAA, 48 (2005) S. 28-36

HALL, ANDREW: The development of bone-reinforced composites. In: JSAA, 49 (2006) S. 65-77

HALL, ANDREW und FARRELL, JACK: Another look at the bows and arrows from Miran. In: JSAA, 53 (2010) S. 90-92

HALL, ANDREW und FARRELL, JACK: Bows and arrows from Miran, China. In: JSAA, 51 (2008) S. 89-98

HANČAR, FRANZ: Die Bogenwaffe der Skythen. In: Mitteilungen der Anthropologischen Gesellschaft Wien, 102 (1972) S. 3-25

HANEL, NORBERT: Vetera I. Die Funde aus den römischen Lagern auf dem Fürstenberg bei Xanten. Bd. 1 u. 2. Bonn 1995

HANSEN, LEIF: Hunting in the Hallstatt period – the example oft he Eberdingen-Hochdorf ‚princely grave‘. In: Hunting in northern Europe until 1500 AD. Old traditions and regional developments, continental sources and continental influences. GRIMM, OLIVER et al. (Hrsg.) Neumünster 2013. S. 239-258

HEATH, ERNEST G.: The grey goose wing. Reading, Berkshire 1971

HELLMUTH, ANJA: Bogenschützen des pontischen Raumes in der Älteren Eisenzeit. Typologische Gliederung, Verbreitung und Chronologie der skythischen Pfeilspitzen. Teil 1 u. 2. Bonn 2010

HENSEN, ANDREAS: Mithras. Der Mysterienkult an Limes, Rhein und Donau. Stuttgart 2013

HILL, DAVID J. FINNEMORE: Some notes on archery in the Roman world. In: JSAA, 1 (1958) S. 2-5

Hofkunst van de Sassanieden. Het Perzische rijk tussen Rome en China [224-642]. KONINKLIJKE MUSEA VOOR KUNST EN GESCHIEDENIS (Hrsg.) Brüssel 1993

HORVATH, JANA: The hoard of Roman Republican weapons from Grad near Šmihel. In: Arheološki vestnik, 53 (2002) S. 117-192

Housesteads Roman Fort – the Grandest Station. Excavation and survey at Housesteads, 1954-95. RUSHWORTH, ALAN (Hrsg.) Bd. 1 u. 2. Swindon 2009

HUBSCHMID, JOHANNES: Afr. „cuivre“, dt. „köcher“: eine Wortfamilie hunnischen Ursprungs. In: Essais de philologie moderne. Fasc. 129. Communications présentées au Congrès international de philologie moderne, réuni à Liège du 10 au 13 septembre 1951. Paris 1953. S. 189-199

HULIT, THOMAS und RICHARDSON, THOM: The warriors of Pharaoh: experiments with New Kingdom scale armour, archery and chariots. In: The cutting edge. Studies in ancient and medieval combat. MOLLOY, BARRY (Hrsg.) Stroud 2007. S. 52-63

IERUSALIMSKAJA, ANNA A.: Die Gräber der Moščevaja Balka. München 1996

ILYASOV, J. YANGAR und RUSANOV, D. V.: A study of the bone plates from Orlat. In: Silk road art and archaeology, 5 (1997/98) S. 107-159

Imperium Romanum. Römer, Christen, Alamannen – die Spätantike am Oberrhein. BADISCHES LANDESMUSEUM KARLSRUHE (Hrsg.) Stuttgart 2005

Imperium Romanum. Roms Provinzen an Neckar, Rhein und Donau. ARCHÄOLOGISCHES LANDESMUSEUM BADEN-WÜRTTEMBERG (Hrsg.) Esslingen am Neckar 2005

ISTANIČ, JANKA: Evidence for a very large Republican siege at Grad near Reka in Western Slovenia. In: Carnuntum Jahrbuch 2005. Archäologie der Schlachtfelder – Militaria aus Zerstörungshorizonten. Wien 2005. S. 77-87

JAMES, SIMON: Archeological evidence for Roman incendiary projectiles. In: Saalburg-Jahrbuch, 39 (1983) S. 142-143

JAMES, SIMON.: Dura-Europos and the introduction of the „Mongolian release“. In: Roman military equipment: the accoutrements of war. Proceedings of the Third Roman Military Equipment Research Seminar. DAWSON, MICHAEL (Hrsg.) Oxford 1987. S. 77-83

JAMES, SIMON: Excavations at Dura-Europos. Final Report VII: Arms and armour and other military equipment. New Haven 2004

JAMES, SIMON: The impact of steppe peoples and the Partho-Sasanian world on the development of Roman military equipment and dress, 1st to 3rd centuries AD. In: Arms and armour as indicators of cultural transfer. The steppes and the ancient world from Hellenistic times to the early middle ages. MODE, MARKUS et al. (Hrsg.) Wiesbaden 2006. S. 357-392

Verzeichnis der abgekürzt zitierten Literatur

JONES, DAVID: Arrows against linen and leather armour. In: JSAA, 55 (2012) S. 74-81

JONES, DAVID: Arrows against mail armour. In: JSAA, 57 (2014) S. 62-70

JONES, PETER N.: The metallography and relative effectiveness of arrowheads and armor during the Middle Ages. In: Materials characterization, 29 (1992) S. 111-117

JUNKELMANN, MARCUS: Die Legionen des Augustus. 15. überarb. Aufl. München 2015

JUNKELMANN, MARCUS: Die Reiter Roms. Bd. 1. Reise, Jagd, Triumph und Circusrennen. Mainz 1990

JUNKELMANN, MARCUS: Die Reiter Roms. Bd. 2. Der militärische Einsatz. Mainz 1991

JUNKELMANN, MARCUS: Die Reiter Roms. Bd. 3. Zubehör, Reitweise, Bewaffnung. Mainz 1992

JUNKELMANN, MARCUS: Reiter wie Statuen aus Erz. Mainz 1996

JURGEIT, FRITZI: Die etruskischen und italischen Bronzen sowie Gegenstände aus Eisen, Blei und Leder im Badischen Landesmuseum Karlsruhe. Bd. 1. Pisa 1999

KARPOWICZ, ADAM und SELBY, STEPHEN: Scythian bow from Xinjang. In: JSAA, 53 (2010) S. 94-102

KEMKES, MARTIN und SCHEUERBRANDT, JÖRG: Zwischen Patrouille und Parade. Die römische Reiterei am Limes. Stuttgart 1998

KEMKES, MARTIN, SCHEUERBRANDT, JÖRG und WILLBURGER, NINA: Am Rande des Imperiums. Der Limes. Grenze Roms zu den Barbaren. Stuttgart 2002

KENK, ROMAN: Das Gräberfeld der hunno-sarmatischen Zeit von Kokėl', Tuva, Süd-Sibirien. Unter Zugrundelegung der Fundvorlage von S. I. Vajnštejn und V. P. D'jakonova. München 1984.

KISCHENKO, V. G.: Strely drevnich i srednevekovych kul'tur evrazii: rekonstrukscija. In: Stepi evrozy v epochu srednevekovyja / The European steppes in the Middle Ages. Bd. 3. Donezk 2003. S. 131-191

KLIMPEL, MANFRED et al.: Unter Beschuss. Wie groß war die Schutzwirkung römischer Panzerungen des 1. Jhs. n. Chr. gegen Pfeilbeschuss tatsächlich? In: Antike Welt, 37 (2006) 2, S. 71-76

KNEUBUEHL, BEAT P.: Geschosse. Bd. 2. Ballistik, Wirksamkeit, Messtechnik. Stuttgart 2004

„Knochenarbeit". Artefakte aus tierischen Rohstoffen im Wandel der Zeit. Begleitheft zur Ausstellung im Saalburg-Museum. SAALBURG-MUSEUM (Hrsg.) Bad-Homburg 1996

KOLIAS, TAXIARCHIS G.: Byzantinische Waffen. Ein Beitrag zur byzantinischen Waffenkunde von den Anfängen bis zur lateinischen Eroberung. Wien 1988

KOOI, BOB W.: Functioning of ears and set-back at the grip of Asiatic bows. In: JSAA, 39 (1996) S. 73-77

KORFMANN, MANFRED: Schleuder und Bogen in Südwestasien. Von den frühesten Belegen bis zum Beginn der historischen Stadtstaaten. Bonn 1972

KRENTZ, PETER: A cup by Douris and the battle of Marathon. In: New perspectives on ancient warfare. FAGAN, GARRETT G. et al. (Hrsg.) Leiden 2010. S. 183-204

KREUZ, PATRIC-ALEXANDER: Die Grabreliefs aus dem Bosporanischen Reich. Leuven 2012

KRONZ, ANDREAS: Keltische und römische Eisengewinnung in der Eifel. In: 6. internationaler Bergbau-Workshop. Rescheid, Eifel. 1.-5.10.2003. Tagungsband. REGER, KARL (Hrsg.) Hellenthal 2003. S. 60-65

KUBAREV, GLEB W.: Kul'tura drevnich tjurok Altaja : po materialam pogrebal'nych pamjatnikov / The culture of the ancient turks of the Altai (on the basis of burials). Novosibirsk 2005

KÜNZL, ERNST: Medizin in der Antike. Aus einer Welt ohne Narkose und Aspirin. Darmstadt 2002

KÜNZL, ERNST: Unter den goldenen Adlern. Der Waffenschmuck des römischen Imperiums. Mainz 2008

LANDSKRON, ALICE: Parther und Sasaniden. Das Bild der Orientalen in der Römischen Kaiserzeit. Wien 2005

LE BOHEC, YANN: Die römische Armee. Hamburg 2009

Legacy of the desert king. Textiles and treasures excavated on the Silk Road. ZHAO, FENG et al. (Hrsg.) Hongkong 2000

LEWIN, LOUIS: Die Pfeilgifte. Eine allgemeinverständliche Untersuchung historischer und ethnologischer Quellen. Leipzig 1923

LITVINSKIJ, BORIS A.: Antike und frühmittelalterliche Grabhügel im westlichen Fergana-Becken, Tadžikistan. München 1986

LITVINSKIJ, BORIS A: Chram Oksa v Baktrii. (Južnyj Tadžikitan) / The temple of Oxus in Bactria. (South Tajikistan). Bd. 2. Bactrian arms and armour in the ancient Eastern and Greek context. Moskau 2001

LITVINSKIJ, BORIS A: Eisenzeitliche Kurgane zwischen Pamir und Aral-See. München 1984

LOADES, MIKE: The longbow. Oxford 2013

LÓRÁNT, VASS: Contribution to the knowlegde of bone and antler bow-lath production from Roman Dacia. In: Archäologische Beiträge. Gedenkschrift zum hundertsten Geburtstag von Kurt Horedt. COCIŞ, SORIN (Hrsg.) Cluj-Napoca 2014. S. 99-120

LORENZ, ANGELIKA und TREISTER, MIKHAIL: Die Drei-Brüder-Kurgane. Katalog der Funde und Befunde. In: Die Drei-Brüder-Kurgane. TREISTER, MIKHAIL (Hrsg.) Bonn 2008. S. 15-64

LUIK, MARTIN: Die Funde aus den römischen Lagern um Numantia im Römisch-Germanischen Zentralmuseum. Mainz 2002

LUIK, MARTIN: Militaria in städtischen Siedlungen der Iberischen Halbinsel. In: Jahresbericht der Gesellschaft Pro Vindonissa 2001. Windisch 2002. S. 97-104

MCALLISTER, DAVID WILLIAM: Formidabile genus armorum. The horse archers of the Roman imperial army. Vancouver, Master-Thesis 1993

MCEWEN, EDWARD: Nomadic archery. Some observations on composite bow design and construction. In: Arts of the Eurasian steppelands. A colloquy held 27-29 June 1977. DENWOOD, PHILIP (Hrsg.) London 1978. S. 188-202

MCLEOD, WALLACE: The ancient Cretan Bow. In: JSAA, 11 (1968) S. 30-33

MCLEOD, WALLACE: The range of ancient bow. In: Phoenix, 19 (1965) 1, S. 8-14

MCLEOD, WALLACE: The range of ancient bow: Addenda. In: Phoenix, 26 (1972) 1, S. 78-82

MAENCHEN-HELFEN, OTTO J.: Die Welt der Hunnen. Herkunft, Geschichte, Religion, Gesellschaft, Kriegsführung, Kunst, Sprache. (Lizenzausg.) Wiesbaden 1997

MARCHANT, DAVID JOHN: Roman weaponry in the province of Britain from the second century to the fifth century AD. Bd. 1 u. 2. Durham, Doctoral Thesis 1991

MARTI, RETO: Das Grab eines wohlhabenden Alamannen in Altdorf UR, Pfarrkirche St. Martin. In: Jahrbuch der Schweizerischen Gesellschaft für Ur- und Frühgeschichte, 78 (1995) S. 83-130

MARTIN-KILCHER, STEFANIE: Römer und gentes Alpinae im Konflikt – archäologische und historische Zeugnisse des 1. Jahrhunderts v. Chr. In: Fines imperii – imperium sine fine? Römische Okkupations- und Grenzpolitik im frühen Principat. MOOSBAUER, GÜNTHER et al. (Hrsg.) Rahden 2011. S. 27-62

MASSEY, DUNCAN: Roman archery tested. In: Military Illustrated, 74 (1994) S. 36-39

MATTHÄUS, HELMUT: Der Arzt in römischer Zeit. Teil 1. Literarische Nachrichten, archäologische Denkmäler. Aalen 1987

MATTHÄUS, HELMUT: Der Arzt in römischer Zeit. Teil 2. Medizinische Instrumente und Arzneien. Archäologische Hinterlassenschaften in Siedlungen und Gräbern. Aalen 1989

MEBERT, HELMUT: Der assyrische Angularbogen als Jagd- und Kriegswaffe. In: Zeitschrift für historische Waffen- und Kostümkunde, N.F., 6 (1937) S. 96-100

MEIJERS, RONNY, SCHALLES, HANS-JOACHIM und WILLER, FRANK: Schussexperimente mit einer rekonstruierten römischen Torsionswaffe auf definierte Metallbleche. In: Achter het zilveren masker – nieuw onderzoek naar de productietechnieken van Romeinse ruiterhelmen / Hinter der silbernen Maske – Neue Untersuchungen zur Herstellungstechnik römischer Reiterhelme. MEIJERS, RONNY et al. (Red.) Nijmegen 2007. S. 69-76

Merowingerzeit. Europa ohne Grenzen. Archäologie und Geschichte des 5. bis 8. Jahrhunderts. MENGHIN, WILFRIED (Hrsg.) Neu-Isenburg 2007

MIELCZAREK, MARIUSZ: The army of the Bosporan Kingdom. Lodz 1999

MINNS, ELLIS H.: Scythian and Greeks. A survey of ancient history and archaeology on the north coast of the Euxine from the Danube to the Caucasus. New York 1965

MORSE, EDWARD S.: Ancient and modern methods of arrow-release. In: Bulletin of the Essex Institute, 17 (1885) 10-12, S. 145-198

MÜLLER-KARPE, MICHAEL: Eisenwaffen vom Bleibeskopf im Taunus. Zeugnisse unruhiger Zeiten während der *pax romana*? In: Reliquiae Gentium. Festschrift für Horst Wolfgang Böhme zum 65. Geburtstag. DOBIAT, CLAUS (Hrsg.) Rahden 2005. S. 319-322

NAGY, MARGIT: Zwei spätrömische Waffengräber am Westrand der Cannabae von Aquinqum. In: Acta archaeologica Academiae Scientiarum Hungaricae, 56 (2005) S. 403-486

Nalazi rimske vojne opreme u Hrvatskoj / Finds of the Roman military equipment in Croatia. Arheološki muzej u Zagrebu Mjesto održavanja. RADMAN-LIVAJA, IVAN (Hrsg.) Zagreb 2010

NEEDHAM, JOSEPH und YATES, ROBIN D.S.: Science and civilisation in China. Bd. 5, part 6. Military technology: Missiles and sieges. Cambridge 1994

New achievments in archeological research in Xinjiang during the time span (cont.) 1990-1996. XINIANG INSTITUTE OF ARCHAEOLOGY (Hrsg.) Urumchi 1997

NISHIMURA, DAVID: Crossbows, arrow guides and the Solenarion. In: Revue Internationale des Etodes Byzantion, 58 (1988) S. 422-435

OVERLAET, BRUNO: Regalia of the ruling classes in late Sasanian times: the Riggisberg strap mountings, swords and archer's fingercaps. In: Entlang der Seidenstraße. Frühmittelalterliche Kunst zwischen Persien und China in der Abegg-Stiftung. OTAVSKY, KAREL (Hrsg.) Riggisberg 1998. S. 267-297

Oxus. 2000 Jahre Kunst am Oxus-Fluss in Mittelasien. Neue Funde aus der Sowjetrepublik Taschikistan. Museum Rietberg. RICKENBACH, JUDITH (Red.). Zürich 1989

PALLOTTINO, MASSIMO: Italien vor der Römerzeit. München 1987

PANKE-SCHNEIDER, TANJA: Gräber mit Waffengabe der Mittel- und Spätlatènezeit in Kontinentaleuropa. Mainz 2013

PARZINGER, HERMANN: Die frühen Völker Eurasiens: Vom Neolithikum zum Mittelalter. München 2001

PATRONCINI, LUCIANO: Gli 'anelli geminie cuspidati'. Accertata la funzione di questi strumenti e definito il loro corretto uso. In: Quaderni d'Archeologia Reggiana, 5 (1990) S. 317-322

PAULI JENSEN, XENIA: North Germanic archery. The practical approach – results and perspectives. In: Waffen in Aktion. Akten der 16. Internationalen Roman Military Equipment Conference, Xanten, 13.-16. Juni 2007. SCHALLES, HANS-JOACHIM (Hrsg.) Mainz 2010. S. 369-375

PAULI JENSEN, XENIA: The use of archers in the Northern Germanic armies. Evidence from the Danish war booty sacrifices. In: Beyond the Roman frontier. Roman influences on the Northern Barbaricum. GRANE, THOMAS (Hrsg.) Rom 2007. S. 143-151

PAULI JENSEN, XENIA und NØRBACH, LARS CHRISTIAN: Illerup Ådal. Bd. 13. Die Bögen, Pfeile und Äxte. Aarhus 2009

PAULSEN, HARM: Bögen und Pfeile. In: BEMMANN, GÜDE und BEMMANN, JAN: Der Opferplatz von Nydam. Die Funde aus den älteren Grabungen Nydam-I und Nydam-II. Bd. 1. Neumünster 1998

PAULSEN, HARM: Pfeil und Bogen in Haithabu. In: Das archäologische Fundmaterial VI. Neumünster 1999. S. 93-143

PERNET, LIONEL: Armement et auxiliaires gaulois. (IIe et Ie siècles avant notre ère). Montagnac 2010

PETCULESCU, LIVIU: The military equipment of oriental archers in Roman Dacia. In: Limes XVIII. Proceedings of the 18th International Congress of Roman Frontier Studies held in Amman, Jordan (September 2000). FREEMAN, PHILIP (Hrsg.) Oxford 2000. S. 765-770

PFAHL, STEFAN F. und REUTER, MARCUS: Waffen aus römischen Einzelsiedlungen rechts des Rheins. Ein Beitrag zum Verhältnis von Militär und Zivilbevölkerung im Limeshinterland. In: Germania, 74 (1996) 1, S. 119-167

POPE, SAXTON T.: A study of bows and arrows. In: University of California publications in American archeology and ethnology, 13 (1923) 9, S. 329-414

POPE, SAXTON T.: Jagen mit Bogen und Pfeil. NIESSNER, L. (Übers.) Dorsten 1974

POST, RUBEN: Mercenary archers: Cretan bowmen in the Hellenistic era. In: Ancient Warfare, 3 (2009) 1, S. 23-28

PUZDROVSKIJ, ALEXANDR: Die Hunnengräber der Nekropole von Ust'-Al'ma. In: Nekropolen auf der Krim. NUSSER, HORST G. (Hrsg.) München 2014. S. 362-368

RADDATZ, KLAUS: Pfeilspitzen aus dem Moorfund von Nydam. In: Offa, 20 (1963) S. 49-56

Verzeichnis der abgekürzt zitierten Literatur

Radman Livaja, Ivan: Rimska streljačka oprema nađena na Gardunu kod Trilja: Opuscula Archaeologica Radovi Arheološkog zavoda, 22 (1998) 1, S. 219-231

Radman Livaja, Ivan: Rimski projektili iz Arheološkog Muzeja u Zagreb. In: VAMZ (Vjesnik Arheološkog muzeja u Zagrebu), 34 (2001) S. 132-152

Rajtár, Ján: Waffen und Ausrüstungsteile aus dem Holz-Erde-Lager von Iža. In: Journal of Roman military equipment studies, 5 (1994) S. 83–95

Rau, Andreas: Remarks on finds of wooden quivers from Nydam Mose, Southern Jutland, Denmark. In: Archaeologia Baltica, 8 (2007) S. 141-154

Rausing, Gad: The bow. Some notes on its origins and development. 2. Aufl. Manchester 1997

Reflexbogen. Geschichte und Herstellung. Alles, Volker (Hrsg.) Ludwigshafen 2009

Reisinger, Michaela R: New evidence about composite bows and their arrows in Inner Asia. In: The Silk Road, 8 (2010) S. 42-62

Reiss, Robert: Der merowingerzeitliche Reihengräberfriedhof von Westheim (Kreis Weißenburg-Gunzenhausen). Nürnberg 1994

Renoux, Guillaume: Les archers de César. Recherches historiques, archéologiques et paléométallurgiques sur les archers dans l'armée romaine et leur armement de César à Trajan Bd. 1 u. 2. Saarbrücken 2010

Richter, Danae: Das römische Heer auf der Traianssäule. Propaganda und Realität. Mannheim 2004

Riesch, Holger: Pfeil und Bogen zur Merowingereit. Wald-Michelbach 2002

Riesch, Holger: Reflexbogen, Reiterköcher und Steppenpfeile. Elemente des asiatischen Bogenschießens in Europa von der Spätantike bis zur Zeit der Renaissance. In: Reflexbogen. Geschichte und Herstellung. S. 68-113

Riesch, Holger: Untersuchungen zu Effizienz und Verwendung alamannischer Pfeilspitzen. In: Archäologisches Korrespondenzblatt, 29 (1999) 4, S. 567-582

Riesch, Holger und Rutschke, Joachim: Der hunnische Reflexbogen von Wien-Simmering, Archäologie, Rekonstruktion und Praxis einer spätantiken Reiterwaffe. In: Zeitschrift für Waffen- und Kostümkunde, 54 (2012) 2, S. 77-110

Riesch, Holger und Rutschke, Joachim: Der Subexi-Bogen in der Ausstellung ‚Ursprünge der Seidenstraße'. In: Reflexbogen. Geschichte und Herstellung. S. 61-69

Riesch, Holger, Rutschke, Joachim und Stehli, Ulrich: Nachgebaut und ausprobiert. Rekonstruktionen des Reflexbogens, der Pfeile und des Köchers aus den Žargalant Chajrchan Bergen, Chovd ajmag, Mongolei. In: Steppenkrieger. Reiternomaden des 7.-14. Jahrhunderts aus der Mongolei. Bemmann, Jan et al. (Hrsg.) Darmstadt 2012. S. 180-197

Rom und die Barbaren. Europa zur Zeit der Völkerwanderung. 22. August bis 7. Dezember 2008 in der Kunst- und Ausstellungshalle der Bundesrepublik Deutschland, Bonn. Frings, Jutta (Hrsg.) München 2008

Salamon, Ágnes: Archäologische Angaben zur spätrömischen Geschichte des pannonischen Limes – Geweihmanufaktur in Intercisa. In: Antaeus, 6 (1976) S. 47-54

Salazar, Christine F.: Getting the point. Paul of Aegina on arrow wounds. In: Sudhoffs Archiv, 82 (1998) S. 170-187

Salazar, Christine F.: The treatment of war wounds in Graeco-Roman antiquity. Leiden 2000

Sannibale, Maurizio: Le armi della collezione Gorga al Museo Nationale Romano. Rom 1998

Sarre, Friedrich: Die Kunst des alten Persien. Berlin 1925

Schaumberg, Anton: Bogen und Bogenschützen bei den Griechen. Mit besonderer Rücksicht auf die Denkmäler bis zum Ausgang des archaischen Stils. Nürnberg 1910

Schissel von Fleschenberg, Otmar: Spätantike Anleitung zum Bogenschießen. Aus den Handschriften neu herausgegeben. Teil I u. II. In: Wiener Studien. Zeitschrift für klassische Philologie, 57 (1939) S. 110-124 u. 60 (1942) S. 43-70. [Zitiertitel: *Peri toxeias*]

Schmauder, Wolfgang: Die Hunnen. Ein Reitervolk in Europa. Darmstadt 2009

Schulz, Elisabeth: Metallkundliche Untersuchungen zur vor- und frühgeschichtlichen Eisenherstellung im süddeutschen Raum. Erlangen 1983

Selbitschka, Armin: Prestigegüter entlang der Seidenstrasse? Archäologische und historische Untersuchungen zu Chinas Beziehungen zu Kulturen des Tarimbeckens vom zweiten bis frühen fünften Jahrhundert nach Christus. Bd. 1 u. 2. Wiesbaden 2011

Selby, Stephen: The bows of China. In: Journal of Chinese martial studies, 2 (2010) Winter, S. 52-67

Selby, Stephen: Two Late Han to Jin bows from Gansu and Khotan. Originally published as Atarn Newsletters in April and September 2002: www.atarn.org/chinese/khotan_bow.htm

Selzer, Wolfgang: Römische Steindenkmäler. Mainz in römischer Zeit. Katalog zur Sammlung in der Steinhalle. Landesmuseum Mainz. Mainz 1988

Serdon, Valérie: Armes du Diable. Arcs et arbalètes au Moyen Âge. Rennes 2005

Sieg und Triumpf. Der Norden im Schatten des Römischen Reiches. Jørgensen, Lars et al. (Hrsg.) Kopenhagen 2003

Sim, David und Kaminsky, Jaime: Roman imperial armour. The production of early imperial military armour. Oxford 2012

Simonenko, Aleksandr V.: Bewaffnung und Kriegswesen der Sarmaten und späten Skythen im nördlichen Schwarzmeergebiet. In: Eurasia Antiqua, 7 (2001) S. 187-328

Simonenko, Aleksandr V.: Sarmatskie vsadniki Severnogo Prichernomor'ja. (Sarmatian riders of the North Pontic region.) Sankt Petersburg 2010

Smith, D. J.: The archer's tombstone from Housesteads. In: Archaeologia Aeliana. Miscellaneous tracts relating to antiquity, 46 (1968) S. 284-291

Soar, Hugh. D.: Secrets of the English war bow. Yardley 2006

Spindler, Konrad: Die frühen Kelten. Stuttgart 1983

Stade, Kurt: Beinplatten zur Bogenversteifung aus römischen Waffenplätzen. In: Germania, 17 (1933) S. 110-114 u. S. 289f.

Stehli, Ulrich: Pfeilspitzen aus dem Reich des Kompositbogens. In: Reflexbogen. Geschichte und Herstellung. S. 114-139

Stephenson, Ian P.: Romano-Byzantine infantery equipment. Stroud 2011

Stiebel, Guy D.: ‚Dust to dust, ashes to ashes …‘ Military equipment from destruction layers in Roman Palestine. In: Carnuntum Jahrbuch 2005. Archäologie der Schlachtfelder – Militaria aus Zerstörungshorizonten. Wien 2005. S. 99-108

Stiebel, Guy D. und Magness, Jodi: Masada VIII. The Yigael Yadin excavations 1963-1965. Final reports. Jerusalem 2007

Stodiek, Ulrich und Paulsen, Harm: "Mit dem Pfeil den Bogen …" Technik der steinzeitlichen Jagd. Oldenburg 1996

Strickland, Mathew und Hardy, Robert: The great warbow. Stroud 2005

Swoboda, Adam: Bogenschießen mit dem Daumenring. Schießtechnik für kurze Reflexbogen. Ludwigshafen 2015

Sudhues, Hubert: Wundballistik bei Pfeilverletzungen. Münster 2004

Sumner, Graham: Die römische Armee. Bewaffnung und Ausrüstung. Stuttgart 2007

Tejral, Jaroslav: Römische und germanische Militärausrüstung der antoninischen Periode im Licht norddanubischer Funde. In: Beiträge zu römischer und barbarischer Bewaffnung in den ersten vier nachchristlichen Jahrhunderten. Akten des 2. Internationalen Kolloquiums in Marburg a. d. Lahn, 20.-24.02.1994. Von Carnap-Borhnheim, Klaus (Hrsg.) Marburg 1994. S. 27-60

Țentea, Ovidiu: Ex Oriente ad Danubium. The Syrian auxiliary units on the Danube frontier of the Roman Empire. Bukarest 2012

The excavations at Dura-Europos. Conducted by Yale University and the French Academy of Inscriptions and Letters. Preliminary report of the sixth season of work, October 1932 – March 1935. Rostoftzeff, Michael I. et al. (Hrsg.) New Haven 1936

Tölle-Kastenbein: Pfeil und Bogen im antiken Griechenland. Bochum 1980

Tončić, Domagoj und Ivčečić, Sanja: Das Projekt Tilurium – Waffendarstellungen auf Grabstelen aus Tilurium. In: Proceedings of the XVII Roman Military Equipment Conference. Zagreb 2010. Sanader, Mirjana et al. (Hrsg.) Zagreb 2013 S. 493-516

Ubl, Hans-Jörg: Was trug der römische Soldat unter dem Panzer? In: Gedenkschrift für Jochen Garbsch. Von Britannien über Rätien und Pannonien nach Nordafrika. Feugère, Michel et al. (Hrsg.) Bayerische Vorgeschichtsblätter, 71 (2006) S. 261-276

Unz, Christoph und Deschler-Erb, Eckhard: Katalog der Militaria aus Vindonissa. Militärische Funde, Pferdegeschirr und Jochteile bis 1976. Brugg 1997

Ursprünge der Seidenstraße Sensationelle Neufunde aus Xinjiang, China. Wieczorek, Alfried (Hrsg.) Stuttgart 2007

Von Gall, Hubertus: Das Reiterkampfbild in der iranischen und iranisch beeinflussten Kunst parthischer und sasanidischer Zeit. Berlin 1990

Von Groller-Mildensee, Maximilian: Römische Waffen. In: Der römische Limes in Österreich. Heft 2. Wien 1901. S. 87-132, Taf. XV-XXIV

Von Le Coq, Albert: Bilderatlas zur Kunst und Kulturgeschichte Mittel-Asiens. (Nachdr.) Graz 1977

Von Kalmár, Jonhannes: Die Beinplatten aus dem Grabfund von Wien-Simmering. In: Mitteilungen der Anthropologischen Gesellschaft in Wien, 65 (1935) S. 151-157

Walke, Norbert: Das römische Donaukastell Straubing-Sorviodurum. Berlin 1965

Warden, Gregory P.: The metal finds from Poggio Civitate (Murlo). 1966-1978. Rom 1985

Watson, William: Cultural frontiers in ancient East Asia. Edinburgh 1971

Webb, Alf: Archeology of archery. Tolworth 1990

Wegner, Günter: Ein Grab der jüngeren Hallstattzeit mit Köcher und Pfeilen aus Kleinostheim, Ldkr. Aschaffenburg. In: Germania, 56 (1978) S. 94-124

Werner, Joachim: Beiträge zur Archäologie des Attila-Reiches. Teil A u. B. München 1956

Werner, Joachim: Bogenfragmente aus Carnuntum und von der unteren Wolga. In: Eurasia Septentrionalis Antiqua, 7 (1932) S. 33-58

Winkelmann, Sylvia: Eurasisches in Hatra? Ergebnisse und Probleme bei der Analyse partherzeitlicher Bildquellen. Orientwissenschaftliche Hefte. Mitteilungen des SFB "Differenz und Integration". Nomaden und Sesshafte – Fragen, Methoden, Ergebnisse. Halle 2003

Winkelmann, Sylvia: Waffen und Waffenträger auf parthischen Münzen. In: Parthica, 8 (2006) S. 131-152

Wright, David H.: The Roman Vergil and the origins of medieval book design. London 2001

Yadin, Yigael: The finds from the Bar Kokhba period in the cave of letters. Jerusalem 1963

Zanier, Werner: Der spätlatène- und frühkaiserzeitliche Opferplatz auf dem Döttenbichl südlich von Oberammergau. Bde. 1 bis 3. München 2016

Zanier, Werner: Römische dreiflügelige Pfeilspitzen. In: Saalburg-Jahrbuch 44 (1988) S. 5-27

Zanier, Werner: Zur Herstellung römischer dreiflügeliger Eisenpfeilspitzen. In: Saalburg-Jahrbuch 48 (1995) S. 19-25

Ziethen, Gabriele: Ex Oriente ad Rhenum – Orientalen im römischen Mainz. In: Mainzer Archäologische Zeitschrift, 4 (1997) S. 111-186

Zutterman, Christophe: The bow in the ancient Near East, a re-evaluation of archery from the late 2nd millennium to the end of the Achaemenid Empire. In: Iranica Antiqua, 38 (2003) S. 119-165

Abbildungsverzeichnis und Bildquellennachweise

Abb 1. Nach: Dräyer, Walter und Hürlimann, Martin: Etruskische Kunst. Zürich 1955. Taf. 58 (Bildausschnitt.) Originaler Helm in Paris, Cabinet des Médailles.
Abb. 2. Nach: Pallottino, Massimo: Italien vor der Römerzeit. München 1987. Abb. 16, b. Originale Vase in London, British Museum.
Abb. 3. Nach: (I) Fingerlin, Gerhard und Roth-Rubi, Katrin: Dangstetten I. Katalog der Funde. Stuttgart 1986. S. 450, Nr. 561, 9. (II) Kühlborn, Johann-Sebastian: Das Römerlager in Oberaden III. Münster 1992. Taf. 30, Nr. 36. (III-V) Unz und Deschler-Erb, Taf. 21, Nr. 414, 416 u. 418. (VI) Prammer, Johannes: Neue Forschungen zum römischen Straubing. Die Kastelle I-II. Taf. 4, Nr. 49. In: Jahresbericht des Historischen Vereins für Straubing und Umgebung, 85 (1983) S. 35-123.
Abb. 4. Nach: Balfour, S. 305, Abb. 14. Original in Oxford, Pitt Rivers Museum.
Abb. 5. Nach: Fernández und Tafalla, S. 508, Abb. 2.
Abb. 6. Nach: (I) Etruscan painting. Pallottino, Massimo (Bearb.) Genf 1952. S. 34 (Bildausschnitt.) Original in Paris, Louvre Museum. (II) Binsfeld, Wolfgang: Das römische Heiligtum im Neunhäuser Wald bei Serrig. S. 285, Abb. 2. In: Führer zu vor- und frühgeschichtlichen Denkmälern. Binsfeld, Wolfgang (Hrsg.) Bd. 34. Mainz 1977. S. 283-286. Original in Trier, Rheinisches Landesmuseum, Iv.-Nr. 1934,239.
Abb. 7. Nach: Selzer, S. 75, Abb. 50. Original in Mainz, Landesmuseum, Iv.-Nr. S 166.
Abb. 8. Nach: D'Amato und Sumner, S. 159, Abb. 222 (Ausschnitt.)
Abb. 9. Nach: Connolly, S. 237, 11 (hier als Zeichnung in Farbe.)
Abb. 10. Nach: Ponsich, Michel: Volubilis in Marokko. S. 18 (Bildausschnitt.) In: Antike Welt, 1 (1970) S. 2-21. Originales Mosaik in *Volubilis*, Präfektur Meknès, Marokko.
Abb. 11. Nach: Brown, Taf. I u. Taf. II. Originaler Kompositbogen in New Haven, Yale University.
Abb. 12. Nach: De Waele, S. 157, Abb. 5.
Abb. 13. Nach: Brown, Taf. II.
Abb. 14. Nach: Sarre, Taf. 54 r. Original in Berlin, Museum für Islamische Kunst.
Abb. 15. Herrmann, Georgina: Die Wiedergeburt Persiens. München 1975. S. 118. Original in Teheran, Iranisches Nationalmuseum.
Abb. 16. Nach: Sarre, Taf. 54 l. Original in Berlin, Museum für Islamische Kunst.
Abb. 17. Fotografie von Jerzy Wozny.
Abb. 18. Nach: Religio Romana. Wege zu den Göttern im antiken Trier. Kuhnen, Hans-Peter (Hrsg.) Trier 1996. Götter in Menschengestalt – der italisch römische Götterhimmel. S. 120, 10e (K.-P. Goethert). Original in Trier, Rheinisches Landesmuseum, Iv.-Nr. G 37 a.
Abb. 19. Nach: (I) Hall und Farrell (2008) S. 91, Abb. 2. Originale Kompositbogen in Seoul, Silk Road Museum. (II) 72nd Auction. Traditional archery and crossbows – the Karl Zeilinger Collection. S. 18.
Abb. 20. Nach: (I) Hall und Farrell (2008) S. 93, Abb. 12 (Ausschnitt.) (II) Fotografien von Hermann Historica oHG, Auktion 72 vom 21. April 2016, Los 3002. (III) Brown, Taf. I, a / b.
Abb. 21. Nach: Muth, Susanne: Eine Kultur zwischen Veränderung und Stagnation. Zum Umgang mit den Mythenbildern im spätantiken Haus. S. 100, Abb. 12 (Ausschnitt). In: Epochenwandel? Kunst und Kultur zwischen Antike und Mittelalter. Bauer, Franz A. et al. (Hrsg.) Mainz 2001. S. 95-116. Originales Mosaik in Rouen, Musée Départemental des Antiquités.
Abb. 22. Nach: Pernet, Taf. 229, A (Bildausschnitt.)
Abb. 23. Nach: Gamber (1964) S. 19, Abb. 19. Originales Relief in Rom, Traianssäule.
Abb. 24. Nach: Greiner, Bd. 2, Taf. 68, Katalog-Nr. [457] 43. Originalfunde in Aalen, Limesmuseum.
Abb. 25. Nach: Chudjakov (2006) S. 75, Abb. IX (Ausschnitt.)
Abb. 26. Nach: (I) Riesch und Rutschke, S. 88, Abb. 8. (II) Fotografie von Hermann Historica oHG, Auktion 72 vom 21. April 2016, Los 3002.
Abb. 27. Nach: (I) http://users.stlcc.edu/mfuller/DuraMithrasArt.html (Bildausschnitt.) Originales Fresko in New Haven, The Yale University Art Galery. (II) Sarre, Taf. 115 (Bildausschnitt.) Original in London, British Museum.
Abb. 28. Nach: Renoux, Bd. 2, S. 6, Abb. 2. Cliché M.A.N., Saint-Ggermaine-en-Laye (n° 226 56). Originale Statue in St. Germain-en-Laye, Musée des Antiquités Nationales.
Abb. 29. Nach: Rajtár, S. 88, Abb. 5, Nr. 1-9.
Abb. 30. Nach: Gagoshidze, Taf. 49, Cat. no. 14-17.
Abb. 31. Nach: Petculescu, S. 769, Abb. 3.
Abb. 32. Nach: Zürn, Hartwig: Katalog Schwäbisch Hall. Die vor- und frühgeschichtlichen Funde im Keckenburgmuseum. Stuttgart 1965. Taf. 46, 15. Original in Schwäbisch-Hall, Hällisch-Fränkisches Museum.
Abb. 33. Nach: Kenk, S. 138, Abb. 49, G 1 u. J 1.
Abb. 34. Nach: Smith, S. 287, Abb. 5. Original in Newcastle upon Tyne, Great North Museum.
Abb. 35. Nach: Hedin, Sven: Der wandernde See. 4. Aufl. Leipzig 1940. S. 92 (Bildausschnitt.)
Abb. 36. Nach: Bergmann, S. 122, Abb. 30 u. Taf. 18.10.
Abb. 37. Nach: Baruzdin, S. 62, Abb. 11.
Abb. 38. Nach: Needham und Yates, S. 106, Abb. 16 (Ausschnitt.)
Abb. 39. Nach: Bóna, S. 116, Abb. 45 (Ausschnitt.)
Abb. 40. Nach: Selbitschka, Bd. 2, S. 724, Taf. 56 (hier der Grabplan in Draufsicht sowie Abb. 8.)
Abb. 41. Nach: Brentjes, Helga und Brentjes, Burchard: Die Heerscharen des Orients. Berlin 1991. S. 123.
Abb. 42. Nach: (I) Oxus. S. 50, Abb. 22. (II) Brentjes, Burchard: Zu den Reiterbildern von Kurgan-Tepe. S. 176, Abb. 3. In: Iranica Antiqua, 25 (1990) S. 173-182. (III) Litvinskij (2001) Taf. 13.
Abb. 43. Nach: Simonenko (2010) S. 91, Abb. 65.
Abb. 44. Nach: Kreuz, S. 1038, Abb. 141. Stele vom Nordhang des Mithridatesberges. Original im Kerč Museum.
Abb. 45. Nach: (I) Kallistow, Dmitrij P.: Antikes Theater. Leipzig 1974. Taf. 48. (II) Falt-Karte. Ebd. Originaler Calix-Krater in London, British Museum, Iv.-Nr. F 157.
Abb. 46. Nach: Ghirshman, S. 208, Abb. 248. Original in Teheran, Archäologisches Museum.
Abb. 47. Nach: Ghirshman, S. 249, Abb. 314. Original in New York, Privatsammlung.
Abb. 48. Nach: Gawlikowski, S. 30, Abb. 38.
Abb. 49. Nach: Gernet, Jaques: Die chinesische Welt. Frankfurt am Main 1997. Abb. 6 (Negativabbildung). Original in Rom, Museo Naizonale d'Arte Orientale ‚Giuseppe Tucci'. Iv.-Nr. 21.
Abb. 50. Nach: Selbitschka, Bd. 2, S. 733. Abb. 19 u. Abb. 21.
Abb. 51. Nach: Chauvot, Alain: Die römischen Barbarendarstellungen. S. 106 (Umzeichnung der Glasschale, Kat.-Nr. 380.) In: Rom und die Barbaren, S. 105-109. Original in Turin, Museo di Antichità. (In der Fachliteratur wird der Reiter auch als Kaiser Constantius II. angegeben.)
Abb. 52. Nach: Riesch und Rutschke (2012) S. 81, Abb. 3.
Abb. 53. Nach: Anke, Teil 2, Taf. 128, Nr. 2, 4, 9-10.
Abb. 54. Nach: Bálint, Csanád: Der Gürtel im frühmittelalterlichen Transkaukasus und das Grab von Üč Tepe (Sowj. Azerbajdžan) / Kontakte zwischen Iran, Byzanz und der Steppe. S 473, Taf. 37 (Bildausschnitt.) In: Awarenforschungen. Daim, Falko (Hrsg.). Bd. 2. Wien 1992. S. 309-497.
Abb. 55. Nach: Wright, S. 42. Originaler Kodex in der Vatikanischen Apostolischen Bibliothek in Rom, *Codex Vaticanus latinus 3867.*
Abb. 56. Nach: Von Le Coq, Albert, S. 70, Abb. 108 (hier spiegelverkehrt wiedergegeben.)
Abb. 57. Nach: Koch, Ursula, Von Welck, Karin und Wieczorek, Alfred: Die fränkische Expansion in rechtsrheinische Gebiete. S. 920, Abb. 25. In: Die Franken – Wegbereiter Europas. Museum für Archäologie und Völkerkunde Mannheim (Hrsg.) Bd. 2. Mainz 1996. S. 902-924. Original in Kassel, Hessisches Landesmuseum.
Abb. 58. Nach: Sarre, Taf. 107. Original in Paris, Cabinet des Médailles.

Abb. 59. Nach: Riesch und Rutschke (2012) S. 101, Abb. 18, A-C.
Abb. 60. Nach: Di Donato, Franco: Italian prehistoric bows. S. 51, A., Abb. 1. In: JSAA, 34 (1991) S. 51-54.
Abb. 61. Nach: Cenni, S. 18, Abb. 2.
Abb. 62. Nach: Cenni, S. 18, Abb. 1.
Abb. 63. Nach: Post, S. 23. Original in Bad Kreuznach, Museum Römerhalle.
Abb. 64. Nach: (I) Heath, S. 62. (II) Albert, Rainer: Die Münzen der Römischen Republik. Regenstauf 2011. S. 191, Nr. 1360. Revers.
Abb. 65. Nach: Renoux, Bd. 1, S. 28, Abb. 1 (r.).
Abb. 66. Fotografie von Holger Riesch.
Abb. 67. Nach: Florescu, Florea B.: Das Siegesdenkmal von Adamklissi. Tropaeum Traiani. Bukarest 1965. S. 633, Abb. 318 a.
Abb. 68. Nach: (I) Engelhardt, Helvig Conrad: Nydam Mosefund. 1859-1863. Kopenhagen 1865. Taf. 12. (II) Fotografie von Holger Riesch.
Abb. 69. Nach: Oxenstierna, Eric: Die Goldhörner von Gallehus. Lidingö 1956. Ohne Seitenzählung, Abb. 4 b, Abb. 4 c u. Abb. 3. a (Ausschnitte.)
Abb. 70. Nach: (I) Pauli Jensen (2007) S. 144, Abb. 1. (II) Farbregd, Oddmunn: Perspektiv på Namdalens jernalder. S. 37, Abb. 15. In: Viking, XLIII 1979 (1980) S. 20-79. (III-IV) Pauli Jensen (2009) S. 45, Abb. 29 u. S. 47, Abb. 31 (zitiert aus: Engelhardt, H. V.: Thorbjerg Mosefund 1863, Taf. 12,9).
Abb. 71. Nach: (I) Schieck, Siegwalt: Das Gräberfeld der Merowingerzeit bei Oberflacht. Stuttgart 1992. S. 27, Abb. 7 (Ausschnitt.) Originaler Eiebenbogen in Stuttgart, Landesmuseum Württemberg. (II) Baruzdin, S. 62, Abb. 11 (Ausschnitt.)
Abb. 72. Nach: Quast, Dieter: Schöne Aussichten. S. 45. In: Die Alamannen zwischen Schwarzwald, Neckar und Donau. Ade, Dorothee et al. (Hrsg.) Stuttgart 2008. S. 45-46. Punkt, Stern Beschriftung und Koloration von Holger Riesch
Abb. 73. Nach: Gudeae, S. 410, Abb. 10 (Ausschnitt.)
Abb. 74. Nach: Warden, Taf. 26, b u. c.
Abb. 75. Nach: (I-IV) Baitinger, Holger: Punisch oder griechisch? Bemerkungen zu einem Pfeilspitzentypus aus Olympia. S. 214, Abb. 1, Nr. 15-16 u. Abb. 2, Nr. 18-19. In: Archäologisches Korrespondenzblatt, 39 (2009) 2, S. 213-222. (V-VI) Baitinger (2001) Taf. 2, Nr. 28 u. Nr. 34.
Abb. 76. Nach: Luik (2002) S. 266, Abb. 89 u. S. 267, Abb. 90 (Ausschnitte.)
Abb. 77. Fotografie von Ulrich Stehli.
Abb. 78. Nach: Delrue (2007) S. 242, Abb. 3 (Ausschnitt.)
Abb. 79. Nach: Simonenko (2010) S. 95, Abb. 67 (Ausschnitt.)
Abb. 80. Nach: Erdmann (1976) S. 6, Abb. 1 (Ausschnitt.) Originale im Römerkastell Saalburg, Archäologischer Park.
Abb. 81. Nach: Kühlborn, Johann-Sebastian: Das Römerlager in Oberaden III. Die Ausgrabungen im nordwestlichen Lagerbereich und weitere Baustellenuntersuchungen der Jahre 1962-1988. Münster 1992. Taf. 30, Kat.-Nr. 24-29, 31, 33 (Bildausschnitt.)
Abb. 82. Nach: Bóna, S. 23, Abb. 7.
Abb. 83. Nach: Riesch und Rutschke, S. 104, Abb. 20.
Abb. 84. Nach: Erdmann (1982) S. 6, Abb. 1 (Ausschnitt.) Originale im Römerkastell Saalburg, Archäologischer Park.
Abb. 85. Nach: (I) Birley (1996) S. 26, Abb. 10 (Ausschnitt.) (II) Boeheim, Wendelin: Handbuch der Waffenkunde. Leipzig 1890. S. 427, Abb. 506, b-c u. S. 428, Abb. 507, a.
Abb. 86. Nach: (I) Serdon, S. 150, Abb. 61. (II) The excavations at Dura-Europos, Taf. 24, Abb. 2.
Abb. 87. Nach: Martin-Kilcher, S. 37, Abb. 8, S. 51, Abb. 22 u. S. 52, Abb 23.
Abb. 88. Nach: (I-III) Hanel, Taf. 51, B 811, 812 u. 814. (IV) Lenz, Karl Heinz: Römische Waffen, militärische Befunde aus dem Stadtgebiet der Colonia Ulpia Traiana (Xanten). Bonn 2006. Taf. 11, Nr. 66. (V-VIII) Unz und Deschler-Erb, Taf. 20, Nr. 363-365, 367. (IX-XII) Radman Livaja (2001) S. 150, Taf. 2, Nr. 1-4.
Abb. 89. Nach: Renoux, Bd. 1, S. 375, S. 377 u. S. 379.
Abb. 90. Nach: Bemmann (2007) S. 264, Abb. 15 (zitiert aus: Schmidt, Berthold: Bemerkenswerte Funde der spätrömischen Kaiserzeit aus dem Mittelelbe-Saale-Gebiet. In: Ausgrabungen und Funde, 32, 1987, S. 194-198.)
Abb. 91. Nach: Roeren, Robert: Ein frühalamannischer Grabfund aus Oberschwaben. In: Festschrift für Peter Goessler. Tübinger Beiträge zur Vor- und Frühgeschichte. Stuttgart 1954. 137-141. Taf. 21. 1-5.
Abb. 92. Nach: (I) Koch, Karl-Heinz und Schindler, Reinhard: Vor- und frühgeschichtliche Burgwälle des Regierungsbezirkes Trier und des Kreises Birkenfeld. Trier 1994. S. 15, Plan E. (II) Kampmann, Ursula: Die Münzen der römischen Kaiserzeit. Regenstauf 2011. S. 379, Nr. 119.78.1. Revers.
Abb. 93. Nach: Peschek, Christian: Die germanischen Bodenfunde der Römischen Kaiserzeit in Mainfranken. Tafeln. München 1978. Taf. 144, Nr. 1-17.
Abb. 94. Nach: Gschwind, Taf. 94, D471, D472, D480.
Abb. 95. Nach: Marcotty, Thomas: Bogen und Pfeile. München 1958. S. 84.
Abb. 96. Nach: (I) Müller-Karpe, S. 319, Abb. 1 (Ausschnitt.) (II) Pauli Jensen (2009) S. 208, GGI, UEG u. KAGV.
Abb. 97. Nach: (I-II) Zimmermann, Bernd: Mittelalterliche Geschoßspitzen. Kulturhistorische, archäologische und archäometallurgische Untersuchungen. Basel. 2000. S. 69, Taf. 20. (III-IV, VI) Degen, S. 75, Abb. 2, S. 77, Abb. Nr. 5, 6 u. 9. (V) Franke, S. 247, Abb. 2.
Abb. 98. Nach: Hübener, Wolfgang: Die römischen Metallfunde von Augsburg-Oberhausen. Ein Katalog. Kallmünz/Opf 1973. Taf. 7, Nr. 29.
Abb. 99. Nach: Czsyz, Wolfgang: Das zivile Leben in der Provinz. S. 246, Abb. 51. In: Die Römer in Bayern. S. 177-308 (Attasche auf Bronzekrug des Typs Radnóti 77.) Archäologische Staatssammlung München, Iv.-Nr. 1981.4404. Original im RömerMuseum Weißenburg.
Abb. 100. Nach: Becker, Klaus und Riesch, Holger: Untersuchungen zur Metallurgie alamannischer Pfeilspitzen in Original und Reproduktion. S. 306, Abb. 1. In: Archäologisches Korrespondenzblatt, 28 (1998) 2, S. 305-310.
Abb. 101. Nach: Riesch (2002) S. 51, Abb. 28.
Abb. 102. Nach: Becker und Riesch (1998) S. 307, Abb. 2 u. S. 308, Abb. 3.
Abb. 103. Fotografie von Ulrich Stehli.
Abb. 104. Fotografie von Ulrich Stehli.
Abb. 105. Fotografie von Dr. Joachim Rutschke.
Abb. 106. Nach: Beckhoff, S. 59, Tab. II.
Abb. 107. Nach: (I) Unz und Deschler-Erb, Taf. 21, Nr. 389-393. Originale in Brugg, Vindonissa Museum. (II) Fotografie von Holger Riesch.
Abb. 108. Nach: Petculescu, S. 770, Abb. 5, Nr. 64-68.
Abb. 109. Nach: Riesch und Rutschke (2009) S. 64, Abb. 6 (Ausstellung: Ursprünge der Seidenstraße, Reiss-Engelhorn-Museen Mannheim, 2008.)
Abb. 110. Nach: (I) Marti, S. 86, Abb. 5 b, S. 93, Abb. 9 u. S. 95, Abb. 12. (II) Lebensbild ebd. S. 108, Abb. 31. Zeichnung angelehnt an die Vorlage von S. Köhler, Rheinfelden, mit Koloration von Holger Riesch.
Abb. 111. Nach: The excavations at Dura-Europos, Taf. 24, Abb. 1. Originale Funde in New Haven, Yale University.
Abb. 112. Nach: The excavations at Dura-Europos, Taf. 42, Abb. 1 (Ausschnitt.) Originales Fresko in Paris, Louvre Museum.
Abb. 113. Nach: (I) Kochav, Sara: Israel. Das Heilige Land. Vercelli 1995. S. 276. (II) Yadin (1963) Taf. 29, Abb. 32, Nr. 38 - II. 9, Nr. 39 - II. 10, Nr. 14-15. (III) Porat, Roi, Eshel, Hanan und Frumkin, Amos: Finds from the Bar Kokhba Revolt from two caves at En Gedi. S. 43, Abb. 11. In: Palestine Exploration Quarterly, 139 (2007) 1, S. 35-53.

Abbildungsverzeichnis und Bildquellennachweise

Abb. 114. Nach: Cichorius, Conrad: Die Reliefs der Traianssäule. Erster Tafel-Band. Die Reliefs des Ersten Dakischen Krieges. Taf. 1-57. Berlin 1896. Siehe unter https://commons.wikimedia.org/wiki/File:028_Conrad_Cichorius,_Die_Reliefs_der_Traianss%C3%A4ule,_Tafel_XXVIII_(Ausschnitt_01).jpg
Abb. 115. Nach: (I) Kenk, S. 110, Kg. 7, IV, Nr. 2, 3 u. 4 u. S. 114, Kg. 32 B Nr. 1-3. (II) Gorbunov und Tishkin, S. 82, Abb. 7, Nr. 2-4.
Abb. 116. Nach: Kenk, S. 123, Grkg. 26, 24, Nr. 1-3, 15-16, S. 133, Grkg. 11, 101, Nr. 2-3 u. Grkg. 11, 102, Nr. 3-6 u. S. 137, Grkg. 39, 9, Nr. 1-5.
Abb. 117. Fotografie von Hans-Theo Gerhards, LVR-Museumsverbund in Bonn. (Bescheid, Lkr. Trier-Saarburg, 2011.)
Abb. 118. Nach: Kischenko, S. 166.
Abb. 119. Nach: Spindler, S. 286, Abb. 69.
Abb. 120. Nach: Raddatz (1963) S. 55, Abb. 3.
Abb. 121. Nach: Engelhardt, Helvig Conrad: Nydam Mosefund. 1859-1863. Kopenhagen 1865. Taf. 12.
Abb. 122. Nach: Ebd.
Abb. 123. Fotografie von Ulrich Stehli.
Abb. 124. Nach: Walther, Ingo F. und Wolf, Norbert: Codices illustres. Die schönsten illuminierten Handschriften der Welt. 400-1600. Köln 2001. S. 91. Originaler Kodex in der Universitätsbibliothek Utrecht, Ms 32.
Abb. 125. Nach: Schröder, Bruno: Der Sport im Altertum. Berlin 1927. Taf. 110 (u.) Original in Berlin, Staatliche Museen, Iv.-Nr. F 3444.
Abb. 126. Nach: Hansard, George A.: The book of archery. Being the complete history and practice of the art, ancient and modern. London 1841. Taf. VII, 2, 3.
Abb. 127. Nach: Die Reliefs der Stadtgebiete von Scarbantia und Savaria, Taf. 4, Nr. 9 (Bildausschnitt.) Original im Soproni Múzeum, Iv.-Nr. 55.200.2.
Abb. 128. Nach: Ghirshman, S. 265, Abb. 341.
Abb. 129. Nach: Belenickij, Aleksandr M. und Belous, Dmitrij V.: Mittelasien. Kunst der Sogden. Leipzig 1980. S. 217 (u.)
Abb. 130. Nach: Ghirshman, S. 265, Abb. 342.
Abb. 131. Nach: Birley (2008) Taf. XV.
Abb. 132. Nach: Renoux, Bd. 2, S. 16, Abb. 11 (Ausschnitt.) CIL III, 4367. Original in Győr, Museum Xántus János.
Abb. 133. Nach: Kolias, S. 232.
Abb. 134. Nach: (I) Pope (1923) Taf. 62, Abb. 2 (II) Ebd. Taf. 61.
Abb. 135. Nach: (I) Kimmig, Wolfgang: Ein Keltenschild aus Ägypten. Taf. 23. In: Germania, 24 (1940) S. 106-111. Original in Kairo, Nationalmuseum Ägyptischer Altertümer, Iv-Nr: 33397. (II) The excavations at Dura-Europos, Taf. 25. Original in New Haven, Yale University.
Abb. 136. Nach: Döbler, Hansferdinand: Die Germanen. Gütersloh 1975. S. 289 (r.) Original in Schleswig, Archäologisches Landesmuseum, Schloss Gottorf.
Abb. 137. Fotografien von Holger Riesch.
Abb. 138. Nach: Ansichtsfotografie als Lichtbild aus dem Nachlass von Ernst Wahle (1889-1981). Universitätsbibliothek Heidelberg, Heid. Hs. 3989 IV B – 1. Freie Lizenz CC-BY-SA 4.0, Bild-ID 190275. Fotografie der Ringe en Détail von Markus Thiel (2014). Originaler Panzer in Stuttgart, Landesmuseum Würtemberg.
Abb. 139. Nach: De rebus bellicis liber. Scheider, Rudolf (Hrsg.) Berlin 1908. S. 17. (Bildausschnitt in Teilergänzung.)
Abb. 140. Nach: Tölle-Kastenbein, S. 123, Taf. 32. Amphore des Malers Euthymides aus *Vulci*. Montalto di Castro, Provinz Viterbo, Italien. Original in München, Staatliche Antikensammlungen, Iv.-Nr. 2308.
Abb. 141. Nach: Aldrete, Gregory S., Bartell, Scott und Aldrete, Alicia: Reconstructing ancient linen body armor: Unraveling the linothorax mystery. Baltimore, Johns Hopkins University Press, 2013. Taf. 8.
Abb. 142. Nach: Fotografie der Interessengemeinschaft VEX.LEG.VIII.AVG. Alexander Zimmermann.
Abb. 143. Nach: Walke, Taf. 103, 1. Original in Straubing, Gäubodenmuseum.
Abb. 144. Nach: Ghirshman, S. 7, Abb. 10 (Ausschnitt.) Original in Paris, Louvre Museum.
Abb. 145. Nach: Becker, Klaus und Riesch, Holger: Untersuchungen zu Metallurgie und Effizienz merowingerzeitlicher Lamellenpanzer. S. 603, Abb. 9 u. S. 604, Abb. 10. In: Archäologisches Korrespondenzblatt, 32 (2002) 4, S. 597-606.
Abb. 146. Nach: (I) Gamber (1978) S. 377, Abb. 394. Originaler Helm in Frankfurt am Main, Archäologisches Museum. (II) Pfaffenbichler, Matthias: Spangenhelme. S. 250, b. In: Attila und die Hunnen. S. 244-251. Original in Privatsammlung, USA.
Abb. 147. Nach: Czysz (1986) S. 266, Abb. 3, Nr. 1-14.
Abb. 148. Nach: (I) Werner (1956) Teil B, Taf. 57 (Ausschnitt.) (II) Piccirillo, Michele: The mosaics of Jordan. Amman 1993. S. 59. Kirche der Jungfrau Maria, Madaba, Jordanien.
Abb. 149. Nach: Bonora und Brazier, S. 63, Abb. 3.
Abb. 150. Nach: Matthäus (1989) S. 77, Abb. 24 (Malerei aus dem Haus des Sirico in Pompeji.) Originales Farbfresko im Archäologischen Nationalmuseum Neapel.
Abb. 151. Nach: Breuer, S. 159, Abb 5, Szene 3. Originaler Wirbelknochen mit eingeschossener Pfeilspitze in Wien, Naturhistorisches Museum.
Abb. 152. Nach: Riesch (2002) S. 48, Abb. 25 (Ausschnitt.) Originaler Kodex in Stuttgart, Württembergische Landesbibliothek, Bibl. fol. 23.
Abb. 153. Nach: Sudhues, S. 21, Abb. 1.2-12 (zitiert aus: Gurlt, Ernst: Geschichte der Chirurgie und ihrer Ausübung. Bd. 1-3. Berlin 1898.)
Abb. 154. Nach: Selzer, S. 158, Abb. 91 (Ausschnitt.) Original in Mainz, Landesmuseum, Iv.-Nr. S. 634.
Abb. 155. Nach: Tölle-Kastenbein, S. 155, Taf. 48. Original in Paris, Louvre-Museum, Iv.-Nr. G341.
Abb. 156. Nach: Biel, Jörg: Die Ausstattung des Toten. Reichtum im Grabe – Spiegel seiner Macht. S. 82, Abb. 83. In: Der Keltenfürst von Hochdorf. Methoden und Ergebnisse der Landesarchäologie. Planck, Dieter (Red.) Stuttgart 1985. S. 78-105. Koloration von Holger Riesch.
Abb. 157. Nach: Tölle-Kastenbein, S. 145, Taf. 43. Original in Athen, Nationalmuseum, Iv.-Nr. 16384.
Abb. 158. Nach: Renoux, Bd. 2, S. 11.
Abb. 159. Nach: Riesch, Holger: Historische Pfeilköcher in Mitteleuropa. Römische Kaiserzeit bis zum Ende des Frühen Mittelalters. S. 31, Abb. 3. In: Karfunkel. Zeitschrift für erlebbare Geschichte, 46 (2003) 6/7, S. 30-35.
Abb. 160. Nach: Fischer, Thomas: Spätzeit und Ende. S. 375, Abb. 2. In: Die Römer in Bayern. S. 358-404 (Bildausschnitt.)
Abb. 161. Nach: (I) Eckhardt (1996) S. 377, Taf. 58, Nr. 1 u. 3. (II) Heinen, Heinz: Trier und das Trevererland in römischer Zeit. Trier 2002. S. 346, Abb. 115 a. Originale Glasschale in Trier, Rheinisches Landesmuseum, Iv.-Nr. 56, 8 n.
Abb. 162. Nach: Eckhardt (1996) S. 390, Taf. 71, Nr. 6-8 u. S. 391, Taf. 72, Nr. 2-4.
Abb. 163. Nach: Minns, S. 67, Abb. 17.
Abb. 164. Nach: (I) Murzin, Vjačeslav Ju.: Kimmerier und Skythen. S. 65, Abb. 9. In: Gold der Steppe, S. 57-70. (II) Fotografische Abbildung der Münze siehe als Free Public Domain unter https://en.wikipedia.org/wiki/File:BC_339KingAteasScythiaAr.gif.
Abb. 165. Nach: Vadeckaja, Ėl'ga Borisovna: Taštykskaja ėpocha v drevnej istorii Sibiri / The Tashtyc epoch in the ancient history of Siberia. Sankt Petersburg 1999. Taf. 49, 7. Original in Sankt Petersburg, Eremitage Museum.
Abb. 166. Nach: Mielczarek, Taf. XIV. Original in Sankt Petersburg, Eremitage Museum.
Abb. 167. (I) Nach: Selbitschka, Bd. 2, Taf. 59, S. 727, Nr. 15 u. 16. (II) Ebd., S. 738, Taf. 72, Nr. 5 u. 6.
Abb. 168. Nach: Ilyasov, J. Yangar und Rusanov, D. V., S. 146, Taf. 4, Nr. 2 (Bildausschnitt.)
Abb. 169. Nach: Ghirshman, Roman: Iran; Protoiraner, Meder, Achämeniden. München 1964. S. 189, Abb. 236.

Abb. 170. Nach: Selzer, Abb. 158, Nr. 90 (Ausschnitt.) Original in Mainz, Landesmuseum, Iv.-Nr. S. 633 (59/18).
Abb. 171. Nach: Ghirshman, S. 78, Abb. 90 (Ausschnitt.) Originales Hochrelief in Palmyra, Südwest-Nekropole.
Abb. 172. Nach: Bringmann, Klaus: Geschichte der Juden im Altertum. Vom babylonischen Exil bis zur arabischen Eroberung. Stuttgart 2005. Farbtafel: Triumph des Mordechai (Bildausschnitt.) Fotographischer Nachweis (ebd. S. 347.), Universität Frankfurt am Main, Frau Elisabeth Kiessling.
Abb. 173. Nach: Sarre, Taf. 112. Original in Sankt Petersburg, Eremitage Museum, Iv.-Nr. S-247.
Abb. 174. Nach: Ghirshman, S. 129, Abb. 165. Felsbild bei Firuzabad, Provinz Fars, Iran.
Abb. 175. Nach: Wright, S. 35. Jagd des Ascanius. Originaler Kodex in der Vatikanischen Apostolischen Bibliothek in Rom, *Codex Vaticanus latinus 3867.*
Abb. 176. Nach: Kubarev, S. 255, Abb. 10-11.
Abb. 177. Nach: Von Le Coq, S. 49, Abb. 34.
Abb. 178. Nach: Boštjan, S. 246, Abb. 1 u. S. 275, Taf. 2, Nr. 1-5, Nr. 10-14.
Abb. 179. Nach: Riesch (2009) S. 85, Abb. 15.
Abb. 180. Nach: Strygowski, Josef: Die Calenderbilder des Chronographen vom Jahre 354. Berlin 1888. Taf. VII (Bildausschnitt.)
Abb. 181. Nach: Groenman-van Waateringe, Taf. 27, 1 a-c.
Abb. 182. Nach: Rau, S. 146, Abb. 4.
Abb. 183. Nach: Fotografie als Free Public Domain unter Wikimedia Commons File:Trofei di mario a campidoglio.JPG
Abb. 184. Nach: Becker, Matthias, Bd. 2, S. 512, Taf. 18, Nr. 3-5. Originale Attaschen in Halle, Landesmuseum für Vorgeschichte.
Abb. 185. Nach: Sarre, Taf. 77, Nr. 1.
Abb. 186. Nach: Nishimura, S. 427, Abb. 1, C.
Abb. 187. Nach: (I) Sannibale, S. 224, Nr. 269-271. (II) Patroncini, S. 319, Abb. 3, b u. Abb. 4.
Abb. 188. Nach: Von Luschan, Felix: Ausgrabungen in Sendschirli IV. Orient-Comité zu Berlin. Berlin 1911. Taf. LXI.
Abb. 189. Nach: Ghirshman, S. 210, Abb. 250 (Ausschnitt.) Original in Teheran, Nationalmuseum.
Abb. 190. Nach: Overlaet, S. 291, Abb. 173 (Ausschnitt.) Originale in Riggisberg, Abegg-Stiftung, Iv.-Nr. 8.136.66 u. Iv.-Nr. 8.137.66.
Abb. 191. Nach: (I) Simonenko (2010) S. 103, Abb. 71, 1. (II) Webb, S. 42, Abb. 11, a.
Abb. 192. Nach: James (1987) S. 79, Abb. 2. Original in New Haven, Yale University, Iv.-Nr. 1929.475A.
Abb. 193. Nach: Goethert, Klaus-Peter: Neue römische Prunkschilde. S. 118, Abb. 198 (Ausschnitt). In: Junkelmann (1996) S. 115-126. Original in der Universität Trier, Original- und Abgußsammlung.
Abb. 194. Nach: Von Gall, S. 15, Abb. 1.
Abb. 195. Nach: Ghirshman, S. 315, Abb. 422 (Ausschnitt.) Original in Troyes. Schatz der Kathedrale.
Abb. 196. Nach: Tölle-Kastenbein, S. 27, Abb. 10, a-e.
Abb. 197. Nach: Richter, S. 396, Abb. 349.
Abb. 198. Nach: (I) Riesch und Rutschke (2009) S. 62, Abb. 1. (Ausstellung: Ursprünge der Seidenstraße.) (II) New achievments in archeological research in Xinjiang during the time span (cont.) 1990-1996, S. 167, Nr. 5.
Abb. 199. Nach: Simonenko, Aleksandr V. und Lobaj, Boris I.: Sarmaty Severo-Zapadnogo Pričernomor'ja v I v. n. ė. Pogrebenija znati u s. Porogi. Kiev 1991. S. 48, Abb. 25, 1 u. S. 54, Abb. 28. Koloration von Holger Riesch.
Abb. 200. Nach: Paterson, William Forbes: A guide to the crossbow. Manchester 1990. S. 15, Abb. b. Original in Le Puy-en-Velay, Musée Crozatier.
Kartenabbildung auf S. 39.
Nach: Image als Free Public Domain unter https://de.wikipedia.org/wiki/Trajan#/media/File:Roemischeprovinzentrajan.png.

Römische Ziffern in runder Klammer können die Reihenfolge von Bildbeispielen als Bestandteile einer Buchabbildung angeben. Die Zählung erfolgt dabei automatisch fortlaufend von links.

Namens- und Sachregister

Danksagung

Ein herzlicher Dank für die langjährige Zusammenarbeit auf dem Gebiet der historischen und experimentellen Bogenkunde sei Herrn ***Ulrich Stehli*** in Kierspe ausgesprochen.

Auch bei Herrn ***Dr. Joachim Rutschke***, Dedelstorf, möchte ich mich für die in guter Kooperation entstandenen wissenschaftlichen Rekonstruktionen bedanken.

Ein weiterer Dank geht an Herrn ***Dr. Jochen Haas*** in Mainz, der mir in vielen Detailfragen zur römischen Antike weiterhalf.

Sehr zu Dank verpflichtet bin ich Herrn ***Markus Thiel*** aus Konz für seine wertvolle Beratung und Hilfe.

Einen besonderen Dank für seine kritischen Anmerkungen zu Manuskriptteilen des vorliegenden Buches möchte ich Herrn ***Prof. Dr. Michael Schmauder*** in Bonn aussprechen.

Danken möchte ich auch Herrn ***Roland Warzecha*** für seine Illustration des Buchcovers und die damit einhergehende gute Zusammenarbeit.

An dieser Stelle noch einmal summarisch recht herzlich bedanke ich mich für weiteführende Angaben zu archäologischen Funden oder zu Rekonstruktionen bei Herrn ***Prof. Gregory S. Aldrete***, Frau ***Herta Beutter***, Frau ***Dr. Eva Carlevaro***, Herrn ***Alessio Cenni***, Herrn ***Dr. Bernhard A. Greiner***, Herrn ***Alessandro Fedrigotti***, Herrn ***Dr. Klaus Georg Kokkotidis***, Herrn ***Mike Loades***, Herrn ***Prof. Dr. Günther Moosbauer***, Herrn ***Prof. Dr. Felix Müller***, Frau ***Dr. Claudia Nickel***, Frau ***Dr. Xenia Pauli Jensen***, Herrn ***Dr. Richard Petrovszky***, Herrn ***Holger Richter,*** Frau ***Dr. Ellen Riemer***, Frau ***Candace Sall***, Herrn ***Hugh D. Soar***, Frau ***Dr. Jeanette Werning***, Herrn ***Jerzy Wozny*** und Herrn ***Alexander Zimmermann.***

Ein rückblickender Dank geht an die Herren ***Douglas Elmy, Edward McEwen*** und ***Alf Webb*** von der Society of Archer Antiquaries. Sie bleiben mit ihrer Kompetenz und Hilfsbereitschaft stets ein Vorbild.

Zum Autor

Holger Riesch widmet sich seit vielen Jahren wissenschaftlichen Fragen rund um Themen des Bogenschießens in historischer Zeit.
Er ist durch Fachveröffentlichungen und Rekonstruktionen archäologischer Funde auf diesem Gebiet als ein Experte ausgewiesen.
Entsprechende Beiträge liegen unter anderem in den Zeitschriften *Technikgeschichte* (1994), *Journal of the Society of Archer Antiquaries* (1994, 1995, 1996), *Archäologisches Korrespondenzblatt* (1998, 1999, 2002, 2005), *Waffen- und Kostümkunde* (2008, 2010, 2012) oder in Sammelwerken wie *Das Bogenbauer-Buch* (2001), *Reflexbogen. Geschichte und Herstellung* (2009), *Steppenkrieger. Reiternomaden des 7. bis 14. Jahrhunderts aus der Mongolei* (2012) vor.
Erstellung von Expertisen über Pfeil und Bogen als Museumsstücke (z.B. für das RGZM Mainz).
Teilnahme an der großen Landesausstellung *Die Alamannen* (Stuttgart, Zürich, Augsburg) im Jahr 1997. Er ist Autor des renommierten Fachbuchs *Pfeil und Bogen zur Merowingerzeit* (2002).

BOGENGESCHICHTE

PFEIL UND BOGEN

Von der Altsteinzeit bis zum Mittelalter

Auf über 400 Seiten stellt uns der Archäologe und Bogenbauer Jürgen Junkmanns seine Erkenntnisse aus 20-jähriger wissenschaftlicher Forschungsarbeit und praktischem Nachbauen vor.

Entstanden ist ein Standardwerk über die Geschichte von Pfeil und Bogen vom Ende der Eiszeit bis zum Mittelalter. Erstmals werden alle archäologischen Funde von Pfeilen und Bögen in Europa beschrieben und detailreiche Zeichnungen, Fotos und Maße vorgelegt. Das ultimative Nachschlagewerk für alle an Geschichte und Bogenbau interessierten!

432 farbige Seiten, mit zahlreichen Fotos, Softcover.

ISBN 978-3-938921-88-3 **85,- €**
Nur direkt beim Verlag erhältlich

OSMANISCHE KOMPOSITBOGEN

Konstruktion und Design

Der Osmanische Bogen vereint höchste Leistung und Schönheit und gilt als Höhepunkt in der Kunst des Bogenbaus. Adam Karpowicz beschreibt Ursprung, Funktion und Leistungsfähigkeit dieser Bögen. Er bezieht sich dabei auf seine langjährige Erfahrung im Nachbau exakter Repliken, auf historische Quellen und die Untersuchung erhaltener Originale.
Für alle, die an alten Handwerkskünsten interessiert sind, bietet er detaillierte Anleitungen zu Konstruktion und Bau dieser Bögen und deren Verzierung. Seine Zielgruppe sind erfahrene Bogenbauer oder Handwerker, die bereits mit der Begriffswelt und den Grundlagen des Bogenbaus vertraut sind.

224 Seiten in Farbe, HC, gebunden

ISBN 978-3-938921-19-7 **39,80 €**

BOGENSCHIESSEN MIT DEM DAUMENRING

Schießtechnik für kurze Reflexbogen

Das neuerwachte Interesse an asiatischen Bögen und wie man sie schießt, findet in diesem Buch wertvolle, erprobte Anleitungen für Anfänger und Fortgeschrittene in der Daumenringtechnik.
Der Autor erklärt ausführlich diese historische Schießtechnik, und interpretiert Orginalquellen so, dass sie für moderne Schützen erfahrbar sind.

Detaillierte Beschreibungen von traditionellen Reflexbögen, die Positionen des Schießablaufs, Bogengriff, Lösemethoden und verschiedene Zielmethoden helfen dem Leser seine eigene Schießtechnik zu entwickeln und zu verbessern.

160 Seiten in Farbe, HC, gebunden

ISBN 978-3-938921-33-3 **39,80 €**

Alle Bücher erhalten Sie über den Buchhandel oder bei uns: **www.bogenschiessen.shop**

Verlag Angelika Hörnig | D-67071 Ludwigshafen
Tel. +49 621 - 65 82 19 70 | shop@bogenschiessen.de

BOGEN, PFEILE, KÖCHER
aus sechs Kontinenten

Als Waffe und Jagdwerkzeug hat der Bogen die menschliche Geschichte und Kultur in der ganzen Welt verändert. Dieses Buch zeigt die Stücke einer weltweit einzigartigen Sammlung im Missouri Columbia Museum.
Sie wurde von Charles E. Grayson (1910 – 2009) auf seinen zahlreichen Reisen zusammengetragen. Ein arktischer Harpunenpfeil, indischer Stahlbogen, afrikanische Giftpfeile, japanische Sänftenbogen, englische Sportpfeile – sie erzählen Geschichten von unzähligen Jagden in den weiten Steppen, im Urwald, in der Arktis, Geschichten von ihrem Einsatz als Kriegswaffe, Kultobjekt oder Sportgerät.
Dieser Bildband präsentiert rund 300 der schönsten Exponate, in großformatigen Bildern und mit detaillierten Beschreibungen.

224 Seiten, durchgehend farbig, 21 × 27 cm, SC,

ISBN 978-3-938921-17-3 **39,80 €**

FLINTHANDWERK
von Wulf Hein & Marquardt Lund

Marquardt Lund und Wulf Hein beschreiben alle gängigen Techniken der Feuersteinbearbeitung. Zahlreiche Fotos, Zeichnungen und Anleitungen illustrieren die Methoden, die heute von Experimentalarchäologen und Hobby-Steinschlägern und in historischer Zeit in der Arktis, in Amerika und Australien angewandt wurden.
Vom einfachen Abschlag bis zum kunstvollen Feuersteindolch ist alles dabei.
Tipps für Anfänger und ein Typenkatalog mit zahlreichen Funden aus Europa, aber auch spektakulären Stücken aus der ganzen Welt machen dieses Werk zu einem umfassenden Do-it-yourself-Buch.
Das neue Standardwerk über Geschichte und Praxis des Flintknappings.

Über 560 Fotos und Zeichnungen, 372 Seiten, Softcover, 21 x 27 cm

ISBN 978-3-938921-46-3 **69,- €**

DIE SCHLACHT BEI AGINCOURT

Seit Shakespeare wurde von dieser Schlacht nicht mehr so lebendig und anschaulich berichtet!

KRÄHEN ÜBER CRÉCY

Aus der Sicht von englischen u. französischen Bogenschützen und Rittern wird die Schlacht bei Crécy lebendig erzählt.

DER SCHWARZE PRINZ
und die Schlacht bei Poitiers

Schildert den Kampf zw. franz. Armbrust- u. engl. Bogenschützen – gesehen mit den Augen eines Walisers.

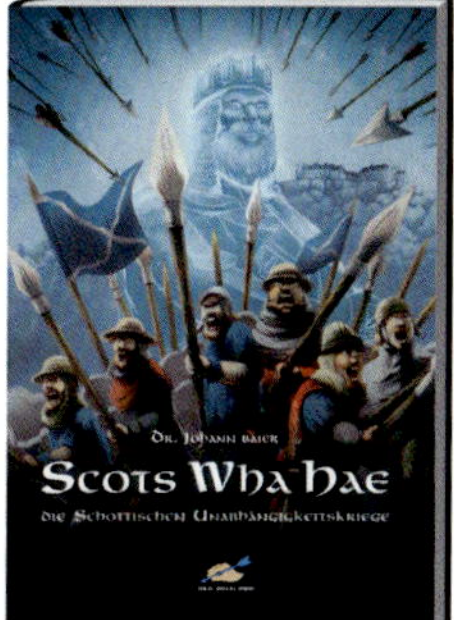

SCOTS WHA HAE
Die schottischen Unabhängigkeitskriege

Dieses Buch zeigt die Entwicklung der englischen Bogenschützen von den „underdogs" der Schlachtfelder zur geachteten und schlachtentscheidenden Waffengattung.

Weitere Literatur zum Thema Bogenbau und Bogenschießen:
WWW.BOGENSCHIESSEN.SHOP

Je 9,99 €

MEHR ZUM THEMA BOGENBAU

DAS BOGENBAUER-BUCH

Europäischer Bogenbau von der Steinzeit bis heute.

Anleitungsbuch zum Bogenbau, Holzauswahl, vom sehr einfachen Anfänger Design bis zum Englischen Langbogen und modernen Langbogen.

ISBN 978-3-938921-74-6 **34,80 €**

MEIN PFEIL- & BOGENBUCH

Bogenbau für Kinder, Jugendliche und Bogenbau-Einsteiger

Dieses Buch beschreibt den Bau eines einfachen Bogens, samt Pfeilen geeignet für Kinder von 8 bis 12 Jahren und alle, die ins Selbermachen einsteigen wollen. Für ältere Kinder/Jugendliche ist der steinzeitliche Bogen gedacht. Beide Anleitungen eignen sich sehr gut als Freizeit- oder Schulprojekt, für Lehrer, Gruppenleiter oder Therapeuten.
200 farbige Seiten, im Querformat 21 × 27 cm, gebunden.
ISBN 978-3-938921-18-0 39,80 €

AUF DER SPUR DES OSAGE-BOGENS

von Dean Torges
Bogenbau vom Feinsten, von einem echten Könner, mit vielen wertvollen Tipps, und noch dazu unterhaltsam geschrieben.
ISBN 978-3-9808743-3-5
19,80 €

DIE BIBELN DES TRADITIONELLEN BOGENBAUS Band 1, 2, 3, 4

Band 1 Softcover
Holz, Eibenbogen, Flachbogen aus Osage, Bogen der westl. Indianer, Leim u. Klebstoffe, Sehnenbelag, Tillern, Pfeile.

ISBN 978-3-938921-6-16
29,- €

Band 2 Softcover
Bogen des östl. Waldlandes, der Europ. Vorgeschichte, Kompositbogen, Holz biegen, Recurves, Sehnen, Köcher.

ISBN 978-3-938921-7-15
29,- €

Band 3 Softcover
Werkzeuge, Bogen der Welt, Korea, Afrika Bogen, Take-Down-Bogen, Steinzeit-Bogen, Steinspitzen, Holzpfeile.

ISBN 978-3-938921-6-30
29,- €

Band 4 Hardcover
Bogenholz, laminierte Bögen, Wärmebehandlung, Bogen aus der Kupferzeit, Pfeile aus aller Welt, Dein 1. Holzbogen.

ISBN 978-3-938921-07-4
34,- €

HOLZBOGEN BAUEN!

Was ich vorher gerne gewusst hätte...

Wie macht man aus einemStück Holz einen guten Bogen?
40 Jahre Bogenbauerfahrung – reduziert auf 3 einfache Grundregeln
Bestellnr.: 050 **18,80 €**

10,99 €